JN276775

配管材料ポケットブック

新装版

大野光之 著

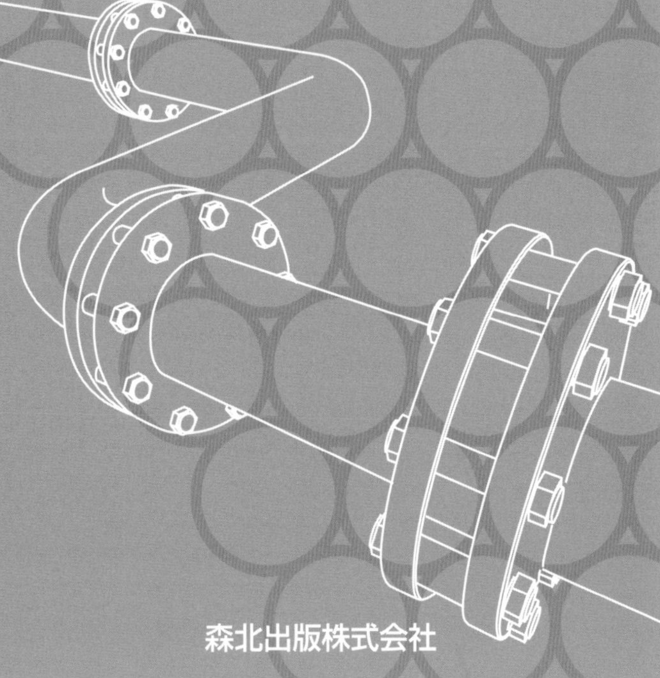

森北出版株式会社

まえがき

配管材料は流体輸送用設備の構成要素で，生活関連設備や船舶，並びに産業プラント，火力発電などの広い分野で多くの部品が使われている。こうした各種の配管材料を集大成した，『配管ポケットブック』(永井正男著) は1966年の初版以来，配管関係者からのご好評を受けて，版を重ねてきた。

しかし技術の進展にともない，配管材料には新たな製品が加わり，関係する規格類には改正が重ねられ，最近は国際規格(ISO)も加わり，さらには水道法によって配管用炭素鋼鋼管(SGP)いわゆるガス管が上水道には使えなくなるなどの改正が行われたため，ここに新しく『配管材料ポケットブック』として編集することとなった。

主要な材料規格は日本規格協会(JIS)，ならびに米国機械技術者協会(ASME)の規格から引用し，掲載に当たっては，その御指示に従った。その他の材料は各専門企業から発行されたカタログ類などから引用させていただいた。ここに関係各位に対し，感謝の意を表する次第である。

編集に当たり，各資料からは，最近の内容で配管材料の使用者が必要とするものだけを引用させていただいた。JISの配管規格は1999年版から引用し，管継手には概略質量の算出値を入れて取扱いの便を図った。本書には，配管に関係する国内(JIS)，ならびに海外(ANSI)の材料規格がすべて網羅されており，プラント配管はもちろん，設備配管についても便利に使用できるものと思う。

また本書の姉妹編である『配管設計・施工ポケットブック』により配管の設計ならびに施工を行う際にも，本書によって材料の選択を行い，寸法，強さ，材質などのデータを有効に利用されたい。

全面改訂版にさいして

本書も初版が発行されて，10年が経過した。その間にJISの内容が大幅に改正されたところもある。そこで今回は規格類の一部を最近の数値に書き改めた。

2009年10月

大野光之

本書は，2009年に工業調査会から出版された同名書籍を森北出版から新装版として再出版したものです。

目 次

C—管フランジ

D—バルブ

〔JPI-7S-57〕

E—ガスケット

F—保温・保冷材

G—鋼材・形鋼

H—配管支持部品

I—接合

J—主要材料物性値〔JIS B8265〕

K—小形うず巻ポンプ

A

A-1　水配管用亜鉛めっき鋼管　JIS G 3442-1997

Galvanized steel pipes for ordinary piping

1.適用範囲　静水頭100 m以下で上水道以外の水配管(空調，消火，排水など)に用いる管。

2.種類・記号　**表1**による。

表1　種類と記号

種類	種類記号
水配管用亜鉛めっき鋼管	SGPW

3.亜鉛めっき付着量　600 g/m² 以上。

4.寸法・寸法許容差・質量　めっき前の値は，**表2**による。管の長さは，通常5500 mmとする。

表2　寸法，寸法許容差及び質量

呼び径 A	呼び径 B	外径 mm	外径の許容差 mm	厚さ mm	厚さの許容差	ソケットを含まない単位質量 kg/m
10	3/8	17.3	±0.5	2.3	＋規定しない	0.851
15	1/2	21.7	±0.5	2.8	−12.5％	1.31
20	3/4	27.2	±0.5	2.8		1.68
25	1	34.0	±0.5	3.2		2.43
32	1 1/4	42.7	±0.5	3.5		3.38
40	1 1/2	48.6	±0.5	3.5		3.89
50	2	60.5	±0.5	3.8		5.31
65	2 1/2	76.3	±0.7	4.2		7.47
80	3	89.1	±0.8	4.2		8.79
90	3 1/2	101.6	±0.8	4.2		10.1
100	4	114.3	±0.8	4.5		12.2
125	5	139.8	±0.8	4.5		15.0
150	6	165.2	±0.8	5.0		19.8
200	8	216.3	±1.0	5.8		30.1
250	10	267.4	±1.3	6.6		42.4
300	12	318.5	±1.5	6.9		53.0

5.表　示　“種類記号”，“呼び径”，“長さ”。

A-2 一般配管用ステンレス鋼管 JIS G 3448-1997

Light gauge stainless steel tubes for ordinary piping

1. **適用範囲** 最高使用圧力 1 MPa 以下の給水，給湯，排水，冷湯水及びその他の配管に用いる管。
2. **種類・記号** **表 1** による。

表 1 種類記号

種類記号	用途(参考)
SUS304TPD	通常の給水，給湯，排水，冷温水などの配管用
SUS316TPD	水質，環境などから SUS304 よりも耐食性が要求される用途

3. **機械的性質** **表 2** による。

表 2 引張強さ及び伸び

種類記号	引張強さ N/mm²	伸び %	
		11 号試験片 12 号試験片	5 号試験片
		縦方向	横方向
SUS304TPD SUS316TPD	520 以上	35 以上	25 以上

4. **寸法・許容差・質量** **表 3** による。直管の長さは通常，4000 mm とする。
5. **表 示**
   a) 種類記号
   b) 製造方法記号
      自動アーク溶接鋼管：—A
      電気抵抗溶接鋼管　：—E
      レーザ溶接鋼管　　：—L
      熱処理を行った場合は，この後に－HT を付ける。
   c) 寸 法 “呼び方”で表す。 例）30 Su

表3　外径，厚さ，寸法許容差及び質量

単位 mm

区分	呼び方 Su	外径	外径の許容差		厚さ	厚さの許容差	単位質量(kg/m)	
			外径	周長			SUS304TPD	SUS316TPD
直管及びコイル巻管	8	9.52	0 −0.37	−	0.7	±0.12	0.154	0.155
	10	12.70			0.8		0.237	0.239
	13	15.88			0.8		0.301	0.303
	20	22.22			1.0		0.529	0.532
直管	25	28.58			1.0		0.687	0.691
	30	34.0	±0.34	±0.20	1.2		0.980	0.986
	40	42.7	±0.43		1.2		1.24	1.25
	50	48.6	±0.49	±0.25	1.2		1.42	1.43
	60	60.5	±0.60		1.5	±0.15	2.20	2.21
	75	76.3	±1 %	±0.5%	1.5		2.79	2.81
	80	89.1			2.0	±0.30	4.34	4.37
	100	114.3			2.0		5.59	5.63
	125	139.8			2.0		6.87	6.91
	150	165.2			3.0	±0.40	12.1	12.2
	200	216.3			3.0		15.9	16.0
	250	267.4			3.0		19.8	19.9
	300	318.5			3.0		23.6	23.8

6．種類の追加（2種）

SUS315J1TPD（18Cr-9Ni-1.5Si-2Cu-1Mo）

SUS315J2TPD（18Cr-12Ni-3Si-2Cu-1Mo）

耐応力腐食割れ性，耐孔食性を向上。温水配管用。機械的性質，質量はSUS316TPDに同じ。

A-3　配管用炭素鋼鋼管　JIS G 3452-1997

Carbon steel pipes for ordinary piping

1. **適用範囲**　使用圧力の比較的低い蒸気，水(上水道用を除く)，油，ガス，空気などの配管に用いる管。
2. **種類・記号**　**表1**による。

表1　種類記号

種類記号	区分	備考
SGP	黒管	亜鉛めっきを行わない管
	白管	黒管に亜鉛めっきを行った管

備考　図面，帳票などで，記号によって白管を区分する必要がある場合は，種類記号の後に-ZNを付記する。ただし，製品の表示には適用しない。

3. **化学成分**　**表2**による。

表2　化学成分

単位 %

種類記号	P	S
SGP	0.040 以下	0.040 以下

4. **機械的性質**　黒管は**表3**による。

表3　機械的性質

種類記号	引張強さ N/mm²	伸び %	
		11 号試験片 12 号試験片	5 号試験片
		縦方向	横方向
SGP	290 以上	30 以上	25 以上

5. **水圧試験特性**　黒管は 2.5 MPa の水圧に耐え漏れがない。
6. **寸法・許容差・質量**　**表4**による。長さは，通常 5500 mm 以上とする。

表4　寸法，質量及び寸法許容差

呼び方		外径 mm	外径の許容差		厚さ mm	厚さの許容差	ソケットを含まない単位質量 kg/m
A	B		テーパねじを切る管	それ以外の管			
6	1/8	10.5	±0.5 mm	±0.5 mm	2.0	＋規定しない	0.419
8	1/4	13.8	±0.5 mm	±0.5 mm	2.3	−12.5 %	0.652
10	3/8	17.3	±0.5 mm	±0.5 mm	2.3		0.851
15	1/2	21.7	±0.5 mm	±0.5 mm	2.8		1.31
20	3/4	27.2	±0.5 mm	±0.5 mm	2.8		1.68
25	1	34.0	±0.5 mm	±0.5 mm	3.2		2.43
32	1 1/4	42.7	±0.5 mm	±0.5 mm	3.5		3.38
40	1 1/2	48.6	±0.5 mm	±0.5 mm	3.5		3.89
50	2	60.5	±0.5 mm	±1 %	3.8		5.31
65	2 1/2	76.3	±0.7 mm	+1 %	4.2		7.47
80	3	89.1	±0.8 mm	±1 %	4.2		8.79
90	3 1/2	101.6	±0.8 mm	±1 %	4.2		10.1
100	4	114.3	±0.8 mm	±1 %	4.5		12.2
125	5	139.8	±0.8 mm	±1 %	4.5		15.0
150	6	165.2	±0.8 mm	±1.6 mm	5.0		19.8
175	7	190.7	±0.9 mm	±1.6 mm	5.3		24.2
200	8	216.3	±1.0 mm	±0.8 %	5.8		30.1
225	9	241.8	±1.2 mm	±0.8 %	6.2		36.0
250	10	267.4	±1.3 mm	±0.8 %	6.6		42.4
300	12	318.5	±1.5 mm	±0.8 %	6.9		53.0
350	14	355.6	—	±0.8 %	7.9		67.7
400	16	406.4	—	±0.8 %	7.9		77.6
450	18	457.2	—	±0.8 %	7.9		87.5
500	20	508.0	—	±0.8 %	7.9		97.4

7. 表　示

a) 種類記号

b) 製造方法記号

電気抵抗溶接ままの鋼管　：−E−G
熱間仕上電気抵抗溶接鋼管　：−E−H
冷間仕上電気抵抗溶接鋼管　：−E−C
鍛接鋼管　：−B

c) 寸法　寸法は，“呼び方”で表す。

A-4 圧力配管用炭素鋼鋼管 JIS G 3454-2005

Carbon steel pipes for pressure service

1. **適用範囲** 350℃程度以下で使用する圧力配管に用いる管。
2. **種類・記号** **表1**による。

表1 種類記号

種類記号	(参考)従来記号
STPG 370	STPG 38
STPG 410	STPG 42

3. **化学成分** **表2**による。

表2 化学成分

単位 %

種類記号	C	Si	Mn	P	S
STPG 370	0.25 以下	0.35 以下	0.30～0.90	0.040 以下	0.040 以下
STPG 410	0.30 以下	0.35 以下	0.30～1.00	0.040 以下	0.040 以下

4. **機械的性質** **表3**による。

表3 機械的性質

種類記号	引張強さ N/mm²	降伏点又は耐力 N/mm²	伸び %			
			11号試験片 12号試験片	5号試験片	4号試験片	
			縦方向	横方向	縦方向	横方向
STPG 370	370 以上	215 以上	30 以上	25 以上	28 以上	23 以上
STPG 410	410 以上	245 以上	25 以上	20 以上	24 以上	19 以上

5. **水圧試験特性** 管は**表4**の水圧に耐え，漏れがない。

表4 水圧試験圧力

単位 MPa

スケジュール番号 Sch	10	20	30	40	60	80
水圧試験圧力	2.0	3.5	5.0	6.0	9.0	12

6. **寸法・質量** **表5**による。

7. **寸法許容差**　**表6**による。長さは4000 mm以上とする。

8. **表　示**

a）種類記号

b）製造方法記号

熱間仕上継目無鋼管　：—S—H

冷間仕上継目無鋼管　：—S—C

電気抵抗溶接ままの鋼管　：—E—G

熱間仕上電気抵抗溶接鋼管　：—E—H

冷間仕上電気抵抗溶接鋼管　：—E—C

c）寸法　呼び径×呼び厚さ　例）50 A×Sch 40

表6　外径及び厚さの許容差

<table>
<tr><th>区　分</th><th colspan="2">外径の許容差</th><th>厚さの許容差</th></tr>
<tr><td rowspan="4">熱間仕上継目無鋼管</td><td>40 A以下</td><td>±0.5 mm</td><td rowspan="4">4mm未満　+0.6mm −0.5mm
4mm以上　+15％ −12.5％</td></tr>
<tr><td>50 A以上
125 A以下</td><td>±1％</td></tr>
<tr><td>150 A</td><td>±1.6 mm</td></tr>
<tr><td>200 A以上
ただし，350 A以上は周長によることができる。この場合の許容差は±0.5％とする。</td><td>±0.8％</td></tr>
<tr><td rowspan="2">冷間仕上継目無鋼管及び電気抵抗溶接鋼管</td><td>25 A以下</td><td>±0.3 mm</td><td rowspan="2">3mm未満　±0.3mm
3mm以上　±10％</td></tr>
<tr><td>32 A以上
ただし，350 A以上は周長によることができる。この場合の許容差は±0.5％とする。</td><td>±0.8％</td></tr>
</table>

9. **図面，帳票などで，亜鉛めっきを行った白管は種類記号の後に-ZNを付記する。**

8 A-管

表 5　圧力配管用炭素鋼鋼管の寸法及び質量

呼び径		外径 mm	呼び厚さ											
			スケジュール 10		スケジュール 20		スケジュール 30		スケジュール 40		スケジュール 60		スケジュール 80	
A	B		厚さ mm	単位質量 kg/m	厚さ mm	単位質量 kg/m	厚さ mm	単位質量 kg/m	厚さ mm	単位質量 kg/m	厚さ mm	単位質量 kg/m	厚さ mm	単位質量 kg/m
6	1/8	10.5	—	—	—	—	—	—	1.7	0.369	2.2	0.450	2.4	0.479
8	1/4	13.8	—	—	—	—	—	—	2.2	0.629	2.4	0.675	3.0	0.799
10	3/8	17.3	—	—	—	—	—	—	2.3	0.851	2.8	1.00	3.2	1.11
15	1/2	21.7	—	—	—	—	—	—	2.8	1.31	3.2	1.46	3.7	1.64
20	3/4	27.2	—	—	—	—	—	—	2.9	1.74	3.4	2.00	3.9	2.24
25	1	34.0	—	—	—	—	—	—	3.4	2.57	3.9	2.89	4.5	3.27
32	1 1/4	42.7	—	—	—	—	—	—	3.6	3.47	4.5	4.24	4.9	4.57
40	1 1/2	48.6	—	—	—	—	—	—	3.7	4.10	4.5	4.89	5.1	5.47
50	2	60.5	—	—	3.2	4.52	—	—	3.9	5.44	4.9	6.72	5.5	7.46
65	2 1/2	76.3	—	—	4.5	7.97	—	—	5.2	9.12	6.0	10.4	7.0	12.0
80	3	89.1	—	—	4.5	9.39	—	—	5.5	11.3	6.6	13.4	7.6	15.3
90	3 1/2	101.6	—	—	4.5	10.8	—	—	5.7	13.5	7.0	16.3	8.1	18.7
100	4	114.3	—	—	4.9	13.2	—	—	6.0	16.0	7.1	18.8	8.6	22.4
125	5	139.8	—	—	5.1	16.9	—	—	6.6	21.7	8.1	26.3	9.5	30.5
150	6	165.2	—	—	5.5	21.7	—	—	7.1	27.7	9.3	35.8	11.0	41.8
200	8	216.3	—	—	6.4	33.1	7.0	36.1	8.2	42.1	10.3	52.3	12.7	63.8
250	10	267.4	—	—	6.4	41.2	7.8	49.9	9.3	59.2	12.7	79.8	15.1	93.9
300	12	318.5	—	—	6.4	49.3	8.4	64.2	10.3	78.3	14.3	107	17.4	129
350	14	355.6	6.4	55.1	7.9	67.7	9.5	81.1	11.1	94.3	15.1	127	19.0	158
400	16	406.4	6.4	63.1	7.9	77.6	9.5	93.0	12.7	123	16.7	160	21.4	203
450	18	457.2	6.4	71.1	7.9	87.5	11.1	122	14.3	156	19.0	205	23.8	254
500	20	508.0	6.4	79.2	9.5	117	12.7	155	15.1	184	20.6	248	26.2	311
550	22	558.8	6.4	87.2	9.5	129	12.7	171	15.9	213	—	—	—	—
600	24	609.6	6.4	95.2	9.5	141	14.3	210	—	—	—	—	—	—
650	26	660.4	7.9	127	12.7	203	—	—	—	—	—	—	—	—

備　考　太枠内の寸法は，汎用品を示す。

A

A-5　高圧配管用炭素鋼鋼管　JIS G 3455-1988

Carbon steel pipes for high pressure service

1. 適用範囲　350℃以下で使用圧力が高い配管に用いる管。

2. 種類・記号　**表1** による。

表1　種類記号

種類記号	(参考)従来記号
STS 370	STS 38
STS 410	STS 42
STS 480	STS 49

3. 化学成分　**表2** による。

表2　化学成分

単位 %

種類記号	C	Si	Mn	P	S
STS 370	0.25 以下	0.10～0.35	0.30～1.10	0.035 以下	0.035 以下
STS 410	0.30 以下	0.10～0.35	0.30～1.40	0.035 以下	0.035 以下
STS 480	0.33 以下	0.10～0.35	0.30～1.50	0.035 以下	0.035 以下

4. 機械的性質　**表3** による。

表3　機械的性質

種類記号	引張強さ N/mm²	降伏点又は耐力 N/mm²	伸び %			
			11号試験片 12号試験片	5号試験片	4号試験片	
			縦方向	横方向	縦方向	横方向
STS 370	370 以上	215 以上	30 以上	25 以上	28 以上	23 以上
STS 410	410 以上	245 以上	25 以上	20 以上	24 以上	19 以上
STS 480	480 以上	275 以上	25 以上	20 以上	22 以上	17 以上

5. 水圧試験特性 管は**表4**の水圧に耐え，漏れがない。

表4 水圧試験圧力

単位 MPa

スケジュール番号 Sch	40	60	80	100	120	140	160
水圧試験圧力	6.0	9.0	12	15	18	20	20

6. 寸法・質量 **表5**による。

7. 寸法許容差 **表6**による。長さは指定長さ以上とする。

8. 表 示

a）種類記号

b）製造方法記号

熱間仕上継目無鋼管：—S—H

冷間仕上継目無鋼管：—S—C

c）寸法 呼び径×呼び厚さ 例）50 A×Sch 80

表6 外径，厚さ及び偏肉の許容差

<table>
<tr><th>区 分</th><th colspan="2">外径の許容差</th><th>厚さの許容差</th><th>偏肉の許容差</th></tr>
<tr><td rowspan="4">熱間仕上
継目無鋼管</td><td>50 mm 未満</td><td>±0.5 mm</td><td rowspan="4">4 mm 未満
±0.5 mm
4 mm 以上
±12.5 %</td><td rowspan="4">厚さの 20 %
以下</td></tr>
<tr><td>50 mm 以上
160 mm 未満</td><td>±1 %</td></tr>
<tr><td>160 mm 以上
200 mm 未満</td><td>±1.6 mm</td></tr>
<tr><td colspan="2">200 mm 以上 ±0.8 %
ただし，350mm以上は周長によることができる。この場合の許容差は±0.5 %とする。</td></tr>
<tr><td rowspan="2">冷間仕上
継目無鋼管</td><td>40 mm 未満</td><td>±0.3 mm</td><td rowspan="2">2 mm 未満
±0.2 mm
2 mm 以上
±10 %</td><td rowspan="2">—</td></tr>
<tr><td colspan="2">40 mm 以上 ±0.8 %
ただし，350mm以上は周長によることができる。この場合の許容差は±0.5 %とする。</td></tr>
</table>

表5　高圧配管用炭素鋼鋼管の寸法及び質量

呼び径		外径 mm	呼び厚さ													
			スケジュール 40		スケジュール 60		スケジュール 80		スケジュール 100		スケジュール 120		スケジュール 140		スケジュール 160	
A	B		厚さ mm	単位質量 kg/m	厚さ mm	単位質量 kg/m	厚さ mm	単位質量 kg/m	厚さ mm	単位質量 kg/m	厚さ mm	単位質量 kg/m	厚さ mm	単位質量 kg/m	厚さ mm	単位質量 kg/m
6	1/8	10.5	1.7	0.369	—	—	2.4	0.479	—	—	—	—	—	—	—	—
8	1/4	13.8	2.2	0.629	—	—	3.0	0.799	—	—	—	—	—	—	—	—
10	3/8	17.3	2.3	0.851	—	—	3.2	1.11	—	—	—	—	—	—	—	—
15	1/2	21.7	2.8	1.31	—	—	3.7	1.64	—	—	—	—	—	—	4.7	1.97
20	3/4	27.2	2.9	1.74	—	—	3.9	2.24	—	—	—	—	—	—	5.5	2.94
25	1	34.0	3.4	2.57	—	—	4.5	3.27	—	—	—	—	—	—	6.4	4.36
32	1 1/4	42.7	3.6	3.47	—	—	4.9	4.57	—	—	—	—	—	—	6.4	5.73
40	1 1/2	48.6	3.7	4.10	—	—	5.1	5.47	—	—	—	—	—	—	7.1	7.27
50	2	60.5	3.9	5.44	—	—	5.5	7.46	—	—	—	—	—	—	8.7	11.1
65	2 1/2	76.3	5.2	9.12	—	—	7.0	12.0	—	—	—	—	—	—	9.5	15.6
80	3	89.1	5.5	11.3	—	—	7.6	15.3	—	—	—	—	—	—	11.1	21.4
90	3 1/2	101.6	5.7	13.5	—	—	8.1	18.7	—	—	—	—	—	—	12.7	27.8
100	4	114.3	6.0	16.0	—	—	8.6	22.4	—	—	11.1	28.2	—	—	13.5	33.6
125	5	139.8	6.6	21.7	—	—	9.5	30.5	—	—	12.7	39.8	—	—	15.9	48.6
150	6	165.2	7.1	27.7	—	—	11.0	41.8	—	—	14.3	53.2	—	—	18.2	66.0
200	8	216.3	8.2	42.1	10.3	52.3	12.7	63.8	15.1	74.9	18.2	88.9	20.6	99.4	23.0	110
250	10	267.4	9.3	59.2	12.7	79.8	15.1	93.9	18.2	112	21.4	130	25.4	152	28.6	168
300	12	318.5	10.3	78.3	14.3	107	17.4	129	21.4	157	25.4	184	28.6	204	33.3	234
350	14	355.6	11.1	94.3	15.1	127	19.0	158	23.8	195	27.8	225	31.8	254	35.7	282
400	16	406.4	12.7	123	16.7	160	21.4	203	26.2	246	30.9	286	36.5	333	40.5	365
450	18	457.2	14.3	156	19.0	205	23.8	254	29.4	310	34.9	363	39.7	409	45.2	459
500	20	508.0	15.1	184	20.6	248	26.2	311	32.5	381	38.1	441	44.4	508	50.0	565
550	22	558.8	15.9	213	22.2	294	28.6	374	34.9	451	41.3	527	47.6	600	54.0	672
600	24	609.6	17.5	256	24.6	355	31.0	442	38.9	547	46.0	639	52.4	720	59.5	807
650	26	660.4	18.9	299	26.4	413	34.0	525	41.6	635	49.1	740	56.6	843	64.2	944

A-6 高温配管用炭素鋼鋼管 JIS G 3456-1988

Carbon steel pipes for high temperature service

1. **適用範囲** 主に350℃を超える温度の配管に用いる管。
2. **種類・記号** **表1**による。

表1 種類の記号

種類記号	(参考)従来記号
STPT 370	STPT 38
STPT 410	STPT 42
STPT 480	STPT 49

3. **化学成分** **表2**による。

表2 化学成分

単位 %

種類記号	C	Si	Mn	P	S
STPT 370	0.25以下	0.10~0.35	0.30~0.90	0.035以下	0.035以下
STPT 410	0.30以下	0.10~0.35	0.30~1.00	0.035以下	0.035以下
STPT 480	0.33以下	0.10~0.35	0.30~1.00	0.035以下	0.035以下

4. **機械的性質** **表3**による。
5. **水圧試験特性** 管は**表4**の水圧に耐え，漏れがない。
6. **寸法・質量** **表5**による。
7. **寸法許容差** **表6**による。長さは指定長さ以上とする。
8. **表 示**

a) 種類記号

b) 製造方法記号

熱間仕上継目無鋼管	：—S—H
冷間仕上継目無鋼管	：—S—C
電気抵抗溶接ままの鋼管	：—E—G
熱間仕上電気抵抗溶接鋼管	：—E—H
冷間仕上電気抵抗溶接鋼管	：—E—C

c) 寸法 呼び径×呼び厚さ 例) 50 A×Sch 40

表3　機械的性質

種類記号	引張強さ N/mm²	降伏点又は耐力 N/mm²	伸び %			
			11号試験片 12号試験片	5号試験片	4号試験片	
			縦方向	横方向	縦方向	横方向
STPT 370	370以上	215以上	30以上	25以上	28以上	23以上
STPT 410	410以上	245以上	25以上	20以上	24以上	19以上
STPT 480	480以上	275以上	25以上	20以上	22以上	17以上

表4　水圧試験圧力

単位 MPa

スケジュール番号 Sch	10	20	30	40	60	80	100	120	140	160
水圧試験圧力	2.0	3.5	5.0	6.0	9.0	12	15	18	20	20

表6　外径，厚さ及び偏肉の許容差

区　分	外径の許容差		厚さの許容差	偏肉の許容差
熱間仕上継目無鋼管	50 mm 未満	±0.5 mm	4 mm 未満 ±0.5 mm 4 mm 以上 ±12.5 %	厚さの 20 % 以下
	50 mm 以上 160 mm 未満	±1 %		
	160 mm 以上 200 mm 未満	±1.6 mm		
	200 mm 以上 ただし，350mm以上は周長によることができる。この場合の許容差は±0.5 %とする。	±0.8 %		
冷間仕上継目無鋼管及び電気抵抗溶接鋼管	40 mm 未満	±0.3 mm	2 mm 未満 ±0.2 mm 2 mm 以上 ±10 %	—
	40 mm 以上 ただし，350mm以上は周長によることができる。この場合の許容差は±0.5 %とする。	±0.8 %		

表 5　高温配管用炭素鋼鋼管の寸法及び質量

呼び径		外径	呼び厚さ																			
			スケジュール10		スケジュール20		スケジュール30		スケジュール40		スケジュール60		スケジュール80		スケジュール100		スケジュール120		スケジュール140		スケジュール160	
A	B	mm	厚さ mm	単位質量 kg/m	厚さ mm	単位質量 kg/m	厚さ mm	単位質量 kg/m	厚さ mm	単位質量 kg/m	厚さ mm	単位質量 kg/m	厚さ mm	単位質量 kg/m	厚さ mm	単位質量 kg/m	厚さ mm	単位質量 kg/m	厚さ mm	単位質量 kg/m	厚さ mm	単位質量 kg/m
6	1/8	10.5	—	—	—	—	—	—	1.7	0.369	—	—	2.4	0.479	—	—	—	—	—	—	—	—
8	1/4	13.8	—	—	—	—	—	—	2.2	0.629	—	—	3.0	0.799	—	—	—	—	—	—	—	—
10	3/8	17.3	—	—	—	—	—	—	2.3	0.851	—	—	3.2	1.11	—	—	—	—	—	—	—	—
15	1/2	21.7	—	—	—	—	—	—	2.8	1.31	—	—	3.7	1.64	—	—	—	—	—	—	4.7	1.97
20	3/4	27.2	—	—	—	—	—	—	2.9	1.74	—	—	3.9	2.24	—	—	—	—	—	—	5.5	2.94
25	1	34.0	—	—	—	—	—	—	3.4	2.57	—	—	4.5	3.27	—	—	—	—	—	—	6.4	4.36
32	1 1/4	42.7	—	—	—	—	—	—	3.6	3.47	—	—	4.9	4.57	—	—	—	—	—	—	6.4	5.73
40	1 1/2	48.6	—	—	—	—	—	—	3.7	4.10	—	—	5.1	5.47	—	—	—	—	—	—	7.1	7.27
50	2	60.5	—	—	—	—	—	—	3.9	5.44	—	—	5.5	7.46	—	—	—	—	—	—	8.7	11.1
65	2 1/2	76.3	—	—	—	—	—	—	5.2	9.12	—	—	7.0	12.0	—	—	—	—	—	—	9.5	15.6
80	3	89.1	—	—	—	—	—	—	5.5	11.3	—	—	7.6	15.3	—	—	—	—	—	—	11.1	21.4
90	3 1/2	101.6	—	—	—	—	—	—	5.7	13.5	—	—	8.1	18.7	—	—	—	—	—	—	12.7	27.8
100	4	114.3	—	—	—	—	—	—	6.0	16.0	—	—	8.6	22.4	—	—	11.1	28.2	—	—	13.5	33.6
125	5	139.8	—	—	—	—	—	—	6.6	21.7	—	—	9.5	30.5	—	—	12.7	39.8	—	—	15.9	48.6
150	6	165.2	—	—	—	—	—	—	7.1	27.7	—	—	11.0	41.8	—	—	14.3	53.2	—	—	18.2	66.0
200	8	216.3	—	—	6.4	33.1	7.0	36.1	8.2	42.1	10.3	52.3	12.7	63.8	15.1	74.9	18.2	88.9	20.6	99.4	23.0	110
250	10	267.4	—	—	6.4	41.2	7.8	49.9	9.3	59.2	12.7	79.8	15.1	93.9	18.2	112	21.4	130	25.4	152	28.6	168
300	12	318.5	—	—	6.4	49.3	8.4	64.2	10.3	78.3	14.3	107	17.4	129	21.4	157	25.4	184	28.6	204	33.3	234
350	14	355.6	6.4	55.1	7.9	67.7	9.5	81.1	11.1	94.3	15.1	127	19.0	158	23.8	195	27.8	225	31.8	254	35.7	282
400	16	406.4	6.4	63.1	7.9	77.6	9.5	93.0	12.7	123	16.7	160	21.4	203	26.2	246	30.9	286	36.5	333	40.5	365
450	18	457.2	6.4	71.1	7.9	87.5	11.1	122	14.3	156	19.0	205	23.8	254	29.4	310	34.9	363	39.7	409	45.2	459
500	20	508.0	6.4	79.2	9.5	117	12.7	155	15.1	184	20.6	248	26.2	311	32.5	381	38.1	441	44.4	508	50.0	565
550	22	558.8	—	—	—	—	—	—	15.9	213	22.2	294	28.6	374	34.9	451	41.3	527	47.6	600	54.0	672
600	24	609.6	—	—	—	—	—	—	17.5	256	24.6	355	31.0	442	38.9	547	46.0	639	52.4	720	59.5	807
650	26	660.4	—	—	—	—	—	—	18.9	299	26.4	413	34.0	525	41.6	635	49.1	740	56.6	843	64.2	944

A-7　配管用アーク溶接炭素鋼鋼管　JIS G 3457-1988

Arc welded carbon steel pipes

1. **適用範囲**　使用圧力の比較的低い蒸気，水，ガス，空気などの配管に用いる管。
2. **種類・記号**　**表1** による。

表1　種類記号

種類記号	(参考)従来記号
STPY 400	STPY 41

3. **化学成分**　**表2** による。

表2　化学成分

種類記号	C	P	S
STPY 400	0.25 以下	0.040 以下	0.040 以下

4. **機械的性質**　**表3** による。

表3　機械的性質

種類記号	引張強さ N/mm²	降伏点又は耐力 N/mm²	伸　び　% 5号試験片横方向
STPY 400	400 以上	225 以上	18 以上

5. **水圧試験特性**　管は 2.5 MPa の水圧に耐え，漏れがない。
6. **寸法・質量**　**表4** による。
7. **寸法許容差**　**表5** による。長さは 4000 mm 以上とする。
8. **表　示**
   a) 種類記号
   b) 寸法　呼び径×厚さ，　例）400 A×6.4

表 4　配管用アーク溶接炭素鋼鋼管の寸法及び単位質量

単位 kg/m

呼び径 A	呼び径 B	外径 mm ＼ 厚さ mm	6.0	6.4	7.1	7.9	8.7	9.5	10.3	11.1	11.9	12.7	13.1	15.1	15.9
350	14	355.6	51.7	55.1	61.0	67.7									
400	16	406.4	59.2	63.1	69.9	77.6									
450	18	457.2	66.8	71.1	78.8	87.5									
500	20	508.0	74.3	79.2	87.7	97.4	107	117							
550	22	558.8	81.8	87.2	96.6	107	118	129	139	150	160	171			
600	24	609.6	89.3	95.2	105	117	129	141	152	164	175	187			
650	26	660.4	96.8	103	114	127	140	152	165	178	190	203			
700	28	711.2	104	111	123	137	151	164	178	192	205	219			
750	30	762.0		119	132	147	162	176	191	206	220	235			
800	32	812.8		127	141	157	173	188	204	219	235	251	258	297	312
850	34	863.6				167	183	200	217	233	250	266	275	316	332
900	36	914.4				177	194	212	230	247	265	282	291	335	352
1 000	40	1 016.0				196	216	236	255	275	295	314	324	373	392
1 100	44	1 117.6						260	281	303	324	346	357	411	432
1 200	48	1 219.2						283	307	331	354	378	390	448	472
1 350	54	1 371.6									399	426	439	505	532
1 500	60	1 524.0									444	473	488	562	591
1 600	64	1 625.6											521	600	631
1 800	72	1 828.8											587	675	711
2 000	80	2 032.0												751	791

表 5　外径及び厚さの許容差

区分		許容差 %
外径		±0.5 測定は周長による。
厚さ	呼び径 450 A 以下	+15 −12.5
	呼び径 450 A を超えるもの	+15 −10

A-8　配管用合金鋼鋼管　JIS G 3458-1988

Alloy steel pipes

1. **適用範囲**　主に高温度の配管に用いる管。
2. **種類・記号**　**表1**による。

表1　種類記号

分類	種類記号
モリブデン鋼鋼管	STPA 12
クロムモリブデン鋼鋼管	STPA 20 STPA 22 STPA 23 STPA 24 STPA 25 STPA 26

3. **化学成分**　**表2**による。

表2　化学成分

単位 %

種類記号	C	Si	Mn	P	S	Cr	Mo
STPA 12	0.10~0.20	0.10~0.50	0.30~0.80	0.035以下	0.035以下	—	0.45~0.65
STPA 20	0.10~0.20	0.10~0.50	0.30~0.60	0.035以下	0.035以下	0.50~ 0.80	0.40~0.65
STPA 22	0.15以下	0.50以下	0.30~0.60	0.035以下	0.035以下	0.80~ 1.25	0.45~0.65
STPA 23	0.15以下	0.50~1.00	0.30~0.60	0.030以下	0.030以下	1.00~ 1.50	0.45~0.65
STPA 24	0.15以下	0.50以下	0.30~0.60	0.030以下	0.030以下	1.90~ 2.60	0.87~1.13
STPA 25	0.15以下	0.50以下	0.30~0.60	0.030以下	0.030以下	4.00~ 6.00	0.45~0.65
STPA 26	0.15以下	0.25~1.00	0.30~0.60	0.030以下	0.030以下	8.00~10.00	0.90~1.10

4. **機械的性質**　**表3**による。
5. **水圧試験特性**　管は**表4**の水圧に耐え，漏れがない。
6. **寸法・質量**　**表5**による。
7. **寸法許容差**　**表6**による。長さは指定長さ以上とする。
8. **表　示**
   a) 種類記号
   b) 製造方法記号

熱間仕上継目無鋼管：—S—H
冷間仕上継目無鋼管：—S—C

c）寸 法　呼び径×呼び厚さ　例）50 A×Sch 40

表 3　機械的性質

種類記号	引張強さ N/mm²	降伏点又は耐力 N/mm²	伸び %			
			11号試験片 12号試験片	5 号試験片	4 号試験片	
			縦 方 向	横 方 向	縦 方 向	横 方 向
STPA 12	380 以上	205 以上	30 以上	25 以上	24 以上	19 以上
STPA 20	410 以上	205 以上	30 以上	25 以上	24 以上	19 以上
STPA 22	410 以上	205 以上	30 以上	25 以上	24 以上	19 以上
STPA 23	410 以上	205 以上	30 以上	25 以上	24 以上	19 以上
STPA 24	410 以上	205 以上	30 以上	25 以上	24 以上	19 以上
STPA 25	410 以上	205 以上	30 以上	25 以上	24 以上	19 以上
STPA 26	410 以上	205 以上	30 以上	25 以上	24 以上	19 以上

表 4　水圧試験圧力

単位 MPa

スケジュール番号 Sch	10	20	30	40	60	80	100	120	140	160
水圧試験圧力	2.0	3.5	5.0	6.0	9.0	12	15	18	20	20

表 5　配管用合金鋼鋼管の寸法及び質量

呼び径		外径	呼び厚さ																			
			スケジュール 10		スケジュール 20		スケジュール 30		スケジュール 40		スケジュール 60		スケジュール 80		スケジュール 100		スケジュール 120		スケジュール 140		スケジュール 160	
A	B	mm	厚さ mm	単位質量 kg/m	厚さ mm	単位質量 kg/m	厚さ mm	単位質量 kg/m	厚さ mm	単位質量 kg/m	厚さ mm	単位質量 kg/m	厚さ mm	単位質量 kg/m	厚さ mm	単位質量 kg/m	厚さ mm	単位質量 kg/m	厚さ mm	単位質量 kg/m	厚さ mm	単位質量 kg/m
6	$^1/_8$	10.5	—	—	—	—	—	—	1.7	0.369	—	—	2.4	0.479	—	—	—	—	—	—	—	—
8	$^1/_4$	13.8	—	—	—	—	—	—	2.2	0.629	—	—	3.0	0.799	—	—	—	—	—	—	—	—
10	$^3/_8$	17.3	—	—	—	—	—	—	2.3	0.851	—	—	3.2	1.11	—	—	—	—	—	—	—	—
15	$^1/_2$	21.7	—	—	—	—	—	—	2.8	1.31	—	—	3.7	1.64	—	—	—	—	—	—	4.7	1.97
20	$^3/_4$	27.2	—	—	—	—	—	—	2.9	1.74	—	—	3.9	2.24	—	—	—	—	—	—	5.5	2.94
25	1	34.0	—	—	—	—	—	—	3.4	2.57	—	—	4.5	3.27	—	—	—	—	—	—	6.4	4.36
32	$1^1/_4$	42.7	—	—	—	—	—	—	3.6	3.47	—	—	4.9	4.57	—	—	—	—	—	—	6.4	5.73
40	$1^1/_2$	48.6	—	—	—	—	—	—	3.7	4.10	—	—	5.1	5.47	—	—	—	—	—	—	7.1	7.27
50	2	60.5	—	—	—	—	—	—	3.9	5.44	—	—	5.5	7.46	—	—	—	—	—	—	8.7	11.1
65	$2^1/_2$	76.3	—	—	—	—	—	—	5.2	9.12	—	—	7.0	12.0	—	—	—	—	—	—	9.5	15.6
80	3	89.1	—	—	—	—	—	—	5.5	11.3	—	—	7.6	15.3	—	—	—	—	—	—	11.1	21.4
90	$3^1/_2$	101.6	—	—	—	—	—	—	5.7	13.5	—	—	8.1	18.7	—	—	—	—	—	—	12.7	27.8
100	4	114.3	—	—	—	—	—	—	6.0	16.0	—	—	8.6	22.4	—	—	11.1	28.2	—	—	13.5	33.6
125	5	139.8	—	—	—	—	—	—	6.6	21.7	—	—	9.5	30.5	—	—	12.7	39.8	—	—	15.9	48.6
150	6	165.2	—	—	—	—	—	—	7.1	27.7	—	—	11.0	41.8	—	—	14.3	53.2	—	—	18.2	66.0
200	8	216.3	—	—	6.4	33.1	7.0	36.1	8.2	42.1	10.3	52.3	12.7	63.8	15.1	74.9	18.2	88.9	20.6	99.4	23.0	110
250	10	267.4	—	—	6.4	41.2	7.8	49.9	9.3	59.2	12.7	79.8	15.1	93.9	18.2	112	21.4	130	25.4	152	28.6	168
300	12	318.5	—	—	6.4	49.3	8.4	64.2	10.3	78.3	14.3	107	17.4	129	21.4	157	25.4	184	28.6	204	33.3	234
350	14	355.6	6.4	55.1	7.9	67.7	9.5	81.1	11.1	94.3	15.1	127	19.0	158	23.8	195	27.8	225	31.8	254	35.7	282
400	16	406.4	6.4	63.1	7.9	77.6	9.5	93.0	12.7	123	16.7	160	21.4	203	26.2	246	30.9	286	36.5	333	40.5	365
450	18	457.2	6.4	71.1	7.9	87.5	11.1	122	14.3	156	19.0	205	23.8	254	29.4	310	34.9	363	39.7	409	45.2	459
500	20	508.0	6.4	79.2	9.5	117	12.7	155	15.1	184	20.6	248	26.2	311	32.5	381	38.1	441	44.4	508	50.0	565
550	22	558.8	—	—	—	—	—	—	15.9	213	22.2	294	28.6	374	34.9	451	41.3	527	47.6	600	54.0	672
600	24	609.6	—	—	—	—	—	—	17.5	256	24.6	355	31.0	442	38.9	547	46.0	639	52.4	720	59.5	807
650	26	660.4	—	—	—	—	—	—	18.9	299	26.4	413	34.0	525	41.6	635	49.1	740	56.6	843	64.2	944

表6　外径，厚さ及び偏肉の許容差

区　分	外径の許容差		厚さの許容差	偏肉の許容差
熱間仕上 継目無鋼管	50 mm 未満	±0.5 mm	4 mm 未満 ±0.5 mm 4 mm 以上 ±12.5 %	厚さの 20 % 以下
	50 mm 以上 160 mm 未満	±1 %		
	160 mm 以上 200 mm 未満	±1.6 mm		
	200 mm 以上 ただし，350mm以上は周長によることができる。この場合の許容差は±0.5 %とする。	±0.8 %		
冷間仕上 継目無鋼管	40 mm 未満	±0.3 mm	2 mm 未満 ±0.2 mm 2 mm 以上 ±10 %	—
	40 mm 以上 ただし，350mm以上は周長によることができる。この場合の許容差は±0.5 %とする。	±0.8 %		

A-9　配管用ステンレス鋼管　JIS G 3459-1997

Stainless steel pipes

1. **適用範囲**　耐食用，低温用，高温用などの配管に用いる管。
2. **種類・記号**　**表 1** による。
3. **化学成分**　**表 2** による。
4. **機械的性質**　**表 3** による。
5. **水圧試験特性**　管は**表 4** の水圧に耐え，漏れがない。
6. **寸法・質量**　**表 5** による。
7. **寸法許容差**　**表 6** による。長さは指定長さ以上とする。
8. **表　示**

a）種類記号

b）製造方法記号

熱間仕上継目無鋼管	：—S—H
冷間仕上継目無鋼管	：—S—C
自動アーク溶接鋼管	：—A
冷間仕上自動アーク溶接鋼管	：—A—C
溶接部加工仕上自動アーク溶接鋼管	：—A—B
レーザ溶接鋼管	：—L
冷間仕上レーザ溶接鋼管	：—L—C
溶接部加工仕上レーザ溶接鋼管	：—L—B
電気抵抗溶接ままの鋼管	：—E—G
冷間仕上電気抵抗溶接鋼管	：—E—C

c）寸　法

呼び径×呼び厚さ　例）50 A×Sch 10 S

表 1　種類記号及び熱処理

分類	種類記号	固溶化熱処理 ℃	分類	種類記号	固溶化熱処理 ℃
オーステナイト系	SUS304TP	1 010 以上，急冷	オーステナイト系	SUS321HTP	冷間仕上げ 1 095 以上，急冷
	SUS304HTP	1 040 以上，急冷			熱間仕上げ 1 050 以上，急冷
	SUS304LTP	1 010 以上，急冷		SUS347TP	980 以上，急冷
	SUS309TP	1 030 以上，急冷		SUS347HTP	冷間仕上げ 1 095 以上，急冷
	SUS309STP	1 030 以上，急冷			熱間仕上げ 1 050 以上，急冷
	SUS310TP	1 030 以上，急冷	オーステナイト・フェライト系	SUS329J1TP	950 以上，急冷
	SUS310STP	1 030 以上，急冷		SU329J3LTP	950 以上，急冷
	SUS316TP	1 010 以上，急冷			
	SUS316HTP	1 040 以上，急冷		SUS329J4LTP	950 以上，急冷
	SUS316LTP	1 010 以上，急冷	フェライト系	SUS405TP	焼なまし 700 以上，空冷又は徐冷
	SUS316TiTP	920 以上，急冷		SUS409LTP	焼なまし 700 以上，空冷又は徐冷
	SUS317TP	1 010 以上，急冷		SUS430TP	焼なまし 700 以上，空冷又は徐冷
	SUS317LTP	1 010 以上，急冷		SUS430LXTP	焼なまし 700 以上，空冷又は徐冷
	SUS836LTP	1 030 以上，急冷		SUS430J1LTP	焼なまし 720 以上，空冷又は徐冷
	SUS890LTP	1 030 以上，急冷		SUS436LTP	焼なまし 720 以上，空冷又は徐冷
	SUS321TP	920 以上，急冷		SUS444TP	焼なまし 700 以上，空冷又は徐冷

表 2　化学成分

単位 %

種類記号	C	Si	Mn	P	S	Ni	Cr	Mo	その他
SUS304TP	0.08以下	1.00以下	2.00以下	0.040以下	0.030以下	8.00~11.00	18.00~20.00	—	—
SUS304HTP	0.04~0.10	0.75以下	2.00以下	0.040以下	0.030以下	8.00~11.00	18.00~20.00	—	—
SUS304LTP	0.030以下	1.00以下	2.00以下	0.040以下	0.030以下	9.00~13.00	18.00~20.00	—	—
SUS309TP	0.15以下	1.00以下	2.00以下	0.040以下	0.030以下	12.00~15.00	22.00~24.00	—	—
SUS309STP	0.08以下	1.00以下	2.00以下	0.040以下	0.030以下	12.00~15.00	22.00~24.00	—	—
SUS310TP	0.15以下	1.50以下	2.00以下	0.040以下	0.030以下	19.00~22.00	24.00~26.00	—	—
SUS310STP	0.08以下	1.50以下	2.00以下	0.040以下	0.030以下	19.00~22.00	24.00~26.00	—	—
SUS316TP	0.08以下	1.00以下	2.00以下	0.040以下	0.030以下	10.00~14.00	16.00~18.00	2.00~3.00	—
SUS316HTP	0.04~0.10	0.75以下	2.00以下	0.030以下	0.030以下	11.00~14.00	16.00~18.00	2.00~3.00	—
SUS316LTP	0.030以下	1.00以下	2.00以下	0.040以下	0.030以下	12.00~16.00	16.00~18.00	2.00~3.00	—
SUS316TiTP	0.08以下	1.00以下	2.00以下	0.040以下	0.030以下	10.00~14.00	16.00~18.00	2.00~3.00	Ti 5×C %以上
SUS317TP	0.08以下	1.00以下	2.00以下	0.040以下	0.030以下	11.00~15.00	18.00~20.00	3.00~4.00	—
SUS317LTP	0.030以下	1.00以下	2.00以下	0.040以下	0.030以下	11.00~15.00	18.00~20.00	3.00~4.00	—
SUS836LTP	0.030以下	1.00以下	2.00以下	0.040以下	0.030以下	24.00~26.00	19.00~24.00	5.00~7.00	N 0.25以下
SUS890LTP	0.020以下	1.00以下	2.00以下	0.040以下	0.030以下	23.00~28.00	19.00~23.00	4.00~5.00	Cu 1.00~2.00
SUS321TP	0.08以下	1.00以下	2.00以下	0.040以下	0.030以下	9.00~13.00	17.00~19.00	—	Ti 5×C %以上
SUS321HTP	0.04~0.10	0.75以下	2.00以下	0.030以下	0.030以下	9.00~13.00	17.00~20.00	—	Ti 4×C %~0.60
SUS347TP	0.08以下	1.00以下	2.00以下	0.040以下	0.030以下	9.00~13.00	17.00~19.00	—	Nb 10×C %以上
SUS347HTP	0.04~0.10	1.00以下	2.00以下	0.030以下	0.030以下	9.00~13.00	17.00~20.00	—	Nb 8×C %~1.00
SUS329J1TP	0.08以下	1.00以下	1.50以下	0.040以下	0.030以下	3.00~ 6.00	23.00~28.00	1.00~3.00	—
SUS329J3LTP	0.030以下	1.00以下	1.50以下	0.040以下	0.030以下	4.50~ 6.50	21.00~24.00	2.50~3.50	N 0.08~0.20
SUS329J4LTP	0.030以下	1.00以下	1.50以下	0.040以下	0.030以下	5.50~ 7.50	24.00~26.00	2.50~3.50	N 0.08~0.30
SUS405TP	0.08以下	1.00以下	1.00以下	0.040以下	0.030以下	—	11.50~14.50	—	Al 0.10~0.30
SUS409LTP	0.030以下	1.00以下	1.00以下	0.040以下	0.030以下	—	10.50~11.75	—	Ti 6×C %~0.75
SUS430TP	0.12以下	0.75以下	1.00以下	0.040以下	0.030以下	—	16.00~18.00	—	—
SUS430LXTP	0.030以下	0.75以下	1.00以下	0.040以下	0.030以下	—	16.00~19.00	—	Ti 又は Nb 0.10~1.00
SUS430J1LTP	0.025以下	1.00以下	1.00以下	0.040以下	0.030以下	—	16.00~20.00	—	N 0.025以下 Nb 8×(C %+N %)~0.80 Cu 0.30~0.80
SUS436LTP	0.025以下	1.00以下	1.00以下	0.040以下	0.030以下	—	16.00~19.00	0.75~1.25	N 0.025以下 Ti, Nb, Zr 又はそれらの組合せ 8×(C %+N %)~0.80
SUS444TP	0.025以下	1.00以下	1.00以下	0.040以下	0.030以下	—	17.00~20.00	1.75~2.50	N 0.025以下 Ti, Nb, Zr 又はそれらの組合せ 8×(C %+N %)~0.80

表 3 機械的性質

種類記号	引張強さ N/mm²	耐力 N/mm²	伸び %			
			11号試験片 12号試験片	5 号試験片	4 号試験片	
			縦方向	横方向	縦方向	横方向
SUS304TP	520以上	205以上	35以上	25以上	30以上	22以上
SUS304HTP	520以上	205以上	35以上	25以上	30以上	22以上
SUS304LTP	480以上	175以上	35以上	25以上	30以上	22以上
SUS309TP	520以上	205以上	35以上	25以上	30以上	22以上
SUS309STP	520以上	205以上	35以上	25以上	30以上	22以上
SUS310TP	520以上	205以上	35以上	25以上	30以上	22以上
SUS310STP	520以上	205以上	35以上	25以上	30以上	22以上
SUS316TP	520以上	205以上	35以上	25以上	30以上	22以上
SUS316HTP	520以上	205以上	35以上	25以上	30以上	22以上
SUS316LTP	480以上	175以上	35以上	25以上	30以上	22以上
SUS316TiTP	520以上	205以上	35以上	25以上	30以上	22以上
SUS317TP	520以上	205以上	35以上	25以上	30以上	22以上
SUS317LTP	480以上	175以上	35以上	25以上	30以上	22以上
SUS836LTP	520以上	205以上	35以上	25以上	30以上	22以上
SUS890LTP	490以上	215以上	35以上	25以上	30以上	22以上
SUS321TP	520以上	205以上	35以上	25以上	30以上	22以上
SUS321HTP	520以上	205以上	35以上	25以上	30以上	22以上
SUS347TP	520以上	205以上	35以上	25以上	30以上	22以上
SUS347HTP	520以上	205以上	35以上	25以上	30以上	22以上
SUS329J1TP	590以上	390以上	18以上	13以上	14以上	10以上
SUS329J3LTP	620以上	450以上	18以上	13以上	14以上	10以上
SUS329J4LTP	620以上	450以上	18以上	13以上	14以上	10以上
SUS405TP	410以上	205以上	20以上	14以上	16以上	11以上
SUS409LTP	360以上	175以上	20以上	14以上	16以上	11以上
SUS430TP	410以上	245以上	20以上	14以上	16以上	11以上
SUS430LXTP	360以上	175以上	20以上	14以上	16以上	11以上
SUS430J1LTP	390以上	205以上	20以上	14以上	16以上	11以上
SUS436LTP	410以上	245以上	20以上	14以上	16以上	11以上
SUS444TP	410以上	245以上	20以上	14以上	16以上	11以上

表 4 スケジュール番号に従った水圧試験圧力

単位 MPa

スケジュール番号 Sch	5S	10S	20S	40	80	120	160
水圧試験圧力	1.5	2.0	3.5	6.0	12	18	20

表5 配管用ステンレス鋼管の寸法及び質量

呼び径		外径	呼び厚さ															
A	B		スケジュール5S								スケジュール10S							
			厚さ	単位質量 kg/m							厚さ	単位質量 kg/m						
				種類								種類						
		mm	mm	304 304H 304L 321 321H	309 309S 310 310S 316 316H 316L 316Ti 317 317L 347 347H	329J1 329J3L 329J4L	405 409L 444	430 430LX 430J1L 436L	836L	890L	mm	304 304H 304L 321 321H	309 309S 310 310S 316 316H 316L 316Ti 317 317L 347 347H	329J1 329J3L 329J4L	405 409L 444	430 430LX 430J1L 436L	836L	890L
6	1/8	10.5	1.0	0.237	0.238	0.233	0.231	0.230	0.241	0.240	1.2	0.278	0.280	0.273	0.272	0.270	0.283	0.282
8	1/4	13.8	1.2	0.377	0.379	0.370	0.368	0.366	0.383	0.382	1.65	0.499	0.503	0.491	0.488	0.485	0.508	0.507
10	3/8	17.3	1.2	0.481	0.484	0.473	0.470	0.467	0.489	0.489	1.65	0.643	0.647	0.633	0.629	0.625	0.654	0.653
15	1/2	21.7	1.65	0.824	0.829	0.811	0.806	0.800	0.838	0.837	2.1	1.03	1.03	1.01	1.00	0.996	1.04	1.04
20	3/4	27.2	1.65	1.05	1.06	1.03	1.03	1.02	1.07	1.07	2.1	1.31	1.32	1.29	1.28	1.28	1.33	1.33
25	1	34.0	1.65	1.33	1.34	1.31	1.30	1.29	1.35	1.35	2.8	2.18	2.19	2.14	2.13	2.11	2.21	2.21
32	1 1/4	42.7	1.65	1.69	1.70	1.66	1.65	1.64	1.71	1.71	2.8	2.78	2.80	2.74	2.72	2.70	2.83	2.83
40	1 1/2	48.6	1.65	1.93	1.94	1.90	1.89	1.87	1.96	1.96	2.8	3.19	3.21	3.14	3.12	3.10	3.25	3.24
50	2	60.5	1.65	2.42	2.43	2.38	2.36	2.35	2.46	2.46	2.8	4.02	4.05	3.96	3.93	3.91	4.09	4.09
65	2 1/2	76.3	2.1	3.88	3.91	3.82	3.79	3.77	3.95	3.94	3.0	5.48	5.51	5.39	5.35	5.32	5.57	5.56
80	3	89.1	2.1	4.55	4.58	4.48	4.45	4.42	4.63	4.62	3.0	6.43	6.48	6.33	6.29	6.25	6.54	6.53
90	3 1/2	101.6	2.1	5.20	5.24	5.12	5.09	5.05	5.29	5.28	3.0	7.37	7.42	7.25	7.20	7.16	7.49	7.48
100	4	114.3	2.1	5.87	5.91	5.77	5.74	5.70	5.97	5.96	3.0	8.32	8.37	8.18	8.13	8.08	8.45	8.44
125	5	139.8	2.8	9.56	9.62	9.40	9.34	9.28	9.71	9.70	3.4	11.6	11.6	11.4	11.3	11.2	11.7	11.7
150	6	165.2	2.8	11.3	11.4	11.1	11.1	11.0	11.5	11.5	3.4	13.7	13.8	13.5	13.4	13.3	13.9	13.9
200	8	216.3	2.8	14.9	15.0	14.6	14.6	14.5	15.1	15.1	4.0	21.2	21.3	20.8	20.7	20.5	21.5	21.5
250	10	267.4	3.4	22.4	22.5	22.0	21.9	21.7	22.7	22.7	4.0	26.2	26.4	25.8	25.7	25.5	26.7	26.6
300	12	318.5	4.0	31.3	31.5	30.8	30.6	30.4	31.9	31.8	4.5	35.2	35.4	34.6	34.4	34.2	35.8	35.7
350	14	355.6	−	−	−	−	−	−	−	−	−	−	−	−	−	−	−	−
400	16	406.4	−	−	−	−	−	−	−	−	−	−	−	−	−	−	−	−
450	18	457.2	−	−	−	−	−	−	−	−	−	−	−	−	−	−	−	−
500	20	508.0	−	−	−	−	−	−	−	−	−	−	−	−	−	−	−	−
550	22	558.8	−	−	−	−	−	−	−	−	−	−	−	−	−	−	−	−
600	24	609.6	−	−	−	−	−	−	−	−	−	−	−	−	−	−	−	−
650	26	660.4	−	−	−	−	−	−	−	−	−	−	−	−	−	−	−	−

表5 配管用ステンレス鋼管の寸法及び質量(続き)

呼び径		外径	呼び厚さ															
A	B		スケジュール20S								スケジュール40							
			厚さ	単位質量 kg/m							厚さ	単位質量 kg/m						
				種類								種類						
		mm	mm	304 304H 304L 321 321H	309 309S 310 310S 316 316H 316L 316Ti 317 317L 347 347H	329J1 329J3L 329J4L	405 409L 444	430 430LX 430J1L 436L	836L	890L	mm	304 304H 304L 321 321H	309 309S 310 310S 316 316H 316L 316Ti 317 317L 347 347H	329J1 329J3L 329J4L	405 409L 444	430 430LX 430J1L 436L	836L	890L
6	1/8	10.5	1.5	0.336	0.338	0.331	0.329	0.327	0.342	0.341	1.7	0.373	0.375	0.367	0.364	0.362	0.378	0.378
8	1/4	13.8	2.0	0.588	0.592	0.578	0.575	0.571	0.598	0.597	2.2	0.636	0.640	0.625	0.621	0.617	0.646	0.645
10	3/8	17.3	2.0	0.762	0.767	0.750	0.745	0.740	0.775	0.774	2.3	0.859	0.865	0.845	0.840	0.835	0.874	0.873
15	1/2	21.7	2.5	1.20	1.20	1.18	1.17	1.16	1.22	1.21	2.8	1.32	1.33	1.30	1.29	1.28	1.34	1.34
20	3/4	27.2	2.5	1.54	1.55	1.51	1.50	1.49	1.56	1.56	2.9	1.76	1.77	1.73	1.72	1.70	1.78	1.78
25	1	34.0	3.0	2.32	2.33	2.28	2.26	2.25	2.35	2.35	3.4	2.59	2.61	2.55	2.53	2.51	2.63	2.63
32	1 1/4	42.7	3.0	2.97	2.99	2.92	2.90	2.88	3.02	3.01	3.6	3.51	3.53	3.45	3.43	3.40	3.56	3.56
40	1 1/2	48.6	3.0	3.41	3.43	3.35	3.33	3.31	3.46	3.46	3.7	4.14	4.16	4.07	4.05	4.02	4.21	4.20
50	2	60.5	3.5	4.97	5.00	4.89	4.86	4.83	5.05	5.05	3.9	5.50	5.53	5.41	5.38	5.34	5.59	5.58
65	2 1/2	76.3	3.5	6.35	6.39	6.24	6.20	6.16	6.45	6.44	5.2	9.21	9.27	9.06	9.00	8.94	9.36	9.35
80	3	89.1	4.0	8.48	8.53	8.34	8.29	8.23	8.62	8.61	5.5	11.5	11.5	11.3	11.2	11.1	11.6	11.6
90	3 1/2	101.6	4.0	9.72	9.79	9.56	9.51	9.44	9.88	9.87	5.7	13.6	13.7	13.4	13.3	13.2	13.8	13.8
100	4	114.3	4.0	11.0	11.1	10.8	10.7	10.7	11.2	11.2	6.0	16.2	16.3	15.9	15.8	15.7	16.5	16.4
125	5	139.8	5.0	16.8	16.9	16.5	16.4	16.3	17.1	17.0	6.6	21.9	22.0	21.5	21.4	21.3	22.3	22.2
150	6	165.2	5.0	20.0	20.1	19.6	19.5	19.4	20.3	20.3	7.1	28.0	28.1	27.5	27.3	27.2	28.4	28.4
200	8	216.3	6.5	34.0	34.2	33.4	33.2	33.0	34.5	34.5	8.2	42.5	42.8	41.8	41.6	41.3	43.2	43.2
250	10	267.4	6.5	42.2	42.5	41.5	41.3	41.0	42.9	42.9	9.3	59.8	60.2	58.8	58.4	58.1	60.8	60.7
300	12	318.5	6.5	50.5	50.8	49.7	49.4	49.1	51.3	51.3	10.3	79.1	79.6	77.8	77.3	76.8	80.4	80.3
350	14	355.6	−	−	−	−	−	−	−	−	11.1	95.3	95.9	93.7	93.1	92.5	96.8	96.7
400	16	406.4	−	−	−	−	−	−	−	−	12.7	125	125	122	122	121	127	126
450	18	457.2	−	−	−	−	−	−	−	−	14.3	158	159	155	154	153	160	160
500	20	508.0	−	−	−	−	−	−	−	−	15.1	185	187	182	181	180	188	188
550	22	558.8	−	−	−	−	−	−	−	−	15.9	215	216	211	210	209	219	218
600	24	609.6	−	−	−	−	−	−	−	−	17.5	258	260	254	252	251	262	262
650	26	660.4	−	−	−	−	−	−	−	−	18.9	302	304	297	295	293	307	307

表5 配管用ステンレス鋼管の寸法及び質量(続き)

呼び径		外径	呼び厚さ															
			スケジュール80								スケジュール120							
			厚さ	単位質量 kg/m							厚さ	単位質量 kg/m						
				種類								種類						
A	B	mm	mm	304 304H 304L 321 321H	309 309S 310 310S 316 316H 316L 316Ti 317 317L 347 347H	329J1 329J3L 329J4L	405 409L 444	430 430LX 430J1L 436L	836L	890L	mm	304 304H 304L 321 321H	309 309S 310 310S 316 316H 316L 316Ti 317 317L 347 347H	329J1 329J3L 329J4L	405 409L 444	430 430LX 430J1L 436L	836L	890L
6	1/8	10.5	2.4	0.484	0.487	0.476	0.473	0.470	0.492	0.492	—	—	—	—	—	—	—	—
8	1/4	13.8	3.0	0.807	0.812	0.794	0.789	0.784	0.820	0.819	—	—	—	—	—	—	—	—
10	3/8	17.3	3.2	1.12	1.13	1.11	1.10	1.09	1.14	1.14	—	—	—	—	—	—	—	—
15	1/2	21.7	3.7	1.66	1.67	1.63	1.62	1.61	1.69	1.68	—	—	—	—	—	—	—	—
20	3/4	27.2	3.9	2.26	2.28	2.23	2.21	2.20	2.30	2.30	—	—	—	—	—	—	—	—
25	1	34.0	4.5	3.31	3.33	3.25	3.23	3.21	3.36	3.36	—	—	—	—	—	—	—	—
32	1 1/4	42.7	4.9	4.61	4.64	4.54	4.51	4.48	4.69	4.68	—	—	—	—	—	—	—	—
40	1 1/2	48.6	5.1	5.53	5.56	5.44	5.40	5.37	5.62	5.61	—	—	—	—	—	—	—	—
50	2	60.5	5.5	7.54	7.58	7.41	7.37	7.32	7.66	7.65	—	—	—	—	—	—	—	—
65	2 1/2	76.3	7.0	12.1	12.2	11.9	11.8	11.7	12.3	12.3	—	—	—	—	—	—	—	—
80	3	89.1	7.6	15.4	15.5	15.2	15.1	15.0	15.7	15.7	—	—	—	—	—	—	—	—
90	3 1/2	101.6	8.1	18.9	19.0	18.6	18.4	18.3	19.2	19.2	—	—	—	—	—	—	—	—
100	4	114.3	8.6	22.6	22.8	22.3	22.1	22.0	23.0	23.0	11.1	28.5	28.7	28.1	27.9	27.7	29.0	29.0
125	5	139.8	9.5	30.8	31.0	30.3	30.1	29.9	31.3	31.3	12.7	40.2	40.5	39.5	39.3	39.0	40.9	40.8
150	6	165.2	11.0	42.3	42.5	41.6	41.3	41.0	42.9	42.9	14.3	53.8	54.1	52.9	52.5	52.2	54.6	54.6
200	8	216.3	12.7	64.4	64.8	63.4	63.0	62.5	65.5	65.4	18.2	89.8	90.4	88.3	87.8	87.2	91.3	91.2
250	10	267.4	15.1	94.9	95.5	93.3	92.8	92.2	96.5	96.3	21.4	131	132	129	128	127	133	133
300	12	318.5	17.4	131	131	128	128	127	133	132	25.4	185	187	182	181	180	189	188
350	14	355.6	19.0	159	160	157	156	155	162	162	27.8	227	228	223	222	220	231	230
400	16	406.4	21.4	205	207	202	201	199	209	208	30.9	289	291	284	283	281	294	293
450	18	457.2	23.8	257	259	253	251	250	261	261	34.9	367	369	361	359	357	373	373
500	20	508.0	26.2	314	316	309	307	305	320	319	38.1	446	449	439	436	433	453	453
550	22	558.8	28.6	378	380	372	369	367	384	383	41.3	532	536	524	520	517	541	541
600	24	609.6	31.0	447	450	439	437	434	454	454	46.0	646	650	635	631	627	656	656
650	26	660.4	34.0	531	534	522	519	515	539	539	49.1	748	752	735	731	726	760	759

表5 配管用ステンレス鋼管の寸法及び質量(続き)

呼び径		外径	呼び厚さ							
			スケジュール160							
			厚さ	単位質量 kg/m						
				種類						
A	B	mm	mm	304 304H 304L 321 321H	309 309S 310 310S 316 316H 316L 316Ti 317 317L 347 347H	329J1 329J3L 329J4L	405 409L 444	430 430LX 430J1L 436L	836L	890L
6	1/8	10.5	−	−	−	−	−	−	−	−
8	1/4	13.8	−	−	−	−	−	−	−	−
10	3/8	17.3	−	−	−	−	−	−	−	−
15	1/2	21.7	4.7	1.99	2.00	1.96	1.95	1.93	2.02	2.02
20	3/4	27.2	5.5	2.97	2.99	2.92	2.91	2.89	3.02	3.02
25	1	34.0	6.4	4.40	4.43	4.33	4.30	4.27	4.47	4.47
32	1 1/4	42.7	6.4	5.79	5.82	5.69	5.66	5.62	5.88	5.88
40	1 1/2	48.6	7.1	7.34	7.39	7.22	7.17	7.13	7.46	7.45
50	2	60.5	8.7	11.2	11.3	11.0	11.0	10.9	11.4	11.4
65	2 1/2	76.3	9.5	15.8	15.9	15.5	15.5	15.4	16.1	16.0
80	3	89.1	11.1	21.6	21.7	21.2	21.1	20.9	21.9	21.9
90	3 1/2	101.6	12.7	28.1	28.3	27.7	27.5	27.3	28.6	28.5
100	4	114.3	13.5	33.9	34.1	33.3	33.1	32.9	34.5	34.4
125	5	139.8	15.9	49.1	49.4	48.3	48.0	47.7	49.9	49.8
150	6	165.2	18.2	66.6	67.1	65.5	65.1	64.7	67.7	67.7
200	8	216.3	23.0	111	111	109	108	108	113	112
250	10	267.4	28.6	170	171	167	166	165	173	173
300	12	318.5	33.3	237	238	233	231	230	240	240
350	14	355.6	35.7	284	286	280	278	276	289	289
400	16	406.4	40.5	369	372	363	361	358	375	375
450	18	457.2	45.2	464	467	456	453	450	472	471
500	20	508.0	50.0	570	574	561	558	554	580	579
550	22	558.8	54.0	679	683	668	664	659	690	689
600	24	609.6	59.5	815	821	802	797	792	829	828
650	26	660.4	64.2	953	960	938	932	926	969	968

表6　管の外径，厚さ及び偏肉の許容差

区分	外径の許容差	厚さの許容差	偏肉の許容差
熱間仕上継目無鋼管	50 mm 未満　±0.5 mm 50 mm 以上　±1 %	4 mm 未満　±0.5 mm 4 mm 以上　±12.5 %	厚さの 20 % 以下
冷間仕上継目無鋼管， 自動アーク溶接鋼管， 電気抵抗溶接鋼管及び レーザ溶接鋼管	30 mm 未満　±0.3 mm 30 mm 以上　±1 %	2 mm 未満　±0.2 mm 2 mm 以上　±10 %	－

9．種類の追加（2種）

SUS315J1TP（18Cr-9Ni-1.5Si-2Cu-1Mo）

SUS315J2TP（18Cr-12Ni-3Si-2Cu-1Mo）

耐応力腐食割れ性，耐孔食性を向上。温水配管用。固溶化熱処理℃，機械的性質，質量は SUS316TP に同じ。

A-10 低温配管用鋼管 JIS G 3460-1998

Steel pipes for low temperature service

1. **適用範囲** 氷点以下の特に低い温度の配管に用いる管。
2. **種類・記号** **表 1** による。

表 1 種類記号

分類	種類記号	(参考)従来記号
炭素鋼鋼管	STPL 380	STPL 39
ニッケル鋼鋼管	STPL 450	STPL 46
	STPL 690	STPL 70

3. **化学成分** **表 2** による。

表 2 化学成分

単位 %

種類記号	C	Si	Mn	P	S	Ni
STPL 380	0.25 以下	0.35 以下	1.35 以下	0.035 以下	0.035 以下	−
STPL 450	0.18 以下	0.10〜0.35	0.30〜0.60	0.030 以下	0.030 以下	3.20〜3.80
STPL 690	0.13 以下	0.10〜0.35	0.90 以下	0.030 以下	0.030 以下	8.50〜9.50

4. **機械的性質** **表 3** による。

表 3 機械的性質

種類記号	引張強さ N/mm²	降伏点又は耐力 N/mm²	伸び %			
			11号試験片 12号試験片	5 号試験片	4 号試験片	
			縦方向	横方向	縦方向	横方向
STPL 380	380 以上	205 以上	35 以上	25 以上	30 以上	22 以上
STPL 450	450 以上	245 以上	30 以上	20 以上	24 以上	16 以上
STPL 690	690 以上	520 以上	21 以上	15 以上	16 以上	10 以上

5. **水圧試験特性** 管は**表 4** の水圧に耐え，漏れがない。

表 4 水圧試験圧力

単位 MPa

スケジュール番号 Sch	10	20	30	40	60	80	100	120	140	160
水圧試験圧力	2.0	3.5	5.0	6.0	9.0	12	15	18	20	20

6．寸法・質量　**表5**による。

7．寸法許容差　**表6**による。長さは，指定長さ以上とする。

8．表　示

a）種類記号

b）製造方法記号

熱間仕上継目無鋼管　：—S—H

冷間仕上継目無鋼管　：—S—C

電気抵抗溶接ままの鋼管　：—E—G

熱間仕上電気抵抗溶接鋼管　：—E—H

冷間仕上電気抵抗溶接鋼管　：—E—C

c）寸法　呼び径×呼び厚さ　例）50 A×Sch 40

表6　外径，厚さ及び偏肉の許容差

<table>
<tr><th>区　分</th><th colspan="2">外径の許容差</th><th>厚さの許容差</th><th>偏肉の許容差</th></tr>
<tr><td rowspan="4">熱間仕上
継目無鋼管</td><td>50 mm 未満</td><td>±0.5 mm</td><td rowspan="4">4 mm 未満
±0.5 mm
4 mm 以上
±12.5 %</td><td rowspan="4">厚さの 20 %
以下</td></tr>
<tr><td>50 mm 以上
160 mm 未満</td><td>±1 %</td></tr>
<tr><td>160 mm 以上
200 mm 未満</td><td>±1.6 mm</td></tr>
<tr><td colspan="2">200 mm 以上　±0.8 %
ただし，350mm以上は周長によることができる。この場合の許容差は±0.5 %とする。</td></tr>
<tr><td rowspan="2">冷間仕上継目無鋼管及び電気抵抗溶接鋼管</td><td>40 mm 未満</td><td>±0.3 mm</td><td rowspan="2">2 mm 未満
±0.2 mm
2 mm 以上
±10 %</td><td rowspan="2">—</td></tr>
<tr><td colspan="2">40 mm 以上　±0.8 %
ただし，350mm以上は周長によることができる。この場合の許容差は±0.5 %とする。</td></tr>
</table>

表5 低温配管用鋼管の寸法及び質量

呼び径		外径	呼び厚さ																			
			スケジュール10		スケジュール20		スケジュール30		スケジュール40		スケジュール60		スケジュール80		スケジュール100		スケジュール120		スケジュール140		スケジュール160	
A	B	mm	厚さ mm	単位質量 kg/m	厚さ mm	単位質量 kg/m	厚さ mm	単位質量 kg/m	厚さ mm	単位質量 kg/m	厚さ mm	単位質量 kg/m	厚さ mm	単位質量 kg/m	厚さ mm	単位質量 kg/m	厚さ mm	単位質量 kg/m	厚さ mm	単位質量 kg/m	厚さ mm	単位質量 kg/m
6	1/8	10.5	—	—	—	—	—	—	1.7	0.369	—	—	2.4	0.479	—	—	—	—	—	—	—	—
8	1/4	13.8	—	—	—	—	—	—	2.2	0.629	—	—	3.0	0.799	—	—	—	—	—	—	—	—
10	3/8	17.3	—	—	—	—	—	—	2.3	0.851	—	—	3.2	1.11	—	—	—	—	—	—	—	—
15	1/2	21.7	—	—	—	—	—	—	2.8	1.31	—	—	3.7	1.64	—	—	—	—	—	—	4.7	1.97
20	3/4	27.2	—	—	—	—	—	—	2.9	1.74	—	—	3.9	2.24	—	—	—	—	—	—	5.5	2.94
25	1	34.0	—	—	—	—	—	—	3.4	2.57	—	—	4.5	3.27	—	—	—	—	—	—	6.4	4.36
32	1 1/4	42.7	—	—	—	—	—	—	3.6	3.47	—	—	4.9	4.57	—	—	—	—	—	—	6.4	5.73
40	1 1/2	48.6	—	—	—	—	—	—	3.7	4.10	—	—	5.1	5.47	—	—	—	—	—	—	7.1	7.27
50	2	60.5	—	—	—	—	—	—	3.9	5.44	—	—	5.5	7.46	—	—	—	—	—	—	8.7	11.1
65	2 1/2	76.3	—	—	—	—	—	—	5.2	9.12	—	—	7.0	12.0	—	—	—	—	—	—	9.5	15.6
80	3	89.1	—	—	—	—	—	—	5.5	11.3	—	—	7.6	15.3	—	—	—	—	—	—	11.1	21.4
90	3 1/2	101.6	—	—	—	—	—	—	5.7	13.5	—	—	8.1	18.7	—	—	—	—	—	—	12.7	27.8
100	4	114.3	—	—	—	—	—	—	6.0	16.0	—	—	8.6	22.4	—	—	11.1	28.2	—	—	13.5	33.6
125	5	139.8	—	—	—	—	—	—	6.6	21.7	—	—	9.5	30.5	—	—	12.7	39.8	—	—	15.9	48.6
150	6	165.2	—	—	—	—	—	—	7.1	27.7	—	—	11.0	41.8	—	—	14.3	53.2	—	—	18.2	66.0
200	8	216.3	—	—	6.4	33.1	7.0	36.1	8.2	42.1	10.3	52.3	12.7	63.8	15.1	74.9	18.2	88.9	20.6	99.4	23.0	110
250	10	267.4	—	—	6.4	41.2	7.8	49.9	9.3	59.2	12.7	79.8	15.1	93.9	18.2	112	21.4	130	25.4	152	28.6	168
300	12	318.5	—	—	6.4	49.3	8.4	64.2	10.3	78.3	14.3	107	17.4	129	21.4	157	25.4	184	28.6	204	33.3	234
350	14	355.6	6.4	55.1	7.9	67.7	9.5	81.1	11.1	94.3	15.1	127	19.0	158	23.8	195	27.8	225	31.8	254	35.7	282
400	16	406.4	6.4	63.1	7.9	77.6	9.5	93.0	12.7	123	16.7	160	21.4	203	26.2	246	30.9	286	36.5	333	40.5	365
450	18	457.2	6.4	71.1	7.9	87.5	11.1	122	14.3	156	19.0	205	23.8	254	29.4	310	34.9	363	39.7	409	45.2	459
500	20	508.0	6.4	79.2	9.5	117	12.7	155	15.1	184	20.6	248	26.2	311	32.5	381	38.1	441	44.4	508	50.0	565
550	22	558.8	—	—	—	—	—	—	15.9	213	22.2	294	28.6	374	34.9	451	41.3	527	47.6	600	54.0	672
600	24	609.6	—	—	—	—	—	—	17.5	256	24.6	355	31.0	442	38.9	547	46.0	639	52.4	720	59.5	807
650	26	660.4	—	—	—	—	—	—	18.9	299	26.4	413	34.0	525	41.6	635	49.1	740	56.6	843	64.2	944

A-11　配管用溶接大径ステンレス鋼管　　JIS G 3468-1994

Large diameter welded stainless steel pipes

1．**適用範囲**　耐食用，低温用，高温用などの配管に用いる管。

2．**種類・記号**　**表 1** による。

表 1　固溶化熱処理

分類	種類記号	固溶化熱処理 ℃	分類	種類記号	固溶化熱処理 ℃
オーステナイト系	SUS304TPY	1 010 以上，急冷	オーステナイト系	SUS317TPY	1 010 以上，急冷
	SUS304LTPY	1 010 以上，急冷		SUS317LTPY	1 010 以上，急冷
	SUS309STPY	1 030 以上，急冷		SUS321TPY	920 以上，急冷
	SUS310STPY	1 030 以上，急冷		SUS347TPY	980 以上，急冷
	SUS316TPY	1 010 以上，急冷	オーステナイト・フェライト系	SU329J1TPY	950 以上，急冷
	SUS316LTPY	1 010 以上，急冷			

3．**化学成分**　**表 2** による。

4．**機械的性質**　**表 3** による。

5．**水圧試験特性**　管は**表 4** の水圧に耐え，漏れがない。

6．**寸法・質量**　**表 5** による。

7．**寸法許容差**　**表 6** による。長さは指定長さ以上とする。

8．**表　示**

a）種類記号

b）製造方法記号

自動アーク溶接鋼管：—A

レーザ溶接鋼管　　：—L

c）寸法　呼び径×呼び厚さ　例）500 A×Sch 10 S

表２　化学成分　　単位 %

種類記号	C	Si	Mn	P	S
SUS304	0.08以下	1.00以下	2.00以下	0.045以下	0.030以下
SUS304L	0.030以下	1.00以下	2.00以下	0.045以下	0.030以下
SUS309S	0.08以下	1.00以下	2.00以下	0.045以下	0.030以下
SUS310S	0.08以下	1.50以下	2.00以下	0.045以下	0.030以下
SUS316	0.08以下	1.00以下	2.00以下	0.045以下	0.030以下
SUS316L	0.030以下	1.00以下	2.00以下	0.045以下	0.030以下
SUS317	0.08以下	1.00以下	2.00以下	0.045以下	0.030以下
SUS317L	0.030以下	1.00以下	2.00以下	0.045以下	0.030以下
SUS321	0.08以下	1.00以下	2.00以下	0.045以下	0.030以下
SUS347	0.08以下	1.00以下	2.00以下	0.045以下	0.030以下
SUS329J1	0.08以下	1.00以下	1.50以下	0.040以下	0.030以下

種類記号	Ni	Cr	Mo	その他
SUS304	8.00～10.50	18.00～20.00	—	—
SUS304L	9.00～13.00	18.00～20.00	—	—
SUS309S	12.00～15.00	22.00～24.00	—	—
SUS310S	19.00～22.00	24.00～26.00	—	—
SUS316	10.00～14.00	16.00～18.00	2.00～3.00	—
SUS316L	12.00～15.00	16.00～18.00	2.00～3.00	—
SUS317	11.00～15.00	18.00～20.00	3.00～4.00	—
SUS317L	11.00～15.00	18.00～20.00	3.00～4.00	—
SUS321	9.00～13.00	17.00～19.00	—	Ti 5×C %以上
SUS347	9.00～13.00	17.00～19.00	—	Nb 10×C %以上
SUS329J1	3.00～ 6.00	23.00～28.00	1.00～3.00	—

表３　機械的性質

種類記号	引張強さ N/mm²	耐力 N/mm²	伸び % 12号試験片 縦方向	伸び % 5号試験片 横方向	種類記号	引張強さ N/mm²	耐力 N/mm²	伸び % 12号試験片 縦方向	伸び % 5号試験片 横方向
SUS304TPY	520以上	205以上	35以上	25以上	SUS317TPY	520以上	205以上	35以上	25以上
SUS304LTPY	480以上	175以上	35以上	25以上	SUS317LTPY	480以上	175以上	35以上	25以上
SUS309STPY	520以上	205以上	35以上	25以上	SUS321TPY	520以上	205以上	35以上	25以上
SUS310STPY	520以上	205以上	35以上	25以上	SUS347TPY	520以上	205以上	35以上	25以上
SUS316TPY	520以上	205以上	35以上	25以上	SUS329J1TPY	590以上	390以上	18以上	13以上
SUS316LTPY	480以上	175以上	35以上	25以上					

表 4　水圧試験圧力

単位 MPa

スケジュール番号 Sch	5S	10S	20S	40
水圧試験圧力	1.5	2.0	2.5	

表 6　外径及び厚さの許容差

区分			許容差 %
外径	呼び径 300 A 以下		±1
	呼び径 350 A 以上		±0.5 測定は周長による。
厚さ	呼び径 500 A 以下	8 mm 未満	+15 −12.5
		8 mm 以上	+15 −10
	呼び径 550 A 以上	8 mm 未満	+規定しない。 −12.5
		8 mm 以上	+規定しない。 −10

9．種類の追加（4 種）

SUS315J1TPY（18Cr-9Ni-1.5Si-2Cu-1Mo）
SUS315J2TPY（18Cr-12Ni-3Si-2Cu-1Mo）
耐応力腐食割れ性，耐孔食性を向上。
SUS329J3LTPY（22Cr-5Ni-3Mo-0.15N-低 C）
硫化水素，塩化物の環境に抵抗性がある。
SUS329J4LTPY（25Cr-6Ni-3Mo-0.2N-低 C）
海水，高濃度塩化物環境で，耐孔食性，耐応力腐食割れ性がある。

表5　配管用溶接大径ステンレス鋼管の寸法及び質量

呼び径		外径	呼び厚さ															
			スケジュール 5S				スケジュール 10S				スケジュール 20S				スケジュール 40			
			厚さ	単位質量　kg/m			厚さ	単位質量　kg/m			厚さ	単位質量　kg/m			厚さ	単位質量　kg/m		
A	B	mm	mm	SUS304 TPY SUS304L TPY SUS321 TPY	SUS309S TPY SUS310S TPY SUS316 TPY SUS316L TPY SUS317 TPY SUS317L TPY SUS347 TPY	SUS329J1 TPY	mm	SUS304 TPY SUS304L TPY SUS321 TPY	SUS309S TPY SUS310S TPY SUS316 TPY SUS316L TPY SUS317 TPY SUS317L TPY SUS347 TPY	SUS329J1 TPY	mm	SUS304 TPY SUS304L TPY SUS321 TPY	SUS309S TPY SUS310S TPY SUS316 TPY SUS316L TPY SUS317 TPY SUS317L TPY SUS347 TPY	SUS329J1 TPY	mm	SUS304 TPY SUS304L TPY SUS321 TPY	SUS309S TPY SUS310S TPY SUS316 TPY SUS316L TPY SUS317 TPY SUS317L TPY SUS347 TPY	SUS329J1 TPY
150	6	165.2	2.8	11.3	11.4	11.1	3.4	13.7	13.8	13.5	5.0	20.0	20.1	19.6	7.1	28.0	28.1	27.5
200	8	216.3	2.8	14.9	15.0	14.6	4.0	21.2	21.3	20.8	6.5	34.0	34.2	33.4	8.2	42.5	42.8	41.8
250	10	267.4	3.4	22.4	22.5	22.0	4.0	26.2	26.4	25.8	6.5	42.2	42.5	41.5	9.3	59.8	60.2	58.8
300	12	318.5	4.0	31.3	31.5	30.8	4.5	35.2	35.4	34.6	6.5	50.5	50.8	49.7	10.3	79.1	79.6	77.8
350	14	355.6	4.0	35.0	35.3	34.5	5.0	43.7	43.9	42.9	8.0	69.3	69.7	68.1	11.1	95.3	95.9	93.7
400	16	406.4	4.5	45.1	45.3	44.3	5.0	50.0	50.3	49.2	8.0	79.4	79.9	78.1	12.7	125	125	122
450	18	457.2	4.5	50.7	51.1	49.9	5.0	56.3	56.7	55.4	8.0	89.5	90.1	88.0	14.3	158	159	155
500	20	508.0	5.0	62.6	63.1	61.6	5.5	68.8	69.3	67.7	9.5	118	119	116	15.1	185	187	182
550	22	558.8	5.0	69.0	69.4	67.8	5.5	75.8	76.3	74.6	9.5	130	131	128	15.9	215	216	211
600	24	609.6	5.5	82.8	83.3	81.4	6.5	97.7	98.3	96.0	9.5	142	143	140	17.5	258	260	254
650	26	660.4	5.5	89.7	90.3	88.2	8.0	130	131	128	12.7	205	206	202	17.5	280	282	276
700	28	711.2	5.5	96.7	97.3	95.1	8.0	140	141	138	12.7	221	222	217	17.5	302	304	297
750	30	762.0	6.5	122	123	120	8.0	150	151	148	12.7	237	239	233	17.5	325	327	319
800	32	812.8	—	—	—	—	8.0	160	161	158	12.7	253	255	249	17.5	347	349	341
850	34	863.6	—	—	—	—	8.0	171	172	168	12.7	269	271	265	17.5	369	371	363
900	36	914.4	—	—	—	—	8.0	181	182	178	12.7	285	287	281	19.1	426	429	419
1 000	40	1 016.0	—	—	—	—	9.5	238	240	234	14.3	357	359	351	26.2	646	650	635

A-12　銅及び銅合金継目無管　JIS H 3300-1997

Copper and copper alloy seamless pipes and tubes

1. **適用範囲**　展伸加工した断面が丸形の管。
2. **種類・等級・記号**　**表1**とする。
3. **化学成分**　**表2**による。
4. **機械的性質**　**表3**による。
5. **寸　法**　**表4(1)**と**(2)**による。
6. **水圧試験**　水圧試験は，次の式によって計算した圧力を用いて行う。

$$P=\frac{2S\times t}{D-0.8t}$$

ここに，P：試験水圧力(MPa)，t：管の肉厚(mm)，D：管の外径(mm)，S：**表5**による材料の許容応力(N/mm²)。

7. **表　示**
   a) 種類，等級及び質別の記号
   b) 寸法

表1　種類，等級及びそれらの記号

種類		等級	記号	参考	
合金番号	形状			名称	特色及び用途例
C 1020	管	普通級	C 1020 T(1)	無酸素銅	電気,熱の伝導性,展延性・絞り加工性に優れ,溶接性・耐食性・耐候性がよい。還元性雰囲気中で高温に加熱しても水素ぜい化を起こさない。熱交換器用,電気用,化学工業用など。
		特殊級	C 1020 TS (1)		
C 1100	管	普通級	C 1100 T(1)	タフピッチ銅	電気・熱の伝導性に優れ,絞り性・耐食性・耐候性がよい。電気部品など。
		特殊級	C 1100 TS (1)		
C 1201	管	普通級	C 1201 T	りん脱酸銅	押広げ性・曲げ性・絞り加工性・溶接性・耐食性・耐候性・熱伝導性がよい。 C 1220 は還元性雰囲気中で高温に加熱しても水素ぜい化を起こすおそれがない。C 1201 は，C 1220 より電気の伝導性はよい。熱交換器用，化学工業用，ガス用など。ただし C 1220 については，水道用及び給湯用にも使用可能。
		特殊級	C 1201 TS		
C 1220	管	普通級	C 1220 T		
		特殊級	C 1220 TS		
C 2200	管	普通級	C 2200 T	丹銅	色沢が美しく，押広げ性・曲げ性・絞り性・耐候性がよい。化粧品ケース，給排水管，継手など。
		特殊級	C 2200 TS		
C 2300	管	普通級	C 2300 T		
		特殊級	C 2300 TS		
C 2600	管	普通級	C 2600 T	黄銅	押広げ性・曲げ性・絞り性・めっき性がよい。熱交換器，カーテンレール，衛生管，諸機器部品，アンテナなど。 C 2800 は強度が高い。 精糖用，船舶用，諸機器部品など。
		特殊級	C 2600 TS		
C 2700	管	普通級	C 2700 T		
		特殊級	C 2700 TS		
C 2800	管	普通級	C 2800 T		
		特殊級	C 2800 TS		
C 4430	管	普通級	C 4430 T	復水器用黄銅	耐食性がよく，特に C 6870・C 6871 及び C 6872 は，耐海水性がよい。火力・原子力発電用復水器，船舶用復水器，給水加熱器，蒸留器，油冷却器，造水装置などの熱交換器など。
		特殊級	C 4430 TS		
C 6870	管	普通級	C 6870 T		
		特殊級	C 6870 TS		
C 6871	管	普通級	C 6871 T		
		特殊級	C 6871 TS		
C 6872	管	普通級	C 6872 T		
		特殊級	C 6872 TS		
C 7060	管	普通級	C 7060 T	復水器用白銅	耐食性がよく，特に耐海水性がよく，比較的高温の使用に適する。船舶用復水器，給水加熱器，化学工業用，造水装置用など。
		特殊級	C 7060 TS		
C 7100	管	普通級	C 7100 T		
		特殊級	C 7100 TS		
C 7150	管	普通級	C 7150 T		
		特殊級	C 7150 TS		
C 7164	管	普通級	C 7164 T		
		特殊級	C 7164 TS		

注(1)　導電用のものは，**表 1**の記号の後に C を付ける。
備　考　質別を示す記号は，**表 1**の記号の後に付ける。

表 2　化学成分

合金番号	化学成分											
	Cu	Pb	Fe	Sn	Zn	Al	As	Mn	Ni	P	Si	Cu+Ni+Fe+Mn
C1020	99.96以上	—	—	—	—	—	—	—	—	—	—	—
C1100	99.90以上	—	—	—	—	—	—	—	—	—	—	—
C1201	99.90以上	—	—	—	—	—	—	—	—	0.004以上0.015未満	—	—
C1220	99.90以上	—	—	—	—	—	—	—	—	0.015~0.040	—	—
C2200	89.0~91.0	0.05以下	0.05以下	—	残部	—	—	—	—	—	—	—
C2300	84.0~86.0	0.05以下	0.05以下	—	残部	—	—	—	—	—	—	—
C2600	68.5~71.5	0.05以下	0.05以下	—	残部	—	—	—	—	—	—	—
C2700	63.0~67.0	0.05以下	0.05以下	—	残部	—	—	—	—	—	—	—
C2800	59.0~63.0	0.10以下	0.07以下	—	残部	—	—	—	—	—	—	—
C4430	70.0~73.0	0.05以下	0.05以下	0.9~1.2	残部	—	0.02~0.06	—	—	—	—	—
C6870	76.0~79.0	0.05以下	0.05以下	—	残部	1.8~2.5	0.02~0.06	—	—	—	—	—
C6871	76.0~79.0	0.05以下	0.05以下	—	残部	1.8~2.5	0.02~0.06	—	—	—	0.20~0.50	—
C6872	76.0~79.0	0.05以下	0.05以下	—	残部	1.8~2.5	0.02~0.06	—	0.20~1.0	—	—	—
C7060	—	0.05以下	1.0~1.8	—	0.50以下	—	—	0.20~1.0	9.0~11.0	—	—	99.5以上
C7100	—	0.05以下	0.50~1.0	—	0.50以下	—	—	0.20~1.0	19.0~23.0	—	—	99.5以上
C7150	—	0.05以下	0.40~1.0	—	0.50以下	—	—	0.20~1.0	29.0~33.0	—	—	99.5以上
C7164	—	0.05以下	1.7~2.3	—	0.50以下	—	—	1.5~2.5	29.0~32.0	—	—	99.5以上

表 3　管の機械的性質（引張強さ・伸び・硬さ）

合金番号	質別	記号	引張試験				硬さ試験			
			外径 mm	肉厚 mm	引張強さ N/mm²	伸び %	肉厚 mm	ロックウェル硬さ HR30T	HR15T	HRF
C1020	O	C1020T-O C1020TS-O	4以上 100以下	0.25以上 30以下	205以上	40以上	0.6以上	—	60以下	50以下
	OL	C1020T-OL C1020TS-OL	4以上 100以下	0.25以上 30以下	205以上	40以上	0.6以上	—	65以下	55以下
	1/2H	C1020T-1/2H C1020TS-1/2H	4以上 100以下	0.25以上 25以下	245～325	—	—	30～60	—	—
	H	C1020T-H C1020TS-H	25以下	0.25以上 3以下	315以上	—	—	55以上	—	—
			25を超え 50以下	0.9以上 4以下				—	—	—
			50を超え 100以下	1.5以上 6以下				—	—	—
C1100	O	C1100T-O C1100TS-O	5以上 250以下	0.5以上 30以下	205以上	40以上	—	—	—	—
	1/2H	C1100T-1/2H C1100TS-1/2H	5以上 250以下	0.5以上 25以下	245～325	—	—	30～60	—	—
	H	C1100T-H C1100TS-H	5以上 100以下	0.5以上 6以下	275以上	—	—	—	—	80以上
				6を超え 10以下	265以上	—	—	—	—	75以上
C1201 C1220	O	C1201T-O C1201TS-O C1220T-O C1220TS-O	4以上 250以下	0.25以上 30以下	205以上	40以上	0.6以上	—	60以下	50以下
	OL	C1201T-OL C1201TS-OL C1220T-OL C1220TS-OL	4以上 250以下	0.25以上 30以下	205以上	40以上	0.6以上	—	65以下	55以下
	1/2H	C1201T-1/2H C1201TS-1/2H C1220T-1/2H C1220TS-1/2H	4以上 250以下	0.25以上 25以下	245～325	—	—	30～60	—	—
	H	C1201T-H C1201TS-H C1220T-H C1220TS-H	25以下	0.25以上 3以下	315以上	—	—	55以上	—	—
			25を超え 50以下	0.9以上 4以下				—	—	—
			50を超え 100以下	1.5以上 6以下		—	—	—	—	—
			100を超え 200以下	2以上 6以下	275以上	—	—	—	—	—
			200を超え 350以下	3以上 8以下	255以上	—	—	—	—	—

表 3 管の機械的性質（引張強さ・伸び・硬さ）(続き)

合金番号	質別	記号	引張試験				硬さ試験			
			外径 mm	肉厚 mm	引張強さ N/mm²	伸び %	肉厚 mm	ロックウェル硬さ		
								HR30T	HR15T	HRF
C2200	O	C2200T-O C2200TS-O	10以上 150以下	0.5以上 15以下	225以上	35以上	1.1以下	30以下	—	—
							1.1を超えるもの	—	—	70以下
	OL	C2200T-OL C2200TS-OL	10以上 150以下	0.5以上 15以下	225以上	35以上	1.1以下	37以下	—	—
							1.1を超えるもの	—	—	78以下
	1/2H	C2200T-1/2H C2200TS-1/2H	10以上 150以下	0.5以上 6以下	275以上	15以上	—	38以上	—	—
	H	C2200T-H C2200TS-H	10以上 100以下	0.5以上 6以下	365以上	—	0.5を超え 6以下	55以上	—	—
C2300	O	2300T-O C2300TS-O	10以上 150以下	0.5以上 15以下	275以上	35以上	1.1以下	36以下	—	—
							1.1を超えるもの	—	—	75以下
	OL	C2300T-OL C2300TS-OL	10以上 150以下	0.5以上 15以下	275以上	35以上	1.1以下	39以下	—	—
							1.1を超えるもの	—	—	85以下
	1/2H	C2300T-1/2H C2300TS-1/2H	10以上 150以下	0.5以上 6以下	305以上	20以上	—	43以上	—	—
	H	C2300T-H C2300TS-H	10以上 100以下	0.5以上 6以下	390以上	—	0.5を超え 6以下	65以上	—	—
C2600	O	C2600T-O C2600TS-O	4以上 250以下	0.3以上 15以下	275以上	45以上	0.8以下	40以下	—	—
							0.8を超えるもの	—	—	80以下
	OL	C2600T-OL C2600TS-OL	4以上 250以下	0.3以上 15以下	275以上	45以上	0.8以下	60以下	—	—
							0.8を超えるもの	—	—	90以下
	1/2H	C2600T-1/2H C2600TS-1/2H	4以上 100以下	0.3以上 6以下	375以上	20以上	—	53以上	—	—
			100を超え 250以下	2.0以上 10以下	355以上					
	H	C2600T-H C2600TS-H	4以上 100以下	0.3以上 6以下	450以上	—	0.5を超え 6以下	70以上		
			100を超え 250以下	2.0以上 10以下	390以上					

表 3 管の機械的性質（引張強さ・伸び・硬さ）（続き）

合金番号	質別	記号	引張試験 外径 mm	引張試験 肉厚 mm	引張試験 引張強さ N/mm²	引張試験 伸び %	硬さ試験 肉厚 mm	硬さ試験 ロックウェル硬さ HR30T	硬さ試験 ロックウェル硬さ HR15T	硬さ試験 ロックウェル硬さ HRF
C2700	O	C2700T-O C2700TS-O	4以上 250以下	0.3以上 15以下	295以上	40以上	0.8以下	40以下	—	—
							0.8を超えるもの	—	—	80以下
	OL	C2700T-OL C2700TS-OL	4以上 250以下	0.3以上 15以下	295以上	40以上	0.8以下	60以下	—	—
							0.8を超えるもの	—	—	90以下
	1/2H	C2700T-1/2H C2700TS-1/2H	4以上 100以下	0.3以上 6以下	375以上	20以上	—	53以上	—	—
			100を超え 250以下	2.0以上 10以下	355以上					
	H	C2700T-H C2700TS-H	4以上 100以下	0.3以上 6以下	450以上	—	0.5を超え 6以下	70以上	—	—
			100を超え 250以下	2.0以上 10以下	390以上					
C2800	O	C2800T-O C2800TS-O	10以上 250以下	1以上 15以下	315以上	35以上	—	—	—	—
	OL	C2800T-OL C2800TS-OL	10以上 250以下	1以上 15以下	315以上	35以上	0.8以下	60以下	—	—
							0.8を超えるもの	—	—	90以下
	1/2H	C2800T-1/2H C2800TS-1/2H	10以上 250以下	1以上 6以下	375以上	15以上	—	55以上	—	—
	H	C2800T-H C2800TS-H	10以上 100以下	1以上 6以下	450以上	—	—	—	—	—
C4430	O	C4430T-O C4430TS-O	5以上 250以下	0.8以上 10以下	315以上	30以上	—	—	—	—
C6870 C6871 C6872	O	C6870T-O C6870TS-O C6871T-O C6871TS-O C6872T-O C6872TS-O	5以上 50以下	0.8以上 10以下	375以上	40以上	—	—	—	—
			50を超え 250以下	0.8以上 10以下	355以上	40以上				
C7060	O	C7060T-O C7060TS-O	5以上 250以下	0.8以上 5以下	275以上	30以上	—	—	—	—
C7100	O	C7100T-O C7100TS-O	5以上 50以下	0.8以上 5以下	315以上	30以上	—	—	—	—
C7150	O	C7150T-O C7150TS-O	5以上 50以下	0.8以上 5以下	365以上	30以上	—	—	—	—
C7164	O	C7164T-O C7164TS-O	5以上 50以下	0.8以上 5以下	430以上	30以上	—	—	—	—

表 4(1)　管の標準寸法

(C 1020・C 1100・C 1201・C 1220・C 2200・C 2300・C 2600・C 2700・C 2800)

単位 mm

外径	肉厚																				
	0.25	0.3	0.35	0.4	0.5	0.6	0.7	0.8	1	1.2	1.5	2	2.5	3	3.5	4	4.5	5	6	8	10
4																					
5						○															
6	○	○	○	○	○	○	○	○	○												
6.35	○	○	○	○	○	○	○	○	○												
8	○	○	○	○	○	○	○	○	○	○	○										
9.52	○	○	○	○	○	○	○	○	○	○	○										
10				○	○	○	○	○	○	○	○										
12				○	○	○	○	○	○	○	○										
12.7				○	○	○	○	○	○	○	○										
14						○	○	○	○	○											
15						○	○	○	○	○	○										
15.9					○	○	○	○	○	○	○										
16					○	○	○	○	○	○											
18								○	○	○											
19.1						○	○	○	○	○	○	○									
20									○	○											
22								○	○	○	○										
22.2							○	○	○	○	○										
25									○	○		○									
25.4						○	○	○	○	○	○	○									
28									○	○											
31.8						○	○	○	○	○	○										
32								○	○	○											
35									○												
38.1						○	○	○	○	○											
40																					
45												○									
50												○									
50.8												○									
75																					
100																					
125																					
150																					
200																					
250																					

備考　太線内は，製造範囲で，○印は，標準寸法を示す。

表 4(2) 配管用及び水道用銅管の寸法
(C 1220)

呼び径		外径 mm		肉厚 mm		
A	B	基準径	許容差	Kタイプ	Lタイプ	Mタイプ
8	1/4	9.52	±0.03	0.89	0.76	—
10	3/8	12.70	±0.03	1.24	0.89	0.64
15	1/2	15.88	±0.03	1.24	1.02	0.71
—	5/8	19.05	±0.03	1.24	1.07	—
20	3/4	22.22	±0.03	1.65	1.14	0.81
25	1	28.58	±0.04	1.65	1.27	0.89
32	1 1/4	34.92	±0.04	1.65	1.40	1.07
40	1 1/2	41.28	±0.05	1.83	1.52	1.24
50	2	53.98	±0.05	2.11	1.78	1.47
65	2 1/2	66.68	±0.05	—	2.03	1.65
80	3	79.38	±0.05	—	2.29	1.83
100	4	104.78	±0.05	—	2.79	2.41
125	5	130.18	±0.08	—	3.18	2.77
150	6	155.58	±0.08	—	3.56	3.10

備考 1. K・Lタイプは，主として医療配管用。
2. L・Mタイプは，主として水道，給水，給湯，冷温水，都市ガス用。

表 5 材料の許容応力

単位 N/mm²

合金番号	Sの値
C 1100・C 1020・C 1201・C 1220	41
C 2200・C 2300・C 2600・C 2700・C 2800・C 4430・C 6870・C 6871・C 6872・C 7060・C 7100・C 7150・C 7164	48

A-13　アルミニウム及び アルミニウム合金継目無管

JIS H 4080-1999

Aluminium and aluminium alloys extruded tubes and cold-drawn tubes

1. **適用範囲**　押出及び引抜加工した管。
2. **種類・等級・記号**　**表1**とする。
3. **化学成分**　**表2**による。
4. **機械的性質**　**表3**及び**表4**による。
5. **標準寸法**　**表5(1)**～(4)による。
6. **表　示**

a）種類，等級及び質別の記号

例）A 6063 TE-T 6，A 6063 TES-T 6

b）寸　法

表1 種類，等級及び記号

種類 合金番号	等級 製造方法による区分	記号 普通級	記号 特殊級	参考 特性及び用途例
1070	押出管	A 1070 TE	A 1070 TES	溶接性，耐食性が良い。化学装置用材，事務用機器など。
	引抜管	A 1070 TD	A 1070 TDS	
1050	押出管	A 1050 TE	A 1050 TES	
	引抜管	A 1050 TD	A 1050 TDS	
1100	押出管	A 1100 TE	A 1100 TES	強度は比較的低いが，溶接性，耐食性が良い。化学装置用材，家具，電気機器部品など。
	引抜管	A 1100 TD	A 1100 TDS	
1200	押出管	A 1200 TE	A 1200 TES	
	引抜管	A 1200 TD	A 1200 TDS	
2014	押出管	A 2014 TE	A 2014 TES	熱処理合金で，強度が高い。スキーストック，二輪車部品，航空機部品など。
2017	押出管	A 2017 TE	A 2017 TES	熱処理合金で強度が高く，切削加工性も良い。一般機械部品，鍛造用素材など。
	引抜管	A 2017 TD	A 2017 TDS	
2024	押出管	A 2024 TE	A 2024 TES	2017より強度が高く，切削加工性も良い。航空機部品，スポーツ用品など。
	引抜管	A 2024 TD	A 2024 TDS	
3003	押出管	A 3003 TE	A 3003 TES	1100より若干強度が高く，耐食性も良い。化学装置用材，複写機ドラムなど。
	引抜管	A 3003 TD	A 3003 TDS	
3203	押出管	A 3203 TE	A 3203 TES	
	引抜管	A 3203 TD	A 3203 TDS	
5052	押出管	A 5052 TE	A 5052 TES	中程度の強度をもった合金で，耐食性，溶接性が良い。船舶用マスト，光学用機器，その他一般機器用材料など。
	引抜管	A 5052 TD	A 5052 TDS	
5154	押出管	A 5154 TE	A 5154 TES	5052と5083の中程度の強度をもった合金で，耐食性，溶接性が良い。化学装置用材など。
	引抜管	A 5154 TD	A 5154 TDS	
5454	押出管	A 5454 TE	A 5454 TES	5052より強度が高く，耐食性，溶接性が良い。自動車用ホイールなど。
5056	押出管	A 5056 TE	A 5056 TES	耐食性，切削加工性，陽極酸化処理性が良い。光学用部品など。
	引抜管	A 5056 TD	A 5056 TDS	
5083	押出管	A 5083 TE	A 5083 TES	非熱処理合金中で最高の強度があり，耐食性，溶接性が良い。船舶マスト，土木用材など。
	引抜管	A 5083 TD	A 5083 TDS	
6061	押出管	A 6061 TE	A 6061 TES	熱処理型の耐食性合金である。ボビン，土木用材，スポーツ・レジャー用品など。
	引抜管	A 6061 TD	A 6061 TDS	
6063	押出管	A 6063 TE	A 6063 TES	6061より強度は低いが，耐食性，表面処理性が良い。建築用材，土木用材，電気機器部品など。
	引抜管	A 6063 TD	A 6063 TDS	
7003	押出管	A 7003 TE	A 7003 TES	7N01より強度は若干低いが，押出性が良い。土木用材，溶接構造用材など。
7N01	押出管	A7N01TE	A7N01TES	強度が高く，耐食性も良好な溶接構造用合金である。溶接構造用材など。
7075	押出管	A 7075 TE	A 7075 TES	アルミニウム合金中最高の強度をもつ合金の一つである。航空機部品など。
	引抜管	A 7075 TD	A 7075 TDS	

備 考 質別を示す記号は，表の記号の後に付ける。

表 2 化学成分

合金番号	化学成分 %											
	Si	Fe	Cu	Mn	Mg	Cr	Zn	Zr, Zr+Ti, V	Ti	その他(1) 個々	その他(1) 合計	Al
1070	0.20以下	0.25以下	0.04以下	0.03以下	0.03以下	—	0.04以下	—	0.03以下	0.03以下	—	99.70以上
1050	0.25以下	0.40以下	0.05以下	0.05以下	0.05以下	—	0.05以下	—	0.03以下	0.03以下	—	99.50以上
1100	Si+Fe 1.0以下		0.05~0.20	0.05以下	—	—	0.10以下	—	—	0.05以下	0.15以下	99.00以上
1200	Si+Fe 1.0以下		0.05以下	0.05以下	—	—	0.10以下	—	—	0.05以下	0.15以下	99.00以上
2014	0.50~1.2	0.7以下	3.9~5.0	0.40~1.2	0.20~0.8	0.10以下	0.25以下	Zr+Ti 0.20以下	0.15以下	0.05以下	0.15以下	残部
2017	0.20~0.8	0.7以下	3.5~4.5	0.40~1.0	0.40~0.8	0.10以下	0.25以下	Zr+Ti 0.20以下	0.15以下	0.05以下	0.15以下	残部
2024	0.50以下	0.50以下	3.8~4.9	0.30~0.9	1.2~1.8	0.10以下	0.25以下	Zr+Ti 0.20以下	0.15以下	0.05以下	0.15以下	残部
3003	0.6以下	0.7以下	0.05~0.20	1.0~1.5	—	—	0.10以下	—	—	0.05以下	0.15以下	残部
3203	0.6以下	0.7以下	0.05以下	1.0~1.5	—	—	0.10以下	—	—	0.05以下	0.15以下	残部
5052	0.25以下	0.40以下	0.10以下	0.10以下	2.2~2.8	0.15~0.35	0.10以下	—	—	0.05以下	0.15以下	残部
5154	Si+Fe 0.45以下		0.10以下	0.10以下	3.1~3.9	0.15~0.35	0.20以下	—	0.20以下	0.05以下	0.15以下	残部
5454	0.25以下	0.40以下	0.10以下	0.50~1.0	2.4~3.0	0.05~0.20	0.25以下	—	0.20以下	0.05以下	0.15以下	残部
5056	0.30以下	0.40以下	0.10以下	0.05~0.20	4.5~5.6	0.05~0.20	0.10以下	—	—	0.05以下	0.15以下	残部
5083	0.40以下	0.40以下	0.10以下	0.40~1.0	4.0~4.9	0.05~0.25	0.25以下	—	0.15以下	0.05以下	0.15以下	残部
6061	0.40~0.8	0.7以下	0.15~0.40	0.15以下	0.8~1.2	0.04~0.35	0.25以下	—	0.15以下	0.05以下	0.15以下	残部
6063	0.20~0.6	0.35以下	0.10以下	0.10以下	0.45~0.9	0.10以下	0.10以下	—	0.10以下	0.05以下	0.15以下	残部
7003	0.30以下	0.35以下	0.20以下	0.30以下	0.50~1.0	0.20以下	5.0~6.5	Zr 0.05~0.25	0.20以下	0.05以下	0.15以下	残部
7N01	0.30以下	0.35以下	0.20以下	0.20~0.7	1.0~2.0	0.30以下	4.0~5.0	V 0.10以下 Zr 0.25以下	0.20以下	0.05以下	0.15以下	残部
7075	0.40以下	0.50以下	1.2~2.0	0.30以下	2.1~2.9	0.18~0.28	5.1~6.1	Zr+Ti 0.25以下	0.20以下	0.05以下	0.15以下	残部

注 (1) その他の元素は，存在が予知される場合，又は通常の分析過程において規定を超える兆候がみられる場合に限り分析を行う。

表3　押出管の機械的性質

記号	質別	引張試験				
		肉　厚 mm	断 面 積 cm²	引張強さ N/mm²	耐　力 N/mm²	伸　び %
A1070TE	H112	—	—	55以上	15以上	—
A1050TE	H112	—	—	65以上	20以上	—
A1100TE A1200TE	H112	—	—	75以上	20以上	25以上
A2014TE	O	—	—	245以下	125以下	12以上
	T4	—	—	345以上	245以上	12以上
	T42	—	—	345以上	205以上	12以上
	T6	12以下	—	410以上	365以上	7以上
		12を超え19以下	—	440以上	400以上	7以上
		19を超えるもの	160以下	470以上	410以上	7以上
			160を超え200以下	470以上	400以上	6以上
			200を超え250以下	450以上	380以上	6以上
			250を超え300以下	430以上	365以上	6以上
	T62	19以下	—	410以上	365以上	7以上
		19を超えるもの	160以下	410以上	365以上	7以上
			160を超え200以下	410以上	365以上	6以上
A2017TE	O	—	—	245以下	125以下	16以上
	T4 T42	—	700以下	345以上	215以上	12以上
			700を超え1000以下	335以上	195以上	12以上
A2024TE	O	—	—	245以下	125以下	12以上
	T4	6以下	—	390以上	295以上	10以上
		6を超え19以下	—	410以上	305以上	10以上
		19を超え38以下	—	450以上	315以上	10以上
		38を超えるもの	160以下	480以上	335以上	10以上
			160を超え200以下	470以上	315以上	8以上
			200を超え300以下	460以上	315以上	8以上
	T42	19以下	—	390以上	265以上	12以上
		19を超え38以下	—	390以上	265以上	10以上
		38を超えるもの	160以下	390以上	265以上	10以上
			160を超え200以下	390以上	265以上	8以上

表3(続き)

記号	質別	引張試験				
		肉 厚 mm	断面積 cm²	引張強さ N/mm²	耐 力 N/mm²	伸 び %
A3003TE A3201TE	H112	—	—	95以上	35以上	—
A5052TE	H112	—	—	175以上	70以上	—
	O	—	—	175以上 245以下	70以上	20以上
A5154TE	H112	—	—	205以上	75以上	—
	O	—	—	205以上 285以下	75以上	—
A5454TE	H112	130以下	200以下	215以上	85以上	12以上
	O	130以下	200以下	215以上 285以下	85以上	14以上
A5056TE	H112	—	300以下	245以上	100以上	—
			300を超え700以下	225以上	80以上	—
			700を超え1000以下	215以上	70以上	—
A5083TE	H112	—	200以下	275以上	110以上	12以上
	O	—	200以下	275以上 355以下	110以上	14以上
A6061TE	O	—	—	145以下	110以下	16以上
	T4	—	—	175以上	110以上	16以上
	T42	—	—	175以上	85以上	16以上
	T6	6以下	—	265以上	245以上	8以上
	T62	6を超えるもの	—	265以上	245以上	10以上
A6063TE	T1	12以下	—	120以上	60以上	12以上
		12を超え25以下	—	110以上	55以上	12以上
	T5	12以下	—	155以上	110以上	8以上
		12を超え25以下	—	145以上	110以上	8以上
	T6	3以下	—	205以上	175以上	8以上
		3を超え25以下	—	205以上	175以上	10以上
A7003TE	T5	12以下	—	285以上	245以上	10以上
		12を超え25以下	—	275以上	235以上	10以上
A7N01TE	O	1.6以上12以下	—	245以下	145以下	12以上
	T4	1.6以上12以下	—	315以上	195以上	11以上
	T6	1.6以上6以下	—	325以上	235以上	10以上
		6を超え12以下	—	335以上	255以上	10以上
A7075TE	O	—	—	275以上	165以上	10以上
	T6	6以下	—	540以上	480以上	7以上
	T62	6を超え75以下	—	560以上	500以上	7以上

表 4　引抜管の機械的性質

記号	質別	引張試験				
		肉厚 mm	引張強さ N/mm²	耐力 N/mm²	伸び % 11号試験片	伸び % 12号試験片又は4号試験片
A1070TD	O	0.4以上12以下	55以上 95以下	—	—	—
	H14	0.4以上12以下	85以上	—	—	—
	H16	0.4以上12以下	95以上	—	—	—
	H18	0.4以上12以下	120以上	—	—	—
A1050TD	O	0.4以上12以下	60以上 100以下	—	—	—
	H14	0.4以上12以下	95以上	—	—	—
	H16	0.4以上12以下	110以上	—	—	—
	H18	0.4以上12以下	125以上	—	—	—
A1100TD A1200TD	O	0.4以上12以下	75以上 110以下	—	—	—
	H14	0.4以上12以下	110以上	—	—	—
	H16	0.4以上12以下	135以上	—	—	—
	H18	0.4以上12以下	155以上	—	—	—
A2017TD	O	0.6以上12以下	245以下	125以下	17以上	16以上
	T3	0.6以上12以下	375以下	215以上	13以上	12以上
	T42	0.6以上12以下	345以上	195以上	13以上	12以上
A2024TD	O	0.6以上12以下	215以下	100以下	—	—
	T3	0.6以上1.2以下	440以上	295以上	12以上	10以上
		1.2を超え6.5以下	440以上	295以上	14以上	10以上
		6.5を超え12以下	440以上	295以上	16以上	12以上
	T42	0.6以上1.2以下	440以上	275以上	12以上	10以上
		1.2を超え6.5以下	440以上	275以上	14以上	10以上
		6.5を超え12以下	440以上	275以上	16以上	12以上
A3003TD A3203TD	O	0.4以上1.2以下	95以上 125以下	35以上	30以上	20以上
		1.2を超え6.5以下	95以上 125以下	35以上	35以上	25以上
		6.5を超え12以下	95以上 125以下	35以上	—	30以上
	H14	0.4以上0.6以下	135以上	120以上	3以上	—
		0.6を超え1.2以下	135以上	120以上	5以上	3以上
		1.2を超え6.5以下	135以上	120以上	8以上	4以上
	H18	0.4以上0.6以下	185以上	165以上	2以上	—

表4（続き）

記　号	質別	引張試験				
		肉　厚 mm	引張強さ N/mm²	耐　力 N/mm²	伸　び %	
					11号試験片	12号試験片又は4号試験片
A3003TD A3203TD	H18	0.6を超え1.2以下	185以上	165以上	3以上	2以上
		1.2を超え6.5以下	185以上	165以上	5以上	3以上
A5052TD	O	0.6以上12以下	175以上 245以下	70以上	—	—
	H14 H34	0.6以上12以下	235以上	175以上	—	—
	H18 H38	0.6以上6以下	275以上	215以上	—	—
A5154TD	O	0.6以上12以下	205以上 285以下	75以上	—	—
A5056TD	O	0.6以上12以下	315以下	100以上	—	—
	H12 H32	0.6以上12以下	305以上	—	—	—
A5083TD	O	0.6以上12以下	275以上 355以下	110以上	14以上	14以上
	H22 H32	0.6以上12以下	315以上	235以上	5以上	5以上
A6061TD	O	0.6以上12以下	145以下	100以下	15以上	15以上
	T4	0.6以上12以下	205以上	110以上	16以上	14以上
		1.2を超え6.5以下	205以上	110以上	18以上	16以上
		6.5を超え12以下	205以上	110以上	20以上	18以上
	T42	0.6以上1.2以下	205以上	95以上	16以上	14以上
		1.2を超え6.5以下	205以上	95以上	18以上	16以上
		6.5を超え12以下	205以上	95以上	20以上	18以上
	T6 T62	0.6以上1.2以下	295以上	245以上	10以上	8以上
		1.2を超え6.5以下	295以上	245以上	12以上	10以上
		6.5を超え12以下	295以上	245以上	14以上	12以上
A6063TD	O	0.6以上12以下	125以上	—	—	—
	T6	0.6以上1.2以下	225以上	195以上	12以上	8以上
		1.2を超え6.5以下	225以上	195以上	14以上	10以上
		6.5を超え12以下	225以上	195以上	16以上	12以上
	T83	0.6以上1.2以下	225以上	205以上	5以上	—
A7075TD	O	0.6以上1.2以下	275以下	145以下	10以上	8以上
		1.2を超え12以下	275以下	145以下	12以上	10以上
	T6 T62	0.6以上6.5以下	530以上	460以上	8以上	7以上
		6.5を超え12以下	530以上	460以上	9以上	8以上

表 5 (1)　押出管(1070, 1050, 1100, 1200, 3003, 3203, 6061, 6063)の標準寸法

外径 mm ＼ 肉厚 mm	1	1.2	1.6	1.8	2.5	3	4	5	8	10	15	20	25	30	35	45	50
15	○	○	○														
20	○	○	○	○	○	○	○	○									
35		○	○	○	○	○	○	○	○								
40			○	○	○	○	○	○	○	○							
60			○	○	○	○	○	○	○	○	○						
70			○	○	○	○	○	○	○	○	○						
90				○	○	○	○	○	○	○	○	○					
100				○	○	○	○	○	○	○	○	○	○				
140					○	○	○	○	○	○	○	○	○	○	○	○	○
150					○	○	○	○	○	○	○	○	○	○	○	○	○
200						○	○	○	○	○	○	○	○	○	○	○	○
300							○	○	○	○	○	○	○	○	○	○	○
340								○	○	○	○	○	○	○	○	○	○
360									○	○	○	○	○	○	○	○	
380									○	○	○	○	○	○	○		
400									○	○	○	○	○	○			
410										○	○	○	○				
420											○	○	○				

表 5 (2)　押出管(2014, 2017, 2024, 5052, 5154, 5454, 5056, 5083, 7003, 7 N 01, 7075)の標準寸法

外径 mm ＼ 肉厚 mm	4	5	6	10	15	20	25	30	35	40	45	50
45	○	○	○									
60	○	○	○	○								
70	○	○	○	○	○							
80		○	○	○	○	○						
90		○	○	○	○	○	○					
140		○	○	○	○	○	○	○				
150		○	○	○	○	○	○	○	○			
160		○	○	○	○	○	○	○	○	○		
180		○	○	○	○	○	○	○	○	○	○	○
240		○	○	○	○	○	○	○	○	○	○	○
280		○	○	○	○	○	○	○	○	○	○	
300		○	○	○	○	○	○	○	○			
380		○	○	○	○	○	○	○				
400		○	○	○	○	○	○					
410				○	○	○	○					
420					○	○	○					

表 5 (3)　引抜管（1070, 1050, 1100, 1200, 3003, 3203, 5052, 5056, 5083, 6061, 6063）の標準寸法

外径 mm ＼ 肉厚 mm	0.6	0.8	1	1.2	1.6	1.8	2	2.5	3	4	5	6	8	10	12	14	16	18
6	○	○	○															
8	○	○	○	○														
10	○	○	○	○	○	○	○											
12	○	○	○	○	○	○	○											
14		○	○	○	○	○	○	○										
16		○	○	○	○	○	○	○	○									
20		○	○	○	○	○	○	○	○	○	○							
30		○	○	○	○	○	○	○	○	○	○	○						
35			○	○	○	○	○	○	○	○	○	○						
45			○	○	○	○	○	○	○	○	○	○	○	○				
60				○	○	○	○	○	○	○	○	○	○	○	○			
70					○	○	○	○	○	○	○	○	○	○	○	○		
80						○	○	○	○	○	○	○	○	○	○	○	○	
90						○	○	○	○	○	○	○	○	○	○	○	○	○
100							○	○	○	○	○	○	○	○	○	○	○	○
120								○	○	○	○	○	○	○	○	○	○	○
140									○	○	○	○	○	○	○	○	○	
160										○	○	○	○	○	○	○		
180										○	○	○	○	○				
200											○	○	○					

表 5 (4)　引抜管（2017,　2024,　7075）の標準寸法

外径 mm ＼ 肉厚 mm	0.8	1	1.2	1.6	1.8	2	2.5	3	4	5	6	8	10	12	14
10	○	○	○	○	○	○									
12	○	○	○	○	○	○	○								
16	○	○	○	○	○	○	○	○							
20		○	○	○	○	○	○	○	○	○					
30		○	○	○	○	○	○	○	○	○	○				
40			○	○	○	○	○	○	○	○	○	○	○		
45				○	○	○	○	○	○	○	○	○	○		
50					○	○	○	○	○	○	○	○	○		
60						○	○	○	○	○	○	○	○	○	
70							○	○	○	○	○	○	○	○	○
80							○	○	○	○	○	○	○	○	○
90								○	○	○	○	○	○	○	○
100								○	○	○	○	○	○	○	
120									○	○	○	○	○		
140										○	○	○			

A-14 一般工業用鉛及び鉛合金管 JIS H 4311-1993

Lead and lead alloy tubes for common industries

1. **適用範囲** 押出製造した一般工業用に使用する管。
2. **種類・記号** **表1**とする。

表1 管の種類及び記号

種類	記号	参考
		特色及び用途
工業用鉛管1種	PbT-1	鉛が99.9％以上の鉛管で，肉厚が厚く，化学工業用に適し，引張強さ10.5 N/mm²，伸び60％程度である。
工業用鉛管2種	PbT-2	鉛が99.60％以上の鉛管で，耐食性が良く加工性に優れ，肉厚が薄く，一般排水用に適し，引張強さ11.7 N/mm²，伸び55％程度である。
テルル鉛管	TPbT	テルルを微量添加した粒子分散強化合金鉛管で，肉厚は工業用鉛管1種と同じ鉛管。耐クリープ性に優れ，高温(100～150℃)での使用ができ，化学工業用に適し，引張強さ20.5 N/mm²，伸び50％程度である。
硬鉛管4種	HPbT 4	アンチモンを4％添加した合金鉛管で，常温から120℃の使用領域においては，鉛合金として高強度・高硬度を示し，化学工業用の装置類及び一般用の硬度を必要とする分野への適用が可能で，引張強さ25.5 N/mm²，伸び50％程度である。
硬鉛管6種	HPbT 6	アンチモンを6％添加した合金鉛板で，常温から120℃の使用領域においては，鉛合金として高強度・高硬度を示し，化学工業用の装置類及び一般用の硬度を必要とする分野への適用が可能で，引張強さ28.5 N/mm²，伸び50％程度である。

3. **化学成分** **表2**及び**表3**による。
4. **標準寸法及び質量** **表4～6**による。
5. **表 示**
   a) 種類の記号
   b) 寸法(内径×肉厚×長さ)及び質量

表 2　工業用鉛管 1 種，2 種及びテルル鉛管の化学成分

種類	記号	化学成分 %									
		Pb	Te	Sb	Sn	Cu	Ag*	As*	Zn*	Fe*	Bi*
工業用鉛管 1 種	PbT-1	残部	0.0005 以下*	合計 0.10 以下							
工業用鉛管 2 種	PbT-2			合計 0.40 以下							
テルル鉛管	TPbT		0.015～0.025	合計 0.02 以下							

注*　これらの元素の分析は，特に指定のない限り行わない。

表 3　硬鉛管 4 種及び 6 種の化学成分

種類	記号	化学成分 %		
		Pb	Sb	Sn，Cu，その他の不純物*
硬鉛管 4 種	HPbT 4	残部	3.50～4.50	合計 0.40 以下
硬鉛管 6 種	HPbT 6		5.50～6.50	

注*　これらの元素の分析は，特に指定のない限り行わない。

表 4　工業用鉛管 1 種及びテルル鉛管の標準寸法及び質量

内径	肉厚 mm				1 本の長さ
	4.5	6.0	8.0	10.0	
mm	1 m の質量 kg				m
20	3.9	5.6	—	—	10
25	4.7	6.6	9.4	—	
30	5.5	7.7	10.8	14.3	3
40	7.1	9.8	13.7	17.8	
50	8.7	12.0	16.5	21.4	
65	11.1	15.2	20.8	26.7	
75	12.7	17.3	23.7	30.3	
90	15.1	20.5	27.9	35.6	2
100	16.8	22.7	30.8	39.2	

表 5　工業用鉛管 2 種の標準寸法及び質量

内径 mm	肉厚 mm	1 本の長さ m	1 m の質量 kg	内径 mm	肉厚 mm	1 本の長さ m	1 m の質量 kg
20	3.0	2	2.5	75	4.5	2	12.7
25			3.0	90			15.1
30			3.5	100			16.8
40			4.6	125			20.8
50			5.7	150			24.8
65			7.3				
75			8.3				
90			9.9				
100			11.0				

表 6　硬鉛管 4 種及び 6 種の標準寸法及び質量

内径 mm	肉厚 mm	1 本の長さ m	1 m の質量 kg	
			HPbT 4	HPbT 6
25	4.5	3	4.6	4.6
30	6		7.5	7.4
40			9.6	9.5
50	8		16.1	15.9
65			20.3	20.0
75			23.1	22.8
90	10		34.8	34.3
100			38.3	37.8

A-15　硬質ポリ塩化ビニル管　JIS K 6741-2004

Unplasticized poly (vinyl chloride) (PVC-U) pipes

1. **適用範囲**　一般流体輸送配管に用いる管。
2. **種類・記号に設計圧力**

種類	記号
硬質ポリ塩化ビニル管	VP，VM，VU
耐衝撃性硬質ポリ塩化ビニル管	HIVP

設計圧力は流体を水として，VP 及び HIVP では 0～1.0 MPa，VM では 0～0.8 MPa，VU では 0～0.6 MPa とする。

3. **寸法・許容差**　**表 1** とする。
4. **管の長さ**　4000±10 mm，受口付管の場合は，受口と挿口の面取りを除く有効長が 4000±15 mm とする。
5. **受口寸法**　**付図 1 ～ 4** による。
6. **管の色**　硬質ポリ塩化ビニル管が灰色，耐衝撃性硬質ポリ塩化ビニル管が暗い灰青色とする。
7. **表　示**　種類及び管の呼び径。　例）VP 50

表 1　管の寸法及びその許容差

単位 mm

種類	VP, HIVP							VM						VU					
区分	外径			厚さ		参考	参考	外径		厚さ		参考	参考	外径		厚さ		参考	参考
呼び径	基準寸法	最大・最小外径の許容差	平均外径の許容差	最小	許容差	概略内径	1 m 当たりの質量 (kg)	基準寸法	平均外径の許容差	最小	許容差	概略内径	1 m 当たりの質量 (kg)	基準寸法	平均外径の許容差	最小	許容差	概略内径	1 m 当たりの質量 (kg)
13	18.0	±0.2	±0.2	2.2	+0.6	13	0.174	—	—	—	—	—	—	—	—	—	—	—	—
16	22.0	±0.2	±0.2	2.7	+0.6	16	0.256	—	—	—	—	—	—	—	—	—	—	—	—
20	26.0	±0.2	±0.2	2.7	+0.6	20	0.310	—	—	—	—	—	—	—	—	—	—	—	—
25	32.0	±0.2	±0.2	3.1	+0.8	25	0.448	—	—	—	—	—	—	—	—	—	—	—	—
30	38.0	±0.3	±0.2	3.1	+0.8	31	0.542	—	—	—	—	—	—	—	—	—	—	—	—
40	48.0	±0.3	±0.2	3.6	+0.8	40	0.791	—	—	—	—	—	—	48.0	±0.2	1.8	+0.4	44	0.413
50	60.0	±0.4	±0.2	4.1	+0.8	51	1.122	—	—	—	—	—	—	60.0	±0.2	1.8	+0.4	56	0.521
65	76.0	±0.5	±0.3	4.1	+0.8	67	1.445	—	—	—	—	—	—	76.0	±0.3	2.2	+0.6	71	0.825
75	89.0	±0.5	±0.3	5.5	+0.8	77	2.202	—	—	—	—	—	—	89.0	±0.3	2.7	+0.6	83	1.159
100	114.0	±0.6	±0.4	6.6	+1.0	100	3.409	—	—	—	—	—	—	114.0	±0.4	3.1	+0.8	107	1.737
125	140.0	±0.8	±0.5	7.0	+1.0	125	4.464	—	—	—	—	—	—	140.0	±0.5	4.1	+0.8	131	2.739
150	165.0	±1.0	±0.5	8.9	+1.4	146	6.701	—	—	—	—	—	—	165.0	±0.5	5.1	+0.8	154	3.941
200	216.0	±1.3	±0.7	10.3	+1.4	194	10.129	—	—	—	—	—	—	216.0	±0.7	6.5	+1.0	202	6.572
250	267.0	±1.6	±0.9	12.7	+1.8	240	15.481	—	—	—	—	—	—	267.0	±0.9	7.8	+1.2	250	9.758
300	318.0	±1.9	±1.0	15.1	+2.2	286	21.962	—	—	—	—	—	—	318.0	±1.0	9.2	+1.4	298	13.701
350	—	—	—	—	—	—	—	370.0	±1.2	14.3	+2.0	339	24.378	370.0	±1.2	10.5	+1.4	348	18.051
400	—	—	—	—	—	—	—	420.0	±1.3	16.2	+2.2	385	31.294	420.0	±1.3	11.8	+1.6	395	23.059
450	—	—	—	—	—	—	—	470.0	±1.5	18.1	+2.6	431	39.267	470.0	±1.5	13.2	+1.8	442	28.875
500	—	—	—	—	—	—	—	520.0	±1.6	20.0	+2.8	477	47.930	520.0	±1.6	14.6	+2.0	489	35.346
600	—	—	—	—	—	—	—	—	—	—	—	—	—	630.0	±3.2	17.8	+2.8	592	52.679
700	—	—	—	—	—	—	—	—	—	—	—	—	—	732.0	±3.7	21.0	+3.2	687	72.018
800	—	—	—	—	—	—	—	—	—	—	—	—	—	835.0	±4.2	23.9	+3.8	783	93.781

備考 1. 最大・最小外径の許容差とは，任意断面における外径の測定値の最大値及び最小値(最大・最小外径)と，基準寸法との差をいう。
2. 平均外径の許容差とは，任意断面における相互に等間隔な二方向の外径の測定値の平均値(平均外径)と基準寸法との差をいう。
3. 表中 1 m 当たりの質量は，密度 1.43 g/cm³で計算したものである。HIVP は密度 1.40 g/cm³として算出する。
4. 許容差は，最大・最小外径の許容差及び平均外径の許容差がともに合格すること。

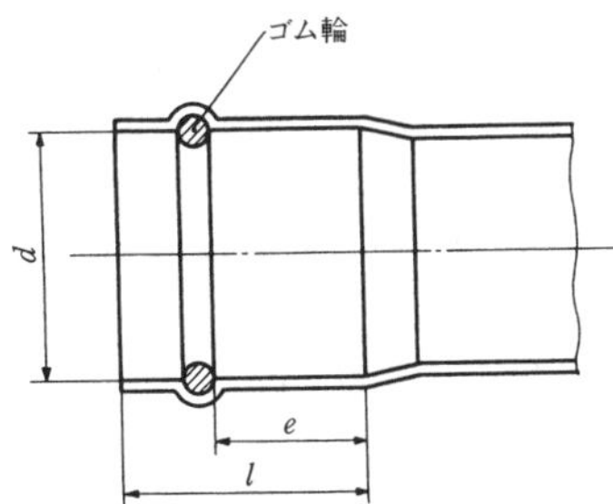

単位 mm

呼び径	平均内径 d (最小値)	有効挿込長さ e (最小値)	受口長さ l (最大値)
50	60.3	58	115
75	89.5	61	130
100	114.5	64	145
125	140.6	67	150
150	165.7	70	165
200	216.9	76	190
250	268.1	82	210
300	319.3	88	235
350	371.5	89	245
400	421.7	91	265
450	471.9	94	290
500	522.1	96	305
600	633.8	102	355
700	736.4	107	395
800	840.1	114	440

備考 1.　VP，HIVP は呼び径 50～300 mm を，VM は呼び径 350～500 mm を，VU は呼び径 75～800 mm をそれぞれ適用する。

2.　平均内径とは，受口の任意における相互に等間隔な二方向の内径測定値の平均値をいう。

3.　受口及びゴム輪の形状は，規定しない。

付図 1　圧力輸送用ゴム輪形受口の寸法

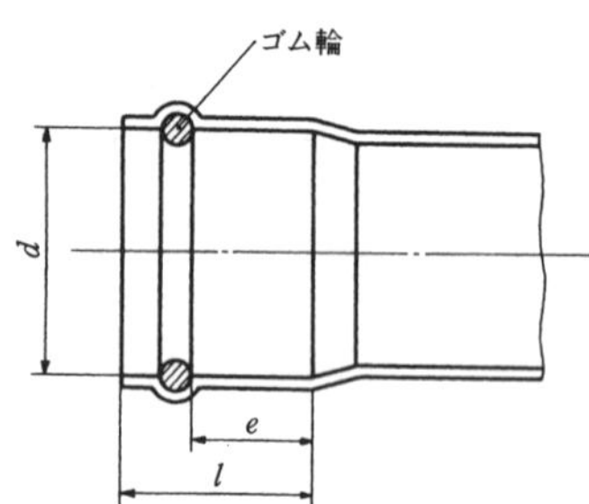

単位 mm

区分	呼び径	平均内径 d (最小値)	有効挿込長さ e (最小値)	受口長さ l (最大値)
取付管	100	115.0	48	90
	125	141.0	53	99
	150	166.0	58	108
	200	218.0	69	126
本　管	200	216.9	52	185
	250	268.1	57	205
	300	319.3	62	225
	350	371.5	67	240
	400	421.7	72	260
	450	471.9	77	285
	500	522.1	82	305
	600	633.8	93	355
	700	736.4	104	395
	800	840.1	114	440

備考 1.　寸法は，原則として VU に適用する。
2.　平均内径とは，受口の任意における相互に等間隔な二方向の内径測定値の平均値をいう。
3.　受口及びゴム輪の形状は，規定しない。

付図 2　無圧輸送用ゴム輪形受口の寸法

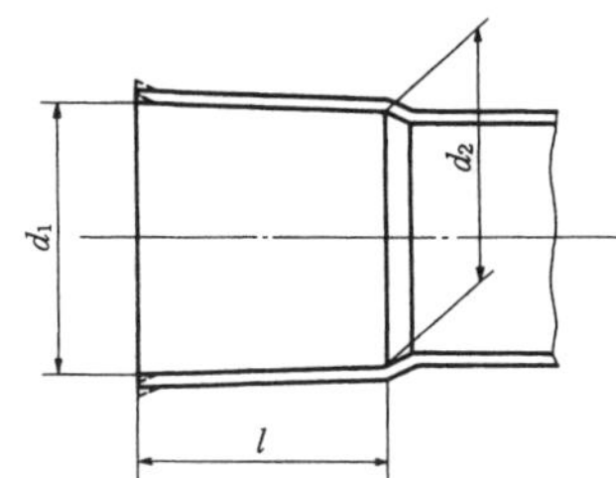

単位 mm

呼び径	入口平均内径 d_1	d_1の許容差	奥平均内径 d_2	d_2の許容差	受口長さ l	lの許容差
75	89.6	±0.3	88.3	±0.3	64	+5 0
100	114.7	±0.3	113.2	±0.3	84	
125	140.9	±0.4	139.1	±0.4	104	
150	166.0	±0.5	163.9	±0.5	132	
200	217.9	±0.8	213.9	±0.8	200	+10 0
250	269.3	±0.9	264.3	±0.9	250	
300	320.7	±1.0	314.7	±1.0	300	
350	373.1	±1.0	366.1	±1.0	350	
400	423.6	±1.2	415.6	±1.2	400	
450	474.0	±1.2	465.0	±1.2	450	
500	524.5	±1.3	514.5	±1.3	500	
600	635.3	±2.1	623.3	±2.1	600	
700	738.1	±2.4	724.1	±2.4	700	
800	842.0	±2.8	826.0	±2.8	800	

備考 1. VP，HIVP は呼び径 75～300 mm を，VM は呼び径 350～500 mm を，VU は呼び径 75～800 mm をそれぞれ適用する。

2. 入口平均内径及び奥平均内径とは，受口の入口部及び奥部における相互に等間隔な二方向の内径測定値の平均値をいう。

3. 入口部は，破線で示す形状にすることができる。

付図 3 圧力輸送用接着形受口の寸法

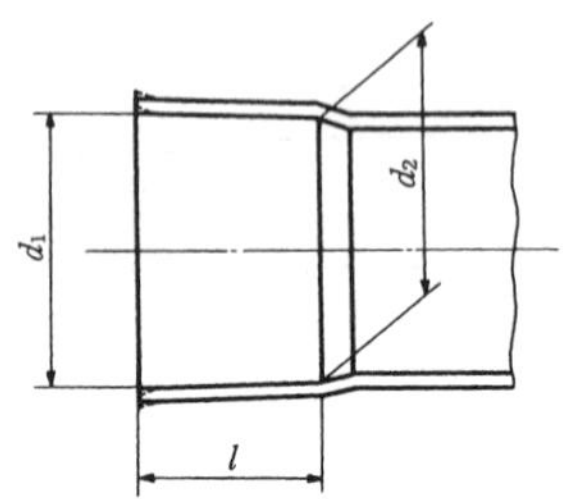

単位 mm

呼び径	入口平均内径 d_1	d_1の許容差	奥平均内径 d_2	d_2の許容差	受口長さ l	lの許容差
100	114.8	±0.4	113.2	±0.4	50	±5
125	140.9	±0.4	139.1	±0.4	65	
150	166.1	±0.5	163.9	±0.5	80	
200	217.4	±0.6	214.6	±0.6	115	±10
250	268.6	±0.6	265.4	±0.6	140	
300	319.8	±0.7	316.2	±0.7	165	
350	372.0	±0.7	368.7	±0.7	200	
400	422.3	±0.8	418.4	±0.8	220	
450	472.6	±0.9	468.1	±0.9	250	
500	522.8	±0.9	518.2	±0.9	280	
600	634.3	±1.1	626.7	±1.1	330	
700	736.9	±1.2	728.1	±1.2	380	
800	840.7	±1.5	830.3	±1.5	430	

備考 1. 寸法は，原則として VU に適用する。
2. 平均内径とは，受口の任意における相互に等間隔な二方向の内径測定値の平均値をいう。
3. 受口及びゴム輪の形状は，規定しない。

付図 4　無圧輸送用接着形受口の寸法

A-16　水道用硬質ポリ塩化ビニル管　JIS K 6742-2004

Unplasticizd poly (vinyl chloride) (PVC-U) pipes for water supply

1. **適用範囲**　使用圧力 0.75 MPa 以下の水道の配管に使用する管。
2. **種類・記号**　**表 1** による。

表 1　種類及び記号

種類	記号
硬質ポリ塩化ビニル管	VP
耐衝撃性硬質ポリ塩化ビニル管	HIVP

3. **寸法・許容差**　**表 2** とする。

表 2　管の寸法及びその許容差　　**単位** mm

呼び径	外径			厚さ		長さ		参考	
								1 m 当たりの質量(kg)	
	基準寸法	最大・最小外径の許容差	平均外径の許容差	基準寸法	許容差	基準寸法	許容差	VP	HIVP
13	18.0	±0.2	±0.2	2.5	±0.2	4 000	+30 −10	0.174	0.170
16	22.0			3.0	±0.3			0.256	0.251
20	26.0							0.310	0.303
25	32.0			3.5				0.448	0.439
30	38.0	±0.3		3.5				0.542	0.531
40	48.0			4.0		4 000 又は 5 000		0.791	0.774
50	60.0	±0.4		4.5	±0.4			1.122	1.098
75	89.0	±0.5		5.9				2.202	2.156
100	114.0	±0.6		7.1	±0.5			3.409	3.338
150	165.0	±1.0	±0.3	9.6	±0.6			6.701	6.561

4. **管の色**　VP は灰色，HIVP は暗い灰青色とする。
5. **表　示**　JISの記号，種類，呼び径。

A-17 一般用ポリエチレン管 JIS K 6761-1998

Polyethylene pipes for general purpose

1. **適用範囲** 主に水輸送用に使用する管。
2. **種 類** **表1**のとおり，比較的柔軟性を持つ1種管と，こわさを持つ2種管とする。

表1 管の種類

種類	記号	材料の種類
1種管	①	PE 50，低密度又は中密度ポリエチレン
2種管	②	PE 80，PE100又は高密度ポリエチレン

備考 材料の種類での PE 50, PE 80 及び PE 100 は, ISO 12162 に従って分類された材料の呼び方である。

3. **寸法・許容差** **表2**，**表3**による。
4. **管の色** 黒とする。
5. **表 示** 呼び径，種類の記号，材料の種類。

表2　1種管の寸法及びその許容差

単位 mm

呼び径	(参考)	外径			厚さ		長さ		(参考)			
	呼び外径	基準寸法	平均外径の許容差	だ円度	基準寸法	許容差	基準寸法 (m)	許容差 (%)	内径	1 m 当たりの質量 (kg)	巻内径 (cm)	形態
10	17	17.00	±0.15	1.1	2.0	+0.40	120	$^{+2}_{0}$	12.6	0.095	30 以上	巻物状
13	21.5	21.50		1.3	2.7	+0.50			15.6	0.160	40 以上	
20	27	27.00		1.7	3.0				20.5	0.226	50 以上	
25	34	34.00	±0.20	2.1	3.0		90		27.5	0.292	70 以上	
30	42	42.00		2.6	3.5	+0.60			34.4	0.424	80 以上	
40	48	48.00	±0.25	2.9	3.5				40.4	0.491	90 以上	
50	60	60.00	±0.30	3.6	4.0		60		51.4	0.700	110 以上	
65	76	76.00	±0.35	4.6	5.0	+0.80	5		65.2	1.11	—	直管状
75	89	89.00	±0.45	5.4	5.5				77.2	1.43		
100	114	114.00	±0.55	6.9	6.0	+0.90			101.1	2.03		
125	140	140.00	±0.65	8.4	6.5	+1.00			125.0	2.90		
150	165	165.00	±0.75	9.9	7.0				149.0	3.67		

表3　2種管の寸法及びその許容差

単位 mm

呼び径	(参考)	外径			厚さ		長さ		(参考)			
	呼び外径	基準寸法	平均外径の許容差	だ円度	基準寸法	許容差	基準寸法 (m)	許容差 (%)	内径	1 m 当たりの質量 (kg)	巻内径 (cm)	形態
10	17	17.00	±0.15	1.2	2.0	+0.40	120	+2.0	12.6	0.098	30 以上	巻物状
13	21.5	21.50			2.4	+0.50			16.2	0.151	40 以上	
20	27	27.00		1.3	2.4				21.7	0.195	50 以上	
25	34	34.00	±0.20		2.6		90		28.3	0.268	70 以上	
30	42	42.00		1.4	2.8				35.9	0.358	80 以上	
40	48	48.00	±0.25		3.0				41.5	0.439	90 以上	
50	60	60.00	±0.30	1.5	3.5	+0.60	60		52.4	0.644	110 以上	
65	76	76.00	±0.35	1.6	4.0		5		67.4	0.930	—	直管状
75	89	89.00	±0.45	1.8	5.0	+0.80			78.2	1.36		
100	114	114.00	±0.55	2.3	5.5				102.2	1.92		
125	140	140.00	±0.65	2.8	6.5	+1.00			126.0	2.81		
150	165	165.00	±0.75	3.3	7.0	+1.10			149.9	3.59		
200	216	216.00	±1.00	4.4	8.0	+1.20			198.8	5.38		
250	267	267.00	±1.25	9.4	9.0	+1.30			247.7	7.49		
300	318	318.00	±1.45	11.2	10.0	+1.40			296.6	9.92		

A-18　水道用ポリエチレン二層管　JIS K 6762-1998

Double wall polyethylene pipes for water supply

1. **適用範囲**　使用圧力(静水圧)0.75 MPa 以下の水道に使用する管。
2. **種　類**　**表1**とする。

表1　管の種類

種類	記号	材料
1種二層管	①W	低密度又は中密度ポリエチレン
2種二層管	②W	高密度ポリエチレン

3. **寸法・許容差**　**表2**，**表3**による。
4. **管の色**　外層を黒，内層は原色の乳白色とする。
5. **表　示**　)|(の記号，種類の記号，呼び径。

表 2　1 種二層管の寸法及びその許容差

単位 mm

呼び径	外径			全体厚さ		外層厚さ		長さ		(参考)				
	基準寸法	平均外径の許容差	だ円度	基準寸法	許容差	基準寸法	許容差	基準寸法 (m)	許容差 (%)	内径	1 m 当たりの質量 (kg)	巻径 (cm) 内径	巻径 (cm) 相当外径	内層厚さ
13	21.5	±0.15	1.3	3.5	±0.30	1.5	±0.3	120	$^{+2}_{0}$	14.5	0.184	40 以上	約 80 以上	1.7
20	27.0		1.7	4.0						19.0	0.269	50 以上	約 90 以上	2.2
25	34.0	±0.20	2.1	5.0	±0.35			90		24.0	0.423	70 以上	約 110 以上	3.15
30	42.0		2.6	5.6	±0.40	2.0	±0.4			30.8	0.595	80 以上	約 120 以上	3.2
40	48.0	±0.25	2.9	6.5	±0.45			60		35.0	0.788	90 以上	約 130 以上	4.05
50	60.0	±0.30	3.6	8.0	±0.55			40		44.0	1.216	110 以上	約 150 以上	5.45

表 3　2 種二層管の寸法及びその許容差

単位 mm

呼び径	外径			全体厚さ		外層厚さ		長さ		(参考)				
	基準寸法	平均外径の許容差	だ円度	基準寸法	許容差	基準寸法	許容差	基準寸法 (m)	許容差 (%)	内径	1 m 当たりの質量 (kg)	巻径 (cm) 内径	巻径 (cm) 相当外径	内層厚さ
13	21.5	±0.15	1.2	2.5	±0.20	1.0	±0.2	120	$^{+2}_{0}$	16.5	0.143	40 以上	約 80 以上	1.3
20	27.0		1.3	3.0	±0.25					21.0	0.217	50 以上	約 90 以上	1.75
25	34.0	±0.20		3.5	±0.30			90		27.0	0.322	70 以上	約 110 以上	2.2
30	42.0		1.4	4.0		1.5	±0.3			34.0	0.458	80 以上	約 120 以上	2.2
40	48.0	±0.25		4.5	±0.35			60		39.0	0.590	90 以上	約 130 以上	2.65
50	60.0	±0.30	1.5	5.0				40		50.0	0.829	110 以上	約 150 以上	3.15

A-19　軟質ビニル管　JIS K 6771-1995

Flexible vinyl tube

1. **適用範囲**　主として液体の輸送に使用する管。
2. **寸　法**　**表1**による。

表1　寸法　**単位** mm

呼び径	内径	内径許容差	厚さ	長さ (m)
3	3.0	±0.3	1.0	100
4	4.0	±0.3	1.0	
5	5.0	±0.3	1.0	
6	6.0	±0.3	1.0	
7	7.0	±0.3	1.0	
8	8.0	±0.3	1.5	
9	9.0	±0.3	1.5	
10	10.0	±0.3	1.5	
12	12.0	±0.3	1.5	
16	16.0	±0.5	2.0	50
19	19.0	±0.5	2.0	
25	25.0	±0.5	3.0	
32	32.0	±0.7	3.0	20
38	38.0	±0.7	3.5	
50	50.0	±0.7	4.0	

3. **色**　原則として無色透明。
4. **水圧試験**　温度 30±2℃の水中で，管内部に 0.29 MPa の水圧を 5 分間加え，局部的膨れが発生しない。

A-20 耐熱性硬質ポリ塩化ビニル管 JIS K 6776-2004

Chlorinated poly (vinyl chloride) (PVC-C) pipes for hot and cold water supply

1. **適用範囲** 温度 90℃以下の水の配管に使用する管。
2. **種類及び記号**

種類	記号
耐熱性硬質ポリ塩化ビニル管	HT

3. **使用温度及び設計圧力** **表1**による。

表1 管の使用温度及び設計圧力

使用温度 ℃	5～40	41～60	61～70	71～90
設計圧力 MPa{kgf/cm²}	1.0{10.2}	0.6{6.1}	0.4{4.1}	0.2{2.0}

4. **寸法・許容差** **表2**とする。
5. **管の色** 茶色とする。
6. **表 示** 種類，呼び径。

表2 HT の寸法及びその許容差

単位 mm

呼び径	外径			厚さ		長さ		(参考)	
	基準寸法	最大・最小外径の許容差	平均外径の許容差	基準寸法	許容差	基準寸法	許容差	概略内径	1 m 当たりの質量(kg)
13	18.0	±0.2	±0.2	2.5	±0.2	4 000	+30 −10	13	0.180
16	22.0	±0.2	±0.2	3.0	±0.3			16	0.265
20	26.0	±0.2	±0.2	3.0	±0.3			20	0.321
25	32.0	±0.2	±0.2	3.5	±0.3			25	0.464
30	38.0	±0.3	±0.2	3.5	±0.3			31	0.561
40	48.0	±0.3	±0.2	4.0	±0.3	4 000又は 5 000		40	0.818
50	60.0	±0.4	±0.2	4.5	±0.4			51	1.161

A-21 ANSI規格鋼管

ANSI B 36.19-1976
ANSI B 36.10-1979

ANSI規格鋼管の寸法・質量(SI単位)

呼び径 (in)	外 径 (mm)	Schedule No.	厚 さ (mm)	単位質量 (kg/m)
1/8	10.3	10 S	1.24	0.28
		STD, 40	1.73	0.37
		XS, 80	2.41	0.47
1/4	13.7	10 S	1.65	0.49
		STD, 40	2.24	0.63
		XS, 80	3.02	0.80
3/8	17.1	10 S	1.65	0.63
		STD, 40	2.31	0.84
		XS, 80	3.20	1.10
1/2	21.3	5 S	1.65	0.80
		10 S	2.11	1.00
		STD, 40	2.77	1.27
		XS, 80	3.73	1.62
		160	4.78	1.95
		XX	7.47	2.55
3/4	26.7	5 S	1.65	1.03
		10 S	2.11	1.28
		STD, 40	2.87	1.69
		XS, 80	3.91	2.20
		160	5.56	2.90
		XX	7.82	3.64
1	33.4	5 S	1.65	1.30
		10 S	2.77	2.09
		STD, 40	3.38	2.50
		XS, 80	4.55	3.24
		160	6.35	4.24
		XX	9.09	5.45
1 1/4	42.2	5 S	1.65	1.65
		10 S	2.77	2.70
		STD, 40	3.56	3.39
		XS, 80	4.85	4.47
		160	6.35	5.61
		XX	9.70	7.77
1 1/2	48.3	5 S	1.65	1.91
		10 S	2.77	3.11
		STD, 40	3.68	4.05
		XS, 80	5.08	5.41
		160	7.14	7.25
		XX	10.15	9.56
2	60.3	5 S	1.65	2.40
		10 S	2.77	3.93
		STD, 40	3.91	5.44
		XS, 80	5.54	7.48
		160	8.74	11.11
		XX	11.07	13.44
2 1/2	73.0	5 S	2.11	3.69
2 1/2		10 S	3.05	5.26
		STD, 40	5.16	8.63
		XS, 80	7.01	11.41
		160	9.53	14.92
		XX	14.02	20.39
3	88.9	5 S	2.11	4.52
		10 S	3.05	6.45
		STD, 40	5.49	11.29
		XS, 80	7.62	15.27
		160	11.13	21.35
		XX	15.24	27.68
3 1/2	101.6	5 S	2.11	5.18
		10 S	3.05	7.40
		STD, 40	5.74	13.57
		XS, 80	8.08	18.63
4	114.3	5 S	2.11	5.84
		10 S	3.05	8.36
		STD, 40	6.02	16.07
		XS, 80	8.56	22.32
		120	11.13	28.32
		160	13.49	33.54
		XX	17.12	41.03
5	141.3	5 S	2.77	9.47
		10 S	3.40	11.57
		STD, 40	6.55	21.77
		XS, 80	9.53	30.97
		120	12.70	40.28
		160	15.88	49.11
		XX	19.05	57.43
6	168.3	5 S	2.77	11.32
		10 S	3.40	13.84
		STD, 40	7.11	28.26
		XS, 80	10.97	42.56
		120	14.27	54.20
		160	18.26	67.56
		XX	21.95	79.22
8	219.1	5 S	2.77	14.79
		10 S	3.76	19.96
		20	6.35	33.31
		30	7.04	36.81
		STD, 40	8.18	42.55
		60	10.31	53.08
		XS, 80	12.70	64.64
		100	15.09	75.92
		120	18.26	90.44
		140	20.62	100.92

呼び径 (in)	外 径 (mm)	Schedule No.	厚 さ (mm)	単位質量 (kg/m)
8		XX	22.23	107.92
		160	23.01	111.27
10	273.1	5 S	3.40	22.63
		10 S	4.19	27.78
		20	6.35	41.77
		30	7.80	51.03
		STD, 40	9.27	60.31
		XS, 60	12.70	81.55
		80	15.09	96.01
		100	18.26	114.75
		120	21.44	133.06
		XX, 140	25.40	155.15
		160	28.58	172.33
12	323.9	5 S	3.96	31.25
		10 S	4.57	36.00
		20	6.35	49.73
		30	8.38	65.20
		STD,	9.53	73.88
		40	10.31	79.73
		XS,	12.70	97.46
		60	14.27	108.96
		80	17.48	132.08
		100	21.44	159.91
		XX, 120	25.40	186.97
		140	28.58	208.14
		160	33.32	238.76
14	355.6	5 S	3.96	34.36
		10 S	4.78	41.30
		10	6.35	54.69
		20	7.92	67.90
		STD, 30	9.53	81.33
		40	11.13	94.55
		XS	12.70	107.39
		60	15.09	126.71
		80	19.05	158.10
		100	23.83	194.96
		120	27.79	224.65
		140	31.75	253.56
		160	35.71	281.70
16	406.4	5 S	4.19	41.56
		10 S	4.78	47.29
		10	6.35	62.64
		20	7.92	77.83
		STD, 30	9.53	93.27
		XS, 40	12.70	123.30
		60	16.66	160.12
		80	21.44	203.53
		100	26.19	245.56
		120	30.96	286.64
		140	36.53	333.19

呼び径 (in)	外 径 (mm)	Schedule No.	厚 さ (mm)	単位質量 (kg/m)
16		160	40.49	365.35
18	457	5 S	4.19	46.81
		10 S	4.78	53.26
		10	6.35	70.57
		20	7.92	87.71
		STD	9.53	105.16
		30	11.13	122.38
		XS	12.70	139.15
		40	14.27	155.80
		60	19.05	205.74
		80	23.83	254.55
		100	29.36	309.62
		120	34.93	363.56
		140	39.67	408.26
		160	45.24	459.37
20	508	5 S	4.78	59.25
		10 S	5.54	68.61
		10	6.35	78.55
		STD, 20	9.53	117.15
		XS, 30	12.70	155.12
		40	15.09	183.42
		60	20.62	247.83
		80	26.19	311.17
		100	32.54	381.52
		120	38.10	441.49
		140	44.45	508.11
		160	50.01	564.81
22	559	5 S	4.78	65.24
		10 S	5.54	75.53
		10	6.35	86.54
		STD, 20	9.53	129.13
		XS, 30	12.70	171.09
		60	22.23	294.25
		80	28.58	373.83
		100	34.93	451.42
		120	41.28	527.02
		140	47.63	600.63
		160	53.98	672.26
24	610	5 S	5.54	82.47
		10 S	6.35	94.45
		10	6.35	94.53
		STD, 20	9.53	141.12
		XS	12.70	187.06
		30	14.27	209.64
		40	17.48	255.41
		60	24.61	355.26
		80	30.96	442.08
		100	38.89	547.71
		120	46.02	640.03
		140	52.37	720.15

呼び径 (in)	外 径 (mm)	Schedule No.	厚 さ (mm)	単位質量 (kg/m)	呼び径 (in)	外 径 (mm)	Schedule No.	厚 さ (mm)	単位質量 (kg/m)
24		160	59.54	808.22	28		30	15.88	271.21
26	660	10	7.92	127.36	30	762	5 S	6.35	118.33
		STD	9.53	152.87			10 S	7.92	147.28
		XS, 20	12.70	202.72			10	7.92	147.28
28	711	10	7.92	137.32			STD	9.53	176.84
		STD	9.53	164.85			XS, 20	12.70	234.67
		XS, 20	12.70	218.69			30	15.88	292.18

STD=standard wall, XS=extra strong wall, XX=double extra strong wall
Sch 5 S, 10 S, 40 S, 80 S=ステンレス鋼管
呼び径 12 以下では STD=Sch 40 S, XS=Sch 80 S
Reprint from ANSI B 36. 19-1976, B 36. 10-1979 by permission of The American Society of Mechanical Engineers.

A-22 配管用鋼管の寸法・性能

配管用鋼管の寸法・性能表

呼び径A (〃 B) 外径(mm)	厚さ Sch No-t (mm)	内径 (mm)	断面積 流体 (cm²)	 管材 (cm²)	流速1(m/s) の流量 (m³/hr)	断面二次 モーメント I(cm⁴)	断面 係数 Z(cm³)	断面二次 半径 k(cm)
6	5S- 1.0	8.5	0.567	0.298	0.204	0.034	0.065	0.338
(1/8)	10S- 1.2	8.1	0.515	0.351	0.186	0.039	0.073	0.332
10.5	20S- 1.5	7.5	0.442	0.424	0.159	0.044	0.084	0.323
	SGP- 2.0	6.5	0.332	0.534	0.119	0.051	0.097	0.309
	40- 1.7	7.1	0.396	0.470	0.143	0.047	0.090	0.317
	80- 2.4	5.7	0.255	0.611	0.092	0.054	0.104	0.299
8	5S- 1.2	11.4	1.021	0.475	0.368	0.095	0.138	0.447
(1/4)	10S- 1.65	10.5	0.866	0.630	0.312	0.118	0.172	0.434
13.8	20S- 2.0	9.8	0.754	0.741	0.272	0.133	0.192	0.423
	SGP- 2.3	9.2	0.665	0.831	0.239	0.143	0.207	0.415
	40- 2.2	9.4	0.694	0.802	0.250	0.140	0.202	0.417
	80- 3.0	7.8	0.478	1.018	0.172	0.160	0.232	0.396
10	5S- 1.2	14.9	1.744	0.607	0.628	0.198	0.229	0.571
(3/8)	10S- 1.65	14.0	1.539	0.811	0.554	0.251	0.290	0.556
17.3	20S- 2.0	13.3	1.389	0.961	0.500	0.286	0.331	0.546
	SGP- 2.3	12.7	1.267	1.084	0.456	0.312	0.361	0.537
	40- 2.3	12.7	1.267	1.084	0.456	0.312	0.361	0.537
	80- 3.2	10.9	0.933	1.417	0.336	0.370	0.428	0.511
15	5S- 1.65	18.4	2.659	1.039	0.957	0.526	0.485	0.711
(1/2)	10S- 2.1	17.5	2.405	1.293	0.866	0.628	0.579	0.697
21.7	20S- 2.5	16.7	2.190	1.508	0.789	0.707	0.651	0.685
	SGP- 2.8	16.1	2.036	1.663	0.733	0.759	0.699	0.676
	40- 2.8	16.1	2.036	1.663	0.733	0.759	0.699	0.676
	80- 3.7	14.3	1.606	2.092	0.578	0.883	0.814	0.650
	160- 4.7	12.3	1.188	2.510	0.428	0.976	0.900	0.624
20	5S- 1.65	23.9	4.486	1.324	1.615	1.085	0.798	0.905
(3/4)	10S- 2.1	23.0	4.155	1.656	1.496	1.313	0.966	0.891
27.2	20S- 2.5	22.2	3.871	1.940	1.393	1.495	1.099	0.878
	SGP- 2.8	21.6	3.664	2.146	1.319	1.618	1.190	0.868
	40- 2.9	21.4	3.597	2.214	1.295	1.657	1.219	0.865
	80- 3.9	19.4	2.956	2.855	1.064	1.992	1.464	0.835
	160- 5.5	16.2	2.061	3.749	0.742	2.349	1.727	0.791
25	5S- 1.65	30.7	7.402	1.677	2.665	2.199	1.294	1.145
(1)	10S- 2.8	28.4	6.335	2.744	2.280	3.366	1.980	1.108
34.0	20S- 3.0	28.0	6.158	2.922	2.217	3.543	2.084	1.101

呼び径A (〃 B) 外径(mm)	厚さ Sch No-t (mm)	内径 (mm)	断面積		流速1(m/s)の流量 (m³/hr)	断面二次モーメント I(cm⁴)	断面係数 Z(cm³)	断面二次半径 k(cm)
			流体 (cm²)	管材 (cm²)				
25	SGP- 3.2	27.6	5.983	3.096	2.154	3.711	2.183	1.095
(1)	40- 3.4	27.2	5.811	3.269	2.092	3.873	2.278	1.089
34.0	80- 4.5	25.0	4.909	4.170	1.767	4.642	2.731	1.055
	160- 6.4	21.2	3.530	5.549	1.271	5.568	3.275	1.002
32	5S- 1.65	39.4	12.19	2.128	4.389	4.489	2.103	1.453
(1 1/4)	10S- 2.8	37.1	10.81	3.510	3.892	7.019	3.288	1.414
42.7	20S- 3.0	36.7	10.58	3.742	3.808	7.414	3.472	1.408
	SGP- 3.5	35.7	10.01	4.310	3.604	8.345	3.909	1.391
	40- 3.6	35.5	9.898	4.422	3.563	8.522	3.992	1.388
	80- 4.9	32.9	8.501	5.819	3.060	10.57	4.950	1.348
	160- 6.4	29.9	7.022	7.299	2.528	12.40	5.806	1.303
40	5S- 1.65	45.3	16.12	2.434	5.802	6.714	2.763	1.661
(1 1/2)	10S- 2.8	43.0	14.52	4.029	5.228	10.60	4.363	1.622
48.6	20S- 3.0	42.6	14.25	4.298	5.131	11.22	4.617	1.616
	SGP- 3.5	41.6	13.59	4.959	4.893	12.68	5.220	1.599
	40- 3.7	41.2	13.33	5.219	4.799	13.24	5.449	1.593
	80- 5.1	38.4	11.58	6.970	4.169	16.71	6.877	1.548
	160- 7.1	34.4	9.294	9.257	3.346	20.51	8.441	1.489
50	5S- 1.65	57.2	25.70	3.051	9.251	13.22	4.369	2.081
(2)	10S- 2.8	54.9	23.67	5.076	8.522	21.17	6.999	2.042
60.5	20S- 3.5	53.5	22.48	6.267	8.093	25.55	8.446	2.019
	SGP- 3.8	52.9	21.98	6.769	7.912	27.32	9.033	2.009
	40- 3.9	52.7	21.81	6.935	7.853	27.90	9.224	2.006
	80- 5.5	49.5	19.24	9.503	6.928	36.29	12.00	1.954
	160- 8.7	43.1	14.59	14.16	5.252	48.83	16.14	1.857
65	5S- 2.1	72.1	40.83	4.895	14.70	33.72	8.838	2.624
(2 1/2)	10S- 3.0	70.3	38.82	6.908	13.97	46.48	12.18	2.594
76.3	20S- 3.5	69.3	37 72	8.005	13.58	53.15	13.93	2.577
	SGP- 4.2	67.9	36.21	9.513	13.04	62.03	16.26	2.553
	40- 5.2	65.9	34.11	11.62	12.28	73.79	19.34	2.520
	80- 7.0	62.3	30.48	15.24	10.97	92.42	24.23	2.463
	160- 9.5	57.3	25.79	19.94	9.283	113.5	29.74	2.386
80	5S- 2.1	84.9	56.61	5.740	20.38	54.34	12.20	3.077
(3)	10S- 3.0	83.1	54.24	8.115	19.53	75.29	16.90	3.046
89.1	20S- 4.0	81.1	51.66	10.69	18.60	97.02	21.78	3.012
	SGP- 4.2	80.7	51.15	11.20	18.41	101.2	22.71	3.005
	40- 5.5	78.1	47.90	14.45	17.25	126.7	28.45	2.962

呼び径A (〃 B) 外径(mm)	厚さ Sch No-t (mm)	内径 (mm)	断面積 流体 (cm²)	 管材 (cm²)	流速1(m/s) の流量 (m³/hr)	断面二次 モーメント I(cm⁴)	断面 係数 Z(cm³)	断面二次 半径 k(cm)
	80- 7.6	73.9	42.89	19.46	15.44	163.0	36.58	2.894
	160-11.1	66.9	35.15	27.20	12.65	211.0	47.37	2.786
90	5S- 2.1	97.4	74.51	6.564	26.82	81.27	16.00	3.519
(3 ½)	10S- 3.0	95.6	71.78	9.293	25.84	113.0	22.25	3.488
101.6	20S- 4.0	93.6	68.81	12.26	24.77	146.3	28.80	3.454
	SGP- 4.2	93.2	68.22	12.85	24.56	152.7	30.06	3.447
	40- 5.7	90.2	63.90	17.17	23.00	198.1	39.00	3.397
	80- 8.1	85.4	57.28	23.79	20.62	262.0	51.57	3.318
	160-12.7	76.2	45.60	35.47	16.42	357.6	70.38	3.175
100	5S- 2.1	110.1	95.21	7.402	34.27	116.5	20.39	3.968
(4)	10S- 3.0	108.3	92.12	10.49	33.16	162.5	28.44	3.936
114.3	20S- 4.0	106.3	88.75	13.86	31.95	211.1	36.93	3.902
	SGP- 4.5	105.3	87.09	15.52	31.35	234.3	41.00	3.885
	40- 6.0	102.3	82.19	20.41	29.59	300.2	52.53	3.835
	80- 8.6	97.1	74.05	28.56	26.66	401.5	70.25	3.749
	120-11.1	92.1	66.62	35.99	23.98	484.6	84.80	3.670
	160-13.5	87.3	59.86	42.75	21.55	552.7	96.71	3.596
125	5S- 2.8	134.2	141.4	12.05	50.92	282.9	40.47	4.845
(5)	10S- 3.4	133.0	138.9	14.57	50.01	339.0	48.50	4.824
139.8	20S- 5.0	129.8	132.3	21.17	47.64	481.6	68.90	4.769
	SGP- 4.5	130.8	134.4	19.13	48.37	438.2	62.69	4.786
	40- 6.6	126.6	125.9	27.62	45.32	614.0	87.84	4.715
	80- 9.5	120.8	114.6	38.89	41.26	829.7	118.7	4.619
	120-12.7	114.4	102.8	50.71	37.00	1034	148.0	4.516
	160-15.9	108.0	91.61	61.89	32.98	1207	172.7	4.416
150	5S- 2.8	159.6	200.1	14.29	72.02	471.1	57.03	5.743
(6)	10S- 3.4	158.4	197.1	17.28	70.94	565.8	68.50	5.722
165.2	20S- 5.0	155.2	189.2	25.16	68.10	808.1	97.83	5.667
	SGP- 5.0	155.2	189.2	25.16	68.10	808.1	97.83	5.667
	40- 7.1	151.0	179.1	35.26	64.47	1104	133.7	5.595
	80-11.0	143.2	161.1	53.29	57.98	1592	192.7	5.466
	120-14.3	136.6	146.6	67.79	52.76	1947	235.7	5.359
	160-18.2	128.8	130.3	84.05	46.91	2305	279.1	5.237
200	5S- 2.8	210.7	348.7	18.78	125.5	1070	98.96	7.549
(8)	10S- 4.0	208.3	340.8	26.68	122.7	1504	139.0	7.507
216.3	20S- 6.5	203.3	324.6	42.84	116.9	2359	218.2	7.421
	SGP- 5.8	204.7	329.1	38.36	118.5	2126	196.6	7.445

呼び径A (〃 B) 外径(mm)	厚さ Sch No-t (mm)	内径 (mm)	断面積 流体 (cm²)	断面積 管材 (cm²)	流速1(m/s)の流量 (m³/hr)	断面二次モーメント I(cm⁴)	断面係数 Z(cm³)	断面二次半径 k(cm)
200	40- 8.2	199.9	313.8	53.61	113.0	2906	268.7	7.363
(8)	80-12.7	190.9	286.2	81.23	103.0	4226	390.7	7.212
216.3	120-18.2	179.9	254.2	113.3	91.51	5603	518.1	7.033
	160-23.0	170.3	227.8	139.7	82.00	6616	611.7	6.882
250	5S- 3.4	260.6	533.4	28.20	192.0	2457	183.8	9.335
(10)	10S- 4.0	259.4	528.5	33.10	190.3	2871	214.8	9.314
267.4	20S- 6.5	254.4	508.3	53.28	183.0	4536	339.3	9.227
	SGP- 6.6	254.2	507.5	54.08	182.7	4600	344.1	9.224
	40- 9.3	248.8	486.2	75.41	175.0	6287	470.3	9.131
	80-15.1	237.2	441.9	119.7	159.1	9557	714.8	8.936
	120-21.4	224.6	369.2	165.4	142.6	12605	942.8	8.730
	160-28.6	210.2	347.0	214.6	124.9	15514	1160	8.503
300	5S- 4.0	310.5	757.2	39.52	272.6	4887	306.9	11.12
(12)	10S- 4.5	309.5	752.3	44.39	270.8	5472	343.6	11.10
318.5	20S- 6.5	305.5	733.0	63.71	263.9	7756	487.0	11.03
	SGP- 6.9	304.7	729.2	67.55	262.5	8202	515.0	11.02
	40-10.3	297.9	697.0	99.73	250.9	11854	744.4	10.90
	80-17.4	283.7	632.1	164.6	227.6	18715	1175	10.66
	120-25.4	267.7	562.8	233.9	202.6	25304	1589	10.40
	160-33.3	251.9	498.4	298.4	179.4	30749	1931	10.15
350	SGP- 7.9	339.8	906.9	86.29	326.5	13047	733.8	12.30
(14)	40-11.1	333.4	873.0	120.1	314.3	17840	1003	12.19
355.6	80-19.0	317.6	792.2	200.9	285.2	28545	1605	11.92
	120-27.8	300.0	706.9	286.3	254.5	38730	2178	11.63
	160-35.7	284.2	634.4	358.8	228.4	46467	2613	11.38
400	SGP- 7.9	390.6	1198	98.90	431.4	19640	966.5	14.09
(16)	40-12.7	381.0	1140	157.1	410.4	30466	1499	13.93
406.4	80-21.4	363.6	1038	258.8	373.8	48106	2367	13.63
	120-30.9	344.6	932.7	364.5	335.8	64681	3183	13.32
	160-40.5	325.4	831.6	465.6	299.4	78866	3881	13.02
450	SGP- 7.9	441.4	1530	111.5	550.9	28147	1231	15.89
(18)	40-14.3	428.6	1443	199.0	519.4	48839	2136	15.67
457.2	80-23.8	409.6	1318	324.1	474.4	76315	3338	15.35
	120-34.9	387.4	1179	463.0	424.3	103921	4546	14.98
	160-45.2	366.8	1057	585.0	380.4	125628	5496	14.65
500 (20)	SGP- 7.9	492.2	1903	124.1	685.0	38812	1528	17.68
508.0	40-15.1	477.8	1793	233.8	645.5	71076	2798	17.43

呼び径A (〃 B) 外径(mm)	厚さ Sch No-t (mm)	内径 (mm)	断面積 流体 (cm²)	断面積 管材 (cm²)	流速1(m/s)の流量 (m³/hr)	断面二次モーメント I(cm⁴)	断面係数 Z(cm³)	断面二次半径 k(cm)
500	80-26.2	455.6	1630	396.6	586.9	115410	4544	17.06
(20)	120-38.1	431.8	1464	562.4	527.2	156260	6152	16.67
508.0	160-50.0	408.0	1307	719.4	470.7	190885	7515	16.29
550	40-15.9	527.0	2181	271.2	785.3	99997	3579	19.20
(22)	80-28.6	501.6	1976	476.4	711.4	167883	6009	18.77
558.8	120-41.3	476.2	1781	671.4	641.2	226203	8096	18.35
	160-54.0	450.8	1596	856.4	574.6	275901	9875	17.95
600	40-17.5	574.6	2593	325.5	933.5	142778	4684	20.94
(24)	80-31.0	547.6	2355	563.5	847.9	236484	7759	20.49
609.6	120-46.0	517.6	2104	814.5	757.5	325547	10681	19.99
	160-59.5	490.6	1890	1028	680.5	393508	12910	19.56
650	40-18.9	622.6	3044	380.9	1096	196105	5939	22.69
(26)	80-34.0	592.4	2756	669.1	992.3	329133	9968	22.18
660.4	120-49.1	562.2	2482	942.9	893.7	443300	13425	21.68
	160-64.2	532.0	2223	1202	800.2	540478	16368	21.20

$I=\frac{\pi}{64}(D_o{}^4-D_i{}^4)$　　$\delta=c\cdot\frac{W\ell^3}{E\cdot I}$

$Z=\frac{2\cdot I}{D_o}$　　$\sigma=\frac{M}{Z}$

$k=\left(\frac{I}{A}\right)^{0.5}$　　細長比$=\frac{\ell}{k}$

A　：管材断面積　　M：曲げモーメント

D_o，D_i：管外径，内径　　W：荷重

E　：縦弾性係数　　δ：たわみ

ℓ　：長さ　　σ：曲げ応力

B-1　ねじ込み式可鍛鋳鉄製管継手　JIS B 2301-2001

Screwed type malleable cast iron pipe fitting

1. **適用範囲**　配管用炭素鋼鋼管(JIS G 3452)に取付ける継手。
2. **種　類**　次のとおりとする。
  a) 形式はⅠ形及びⅡ形の2種類。ここではⅠ形について示す。
  b) 形状は**表1**とする。
  c) 表面は，鋳放し，めっき及びⅠ形のコーティング。
  d) Ⅰ形の外面に埋設用として樹脂を被覆したもの。

表1　形状による種類

種類	付表	種類	付表
エルボ めすおすエルボ (ストリートエルボ) 45°エルボ 45°めすおすエルボ (45°ストリートエルボ)	付表2	めすおすロングベンド おすロングベンド 45°ロングベンド 45°めすおすロングベンド 45°おすロングベンド	付表10
径違いエルボ 径違いめすおすエルボ (径違いストリートエルボ)	付表3	45°Y 90°Y 返しベンド(リターンベンド)	付表11
T めすおすT(サービスT)	付表4	ソケット めすおすソケット	付表12
径違いT 径違いめすおすT (径違いサービスT)	付表5, 6	径違いソケット 径違いめすおすソケット 偏心径違いソケット	付表13
		ブッシング	付表14
クロス 径違いクロス	付表7	ニップル 径違いニップル	付表15
横口エルボ 四方T	付表8	止めナット(ロックナット)	付表16
		キャップ	付表17
		プラグ	付表18
ショートベンド めすおすショートベンド	付表9	ユニオン	付表19
		めすおすユニオン	付表20
ピッチャーT ツインエルボ 径違いピッチャーT 径違いツインエルボ	—	ユニオンエルボ	付表21
		めすおすユニオンエルボ	付表22
		ユニオン用ガスケット	—
ロングベンド	付表10	組みフランジ	付表23

3．流体の状態と最高使用圧力　表 2 による。

表 2　流体の状態と最高使用圧力との関係

流体の状態	最高使用圧力（MPa）		
	材料区分		
	引張強さが 300 N/mm²以上で，かつ，伸びが 6 %以上の黒心可鍛鋳鉄，又は引張強さが 350 N/mm²以上で，かつ，伸びが 4 %以上の白心可鍛鋳鉄	JIS G 5705 の FCMB 27-05 又は FCMW 34-04	JIS G 5501 の FC 200 又はこれと同等以上のねずみ鋳鉄
120℃以下の静流水	2.5	2.5	2.0
300℃以下の蒸気，空気，ガス及び油	2.0	1.0	1.0

4．主要寸法　付表 1～23 による。

5．距離の許容差　表 3 とする。

表 3　継手の端面から中心及び端面から端面までの距離の許容差

単位 mm

端面から中心及び端面から端面までの距離	30以下	30を超え50以下	50を超え75以下	75を超え100以下	100を超え150以下	150を超え200以下	200を超え300以下	300を超え400以下
許容差	±1.5	±2	±2.5	±3	±3.5	±4	±5	±6

6．呼び方　規格番号又は名称，形状，表面の種類及び大きさの呼び。

付表1　I型の継手の端部

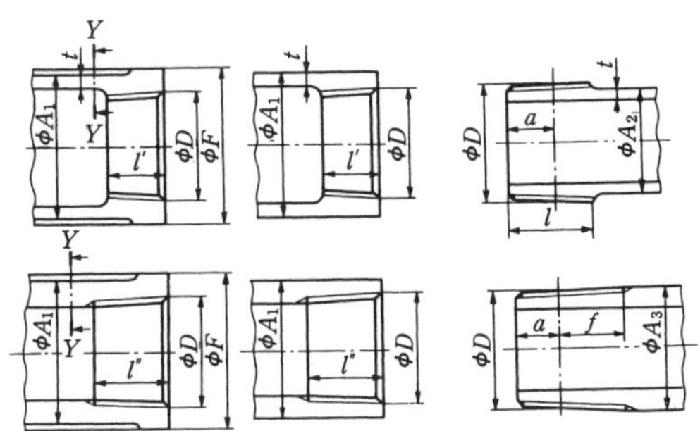

単位 mm

大きさの呼び	ねじ部				外径(参考)			厚さ(参考)	バンド外径(参考)	リブ(参考)	
	ねじの基準径 D	ねじ山数(25.4mmにつき)	めねじ部の長さ l'(参考)	おねじ部の長さ l(参考)	めねじ側 A_1	おねじ側 A_2	おねじ側 A_3	t	F	幅 m	数 ソケット キャップ
1/8	9.728	28	6	8	15	9	11	2	18	3	2
1/4	13.157	19	8	11	19	12	14	2.5	22	3	2
3/8	16.662	19	9	12	23	14	17	2.5	26	3	2
1/2	20.955	14	11	15	27	18	22	2.5	30	4	2
3/4	26.441	14	13	17	33	24	27	3	36	4	2
1	33.249	11	15	19	41	30	34	3	44	5	2
1 1/4	41.910	11	17	22	50	39	43	3.5	53	5	2
1 1/2	47.803	11	18	22	56	44	49	3.5	60	5	2
2	59.614	11	20	26	69	56	61	4	73	5	2
2 1/2	75.184	11	23	30	86	72	76	4.5	91	6	2
3	87.884	11	25	34	99	84	89	5	105	7	2
4	113.030	11	28	40	127	110	114	6	133	8	4
5	138.430	11	30	44	154	136	140	6.5	161	8	4
6	163.830	11	33	44	182	160	165	7.5	189	8	4

備考 1. めねじ部の長さ l' の最小値は，JIS B 0203による。めねじの終わりには，不完全ねじ部があってもよい。不完全ねじ部がある場合のテーパめねじの有効ねじ部の長さ l''(最小)は，JIS B 0203による。

2. 図中の a は，JIS B 0203に示されたおねじ管端からの基準径の位置を示す。おねじの終わりには，不完全ねじ部があってもよい。その場合の基準径の位置を超える有効ねじ部の長さ f(最小)は，JIS B 0203による。

3. 厚さ t は，めっき又はコーティングを施す前のものとする。

付表 2 Ⅰ型のエルボ，めすおすエルボ(ストリートエルボ)，45°エルボ及び45°めすおすエルボ(45°ストリートエルボ)

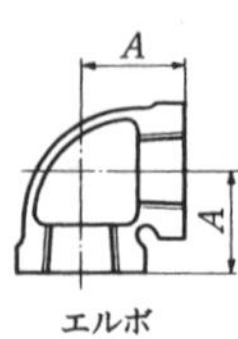

エルボ

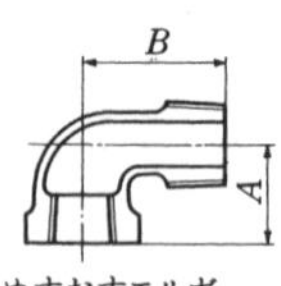

めすおすエルボ(ストリートエルボ)

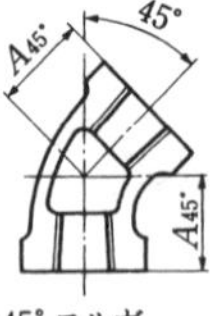

45° エルボ

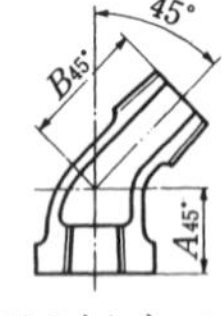

45° めすおすエルボ(45° ストリートエルボ)

大きさの呼び	距 離(mm)				概略質量(kg/個)			
	A	$A_{45°}$	B	$B_{45°}$	エルボ	めすおすエルボ	45°エルボ	45°めすおすエルボ
1/8	17	16	26	21	0.022	0.021	0.023	0.019
1/4	19	17	30	23	0.040	0.038	0.039	0.034
3/8	23	19	35	27	0.061	0.060	0.057	0.053
1/2	27	21	40	31	0.087	0.088	0.078	0.076
3/4	32	25	47	36	0.144	0.150	0.128	0.129
1	38	29	54	42	0.235	0.235	0.208	0.205
1 1/4	46	34	62	49	0.381	0.384	0.327	0.333
1 1/2	48	37	68	51	0.453	0.482	0.402	0.412
2	57	42	79	59	0.745	0.790	0.638	0.664
2 1/2	69	49	92	71	1.39	1.38	1.18	1.18
3	78	54	104	79	1.95	1.99	1.62	1.67
4	97	65	126	96	3.59	3.65	2.90	3.03
5	113	74	148	110	5.53	5.59	4.40	4.55
6	132	82	170	127	8.64	8.79	6.58	7.07

備考 継手の端部の形状・寸法は，**付表 1** による。

付表 3　I 形の径違いエルボ及び径違いめすおすエルボ（径違いストリートエルボ）

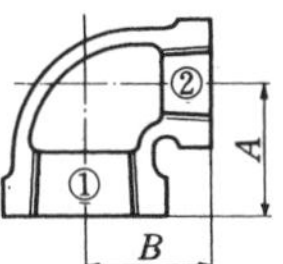

径違いエルボ

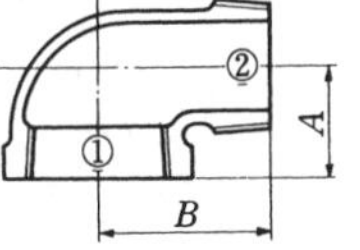

径違いめすおすエルボ
（径違いストリートエルボ）

大きさの呼び ① × ②	径違いエルボ 距離 (mm) A	B	質量 (kg/個)
3/8 × 1/8	19	21	0.042
3/8 × 1/4	20	22	0.051
1/2 × 1/4	24	24	0.065
1/2 × 3/8	26	25	0.075
3/4 × 3/8	28	28	0.104
3/4 × 1/2	29	30	0.116
1 × 3/8	30	31	0.146
1 × 1/2	32	33	0.160
1 × 3/4	34	35	0.188
1 1/4 × 1/2	34	38	0.225
1 1/4 × 3/4	38	40	0.260
1 1/4 × 1	40	42	0.303
1 1/2 × 1/2	35	42	0.267
1 1/2 × 3/4	38	43	0.299
1 1/2 × 1	41	45	0.345
1 1/2 × 1 1/4	45	48	0.417
2 × 1/2	38	48	0.398
2 × 3/4	41	49	0.432
2 × 1	44	51	0.482
2 × 1 1/4	48	54	0.562
2 × 1 1/2	52	55	0.609
2 1/2 × 1	48	60	0.799
2 1/2 × 1 1/4	52	62	0.886
2 1/2 × 1 1/2	55	62	0.938
2 1/2 × 2	60	65	1.10
3 × 1 1/4	55	70	1.16
3 × 1 1/2	58	72	1.23
3 × 2	62	72	1.37
3 × 2 1/2	72	75	1.68
4 × 2	69	87	2.15
4 × 2 1/2	78	90	2.48
4 × 3	83	91	2.76
5 × 3	87	107	3.73
5 × 4	100	111	4.60
6 × 4	102	125	6.06
6 × 5	116	128	7.10

大きさの呼び ① × ②	径違いめすおすエルボ 距離 (mm) A	B	質量 (kg/個)
1/2 × 3/8	26	37	0.075
3/4 × 1/2	29	44	0.121
1 × 1/2	32	47	0.167
1 × 3/4	34	51	0.199
1 1/4 × 1	40	61	0.318
1 1/2 × 1	41	65	0.366
1 1/2 × 1 1/4	45	68	0.439
2 × 3/4	41	65	0.460
2 × 1 1/4	48	75	0.599
2 × 1 1/2	52	75	0.648
2 1/2 × 1	48	79	0.832
2 1/2 × 2	60	88	1.13
3 × 2	62	98	1.45

備考　継手の端部の形状・寸法は，**付表 1** による。

付表4 I形のT及びめすおすT(サービスT)

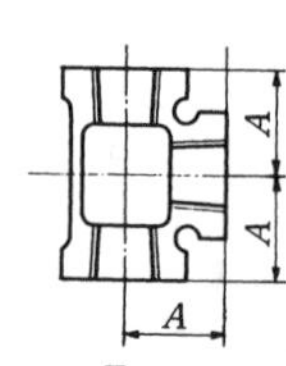

T

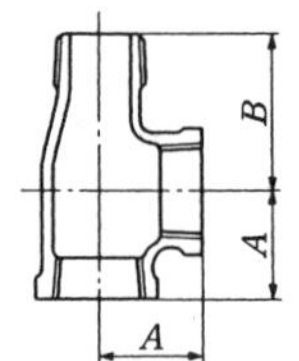

めすおすT(サービスT)

大きさの呼び	距離 (mm)		概略質量 (kg/個)	
	A	B	T	めすおすT
1/8	17	26	0.033	0.034
1/4	19	30	0.057	0.059
3/8	23	35	0.088	0.093
1/2	27	40	0.126	0.133
3/4	32	47	0.207	0.222
1	38	54	0.336	0.351
1 1/4	46	62	0.546	0.569
1 1/2	48	68	0.640	0.692
2	57	79	1.05	1.13
2 1/2	69	92	1.96	2.01
3	78	104	2.75	2.86
4	97	126	5.04	5.23
5	113	148	7.72	7.96
6	132	170	12.1	12.5

備考 継手の端部の形状・寸法は，**付表1**による。

付表 5.1　I 形の径違い T(枝径だけ異なるもの)

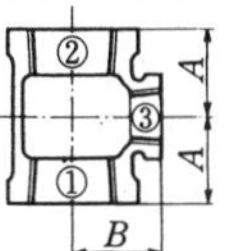

(枝径の小さいもの)

大きさの呼び ①×②×③	枝径の小さいもの 距離 (mm)		質量 (kg/個)
	A	B	
$\frac{3}{8}\times\frac{3}{8}\times\frac{1}{8}$	19	21	0.066
$\frac{3}{8}\times\frac{3}{8}\times\frac{1}{4}$	20	22	0.074
$\frac{1}{2}\times\frac{1}{2}\times\frac{1}{4}$	24	24	0.102
$\frac{1}{2}\times\frac{1}{2}\times\frac{3}{8}$	26	25	0.114
$\frac{3}{4}\times\frac{3}{4}\times\frac{1}{4}$	25	27	0.144
$\frac{3}{4}\times\frac{3}{4}\times\frac{3}{8}$	28	28	0.164
$\frac{3}{4}\times\frac{3}{4}\times\frac{1}{2}$	29	30	0.177
$1\times1\times\frac{1}{4}$	28	31	0.220
$1\times1\times\frac{3}{8}$	30	31	0.236
$1\times1\times\frac{1}{2}$	32	33	0.256
$1\times1\times\frac{3}{4}$	34	35	0.282
$1\frac{1}{4}\times1\frac{1}{4}\times\frac{3}{8}$	33	36	0.345
$1\frac{1}{4}\times1\frac{1}{4}\times\frac{1}{2}$	34	38	0.361
$1\frac{1}{4}\times1\frac{1}{4}\times\frac{3}{4}$	38	40	0.409
$1\frac{1}{4}\times1\frac{1}{4}\times1$	40	42	0.455
$1\frac{1}{2}\times1\frac{1}{2}\times\frac{3}{8}$	34	40	0.404
$1\frac{1}{2}\times1\frac{1}{2}\times\frac{1}{2}$	35	42	0.422
$1\frac{1}{2}\times1\frac{1}{2}\times\frac{3}{4}$	38	43	0.463
$1\frac{1}{2}\times1\frac{1}{2}\times1$	41	45	0.520
$1\frac{1}{2}\times1\frac{1}{2}\times1\frac{1}{4}$	45	48	0.595
$2\times2\times\frac{1}{2}$	38	48	0.629
$2\times2\times\frac{3}{4}$	41	49	0.682
$2\times2\times1$	44	51	0.749
$2\times2\times1\frac{1}{4}$	48	54	0.839
$2\times2\times1\frac{1}{2}$	52	55	0.913
$2\frac{1}{2}\times2\frac{1}{2}\times\frac{1}{2}$	41	57	1.09
$2\frac{1}{2}\times2\frac{1}{2}\times\frac{3}{4}$	44	58	1.16
$2\frac{1}{2}\times2\frac{1}{2}\times1$	48	60	1.27
$2\frac{1}{2}\times2\frac{1}{2}\times1\frac{1}{4}$	52	62	1.38
$2\frac{1}{2}\times2\frac{1}{2}\times1\frac{1}{2}$	55	62	1.46
$2\frac{1}{2}\times2\frac{1}{2}\times2$	60	65	1.64
$3\times3\times\frac{3}{4}$	46	66	1.52
$3\times3\times1$	50	68	1.65
$3\times3\times1\frac{1}{4}$	55	70	1.81
$3\times3\times1\frac{1}{2}$	58	72	1.91
$3\times3\times2$	62	72	2.08
$3\times3\times2\frac{1}{2}$	72	75	2.47
$4\times4\times\frac{3}{4}$	54	80	2.62
$4\times4\times1$	57	83	2.76
$4\times4\times1\frac{1}{4}$	61	86	2.96
$4\times4\times1\frac{1}{2}$	63	86	3.06
$4\times4\times2$	69	87	3.35
$4\times4\times2\frac{1}{2}$	78	90	3.83
$4\times4\times3$	83	91	4.14
$5\times5\times\frac{3}{4}$	55	96	3.65
$5\times5\times1$	60	97	3.92
$5\times5\times1\frac{1}{4}$	62	100	4.07
$5\times5\times1\frac{1}{2}$	66	100	4.29
$5\times5\times2$	72	103	4.67
$5\times5\times2\frac{1}{2}$	81	105	5.25
$5\times5\times3$	87	107	5.68
$5\times5\times4$	100	111	6.68
$6\times6\times\frac{3}{4}$	60	108	5.36
$6\times6\times1$	64	110	5.65
$6\times6\times1\frac{1}{4}$	67	113	5.90
$6\times6\times1\frac{1}{2}$	70	115	6.13
$6\times6\times2$	75	116	6.54
$6\times6\times2\frac{1}{2}$	85	118	7.35
$6\times6\times3$	92	120	7.94
$6\times6\times4$	102	125	8.98
$6\times6\times5$	116	128	10.3

付表 5.2 I形の径違いT(枝径だけ異なるもの)

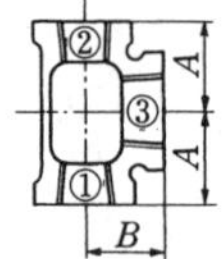

(枝径の大きいもの)

大きさの呼び ①×②×③	枝径の大きいもの		
	距離 (mm)		質量 (kg/個)
	A	B	
$^1/_4$ × $^1/_4$ × $^3/_8$	22	20	0.069
$^3/_8$ × $^3/_8$ × $^1/_2$	25	26	0.104
$^1/_2$ × $^1/_2$ × $^3/_4$	30	30	0.153
$^1/_2$ × $^1/_2$ × 1	33	32	0.192
$^3/_4$ × $^3/_4$ × 1	35	34	0.249
$^3/_4$ × $^3/_4$ × $1^1/_4$	40	38	0.315
1 × 1 × $1^1/_4$	42	40	0.394
1 × 1 × $1^1/_2$	45	42	0.438
$1^1/_4$ × $1^1/_4$ × $1^1/_2$	48	45	0.576
$1^1/_4$ × $1^1/_4$ × 2	52	48	0.684
$1^1/_2$ × $1^1/_2$ × 2	54	52	0.777
2 × 2 × $2^1/_2$	65	60	1.41
2 × 2 × 3	72	62	1.63
$2^1/_2$ × $2^1/_2$ × 3	75	70	2.19
3 × 3 × 4	92	85	3.50

付表 6.1　I 形の径違い T(通しの異なるもの)

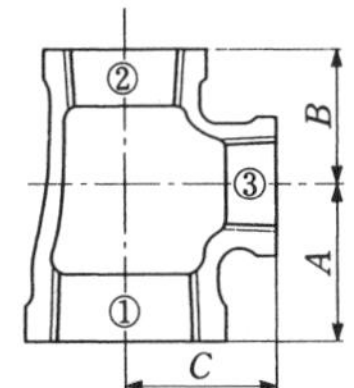

径違いT
(枝径と通しとが異なるもの)

大きさの呼び ①×②×③	枝径と通しとが異なるもの 距離 (mm) A	B	C	質量 (kg/個)
1/2 × 3/8 × 3/8	26	23	25	0.103
3/4 × 3/8 × 1/2	29	25	30	0.147
3/4 × 1/2 × 3/8	28	26	28	0.145
3/4 × 1/2 × 1/2	30	27	30	0.160
1 × 1/2 × 1/2	32	27	33	0.201
1 × 1/2 × 3/4	34	30	35	0.228
1 × 3/4 × 1/2	32	29	33	0.220
1 × 3/4 × 3/4	34	32	35	0.249
1 1/4 × 1 × 1/2	34	32	38	0.319
1 1/4 × 3/4 × 3/4	37	32	40	0.321
1 1/4 × 3/4 × 1	40	35	42	0.371
1 1/4 × 1 × 3/4	37	34	40	0.354
1 1/4 × 1 × 1	40	38	42	0.409
1 1/2 × 1 × 1	41	37	45	0.444
1 1/2 × 1 × 1 1/4	45	42	48	0.519
1 1/2 × 1 1/4 × 1/2	35	34	42	0.397
1 1/2 × 1 1/4 × 3/4	38	38	43	0.442
1 1/2 × 1 1/4 × 1	41	40	45	0.493
1 1/2 × 1 1/4 × 1 1/4	45	44	48	0.567
2 × 1 1/4 × 1 1/4	48	46	54	0.725
2 × 1 1/4 × 1 1/2	52	48	55	0.784
2 × 1 1/2 × 3/4	41	38	50	0.593
2 × 1 1/2 × 1	45	42	52	0.671
2 × 1 1/2 × 1 1/4	49	46	54	0.754
2 × 1 1/2 × 1 1/2	52	48	55	0.807

付表 6.2 I形の径違いT(通しの異なるもの)

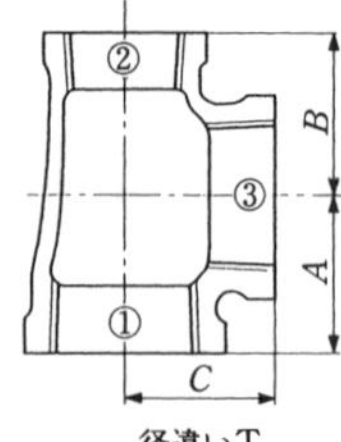

径違いT
(通しだけ異なるもの)

大きさの呼び ①×②×③	通しだけ異なるもの 距離 (mm) A	B	C	質量 (kg/個)
1/2 × 3/8 × 1/2	27	25	27	0.116
3/4 × 3/8 × 3/4	27	25	27	0.147
3/4 × 1/2 × 3/4	32	30	32	0.186
1 × 3/8 × 1	38	32	38	0.269
1 × 1/2 × 1	38	34	38	0.280
1 × 3/4 × 1	38	35	38	0.299
1 1/4 × 1/2 × 1 1/4	46	38	46	0.430
1 1/4 × 3/4 × 1 1/4	46	40	46	0.454
1 1/4 × 1 × 1 1/4	46	42	46	0.490
1 1/2 × 1/2 × 1 1/2	48	42	48	0.503
1 1/2 × 3/4 × 1 1/2	48	43	48	0.525
1 1/2 × 1 × 1 1/2	48	45	48	0.562
1 1/2 × 1 1/4 × 1 1/2	48	48	48	0.616
2 × 3/4 × 2	57	49	57	0.820
2 × 1 × 2	57	52	57	0.863
2 × 1 1/4 × 2	57	54	57	0.918
2 × 1 1/2 × 2	57	55	57	0.948

付表 6.3 I形の径違いめすおすT (径違いサービスT)

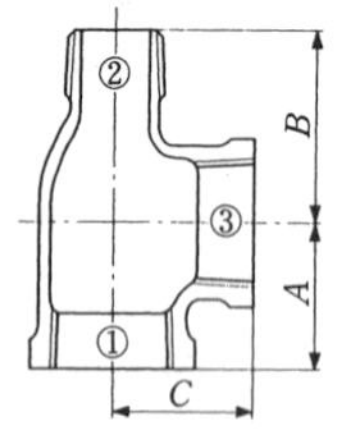

径違いめすおすT
(径違いサービスT)

大きさの呼び ①×②×③	径違いめすおすT 距離 (mm) A,C	B	質量 (kg/個)
3/4 × 1/2 × 3/4	32	44	0.193
1 × 1/2 × 1	38	47	0.287
1 × 3/4 × 1	38	51	0.314
1 1/4 × 3/4 × 1 1/4	46	55	0.471
1 1/4 × 1 × 1 1/4	46	61	0.510
1 1/2 × 1 × 1 1/2	48	65	0.588
1 1/2 × 1 1/4 × 1 1/2	48	68	0.645
2 × 3/4 × 2	57	65	0.852
2 × 1 1/4 × 2	57	75	0.963
2 × 1 1/2 × 2	57	75	0.997
2 1/2 × 1 × 2 1/2	69	79	1.57
2 1/2 × 2 × 2 1/2	69	88	1.80
3 × 2 × 3	78	98	2.50

付表 7　I 形のクロス及び径違いクロス

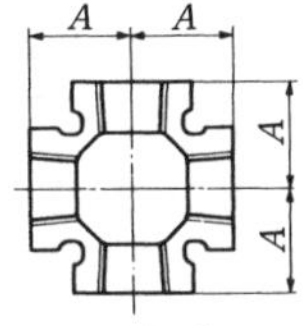

クロス

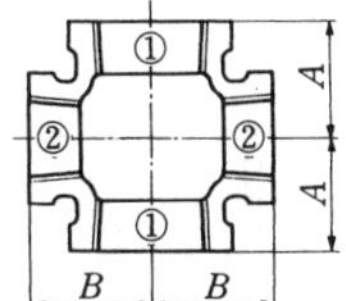

径違いクロス

大きさの呼び	クロス 距離(mm) A	クロス 質量(kg/個)
1/8	17	0.041
1/4	19	0.069
3/8	23	0.108
1/2	27	0.154
3/4	32	0.251
1	38	0.409
1 1/4	46	0.660
1 1/2	48	0.767
2	57	1.25
2 1/2	69	2.35
3	78	3.27
4	97	5.95
5	113	9.06
6	132	14.1

大きさの呼び ①×②	径違いクロス 距離(mm) A	B	質量(kg/個)
3/4 × 1/2	29	30	0.205
1 × 1/2	32	33	0.282
1 × 3/4	34	35	0.324
1 1/4 × 3/4	38	40	0.452
1 1/4 × 1	40	42	0.526
1 1/2 × 3/4	38	43	0.506
1 1/2 × 1	41	45	0.591
1 1/2 × 1 1/4	45	48	0.705
2 × 3/4	41	49	0.724
2 × 1	44	51	0.820
2 × 1 1/4	48	54	0.947
2 × 1 1/2	52	55	1.04
2 1/2 × 1	48	60	1.35
2 1/2 × 2	60	65	1.87
3 × 1	50	68	1.74
3 × 2	62	72	2.31
3 × 2 1/2	72	75	2.85

備考　継手の端部の形状・寸法は，**付表 1** による。

付表 8　I 形の横口エルボ及び四方 T

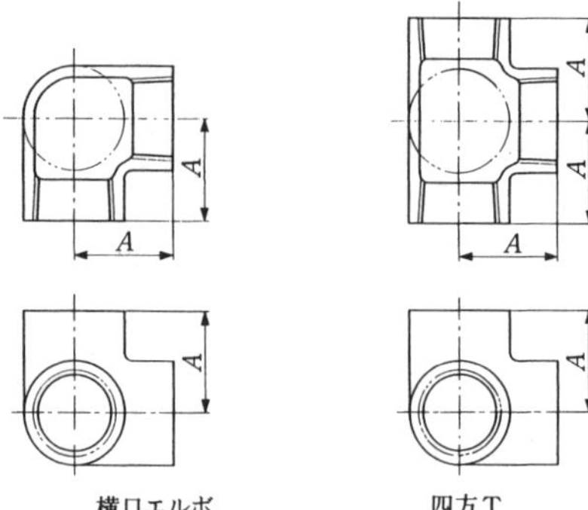

大きさの呼び	距　離 (mm)	概　略　質　量 (kg/個)	
	A	横口エルボ	四方 T
3/8	23	0.088	0.108
1/2	27	0.126	0.154
3/4	32	0.207	0.251
1	38	0.336	0.409

付表 9　I 形のショートベンド及びめすおすショートベンド

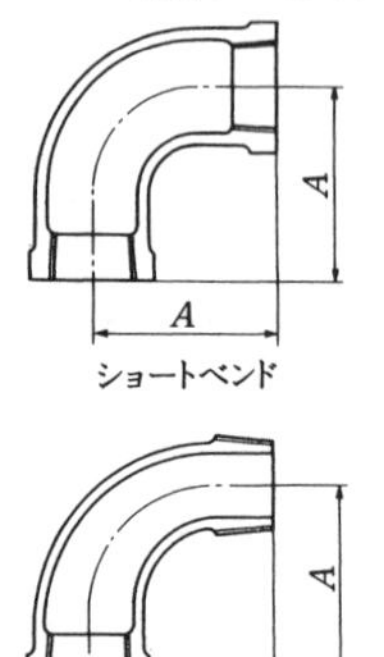

大きさの呼び	距離 (mm)	概略質量 (kg/個)	
	A	ショートベンド	めすおすショートベンド
1/2	45	0.131	0.109
3/4	50	0.208	0.179
1	63	0.348	0.297
1 1/4	76	0.574	0.504
1 1/2	85	0.722	0.645
2	102	1.21	1.09

備考　継手の端部の形状・寸法は，**付表 1** による。

付表 10　I 形のロングベンド，めすおすロングベンド，おすロングベンド，45°ロングベンド，45 めすおすロングベンド及び 45°おすロングベンド

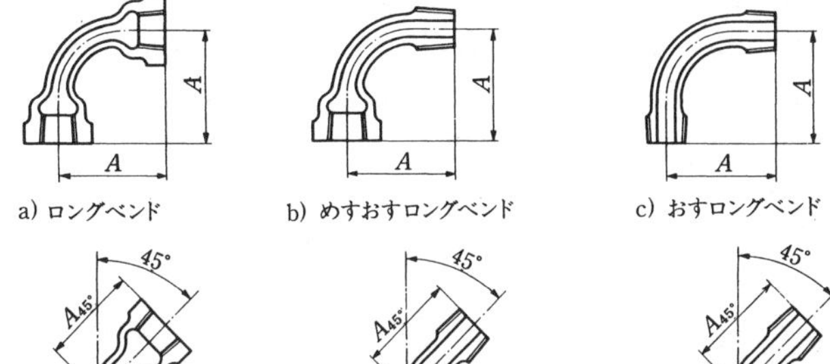

a) ロングベンド　　b) めすおすロングベンド　　c) おすロングベンド

d) 45°ロングベンド　　e) 45°めすおすロングベンド　　f) 45°おすロングベンド

大きさの呼び	距離(mm)		概略質量(kg/個)					
	A	$A_{45°}$	a	b	c	d	e	f
1/8	32	25	0.028	0.024	0.019	0.026	0.022	0.017
1/4	38	29	0.055	0.048	0.039	0.049	0.042	0.034
3/8	44	35	0.080	0.072	0.062	0.074	0.066	0.057
1/2	52	38	0.122	0.112	0.098	0.106	0.095	0.084
3/4	65	45	0.224	0.208	0.186	0.184	0.168	0.151
1	82	55	0.371	0.343	0.305	0.302	0.273	0.242
1 1/4	100	63	0.641	0.603	0.549	0.489	0.451	0.409
1 1/2	115	70	0.825	0.789	0.732	0.613	0.577	0.536
2	140	85	1.42	1.37	1.28	1.05	0.991	0.928
2 1/2	175	100	2.66	2.50	2.28	1.89	1.73	1.56
3	205	115	3.93	3.75	3.50	2.74	2.56	2.36
4	260	145	7.59	7.27	6.84	5.21	4.89	4.54
5	318	170	12.3	11.8	11.0	8.16	7.59	6.99
6	375	195	19.5	18.8	17.7	12.6	11.8	11.0

備考　継手の端部の形状・寸法は，**付表 1** による。

付表11 I形の45°Y，90°Y及び返しベンド（リターンベンド）

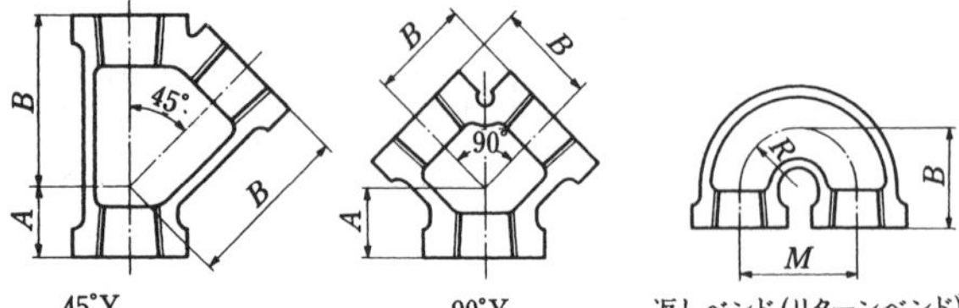

45°Y　　90°Y　　返しベンド（リターンベンド）

大きさの呼び	45°Y			90°Y		
	距離 (mm)		質量 (kg/個)	距離 (mm)		質量 (kg/個)
	A	B		A	B	
1/8	10	25	0.035	10	17	0.028
1/4	13	31	0.068	13	19	0.049
3/8	14	35	0.096	14	23	0.074
1/2	18	42	0.142	18	28	0.112
3/4	20	50	0.231	20	32	0.173
1	23	62	0.381	23	38	0.284
1 1/4	28	75	0.628	28	46	0.456
1 1/2	30	82	0.768	30	48	0.536
2	34	99	1.27	34	57	0.862
2 1/2	40	124	2.40	40	68	1.61
3	45	140	3.36	45	78	2.26
4	57	178	6.34	52	97	4.03
5	65	215	10.0	60	114	6.19
6	74	255	15.9	67	132	9.44

大きさの呼び	返しベンド			
	距離(mm)			質量 (kg/個)
	M		B	
	基準寸法	許容差		
1/8	23	±0.8	21	0.039
1/4	28	±0.8	23	0.069
3/8	32	±0.8	28	0.105
1/2	38	±0.8	33	0.150
3/4	50	±0.8	41	0.268
1	62	±0.8	50	0.434
1 1/4	75	±1	60	0.722
1 1/2	82	±1	62	0.858
2	98	±1.2	72	1.41
2 1/2	115	±1.2	82	2.42
3	130	±1.5	93	3.45
4	160	±1.8	115	6.46

備考　継手の端部の形状・寸法は，**付表1**による。

付表 12　I 形のソケット及びめすおすソケット

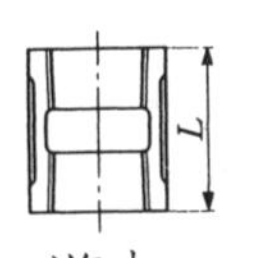

ソケット

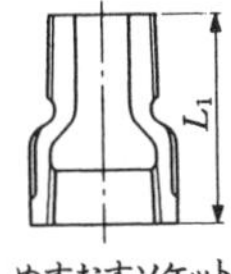

めすおすソケット

大きさの呼び	ソケット		めすおすソケット	
	距離 (mm) L	概略質量 (kg/個)	距離 (mm) L_1	概略質量 (kg/個)
1/8	22	0.017	25	0.014
1/4	25	0.031	28	0.025
3/8	30	0.048	32	0.040
1/2	35	0.068	40	0.063
3/4	40	0.108	48	0.106
1	45	0.175	55	0.169
1 1/4	50	0.260	60	0.256
1 1/2	55	0.324	65	0.326
2	60	0.496	70	0.495
2 1/2	70	0.946	80	0.862
3	75	1.27	90	1.24
4	85	2.14	100	2.06
5	95	3.23	110	2.98
6	105	4.81	125	4.64

備考 1.　継手の端部の形状・寸法は，**付表 1** による。

2.　L 及び L_1 の寸法に対する許容差は，**表 3** に規定した許容差の 2 倍とする。

付表 13.1 I形の径違いソケット

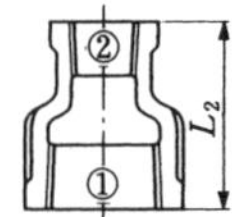

径違いソケット

大きさの呼び ①×②	L_2 (mm)	質量 (kg/個)	大きさの呼び ①×②	L_2 (mm)	質量 (kg/個)
1/4 × 1/8	25	0.026	2 × 1	58	0.357
3/8 × 1/8	28	0.034	2 × 1 1/4	58	0.392
3/8 × 1/4	28	0.040	2 × 1 1/2	58	0.412
1/2 × 1/8	34	0.048	2 1/2 × 1/2	65	0.560
1/2 × 1/4	34	0.054	2 1/2 × 3/4	65	0.576
1/2 × 3/8	34	0.060	2 1/2 × 1	65	0.604
3/4 × 1/4	38	0.077	2 1/2 × 1 1/4	65	0.643
3/4 × 3/8	38	0.083	2 1/2 × 1 1/2	65	0.673
3/4 × 1/2	38	0.089	2 1/2 × 2	65	0.754
1 × 3/8	42	0.120	3 × 3/4	72	0.771
1 × 1/2	42	0.125	3 × 1	72	0.797
1 × 3/4	42	0.140	3 × 1 1/4	72	0.837
1 1/4 × 1/2	48	0.178	3 × 1 1/2	72	0.867
1 1/4 × 3/4	48	0.193	3 × 2	72	0.951
1 1/4 × 1	48	0.219	3 × 2 1/2	72	1.10
1 1/2 × 1/2	52	0.213	4 × 2	85	1.48
1 1/2 × 3/4	52	0.228	4 × 2 1/2	85	1.64
1 1/2 × 1	52	0.255	4 × 3	85	1.77
1 1/2 × 1 1/4	52	0.289	5 × 3	95	2.40
2 × 1/2	58	0.316	5 × 4	95	2.78
2 × 3/4	58	0.331	6 × 4	105	3.70
			6 × 5	105	4.15

付表 13.2　I 形の径違いめすおすソケット

径違いめすおすソケット

大きさの呼び ①×②	L_2 (mm)	質　量 (kg/個)
½ × ⅜	43	0.060
¾ × ½	48	0.092
1 × ¾	55	0.151
1¼ × 1	60	0.223
1½ × 1¼	63	0.290
2 × 1½	70	0.430

付表 13.3　I 形の偏心径違いソケット

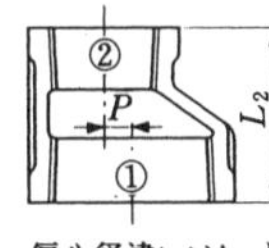

偏心径違いソケット

大きさの呼び ①×②	L_2 (mm)	P (mm)
2 × ½	58	18.6
2 × ¾	58	16
2 × 1	58	13
2 × 1¼	58	9
2 × 1½	58	6
2½ × 1½	65	14
2½ × 2	65	8
3 × 2	72	14
3 × 2½	72	6.5
4 × 2	85	26.5
4 × 2½	85	19
4 × 3	85	12.5
5 × 3	95	25.5
5 × 4	95	13
6 × 4	105	25
6 × 5	105	12.5

備考 1.　継手の端部の形状・寸法は，**付表 1** による。
2.　L_2の寸法に対する許容差は，**表 3** に規定した許容差の 2 倍とする。
3.　P の寸法は，推奨値である。

付表 14　I 形のブッシング

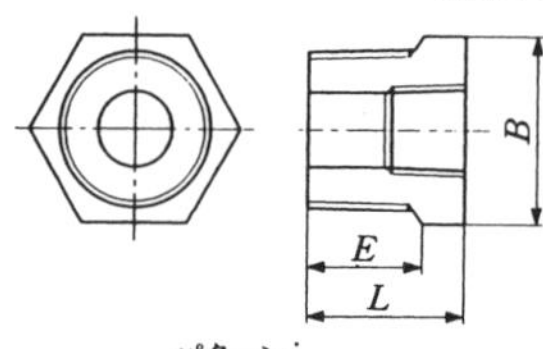

パターン i

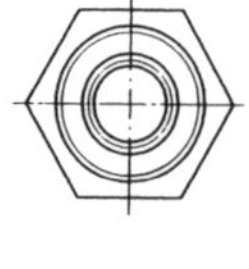

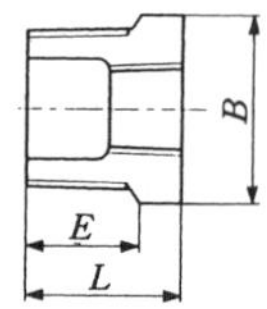

パターン ii

大きさの呼び	パターン	L (mm)	E (mm)	二面幅 B (mm)		概略質量 (kg/個)	
				六角	八角	パターン i	パターン ii
$1/4 \times 1/8$	i	17	12	17	—	0.013	—
$3/8 \times 1/8$	i 又は ii	18	13	21	—	0.027	0.024
$3/8 \times 1/4$	i	18	13	21	—	0.020	—
$1/2 \times 1/8$	ii	21	16	26	—	—	0.048
$1/2 \times 1/4$	i 又は ii	21	16	26	—	0.044	0.040
$1/2 \times 3/8$	i	21	16	26	—	0.032	—
$3/4 \times 1/4$	ii	24	18	32	—	—	0.088
$3/4 \times 3/8$	i 又は ii	24	18	32	—	0.079	0.071
$3/4 \times 1/2$	i	24	18	32	—	0.059	—
$1 \times 1/4$	ii	27	20	38	—	—	0.164
$1 \times 3/8$	ii	27	20	38	—	—	0.147
$1 \times 1/2$	i 又は ii	27	20	38	—	0.134	0.122
$1 \times 3/4$	i	27	20	38	—	0.094	—
$1\,1/4 \times 3/8$	ii	30	22	46	—	—	0.285
$1\,1/4 \times 1/2$	ii	30	22	46	—	—	0.258
$1\,1/4 \times 3/4$	ii	30	22	46	—	—	0.213
$1\,1/4 \times 1$	i	30	22	46	—	0.159	—
$1\,1/2 \times 3/8$	ii	32	23	54	—	—	0.430
$1\,1/2 \times 1/2$	ii	32	23	54	—	—	0.400
$1\,1/2 \times 3/4$	ii	32	23	54	—	—	0.353
$1\,1/2 \times 1$	ii	32	23	54	—	—	0.267
$1\,1/2 \times 1\,1/4$	i	32	23	54	—	0.175	—

2 × ½	ii	36	25	—	63	—	0.714
2 × ¾	ii	36	25	—	63	—	0.660
2 × 1	ii	36	25	—	63	—	0.562
2 × 1¼	ii	36	25	—	63	—	0.426
2 × 1½	i 又は ii	36	25	—	63	0.348	0.308
2½ × 1	ii	39	28	—	80	—	1.14
2½ × 1¼	ii	39	28	—	80	—	0.992
2½ × 1½	ii	39	28	—	80	—	0.864
2½ × 2	i 又は ii	39	28	—	80	0.615	0.557
3 × 1	ii	44	32	—	95	—	1.89
3 × 1¼	ii	44	32	—	95	—	1.73
3 × 1½	ii	44	32	—	95	—	1.58
3 × 2	ii	44	32	—	95	—	1.23
3 × 2½	i 又は ii	44	32	—	95	0.749	0.656
4 × 1½	ii	51	37	—	120	—	3.49
4 × 2	ii	51	37	—	120	—	3.09
4 × 2½	ii	51	37	—	120	—	2.41
4 × 3	i 又は ii	51	37	—	120	1.90	1.78
5 × 3	ii	57	42	—	145	—	4.26
5 × 4	ii	57	42	—	145	—	2.43
6 × 3	ii	64	46	—	170	—	7.89
6 × 4	ii	64	46	—	170	—	5.83
6 × 5	ii	64	46	—	170	—	3.25

備考 1.　めねじ部の寸法は，**付表 1** による。

2.　L の寸法に対する許容差は，**表 3** に規定した許容差の 2 倍とする。ただし，1 ×¾以下の＋側の許容差については，3 倍とする。

3.　テーパおねじの継手端面から基準径の位置までの長さは，必要な締め代が残るように，JIS B 0203 の規定により短くしてもよい。

4.　E の寸法は参考値，二面幅 B の寸法は推奨値である。

付表 15.1 I形のニップル

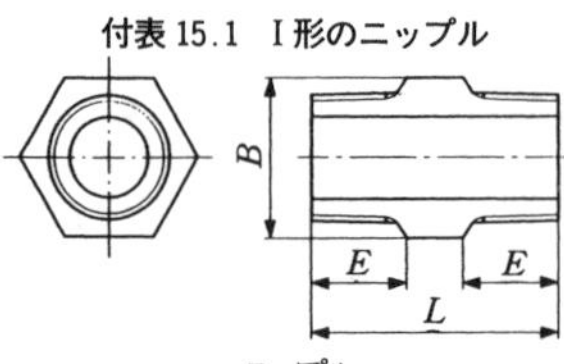

ニップル

大きさの呼び	L (mm)	E (mm)	二面幅 B (mm)		質　量 (kg/個)
			六角	八角	
1/8	32	11	14	—	0.020
1/4	34	12	17	—	0.032
3/8	36	13	21	—	0.053
1/2	42	16	26	—	0.081
3/4	47	18	32	—	0.127
1	52	20	38	—	0.186
1 1/4	56	22	46	—	0.265
1 1/2	60	23	54	—	0.384
2	66	25	—	63	0.519
2 1/2	73	28	—	80	0.802
3	81	32	—	95	1.21
4	92	37	—	120	1.95
5	104	42	—	145	2.74
6	116	46	—	170	4.35

付表 15.2　I形の径違いニップル

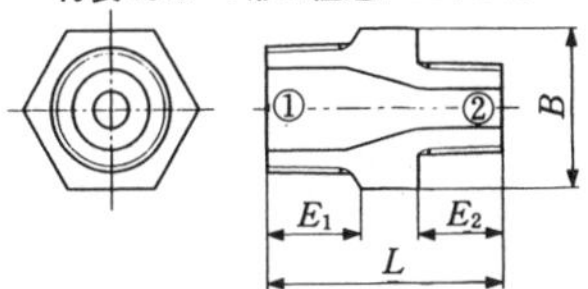

径違いニップル

大きさの呼び ①×②	L (mm)	E_1 (mm)	E_2 (mm)	二面幅 B (mm)		質　量 (kg/個)
				六角	八角	
$^3/_8$ × $^1/_4$	35	13	12	21	—	0.048
$^1/_2$ × $^1/_4$	38	16	12	26	—	0.070
$^1/_2$ × $^3/_8$	39	16	13	26	—	0.075
$^3/_4$ × $^1/_4$	41	18	12	32	—	0.108
$^3/_4$ × $^3/_8$	42	18	13	32	—	0.113
$^3/_4$ × $^1/_2$	45	18	16	32	—	0.119
1 × $^3/_8$	45	20	13	38	—	0.164
1 × $^1/_2$	48	20	16	38	—	0.169
1 × $^3/_4$	50	20	18	38	—	0.176
$1^1/_4$ × $^1/_2$	50	22	16	46	—	0.236
$1^1/_4$ × $^3/_4$	52	22	18	46	—	0.244
$1^1/_4$ × 1	54	22	20	46	—	0.253
$1^1/_2$ × $^3/_4$	55	23	18	54	—	0.355
$1^1/_2$ × 1	57	23	20	54	—	0.363
$1^1/_2$ × $1^1/_4$	59	23	22	54	—	0.371
2 × $^3/_4$	59	25	18	—	63	0.489
2 × 1	61	25	20	—	63	0.496
2 × $1^1/_4$	63	25	22	—	63	0.501
2 × $1^1/_2$	64	25	23	—	63	0.512
$2^1/_2$ × $1^1/_2$	68	28	23	—	80	0.799
$2^1/_2$ × 2	70	28	25	—	80	0.803
3 × 2	74	32	25	—	95	1.16
3 × $2^1/_2$	77	32	28	—	95	1.16
4 × 2	80	37	25	—	120	1.87
4 × 3	87	37	32	—	120	1.91

備考 1.　L の寸法に対する許容差は，**表 3** に規定した許容差の 2 倍とする。ただし，ニップルの大きさの呼び 1 以下及び径違いニップルの大きさの呼び 1×$^3/_4$以下の＋側の許容差については 3 倍とする。

2.　テーパおねじの継手端面から基準径の位置までの長さは，必要な締め代が残るように JIS B 0203 の規定より短くしてもよい。

3.　肉厚部(角部)の内面に，ぬすみを設けてもよい。

4.　内径の端部に丸みを付けてもよい。

5.　E, E_1, E_2の寸法は参考値，二面幅 B の寸法は推奨値である。

付表 16　I 形の止めナット(ロックナット)

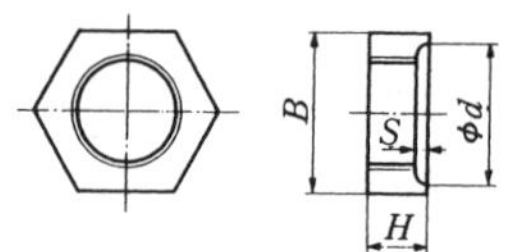

大きさの呼び	高さ H (mm)	径 d (mm)	深さ S (mm)	二面幅 B (mm)		質　量 (kg/個)
				六角	八角	
1/4	8	18	1.2	21	—	0.016
3/8	9	22	1.2	26	—	0.026
1/2	9	28	1.2	32	—	0.039
3/4	10	34	1.5	38	—	0.055
1	11	40	1.5	46	—	0.086
1 1/4	12	50	1.5	54	—	0.111
1 1/2	13	55	2.5	—	63	0.153
2	15	68	2.5	—	77	0.252
2 1/2	17	88	2.5	—	100	0.510
3	18	100	2.5	—	115	0.694
4	22	125	2.5	—	145	1.28
5	25	150	2.5	—	165	1.50
6	30	180	2.5	—	200	2.91

備考 1.　ねじは，JIS B 0202 による。ただし，その許容差は，2 倍とする。

2.　寸法はすべて，推奨値である。

付表 17　I 形のキャップ

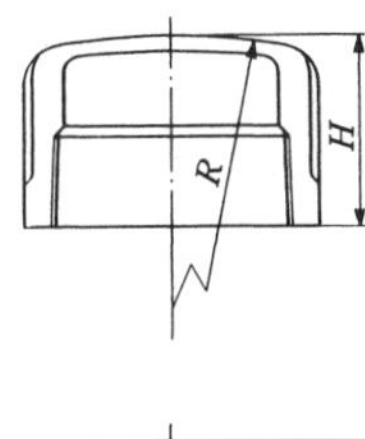

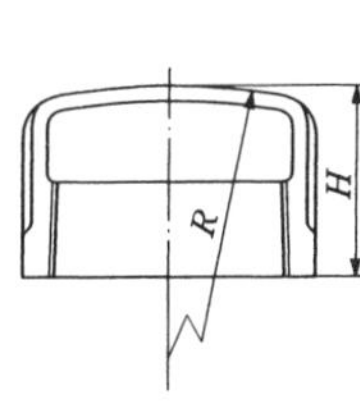

大きさの呼び	高　さ H(mm)	頂部外部半径 R(mm)	質　量 (kg/個)
$^1/_8$	14	40	0.012
$^1/_4$	15	50	0.021
$^3/_8$	17	62	0.032
$^1/_2$	20	78	0.046
$^3/_4$	24	95	0.077
1	28	125	0.126
$1^1/_4$	30	150	0.191
$1^1/_2$	32	170	0.235
2	36	215	0.381
$2^1/_2$	42	270	0.705
3	45	310	0.970
4	55	405	1.80
5	58	495	2.68
6	65	580	4.13

備考 1.　継手の端部の形状・寸法は，**付表 1** による。
2.　H の寸法は最小値，R の寸法は参考値である。

付表 18　I 形のプラグ

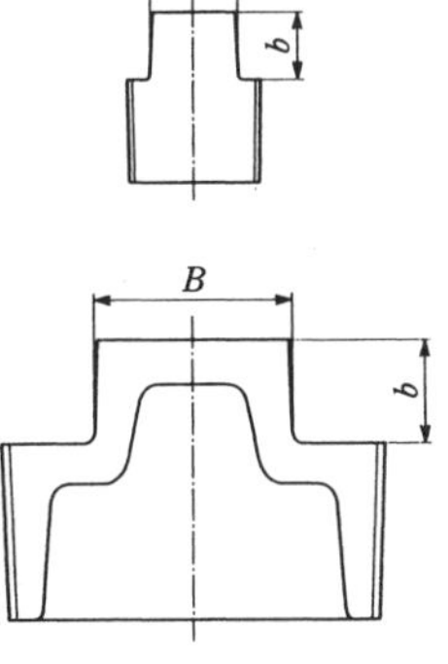

大きさの呼び	頭部(四角)寸法(mm)		質　量 (kg/個)
	二面幅 B	高さ b	
$^1/_8$	7	7	0.009
$^1/_4$	9	8	0.017
$^3/_8$	12	9	0.031
$^1/_2$	14	10	0.055
$^3/_4$	17	11	0.068
1	19	12	0.104
$1^1/_4$	23	13	0.166
$1^1/_2$	26	14	0.226
2	32	15	0.360
$2^1/_2$	41	18	0.634
3	46	19	0.932
4	58	22	1.70
5	67	25	2.62
6	77	28	4.01

備考 1.　ねじ部の寸法は，**付表 1** による。
2.　図のぬすみの形状は，参考として一例を示したものである。
3.　頭部の角には，丸みを付けてもよい。
4.　頭部寸法 B，b は，推奨値である。

付表19 I形のユニオン

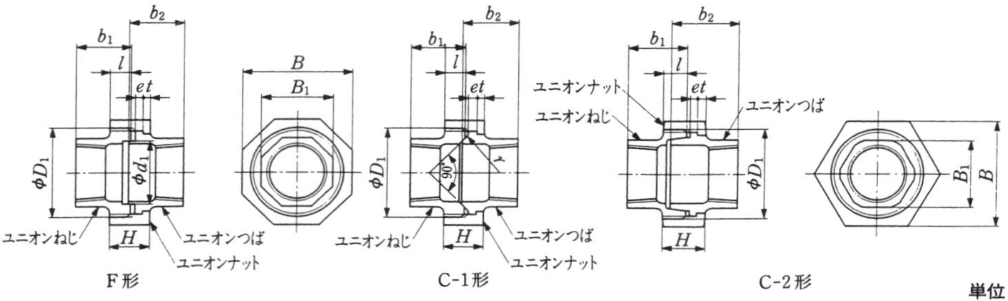

F形

C-1形

C-2形

単位 mm

大きさの呼び	ユニオンねじ及びユニオンつば ねじの長さ l		b_1		つばの厚さ e	b_2		d_1	二面幅 B_1			ユニオンナット 高さ H		厚さ t	二面幅 B			D_1ねじ部 ねじの呼び D_1(参考)
	F形, C-1形	C-2形	F形, C-1形	C-2形		F形, C-1形	C-2形		F形, C-1形 八角	F形, C-1形 十角	C-2形 六角	F形, C-1形	C-2形		F形, C-1形 八角	F形, C-1形 十角	C-2形 六角	
1/8	6.5	—	15	—	2.5	16.5	—	12.5	15	—	—	13	—	2.5	25	—	—	M21×1.5
1/4	7	9	17	21	2.5	18	23.5	16.5	19	—	19	13.5	16	2.5	31	—	31	M26×1.5
3/8	8	9	19	22	3	20.5	25.5	20	23	—	23	16	17	3	37	—	37	M31×2
1/2	9	11	21	25	3	21.5	28	24	27	—	26	17	18.5	3	42	—	42	M35×2
3/4	9.5	11	24.5	26.5	3.5	26	30.5	30	33	—	32	18.5	19.5	3.5	49	—	49	M42×2
1	10	13	27	30	4	29	34.5	38	41	—	39	20	23	4	59	—	59	M51×2
1 1/4	11	13	30	33	4.5	32	38.5	46	—	50	48	22	24	4.5	—	69	69	M60×2
1 1/2	12	15	33	36	5	35.5	42	53	—	56	55	24.5	27.5	5	—	78	78	M68×2
2	13.5	15	37	39	5.5	39.5	47	65	—	69	68	27	28.5	5.5	—	93	93	M82×2
2 1/2	15	18	42	44	6	45.5	51.5	81	—	86	84	29.5	33	6	—	112	112	M100×2
3	17	20	47	49	6.5	50	58	95	—	99	98	32.5	36	6.5	—	127	127	M115×2
4	21	—	58	—	7.5	60.5	—	121	—	127	—	39	—	7.5	—	158	—	M145×2
5	24	—	66	—	8	66.5	—	150	—	154	—	43	—	8	—	188	—	M175×3
6	28	—	73	—	9	73	—	177	—	182	—	49	—	9	—	219	—	M205×3

備考1. 接合ねじ部の寸法は，付表1による。
2. F形ユニオンには，適切なガスケットを用いて実用に供する。
3. 上図の内部の形状は，参考として一例を示したものである。
4. ねじの呼び D_1は，JIS B 0207による場合を示したものである。
5. ねじの呼び D_1以外の寸法は，推奨値である。

付表 20　I 形のめすおすユニオン

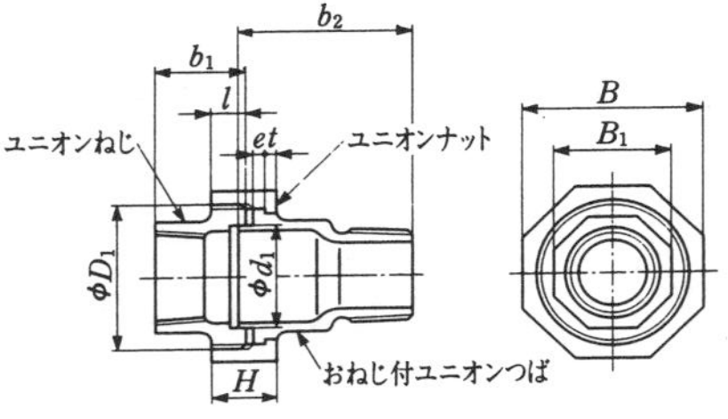

F形

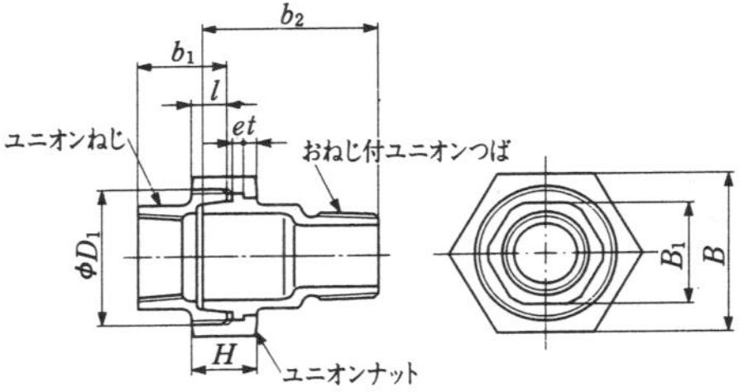

C-2形

単位 mm

大きさの呼び	ユニオンねじ及びおねじ付ユニオンつば											ユニオンナット						D_1ねじ部
	ねじの長さ l		b_1		つばの厚さ e	b_2		d_1	二面幅 B_1			高さ H		厚さ t	二面幅 B			ねじの呼び D_1(参考)
									F形		C-2形				F形		C-2形	
	F形	C-2形	F形	C-2形		F形	C-2形		八角	十角	六角	F形	C-2形		八角	十角	六角	
$^1/_4$	—	9	—	21	2.5	—	37	—	—	—	19	—	16	2.5	—	—	31	M26×1.5
$^3/_8$	8	9	19	22	3	41	40	20	23	—	23	16	17	3	37	—	37	M31×2
$^1/_2$	9	11	21	25	3	41	46	24	27	—	26	17	18.5	3	42	—	42	M35×2
$^3/_4$	9.5	11	24.5	26.5	3.5	48.5	51	30	33	—	32	18.5	19.5	3.5	49	—	49	M42×2
1	10	13	27	30	4	55	58	38	41	—	39	20	23	4	59	—	59	M51×2
$1^1/_4$	11	13	30	33	4.5	61	65	46	—	50	48	22	24	4.5	—	69	69	M60×2
$1^1/_2$	12	15	33	36	5	65	68.5	53	—	56	55	24.5	27.5	5	—	78	78	M68×2
2	13.5	15	37	39	5.5	73	76.5	65	—	69	68	27	38.5	5.5	—	93	93	M82×2
$2^1/_2$	—	18	—	44	6	—	86	—	—	—	84	—	33	6	—	—	112	M100×2
3	—	20	—	49	6.5	—	95	—	—	—	98	—	36	6.5	—	—	127	M115×2

備考1.　接合ねじ部の寸法は，**付表 1** による。
2.　F 形ユニオンには，適切なガスケットを用いて実用に供する。
3.　上図の内部の形状は，参考として一例を示したものである。
4.　ねじの呼び D_1は，JIS B 0207による場合を示したものである。
5.　ねじの呼び D_1以外の寸法は，推奨値である。

付表 21　I 形のユニオンエルボ

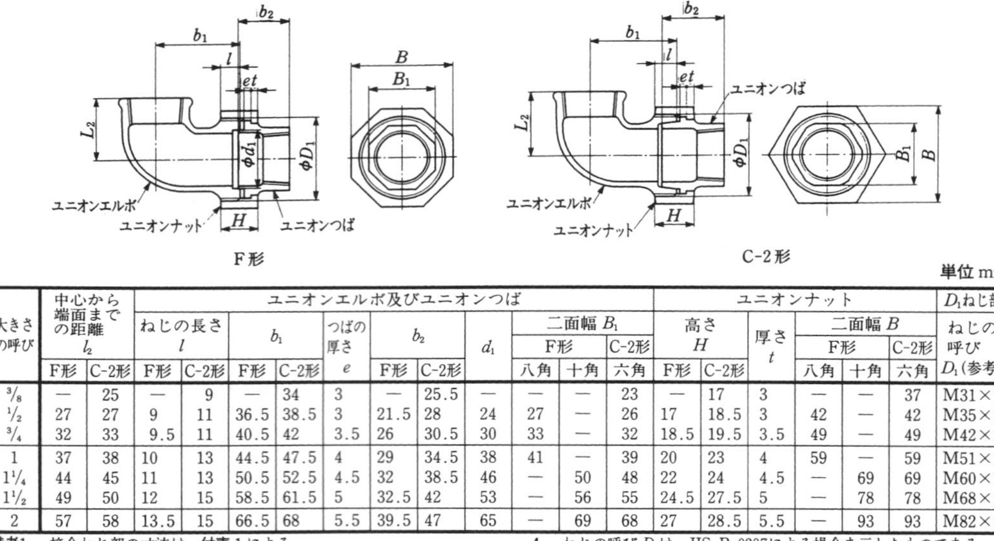

単位 mm

大きさの呼び	中心から端面までの距離 l_2		ユニオンエルボ及びユニオンつば												ユニオンナット						D_1ねじ部
			ねじの長さ l		b_1		つばの厚さ e	b_2		d_1	二面幅 B_1			高さ H		厚さ t	二面幅 B			ねじの呼び
											F形		C-2形				F形		C-2形	
	F形	C-2形	F形	C-2形	F形	C-2形		F形	C-2形		八角	十角	六角	F形	C-2形		八角	十角	六角	D_1(参考)
$^3/_8$	—	25	—	9	—	34	3	—	25.5	—	—	—	23	—	17	3	—	—	37	M31×2
$^1/_2$	27	27	9	11	36.5	38.5	3	21.5	28	24	27	—	26	17	18.5	3	42	—	42	M35×2
$^3/_4$	32	33	9.5	11	40.5	42	3.5	26	30.5	30	33	—	32	18.5	19.5	3.5	49	—	49	M42×2
1	37	38	10	13	44.5	47.5	4	29	34.5	38	41	—	39	20	23	4	59	—	59	M51×2
$1^1/_4$	44	45	11	13	50.5	52.5	4.5	32	38.5	46	—	50	48	22	24	4.5	—	69	69	M60×2
$1^1/_2$	49	50	12	15	58.5	61.5	5	32.5	42	53	—	56	55	24.5	27.5	5	—	78	78	M68×2
2	57	58	13.5	15	66.5	68	5.5	39.5	47	65	—	69	68	27	28.5	5.5	—	93	93	M82×2

備考1.　接合ねじ部の寸法は，**付表 1** による。
2.　F 形ユニオンには，適切なガスケットを用いて実用に供する。
3.　上図の内部の形状は，参考として一例を示したものである。
4.　ねじの呼び D_1は，JIS B 0207による場合を示したものである。
5.　ねじの呼び D_1以外の寸法は，推奨値である。

付表 22 I 形のめすおすユニオンエルボ

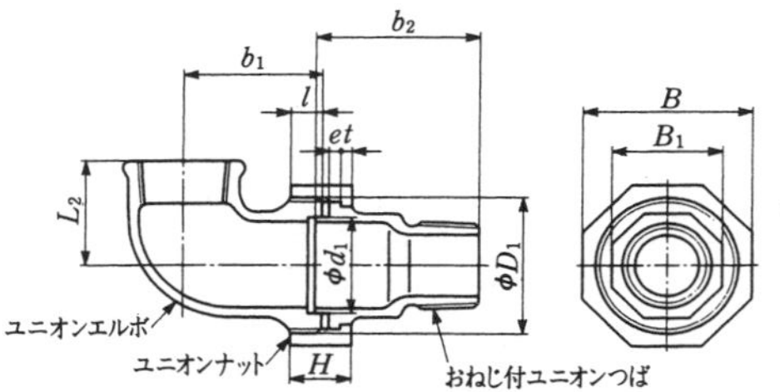

F形

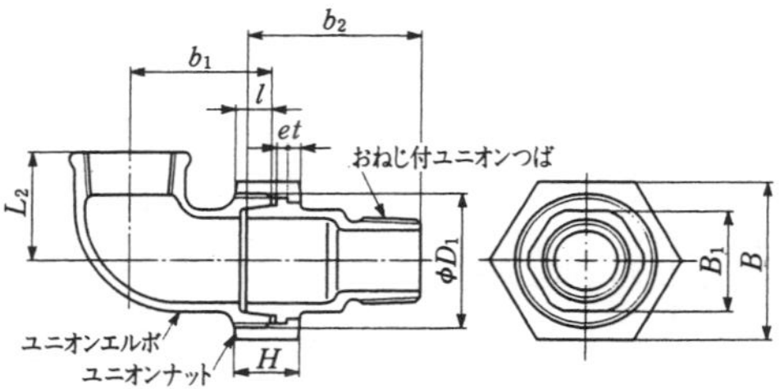

C-2形

単位 mm

大きさの呼び	中心から端面までの距離 l_2		ユニオンエルボ及びおねじ付ユニオンつば												ユニオンナット						D_1ねじ部
			ねじの長さ l		b_1		つばの厚さ e	b_2		d_1	二面幅 B_1			高さ H		厚さ t	二面幅 B			ねじの呼び
											F形		C-2形				F形		C-2形	
	F形	C-2形	F形	C-2形	F形	C-2形		F形	C-2形		八角	十角	六角	F形	C-2形		八角	十角	六角	D_1(参考)
3/8	—	25	—	9	—	34	3	—	40	—	—	—	23	—	17	3	—	—	37	M31×2
1/2	27	27	9	11	36.5	38.5	3	41.5	46	24	27	—	26	17	18.5	3	42	—	42	M35×2
3/4	32	33	9.5	11	40.5	42	3.5	48.5	51	30	33	—	32	18.5	19.5	3.5	49	—	49	M42×2
1	37	38	10	13	44.5	47.5	4	55	58	38	41	—	39	20	23	4	59	—	59	M51×2
1 1/4	44	45	11	13	50.5	52.5	4.5	61	65	46	—	50	48	22	24	4.5	—	69	69	M60×2
1 1/2	49	50	12	15	58.5	61.5	5	65	68.5	53	—	56	55	24.5	27.5	5	—	78	78	M68×2
2	57	58	13.5	15	66.5	68	5.5	73	76.5	65	—	69	68	27	28.5	5.5	—	93	93	M82×2

備考1. 接合ねじ部の寸法は，**付表 1** による。
2. F形ユニオンには，適切なガスケットを用いて実用に供する。
3. 上図の内部の形状は，参考として一例を示したものである。
4. ねじの呼び D_1は，JIS B 0207による場合を示したものである。
5. ねじの呼び D_1以外の寸法は，推奨値である。

付表 23　I 形の組みフランジ

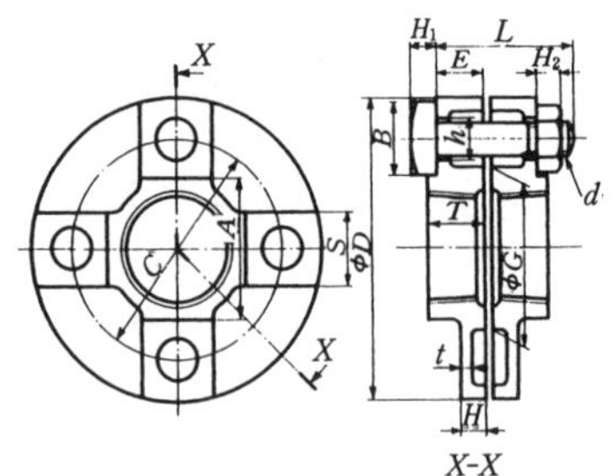

単位 mm

大きさの呼び	フランジ											ボルト・ナット	(参考)			
	D	A	G	S	E	H	T	t	C	h	ボルト穴数	呼び d	L	B	H_1	H_2
1/2	73	27	34	23	10	6	13	3	48	12	3	M10	32	21	7	8
3/4	79	33	40	23	12	6	15	3.5	54	12	3	M10	36	21	7	8
1	87	41	48	23	14	8	17	3.5	62	12	4	M10	40	21	7	8
1 1/4	107	50	59	28	16	9	19	4	76	15	4	M12	50	26	8	10
1 1/2	112	56	65	28	17	10	20	4	82	15	4	M12	50	26	8	10
2	126	69	78	28	21	11	24	5	95	15	4	M12	56	26	8	10
2 1/2	155	86	96	35	23	12	27	5.5	118	19	4	M16	71	32	10	13
3	168	99	109	35	36	13	30	6	131	19	4	M16	71	32	10	13
4	196	127	136	35	32	16	36	7	159	19	4	M16	90	32	10	13
5	223	154	163	35	36	19	40	8	186	19	6	M16	90	32	10	13
6	265	182	194	41	36	21	40	9	220	24	6	M20	100	38	13	16

備考 1.　接合ねじ部の寸法は，付表 1 による。

2.　接合ねじのフランジ合わせ面端部は，面取りを行ってもよい。

3.　組みフランジは，適切なガスケットを用いて実用に供する。

4.　ボルト及びナットの材料は，JIS G 3101 の SS 400 程度のものがよい。

5.　フランジの各寸法，ボルト穴数及びボルト・ナットの呼び d は，推奨値である。

B-2　ねじ込み式鋼管製管継手　JIS B 2302-1998

Screwed type steel pipe fitting

1. **適用範囲**　配管用炭素鋼鋼管(JIS G 3452)に取付ける継手。
2. **種　類**　次のとおりとする。

 (1)形状　バレルニップル，クローズニップル，ソケット及びロングニップルの4種類。

 (2)表面　無めっき，めっき及びコーティングの3種類。

3. **ね　じ**　JIS B 0203に規定するテーパおねじ，ただし，ソケットのねじは平行めねじ。
4. **耐　圧**　2.5 MPaの静水圧で破壊や異状がない。
5. **形状・寸法・質量**　**付表1～3**による。
6. **材　料**　配管用炭素鋼鋼管
7. **呼び方**　規格の番号又は名称，種類と大きさの呼び。無めっきを黒，めっきを白と呼んでもよい。

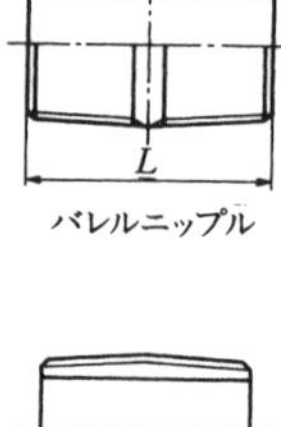

バレルニップル

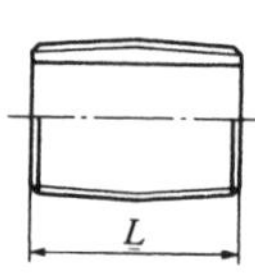

クローズニップル

付表1 バレルニップル・クローズニップル

呼び	バレルニップル		クローズニップル	
	L(mm)	質量	L(mm)	質量
1/8	24	0.007	22	0.006
1/4	26	0.011	24	0.010
3/8	28	0.016	26	0.014
1/2	34	0.029	29	0.024
3/4	38	0.042	35	0.038
1	42	0.068	38	0.059
1 1/4	50	0.117	41	0.089
1 1/2	50	0.133	44	0.111
2	58	0.217	51	0.177
2 1/2	70	0.385	64	0.324
3	78	0.489	67	0.383
4	90	0.823	73	0.580
5	103	1.10	76	0.687
6	103	1.37	79	0.948

備考 L の寸法は最小値，質量は kg/個。

付表2 ソケット

呼び	外 径 D(mm)	長 さ L(mm)	質 量 (kg/個)
1/8	14	17	0.012
1/4	18.5	25	0.030
3/8	21.3	26	0.033
1/2	26.4	34	0.065
3/4	31.8	36	0.084
1	39.5	43	0.148
1 1/4	48.3	48	0.211
1 1/2	54.5	48	0.249
2	66.3	56	0.359
2 1/2	82	65	0.528
3	95	71	0.696
4	122	83	1.22
5	147	92	1.64
6	174	92	2.33

備考 D，L の寸法は最小値

付表 3　ロングニップルの概略質量

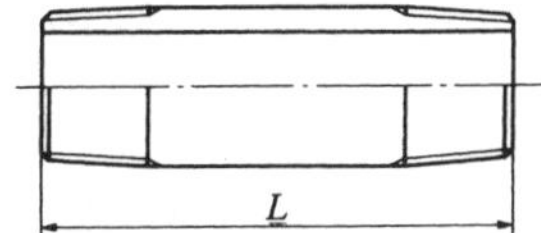

呼び	最小長さ L(mm)								
	50	65	75	100	125	150	200	250	300
1/8	0.018	0.024	0.029	0.039	0.050	0.061	0.082	0.103	0.125
1/4	0.027	0.037	0.044	0.061	0.077	0.094	0.127	0.160	0.194
3/8	0.035	0.048	0.057	0.079	0.100	0.122	0.165	0.209	0.252
1/2	0.051	0.071	0.084	0.117	0.150	0.184	0.250	0.317	0.383
3/4	0.063	0.088	0.106	0.149	0.192	0.234	0.320	0.406	0.492
1	0.088	0.125	0.149	0.211	0.273	0.335	0.459	0.583	0.707
1 1/4	—	0.169	0.204	0.290	0.376	0.462	0.635	0.807	0.979
1 1/2	—	0.192	0.232	0.331	0.430	0.529	0.728	0.926	1.12
2	—	0.255	0.309	0.445	0.580	0.716	0.986	1.26	1.53
2 1/2	—	—	0.423	0.614	0.804	0.994	1.37	1.76	2.14
3	—	—	—	0.686	0.910	1.13	1.58	2.03	2.48
4	—	—	—	0.947	1.26	1.57	2.19	2.81	3.43
5	—	—	—	—	1.43	1.81	2.58	3.34	4.11
6	—	—	—	—	1.82	2.32	3.33	4.33	5.34

備考　概略質量の単位は kg/個

B-3 一般配管用鋼製突合せ溶接式管継手 JIS B 2311-1997
Steel butt-welding pipe fittings for ordinary use

1. **適用範囲** 配管用炭素鋼鋼管(JIS G 3452)及び配管用アーク溶接炭素鋼鋼管(JIS G 3457)に取付ける管継手。
2. **種　類** 形状は**表1**，材料は**表2**による。

表1 形状による種類及びその記号

形状による種類			記号
大分類	小分類		
45°エルボ	ロング		45 E(L)
90°エルボ	ロング		90 E(L)
	ショート		90 E(S)
180°エルボ	ロング		180 E(L)
	ショート		180 E(S)
レジューサ	同心	1形	R(C) 1
		2形	R(C) 2
	偏心	1形	R(E) 1
		2形	R(E) 2
T	同径		T(S)
	径違い		T(R)
キャップ	—		C

表2 管継手の材料による種類及びその記号

材料種類による記号	区分	対応する鋼管
FSGP	白管継手(亜鉛めっきを施した管継手)	JIS G 3452 の SGP JIS G 3457のSTPY400
	黒管継手(亜鉛めっきを施さない管継手)	
PY 400	黒管継手(亜鉛めっきを施さない管継手)	

3．**耐圧性**　対応する鋼管に等しい。

4．**形状・寸法・質量　付表1～12,** 付属書による。

(1)外径，厚さは対応する鋼管に等しい。

(2)概略質量は鋼管の単位質量(kg/m)による算出値。

(3)付表1～12はB-3,4,5で共通

5．**寸法許容差・許容値　表3，表4**による。

6．**ベベルエンドの形状・寸法　図1**による。

7．**呼び方**　規格の番号又は名称，形状と材料の種類，記号，区分及び大きさの呼び。

図1　ベベルエンドの形状・寸法

単位 mm

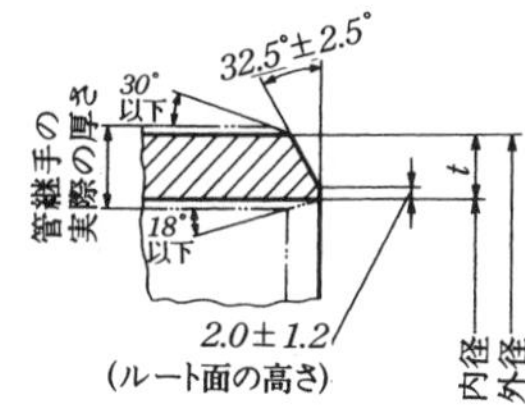

表 3　管継手の寸法許容差及び許容値　　単位 mm

<table>
<tr><th rowspan="4">項　目</th><th rowspan="4">管継手の種類</th><th colspan="8">径の呼び</th></tr>
<tr><th>A</th><th>15～65</th><th>80～100</th><th>125～200</th><th>250～450</th><th>500～600</th><th>650～750</th><th>800～1 200</th></tr>
<tr><th>B</th><th>1/2～2 1/2</th><th>3～4</th><th>5～8</th><th>10～18</th><th>20～24</th><th>26～30</th><th>32～48</th></tr>
<tr><th colspan="8">許容差</th></tr>
<tr><td>端部の外径(1)</td><td rowspan="5">すべての管継手</td><td colspan="2">±2.0</td><td>±2.5</td><td>±3.5</td><td>+5.0
−4.5</td><td colspan="3">+6.4
−4.8</td></tr>
<tr><td>端面の内径</td><td colspan="2">±2.0</td><td>±2.5</td><td>±3.5</td><td>±4.5</td><td colspan="3">±4.8</td></tr>
<tr><td>厚さ</td><td colspan="8">+規定しない
−15 %</td></tr>
<tr><td>ベベル角度</td><td colspan="8">図 1 による。</td></tr>
<tr><td>ルート面の高さ</td><td colspan="8">図 1 による。</td></tr>
<tr><td>中心から端面までの距離(H, F)</td><td>45°エルボ,
90°エルボ</td><td colspan="3">±2.0</td><td colspan="4">±3.2</td><td>±4.8</td></tr>
<tr><td>中心から中心までの距離(P)</td><td rowspan="3">180°エルボ</td><td colspan="3">±6.4</td><td colspan="2">±9.5</td><td colspan="3">—</td></tr>
<tr><td>背から端面までの距離(K)</td><td colspan="5">±6.4</td><td colspan="3">—</td></tr>
<tr><td>端面と端面とのずれ(U)(最大)</td><td colspan="3">1.6</td><td colspan="2">3.2</td><td colspan="3">—</td></tr>
<tr><td>端面から端面までの距離(H)</td><td>レジューサ</td><td colspan="3">±2.0</td><td colspan="3">±3.2</td><td colspan="2">±4.8</td></tr>
<tr><td>中心から端面までの距離(C, M)</td><td>T</td><td colspan="3">±2.0</td><td colspan="4">±3.2</td><td>±4.8</td></tr>
<tr><td>背から端面までの距離(E)</td><td>キャップ</td><td colspan="3">±3.2</td><td colspan="3">±6.4</td><td colspan="2">—</td></tr>
<tr><td>端部の外周長(1)</td><td>すべての管継手</td><td colspan="6">—</td><td colspan="2">±0.5 %</td></tr>
</table>

注(1)　同心 2 形及び偏心 2 形レジューサには，適用しない。

備考 1.　レジューサの H 及び径違い T の M 寸法の許容差は，大径側の許容差を適用する。

2.　白管継手の亜鉛めっき付着部は，めっき前に適用する。

表 4　管継手の直角度の許容値

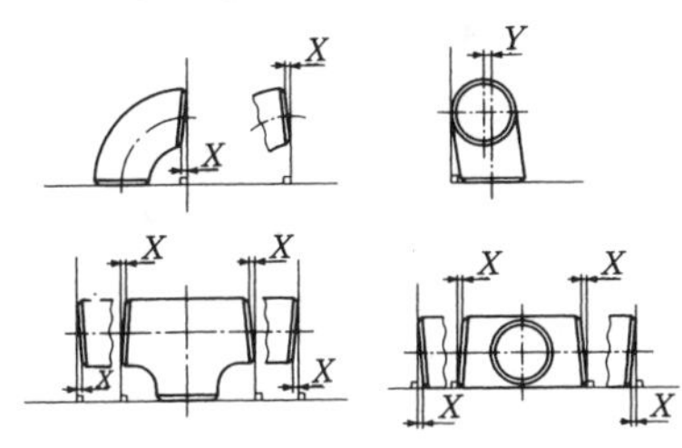

単位 mm

項目	管継手の種類	径の呼び								
		A	15～100	125～200	250～300	350～400	450～600	650～750	800～1 050	1 100～1200
		B	1/2～4	5～8	10～12	14～16	18～24	26～30	32～42	44～48
		許容値								
オフアングル (*X*)	エルボ，レジューサ，T		0.8	1.6	2.4		3.2	4.8		
オフプレン (*Y*)	エルボ，T		1.6	3.2	4.8	6.4	9.5		12.7	19.1

備考 1.　レジューサ及び径違いTの直角度の許容値は，大径側の許容値を適用する。

2.　白管継手の亜鉛めっき付着部は，めっき前に適用する。

付表1　45°エルボ，90°エルボ，180°エルボの形状・寸法・質量

45°エルボ

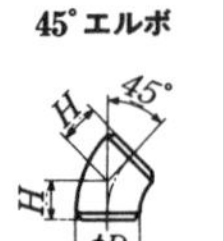

90°エルボ

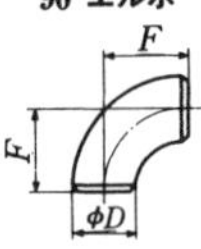

180°エルボ

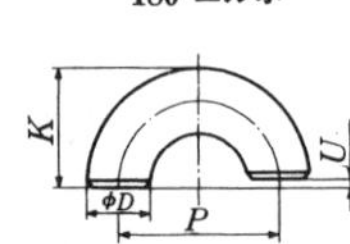

径の呼び		外径	ロングの距離(mm)				90°エルボの概略質量 (kg/個)							
		(mm)	45°エルボ	90°エルボ	180°エルボ		FSGP	Sch	Sch	Sch	Sch	Sch	Sch	Sch
A	B	*D*	*H*	*F*	*P*	*K*		5S	10S	20S	40	80	120	160
15	½	21.7	15.8	38.1	76.2	49.0	0.078	0.049	0.062	0.072	0.078	0.098	—	0.118
20	¾	27.2	15.8	38.1	76.2	51.7	0.101	0.063	0.078	0.092	0.104	0.134	—	0.176
25	1	34.0	15.8	38.1	76.2	55.1	0.145	0.080	0.131	0.139	0.154	0.196	—	0.261
32	1¼	42.7	19.7	47.6	95.2	69.0	0.253	0.126	0.208	0.222	0.260	0.342	—	0.428
40	1½	48.6	23.7	57.2	114.4	81.5	0.350	0.173	0.287	0.306	0.368	0.492	—	0.653
50	2	60.5	31.6	76.2	152.4	106.5	0.636	0.290	0.481	0.595	0.651	0.893	—	1.33
65	2½	76.3	39.5	95.3	190.6	133.5	1.12	0.581	0.820	0.951	1.37	1.80	—	2.34
80	3	89.1	47.3	114.3	228.6	158.9	1.58	0.817	1.15	1.52	2.03	2.75	—	3.84
90	3½	101.6	55.3	133.4	266.8	184.2	2.12	1.09	1.54	2.04	2.83	3.92	—	5.83
100	4	114.3	63.1	152.4	304.8	209.6	2.92	1.41	1.99	2.63	3.83	5.36	6.75	8.04
125	5	139.8	78.9	190.5	381.0	260.4	4.49	2.86	3.47	5.03	6.49	9.13	11.9	14.5
150	6	165.2	94.7	228.6	457.2	311.2	7.11	4.06	4.92	7.18	9.95	15.0	19.1	23.7
200	8	216.3	126.3	304.8	609.6	413.0	14.4	7.13	10.2	16.3	20.2	30.5	42.6	52.7
250	10	267.4	157.8	381.0	762.0	514.7	25.4	13.4	15.7	25.3	35.4	56.2	77.8	101
300	12	318.5	189.4	457.2	914.4	616.5	38.1	22.5	25.3	36.3	56.2	92.6	132	168
350	14	355.6	220.9	533.4	1 066.8	711.2	56.7	—	—	—	79.0	132	189	236
400	16	406.4	252.5	609.6	1 219.2	812.8	74.3	—	—	—	118	194	274	350
450	18	457.2	284.1	685.8	1 371.6	914.4	94.3	—	—	—	168	274	391	494
500	20	508.0	315.6	762.0	1 524.0	1 016.0	117	—	—	—	220	372	528	676
550	22	558.8	347.2	838.2	—	—	—	—	—	—	280	492	694	885
600	24	609.6	378.7	914.4	—	—	—	—	—	—	368	635	918	1 159
650	26	660.4	410.3	990.6	—	—	—	—	—	—	465	817	1 152	1 469

備考　45°エルボ，180°エルボの概略質量は，90°エルボ質量の0.5倍，2倍。

付表 2　45°エルボ，90°エルボ，180°エルボの形状・寸法・質量

45°エルボ　　**90°エルボ**　　**180°エルボ**

径の呼び		外径	ロングの距離 (mm)				90°エルボの概略質量 (kg/個)					
		(mm)	45°エルボ	90°エルボ	180°エルボ		LG	STD	XS	Sch	Sch	Sch
A	B	*D*	*H*	*F*	*P*	*K*	t=7.9	t=9.5	t=12.7	5S	10S	20S
350	14	355.6	220.9	533.4	1 066.8	711.2	56.7	—	—	29.3	36.6	58.1
400	16	406.4	252.5	609.6	1 219.2	812.8	74.3	—	—	43.2	47.9	76.0
450	18	457.2	284.1	685.8	1 371.6	914.4	94.3	—	—	54.6	60.6	96.4
500	20	508.0	315.6	762.0	1 524.0	1 016.0	117	140	—	74.8	82.4	141
550	22	558.8	347.2	838.2	—	—	141	170	225	90.8	99.8	171
600	24	609.6	378.7	914.4	—	—	168	203	269	119	140	204
650	26	660.4	410.3	990.6	—	—	198	237	316	140	202	319
700	28	711.2	441.9	1 066.8	—	—	230	275	367	162	235	370
750	30	762.0	473.4	1 143.0	—	—	264	316	422	219	269	426
800	32	812.8	505.0	1 219.2	—	—	301	360	481	—	306	485
850	34	863.6	536.6	1 295.4	—	—	340	407	541	—	348	547
900	36	914.4	568.1	1 371.6	—	—	381	457	608	—	390	614
1 000	40	1 016.0	631.2	1 524.0	—	—	469	565	752	—	570	855
1 110	44	1 117.6	694.4	1 676.4	—	—	—	685	911	—	—	—
1 200	48	1 219.2	757.5	1 828.8	—	—	—	813	1 086	—	—	—

備考　45°エルボ，180°エルボの概略質量は，90°エルボ質量の 0.5 倍，2 倍。

付表 3 90°エルボ，180°エルボの形状・寸法・質量

90°エルボ

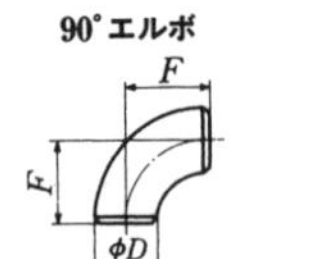

180°エルボ

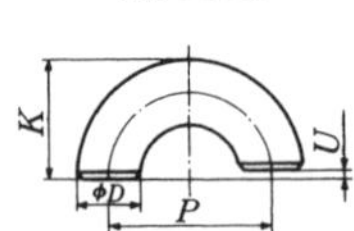

径の呼び		外径 (mm)	ショートの距離(mm)			90°エルボの概略質量 (kg/個)							
			90°エルボ	180°エルボ		FSGP	Sch 5S	Sch 10S	Sch 20S	Sch 40	Sch 80	Sch 120	Sch 160
A	B	D	F	P	K								
25	1	34.0	25.4	50.8	42.4	0.097	0.052	0.087	0.093	0.103	0.131	—	0.174
32	1 1/4	42.7	31.8	63.6	53.2	0.169	0.084	0.139	0.148	0.173	0.228	—	0.286
40	1 1/2	48.6	38.1	76.2	62.4	0.233	0.116	0.191	0.204	0.245	0.327	—	0.453
50	2	60.5	50.8	101.6	81.1	0.424	0.193	0.321	0.397	0.434	0.595	—	0.886
65	2 1/2	76.3	63.5	127.0	101.7	0.745	0.387	0.547	0.633	0.910	1.20	—	1.56
80	3	89.1	76.2	152.4	120.8	1.05	0.545	0.770	1.02	1.35	1.83	—	2.56
90	3 1/2	101.6	88.9	177.8	139.7	1.41	0.726	1.03	1.36	1.89	2.61	—	3.88
100	4	114.3	101.6	203.2	158.8	1.95	0.937	1.33	1.76	2.55	3.57	4.50	5.36
125	5	139.8	127.0	254.0	196.9	2.99	1.91	2.31	3.35	4.33	6.08	7.94	9.70
150	6	165.2	152.4	304.8	235.0	4.74	2.71	3.28	4.79	6.63	10.0	12.7	15.8
200	8	216.3	203.2	406.4	311.4	9.61	4.76	6.77	10.9	13.4	20.4	28.4	35.1
250	10	267.4	254.0	508.0	387.7	16.9	8.94	10.5	16.8	23.6	37.5	51.9	67.0
300	12	318.5	304.8	609.6	464.1	25.4	15.0	16.9	24.2	37.5	61.8	88.1	112
350	14	355.6	355.6	711.2	533.4	37.8	—	—	—	52.7	88.3	142	158
400	16	406.4	406.4	812.8	609.6	49.5	—	—	—	78.5	130	183	233
450	18	457.2	457.2	914.4	685.8	62.8	—	—	—	112	182	261	330
500	20	508.0	508.0	1 016.0	762.0	77.7	—	—	—	147	248	352	451
550	22	558.8	558.8	—	—	—	—	—	—	187	328	463	590
600	24	609.6	609.6	—	—	—	—	—		245	423	612	773
650	26	660.4	660.4	—	—	—	—	—	—	310	545	768	979

備考 180°エルボの概略質量は，90°エルボ質量の 2 倍。

付表 4　90°エルボ，180°エルボの形状・寸法・質量

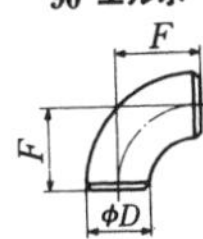

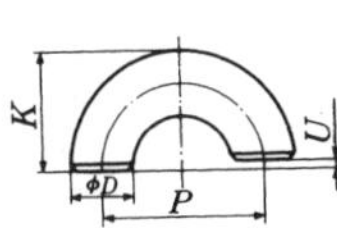

径の呼び		外径	ショートの距離 (mm)			90°エルボの概略質量 (kg/個)					
		(mm)	90°エルボ	180°エルボ		LG	STD	XS	Sch	Sch	Sch
A	B	*D*	*F*	*P*	*K*	t=7.9	t=9.5	t=12.7	5S	10S	20S
350	14	355.6	355.6	711.2	533.4	37.8	—	—	19.6	24.4	38.7
400	16	406.4	406.4	812.8	609.6	49.5	—	—	28.8	31.9	50.7
450	18	457.2	457.2	914.4	685.8	62.8	—	—	36.4	40.4	64.3
500	20	508.0	508.0	1 016.0	762.0	77.7	93.4	—	50.0	54.9	94.2
550	22	558.8	558.8	—	—	93.9	113	150	60.6	66.5	114
600	24	609.6	609.6	—	—	112	135	179	79.3	93.6	136
650	26	660.4	660.4	—	—	132	158	211	93.1	135	213
700	28	711.2	711.2	—	—	153	183	245	108	156	247
750	30	762.0	762.0	—	—	176	211	281	146	180	284
800	32	812.8	812.8	—	—	200	240	320	—	204	323
850	34	863.6	863.6	—	—	227	271	361	—	232	365
900	36	914.4	914.4	—	—	240	288	383	—	246	387
1 000	40	1 016.0	1 016.0	—	—	313	377	501	—	380	570
1 100	44	1 117.6	1 117.6	—	—	—	456	607	—	—	—
1 200	48	1 219.2	1 219.2	—	—	—	542	724	—	—	—

付表5　キャップの形状・寸法・質量

キャップ

径の呼び		外径 (mm)	距離 (mm)	概略質量 (kg/個)						
A	B	D	E	FSGP	Sch 5S	Sch 10S	Sch 20S	LG t=7.9	STD t=9.5	XS t=12.7
15	$^1/_2$	21.7	25.4	0.035	0.022	0.027	0.032	—	—	—
20	$^3/_4$	27.2	25.4	0.045	0.029	0.036	0.042	—	—	—
25	1	34.0	38.1	0.098	0.054	0.088	0.093	—	—	—
32	$1^1/_4$	42.7	38.1	0.139	0.070	0.114	0.122	—	—	—
40	$1^1/_2$	48.6	38.1	0.162	0.081	0.133	0.142	—	—	—
50	2	60.5	38.1	0.226	0.104	0.172	0.211	—	—	—
65	$2^1/_2$	76.3	38.1	0.328	0.172	0.241	0.279	—	—	—
80	3	89.1	50.8	0.508	0.265	0.373	0.488	—	—	—
90	$3^1/_4$	101.6	63.5	0.724	0.375	0.529	0.695	—	—	—
100	4	114.3	63.5	0.888	0.430	0.607	0.798	—	—	—
125	5	139.8	76.2	1.32	0.842	1.02	1.47	—	—	—
150	6	165.2	88.9	2.03	1.17	1.41	2.04			
200	8	216.3	101.6	3.62	1.79	2.54	4.05	—	—	—
250	10	267.4	127.0	6.37	3.36	3.94	6.30	—	—	—
300	12	318.5	152.4	9.56	5.64	6.34	9.06	—	—	—
350	14	355.6	165.1	13.3	6.87	8.56	13.5	13.3	—	—
400	16	406.4	177.8	16.6	9.62	10.7	16.9	16.6	—	—
450	18	457.2	203.2	21.3	12.4	13.7	21.7	21.3	—	—
500	20	508.0	228.6	26.7	17.1	18.8	32.1	26.7	32.0	—
550	22	558.8	254.0	—	20.9	23.0	39.2	32.6	39.1	51.8
600	24	609.6	266.7	—	26.5	31.3	45.3	37.7	45.2	59.9
650	26	660.4	266.7	—	29.2	42.2	66.2	41.5	49.7	66.0

備考　形状は半だ円形，内面の長径と短形との比は1を超え2以下。

付表 6　キャップの形状・寸法・質量

キャップ

径の呼び A	径の呼び B	外径 (mm) D	Sch 40 E, E_1 (mm)	Sch 40 質量 (kg/個)	Sch 80 E, E_1 (mm)	Sch 80 質量 (kg/個)	Sch 120 E_1 (mm)	Sch 120 質量 (kg/個)	Sch 160 E, E_1 (mm)	Sch 160 質量 (kg/個)
15	½	21.7	25.4	0.035	25.4	0.043	—	—	25.4	0.051
20	¾	27.2	25.4	0.047	25.4	0.060	—	—	25.4	0.077
25	1	34.0	38.1	0.103	38.1	0.130	—	—	38.1	0.171
32	1¼	42.7	38.1	0.142	38.1	0.185	—	—	38.1	0.229
40	1½	48.6	38.1	0.170	38.1	0.224	—	—	38.1	0.293
50	2	60.5	38.1	0.231	38.1	0.313	—	—	44.5	0.525
65	2½	76.3	38.1	0.397	38.1	0.514	—	—	50.8	0.856
80	3	89.1	50.8	0.649	50.8	0.866	—	—	63.5	1.46
90	3½	101.6	63.5	0.960	63.5	1.32	—	—	76.2	2.27
100	4	114.3	63.5	1.16	63.5	1.60	76.2	2.35	76.2	2.77
125	5	139.8	76.2	1.89	76.2	2.63	88.9	3.89	88.9	4.70
150	6	165.2	88.9	2.83	88.9	4.22	101.6	5.98	101.6	7.33
200	8	216.3	101.6	5.02	101.6	7.51	127.0	12.6	127.0	15.3
250	10	267.4	127.0	8.83	152.4	16.2	152.4	22.1	152.4	28.2
300	12	318.5	152.4	14.0	177.8	26.1	177.8	36.6	177.8	46.0
350	14	355.6	165.1	18.4	190.5	34.4	190.5	48.3	190.5	59.7
400	16	406.4	177.8	26.1	203.2	47.6	203.2	66.1	203.2	83.2
450	18	457.2	228.6	41.7	228.6	67.1	228.6	94.4	228.6	118
500	20	508.0	254.0	54.6	254.0	95.4	254.0	128	254.0	161
550	22	558.8	254.0	64.2	254.0	111	254.0	154	254.0	194
600	24	609.6	304.8	91.2	304.8	156	304.8	222	304.8	276

備考　形状は半だ円形，内面の長径と短径との比は 1 を超え 2 以下。

付表7 レジューサの形状・寸法・質量

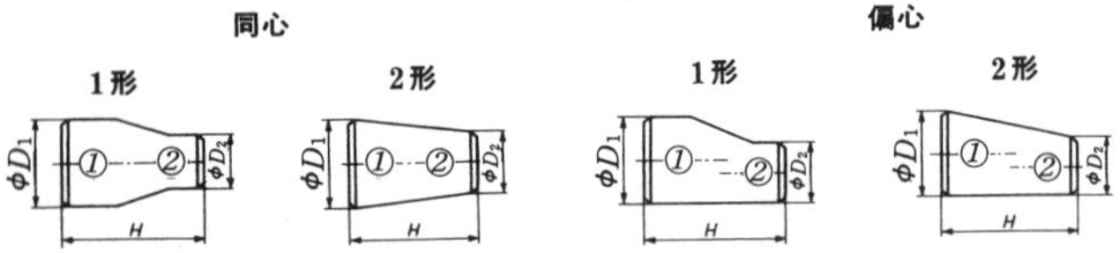

同心　1形　2形

偏心　1形　2形

径の呼び ①×②		外径 (mm)		距離 (mm)	概略質量 (kg/個)							
A	B	D_1	D_2	H	FSGP	Sch 5S	Sch 10S	Sch 20S	Sch 40	Sch 80	Sch 120	Sch 160
20× 15	3/4×1/2	27.2	21.7	38.1	0.057	0.036	0.045	0.052	0.058	0.074	—	0.094
25× 20	1×3/4	34.0	27.2	50.8	0.104	0.061	0.089	0.098	0.110	0.140	—	0.185
25× 15	1×1/2	34.0	21.7	50.8	0.095	0.055	0.082	0.089	0.099	0.125	—	0.161
32× 25	1 1/4×1	42.7	34.0	50.8	0.148	0.077	0.126	0.134	0.153	0.199	—	0.256
32× 20	1 1/4×3/4	42.7	27.2	50.8	0.129	0.070	0.104	0.115	0.132	0.173	—	0.220
32× 15	1 1/4×1/2	42.7	21.7	50.8	0.119	0.064	0.097	0.106	0.121	0.158	—	0.196
40× 32	1 1/2×1 1/4	48.6	42.7	63.5	0.231	0.115	0.190	0.203	0.240	0.319	—	0.413
40× 25	1 1/2×1	48.6	34.0	63.5	0.201	0.104	0.171	0.182	0.212	0.278	—	0.369
40× 20	1 1/2×3/4	48.6	27.2	63.5	0.177	0.095	0.143	0.157	0.185	0.245	—	0.324
40× 15	1 1/2×1/2	48.6	21.7	63.5	0.165	0.087	0.134	0.146	0.172	0.226	—	0.293
50× 40	2×1 1/2	60.5	48.6	76.2	0.351	0.166	0.275	0.319	0.364	0.493	—	0.700
50× 32	2×1 1/4	60.5	42.7	76.2	0.331	0.157	0.259	0.303	0.340	0.458	—	0.641
50× 25	2×1	60.5	34.0	76.2	0.295	0.143	0.236	0.278	0.305	0.409	—	0.589
50× 20	2×3/4	60.5	27.2	76.2	0.266	0.132	0.203	0.248	0.274	0.370	—	0.535
65× 50	2 1/2×2	76.3	60.5	88.9	0.568	0.280	0.422	0.503	0.647	0.865	—	1.19
65× 40	2 1/2×1 1/2	76.3	48.6	88.9	0.505	0.258	0.385	0.434	0.588	0.777	—	1.02
65× 32	2 1/2×1 1/4	76.3	42.7	88.9	0.482	0.248	0.367	0.414	0.560	0.737	—	0.948
65× 25	2 1/2×1	76.3	34.0	88.9	0.440	0.232	0.341	0.385	0.520	0.679	—	0.887
80× 65	3×2 1/2	89.1	76.3	88.9	0.723	0.375	0.529	0.659	0.908	1.21		1.64
80× 50	3×2	89.1	60.5	88.9	0.627	0.310	0.465	0.598	0.744	1.01		1.44
80× 40	3×1 1/2	89.1	48.6	88.9	0.564	0.288	0.428	0.529	0.685	0.923		1.27
80× 32	3×1 1/4	89.1	42.7	88.9	0.541	0.277	0.409	0.509	0.657	0.883		1.21
90× 80	3 1/2×3	101.6	89.1	101.6	0.960	0.495	0.701	0.925	1.26	1.73		2.50
90× 65	3 1/2×2 1/2	101.6	76.3	101.6	0.893	0.461	0.653	0.816	1.15	1.56		2.20
90× 50	3 1/2×2	101.6	60.5	101.6	0.783	0.387	0.579	0.746	0.962	1.33		1.98
90× 40	3 1/2×1 1/2	101.6	48.6	101.6	0.711	0.362	0.536	0.667	0.894	1.23		1.78

90× 32	3½×1¼	101.6	42.7	101.6	0.685	0.350	0.516	0.645	0.862	1.18	—	1.70
100× 90	4 ×3½	114.3	101.6	101.6	1.13	0.562	0.797	1.05	1.50	2.09	—	3.09
100× 80	4 × 3	114.3	89.1	101.6	1.07	0.529	0.749	0.990	1.39	1.92	—	2.79
100× 65	4 ×2½	114.3	76.3	101.6	0.999	0.495	0.701	0.881	1.28	1.75	—	2.50
100× 50	4 × 2	114.3	60.5	101.6	0.890	0.421	0.627	0.811	1.09	1.52	—	2.27
100× 40	4 ×1½	114.3	48.6	101.6	0.817	0.396	0.585	0.732	1.02	1.42	—	2.08
125×100	5 × 4	139.8	114.3	127.0	1.73	0.980	1.26	1.77	2.39	3.36	4.32	5.22
125× 90	5 ×3½	139.8	101.6	127.0	1.59	0.937	1.20	1.68	2.24	3.12	—	4.82
125× 80	5 × 3	139.8	89.1	127.0	1.51	0.896	1.14	1.61	2.10	2.91	—	4.45
125× 65	5 ×2½	139.8	76.3	127.0	1.43	0.853	1.08	1.47	1.96	2.70	—	4.08
125× 50	5 × 2	139.8	60.5	127.0	1.29	0.761	0.992	1.38	1.72	2.41	—	3.79
150×125	6 × 5	165.2	139.8	139.7	2.42	1.45	1.76	2.56	3.43	5.02	6.46	7.96
150×100	6 × 4	165.2	114.3	139.7	2.22	1.19	1.53	2.15	3.04	4.46	5.66	6.92
150× 90	6 ×3½	165.2	101.6	139.7	2.08	1.15	1.46	2.07	2.86	4.20	—	6.48
150× 80	6 × 3	165.2	89.1	139.7	1.99	1.10	1.40	1.98	2.71	3.97	—	6.07
150× 65	6 ×2½	165.2	76.3	139.7	1.90	1.06	1.33	1.83	2.56	3.74	—	5.67
200×150	8 × 6	216.3	165.2	152.4	3.80	2.00	2.66	4.11	5.32	8.05	10.8	13.4
200×125	8 × 5	216.3	139.8	152.4	3.44	1.86	2.50	3.87	4.86	7.19	9.81	12.1
200×100	8 × 4	216.3	114.3	152.4	3.22	1.58	2.25	3.43	4.43	6.57	8.92	10.9
200× 90	8 ×3½	216.3	101.6	152.4	3.06	1.53	2.18	3.33	4.24	6.29	—	10.5
250×200	10× 8	267.4	216.3	177.8	6.45	3.32	4.21	6.77	9.01	14.0	19.5	24.7
250×150	10× 6	267.4	165.2	177.8	5.53	3.00	3.55	5.53	7.73	12.1	16.3	20.8
250×125	10× 5	267.4	139.8	177.8	5.10	2.84	3.36	5.25	7.19	11.1	15.1	19.3
250×100	10× 4	267.4	114.3	177.8	4.85	2.51	3.07	4.73	6.69	10.3	14.1	17.9
300×250	12×10	318.5	267.4	203.2	9.69	5.46	6.24	9.42	14.0	22.6	31.9	40.8
300×200	12× 8	318.5	216.3	203.2	8.44	4.69	5.73	8.59	12.2	19.6	27.7	35.0
300×150	12× 6	318.5	165.2	203.2	7.40	4.33	4.97	7.16	10.8	17.4	24.1	30.5
300×125	12× 5	318.5	139.8	203.2	6.91	4.15	4.75	6.84	10.2	16.2	22.7	28.7
350×300	14×12	355.6	318.5	330.2	19.9	—	—	—	28.5	47.4	67.5	85.2
350×250	14×10	355.6	267.4	330.2	18.2	—	—	—	25.3	41.6	58.6	74.3
350×200	14× 8	355.6	216.3	330.2	16.1	—	—	—	22.5	36.6	51.8	64.7
350×150	14× 6	355.6	165.2	330.2	14.4	—	—	—	20.1	33.0	45.9	57.5
400×350	16×14	406.4	355.6	355.6	25.8	—	—	—	38.6	64.2	90.9	115
400×300	16×12	406.4	318.5	355.6	23.2	—	—	—	35.8	59.0	83.6	107
400×250	16×10	406.4	267.4	355.6	21.3	—	—	—	32.4	52.8	74.0	94.8
400×200	16× 8	406.4	216.3	355.6	20.2	—	—	—	29.4	47.4	66.7	84.5

450×400	18×16	457.2	406.4	381.0	31.5	—	—	—	53.2	87.1	124	157
450×350	18×14	457.2	355.6	381.0	29.6	—	—	—	47.7	78.5	112	141
450×300	18×12	457.2	318.5	381.0	26.8	—	—	—	44.6	73.0	104	132
450×250	18×10	457.2	267.4	381.0	24.7	—	—	—	41.0	66.3	93.9	119
500×450	20×18	508.0	457.2	508.0	47.0	—	—	—	86.4	144	204	260
500×400	20×16	508.0	406.4	508.0	44.5	—	—	—	78.0	131	185	236
500×350	20×14	508.0	355.6	508.0	41.9	—	—	—	70.7	119	169	215
500×300	20×12	508.0	318.5	508.0	38.2	—	—	—	66.6	112	159	203
550×500	22×20	558.8	508.0	508.0	—	—	—	—	101	174	246	314
550×450	22×18	558.8	457.2	508.0	—	—	—	—	93.7	160	226	287
550×400	22×16	558.8	406.4	508.0	—	—	—	—	85.3	147	207	263
550×350	22×14	558.8	355.6	508.0	—	—	—	—	78.1	135	191	242
600×550	24×22	609.6	558.8	508.0	—	—	—	—	119	207	296	376
600×500	24×20	609.6	508.0	508.0	—	—	—	—	112	191	274	348
600×450	24×18	609.6	457.2	508.0	—	—	—	—	105	177	255	322
600×400	24×16	609.6	406.4	508.0	—	—	—	—	96.3	164	235	298
650×600	26×24	660.4	609.6	609.6	—	—	—	—	169	295	420	534
650×550	26×22	660.4	558.8	609.6	—	—	—	—	156	274	386	493
650×500	26×20	660.4	508.0	609.6	—	—	—	—	147	255	360	460
650×450	26×18	660.4	457.2	609.6	—	—	—	—	139	237	335	428

付表 8　レジューサの形状・寸法・質量

同心　1形　2形　　偏心　1形　2形

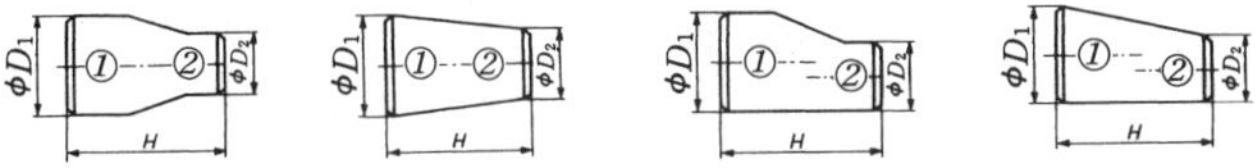

径の呼び ① × ②		外径 (mm)		距離 (mm)	概略質量 (kg/個)					
					LG t=7.9	STD t=9.5	XS t=12.7	Sch 5S	Sch 10S	Sch 20S
A	B	D_1	D_2	H						
350× 300	14×12	355.6	318.5	330.2	19.9	—	—	10.9	13.0	19.8
350× 250	14×10	355.6	267.4	330.2	18.2	—	—	9.48	11.5	18.4
350× 200	14× 8	355.6	216.3	330.2	16.1	—	—	8.24	10.7	17.1
350× 150	14× 6	355.6	165.2	330.2	14.4	—	—	7.64	9.48	14.7
400× 350	16×14	406.4	355.6	355.6	25.8	—	—	14.2	16.7	26.4
400× 300	16×12	406.4	318.5	355.6	23.2	—	—	13.6	15.1	23.1
400× 250	16×10	406.4	267.4	355.6	21.3	—	—	12.0	13.5	21.6
400× 200	16× 8	406.4	216.3	355.6	19.1	—	—	10.7	12.7	20.2
450× 400	18×16	457.2	406.4	381.0	31.5	—	—	18.3	20.3	32.2
450× 350	18×14	457.2	355.6	381.0	29.6	—	—	16.3	19.1	30.3
450× 300	18×12	457.2	318.5	381.0	26.8	—	—	15.6	17.4	26.7
450× 250	18×10	457.2	267.4	381.0	24.7	—	—	13.9	15.7	25.1
500× 450	20×18	508.0	457.2	508.0	47.0	—	—	28.8	31.8	52.7
500× 400	20×16	508.0	406.4	508.0	44.5	—	—	27.4	30.2	50.1
500× 350	20×14	508.0	355.6	508.0	41.9	—	—	24.8	28.6	47.6
500× 300	20×12	508.0	318.5	508.0	38.2	—	—	23.9	26.4	42.8
550× 500	22×20	558.8	508.0	508.0	51.9	62.5	—	33.4	36.7	63.0
550× 450	22×18	558.8	457.2	508.0	49.4	—	—	30.4	33.6	55.8
550× 400	22×16	558.8	406.4	508.0	46.9	—	—	29.0	32.0	53.2
550× 350	22×14	558.8	355.6	508.0	44.4	—	—	26.4	30.4	50.6
600× 550	24×22	609.6	558.8	508.0	56.9	68.6	90.9	38.6	44.1	69.1
600× 500	24×20	609.6	508.0	508.0	54.5	65.5	—	36.9	42.3	66.0
600× 450	24×18	609.6	457.2	508.0	51.9	—	—	33.9	39.1	58.8
600× 400	24×16	609.6	406.4	508.0	49.4	—	—	32.5	37.5	56.2
650× 600	26×24	660.4	609.6	609.6	74.4	89.3	119	52.6	69.4	106
650× 550	26×22	660.4	558.8	609.6	71.3	85.6	114	48.4	62.7	102
650× 500	26×20	660.4	508.0	609.6	68.4	82.0	—	46.4	60.6	98.5

650× 450	26×18	660.4	457.2	609.6	65.4	—	—	42.8	56.8	89.8
700× 650	28×26	711.2	660.4	609.6	80.5	96.3	129	56.8	82.3	130
700× 600	28×24	711.2	609.6	609.6	77.4	93.0	124	54.7	72.5	111
700× 550	28×22	711.2	558.8	609.6	74.4	89.3	119	50.5	65.8	107
700× 500	28×20	711.2	508.0	609.6	71.4	85.6	—	48.6	63.6	103
750× 700	30×28	762.0	711.2	609.6	86.6	104	138	66.7	88.4	140
750× 650	30×26	762.0	660.4	609.6	83.5	100	134	64.5	85.3	135
750× 600	30×24	762.0	609.6	609.6	80.5	96.6	129	62.4	75.5	116
750× 550	30×22	762.0	558.8	609.6	77.4	93.0	124	58.2	68.8	112
800× 750	32×30	812.8	762.0	609.6	92.7	111	148	—	94.5	149
800× 700	32×28	812.8	711.2	609.6	89.6	107	143	—	91.4	144
800× 650	32×26	812.8	660.4	609.6	86.6	104	138	—	88.4	140
800× 600	32×24	812.8	609.6	609.6	83.5	100	134	—	78.5	120
850× 800	34×32	863.6	812.8	609.6	98.8	118	158	—	101	159
850× 750	34×30	863.6	762.0	609.6	95.7	115	153	—	97.8	154
850× 700	34×28	863.6	711.2	609.6	92.7	111	148	—	94.8	149
850× 650	34×26	863.6	660.4	609.6	89.6	107	143	—	91.7	144
900× 850	36×34	914.4	863.6	609.6	105	126	167	—	107	169
900× 800	36×32	914.4	812.8	609.6	102	122	162	—	104	164
900× 750	36×30	914.4	762.0	609.6	98.8	118	158	—	101	159
900× 700	36×28	914.4	711.2	609.6	95.7	115	153	—	97.8	154
1 000× 900	40×36	1 016.0	914.4	609.6	114	137	182	—	128	196
1 000× 850	40×34	1 016.0	863.6	609.6	111	133	177	—	125	191
1 000× 800	40×32	1 016.0	812.8	609.6	108	129	172	—	121	186
1 100×1 000	44×40	1 117.6	1 016.0	609.6	—	151	201	—	—	—
1 100× 900	44×36	1 117.6	914.4	609.6	—	144	191	—	—	—
1 200×1 100	48×44	1 219.2	1 117.6	711.2	—	193	257	—	—	—
1 200×1 000	48×40	1 219.2	1 016.0	711.2	—	185	246	—	—	—

付表 9　同径 T の形状・寸法・質量

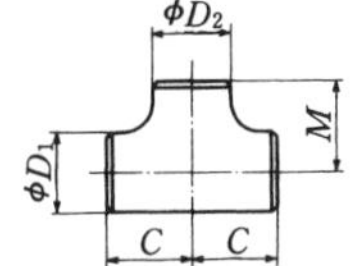

径の呼び		外径 (mm)	距離 (mm)	概略質量 (kg/個)							
A	B	D_1, D_2	C, M	FSGP	Sch 5S	Sch 10S	Sch 20S	Sch 40	Sch 80	Sch 120	Sch 160
15	½	21.7	25.4	0.086	0.054	0.067	0.078	0.086	0.107	—	0.129
20	¾	27.2	28.6	0.121	0.076	0.095	0.111	0.126	0.162	—	0.212
25	1	34.0	38.1	0.236	0.129	0.212	0.226	0.250	0.318	—	0.424
32	1¼	42.7	47.6	0.411	0.205	0.338	0.361	0.421	0.555	—	0.696
40	1½	48.6	57.2	0.573	0.284	0.470	0.502	0.604	0.806	—	1.07
50	2	60.5	63.5	0.851	0.388	0.644	0.796	0.872	1.20	—	1.78
65	2½	76.3	76.2	1.42	0.739	1.04	1.21	1.74	2.29	—	2.97
80	3	89.1	85.7	1.87	0.967	1.35	1.80	2.40	3.25	—	4.55
90	3½	101.6	95.3	2.37	1.22	1.73	2.29	3.17	4.40	—	6.54
100	4	114.3	104.8	3.14	1.51	2.14	2.83	4.12	5.76	7.25	8.64
125	5	139.8	123.8	4.52	2.88	3.50	5.07	6.54	9.20	12.0	14.7
150	6	165.2	142.9	6.85	3.91	4.74	6.92	9.59	14.5	18.4	22.8
200	8	216.3	177.8	12.8	6.34	9.02	14.5	17.9	27.1	37.8	46.8
250	10	267.4	215.9	21.8	11.5	13.5	21.7	30.4	48.3	66.8	86.4
300	12	318.5	254.0	31.9	18.9	21.2	30.4	47.2	77.8	111	141
350	14	355.6	279.4	44.7	—	—	—	62.3	104	149	186
400	16	406.4	304.8	55.2	—	—	—	87.5	144	203	260
450	18	457.2	342.9	70.0	—	—	—	125	203	290	367
500	20	508.0	381.0	86.6	—	—	—	164	276	392	502
550	22	558.8	419.1	—	—	—	—	208	366	515	657
600	24	609.6	431.8	—	—	—	—	254	438	633	799
650	26	660.4	495.3	—	—	—	—	346	607	855	1 091

付表 10 同径 T の形状・寸法・質量

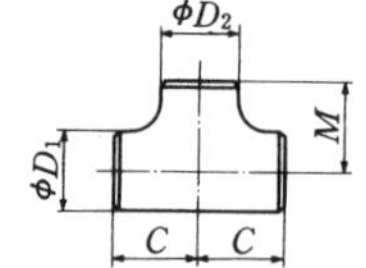

径の呼び		外径 (mm)	距離 (mm)		概略質量 (kg/個)					
					LG t=7.9	STD t=9.5	XS t=12.7	Sch 5S	Sch 10S	Sch 20S
A	B	D_1, D_2	C	M						
350	14	355.6	279.4	279.4	44.7	—	—	23.1	28.9	45.8
400	16	406.4	304.8	304.8	55.2	—	—	32.1	35.6	56.5
450	18	457.2	342.9	342.9	70.0	—	—	40.6	45.0	71.6
500	20	508.0	381.0	381.0	86.6	104	—	55.7	61.2	105
550	22	558.8	419.1	419.1	105	126	167	67.5	74.1	127
600	24	609.6	431.8	431.8	116	140	185	82.0	96.8	141
650	26	660.4	495.3	495.3	147	176	235	104	150	237
700	28	711.2	520.7	520.7	165	198	264	117	169	266
750	30	762.0	558.8	558.8	190	228	304	158	194	307
800	32	812.8	596.9	596.9	217	260	347	—	221	350
850	34	863.6	635.0	635.0	246	295	392	—	252	396
900	36	914.4	673.1	673.1	276	331	441	—	283	445
1 000	40	1 016.0	749.3	749.3	341	411	546	—	414	621
1 100	44	1 117.6	812.8	762.0	—	475	633	—	—	—
1 200	48	1 219.2	889.0	838.2	—	568	758	—	—	

付表 11　径違いＴの形状・寸法・質量

径の呼び ①×②×③		外径 (mm)		距離 (mm)		概略質量 (kg/個)							
A	B	D_1	D_2	C	M	FSGP	Sch 5S	Sch 10S	Sch 20S	Sch 40	Sch 80	Sch 120	Sch 160
20×20×15	3/4×3/4×1/2	27.2	21.7	28.6	28.6	0.116	0.072	0.090	0.106	0.119	0.153	—	0.198
25×25×20	1×1×3/4	34.0	27.2	38.1	38.1	0.221	0.124	0.194	0.209	0.233	0.296	—	0.394
25×25×15	1×1×1/2	34.0	21.7	38.1	38.1	0.213	0.119	0.188	0.202	0.224	0.284	—	0.374
32×32×25	1 1/4×1 1/4×1	42.7	34.0	47.6	47.6	0.386	0.196	0.322	0.344	0.398	0.521	—	0.660
32×32×20	1 1/4×1 1/4×3/4	42.7	27.2	47.6	47.6	0.366	0.189	0.299	0.323	0.376	0.494	—	0.623
32×32×15	1 1/4×1 1/4×1/2	42.7	21.7	47.6	47.6	0.356	0.183	0.292	0.314	0.365	0.478	—	0.597
40×40×32	1 1/2×1 1/2×1 1/4	48.6	42.7	57.2	57.2	0.556	0.276	0.456	0.488	0.583	0.776	—	1.02
40×40×25	1 1/2×1 1/2×1	48.6	34.0	57.2	57.2	0.525	0.265	0.437	0.466	0.554	0.733	—	0.975
40×40×20	1 1/2×1 1/2×3/4	48.6	27.2	57.2	57.2	0.500	0.255	0.408	0.441	0.526	0.700	—	0.928
40×40×15	1 1/2×1 1/2×1/2	48.6	21.7	57.2	57.2	0.488	0.248	0.399	0.430	0.512	0.680	—	0.897
50×50×40	2×2×1 1/2	60.5	48.6	63.5	60.3	0.791	0.365	0.606	0.734	0.814	1.11	—	1.63
50×50×32	2×2×1 1/4	60.5	42.7	63.5	57.2	0.766	0.353	0.586	0.711	0.784	1.07	—	1.56
50×50×25	2×2×1	60.5	34.0	63.5	50.8	0.724	0.335	0.555	0.679	0.744	1.01	—	1.50
50×50×20	2×2×3/4	60.5	27.2	63.5	44.5	0.698	0.322	0.529	0.653	0.716	0.979	—	1.45

65×65×50	2½×2½×2	76.3	60.5	76.2	69.9	1.31	0.668	0.963	1.13	1.56	2.07	—	2.73
65×65×40	2½×2½×1½	76.3	48.6	76.2	66.7	1.25	0.646	0.926	1.07	1.51	1.99	—	2.59
65×65×32	2½×2½×1¼	76.3	42.7	76.2	63.5	1.22	0.634	0.906	1.04	1.48	1.94	—	2.52
65×65×25	2½×2½×1	76.3	34.0	76.2	57.2	1.18	0.617	0.877	1.01	1.44	1.89	—	2.46
80×80×65	3×3×2½	89.1	76.3	85.7	82.6	1.79	0.928	1.31	1.70	2.28	3.08	—	4.26
80×80×50	3×3×2	89.1	60.5	85.7	76.2	1.67	0.857	1.23	1.61	2.11	2.86	—	4.02
80×80×40	3×3×1½	89.1	48.6	85.7	73.0	1.62	0.835	1.19	1.55	2.05	2.78	—	3.87
80×80×32	3×3×1¼	89.1	42.7	85.7	69.9	1.59	0.823	1.17	1.53	2.02	2.74	—	3.81
90×90×80	3½×3½×3	101.6	89.1	95.3	92.1	2.29	1.18	1.67	2.20	3.04	4.20	—	6.18
90×90×65	3½×3½×2½	101.6	76.3	95.3	88.9	2.21	1.14	1.61	2.09	2.92	4.02	—	5.89
90×90×50	3½×3½×2	101.6	60.5	95.3	82.6	2.09	1.07	1.53	2.01	2.75	3.80	—	5.65
90×90×40	3½×3½×1½	101.6	48.6	95.3	79.4	2.04	1.05	1.50	1.95	2.69	3.74	—	5.51
100×100×90	4×4×3½	114.3	101.6	104.8	101.6	3.01	1.46	2.07	2.74	3.95	5.53	—	8.28
100×100×80	4×4×3	114.3	89.1	104.8	98.4	2.92	1.42	2.01	2.66	3.82	5.33	—	7.93
100×100×65	4×4×2½	114.3	76.3	104.8	95.3	2.84	1.38	1.95	2.55	3.70	5.15	—	7.64
100×100×50	4×4×2	114.3	60.5	104.8	88.9	2.73	1.31	1.87	2.46	3.53	4.93	—	7.40
100×100×40	4×4×1½	114.3	48.6	104.8	85.7	2.67	1.29	1.83	2.40	3.47	4.85	—	7.25
125×125×100	5×5×4	139.8	114.3	123.8	117.5	4.29	2.65	3.27	4.68	6.13	8.62	11.2	13.6
125×125×90	5×5×3½	139.8	101.6	123.8	114.3	4.16	2.60	3.20	4.59	5.97	8.38	—	13.3
125×125×80	5×5×3	139.8	89.1	123.8	111.1	4.08	2.55	3.14	4.51	5.84	8.18	—	12.9
125×125×65	5×5×2½	139.8	76.3	123.8	108.0	4.00	2.51	3.08	4.40	5.72	8.01	—	12.6
125×125×50	5×5×2	139.8	60.5	123.8	104.8	3.90	2.45	3.01	4.33	5.56	7.81	—	12.4
150×150×125	6×6×5	165.2	139.8	142.9	136.5	6.47	3.74	4.54	6.62	9.09	13.6	17.4	21.5
150×150×100	6×6×4	165.2	114.3	142.9	130.2	6.24	3.51	4.31	6.24	8.68	13.0	16.5	20.5

150×150×90	6 × 6 × 3½	165.2	101.6	142.9	127.0	6.11	3.46	4.24	6.15	8.52	12.8	—	20.1
150×150×80	6 × 6 × 3	165.2	89.1	142.9	123.8	6.02	3.42	4.18	6.07	8.38	12.6	—	19.7
150×150×65	6 × 6 × 2½	165.2	76.3	142.9	120.7	5.94	3.38	4.12	5.96	8.26	12.4	—	19.5
200×200×150	8 × 8 × 6	216.3	165.2	177.8	168.3	11.9	5.98	8.36	13.3	16.6	25.2	34.8	43.1
200×200×125	8 × 8 × 5	216.3	139.8	177.8	161.9	11.5	5.81	8.16	13.0	16.1	24.3	33.8	41.7
200×200×100	8 × 8 × 4	216.3	114.3	177.8	155.6	11.3	5.58	7.93	12.6	15.7	23.8	33.0	40.7
200×200×90	8 × 8 × 3½	216.3	101.6	177.8	152.4	11.2	5.53	7.86	12.5	15.6	23.5	—	40.3
250×250×200	10×10× 8	267.4	216.3	215.9	203.2	20.4	10.7	12.8	20.6	28.5	45.0	62.3	80.2
250×250×150	10×10× 6	267.4	165.2	215.9	193.7	19.5	10.4	12.1	19.4	27.2	43.1	59.3	76.5
250×250×125	10×10× 5	267.4	139.8	215.9	190.5	19.2	10.2	12.0	19.2	26.8	42.3	58.4	75.3
250×250×100	10×10× 4	267.4	114.3	215.9	184.2	18.9	9.97	11.7	18.8	26.4	41.7	57.6	74.2
300×300×250	12×12×10	318.5	267.4	254.0	241.3	30.4	17.7	20.0	29.1	44.6	73.2	104	133
300×300×200	12×12× 8	318.5	216.3	254.0	228.6	29.0	16.9	19.4	28.0	42.7	70.0	99.6	127
300×300×150	12×12× 6	318.5	165.2	254.0	219.1	28.1	16.6	18.7	26.9	41.4	68.0	96.7	122
300×300×125	12×12× 5	318.5	139.8	254.0	215.9	27.8	16.4	18.5	26.6	41.0	67.3	95.7	121
350×350×300	14×14×12	355.6	318.5	279.4	269.9	42.7	—	—	—	59.9	100	143	179
350×350×250	14×14×10	355.6	267.4	279.4	257.2	41.2	—	—	—	57.4	95.7	136	171
350×350×200	14×14× 8	355.6	216.3	279.4	247.7	39.9	—	—	—	55.6	92.8	132	165
350×350×150	14×14× 6	355.6	165.2	279.4	238.1	39.0	—	—	—	54.4	90.8	129	162
400×400×350	16×16×14	406.4	355.6	304.8	304.8	54.2	—	—	—	84.6	140	197	251
400×400×300	16×16×12	406.4	318.5	304.8	295.3	52.2	—	—	—	82.2	136	191	244
400×400×250	16×16×10	406.4	267.4	304.8	282.6	50.7	—	—	—	79.7	131	185	236
400×400×200	16×16× 8	406.4	216.3	304.8	273.1	49.4	—	—	—	77.9	128	181	230
400×400×150	16×16× 6	406.4	165.2	304.8	263.5	48.5	—	—	—	76.7	126	178	226

450×450×400	18×18×16	457.2	406.4	342.9	330.2	67.9	—	—	—	126	195	278	352
450×450×350	18×18×14	457.2	355.6	342.9	330.2	66.9	—	—	—	123	190	272	343
450×450×300	18×18×12	457.2	318.5	342.9	320.7	64.9	—	—	—	120	186	266	336
450×450×250	18×18×10	457.2	267.4	342.9	308.0	63.4	—	—	—	118	182	259	328
500×500×450	20×20×18	508.0	457.2	381.0	368.3	84.2	—	—	—	158	260	378	483
500×500×400	20×20×16	508.0	406.4	381.0	355.6	82.1	—	—	—	153	249	365	468
500×500×350	20×20×14	508.0	355.6	381.0	355.6	81.1	—	—	—	150	241	359	459
500×500×300	20×20×12	508.0	318.5	381.0	346.1	79.1	—	—	—	140	235	353	452
500×500×250	20×20×10	508.0	267.4	381.0	333.4	77.6	—	—	—	136	229	346	444
500×500×200	20×20× 8	508.0	216.3	381.0	323.9	76.3	—	—	—	133	224	342	438
550×550×500	22×22×20	558.8	508.0	419.1	406.4	—	—	—	—	202	353	498	635
550×550×450	22×22×18	558.8	457.2	419.1	393.7	—	—	—	—	196	343	483	616
550×550×400	22×22×16	558.8	406.4	419.1	381.0	—	—	—	—	191	334	465	600
600×600×550	24×24×22	609.6	558.8	431.8	431.8	—	—	—	—	248	429	619	782
600×600×500	24×24×20	609.6	508.0	431.8	431.8	—	—	—	—	244	421	608	769
600×600×450	24×24×18	609.6	457.2	431.8	419.1	—	—	—	—	239	411	593	749
650×650×600	26×26×24	660.4	609.6	495.3	482.6	—	—	—	—	335	587	830	1 058
650×650×550	26×26×22	660.4	558.8	495.3	469.9	—	—	—	—	326	572	807	1 029
650×650×500	26×26×20	660.4	508.0	495.3	457.2	—	—	—	—	320	560	789	1 007

付表 12　径違いTの形状・寸法・質量

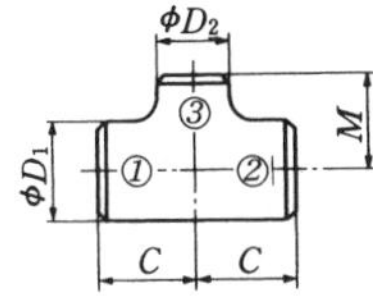

径の呼び ①×②×③		外径 (mm)		距離 (mm)		概略質量 (kg/個)					
						LG	STD	XS	Sch	Sch	Sch
A	B	D_1	D_2	C	M	t=7.9	t=9.5	t=12.7	5S	10S	20S
350×350×300	14×14×12	355.6	318.5	279.4	269.9	42.7	—	—	22.4	27.7	43.4
350×350×250	14×14×10	355.6	267.4	279.4	257.2	41.2	—	—	21.3	26.5	42.1
350×350×200	14×14× 8	355.6	216.3	279.4	247.7	39.9	—	—	20.6	25.9	41.1
350×350×150	14×14× 6	355.6	165.2	279.4	238.1	39.0	—	—	20.2	25.2	39.9
400×400×350	16×16×14	406.4	355.6	304.8	304.8	54.2	—	—	31.0	34.9	55.4
400×400×300	16×16×12	406.4	318.5	304.8	295.3	52.2	—	—	30.4	33.7	53.1
400×400×250	16×16×10	406.4	267.4	304.8	282.6	50.7	—	—	29.3	32.6	51.8
400×400×200	16×16× 8	406.4	216.3	304.8	273.1	49.4	—	—	28.5	32.0	50.8
400×400×150	16×16× 6	406.4	165.2	304.8	263.5	48.5	—	—	28.2	31.3	49.6
450×450×400	18×18×16	457.2	406.4	342.9	330.2	67.9	—	—	39.4	43.7	69.4
450×450×350	18×18×14	457.2	355.6	342.9	330.2	66.9	—	—	38.3	43.1	68.4
450×450×300	18×18×12	457.2	318.5	342.9	320.7	64.9	—	—	37.7	41.9	66.0
450×450×250	18×18×10	457.2	267.4	342.9	308.0	63.4	—	—	36.5	40.7	64.7
500×500×450	20×20×18	508.0	457.2	381.0	368.3	84.2	—	—	53.5	58.9	100
500×500×400	20×20×16	508.0	406.4	381.0	355.6	82.1	—	—	52.3	57.5	98.0
500×500×350	20×20×14	508.0	355.6	381.0	355.6	81.1	—	—	51.3	56.9	97.0
500×500×300	20×20×12	508.0	318.5	381.0	346.1	79.1	—	—	50.6	55.7	94.6
500×500×250	20×20×10	508.0	267.4	381.0	333.4	77.6	—	—	49.5	54.5	93.3
500×500×200	20×20×8	508.0	216.3	381.0	323.9	76.3	—	—	48.7	53.9	92.3
550×550×500	22×22×20	558.8	508.0	419.1	406.4	102	123	—	65.8	72.3	124
550×550×450	22×22×18	558.8	457.2	419.1	393.7	99.7	—	—	63.6	70.0	119
550×550×400	22×22×16	558.8	406.4	419.1	381.0	97.6	—	—	62.4	68.6	117
600×600×550	24×24×22	609.6	558.8	431.8	431.8	115	138	183	80.3	94.0	139
600×600×500	24×24×20	609.6	508.0	431.8	431.8	113	137	—	79.5	93.1	138

600×600×450	24×24×18	609.6	457.2	431.8	419.1	111	—	—	77.3	90.8	133
650×650×600	26×26×24	660.4	609.6	495.3	482.6	144	172	230	101	144	225
650×650×550	26×26×22	660.4	558.8	495.3	469.9	141	169	225	98.5	139	221
650×650×500	26×26×20	660.4	508.0	495.3	457.2	138	165	—	96.8	138	218
700×700×650	28×28×26	711.2	660.4	520.7	520.7	164	196	262	116	167	264
700×700×600	28×28×24	771.2	609.6	520.7	508.0	161	192	257	113	161	252
700×700×550	28×28×22	711.2	558.8	520.7	495.3	158	189	252	110	156	248
750×750×700	30×30×28	762.0	711.2	558.8	546.1	187	224	299	152	191	301
750×750×650	30×30×26	762.0	660.4	558.8	546.1	185	222	296	151	189	299
750×750×600	30×30×24	762.0	609.6	558.8	533.4	182	218	291	149	183	287
800×800×750	32×32×30	812.8	762.0	596.9	584.2	214	256	341	—	218	344
800×800×700	32×32×28	812.8	711.2	596.9	571.5	210	252	336	—	214	339
800×800×650	32×32×26	812.8	660.4	596.9	571.5	208	250	333	—	212	336
850×850×800	34×34×32	863.6	812.8	635.0	622.3	242	290	386	—	248	390
850×850×750	34×34×30	863.6	762.0	635.0	609.6	238	285	380	—	244	384
850×850×700	34×34×28	863.6	711.2	635.0	596.9	235	281	374	—	240	378
900×900×850	36×36×34	914.4	863.6	673.1	660.4	272	326	434	—	278	438
900×900×800	36×36×32	914.4	812.8	673.1	647.7	268	321	427	—	274	432
900×900×750	36×36×30	914.4	762.0	673.1	635.0	264	317	421	—	270	426
1 000×1 000×900	40×40×36	1 016.0	914.4	749.3	736.6	334	402	535	—	398	600
1 000×1 000×850	40×40×34	1 016.0	863.6	749.3	723.9	330	397	528	—	394	593
1 100×1 100×1 000	44×44×40	1 117.6	1 016.0	812.8	749.3	—	468	622	—	—	—
1 200×1 200×1 100	48×48×44	1 219.2	1 117.6	889.0	838.2	—	563	751	—	—	—

附属書付表 1　形状による種類及びその記号

形状による種類		記号	備考
大分類	小分類		
45°エルボ	ショート	45 E (S)	附属書付表 1
特殊角度エルボ	ロング	θ E (L)	附属書付図 1 特殊角度 θ は 45°, 90° 及び 180° を除く 180° 未満の角度とし，注文者の指定による。
	ショート	θ E (S)	
ネック付き 90° エルボ (両ネック)	ロング	90 E (L) N	附属書付表 2
	ショート	90 E (S) N	
ネック付き 180° エルボ (両ネック)	ロング	180 E (L) N	附属書付図 2
	ショート	180 E (S) N	
ネック付き 45° エルボ (片ネック)	ロング	45 E (L) KN	附属書付表 2
	ショート	45 E (S) KN	
ネック付き 90° エルボ (片ネック)	ロング	90 E (L) KN	附属書付表 2
	ショート	90 E (S) KN	
ネック付き 180° エルボ (片ネック)	ロング	180 E (L) KN	附属書付図 3
	ショート	180 E (S) KN	
ネック付き特殊角度エルボ(片ネック)	ロング	θ E (L) KN	附属書付図 4 特殊角度 θ は 45°, 90° 及び 180° を除く 180° 未満の角度とし，注文者の指定による。
	ショート	θ E (S) KN	
ネック付きキャップ	—	CN	附属書付図 5
ネック付きレジューサ	同心 1 形	R (C) 1 N	附属書付図 6
	偏心 1 形	R (E) 1 N	
ネック付き T	同径	T (S) N	附属書付図 7
	径違い	T (R) N	

附属書付表 1　45°エルボショートの形状・寸法

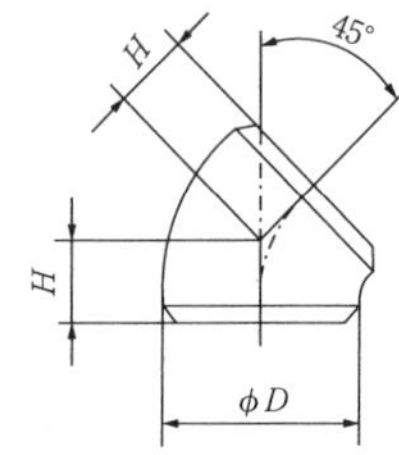

単位 mm

径の呼び		外径	中心から端面までの距離
A	B	D	H
40	1 1/2	48.6	15.8
50	2	60.5	21.0
65	2 1/2	76.3	26.3
80	3	89.1	31.6
90	3 1/2	101.6	36.8
100	4	114.3	42.1
125	5	139.8	52.6
150	6	165.2	63.1
200	8	216.3	84.2
250	10	267.4	105.2
300	12	318.5	126.2
350	14	355.6	147.3
400	16	406.4	168.3
450	18	457.2	189.4
500	20	508.0	210.4
550	22	558.8	231.5
600	24	609.6	252.5
650	26	660.4	273.5
700	28	711.2	294.6
750	30	762.0	315.6
800	32	812.8	336.7
850	34	863.6	357.7
900	36	914.4	378.7
950	38	965.2	399.8
1 000	40	1 016.0	420.8
1 050	42	1 066.8	441.9
1 100	44	1 117.6	462.9
1 150	46	1 168.4	484.0
1 200	48	1 219.2	505.0

附属書付表 2　ネック付きエルボの形状・寸法

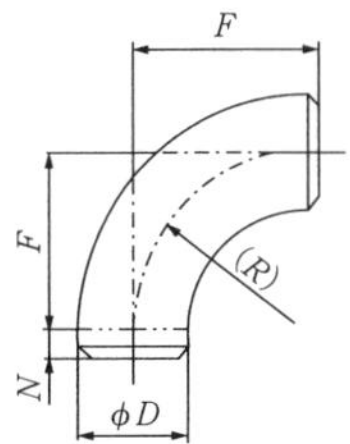

ネック付き 90° エルボ
(片ネック)

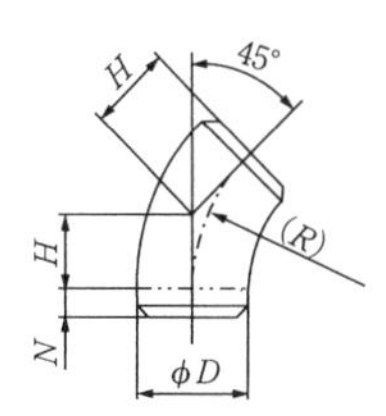

ネック付き 45° エルボ
(片ネック)

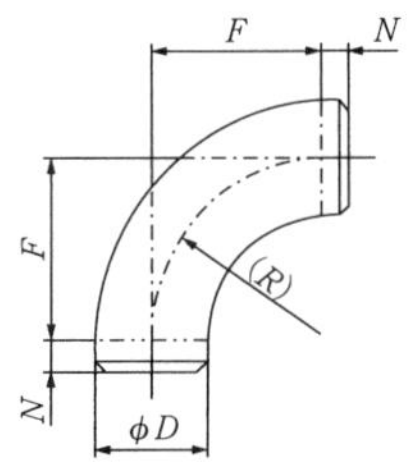

ネック付き 90° エルボ
(両ネック)

単位 mm

径の呼び		外径	中心から端面までの距離				
			45°エルボ H		90°エルボ F		ネック長さ
A	B	D	ロング	ショート	ロング	ショート	N
25	1	34.0	15.8	—	38.1	25.4	16
32	1 1/1	42.7	19.7	—	47.6	31.8	16
40	1 1/2	48.6	23.7	15.8	57.2	38.1	16
50	2	60.5	31.6	21.0	76.2	50.8	16
65	2 1/2	76.3	39.5	26.3	95.3	63.5	18
80	3	89.1	47.3	31.6	114.3	76.2	18
90	3 1/2	101.6	55.3	36.8	133.4	88.9	18
100	4	114.3	63.1	42.1	152.4	101.6	18
125	5	139.8	78.9	52.6	190.5	127.0	20
150	6	165.2	94.7	63.1	228.6	152.4	22
200	8	216.3	126.3	84.2	304.8	203.2	25
250	10	267.4	157.8	105.2	381.0	254.0	30
300	12	318.5	189.4	126.2	457.2	304.8	30

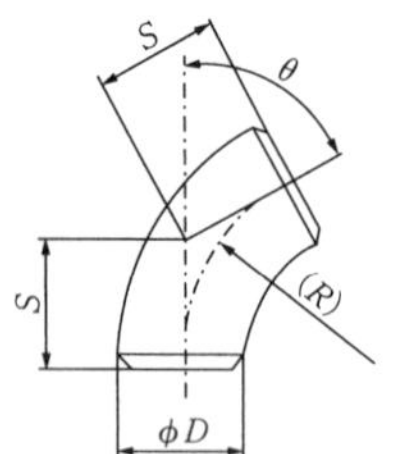

附属書付図 1　特殊角度エルボ

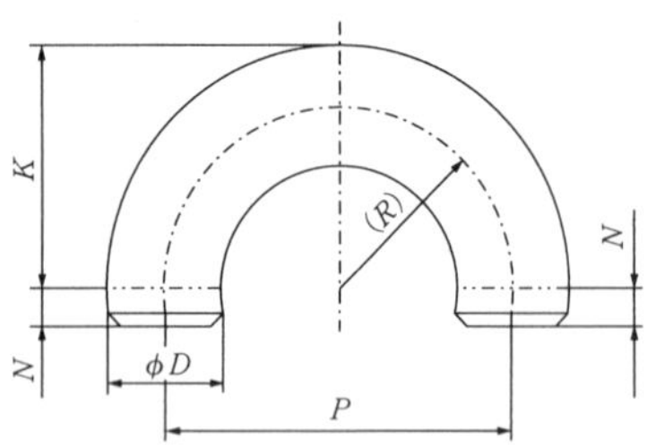

附属書付図 2　ネック付き 180° エルボ(両ネック)

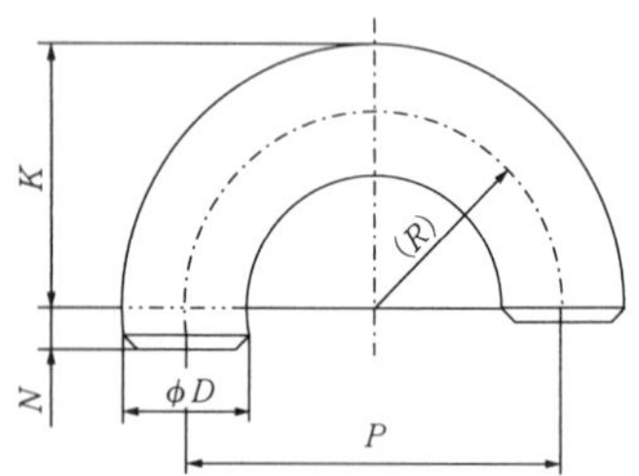

附属書付図 3　ネック付き 180° エルボ(片ネック)

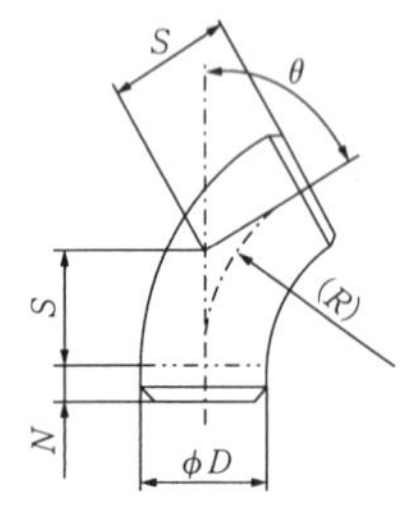

附属書付図 4　ネック付き特殊角度エルボ(片ネック)

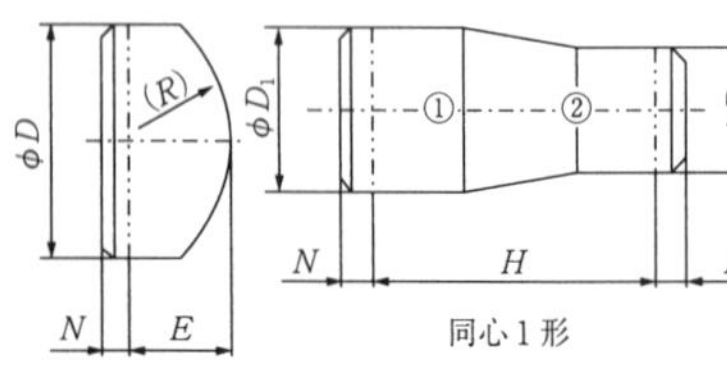

附属書付図 5　ネック付きキャップ

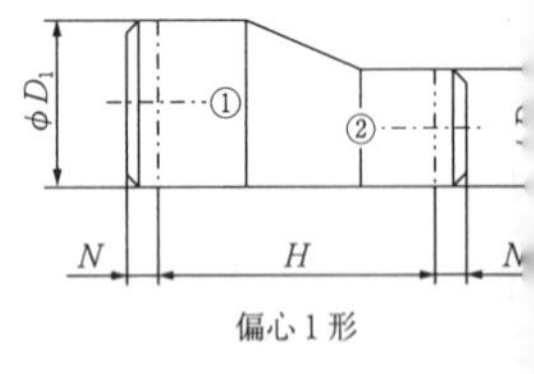

附属書付図 6　ネック付きレジューサ

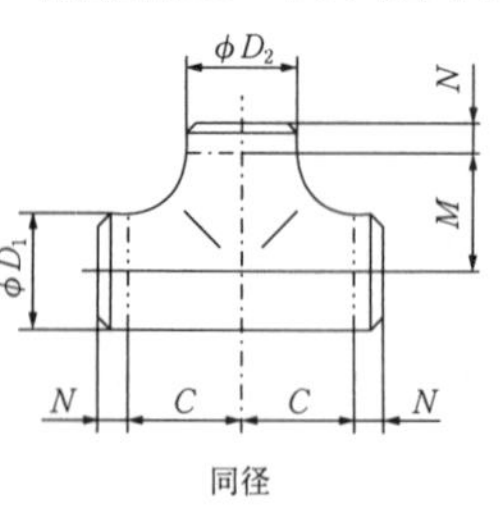

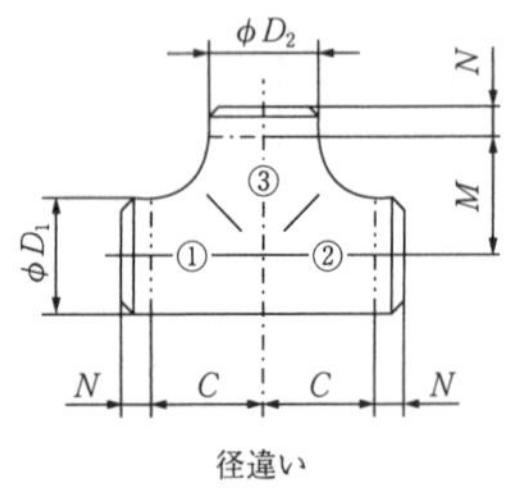

附属書付図 7　ネック付き T

B- 4　配管用鋼製突合せ溶接式管継手　　JIS B 2312-1997

Steel butt-welding pipe fittings

1. **適用範囲**　圧力配管，高圧配管，高温配管，合金鋼配管，ステンレス鋼配管及び低温配管に使用する継目無管継手。
2. **種　類**　形状は**表 1**，材料は**表 2** による。

表 1　形状による種類及びその記号

形状による種類		記号
大分類	小分類	
45°エルボ	ロング	45 E(L)
90°エルボ	ロング	90 E(L)
	ショート	90 E(S)
180°エルボ	ロング	180 E(L)
	ショート	180 E(S)
レジューサ	同心	R(C)
	偏心	R(E)
T	同径	T(S)
	径違い	T(R)
キャップ	—	C

※レジューサは 1 形

3. **耐圧性**　対応する鋼管に等しい。
4. **形状・寸法・質量**　B-3(JIS B 2311)に同じ。
5. **寸法許容差・許容値**　**表 3**，**表 4** による。
6. **ベベルエンドの形状・寸法**　**図 1** による。
7. **呼び方**　規格の番号又は名称，形状と材料の種類記号及び大きさの呼び。

表 2　配管用管継手の材料による種類の記号及び対応する鋼管

区分	材料による種類の記号	対応する鋼管	摘要
炭素鋼	PG370	JIS G 3454の STPG370	圧力配管用
	PS410	JIS G 3454の STPG410	
		JIS G 3455の STS410(STS370)	高圧配管用
	PS480	JIS G 3455の STS480	
	PT370	JIS G 3454の STPG370	高温配管用
		JIS G 3456の STPT370	
	PT410	JIS G 3454の STPG410	
		JIS G 3456の STPT410	
	PT480	JIS G 3456の STPT480	
	PL380	JIS G 3460の STPL380	低温配管用
合金鋼	PA12	JIS G 3458の STPA12	高温配管用
	PA22	JIS G 3458の STPA22	
	PA23	JIS G 3458の STPA23	
	PA24	JIS G 3458の STPA24	
	PA25	JIS G 3458の STPA25	
	PA26	JIS G 3458の STPA26	
	PL450	JIS G 3460の STPL450	低温配管用
	PL690	JIS G 3460の STPL690	
ステンレス鋼	SUS304	JIS G 3459の SUS304TP	耐食及び高温配管用 SUS329J1, SUS329J3L, SUS329J4L, SUS405, SUS409L, SUS430, SUS430LX, SUS430J1L, SUS436L及びSUS444を除き, 低温配管用としても使用できる。
	SUS304H	JIS G 3459の SUS304HTP	
	SUR304L	JIS G 3459の SUS304LTP	
	SUS309	JIS G 3459の SUS309TP	
	SUS309S	JIS G 3459の SUS309STP	
	SUS310	JIS G 3459の SUS310TP	
	SUS310S	JIS G 3459の SUS310STP	
	SUS316	JIS G 3459の SUS316TP	
	SUS316H	JIS G 3459の SUS316HTP	

ステンレス鋼	SUR316L	JIS G 3459の SUS316LTP
	SUS316Ti	JIS G 3459の SUS316TiTP
	SUS317	JIS G 3459の SUS317TP
	SUS317L	JIS G 3459の SUS317LTP
	SUS321	JIS G 3459の SUS321TP
	SUS321H	JIS G 3459の SUS321HTP
	SUS347	JIS G 3459の SUS347TP
	SUS347H	JIS G 3459の SUS347HTP
	SUS836L	JIS G 3459の SUS836LTP
	SUS890L	JIS G 3459の SUS890LTP
	SUS329J1	JIS G 3459の SUS329J1TP
	SUS329J3L	JIS G 3459の SUS329J3LTP
	SUS329J4L	JIS G 3459の SUS329J4LTP
	SUS405	JIS G 3459の SUS405TP
	SUS409L	JIS G 3459の SUS409LTP
	SUS430	JIS G 3459の SUS430TP
	SUS430LX	JIS G 3459の SUS430LXTP
	SUS430J1L	JIS G 3459の SUS430J1LTP
	SUS436L	JIS G 3459の SUS436LTP
	SUS444	JIS G 3459の SUS444TP

備考　PS410の管継手に接続する鋼管 STS370を使用する場合，耐圧性の面から注意が必要である。

表3　管継手の寸法許容差及び許容値　　単位 mm

項目	管継手の種類	径の呼び					
		A 15~65	80~100	125~200	250~450	500~600	650
		B ½~2½	3~4	5~8	10~18	20~24	26
		許容差					
端部の外径	すべての管継手	+1.6 −0.8	±1.6	+2.4 −1.6	+4.0 −3.2	+6.4 −4.8	
端面の内径		±0.8	±1.6		±3.2	±4.8	
厚さ		+規定しない −12.5％					
ベベル角度		図1による。					
ルート面の高さ		図1による。					
中心から端面までの距離(H, F)	45°エルボ, 90°エルボ	±1.6			±2.4		±3.2
中心から中心までの距離(P)	180°エルボ	±6.4			±9.5		
背から端面までの距離(K)		±6.4					
端面と端面とのずれ(U)(最大)		1.6			3.2		
端面から端面までの距離(H)	レジューサ	±1.6			±2.4		±4.8
中心から端面までの距離(C, M)	T	±1.6			±2.4		±3.2
背から端面までの距離(E, E_1)	キャップ	±3.2		±6.4			±9.5
端部の外周長	すべての管継手	−					±0.5%

備考　レジューサの H 及び径違い T の M 寸法の許容差は，大径側の許容差を適用する。

表 4　管継手の直角度の許容値

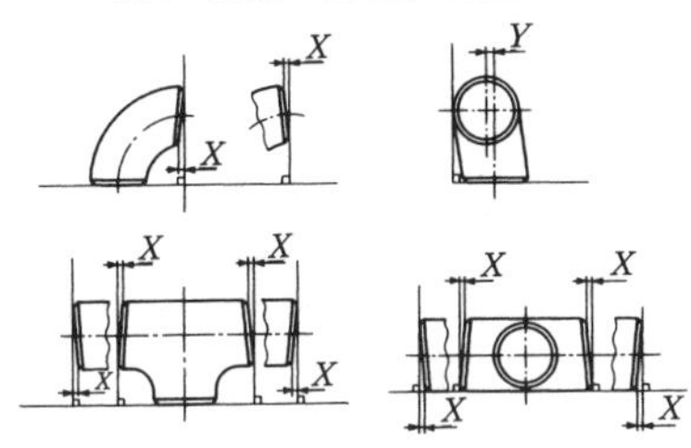

単位 mm

項目	管継手の種類	径の呼び					
		A 15～100	125～200	250～300	350～400	450～600	650
		B ½～4	5～8	10～12	14～16	18～24	26
		許容値					
オフアングル(*X*)	エルボ，レジューサ，T	0.8	1.6	2.4		3.2	4.8
オフプレン(*Y*)	エルボ，T	1.6	3.2	4.8	6.4	9.5	

備考　レジューサ及び径違いTの直角度の許容値は，大径側の許容値を適用する。

図 1　ベベルエンドの形状・寸法

単位 mm

厚さ(t)が 22.4mm 以下の場合

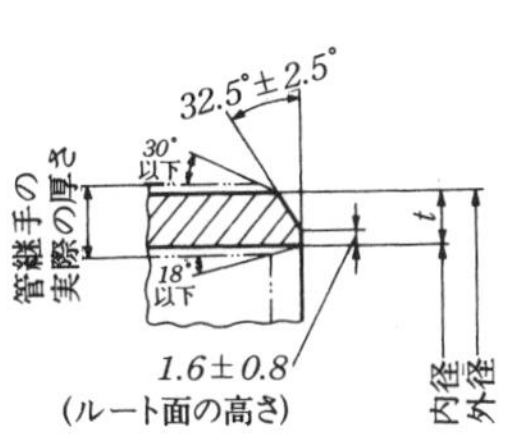

厚さ(t)が 22.4mm を超える場合

B-5 配管用鋼板製突合せ溶接式管継手 JIS B 2313-1997

Steel plate butt-welding pipe fittings

1. **適用範囲** 圧力配管，高温配管，合金鋼配管，ステンレス鋼配管及び低温配管に使用する長手継目を持つ管継手。
2. **種 類** 形状は**表1**，材料は**表2**による。

表1 形状による種類及びその記号

形状による種類			記号
大分類	小分類		
45°エルボ	ロング		45 E(L)
90°エルボ	ロング		90 E(L)
	ショート		90 E(S)
180°エルボ	ロング		180 E(L)
	ショート		180 E(S)
レジューサ	同心	1形	R(C) 1
		2形	R(C) 2
	偏心	1形	R(E) 1
		2形	R(E) 2
T	同径		T(S)
	径違い		T(R)

3. **耐圧性** 対応する鋼管に等しい。
4. **形状・寸法・質量** B-3(JIS B 2311)に同じ。
5. **寸法許容差・許容値** **表3**，**表4**による。
6. **ベベルエンドの形状・寸法** B-4(JIS B 2312)に同じ。
7. **呼び方** B-4(JIS B 2312)に同じ。

表2　材料による種類の記号及び対応する鋼管

区分	材料による種類の記号	対応する鋼管	摘要
炭素鋼	PG370W	JIS G 3454の STPG370	圧力配管用
	PG410W	JIS G 3454の STPG410	
	PT370W	JIS G 3456の STPT370	高温配管用
	PT410W	JIS G 3456の STPT410	
	PT480W	JIS G 3456の STPT480	
	PL380W	JIS G 3460の STPL380	低温配管用
合金鋼	PA12W	JIS G 3458の STPA12	高温配管用
	PA22W	JIS G 3458の STPA22	
	PA23W	JIS G 3458の STPA23	
	PA24W	JIS G 3458の STPA24	
	PA25W	JIS G 3458の STPA25	
	PA26W	JIS G 3458の STPA26	
	PL450W	JIS G 3460の STPL450	低温配管用
	PL690W	JIS G 3460の STPL690	
ステンレス鋼	SUS304W	JIS G 3459の SUS304TP	耐食及び高温配管用 SUS329J1W, SUS329J3LW, SUS329J4LW, SUS405W, SUS409LW, SUS430W, SUS430LXW, SUS430J1LW, SUS436LW及びSUS444Wを除き，低温配管用としても使用できる。
		JIS G 3468の SUS304TPY	
	SUS304LW	JIS G 3459の SUS304LTP	
		JIS G 3468の SUS304LTPY	
	SUS309SW	JIS G 3459の SUS309STP	
		JIS G 3468の SUS309STPY	
	SUS310SW	JIS G 3459の SUS310STP	
		JIS G 3468の SUS310STPY	
	SUS316W	JIS G 3459の SUS316TP	
		JIS G 3468の SUS316TPY	
	SUS316LW	JIS G 3459の SUS316LTP	
		JIS G 3468の SUS316LTPY	
	SUS316TiW	JIS G 3459の SUS316TiTP	

ステンレス鋼	SUS317W	JIS G 3459の SUS317TP
		JIS G 3468の SUS317TPY
	SUS317LW	JIS G 3459の SUS317LTP
		JIS G 3468の SUS317LTPY
	SUS321W	JIS G 3459の SUS321TP
		JIS G 3468の SUS321TPY
	SUS347W	JIS G 3459の SUS347TP
		JIS G 3468の SUS347TPY
	SUS836LW	JIS G 3459の SUS836LTP
	SUS890LW	JIS G 3459の SUS890LTP
	SUS329J1W	JIS G 3459の SUS329J1TP
		JIS G 3468の SUS329J1TPY
	SUS329J3LW	JIS G 3459の SUS329J3LTP
	SUS329J4LW	JIS G 3459の SUS329J4LTP
	SUS405W	JIS G 3459の SUS405TP
	SUS409LW	JIS G 3459の SUS409LTP
	SUS430W	JIS G 3459の SUS430TP
	SUS430LXW	JIS G 3459の SUS430LXTP
	SUS430J1LW	JIS G 3459の SUS430J1LTP
	SUS436LW	JIS G 3459の SUS436LTP
	SUS444W	JIS G 3459の SUS444TP

表3　管継手の寸法許容差及び許容値

単位 mm

<table>
<tr><th rowspan="4">項　目</th><th rowspan="4">管継手の種類</th><th colspan="8">径の呼び</th></tr>
<tr><th>A</th><th>15~65</th><th>80~100</th><th>125~200</th><th>250~450</th><th>500~600</th><th>650~750</th><th>800~1 200</th></tr>
<tr><th>B</th><th>1/2~2 1/2</th><th>3~4</th><th>5~8</th><th>10~18</th><th>20~24</th><th>26~30</th><th>32~48</th></tr>
<tr><th colspan="8">許容差</th></tr>
<tr><td>端部の外径 (1)</td><td rowspan="5">すべての管継手</td><td colspan="2">+1.6
−0.8</td><td>±1.6</td><td>+2.4
−1.6</td><td>+4.0
−3.2</td><td colspan="3">+6.4
−4.8</td></tr>
<tr><td>端面の内径</td><td colspan="2">±0.8</td><td colspan="2">±1.6</td><td>±3.2</td><td colspan="3">±4.8</td></tr>
<tr><td>厚さ</td><td colspan="8">+規定しない
−12.5 %</td></tr>
<tr><td>ベベル角度</td><td colspan="8">図1による。</td></tr>
<tr><td>ルート面の高さ</td><td colspan="8">図1による。</td></tr>
<tr><td>中心から端面までの距離 (H, F)</td><td>45°エルボ,
90°エルボ</td><td colspan="4">±1.6</td><td colspan="2">±2.4</td><td>±3.2</td><td>±4.8</td></tr>
<tr><td>中心から中心までの距離 (P)</td><td rowspan="3">180°エルボ</td><td colspan="4">±6.4</td><td>±9.5</td><td colspan="3">—</td></tr>
<tr><td>背から端面までの距離 (K)</td><td colspan="5">±6.4</td><td colspan="3">—</td></tr>
<tr><td>端面と端面とのずれ (U) (最大)</td><td colspan="4">1.6</td><td>3.2</td><td colspan="3">—</td></tr>
<tr><td>端面から端面までの距離 (H)</td><td>レジューサ</td><td colspan="4">±1.6</td><td colspan="2">±2.4</td><td colspan="2">±4.8</td></tr>
<tr><td>中心から端面までの距離 (C, M)</td><td>T</td><td colspan="4">±1.6</td><td colspan="2">±2.4</td><td>±3.2</td><td>±4.8</td></tr>
<tr><td>端部の外周長 (1)</td><td>すべての管継手</td><td colspan="6">—</td><td colspan="2">±0.5%</td></tr>
</table>

注 (1)　同心2形及び偏心2形レジューサには，適用しない。

備考　レジューサの H 及び径違いTの M 寸法の許容差は，大径側の許容差を適用する。

表 4　管継手の直角度の許容値

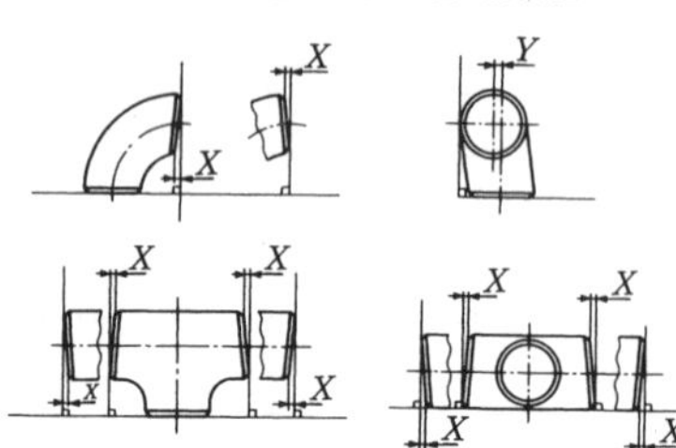

単位 mm

項目	管継手の種類	径の呼び								
		A	15～100	125～200	250～300	350～400	450～600	650～750	800～1 050	1 100～1 200
		B	½～4	5～8	10～12	14～16	18～24	26～30	32～42	44～48
		許容値								
オフアングル(*X*)	エルボ，レジューサ，T		0.8	1.6	2.4		3.2	4.8		
オフプレン(*Y*)	エルボ，T		1.6	3.2	4.8	6.4	9.5		12.7	19.1

備考　レジューサ及び径違いＴの直角度の許容値は，大径側の許容値を適用する。

B- 6　配管用鋼製差込み溶接式管継手　JIS B 2316-1997

Steel socket-welding pipe fittings

1. **適用範囲**　圧力配管，高圧配管，高温配管，合金鋼配管，ステンレス鋼配管及び低温配管に使用する継目無管継手。
2. **種　類**　形状は**表1**，材料は**表2**による。

表1　形状による種類及びその記号

形状による種類		記号
大分類	小分類	
45°エルボ	同径	45E(S)
	径違い	45E(R)
90°エルボ	同径	90E(S)
	径違い	90E(R)
フルカップリング	同径	FC(S)
	径違い	FC(R)
ハーフカップリング	—	HC
ボス	—	B
キャップ	—	C
45°Y	同径	45Y(S)
	径違い	45Y(R)
T	同径	T(S)
	径違い	T(R)
クロス	同径	CROSS(S)
	径違い	CROSS(R)

3. **耐圧性**　対応する鋼管に等しい。
4. **形状・寸法・質量**　**付表1～4**による。
5. **寸法許容差**　**付表5**による。
6. **呼び方**　規格の番号又は名称，形状と材料の種類記号及び大きさの呼び〔径×厚さ〕。

表２　材料による種類の記号及び対応する鋼管

区分	材料による種類の記号	対応する鋼管	摘要
炭素鋼	PS370	JIS G 3454の STPG370 JIS G 3455の STS370	圧力配管用
	PS410	JIS G 3454の STPG410 JIS G 3455の STS410	
	PS480	JIS G 3455の STS480	
	PT370	JIS G 3454の STPG370 JIS G 3456の STPT370	高温配管用
	PT410	JIS G 3454の STPG410 JIS G 3456の STPT410	
	PT480	JIS G 3456の STPT480	
	PL380	JIS G 3460の STPL380	低温配管用
合金鋼	PA12	JIS G 3458の STPA12	高温配管用
	PA22	JIS G 3458の STPA22	
	PA23	JIS G 3458の STPA23	
	PA24	JIS G 3458の STPA24	
	PA25	JIS G 3458の STPA25	
	PA26	JIS G 3458の STPA26	
	PL450	JIS G 3460の STPL450	低温配管用
	PL690	JIS G 3460の STPL690	
ステンレス鋼	SUS304	JIS G 3459の SUS304TP	耐食及び高温配管用 SUS329J1, SUS329J3L, SUS329J4L, SUS405及び SUS430を除き，低温配管用としても使用できる。
	SUS304H	JIS G 3459の SUS304HTP	
	SUS304L	JIS G 3459の SUS304LTP	
	SUS309S	JIS G 3459の SUS309STP	
	SUS310	JIS G 3459の SUS310TP	
	SUS310S	JIS G 3459の SUS310STP	
	SUS316	JIS G 3459の SUS316TP	
	SUS316H	JIS G 3459の SUS316HTP	
	SUS316L	JIS G 3459の SUS316LTP	
	SUS316Ti	JIS G 3459の SUS316TiTP	
	SUS317	JIS G 3459の SUS317TP	
	SUS317L	JIS G 3459の SUS317LTP	
	SUS321	JIS G 3459の SUS321TP	
	SUS321H	JIS G 3459の SUS321HTP	
	SUS347	JIS G 3459の SUS347TP	
	SUS347H	JIS G 3459の SUS347HTP	
	SUS836L	JIS G 3459の SUS836LTP	
	SUS890L	JIS G 3459の SUS890LTP	
	SUS329J1	JIS G 3459の SUS329J1TP	
	SUS329J3L	JIS G 3459の SUS329J3LTP	
	SUS329J4L	JIS G 3459の SUS329J4LTP	
	SUS405	JIS G 3459の SUS405TP	
	SUS430	JIS G 3459の SUS430TP	

付表 1　管継手の差込み部の内径，深さ，穴径及び厚さ

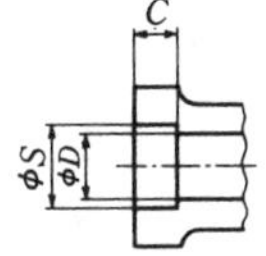

単位 mm

径の呼び		差込み部の内径 S	差込み部の深さ (最小) C	穴径 D 呼び厚さ スケジュール80 1欄	穴径 D 呼び厚さ スケジュール80 2欄[1]	穴径 D 呼び厚さ スケジュール160	厚さ[2] (最小) 呼び厚さ スケジュール80	厚さ[2] (最小) 呼び厚さ スケジュール160
A	B							
6	1/8	11.0	9.6	7.1	5.7	—	2.7	—
8	1/4	14.3	9.6	9.4	7.8	—	3.3	—
10	3/8	17.8	9.6	12.7	10.9	—	3.5	—
15	1/2	22.2	9.6	16.1	14.3	12.3	4.1	5.2
20	3/4	27.7	12.7	21.4	19.4	16.2	4.3	6.1
25	1	34.5	12.7	27.2	25.0	21.2	5.0	7.0
32	1 1/4	43.2	12.7	35.5	32.9	29.9	5.4	7.0
40	1 1/2	49.1	12.7	41.2	38.4	34.4	5.6	7.8
50	2	61.1	15.9	52.7	49.5	43.1	6.1	9.6
65	2 1/2	77.1	15.9	65.9	62.3	57.3	7.7	10.4
80	3	90.0	15.9	78.1	73.9	66.9	8.4	12.2

注(1)　スケジュール80の穴径 2 欄は，対応する鋼管のスケジュール80の内径とし，特に必要がある場合に受渡当事者間の協定によって使用することができる。

(2)　厚さは，管継手の各部の厚さの最小値を示す。

備考　機械加工部の表面粗さは，JIS B 0601に規定する25μmR_a より粗くないものとする。

付表 2　45°エルボ，90°エルボ，T

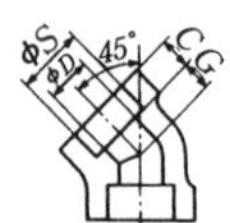

45°エルボ

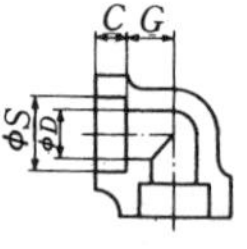

90°エルボ

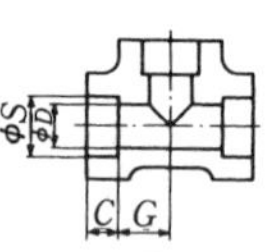

T

径の呼び		45°エルボ				90°エルボ				T			
		Sch 80		Sch 160		Sch 80		Sch 160		Sch 80		Sch 160	
A	B	G (mm)	質量	G (mm)	質量	G (mm)	質量	G (mm)	質量	G (mm)	質量	G (mm)	質量
6	1/8	7.9	—	—	—	11.1	—	—	—	—	—	—	—
8	1/4	7.9	0.05	—	—	11.1	0.08	—	—	11.1	0.10	—	—
10	3/8	7.9	0.10	—	—	13.5	0.14	—	—	13.5	0.19	—	—
15	1/2	11.1	0.22	12.7	0.35	15.9	0.22	19.1	0.45	15.9	0.31	19.1	0.56
20	3/4	12.7	0.30	14.3	0.62	19.1	0.31	22.2	0.72	19.1	0.40	22.2	0.91
25	1	14.3	0.43	17.5	0.99	22.2	0.52	27.0	1.25	22.2	0.65	27.0	1.57
32	1 1/4	17.5	0.69	20.6	1.15	27.0	0.82	31.8	1.52	27.0	0.96	31.8	1.85
40	1 1/2	20.6	0.85	25.4	2.00	31.8	0.92	38.1	2.73	31.8	1.30	38.1	3.33
50	2	25.4	1.36	28.6	2.35	38.1	1.68	41.3	3.17	38.1	2.08	41.3	3.90
65	2 1/2	28.6	2.90	31.8	6.50	41.3	2.60	57.2	8.00	41.3	4.50	57.2	9.00
80	3	31.8	4.80	34.9	7.80	57.2	6.00	63.5	9.50	57.2	7.00	63.5	11.0

備考 1.　C，D，S は付表 1 を参照。

2.　径違い管継手の穴径は，それぞれの寸法 D とし，45°エルボ，90°エルボの穴径は，小径側の寸法 D が使用できる。

3.　質量：単位　kg/個　(三山鋼機㈱カタログ値)

4.　ボスの形状・寸法

付表3　クロス，45°Y

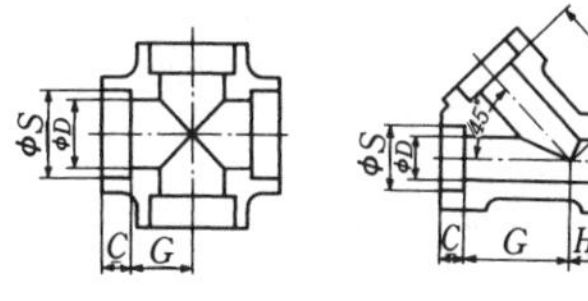

径の呼び		クロス		45° Y			
		G (mm)		G (mm)		H (mm)	
A	B	Sch 80	Sch 160	Sch 80	Sch 160	Sch 80	Sch 160
6	1/8	11.1	—	—	—	—	—
8	1/4	11.1	—	31.8	—	7.9	—
10	3/8	13.5	—	36.5	—	7.9	—
15	1/2	15.9	19.1	41.3	50.8	11.1	12.7
20	3/4	19.1	22.2	50.8	60.3	12.7	14.3
25	1	22.2	27.0	60.3	71.4	14.3	17.5
32	1 1/4	27.0	31.8	71.4	81.0	17.5	20.6
40	1 1/2	31.8	38.1	81.0	98.4	20.6	25.4
50	2	38.1	41.3	98.4	120.0	25.4	28.6
65	2 1/2	41.3	57.2	—	—	—	—
80	3	57.2	63.5	—	—	—	—

付表 4 フルカップリング，ハーフカップリング及びキャップ

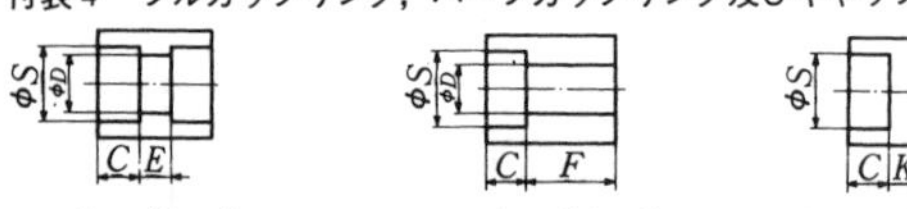

		フルカップリング				ハーフカップリング ボス				キャップ			
		Sch 80		Sch 160		Sch 80		Sch 160		Sch 80		Sch 160	
A	B	E (mm)	質量	E (mm)	質量	F (mm)	質量	F (mm)	質量	K (mm)	質量	K (mm)	質量
6	1/8	6.4	—	6.4	—	15.9	—	15.9	—	5.0	—	—	—
8	1/4	6.4	0.06	6.4	—	15.9	0.07	15.9	—	6.0	0.04	—	—
10	3/8	6.4	0.08	6.4	—	17.5	0.09	17.5	—	6.5	0.06	—	—
15	1/2	9.5	0.13	9.5	0.24	22.2	0.15	22.2	0.26	7.5	0.09	9.0	0.16
20	3/4	9.5	0.18	9.5	0.40	23.8	0.21	23.8	0.43	8.5	0.14	11.0	0.30
25	1	12.7	0.32	12.7	0.65	28.6	0.37	28.6	0.70	10.0	0.24	12.0	0.46
32	1 1/4	12.7	0.44	12.7	0.75	30.2	0.50	30.2	0.84	11.0	0.36	14.0	0.60
40	1 1/2	12.7	0.56	12.7	1.29	31.8	0.64	31.8	1.38	12.0	0.49	15.0	1.01
50	2	19.1	0.92	19.1	1.55	41.3	1.06	41.3	1.81	14.0	0.79	18.0	1.26
65	2 1/2	19.1	1.53	19.1	3.00	42.9	1.75	42.9	3.26	17.0	1.45	21.0	2.54
80	3	19.1	2.12	19.1	4.17	44.5	2.38	44.5	4.54	19.0	2.14	24.0	3.77

備考 1. C，D，S は付表 1 を参照。
2. フルカップリングの径違い管継手は，小径側の寸法 D，大径側の寸法 E を使用する。
3. 質量：単位 kg/個 (三山鋼機㈱カタログ値)
4. ボスの形状・寸法

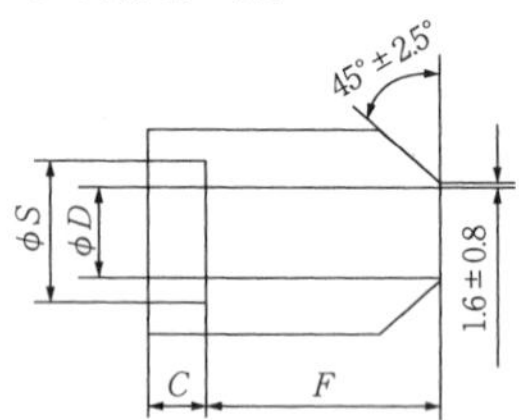

付表 5　管継手の寸法許容差

単位 mm

項目	管継手の種類	径の呼び			
		A 6〜8	10〜20	25〜50	65〜80
		B 1/8〜1/4	3/8〜3/4	1〜2	2 1/2〜3
		許容差			
差込み部の内径(S)	すべての管継手	+0.3 0			+0.4 0
穴径(D)		±0.4			±0.8
差込み部の内径と穴径との偏心		0.8			
差込み部の穴と管継手の穴の軸線との傾き		0.3°以内			
中心から差込み部底面までの距離(G, H)	45°エルボ,90°エルボ,T，クロス，45°Y	±0.8	±1.5	±2.0	±2.5
差込み部底面間の距離(E)	フルカップリング	±1.5	±3.0	±4.0	±5.0
差込み部底面から対面までの距離(F)	ハーフカップリング ボス	±0.8	±1.5	±2.0	±2.5

B-7 配管用アルミニウム及びアルミニウム合金製突合せ溶接式管継手 JIS B 2321-1995

Aluminium and aluminium alloy butt-welding pipe fittings

1. **適用範囲** アルミニウム及びアルミニウム合金管の配管に使用する継目無及び長手継目を持つ管継手。

2. **種　類** **表1，表2**による。

表1 形状による種類及びその記号

形状による種類			記号
大分類	小分類		
45°エルボ	ロング		45 E(L)
90°エルボ	ロング		90 E(L)
	ショート		90 E(S)
レジューサ	同心	1形	R(C)1
		2形	R(C)2
	偏心	1形	R(E)1
		2形	R(E)2
T	同径		T(S)
	径違い		T(R)
キャップ	—		C
スタブエンド	—		SE

表2　用途，製造方法及び材料による種類並びにその記号

管継手に使用する材料の合金番号	材料の種類による記号		
	一般配管用管継手	圧力配管用管継手	
		継目無管継手	溶接管継手
1070	A1070	A1070S-0	A1070W-0
1050	A1050	A1050S-0	A1050W-0
1100	A1100	A1100S-0	A1100W-0
1200	A1200	A1200S-0	A1200W-0
3003	A3003	A3003S-0	A3003W-0
3203	A3203	A3203S-0	A3203W-0
5052	A5052	A5052S-0	A5052W-0
5154	A5154	A5154S-0	A5154W-0
5454	A5454	A5454S-0	A5454W-0
5056	A5056	A5056S-0	—
5083	A5083	A5083S-0	A5083W-0
(参考)6061	A6061	A6061S	A6061W
(参考)6063	A6063	A6063S	—

3. **耐圧性**　次に示す水圧に耐え，漏れがない。

$$P=\frac{2s\eta t}{D}$$

ここに，P：試験圧力(MPa)，t：管継手の厚さ(mm)，D：管継手の外径(mm)，s：引張強さの最小値の1/4(N/mm^2)，η：長手継目の効率(一般配管用は0.7，圧力配管用は1.0)，とする。

ただし，一般配管用管継手は圧力1.0 MPa以下，スタブエンドの呼び圧力5 Kは0.5 MPa，10 Kは1.0 MPa以下である。

4. **形状・寸法**　**付表1～7**による。

5. **寸法許容差・許容値**　**付表8，9**による。

8. **ベベルエンドの形状・寸法**　**図1**による。

9. **呼び方**　規格の番号又は名称，形状，用途，製造方法及び材料による種類記号，大きさの呼び〔径×厚さ〕。

付表 1 管継手の外径，内径及び厚さ

単位 mm

径の呼び		外径	呼び厚さ							
			スケジュール 10S		スケジュール 20S		スケジュール 40		スケジュール 80	
A	B		内径	厚さ	内径	厚さ	内径	厚さ	内径	厚さ
15	1/2	21.7	17.5	2.1	16.7	2.5	16.1	2.8	14.3	3.7
20	3/4	27.2	23.0	2.1	22.2	2.5	21.4	2.9	19.4	3.9
25	1	34.0	28.4	2.8	28.0	3.0	27.2	3.4	25.0	4.5
32	1 1/4	42.7	37.1	2.8	36.7	3.0	35.5	3.6	32.9	4.9
40	1 1/2	48.6	43.0	2.8	42.6	3.0	41.2	3.7	38.4	5.1
50	2	60.5	54.9	2.8	53.5	3.5	52.7	3.9	49.5	5.5
65	2 1/2	76.3	70.3	3.0	69.3	3.5	65.9	5.2	62.3	7.0
80	3	89.1	83.1	3.0	81.1	4.0	78.1	5.5	73.9	7.6
90	3 1/2	101.6	95.6	3.0	93.6	4.0	90.2	5.7	85.4	8.1
100	4	114.3	108.3	3.0	106.3	4.0	102.3	6.0	97.1	8.6
125	5	139.8	133.0	3.4	129.8	5.0	126.6	6.6	120.8	9.5
150	6	165.2	158.4	3.4	155.2	5.0	151.0	7.1	143.2	11.0
200	8	216.3	208.3	4.0	203.3	6.5	199.9	8.2	190.9	12.7
250	10	267.4	259.4	4.0	254.4	6.5	248.8	9.3	237.2	15.1
300	12	318.5	309.5	4.5	305.5	6.5	297.9	10.3	283.7	17.4
350	14	355.6	346.0	5.0	399.8	8.0	333.4	11.1	317.6	19.0
400	16	406.4	396.8	5.0	390.6	8.0	381.0	12.7	363.6	21.4
450	18	457.2	447.6	5.0	441.4	8.0	428.6	14.3	409.6	23.8
500	20	508.0	497.0	5.5	492.2	9.5	477.8	15.1	455.6	26.2
550	22	558.8	547.8	5.5	—	—	—	—	501.6	28.6
600	24	609.6	596.8	6.5	—	—	574.8	17.5	547.6	31.0
750	30	762.0	746.2	7.9	—	—	—	—	—	—
800	32	812.8	—	—	—	—	778.0	17.5	—	—
850	34	863.6	—	—	—	—	828.8	17.5	—	—
900	36	914.4	—	—	—	—	876.4	19.1	—	—

備考 表記以外の厚さを特に必要とするときは，受渡当事者間の協定によって，JIS B 2313，JIS H 4080 及び JIS H 4090 に規定された厚さを使用することができる。

付表 2　管継手の外径と厚さ

単位 mm

径の呼び		外径	呼び厚さ											
A	B		6	7	8	9	10	12	15	20	25	30	35	40
350	14	355.6	○	○	○	○	○	○	○	○				
400	16	406.4	○	○	○	○	○	○	○	○				
450	18	457.2	○	○	○	○	○	○	○	○				
500	20	508.0	○	○	○	○	○	○	○	○				
550	22	558.8	○	○	○	○	○	○	○	○				
600	24	609.6	○	○	○	○	○	○	○	○				
650	26	660.4		○	○	○	○	○	○	○	○			
700	28	711.2		○	○	○	○	○	○	○	○			
750	30	762.0			○	○	○	○	○	○	○	○		
800	32	812.8			○	○	○	○	○	○	○	○		
850	34	863.6				○	○	○	○	○	○	○	○	
900	36	914.4				○	○	○	○	○	○	○	○	
950	38	965.2					○	○	○	○	○	○	○	
1 000	40	1 016.0					○	○	○	○	○	○	○	○
1 050	42	1 066.8					○	○	○	○	○	○	○	○
1 100	44	1 117.6					○	○	○	○	○	○	○	○
1 150	46	1 168.4						○	○	○	○	○	○	○
1 200	48	1 219.2						○	○	○	○	○	○	○

備考　表記以外の厚さを特に必要とするときは，受渡当事者間の協定によって，JIS B 2313，JIS H 4080 及び JIS H 4090 に規定された厚さを使用することができる。

付表 3　45°エルボ，90°エルボ及びキャップの形状・寸法

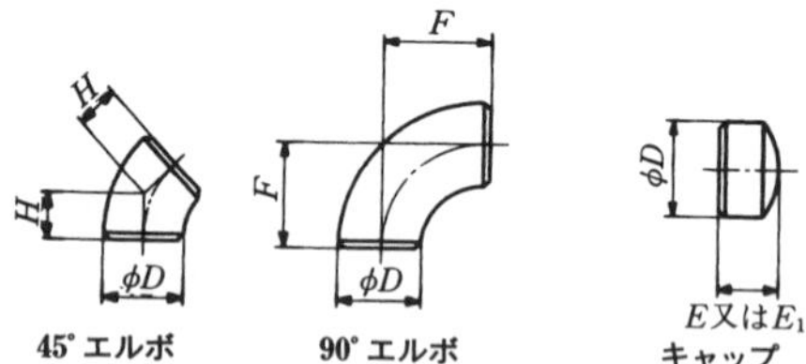

単位 mm

径の呼び		外径 D	中心から端面までの距離 45°エルボ H	中心から端面までの距離 90°エルボ F		背から端面までの距離 キャップ(1)		限界厚さ
A	B		ロング	ロング	ショート	E	E_1	
15	1/2	21.7	15.8	38.1	—	—	—	—
20	3/4	27.2	15.8	38.1	—	—	—	—
25	1	34.0	15.8	38.1	25.4	38.1	—	—
32	1 1/4	42.7	19.7	47.6	31.8	38.1	—	—
40	1 1/2	48.6	23.7	57.2	38.1	38.1	—	—
50	2	60.5	31.6	76.2	50.8	38.1	44.5	5.5
65	2 1/2	76.3	39.5	95.3	63.5	38.1	50.8	7.0
80	3	89.1	47.3	114.3	76.2	50.8	63.5	7.6
90	3 1/2	101.6	55.3	133.4	88.9	63.5	76.2	8.1
100	4	114.3	63.1	152.4	101.6	63.5	76.2	8.6
125	5	139.8	78.9	190.5	127.0	76.2	88.9	9.5
150	6	165.2	94.7	228.6	152.4	88.9	101.6	11.0
200	8	216.3	126.3	304.8	203.2	101.6	127.0	12.7
250	10	267.4	157.8	381.0	254.0	127.0	152.4	12.7
300	12	318.5	189.4	457.2	304.8	152.4	177.8	12.7
350	14	355.6	220.9	533.4	355.6	165.1	190.5	12.7
400	16	406.4	252.5	609.6	406.4	177.8	203.2	12.7
450	18	457.2	284.1	685.8	457.2	203.2	228.6	12.7
500	20	508.0	315.6	762.0	508.0	228.6	254.0	12.7
550	22	558.8	347.2	838.2	558.8	—	—	—
600	24	609.6	378.7	914.4	609.6	—	—	—
650	26	660.4	410.3	990.6	660.4	—	—	—
700	28	711.2	441.9	1 066.8	711.2	—	—	—
750	30	762.0	473.4	1 143.0	762.0	—	—	—
800	32	812.8	505.0	1 219.2	812.8	—	—	—
850	34	863.6	536.6	1 295.4	863.6	—	—	—
900	36	914.4	568.1	1 371.6	914.4	—	—	—
950	38	965.2	599.7	1 447.8	965.2	—	—	—
1 000	40	1016.0	631.2	1 524.0	1 016.0	—	—	—
1 050	42	1 066.8	662.8	1 600.2	1 066.8	—	—	—
1 100	44	1 117.6	694.4	1 676.4	1 117.6	—	—	—
1 150	46	1 168.4	725.9	1 752.6	1 168.4	—	—	—
1 200	48	1 219.2	757.5	1 828.8	1 219.2	—	—	—

注(1)　キャップの背から端面までの距離は，基準寸法の厚さが限界厚さ以下のときは E とし，限界厚さを超えるときは E_1 とする。

備考　キャップの形状は半だ円形とし，内面における長径と短径との比は 2 以下とする。

付表4　レジューサの形状・寸法

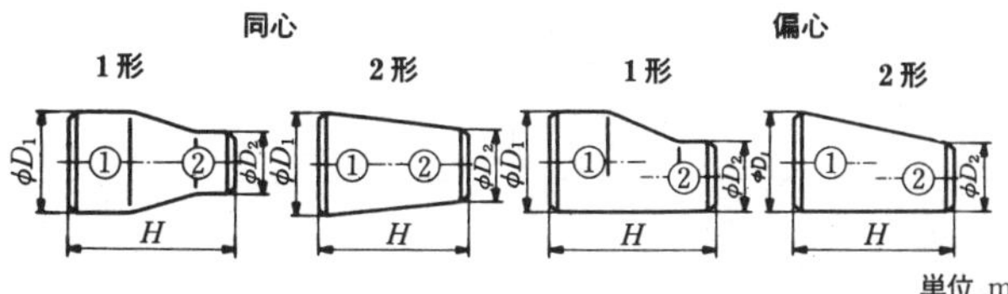

単位 mm

径の呼び ①×②		外径		端面から端面までの距離	径の呼び ①×②		外径		端面から端面までの距離
A	B	D_1	D_2	H	A	B	D_1	D_2	H
20×15	3/4×1/2	27.2	21.7	38.1	100×90	4×3 1/2	114.3	101.6	101.6
25×20	1×3/4	34.0	27.2	50.8	100×80	4×3	114.3	89.1	101.6
25×15	1×1/2	34.0	21.7	50.8	100×65	4×2 1/2	114.3	76.3	101.6
32×25	1 1/4×1	42.7	34.0	50.8	100×50	4×2	114.3	60.5	101.6
32×20	1 1/4×3/4	42.7	27.2	50.8	100×40	4×1 1/2	114.3	48.6	101.6
32×15	1 1/4×1/2	42.7	21.7	50.8	125×100	5×4	139.8	114.3	127.0
40×32	1 1/2×1 1/4	48.6	42.7	63.5	125×90	5×3 1/2	139.8	101.6	127.0
40×25	1 1/2×1	48.6	34.0	63.5	125×80	5×3	139.8	89.1	127.0
40×20	1 1/2×3/4	48.6	27.2	63.5	125×65	5×2 1/2	139.8	76.3	127.0
40×15	1 1/2×1/2	48.6	21.7	63.5	125×50	5×2	139.8	60.5	127.0
50×40	2×1 1/2	60.5	48.6	76.2	150×125	6×5	165.2	139.8	139.7
50×32	2×1 1/4	60.5	42.7	76.2	150×100	6×4	165.2	114.3	139.7
50×25	2×1	60.5	34.0	76.2	150×90	6×3 1/2	165.2	101.6	139.7
50×20	2×3/4	60.5	27.2	76.2	150×80	6×3	165.2	89.1	139.7
65×50	2 1/2×2	76.3	60.5	88.9	150×65	6×2 1/2	165.2	76.3	139.7
65×40	2 1/2×1 1/2	76.3	48.6	88.9	200×150	8×6	216.3	165.2	152.4
65×32	2 1/2×1 1/4	76.3	42.7	88.9	200×125	8×5	216.3	139.8	152.4
65×25	2 1/2×1	76.3	34.0	88.9	200×100	8×4	216.3	114.3	152.4
80×65	3×2 1/2	89.1	76.3	88.9	200×90	8×3 1/2	216.3	101.6	152.4
80×50	3×2	89.1	60.5	88.9	250×200	10×8	267.4	216.3	177.8
80×40	3×1 1/2	89.1	48.6	88.9	250×150	10×6	267.4	165.2	177.8
80×32	3×1 1/4	89.1	42.7	88.9	250×125	10×5	267.4	139.8	177.8
90×80	3 1/2×3	101.6	89.1	101.6	250×100	10×4	267.4	114.3	177.8
90×65	3 1/2×2 1/2	101.6	76.3	101.6	300×250	12×10	318.5	267.4	203.2
90×50	3 1/2×2	101.6	60.5	101.6	300×200	12×8	318.5	216.3	203.2
90×40	3 1/2×1 1/2	101.6	48.6	101.6	300×150	12×6	318.5	165.2	203.2
90×32	3 1/2×1 1/4	101.6	42.7	101.6	300×125	12×5	318.5	139.8	203.2

付表 4 (続き)

単位 mm

径の呼び ①×②		外径		端面から端面までの距離	径の呼び ①×②		外径		端面から端面までの距離
A	B	D_1	D_2	H	A	B	D_1	D_2	H
350×300	14×12	355.6	318.5	330.2	800×750	32×30	812.8	762.0	609.6
350×250	14×10	355.6	267.4	330.2	800×700	32×28	812.8	711.2	609.6
350×200	14×8	355.6	216.3	330.2	800×650	32×26	812.8	660.4	609.6
350×150	14×6	355.6	165.2	330.2	800×600	32×24	812.8	609.6	609.6
400×350	16×14	406.4	355.6	355.6	850×800	34×32	863.6	812.8	609.6
400×300	16×12	406.4	318.5	355.6	850×750	34×30	863.6	762.0	609.6
400×250	16×10	406.4	267.4	355.6	850×700	34×28	863.6	711.2	609.6
400×200	16×8	406.4	216.3	355.6	850×650	34×26	863.6	660.4	609.6
450×400	18×16	457.2	406.4	381.0	900×850	36×34	914.4	863.6	609.6
450×350	18×14	457.2	355.6	381.0	900×800	36×32	914.4	812.8	609.6
450×300	18×12	457.2	318.5	381.0	900×750	36×30	914.4	762.0	609.6
450×250	18×10	457.2	267.4	381.0	900×700	36×28	914.4	711.2	609.6
500×450	20×18	508.0	457.2	508.0	950×900	38×36	965.2	914.4	609.6
500×400	20×16	508.0	406.4	508.0	950×850	38×34	965.2	863.6	609.6
500×350	20×14	508.0	355.6	508.0	950×800	38×32	965.2	812.8	609.6
500×300	20×12	508.0	318.5	508.0	950×750	38×30	965.2	762.0	609.6
550×500	22×20	558.8	508.0	508.0	1 000×950	40×38	1 016.0	965.2	609.6
550×450	22×18	558.8	457.2	508.0	1 000×900	40×36	1 016.0	914.4	609.6
550×400	22×16	558.8	406.4	508.0	1 000×850	40×34	1 016.0	863.6	609.6
550×350	22×14	558.8	355.6	508.0	1 000×800	40×32	1 016.0	812.8	609.6
600×550	24×22	609.6	558.8	508.0	1 050×1 000	42×40	1 066.8	1 016.0	609.6
600×500	24×20	609.6	508.0	508.0	1 050×950	42×38	1 066.8	965.2	609.6
600×450	24×18	609.6	457.2	508.0	1 050×900	42×36	1 066.8	914.4	609.6
600×400	24×16	609.6	406.4	508.0	1 050×850	42×34	1 066.8	863.6	609.6
650×600	26×24	660.4	609.6	609.6	1 100×1 050	44×42	1 117.6	1 066.8	609.6
650×550	26×22	660.4	558.8	609.6	1 100×1 000	44×40	1 117.6	1 016.0	609.6
650×500	26×20	660.4	508.0	609.6	1 100×950	44×38	1 117.6	965.2	609.6
650×450	26×18	660.4	457.2	609.6	1 100×900	44×36	1 117.6	914.4	609.6
700×650	28×26	711.2	660.4	609.6	1 150×1 100	46×44	1 168.4	1 117.6	711.2
700×600	28×24	711.2	609.6	609.6	1 150×1 050	46×42	1 168.4	1 066.8	711.2
700×550	28×22	711.2	558.8	609.6	1 150×1 000	46×40	1 168.4	1 016.0	711.2
700×500	28×20	711.2	508.0	609.6	1 150×950	46×38	1 168.4	965.2	711.2
750×700	30×28	762.0	711.2	609.6	1 200×1 150	48×46	1 219.2	1 168.4	711.2
750×650	30×26	762.0	660.4	609.6	1 200×1 100	48×44	1 219.2	1 117.6	711.2
750×600	30×24	762.0	609.6	609.6	1 200×1 050	48×42	1 219.2	1 066.8	711.2
750×550	30×22	762.0	558.8	609.6	1 200×1 000	48×40	1 219.2	1 016.0	711.2

付表 5 同径 T の形状・寸法

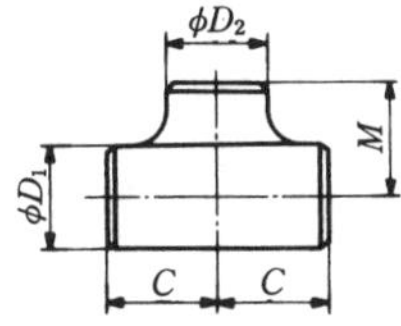

単位 mm

径の呼び		外径		中心から端面までの距離	
A	B	D_1	D_2	C	M
15	$^1/_2$	21.7	21.7	25.4	25.4
20	$^3/_4$	27.2	27.2	28.6	28.6
25	1	34.0	34.0	38.1	38.1
32	$1^1/_4$	42.7	42.7	47.6	47.6
40	$1^1/_2$	48.6	48.6	57.2	57.2
50	2	60.5	60.5	63.5	63.5
65	$2^1/_2$	76.3	76.3	76.2	76.2
80	3	89.1	89.1	85.7	85.7
90	$3^1/_2$	101.6	101.6	95.3	95.3
100	4	114.3	114.3	104.8	104.8
125	5	139.8	139.8	123.8	123.8
150	6	165.2	165.2	142.9	142.9
200	8	216.3	216.3	177.8	177.8
250	10	267.4	267.4	215.9	215.9
300	12	318.5	318.5	254.0	254.0
350	14	355.6	355.6	279.4	279.4
400	16	406.4	406.4	304.8	304.8
450	18	457.2	457.2	342.9	342.9
500	20	508.0	508.0	381.0	381.0
550	22	558.8	558.8	419.1	419.1
600	24	609.6	609.6	431.8	431.8
650	26	660.4	660.4	495.3	495.3
700	28	711.2	711.2	520.7	520.7
750	30	762.0	762.0	558.8	558.8
800	32	812.8	812.8	596.9	596.9
850	34	863.6	863.6	635.0	635.0
900	36	914.4	914.4	673.1	673.1
950	38	965.2	965.2	711.2	711.2
1 000	40	1 016.0	1 016.0	749.3	749.3
1 050	42	1 066.8	1 066.8	762.0	711.2
1 100	44	1 117.6	1 117.6	812.8	762.0
1 150	46	1 168.4	1 168.4	850.9	800.1
1 200	48	1 219.2	1 219.2	889.0	838.2

備考 径の呼びが 350 A (14 B) 以上の寸法 M は，受渡当事者間の協定によってこれ以下の寸法にしてもよい。

付表6　径違いTの形状・寸法

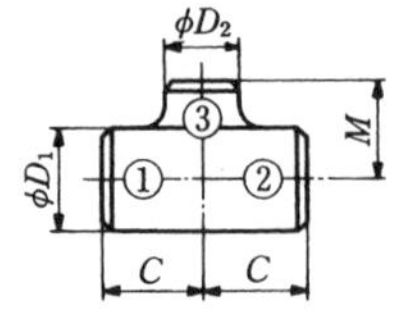

単位 mm

径の呼び ①×②×③		外径		中心から端面までの距離	
A	B	D_1	D_2	C	M
20×20×15	3/4×3/4×1/2	27.2	21.7	28.6	28.6
25×25×20	1×1×3/4	34.0	27.2	38.1	38.1
25×25×15	1×1×1/2	34.0	21.7	38.1	38.1
32×32×25	1 1/4×1 1/4×1	42.7	34.0	47.6	47.6
32×32×20	1 1/4×1 1/4×1/2	42.7	27.2	47.6	47.6
32×32×15	1 1/4×1 1/4×1/2	42.7	21.7	47.6	47.6
40×40×32	1 1/2×1 1/2×1 1/4	48.6	42.7	57.2	57.2
40×40×25	1 1/2×1 1/2×1	48.6	34.0	57.2	57.2
40×40×20	1 1/2×1 1/2×3/4	48.6	27.2	57.2	57.2
40×40×15	1 1/2×1 1/2×1/2	48.6	21.7	57.2	57.2
50×50×40	2×2×1 1/2	60.5	48.6	63.5	60.3
50×50×32	2×2×1 1/4	60.5	42.7	63.5	57.2
50×50×25	2×2×1	60.5	34.0	63.5	50.8
50×50×20	2×2×3/4	60.5	27.2	63.5	44.5
65×65×50	2 1/2×2 1/2×2	76.3	60.5	76.2	69.9
65×65×40	2 1/2×2 1/2×1 1/2	76.3	48.6	76.2	66.7
65×65×32	2 1/2×2 1/2×1 1/4	76.3	42.7	76.2	63.5
65×65×25	2 1/2×2 1/2×1	76.3	34.0	76.2	57.2
80×80×65	3×3×2 1/2	89.1	76.3	85.7	82.6
80×80×50	3×3×2	89.1	60.5	85.7	76.2

付表 6　（続き）

単位 mm

径の呼び ①×②×③		外径		中心から端面までの距離	
A	B	D_1	D_2	C	M
80×80×40	3×3×1½	89.1	48.6	85.7	73.0
80×80×32	3×3×1¼	89.1	42.7	85.7	69.9
90×90×80	3½×3½×3	101.6	89.1	95.3	92.1
90×90×65	3½×3½×2½	101.6	76.3	95.3	88.9
90×90×50	3½×3½×2	101.6	60.5	95.3	82.6
90×90×40	3½×3½×1½	101.6	48.6	95.3	79.4
100×100× 90	4×4×3½	114.3	101.6	104.8	101.6
100×100× 80	4×4×3	114.3	89.1	104.8	98.4
100×100× 65	4×4×2½	114.3	76.3	104.8	95.3
100×100× 50	4×4×2	114.3	60.5	104.8	88.9
100×100× 40	4×4×1½	114.3	48.6	104.8	85.7
125×125×100	5×5×4	139.8	114.3	123.8	117.5
125×125× 90	5×5×3½	139.8	101.6	123.8	114.3
125×125× 80	5×5×3	139.8	89.1	123.8	111.1
125×125× 65	5×5×2½	139.8	76.3	123.8	108.0
125×125× 50	5×5×2	139.8	60.5	123.8	104.8
150×150×125	6×6×5	165.2	139.8	142.9	136.5
150×150×100	6×6×4	165.2	114.3	142.9	130.2
150×150× 90	6×6×3½	165.2	101.6	142.9	127.0
150×150× 80	6×6×3	165.2	89.1	142.9	123.8
150×150× 65	6×6×2½	165.2	76.3	142.9	120.7
200×200×150	8×8×6	216.3	165.2	177.8	168.3
200×200×125	8×8×5	216.3	139.8	177.8	161.9
200×200×100	8×8×4	216.3	114.3	177.8	155.6
200×200× 90	8×8×3½	216.3	101.6	177.8	152.4
250×250×200	10×10×8	267.4	216.3	215.9	203.2
250×250×150	10×10×6	267.4	165.2	215.9	193.7
250×250×125	10×10×5	267.4	139.8	215.9	190.5
250×250×100	10×10×4	267.4	114.3	215.9	184.2
300×300×250	12×12×10	318.5	267.4	254.0	241.3
300×300×200	12×12×8	318.5	216.3	254.0	228.6
300×300×150	12×12×6	318.5	165.2	254.0	219.1
300×300×125	12×12×5	318.5	139.8	254.0	215.9
350×350×300	14×14×12	355.6	318.5	279.4	269.9
350×350×250	14×14×10	355.6	267.4	279.4	257.2
350×350×200	14×14×8	355.6	216.3	279.4	247.7

付表 6 （続き）

単位 mm

径の呼び ①×②×③		外径		中心から端面までの距離	
A	B	D_1	D_2	C	M
350×350×150	14×14×6	355.6	165.2	279.4	238.1
400×400×350	16×16×14	406.4	355.6	304.8	304.8
400×400×300	16×16×12	406.4	318.5	304.8	295.3
400×400×250	16×16×10	406.4	267.4	304.8	282.6
400×400×200	16×16×8	406.4	216.3	304.8	273.1
400×400×150	16×16×6	406.4	165.2	304.8	263.5
450×450×400	18×18×16	457.2	406.4	342.9	330.2
450×450×350	18×18×14	457.2	355.6	342.9	330.2
450×450×300	18×18×12	457.2	318.5	342.9	320.7
450×450×250	18×18×10	457.2	267.4	342.9	308.0
450×450×200	18×18×8	457.2	216.3	342.9	298.5
500×500×450	20×20×18	508.0	457.2	381.0	368.3
500×500×400	20×20×16	508.0	406.4	381.0	355.6
500×500×350	20×20×14	508.0	355.6	381.0	355.6
500×500×300	20×20×12	508.0	318.5	381.0	346.1
500×500×250	20×20×10	508.0	267.4	381.0	333.4
500×500×200	20×20×8	508.0	216.3	381.0	323.9
550×550×500	22×22×20	558.8	508.0	419.1	406.4
550×550×450	22×22×18	558.8	457.2	419.1	393.7
550×550×400	22×22×16	558.8	406.4	419.1	381.0
600×600×550	24×24×22	609.6	558.8	431.8	431.8
600×600×500	24×24×20	609.6	508.0	431.8	431.8
600×600×450	24×24×18	609.6	457.2	431.8	419.1
650×650×600	26×26×24	660.4	609.6	495.3	482.6
650×650×550	26×26×22	660.4	558.8	495.3	469.9
650×650×500	26×26×20	660.4	508.0	495.3	457.2
700×700×650	28×28×26	711.2	660.4	520.7	520.7
700×700×600	28×28×24	711.2	609.6	520.7	508.0
700×700×550	28×28×22	711.2	558.8	520.7	495.3
750×750×700	30×30×28	762.0	711.2	558.8	546.1
750×750×650	30×30×26	762.0	660.4	558.8	546.1
750×750×600	30×30×24	762.0	609.6	558.8	533.4
800×800×750	32×32×30	812.8	762.0	596.9	584.2
800×800×700	32×32×28	812.8	711.2	596.9	571.5
800×800×650	32×32×26	812.8	660.4	596.9	571.5
850×850×800	34×34×32	863.6	812.8	635.0	622.3

付表 6　（続き）

単位 mm

径の呼び ①×②×③		外径		中心から端面までの距離	
A	B	D_1	D_2	C	M
850×850×750	34×34×30	863.6	762.0	635.0	609.6
850×850×700	34×34×28	863.6	711.2	635.0	596.9
900×900×850	36×36×34	914.4	863.6	673.1	660.4
900×900×800	36×36×32	914.4	812.8	673.1	647.7
900×900×750	36×36×30	914.4	762.0	673.1	635.0
950×950×900	38×38×36	965.2	914.4	711.2	711.2
950×950×850	38×38×34	965.2	863.6	711.2	698.5
950×950×800	38×38×32	965.2	812.8	711.2	685.8
1 000×1 000× 950	40×40×38	1 016.0	965.2	749.3	749.3
1 000×1 000× 900	40×40×36	1 016.0	914.4	749.3	736.6
1 000×1 000× 850	40×40×34	1 016.0	863.6	749.3	723.9
1 050×1 050×1 000	42×42×40	1 066.8	1 016.0	762.0	711.2
1 050×1 050× 950	42×42×38	1 066.8	965.2	762.0	711.2
1 050×1 050× 900	42×42×36	1 066.8	914.4	762.0	711.2
1 100×1 100×1 050	44×44×42	1 117.6	1 066.8	812.8	762.0
1 100×1 100×1 000	44×44×40	1 117.6	1 016.0	812.8	749.3
1 100×1 100× 950	44×44×38	1 117.6	965.2	812.8	736.6
1 150×1 150×1 100	46×46×44	1 168.4	1 117.6	850.9	800.1
1 150×1 150×1 050	46×46×42	1 168.4	1 066.8	850.9	787.4
1 150×1 150×1 000	46×46×40	1 168.4	1 016.0	850.9	774.7
1 200×1 200×1 150	48×48×46	1 219.2	1 168.4	889.0	838.2
1 200×1 200×1 100	48×48×44	1 219.2	1 117.6	889.0	838.2
1 200×1 200×1 050	48×48×42	1 219.2	1 066.8	889.0	812.8

付表7　スタブエンドの形状・寸法

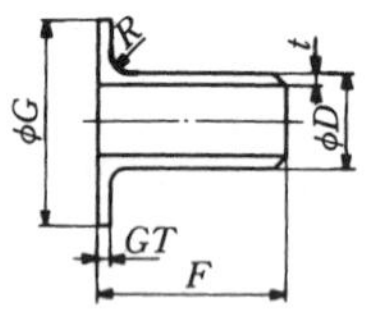

単位 mm

径の呼び A	径の呼び B	外径 D	端面から端面までの距離 F	つば径 G 呼び圧力 5 K	つば径 G 呼び圧力 10 K	コーナー R 最大	コーナー R 最小
15	1/2	21.7	30.0	44.0	51.0	3.0	1.5
20	3/4	27.2	30.0	49.0	56.0	3.0	1.5
25	1	34.0	50.0	59.0	67.0	3.0	1.5
32	1 1/4	42.7	50.0	70.0	76.0	4.0	2.0
40	1 1/2	48.6	50.0	75.0	81.0	4.0	2.0
50	2	60.5	50.0	85.0	96.0	4.0	2.0
65	2 1/2	76.3	50.0	110.0	116.0	5.0	2.5
80	3	89.1	50.0	121.0	126.0	5.0	2.5
90	3 1/2	101.6	50.0	131.0	136.0	5.0	2.5
100	4	114.3	50.0	141.0	151.0	5.0	2.5
125	5	139.8	50.0	176.0	182.0	6.0	3.0
150	6	165.2	50.0	206.0	212.0	6.0	3.0
200	8	216.3	65.0	252.0	262.0	6.0	3.0
250	10	267.4	65.0	317.0	324.0	6.0	3.0
300	12	318.5	65.0	360.0	368.0	9.0	3.0
350	14	355.6	150.0	403.0	413.0	9.0	3.0
400	16	406.4	150.0	463.0	475.0	9.0	3.0
450	18	457.2	150.0	523.0	530.0	9.0	3.0
500	20	580.0	150.0	573.0	585.0	9.0	3.0
550	22	558.8	150.0	630.0	640.0	9.0	3.0
600	24	609.6	150.0	680.0	690.0	9.0	3.0

備考1.　つばの厚さ(*GT*)は，付表1及び付表2の呼び厚さ(*t*)と同じ寸法とする。

2.　径の呼び350 A(14 B)以上のものについて，寸法 *F* は受渡当事者間の協定によって，これ以下の寸法としてもよい。

3.　ガスケット座の表面粗さは，JIS B 0031に規定する6.3aより粗くないものとする。

付表 8　管継手の寸法許容差

単位 mm

<table>
<tr><th rowspan="3">管継手の種類</th><th rowspan="3">項目</th><th colspan="8">許容差</th></tr>
<tr><th>径の呼び A</th><th>15~65</th><th>80~100</th><th>125~200</th><th>250~450</th><th>500~600</th><th>650~750</th><th>800~1200</th></tr>
<tr><th>B</th><th>$\frac{1}{2}$~$2\frac{1}{2}$</th><th>3~4</th><th>5~8</th><th>10~18</th><th>20~24</th><th>26~30</th><th>32~48</th></tr>
<tr><td rowspan="5">すべての管継手</td><td>端部の外径[1] [2]</td><td colspan="2">+1.6
−0.8</td><td>±1.6</td><td>+2.4
−1.6</td><td>+4.0
−3.2</td><td colspan="3">+6.4
−4.8</td></tr>
<tr><td>端面の内径</td><td colspan="2">±0.8</td><td colspan="2">±1.6</td><td>±3.2</td><td colspan="3">±4.8</td></tr>
<tr><td>厚さ</td><td colspan="8">+規定しない
−12.5 %</td></tr>
<tr><td>ベベル角度</td><td colspan="8">図 1 参照</td></tr>
<tr><td>ルート面の高さ</td><td colspan="8">図 1 参照</td></tr>
<tr><td>45°エルボ
90°エルボ</td><td>中心から端面までの距離(H, F)</td><td colspan="4">±1.6</td><td colspan="2">±2.4</td><td>±3.2</td><td>±4.8</td></tr>
<tr><td>レジューサ
スタブエンド</td><td>端面から端面までの距離(H), (F)</td><td colspan="4">±1.6</td><td colspan="2">±2.4</td><td colspan="2">±4.8</td></tr>
<tr><td>T</td><td>中心から端面までの距離(C, M)</td><td colspan="4">±1.6</td><td colspan="2">±2.4</td><td colspan="2">±4.8</td></tr>
<tr><td>キャップ</td><td>背から端面までの距離(E, E_1)</td><td colspan="4">±3.2</td><td colspan="2">±6.4</td><td colspan="2">−</td></tr>
<tr><td>すべての管継手</td><td>端部の外周長[1]</td><td colspan="6">−</td><td colspan="2">±0.5 %</td></tr>
<tr><td rowspan="3">スタブエンド</td><td>外径(D)</td><td colspan="2">+1.6
−0.8</td><td>±1.6</td><td>+2.4
−1.6</td><td>+4.0
−3.2</td><td>+6.4
−4.8</td><td colspan="2">−</td></tr>
<tr><td>つば径(G)</td><td colspan="4">0
−0.8</td><td colspan="2">0
−1.6</td><td colspan="2">−</td></tr>
<tr><td>つばの厚さ(GT)</td><td colspan="6">+1.6
0</td><td colspan="2">−</td></tr>
</table>

注[1]　付表 4 の同心 2 形レジューサ及び偏心 2 形レジューサには，適用しない。

[2]　スタブエンドには適用しない。

備考　レジューサ及び径違い T の H 及び M 寸法の許容差は，大径側の許容差を適用する。

付表 9　管継手の軸心に対する直角度の許容値

単位 mm

管継手の種類	項目 ＼ 径の呼び		許容値						
		A	15~100	125~200	250~300	350~400	450~600	650~750	800~1200
		B	½~4	5~8	10~12	14~16	18~24	26~30	32~48
エルボ，レジューサ，T	オフアングル(X)		0.8	1.6	2.4		3.2	4.8	
エルボ，T	オフプレン(Y)		1.6	3.2	4.8	6.4	9.5		12.7

備考　レジューサ及び径違いTの直角度の許容差は，大径側の許容差を適用する。

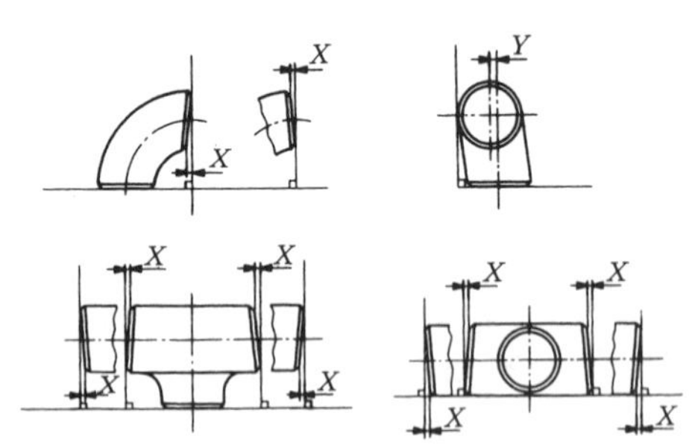

図 1　ベベルエンドの形状・寸法

単位 mm

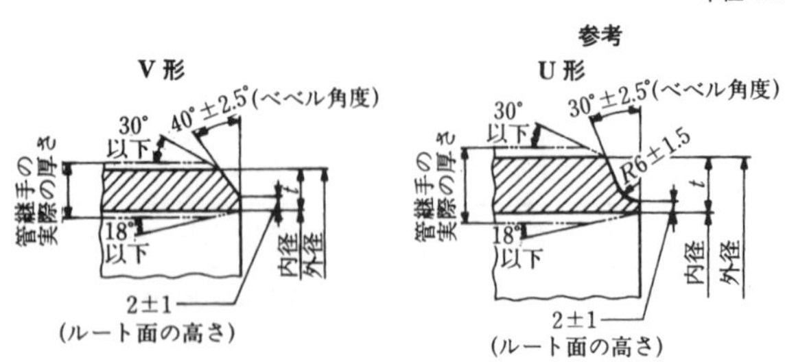

B-8　排水用硬質ポリ塩化ビニル管継手　JIS K 6739-2004

Unplasticized poly (vinyl chloride) (PVC-U) pipe fittings for drain

1. **適用範囲**　硬質ポリ塩化ビニル管(JIS K 6741)のVPを接着接合する継手。
2. **種類・略号**　**表1**による。

種類及び記号

種類	記号
排水用硬質ポリ塩化ビニル管継手	DV

表1　形状による略号

形状	略号
90°エルボ	DL
90°大曲がりエルボ	LL
径違い90°大曲がりエルボ	
45°エルボ	45L
90°Y	DT
径違い90°Y	
90°大曲がりY	LT
径違い90°大曲がりY	
90°大曲がり両Y	WLT
径違い90°大曲がり両Y	
45°Y	Y
径違い45°Y	
ソケット	DS
インクリーザ	IN

3. **形状・寸法・許容差** **付図 1 ～14，表 2** とする。

4. **継手の色** 灰色とする。

5. **表 示** 呼び径，種類の略号。

表 2 接合部寸法及び許容差

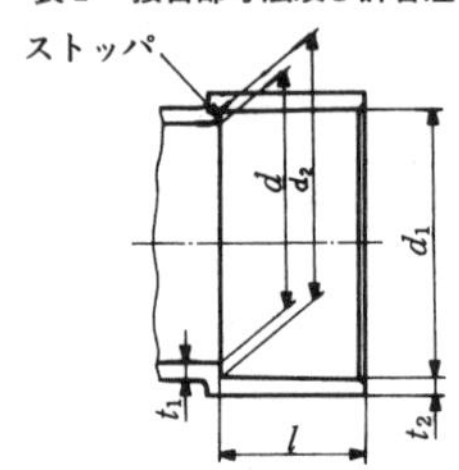

記号 / 呼び径	d_1		d_2		l		d		t_1	t_2
	基準寸法	許容差	基準寸法	許容差	基準寸法	許容差	基準寸法	許容差	最小寸法	最小寸法
30	38.25	±0.25	37.85	±0.25	18	±1	31.0	±0.8	2.7	2.5
40	48.30	±0.30	47.80	±0.30	22	±1	40.0	±0.9	2.7	2.5
50	60.35	±0.30	59.75	±0.30	25	±1	51.0	±0.9	3.1	3.0
65	76.40	±0.30	75.70	±0.30	35	±1	67.0	±0.9	3.1	3.0
75	89.45	±0.30	88.65	±0.30	40	±2	77.2	±0.9	3.6	3.4
100	114.55	±0.35	113.55	±0.35	50	±2	98.8	±1.0	4.5	4.3
125	140.70	±0.40	139.40	±0.40	65	±2	125.0	±1.2	5.4	4.7
150	165.85	±0.45	164.25	±0.45	80	±2	145.8	±1.3	6.3	5.6

備考 付図 1～14 の接合部寸法及びその許容差は，**表 2** による。

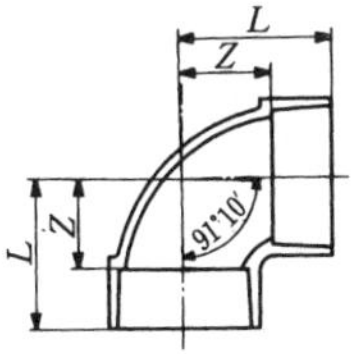

単位 mm

呼び径	Z	L
30	22	40
40	27	49
50	33	58
65	42	77
75	48	88
100	62	112
125	75	140
150	88	168

備考1.　Zの許容差は，±2 mmとする。

2.　流れ角度91°10′の許容差は，±30′とする。

3.　Lは，基準寸法を示す。

付図1　90° エルボ(DL)

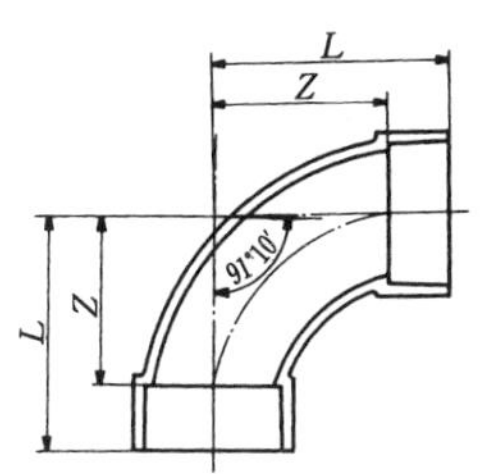

単位 mm

呼び径	Z	L
30	37	55
40	52	74
50	66	91
65	90	125
75	100	140
100	128	178
125	140	205
150	170	250

備考1.　Zの許容差は，±2 mmとする。

2.　流れ角度91°10′の許容差は，±30′とする。

3.　Lは，基準寸法を示す。

付図2　90° 大曲がりエルボ(LL)

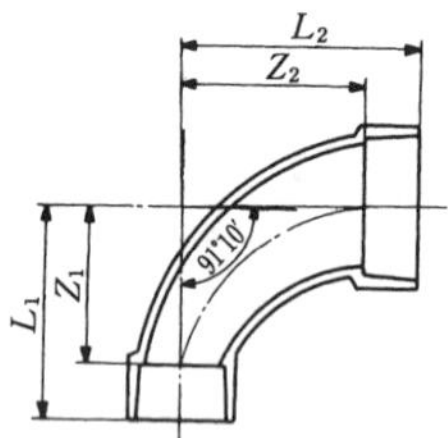

単位 mm

呼び径	Z_1	Z_2	L_1	L_2
75×50	100	101	125	141
100×65	128	128	163	178
100×75	128	128	168	178

備考 1. Z_1 及び Z_2 の許容差は，±2 mm とする。

2. 流れ角度 90°10′ の許容差は，±30′ とする。

3. L_1 及び L_2 は，基準寸法を示す。

付図 3　径違い 90° 大曲がりエルボ(LL)

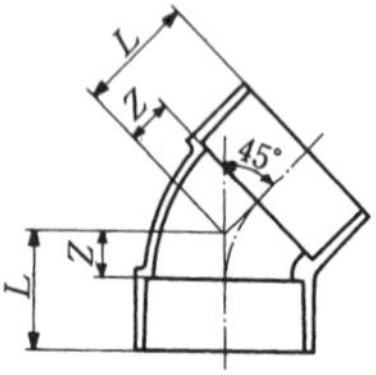

単位 mm

呼び径	Z	L
30	12	30
40	14	36
50	18	43
65	22	57
75	25	65
100	30	80
125	38	103
150	44	124

備考 1. Z の許容差は，±2 mm とする。

2. L は，基準寸法を示す。

付図 4　45° エルボ(45L)

単位 mm

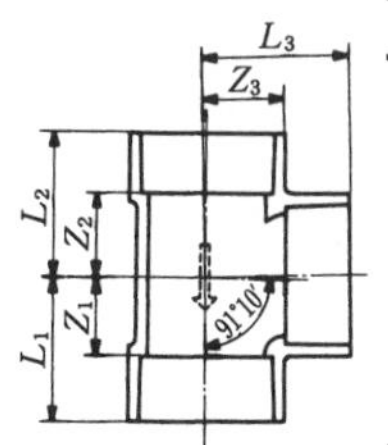

呼び径	Z_1	Z_2	Z_3	L_1	L_2	L_3
30	22	22	22	40	40	40
40	27	27	27	49	49	49
50	34	34	34	59	59	59
65	42	43	42	77	78	77
75	48	49	48	88	89	88
100	62	63	62	112	113	112
125	75	76	75	140	141	140
150	89	90	89	169	170	169

備考 1.　Z_1, Z_2 及び Z_3 の許容差は, ±2 mm とする。
2.　流れ角度 90°10′ の許容差は, ±30′ とする。
3.　L_1, L_2 及び L_3 は, 基準寸法を示す。
4.　流れ方向を示す矢印を, 図のように外側に浮き出しにする。

付図 5　90° Y (DT)

単位 mm

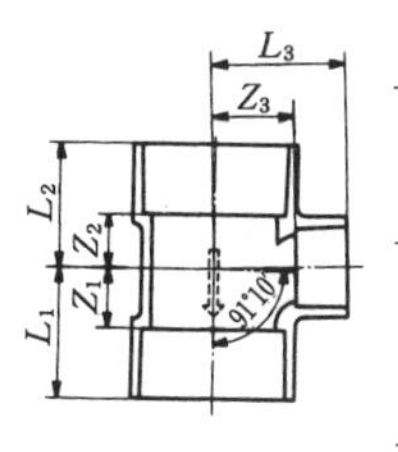

呼び径	Z_1	Z_2	Z_3	L_1	L_2	L_3
40×30	22	22	27	44	44	45
50×30	22	22	33	47	47	51
50×40	27	27	33	52	52	55
65×30	22	23	42	57	58	60
65×40	27	28	42	62	63	64
65×50	34	35	42	69	70	67
75×30	22	23	48	62	63	66
75×40	27	28	48	67	68	70
75×50	34	35	48	74	75	73
75×65	42	43	48	82	83	83
100×30	22	23	62	72	73	80
100×40	27	28	62	77	78	84
100×50	34	35	62	84	85	87
100×65	42	43	62	92	93	97
100×75	48	49	62	98	99	102

備考 1.　Z_1, Z_2 及び Z_3 の許容差は, ±2 mm とする。
2.　流れ角度 90°10′ の許容差は, ±30′ とする。
3.　L_1, L_2 及び L_3 は, 基準寸法を示す。
4.　流れ方向を示す矢印を, 図のように外側に浮き出しにする。

付図 6　径違い 90° Y (DT)

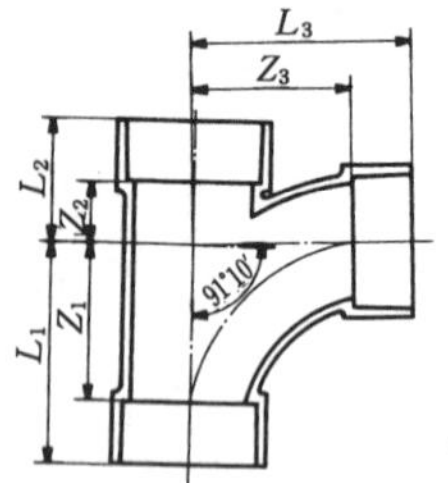

単位 mm

呼び径	Z_1	Z_2	Z_3	L_1	L_2	L_3
30	37	20	37	55	38	55
40	52	23	52	74	45	74
50	66	26	66	91	51	91
65	90	33	90	125	68	125
75	100	30	100	140	70	140
100	128	45	128	178	95	178
125	140	50	140	205	115	205
150	170	65	170	250	145	250

備考 1.　Z_1，Z_2 及び Z_3 の許容差は，±2 mm とする。
2.　流れ角度 90°10′ の許容差は，±30′ とする。
3.　L_1，L_2 及び L_3 は，基準寸法を示す。

付図 7　90° 大曲がり Y(LT)

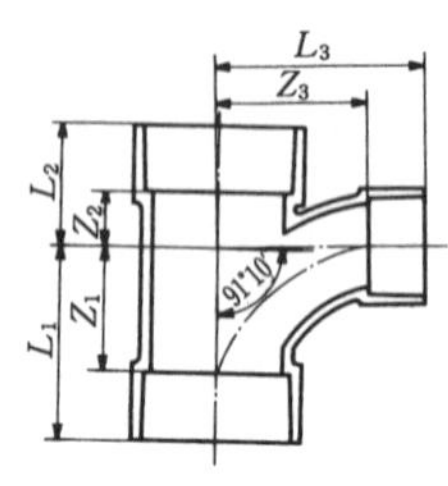

単位 mm

呼び径	Z_1	Z_2	Z_3	L_1	L_2	L_3
40× 30	37	20	42	59	42	60
50× 30	37	21	47	62	46	65
50× 40	52	23	57	77	48	79
65× 40	52	24	66	87	59	88
65× 50	66	27	74	101	62	99
75× 40	52	25	71	92	65	93
75× 50	66	29	79	106	69	104
75× 65	90	32	95	130	72	130
100× 40	52	28	82	102	78	104
100× 50	66	32	90	116	82	115
100× 65	90	36	107	140	86	142
100× 75	100	33	110	150	83	150
125× 50	66	33	103	131	98	128
125× 65	90	38	120	155	103	155
125× 75	100	42	124	165	107	164
125×100	128	52	140	193	117	190
150× 65	90	42	130	170	122	165
150× 75	100	45	135	180	125	175
150×100	128	53	152	208	133	202
150×125	140	60	152	220	140	217

備考 1.　Z_1，Z_2 及び Z_3 の許容差は，±2 mm とする。
2.　流れ角度 90°10′ の許容差は，±30′ とする。
3.　L_1，L_2 及び L_3 は，基準寸法を示す。

付図 8　径違い 90° 大曲がり Y(LT)

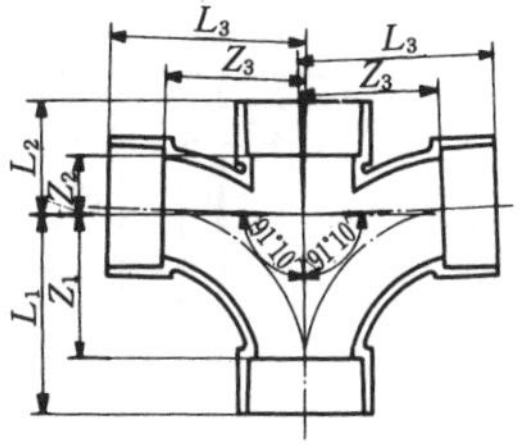

単位 mm

呼び径	Z_1	Z_2	Z_3	L_1	L_2	L_3
65	90	33	90	125	68	125
75	100	38	100	140	78	140
100	128	45	128	178	95	178

備考 1.　Z_1, Z_2 及び Z_3 の許容差は, ±2 mm とする。

2.　流れ角度 90°10′ の許容差は, ±30′ とする。

3.　L_1, L_2 及び L_3 は, 基準寸法を示す。

付図 9　90° 大曲がり両 Y(WLT)

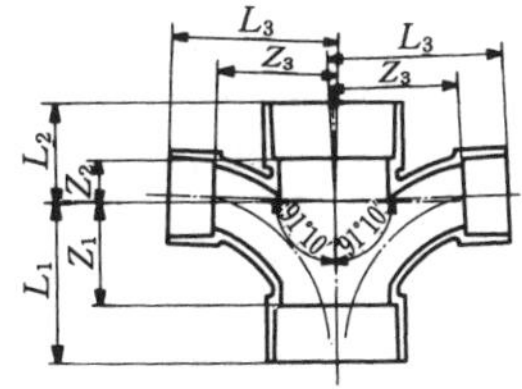

単位 mm

呼び径	Z_1	Z_2	Z_3	L_1	L_2	L_3
100× 50	66	32	90	116	82	115
100× 75	100	40	110	150	90	150
125×100	128	52	140	193	117	190

備考 1.　Z_1, Z_2 及び Z_3 の許容差は, ±2 mm とする。

2.　流れ角度 90°10′ の許容差は, ±30′ とする。

3.　L_1, L_2 及び L_3 は, 基準寸法を示す。

付図 10　径違い 90° 大曲がり両 Y(WLT)

単位 mm

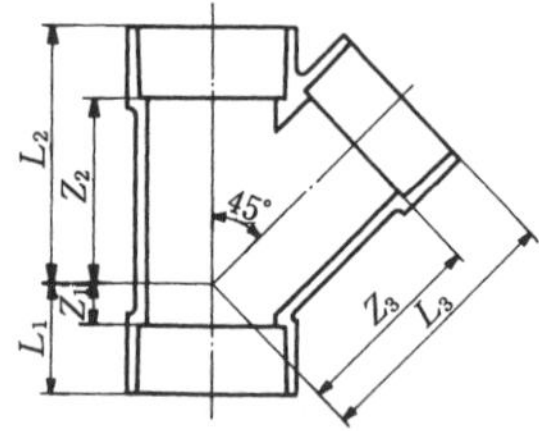

呼び径	Z_1	Z_2	Z_3	L_1	L_2	L_3
30	12	45	50	30	63	68
40	12	58	62	34	80	84
50	20	72	78	45	97	103
65	20	92	98	55	127	133
75	26	106	115	66	146	155
100	32	134	144	82	184	194
125	38	172	175	103	237	240
150	44	204	210	124	284	290

備考 1.　Z_1, Z_2 及び Z_3 の許容差は, ±2 mm とする。
2.　L_1，L_2及び L_3 は，基準寸法を示す。

付図 11　45° Y (Y)

単位 mm

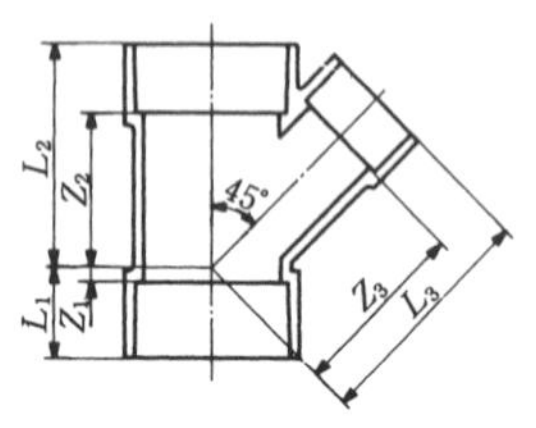

呼び径	Z_1	Z_2	Z_3	L_1	L_2	L_3
40× 30	6	50	58	28	72	76
50× 30	0	56	65	25	81	83
50× 40	8	62	70	33	87	92
65× 40	− 1	72	82	34	107	104
65× 50	8	80	88	43	115	113
75× 40	− 6	78	92	34	118	114
75× 50	3	86	98	43	126	123
75× 65	14	98	106	54	138	141
100× 40	−14	96	112	36	146	134
100× 50	− 8	98	118	42	148	143
100× 65	3	110	125	53	160	160
100× 75	19	118	132	69	168	172
125×100	19	150	171	84	215	221
150×100	6	165	185	86	245	235

備考 1.　Z_1, Z_2 及び Z_3 の許容差は, ±2 mm とする。
2.　L_1，L_2及び L_3 は，基準寸法を示す。

付図 12　径違い 45° Y (Y)

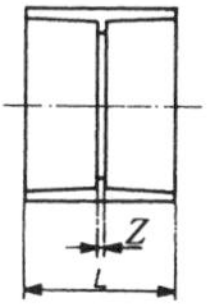

単位 mm

呼び径	Z	L
30	3	39
40	3	47
50	3	53
65	3	73
75	4	84
100	4	104
125	4	134
150	4	164

備考 1.　Z の許容差は，±2 mm とする。

2.　L は，基準寸法を示す。

付図 13　ソケット(DS)

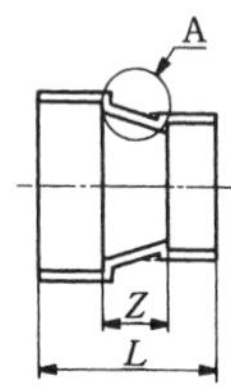

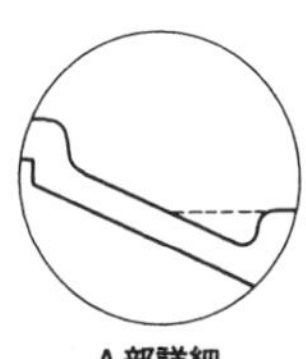

A 部詳細

破線で示す形状にすることもできる。

単位 mm

呼び径	Z	L
40× 30	20	60
50× 30	20	63
50× 40	20	67
65× 40	20	77
65× 50	20	80
75× 40	25	87
75× 50	25	90
75× 65	25	100
100× 40	30	102
100× 50	30	105
100× 65	30	115
100× 75	30	120
125×100	35	150
150×100	40	170
150×125	40	185

備考 1.　Z の許容差は，±2 mm とする。

2.　L は，基準寸法を示す。

付図 14　インクリーザ(IN)

B-9　水道用硬質ポリ塩化ビニル管継手　JIS K 6743-2004

Unplasticized poly (vinyl chloride) (PVC-U) pipe fittings for water supply

1. **適用範囲**　水道用硬質ポリ塩化ビニル管(JIS K 6742)の接着接合に用いる継手。
2. **種　類**　**表1**とする。

表1　種類及び記号

種類	記号
硬質ポリ塩化ビニル管継手	TS
耐衝撃性硬質ポリ塩化ビニル管継手	HITS

備考　継手には射出成形によって製造したA形継手と原管を加工したB形継手がある。

3. **寸法・許容差**　**付図1～22**とする。

4．継手の色　TS は灰色，HITS は暗い灰青色とする。

5．表　示　記号)(に，呼び径，ベンドの角度，VC ソケットは VC を表示する。

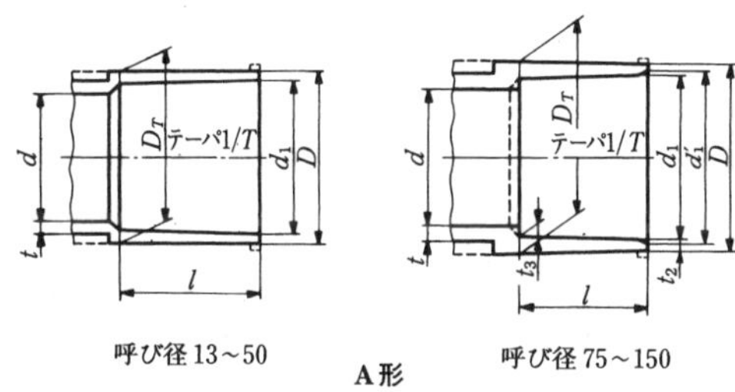

A形

単位 mm

呼び径	d_1	d_1の許容差	$1/T$	l	d_1' (最小値)	d (最小値)	D	D_T	D, D_Tの許容差	t_2	t_3	t_2, t_3の許容差	t	tの許容差
13	18.40	±0.20	1/30	26.0	—	13	24.0	24.0	−0.6	—	—	—	3.0	−0.3
16	22.40		1/34	30.0	—	16	29.0	29.0	−0.7	—	—	—	3.5	
20	26.45		1/34	35.0	—	20	33.0	33.0	−0.8	—	—	—	3.5	
25	32.55	±0.25	1/34	40.0	—	25	40.0	40.0	−1.0	—	—	—	4.0	−0.4
30	38.60		1/34	44.0	—	31	46.0	46.0		—	—	—	4.0	
40	48.70	±0.30	1/37	55.0	—	40	57.0	57.0	−1.2	—	—	—	4.5	
50	60.80		1/37	63.0	—	51	70.0	70.0	−1.5	—	—	—	5.0	−0.5
75	89.60		1/49	64.0	89.90	77	102.0	104.5		6.0	8.0	−0.5	8.0	
100	114.70		1/56	84.0	115.00	100	130.0	133.5	−1.8	7.5	10.0	−0.6	10.0	−0.6
150	166.00	±0.40	1/63	132.0	166.40	146	186.0	190.0	−2.0	10.0	13.0	−0.8	13.0	−0.8

備考 1．l の許容差は，$^{+4}_{-0.5}$ mm とする。

2．D，D_T の許容差及び t の許容差のプラス側は，制限しない。

3．破線で示す形状にすることもできる。

付図 1　接合部寸法及びその許容差

呼び径 13～150
B形

単位 mm

呼び径	d_1	d_1 の許容差	$1/T$	l	d_1' (最小値)
13	18.40	±0.20	1/30	26.0	—
16	22.40		1/34	30.0	—
20	26.45		1/34	35.0	—
25	32.55	±0.25	1/34	40.0	—
30	38.60		1/34	44.0	—
40	48.70	±0.30	1/37	55.0	—
50	60.80		1/37	63.0	60.90
75	89.60		1/49	64.0	89.90
100	114.70		1/56	84.0	115.00
150	166.00	±0.40	1/63	132.0	166.40

備考 1.　受口端部は，付図の形状によらないことがある。ただし，d_1 及び d_1' は表による。

2.　l の許容差は，$^{+4}_{-0.5}$ mm とする。

付図 2　接合部寸法及びその許容差

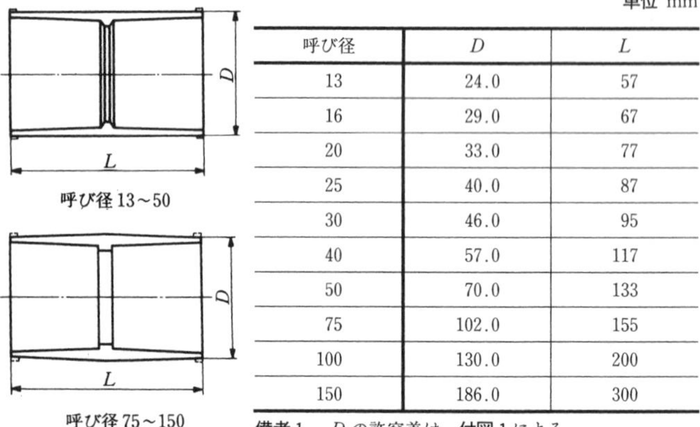

呼び径 13～50

呼び径 75～150

A形

単位 mm

呼び径	D	L
13	24.0	57
16	29.0	67
20	33.0	77
25	40.0	87
30	46.0	95
40	57.0	117
50	70.0	133
75	102.0	155
100	130.0	200
150	186.0	300

備考 1.　D の許容差は，付図 1 による。

2.　L の許容差は，±4 mm とする。

付図 3　ソケット

単位 mm

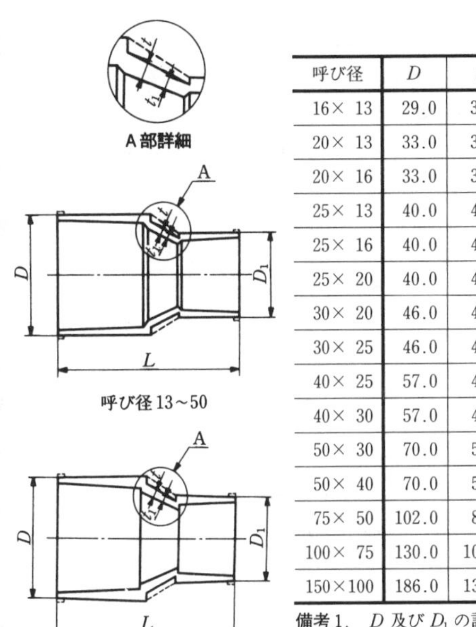

呼び径	D	t	D_1	t_1	L
16× 13	29.0	3.5	24.0	3.0	61
20× 13	33.0	3.5	24.0	3.0	68
20× 16	33.0	3.5	29.0	3.5	71
25× 13	40.0	4.0	24.0	3.0	86
25× 16	40.0	4.0	29.0	3.5	85
25× 20	40.0	4.0	33.0	3.5	84
30× 20	46.0	4.0	33.0	3.5	93
30× 25	46.0	4.0	40.0	4.0	93
40× 25	57.0	4.5	40.0	4.0	114
40× 30	57.0	4.5	46.0	4.0	114
50× 30	70.0	5.0	46.0	4.0	136
50× 40	70.0	5.0	57.0	4.5	136
75× 50	102.0	8.0	70.0	5.0	165
100× 75	130.0	10.0	102.0	8.0	190
150×100	186.0	13.0	130.0	10.0	295

備考 1.　D 及び D_1 の許容差は，**付図 1** による。
2.　t 及び t_1 の許容差は，**付図 1** による。
3.　L の許容差は，±4 mm とする。

付図 4　径違いソケット

単位 mm

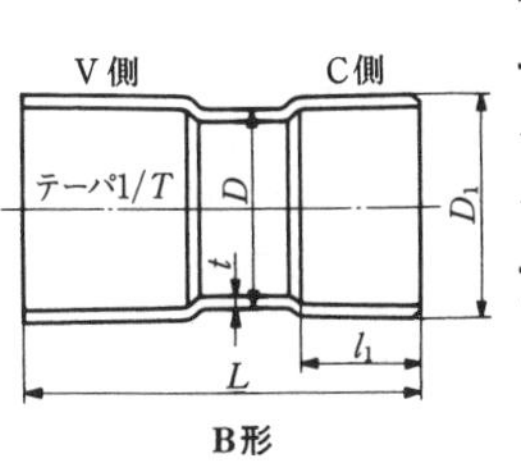

呼び径	D	t	D_1	l_1	L
75	89.0	6.6	93.0±1.0	105	250
100	114.0	8.1	118.0±1.0	105	280
150	165.0	11.2	169.0±1.0	105	340

備考 1.　V 側は塩化ビニル管，C 側は鋳鉄管と接合する。
2.　D 及び t の許容差は，原管による。
3.　l_1 の許容差は，±5 mm とする。
4.　L の許容差は，±5 mm とする。

付図 5　VC ソケット

単位 mm

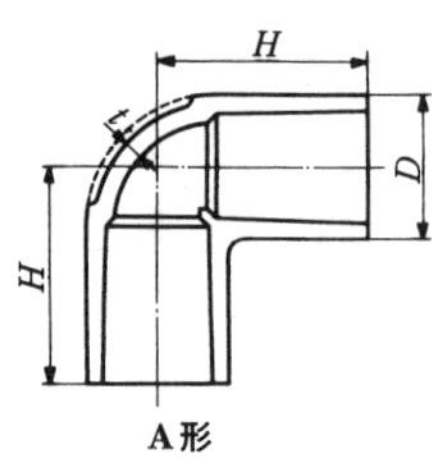

呼び径	D	t	H
13	24.0	3.0	36
16	29.0	3.5	43
20	33.0	3.5	50
25	40.0	4.0	58
30	46.0	4.0	65
40	57.0	4.5	82
50	70.0	5.0	96

備考 1.　D の許容差は，付図 1 による。
2.　t の許容差は，付図 1 による。
3.　H の許容差は，$^{+5}_{-1}$ mm とする。

付図 6　エルボ

単位 mm

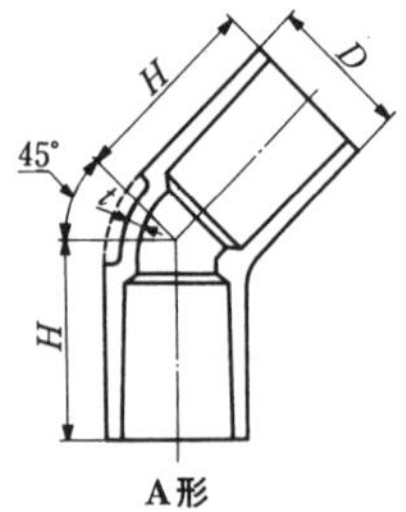

呼び径	D	t	H
13	24.0	3.0	33
20	33.0	3.5	44
25	40.0	4.0	51
30	46.0	4.0	56
40	57.0	4.5	69
50	70.0	5.0	80

備考 1.　D の許容差は，付図 1 による。
2.　t の許容差は，付図 1 による。
3.　H の許容差は，$^{+5}_{-1}$ mm とする。

付図 7　45° エルボ

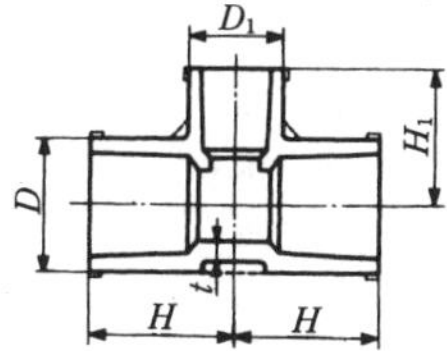

呼び径 13～50

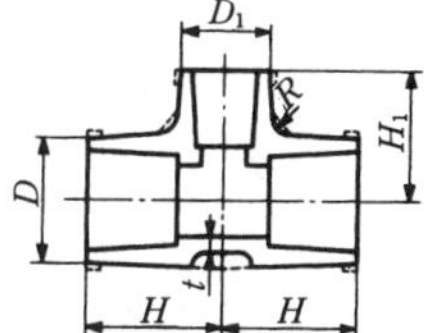

呼び径 75～150

単位 mm

呼び径	D	t	H	D_1	H_1
13× 13	24.0	3.0	36	24.0	36
16× 13	29.0	3.5	41	24.0	38
16× 16	29.0	3.5	43	29.0	43
20× 13	33.0	3.5	46	24.0	40
20× 16	33.0	3.5	48	29.0	45
20× 20	33.0	3.5	50	33.0	50
25× 13	40.0	4.0	51	24.0	43
25× 16	40.0	4.0	53	29.0	48
25× 20	40.0	4.0	55	33.0	53
25× 25	40.0	4.0	58	40.0	58
30× 13	46.0	4.0	55	24.0	46
30× 16	46.0	4.0	57	29.0	51
30× 20	46.0	4.0	59	33.0	56
30× 25	46.0	4.0	62	40.0	61
30× 30	46.0	4.0	65	46.0	65
40× 13	57.0	4.5	66	24.0	52
40× 16	57.0	4.5	68	29.0	57
40× 20	57.0	4.5	70	33.0	62
40× 25	57.0	4.5	73	40.0	67
40× 30	57.0	4.5	76	46.0	71
40× 40	57.0	4.5	82	57.0	82
50× 13	70.0	5.0	74	24.0	58
50× 16	70.0	5.0	76	29.0	63
50× 20	70.0	5.0	78	33.0	68
50× 25	70.0	5.0	81	40.0	73
50× 30	70.0	5.0	84	46.0	77
50× 40	70.0	5.0	90	57.0	88
50× 50	70.0	5.0	96	70.0	96
75× 25	102.0	8.0	93	40.0	88
75× 40	102.0	8.0	100	57.0	102
75× 50	102.0	8.0	105	70.0	110
75× 75	102.0	8.0	120	102.0	120
100× 50	130.0	10.0	125	70.0	122
100× 75	130.0	10.0	140	102.0	132
100×100	130.0	10.0	152	130.0	152
150× 75	186.0	13.0	195	102.0	158
150×100	186.0	13.0	208	130.0	182
150×150	186.0	13.0	230	186.0	230

備考 1．D 及び D_1 の許容差は，付図 1 による。
2．t の許容差は，付図 1 による。
3．H 及び H_1 の許容差は，$^{+5}_{-1}$ mm とする。
4．R は，10 mm 以上とする。

付図 8　チーズ

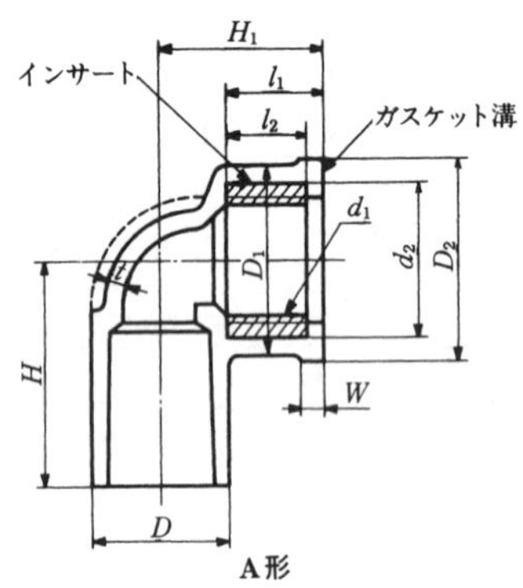

A形

単位 mm

呼び径	D	t	H	D_1	ねじ部			l_1	l_2	d_2	D_2	W	H_1	
					呼び	谷の径 d_1	ねじ山数 (25.4mm につき)						S形	L形
13	24.0	3.0	38	30	Rp½	20.955	14	17	14	26	34	4	29	45
16×13	29.0	3.5	43	30	Rp½	20.955	14	17	14	26	34	4	32	48
20×13	33.0	3.5	47	30	Rp½	20.955	14	17	14	26	34	4	33	50
20	33.0	3.5	51	37	Rp¾	26.441	14	19	16	32	42	4	36	50
25	40.0	4.0	59	46	Rp1	33.249	11	21	18	40	52	5	40	55

備考 ねじ部は，JIS B 0203 の平行めねじとする。
D の許容差は，**付図 1** による。
t の許容差は，**付図 1** による。
H の許容差は，$^{+5}_{-1}$ mm とする。
l_2 の許容差は，±1 mm とする。
H_1 の寸法には，S 形と L 形があり，その許容差は，$^{+5}_{-2}$ mm とする。

付図 9　給水栓用エルボ

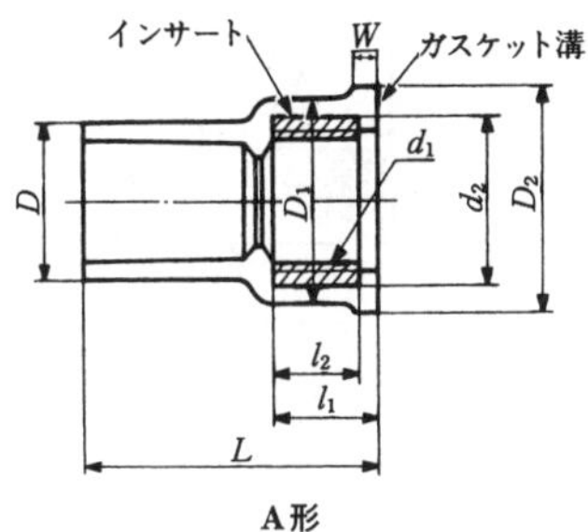

A形

単位 mm

呼び径	D	D_1	ねじ部			l_1	l_2	d_2	D_2	W	L
			呼び	谷の径 d_1	ねじ山数 (25.4mm につき)						
13	24.0	30	Rp½	20.955	14	17	14	26	34	4	47
16×13	29.0	30	Rp½	20.955	14	17	14	26	34	4	52
20×13	33.0	30	Rp½	20.955	14	17	14	26	34	4	57
20	33.0	37	Rp¾	26.441	14	19	16	32	42	4	59
25	40.0	46	Rp1	33.249	11	21	18	40	52	5	68

備考　ねじ部は，JIS B 0203の平行めねじとする。
Dの許容差は，**付図1**による。
l_2の許容差は，±1 mmとする。
Lの許容差は，$^{+5}_{-1}$ mmとする。

付図10　給水栓用ソケット

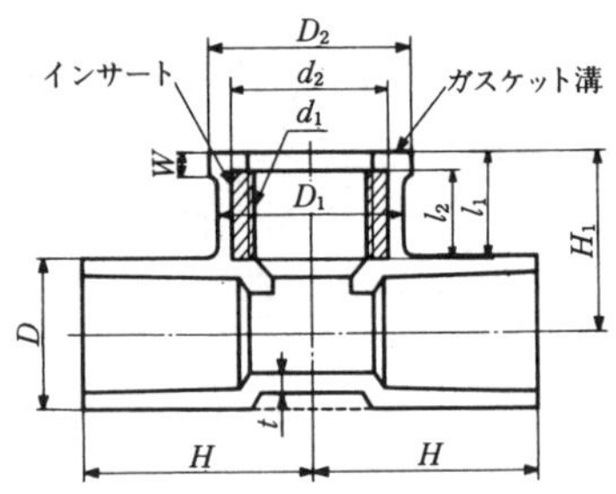

A形

単位 mm

呼び径	D	t	H	D_1	ねじ部			l_1	l_2	d_2	D_2	W	H_1
					呼び	谷の径 d_1	ねじ山数 (25.4mm につき)						
13×13	24.0	3.0	38	30	Rp1/2	20.955	14	17	14	26	34	4	29
16×13	29.0	3.5	43	30	Rp1/2	20.955	14	17	14	26	34	4	32
20×13	33.0	3.5	47	30	Rp1/2	20.955	14	17	14	26	34	4	34
20×20	33.0	3.5	51	37	Rp3/4	26.441	14	19	16	32	42	4	36
25×13	40.0	4.0	52	30	Rp1/2	20.955	14	17	14	26	34	4	38
25×20	40.0	4.0	56	37	Rp3/4	26.441	14	19	16	32	42	4	40
25×25	40.0	4.0	59	46	Rp1	33.249	11	21	18	40	52	5	42

備考 ねじ部は，JIS B 0203 の平行めねじとする。
D の許容差は，付図 1 による。
t の許容差は，付図 1 による。
H の許容差は，$^{+5}_{-1}$ mm とする。
l_2 の許容差は，±1 mm とする。
H_1 の許容差は，$^{+5}_{-2}$ mm とする。

付図 11　給水栓用チーズ

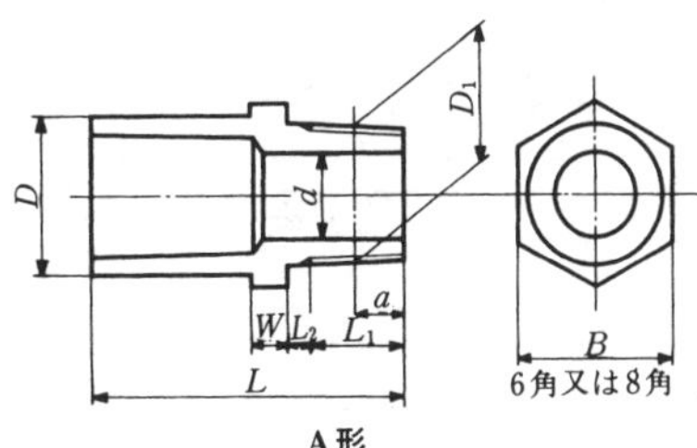

A形

単位 mm

呼び径	D	d	ねじ部						L_2 (最大)	W	L	B
			呼び	基準径の外径 D_1	ねじ山数 (25.4mm につき)	基準径の位置 a	aの許容差	有効ねじ部の長さ L_1 (最小)				
13	24.0	13	R½	20.955	14	8.16	±1.81	13.16	4	6	50	24
16	29.0	13	R½	20.955	14	8.16	±1.81	13.16	4	6	54	29
20	33.0	18	R¾	26.441	14	9.53	±1.81	14.53	5	8	64	33
25	40.0	23	R1	33.249	11	10.39	±2.31	16.79	5	8	71	40
30	46.0	31	R1¼	41.910	11	12.70	±2.31	19.10	5	10	80	46
40	57.0	37	R1½	47.803	11	12.70	±2.31	19.10	5	10	92	57
50	70.0	48	R2	59.614	11	15.88	±2.31	23.38	5	12	106	70

備考 1. ねじ部は，JIS B 0203のテーパおねじに準じる。
2. Dの許容差は，付図1による。
3. Lの許容差は，$^{+5}_{-2}$ mmとする。

付図12　バルブ用ソケット

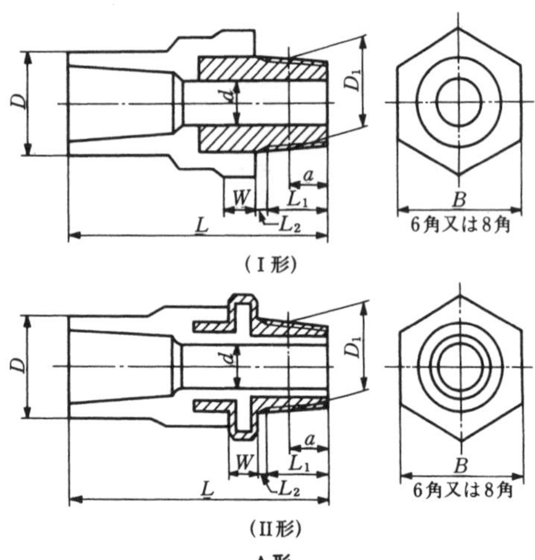

A形

単位 mm

呼び径	D	d	ねじ部						L2 (最大)	W (最小)	L	B (最小)
			呼び	基準径の外径 D_1	ねじ山数 (25.4mm につき)	基準径の位置 a	aの許容差	有効ねじ部の長さ L_1 (最小)				
13	24.0	13	$R^1/_2$	20.955	14	8.16	±1.81	13.16	4	6	60	27
16	29.0	13	$R^1/_2$	20.955	14	8.16	±1.81	13.16	4	6	65	32
20	33.0	18	$R^3/_4$	26.441	14	9.53	±1.81	14.53	5	8	75	35
25	40.0	23	R1	33.249	11	10.39	±2.31	16.79	5	8	85	47
30	46.0	31	$R1^1/_4$	41.910	11	12.70	±2.31	19.10	5	10	95	55
40	57.0	37	$R1^1/_2$	47.803	11	12.70	±2.31	19.10	5	10	110	65
50	70.0	48	R2	59.614	11	15.88	±2.31	23.38	5	12	125	75

備考 ねじ部は，JIS B 0203 のテーパおねじに準じる。
D の許容差は，付図 1 による。
L の許容差は，$^{+5}_{-2}$ mm とする。
6 角部又は 8 角部の材質は，I 形は硬質塩化ビニル製，II 形は金属製を示す。
また，内部の接水部は，金属製と硬質塩化ビニル製の 2 種類がある。

付図 13　金属おねじ付バルブ用ソケット

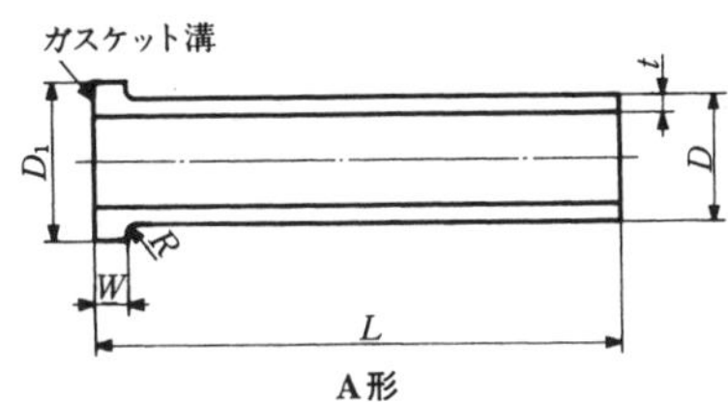

A形

単位 mm

呼び径	D	t	D_1	D_1 の許容差	W	L
13	18.0	2.5	23.0	±0.3	5	80
16	22.0	3.0	27.5	±0.4	5	85
20	26.0	3.0	29.5	±0.4	6	90
25	32.0	3.5	36.5	±0.5	7	100
30	38.0	3.5	42.0	±0.6	8	110
40	48.0	4.0	53.0	±0.7	8	120
50	60.0	4.5	71.0	±0.8	9	130

備考 1. D 及び t の許容差は，JIS K 6742 の表 3 (管の寸法及びその許容差) によることとし，D には外径の許容差，t には厚さの許容差を適用する。
2. L の許容差は，$^{+5}_{-2}$ mm とする。
3. R は，1～3 mm とする。

付図 14　ユニオンソケット

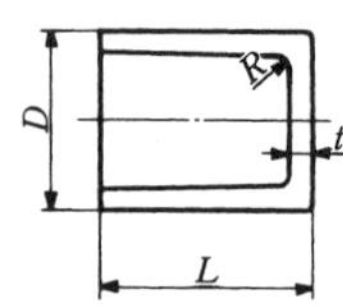

呼び径 13～50

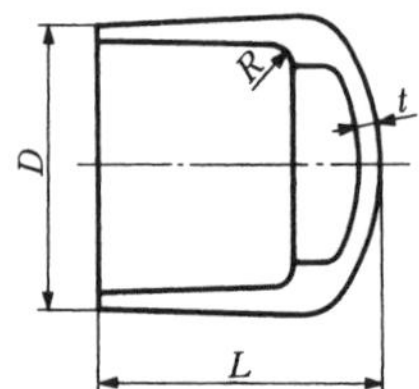

呼び径 75～150

A形

単位 mm

呼び径	D	t	L
13	24.0	3.0	29.0
16	29.0	3.5	33.5
20	33.0	3.5	38.5
25	40.0	4.0	44.0
30	46.0	4.0	48.0
40	57.0	4.5	59.5
50	70.0	5.0	68.0
75	102.0	8.0	105
100	130.0	10.0	138
150	186.0	13.0	205

備考 1.　D の許容差は，**付図 1** による。
2.　t の許容差は，**付図 1** による。
3.　L の許容差は，$^{+5}_{0}$ mm とする。
4.　R は，1～5 mm とする。

付図 15　キャップ

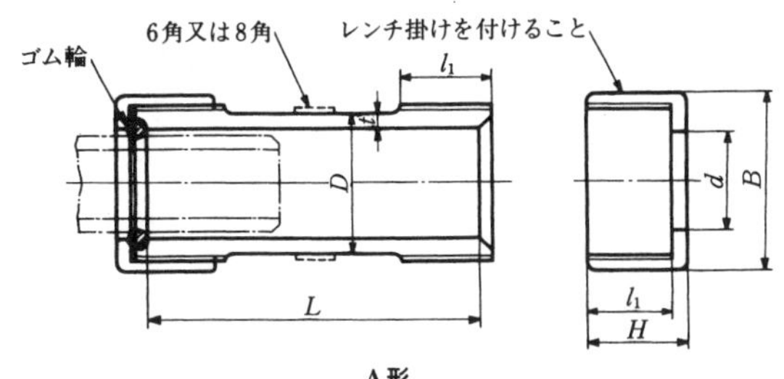

A形

単位 mm

呼び径	D	t	L	l_1 (最小値)	H (最小値)	d	d の許容差	B (最小値)
13	27	3.0	68	16	20	18.8	±0.30	34
16	30	3.0	72	16	20	22.8		38
20	35	3.5	78	16	21	26.8		43
25	42	4.0	88	16	21	33.0	±0.40	50
30	49	4.0	97	20	25	39.0		58
40	60	4.5	106	20	26	49.2		70
50	73	5.0	116	20	26	61.5	±0.50	84

備考 1. ねじの形状は，JIS B 0205-2 のピッチ細目による。

2. ねじ部の外形寸法は，規定しない。
3. D の許容差は，±2 mm とする。
4. t の許容差は，**付図 1** による。
5. L の許容差は，±5 mm とする。
6. ゴム輪の材質は，JIS K 6353 の I 類 A による。
7. ゴム輪の形状及び寸法は，規定しない。

付図 16　伸縮継手

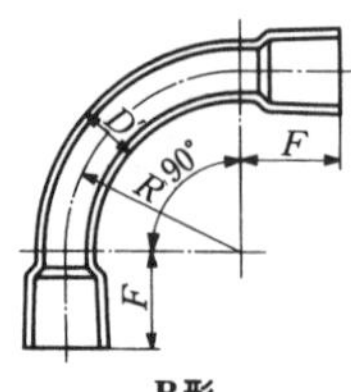

付図 17　90° ベンド

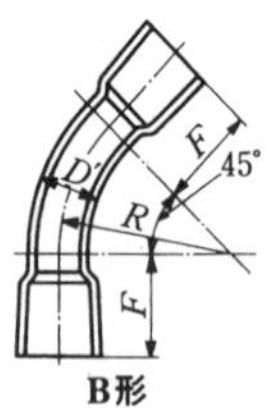

付図 18　45° ベンド

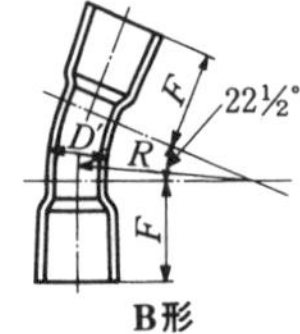

付図 19　$22\frac{1}{2}$° ベンド

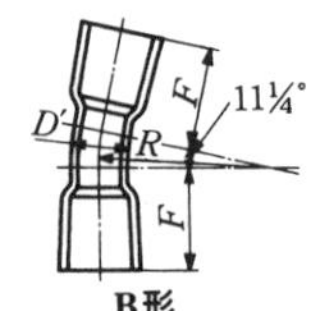

付図 20　$11\frac{1}{4}$° ベンド

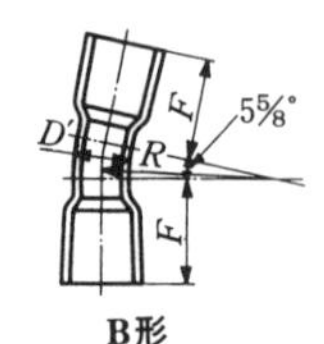

付図 21　$5\frac{5}{8}$° ベンド

単位 mm

呼び径	D'	R	F
13	18	40	40
16	22	50	50
20	26	60	55
25	32	75	60
30	38	90	65
40	48	110	85
50	60	150	100
75	89	250	120
100	114	300	145
150	165	475	195

備考 1.　D' の許容差は，±8 %とする。
2.　R，F の許容差は，±10 %とする。

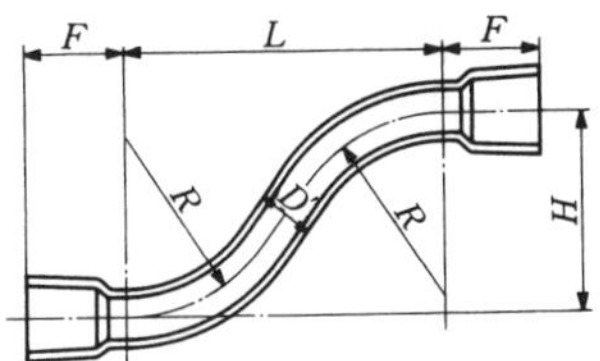

B形

単位 mm

呼び径	D'	R	F	L	H
13	18	90	40	180	150
16	22	100	59	200	150
20	26	105	55	210	150
25	32	120	60	240	150
30	38	130	65	260	200
40	48	150	85	300	200
50	60	150	100	325	200
75	89	250	120	460	300
100	114	300	145	520	300
150	165	475	195	715	300

備考 1.　D' の許容差は，±8 %とする。

2.　R，L，H の許容差は，±10 %とする。

付図 22　S ベンド

B-10 耐熱性硬質ポリ塩化ビニル管継手 JIS K 6777-2004

Chlorinated poly (vinyl chloride) (PVC-C) pipe fittings for hot and cold water supply

1. **適用範囲** 耐熱性硬質ポリ塩化ビニル管(JIS K 6776)の接着接合に用いる継手。
2. **種類及び記号** **表1**とする。

表1 種類及び記号

種類	記号
耐熱性硬質ポリ塩化ビニル管継手	HT

射出成形によるA形と，原管を押出加工したB形がある。

3. **寸法・許容差** **付図1～15**による。
4. **継手の色** 茶色とする。
5. **表 示** 呼び径

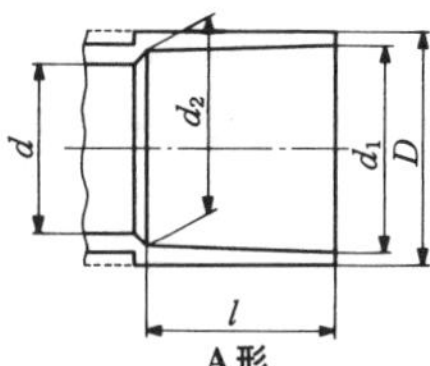

A 形

単位 mm

呼び径	d_1	d_1の許容差	l	d_2	d_2の許容差	d(最小)	D(最小)
13	18.30	±0.20	22	17.55	±0.25	14	26
16	22.35	±0.20	27	21.55	±0.25	17	29
20	26.35	±0.20	33	25.50	±0.25	21	34
25	32.50	±0.30	38	31.40	±0.35	26	41
30	38.50	±0.30	42	37.45	±0.35	34	46
40	48.50	±0.30	47	47.45	±0.35	40	56
50	60.50	±0.30	52	59.45	±0.35	50	69

備考 1.　l の許容差は，±4 mm とする。
　2.　破線で示す形状にすることもできる。

付図 1　接合部寸法及びその許容差

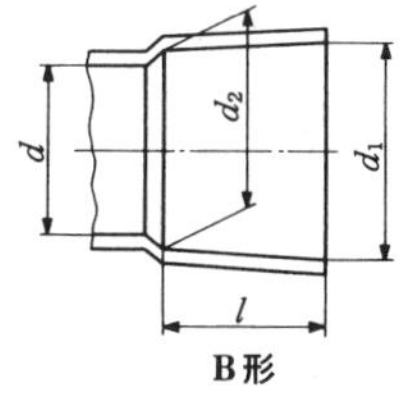

B 形

単位 mm

呼び径	d_1	d_1の許容差	l	d_2	d_2の許容差	d(最小)
13	18.30	±0.20	22	17.55	±0.25	14
16	22.35	±0.20	27	21.55	±0.25	17
20	26.35	±0.20	33	25.50	±0.25	21
25	32.50	±0.30	38	31.40	±0.35	26
30	38.50	±0.30	42	37.45	±0.35	34
40	48.50	±0.30	47	47.45	±0.35	40
50	60.50	±0.30	52	59.45	±0.35	50

備考 1.　l の許容差は，±4 mm とする。

付図 2　接合部寸法及びその許容差

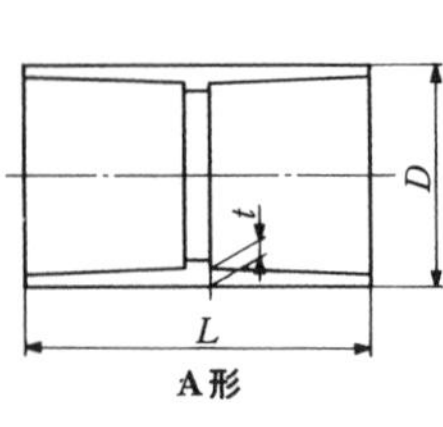

単位 mm

呼び径	D(最小)	L	t(最小)
13	26	49	3.5
16	29	59	3.5
20	34	71	4.0
25	41	82	4.0
30	46	89	4.5
40	56	99	4.5
50	69	109	5.0

備考　L の許容差は，±6 mm とする。

付図 3　ソケット

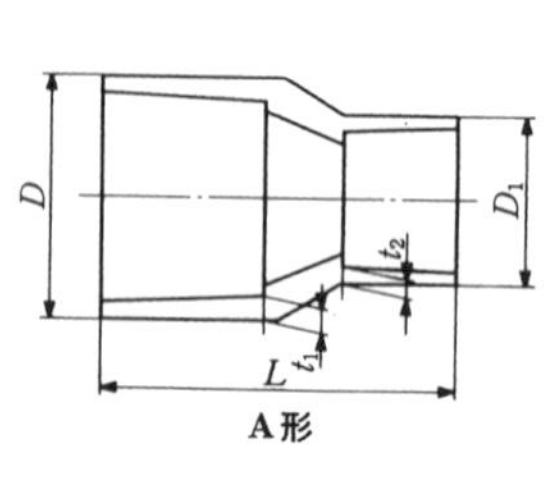

単位 mm

呼び径	D(最小)	D_1(最小)	L	t_1(最小)	t_2(最小)
16×13	29	26	53.0	3.5	3.5
20×13	34	26	61.5	4.0	3.5
20×16	34	29	66.0	4.0	3.5
25×13	41	26	73.0	4.0	3.5
25×16	41	29	76.0	4.0	3.5
25×20	41	34	80.5	4.0	4.0
30×13	46	26	75.0	4.5	3.5
30×20	46	34	85.0	4.5	4.0
30×25	46	41	90.0	4.5	4.0
40×20	56	34	98.0	4.5	4.0
40×25	56	41	100.0	4.5	4.0
40×30	56	46	97.0	4.5	4.5
50×25	69	41	110.0	5.0	4.0
50×30	69	46	110.0	5.0	4.5
50×40	69	56	110.0	5.0	4.5

備考　L の許容差は，±5 mm とする。

付図 4　径違いソケット

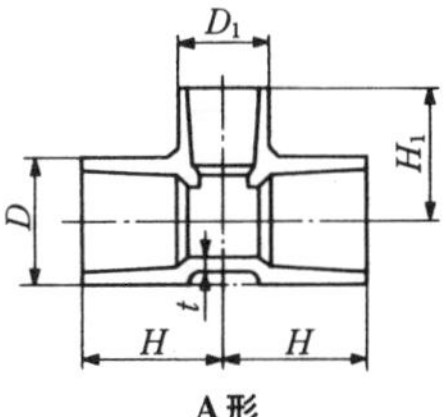

A形

単位 mm

呼び径	D(最小)	t(最小)	H	D_1(最小)	H_1
13×13	26	3.5	34	26	34
16×13	29	3.5	39	26	36
16×16	29	3.5	41	29	41
20×13	34	4.0	45	26	38
20×16	34	4.0	47	29	43
20×20	34	4.0	53	34	53
25×13	41	4.0	49	26	41
25×16	41	4.0	52	29	46
25×20	41	4.0	54	34	52
25×25	41	4.0	58	41	58
30×13	46	4.5	54	26	44
30×16	46	4.5	56	29	49
30×20	46	4.5	58	34	55
30×25	46	4.5	60	41	60
30×30	46	4.5	64	46	64
40×13	56	4.5	62	26	49
40×16	56	4.5	63	29	54
40×20	56	4.5	65	34	60
40×25	56	4.5	68	41	65
40×30	56	4.5	72	46	69
40×40	56	4.5	75	56	75
50×13	69	5.0	69	26	55
50×16	69	5.0	70	29	60
50×20	69	5.0	72	34	70
50×25	69	5.0	75	41	75
50×30	69	5.0	79	46	75
50×40	69	5.0	82	56	80
50×50	69	5.0	87	69	87

備考 1.　H 及び H_1 の許容差は，±4 mm とする。
2.　破線に示す形状にすることもできる。

付図5　チーズ

単位 mm

呼び径	D (最小)	t (最小)	H
13	26	3.5	34
16	29	3.5	41
20	34	4.0	53
25	41	4.0	58
30	46	4.5	64
40	56	4.5	74
50	69	5.0	85

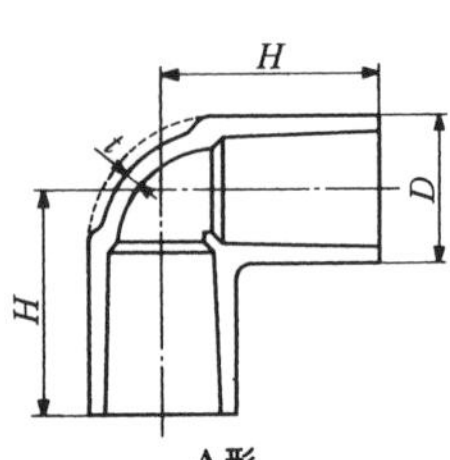

備考 1. H の許容差は，±4 mm とする。
2. 破線に示す形状にすることもできる.

付図 6　エルボ

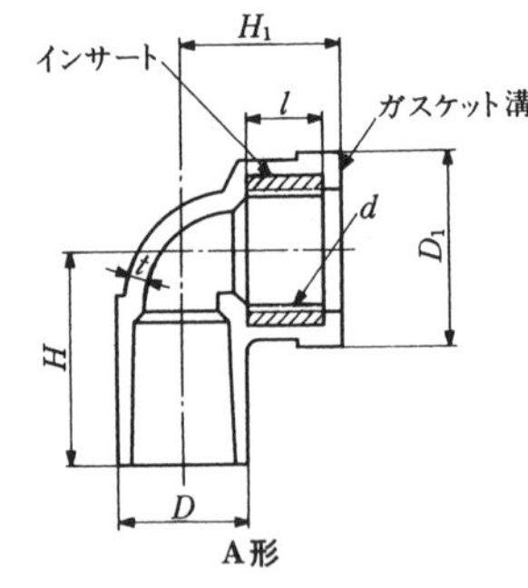

単位 mm

呼び径	D (最小)	t (最小)	H	ねじ部		l	D_1	H_1	
				谷の径 d	ねじ山数 (25.4mm につき)			S形	L形
13	26	3.5	35	20.955	14	13.5	35	29	36
16×13	29	3.5	42	20.955	14	13.5	35	33	40
20	34	4.0	51	26.441	14	15.5	44	36	−
25	41	4.0	60	33.249	11	18.0	54	40	−

備考 1. ねじ部は，JIS B 0203の平行めねじとする。
2. H の許容差は，±4 mm とする。
3. l の許容差は，±1 mm とする。
4. H_1 の許容差は，±4 mm とする。

付図 7　給水栓エルボ

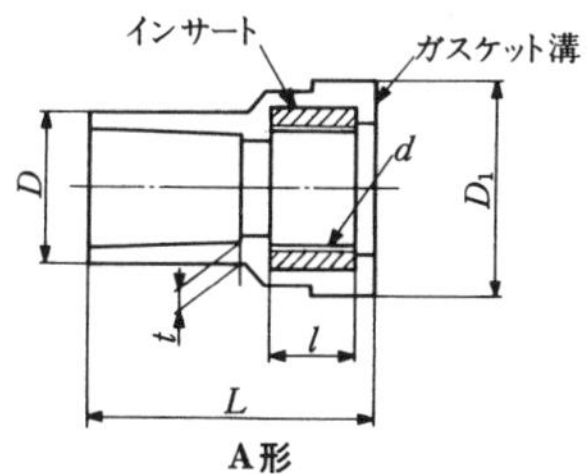

A形

単位 mm

呼び径	D (最小)	ねじ部		l	D1	L	t (最小)
		谷の径 d	ねじ山数 (25.4mmにつき)				
13	26	20.955	14	13.5	35	47	3.5
16×13	29	20.955	14	13.5	35	52	3.5
20	34	26.441	14	15.5	44	61	4.0
25	41	33.249	11	18.0	54	69	4.0

備考1.　ねじ部は，JIS B 0203 の平行めねじとする。

2.　l の許容差は，±1 mm とする。

3.　L の許容差は，±4 mm とする。

付図 8　給水栓用ソケット

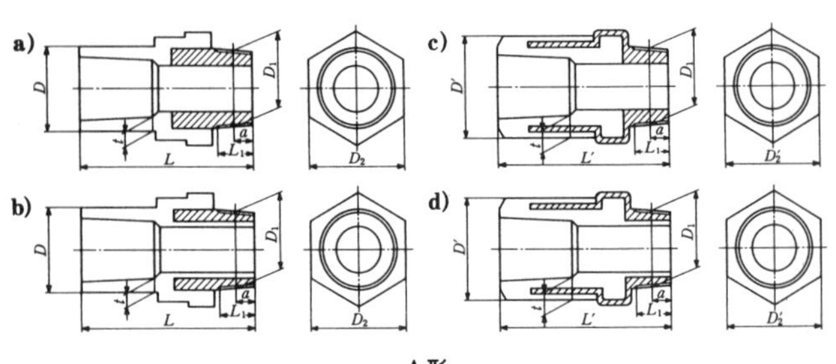

A形

単位 mm

呼び径	D (最小)	D' (最小)	ねじ部 基準の外径 D_1	ねじ部 ねじ山数 (25.4mmにつき)	ねじ部 基準の位置 a	ねじ部 aの許容差	ねじ部 有効ねじ部の長さ L_1 (最小)	L	L'	D_2 (最小)	D_2' (最小)	t (最小)
13×1/2	26	34	20.955	14	8.16	±1.81	13.16	64	47	34	35	3.5
16×1/2	29	36	20.955	14	8.16	±1.81	13.16	70	53	34	42	3.5
20×3/4	34	45	26.441	14	9.53	±1.81	14.53	85	60	40	51	4.0
25×1	41	53	33.249	11	10.39	±2.31	16.79	99	63	45	60	4.0
30×1 1/4	46	−	41.910	11	12.70	±2.31	19.10	109	−	62	−	4.5
40×1 1/2	56	−	47.803	11	12.70	±2.31	19.10	114	−	68	−	4.5
50×2	69	−	59.614	11	15.88	±2.31	23.38	132	−	84	−	5.0

備考 1. ねじ部は，JIS B 0203のテーパおねじによる。

2. L及びL'の許容差は，±4 mmとする。

3. a)及びc)は内面金属形，b)及びd)は内面塩化ビニル形を示す。

付図9 金属おねじ付きバルブ用ソケット

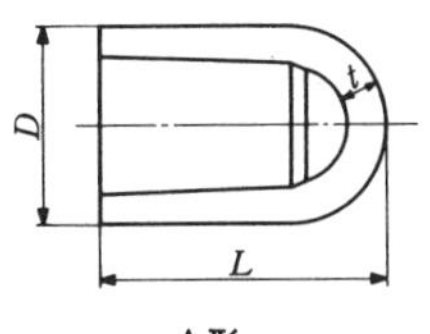

A形

単位 mm

呼び径	D(最小)	L	t(最小)
13	26	32.5	3.5
16	29	39.5	3.5
20	34	52.0	4.0
25	41	60.0	4.0
30	46	63.5	4.5
40	56	73.5	4.5
50	69	85.0	5.0

備考1. L の許容差は，±4 mm とする。

付図 10　キャップ

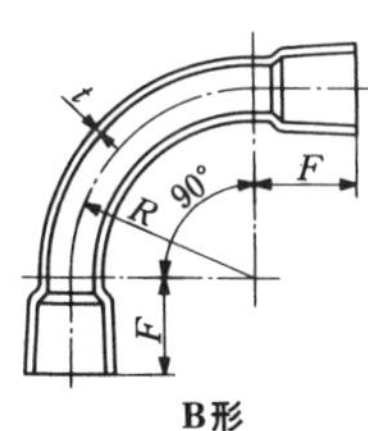

B形

付図 11　90° ベンド

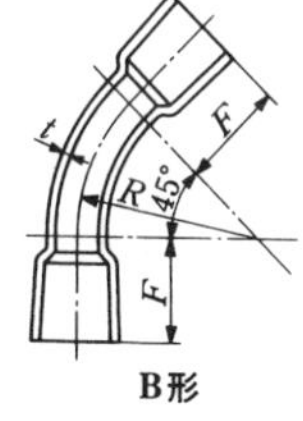

B形

付図 12　45° ベンド

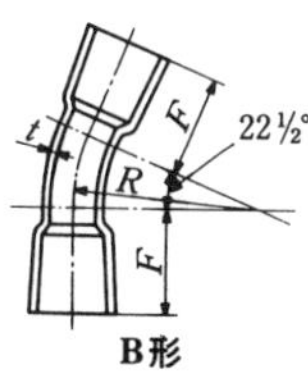

B形

付図 13　22 ½°ベンド

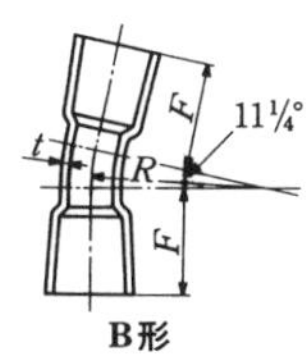

B形

付図 14　11 ¼°ベンド

単位 mm

呼び径	R	F	t(最小)
13	40	42	2.3
16	48	47	2.7
20	55	54	2.7
25	78	62	3.2
30	100	70	3.2
40	120	86.5	3.7
50	160	100	4.1

備考　R，F の許容差は，±10 %とする。

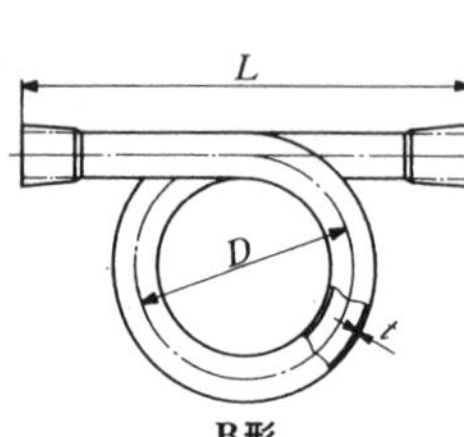

単位 mm

呼び径	D	L(最小)	t(最小)
13	158	212	2.3
16	187	256	2.7
20	217	305	2.7
25	248	358	3.2
30	280	406	3.2
40	316	537	3.7
50	378	638	4.1

備考 1. D の許容差は，±10 %とする。
2. 破線に示す形状にすることもできる。

付図 15 エキスパンション

B-11　ANSI 規格鋼製突合せ溶接式管継手　ANSI　B 16.9-1978　ANSI　B 16.28-1978

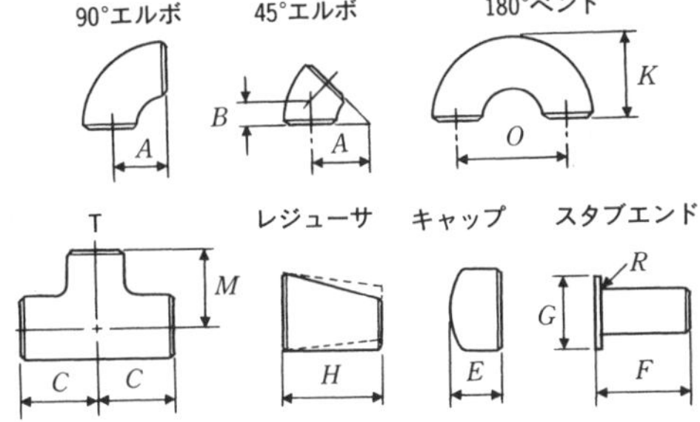

単位 mm

径の呼び	A		B	O		K		C, M	H	E	G	F		R
	ロング	ショート	ロング	ロング	ショート	ロング	ショート					ANSI	MSS	
1/2	38.1	−	15.7	76.2	−	47.8	−	25.4	−	25.4	35.1	76.2	50.8	3.05
3/4	38.1	−	19.1	76.2	−	50.8	−	28.4	38.1	25.4	42.9	76.2	50.8	3.05
1	38.1	25.4	22.4	76.2	50.8	55.6	41.1	38.1	50.8	38.1	50.8	101.6	50.8	3.05
1 1/4	47.8	31.8	25.4	95.3	63.5	69.9	52.3	47.8	50.8	38.1	63.5	101.6	50.8	4.83
1 1/2	57.2	38.1	28.4	114.3	76.2	82.6	62.0	57.2	63.5	38.1	73.2	101.6	50.8	6.35
2	76.2	50.8	35.1	152.4	101.6	106.4	81.0	63.5	76.2	38.1	91.9	152.4	63.5	7.87
2 1/2	95.3	63.5	44.5	190.5	127.0	131.8	100.1	76.2	88.9	38.1	104.6	152.4	63.5	7.87
3	114.3	76.2	50.8	228.6	152.4	158.8	120.7	85.9	88.9	50.8	127.0	152.4	63.5	9.65
3 1/2	133.4	88.9	57.2	266.7	177.8	184.2	139.7	95.3	101.6	63.5	139.7	152.4	76.2	9.65
4	152.4	101.6	63.5	304.8	203.2	209.6	158.8	104.6	101.6	63.5	157.2	152.4	76.2	11.2
5	190.5	127.0	79.2	381.0	254.0	261.9	196.9	124.0	127.0	76.2	185.7	203.2	76.2	11.2
6	228.6	152.4	95.3	457.2	304.8	312.7	236.5	142.7	139.7	88.9	215.9	203.2	88.9	12.7
8	304.8	203.2	127.0	609.6	406.4	414.3	312.7	177.8	152.4	101.6	269.7	203.2	101.6	12.7
10	381.0	254.0	158.8	762.0	508.0	517.7	390.7	215.9	177.8	127.0	323.9	254.0	127.0	12.7
12	457.2	304.8	190.5	914.4	609.6	619.3	466.9	254.0	203.2	152.4	381.0	254.0	152.4	12.7
14	533.4	355.6	222.3	1066.8	711.2	711.2	533.4	279.4	330.2	165.1	412.8	304.8	152.4	12.7
16	609.6	406.4	254.0	1219.2	812.8	812.8	609.6	304.8	355.6	177.8	469.9	304.8	152.4	12.7
18	685.8	457.2	285.8	1371.6	914.4	914.4	685.8	342.9	381.0	203.2	533.4	304.8	152.4	12.7
20	762.0	508.0	317.5	1524.0	1016.0	1016.0	762.0	381.0	508.0	228.6	584.2	304.8	152.4	12.7
24	914.4	609.6	381.0	1828.8	1219.2	1219.2	914.4	431.8	508.0	266.7	692.2	304.8	152.4	12.7

C-1　鋼製管フランジ　JIS B 2220-2001

Steel pipe flanges

1. **適用範囲**　蒸気，空気，ガス，水，油などの配管に使用する鋼管，バルブなどを接合するフランジについて規定する。
2. **フランジの種類**　**表1**による。
3. **ガスケット座の種類**　**表2**による。
4. **材料**　**表3**とする。
5. **流体の温度と最高使用圧力**　**付表1**による。呼び圧力10K薄形フランジは，温度120℃以下，圧力0.7MPa以下の静流水。白フランジの使用温度は300℃以下とする。
6. **圧力-温度基準の適用**　**付表2**による。
7. **形状・寸法**　**付表3～8**による。

   フランジの計算質量を**付表9**に示す。

   ねじ込み式フランジ(TR)のねじは，JIS B 0203による。
8. **呼び方**　規格名称，フランジの種類，ガスケット座の種類，呼び圧力，呼び径，材料記号による。

   白フランジには(ZN)，10K薄形フランジには，薄形(L)を付記する。

   例　鋼製管フランジ，スリップオン溶接式ハブフランジ，平面座，20KA形，50A，SUS 316L（JIS B 2220，SOH，RF，20K A 50A SUS 316L)

表1　フランジの種類及びその呼び方

フランジの種類		呼び方	図
溶接式フランジ	スリップオン溶接式フランジ(板フランジ)	SOP	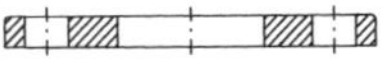
	スリップオン溶接式フランジ(ハブフランジ)	SOH	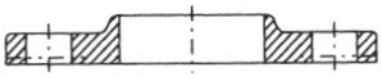
	ソケット溶接式フランジ	SW	
	突合せ溶接式フランジ	WN	
遊合形フランジ		LJ	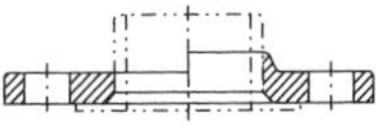
ねじ込み式フランジ		TR	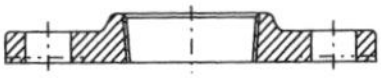
一体フランジ		IT	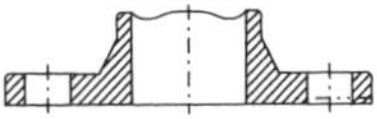
閉止フランジ		BL	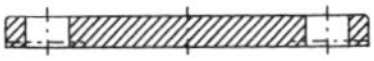

表2　ガスケット座の種類及びその呼び方

ガスケット座の種類		呼び方		図
全面座		FF		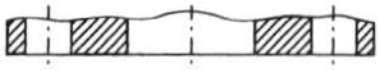
平面座		RF		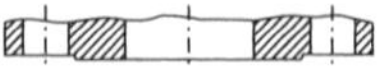
はめ込み形	メール座	MF	MF-M	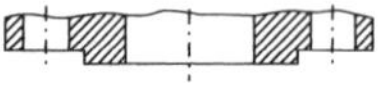
	フィメール座		MF-F	
溝形	タング座	TG	TG-T	
	グルーブ座		TG-G	

表3　材料

材料の種類	圧延材		鍛造材		鋳造材		材料グループ番号
	規格番号	材料番号	規格番号	材料番号	規格番号	材料番号	
炭素鋼	JIS G 3101 JIS G 4051	SS 400 S 20 C	JIS G 3201 JIS G 3202	SF 390 A SFVC 1	JIS G 5101 JIS G 5151	SC 410 SCPH 1	001
	JIS G 4051	S 25 C	JIS G 3201	SF 440 A	JIS G 5101	SC 480	002
	–	–	JIS G 3202	SFVC 2 A	JIS G 5151	SCPH 2	003 a
低合金鋼	–	–	JIS G 3203	SFVAF 1	JIS G 5151	SCPH 11	013 a
	–	–	JIS G 3203	SFVAF 11 A	JIS G 5151	SCPH 21	015 a
ステンレス鋼	JIS G 4304 JIS G 4305	SUS 304 SUS 304	JIS G 3214	SUS F 304	JIS G 5121	SCS 13 A	021 a
	–	–	–	–	JIS G 5121	SCS 19 A	021 b
	JIS G 4304 JIS G 4305	SUS 316 SUS 316	JIS G 3214	SUS F 316	JIS G 5121	SCS 14 A	022 a
	–	–	–	–	JIS G 5121	SCS 16 A	022 b
	JIS G 4304 JIS G 4305	SUS 304 L SUS 304 L	JIS G 3214	SUS F 304 L	–	–	023 a
	JIS G 4304 JIS G 4305	SUS 316 L SUS 316 L	JIS G 3214	SUS F 316 L	–	–	023 b

備考 1.　JIS G 3101 の SS 400 並びに JIS G 3201 の SF 390 A 及び SF 440 A は，炭素含有量 0.35 %以下のものとする。

2.　JIS G 4051 の S 20 C 及び S 25 C は，JIS G 0303 によって検査を行い，S 20 C は引張強さが 400 N/mm²以上，S 25 C は引張強さが 440 N/mm²以上とする。

付表 1 圧力-温度基準

単位 MPa

呼び圧力	材料グループ番号		最高使用圧力									
			区分	流体の温度 ℃								
	規定材料	参考材料		T_L~120	220	300	350	400	425	450	475	490
5 K	001, 002, 003 a	1.1	Ⅰ	0.7	0.6	0.5	—	—	—	—	—	—
			Ⅱ	0.5	0.5	0.5	—	—	—	—	—	—
			Ⅲ	0.5	—	—	—	—	—	—	—	—
	021 a, 021 b, 022 a, 022 b	2.1, 2.2	Ⅰ	0.7	0.6	0.5	—	—	—	—	—	—
			Ⅱ	0.5	0.5	0.5	—	—	—	—	—	—
			Ⅲ	0.5	—	—	—	—	—	—	—	—
	023 a, 023 b	2.3	Ⅰ	0.7	0.6	0.5	—	—	—	—	—	—
			Ⅱ	0.5	0.5	0.5	—	—	—	—	—	—
			Ⅲ	0.5	—	—	—	—	—	—	—	—
10 K	001, 002, 003 a	1.1	Ⅰ	1.4	1.2	1.0	—	—	—	—	—	—
			Ⅱ	1.0	1.0	1.0	—	—	—	—	—	—
			Ⅲ	1.0	—	—	—	—	—	—	—	—
	021 a, 021 b, 022 a, 022 b	2.1, 2.2	Ⅰ	1.4	1.2	1.0	—	—	—	—	—	—
			Ⅱ	1.0	1.0	0.9	—	—	—	—	—	—
			Ⅲ	1.0	—	—	—	—	—	—	—	—
	023 a, 023 b	2.3	Ⅰ	1.4	1.2	1.0	—	—	—	—	—	—
			Ⅱ	1.0	0.9	0.8	—	—	—	—	—	—
			Ⅲ	1.0	—	—	—	—	—	—	—	—
16 K	002, 003 a	1.1	Ⅰ	2.7	2.5	2.3	2.1	1.8	1.6	—	—	—
			Ⅱ	1.6	1.6	1.6	—	—	—	—	—	—
			Ⅲ	1.6	—	—	—	—	—	—	—	—
	021 a, 021 b, 022 a, 022 b	2.1, 2.2	Ⅰ	2.7	2.5	2.3	2.1	1.8	1.6	—	—	—
			Ⅱ	1.6	1.6	1.6	1.6	1.5	1.5	—	—	—
			Ⅲ	1.6	—	—	—	—	—	—	—	—
	023 a, 023 b	2.3	Ⅰ	2.7	2.5	2.3	2.1	1.8	1.6	—	—	—
			Ⅱ	1.6	1.6	1.5	1.4	1.3	1.3	—	—	—
			Ⅲ	1.6	—	—	—	—	—	—	—	—

付表 1　圧力-温度基準（続き）

単位 MPa

呼び圧力	材料グループ番号 規定材料	参考材料	区分	T_L~120	220	300	350	400	425	450	475	490
20 K	002，003 a	1.1	I	3.4	3.1	2.9	2.6	2.3	2.0	—	—	—
			II	2.0	2.0	2.0	—	—	—	—	—	—
			III	2.0	—	—	—	—	—	—	—	—
	021 a，021 b，022 a，022 b	2.1，2.2	I	3.4	3.1	2.9	2.6	2.3	2.0	—	—	—
			II	2.0	2.0	2.0	2.0	1.9	1.9	—	—	—
			III	2.0	—	—	—	—	—	—	—	—
	023 a，023 b	2.3	I	3.4	3.1	2.9	2.6	2.3	2.0	—	—	—
			II	2.0	2.0	1.9	1.7	1.7	1.7	—	—	—
			III	2.0	—	—	—	—	—	—	—	—
30 K	002，003 a	1.1	I	5.1	4.6	4.3	3.9	3.4	3.0	—	—	—
			II	3.9	3.9	3.9	—	—	—	—	—	—
	013 a	1.5	I	5.1	4.6	4.3	3.9	3.8	3.6	3.4	3.0	—
			II	3.9	3.9	3.9	3.9	3.7	3.6	3.4	3.0	—
	015 a	1.9	I	5.1	4.6	4.3	3.9	3.8	3.6	3.4	3.2	3.0
			II	3.9	3.9	3.9	3.9	3.8	3.6	3.4	3.2	2.9
	021 a，021 b，022 a，022 b	2.1，2.2	I	5.1	4.6	4.3	3.9	3.8	3.6	3.4	3.2	3.0
			II	3.9	3.6	3.4	3.0	2.5	2.3	2.3	2.3	2.3
			III	3.9	—	—	—	—	—	—	—	—
	023 a，023 b	2.3	I	5.1	4.6	4.3	3.9	3.8	3.6	3.4	—	—
			II	3.5	3.0	2.9	2.6	2.1	2.0	2.0	—	—
			III	3.5	—	—	—	—	—	—	—	—

（最高使用圧力／流体の温度 ℃）

付表 2 フランジの呼び径及び圧力-温度基準の適用

呼び圧力		5K																					
材料グループ番号		001, 002, 003 a								021 a, 021 b, 022 a, 022 b							023 a, 023 b						
		1.1								2.1, 2.2							2.3						
フランジの種類		SOP	SOH	SW	LJ	TR	WN	IT	BL	SOP	SOH	SW	TR	WN	IT	BL	SOP	SOH	SW	TR	WN	IT	BL
呼び径 A	10	I	–	I	–	I	I	I	I	I	–	I	I	I	I	I	I	–	I	I	I	I	I
	15	I	–	I	I	I	I	I	I	I	–	I	I	I	I	I	I	–	I	I	I	I	I
	20	I	–	I	I	I	I	I	I	I	–	I	I	I	I	I	I	–	I	I	I	I	I
	25	I	–	I	I	I	I	I	I	I	–	I	I	I	I	I	I	–	I	I	I	I	I
	32	I	–	I	I	I	I	I	I	I	–	I	I	I	I	I	I	–	I	I	I	I	I
	40	I	–	I	I	I	I	I	I	I	–	I	I	I	I	I	I	–	I	I	I	I	I
	50	I	–	I	I	I	I	I	I	I	–	I	I	I	I	I	I	–	I	I	I	I	I
	65	I	–	I	I	I	I	I	I	I	–	I	I	I	I	I	I	–	I	I	I	I	I
	80	I	–	I	I	I	I	I	I	I	–	I	I	I	I	I	I	–	I	I	I	I	I
	90	I	–	–	I	–	I	I	I	I	–	–	–	I	I	I	I	–	–	–	I	I	I
	100	I	–	–	I	I	I	I	I	I	–	–	I	I	I	I	I	–	–	I	I	I	I
	125	I	–	–	I	I	I	I	I	I	–	–	I	I	I	I	I	–	–	I	I	I	I
	150	I	–	–	I	I	I	I	I	I	–	–	I	I	I	I	I	–	–	I	I	I	I
	175	I	–	–	–	–	I	I	I	I	–	–	–	I	I	I	I	–	–	–	I	I	I
	200	I	–	–	I	–	I	I	I	I	–	–	–	I	I	I	I	–	–	–	I	I	I
	225	I	–	–	–	–	I	I	I	I	–	–	–	I	I	I	I	–	–	–	I	I	I
	250	I	–	–	I	–	I	I	I	I	–	–	–	I	I	I	I	–	–	–	I	I	I
	300	I	–	–	I	–	I	I	I	I	–	–	–	I	I	I	I	–	–	–	I	I	I
	350	I	–	–	I	–	I	I	I	I	–	–	–	I	I	I	I	–	–	–	I	I	I
	400	I	–	–	I	–	I	I	I	I	–	–	–	I	I	I	I	–	–	–	I	I	I
	450	I	I	–	I	–	I	I	I	I	I	–	–	I	I	I	I	I	–	–	I	I	I
	500	I	I	–	I	–	I	I	I	I	I	–	–	I	I	I	I	I	–	–	I	I	II
	550	I	I	–	I	–	I	I	I	I	I	–	–	I	I	I	I	I	–	–	I	I	III
	600	I	I	–	I	–	I	I	II	I	I	–	–	I	I	II	I	I	–	–	I	I	III
	650	I	I	–	–	–	I	I	II	I	I	–	–	I	I	II	I	I	–	–	I	I	III
	700	I	I	–	–	–	I	I	II	I	I	–	–	I	I	II	I	I	–	–	I	I	III
	750	I	I	–	–	–	I	I	II	I	I	–	–	I	I	II	I	I	–	–	I	I	III
	800	I	I	–	–	–	I	I	II	I	I	–	–	I	I	II	I	I	–	–	I	I	III
	850	I	I	–	–	–	I	I	II	I	I	–	–	I	I	II	I	I	–	–	I	I	III
	900	I	I	–	–	–	I	I	II	I	I	–	–	I	I	III	I	I	–	–	I	I	III
	1 000	I	I	–	–	–	I	I	II	I	I	–	–	I	I	III	I	I	–	–	I	I	III
	1 100	I	I	–	–	–	I	I	II	I	I	–	–	I	I	III	I	I	–	–	I	I	III
	1 200	I	I	–	–	–	I	I	II	I	I	–	–	I	I	III	I	I	–	–	I	I	III
	1 350	I	I	–	–	–	I	I	II	I	I	–	–	I	I	III	II	II	–	–	I	I	III
	1 500	I	I	–	–	–	I	I	II	I	I	–	–	I	I	III	II	II	–	–	I	I	III

付表2 フランジの呼び径及び圧力-温度基準の適用（続き）

呼び圧力	10 K																					
材料グループ番号	001, 002, 003 a								021 a, 021 b, 022 a, 022 b							023 a, 023 b						
	1.1								2.1, 2.2							2.3						
フランジの種類	SOP	SOH	SW	LJ	TR	WN	IT	BL	SOP	SOH	SW	TR	WN	IT	BL	SOP	SOH	SW	TR	WN	IT	BL
呼び径 A 10	I	–	I	–	I	I	I	I	I	–	I	I	I	I	I	I	–	I	I	I	I	I
15	I	–	I	I	I	I	I	I	I	–	I	I	I	I	I	I	–	I	I	I	I	I
20	I	–	I	I	I	I	I	I	I	–	I	I	I	I	I	I	–	I	I	I	I	I
25	I	–	I	I	I	I	I	I	I	–	I	I	I	I	I	I	–	I	I	I	I	I
32	I	–	I	I	I	I	I	I	I	–	I	I	I	I	I	I	–	I	I	I	I	I
40	I	–	I	I	I	I	I	I	I	–	I	I	I	I	I	I	–	I	I	I	I	I
50	I	–	I	I	I	I	I	I	I	–	I	I	I	I	I	I	–	I	I	I	I	I
65	I	–	I	I	I	I	I	I	I	–	I	I	I	I	I	I	–	I	I	I	I	I
80	I	–	I	I	I	I	I	I	I	–	I	I	I	I	I	I	–	I	I	I	I	I
90	I	–	–	I	–	I	I	I	I	–	–	–	I	I	I	I	–	–	–	I	I	I
100	I	–	–	I	I	I	I	I	I	–	–	I	I	I	I	I	–	–	I	I	I	I
125	I	–	–	I	I	I	I	I	I	–	–	I	I	I	I	I	–	–	I	I	I	I
150	I	–	–	I	I	I	I	I	I	–	–	I	I	I	I	I	–	–	I	I	I	I
175	I	–	–	–	–	I	I	I	I	–	–	–	I	I	I	I	–	–	–	I	I	I
200	I	–	–	I	–	I	I	I	I	–	–	–	I	I	I	I	–	–	–	I	I	I
225	I	–	–	–	–	I	I	I	I	–	–	–	I	I	I	I	–	–	–	I	I	I
250	I	I	–	I	–	I	I	I	I	I	–	–	I	I	I	I	I	–	–	I	I	I
300	I	I	–	I	–	I	I	I	I	I	–	–	I	I	I	I	I	–	–	I	I	I
350	I	I	–	I	–	I	I	I	I	I	–	–	I	I	I	I	I	–	–	I	I	I
400	I	I	–	I	–	I	I	I	I	I	–	–	I	I	I	I	I	–	–	I	I	II
450	I	I	–	I	–	I	I	I	I	I	–	–	I	I	I	I	I	–	–	I	I	II
500	I	I	–	I	–	I	I	II	I	I	–	–	I	I	II	I	I	–	–	I	I	III
550	I	I	–	I	–	I	I	II	I	I	–	–	I	I	II	I	I	–	–	I	I	III
600	I	I	–	I	–	I	I	II	I	I	–	–	I	I	II	II	II	–	–	I	I	III
650	I	I	–	–	–	I	I	II	I	I	–	–	I	I	II	II	II	–	–	I	I	III
700	I	I	–	–	–	I	I	II	I	I	–	–	I	I	II	II	II	–	–	I	I	III
750	I	I	–	–	–	I	I	II	I	I	–	–	I	I	II	II	II	–	–	I	I	III
800	I	I	–	–	–	I	I	II	II	II	–	–	I	I	III	II	II	–	–	I	I	III
850	I	I	–	–	–	I	I	II	II	II	–	–	I	I	III	II	II	–	–	II	II	III
900	I	I	–	–	–	I	I	II	II	II	–	–	I	I	III	II	II	–	–	II	II	III
1 000	I	I	–	–	–	I	I	II	II	II	–	–	I	I	III	II	II	–	–	II	II	III
1 100	II	I	–	–	–	I	I	II	II	II	–	–	I	I	III	II	II	–	–	II	II	III
1 200	II	I	–	–	–	I	I	II	II	II	–	–	I	I	III	III	II	–	–	II	II	III
1 350	II	I	–	–	–	I	I	II	II	II	–	–	I	I	III	III	II	–	–	II	II	III
1 500	II	I	–	–	–	I	I	II	II	II	–	–	I	I	III	III	II	–	–	II	II	III

付表 2　フランジの呼び径及び圧力-温度基準の適用（続き）

呼び圧力	16 K																		
材料グループ番号	002, 003 a							021 a, 021 b, 022 a, 022 b						023 a, 023 b					
	1.1							2.1, 2.2						2.3					
フランジの種類	SOH	SW	LJ	TR	WN	IT	BL	SOH	SW	TR	WN	IT	BL	SOH	SW	TR	WN	IT	BL
呼び径 A 10	I	I	–	I	I	I	I	I	I	I	I	I	I	I	I	I	I	I	I
15	I	I	I	I	I	I	I	I	I	I	I	I	I	I	I	I	I	I	I
20	I	I	I	I	I	I	I	I	I	I	I	I	I	I	I	I	I	I	I
25	I	I	I	I	I	I	I	I	I	I	I	I	I	I	I	I	I	I	I
32	I	I	I	I	I	I	I	I	I	I	I	I	I	I	I	I	I	I	I
40	I	I	I	I	I	I	I	I	I	I	I	I	I	I	I	I	I	I	I
50	I	I	I	I	I	I	I	I	I	I	I	I	I	I	I	I	I	I	I
65	I	I	I	I	I	I	I	I	I	I	I	I	I	I	I	I	I	I	I
80	I	I	I	I	I	I	I	I	I	I	I	I	I	I	I	I	I	I	I
90	I	–	I	–	I	I	I	I	–	–	I	I	I	I	–	–	I	I	I
100	I	–	I	I	I	I	I	I	–	I	I	I	I	I	–	I	I	I	I
125	I	–	I	I	I	I	I	I	–	I	I	I	I	I	–	I	I	I	I
150	I	–	I	I	I	I	I	I	–	I	I	I	I	I	–	I	I	I	I
200	I	–	I	–	I	I	I	I	–	–	I	I	I	I	–	–	I	I	I
250	I	–	I	–	I	I	I	I	–	–	I	I	II	II	–	–	II	II	II
300	I	–	I	–	I	I	I	I	–	–	I	I	II	II	–	–	II	II	II
350	I	–	I	–	I	I	I	I	–	–	I	I	II	II	–	–	II	II	II
400	I	–	I	–	I	I	I	I	–	–	I	I	II	II	–	–	II	II	II
450	I	–	I	–	I	I	I	II	–	–	I	I	II	II	–	–	II	II	III
500	I	–	I	–	I	I	II	II	–	–	I	I	III	II	–	–	II	II	III
550	I	–	I	–	I	I	II	II	–	–	I	I	III	II	–	–	II	II	III
600	I	–	I	–	I	I	II	II	–	–	I	I	III	II	–	–	II	II	III

付表 2　フランジの呼び径及び圧力-温度基準の適用（続き）

呼び圧力	20 K																		
材料グループ番号	002, 003 a							021 a, 021 b, 022 a, 022 b						023 a, 023 b					
	1.1							2.1, 2.2						2.3					
フランジの種類	SOH	SW	LJ	TR	WN	IT	BL	SOH	SW	TR	WN	IT	BL	SOH	SW	TR	WN	IT	BL
呼び径 A　10	I	I	—	I	I	I	I	I	I	I	I	I	I	I	I	I	I	I	I
15	I	I	I	I	I	I	I	I	I	I	I	I	I	I	I	I	I	I	I
20	I	I	I	I	I	I	I	I	I	I	I	I	I	I	I	I	I	I	I
25	I	I	I	I	I	I	I	I	I	I	I	I	I	I	I	I	I	I	I
32	I	I	I	I	I	I	I	I	I	I	I	I	I	I	I	I	I	I	I
40	I	I	I	I	I	I	I	I	I	I	I	I	I	I	I	I	I	I	I
50	I	I	I	I	I	I	I	I	I	I	I	I	I	I	I	I	I	I	I
65	I	I	I	I	I	I	I	I	I	I	I	I	I	I	I	I	I	I	I
80	I	I	I	I	I	I	I	I	I	I	I	I	I	I	I	I	I	I	I
90	I	—	I	—	I	I	I	I	—	—	I	I	I	I	—	—	I	I	I
100	I	—	I	I	I	I	I	I	—	I	I	I	I	I	—	I	I	I	I
125	I	—	I	I	I	I	I	I	—	I	I	I	I	I	—	I	I	I	I
150	I	—	I	I	I	I	I	I	—	I	I	I	I	II	—	I	I	I	II
200	I	—	I	—	I	I	I	I	—	—	I	I	I	II	—	—	I	I	II
250	I	—	I	—	I	I	I	II	—	—	I	I	II	II	—	—	I	I	II
300	I	—	I	—	I	I	I	II	—	—	I	I	II	II	—	—	I	I	III
350	I	—	I	—	I	I	I	II	—	—	I	I	II	II	—	—	I	I	III
400	I	—	I	—	I	I	I	II	—	—	I	I	II	II	—	—	I	I	III
450	I	—	I	—	I	I	II	II	—	—	I	I	II	II	—	—	I	I	III
500	I	—	I	—	I	I	II	II	—	—	I	I	III	II	—	—	I	I	III
550	I	—	I	—	I	I	II	II	—	—	I	I	III	II	—	—	I	I	III
600	I	—	I	—	I	I	II	II	—	—	I	I	III	II	—	—	I	I	III

C

付表2 フランジの呼び径及び圧力-温度基準の適用（続き）

呼び圧力		30 K																			
材料グループ番号		002, 003 a				013 a				015 a				021 a, 021 b, 022 a, 022 b				023 a, 023 b			
		1.1				1.5				1.9				2.1, 2.2				2.3			
フランジの種類		SOH	WN	IT	BL	SOH	WN	IT	BL	SOH	WN	IT	BL	SOH	WN	IT	BL	SOH	WN	IT	BL
呼び径	10	I	–	–	I	I	–	–	I	I	–	–	I	I	–	–	I	I	–	–	I
	15	I	I	I	I	I	I	I	I	I	I	I	I	I	I	I	I	I	I	I	I
	20	I	I	I	I	I	I	I	I	I	I	I	I	I	I	I	I	I	I	I	I
	25	I	I	I	I	I	I	I	I	I	I	I	I	I	I	I	I	I	I	I	I
A	32	I	I	I	I	I	I	I	I	I	I	I	I	I	I	I	I	I	I	I	I
	40	I	I	I	I	I	I	I	I	I	I	I	I	I	I	I	I	I	I	I	II
	50	I	I	I	I	I	I	I	I	I	I	I	I	I	I	I	II	I	I	I	II
	65	I	I	I	I	I	I	I	I	I	I	I	I	I	I	I	II	I	I	I	II
	80	I	I	I	I	I	I	I	I	I	I	I	I	I	I	I	II	I	I	I	II
	90	I	I	I	I	I	I	I	I	I	I	I	I	I	I	I	II	I	I	I	II
	100	I	I	I	I	I	I	I	I	I	I	I	I	I	I	I	II	I	I	I	II
	125	I	I	I	I	I	I	I	I	I	I	I	I	I	I	I	II	I	I	I	II
	150	I	I	I	I	I	I	I	I	I	I	I	I	I	I	I	II	II	I	I	II
	200	I	I	I	I	I	I	I	I	I	I	I	I	II	I	I	II	II	I	I	II
	250	I	I	I	I	I	I	I	I	I	I	I	I	II	I	I	II	II	I	I	II
	300	I	I	I	II	I	I	I	I	I	I	I	I	II	I	I	II	II	I	I	III
	350	I	I	I	II	I	I	I	II	I	I	I	I	II	I	I	III	II	I	I	III
	400	I	I	I	II	I	I	I	II	I	I	I	II	II	I	I	III	II	I	I	III

付表3　呼び圧力5Kフランジの寸法

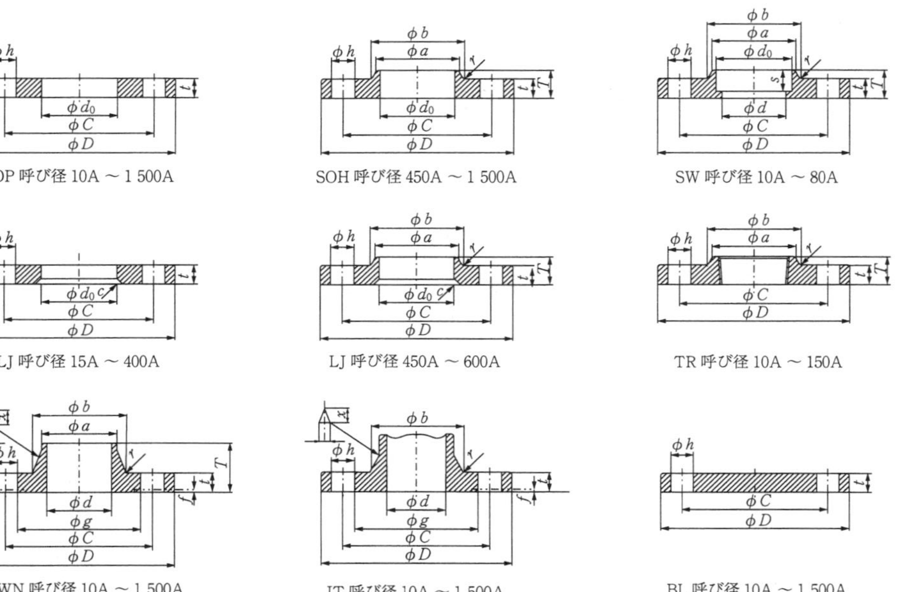

付表3 呼び圧力5Kフランジ寸法

単位 mm

呼び径	接合寸法					内径				ソケットの深さ	ねじの呼び	平面座	
	フランジの外径	ボルト穴中心円の径	ボルト穴の径	ボルトの本数	ボルトのねじの呼び				(参考)			径	高さ
	D	C	h			d_0	d_0	d	d	S		g	f
A	SOP, SOH, SW, LJ, TR, WN, IT, BL					SOP, SOH, SW	LJ	SW, WN	IT	SW	TR	WN, IT	
10	75	55	12	4	M 10	17.8	—	12.7	10	10	Rc 3/8	39	1
15	80	60	12	4	M 10	22.2	23.4	16.1	15	10	Rc 1/2	44	1
20	85	65	12	4	M 10	27.7	28.9	21.6	20	13	Rc 3/4	49	1
25	95	75	12	4	M 10	34.5	35.6	27.6	25	13	Rc 1	59	1
32	115	90	15	4	M 12	43.2	44.3	35.7	32	13	Rc 1 1/4	70	2
40	120	95	15	4	M 12	49.1	50.4	41.6	40	13	Rc 1 1/2	75	2
50	130	105	15	4	M 12	61.1	62.7	52.9	50	16	Rc 2	85	2
65	155	130	15	4	M 12	77.1	78.7	67.9	65	16	Rc 2 1/2	110	2
80	180	145	19	4	M 16	90.0	91.6	80.7	80	16	Rc 3	121	2
90	190	155	19	4	M 16	102.6	104.1	93.2	90	—	—	131	2
100	200	165	19	8	M 16	115.4	116.9	105.3	100	—	Rc 4	141	2
125	235	200	19	8	M 16	141.2	143.0	130.8	125	—	Rc 5	176	2
150	265	230	19	8	M 16	166.6	168.4	155.2	150	—	Rc 6	206	2
175	300	260	23	8	M 20	192.1	—	180.1	175	—	—	232	2
200	320	280	23	8	M 20	218.0	219.5	204.7	200	—	—	252	2
225	345	305	23	12	M 20	243.7	—	229.4	225	—	—	277	2
250	385	345	23	12	M 20	269.5	271.7	254.2	250	—	—	317	2
300	430	390	23	12	M 20	321.0	322.8	304.7	300	—	—	360	3
350	480	435	25	12	M 22	358.1	360.2	339.8	340	—	—	403	3
400	540	495	25	16	M 22	409	411.2	390.6	400	—	—	463	3
450	605	555	25	16	M 22	460	462.3	441.4	450	—	—	523	3
500	655	605	25	20	M 22	511	514.4	492.2	500	—	—	573	3
550	720	665	27	20	M 24	562	565.2	543.0	550	—	—	630	3
600	770	715	27	20	M 24	613	616.0	593.8	600	—	—	680	3
650	825	770	27	24	M 24	664	—	644.6	650	—	—	735	3
700	875	820	27	24	M 24	715	—	695.4	700	—	—	785	3
750	945	880	33	24	M 30	766	—	746.2	750	—	—	840	3
800	995	930	33	24	M 30	817	—	797.0	800	—	—	890	3
850	1 045	980	33	24	M 30	868	—	847.8	850	—	—	940	3
900	1 095	1 030	33	24	M 30	919	—	898.6	900	—	—	990	3
1 000	1 195	1 130	33	28	M 30	1 021	—	1 000.2	1 000	—	—	1 090	3
1 100	1 305	1 240	33	28	M 30	1 122	—	1 098.6	1 100	—	—	1 200	3
1 200	1 420	1 350	33	32	M 30	1 224	—	1 200.2	1 200	—	—	1 305	3
1 350	1 575	1 505	33	32	M 30	1 376	—	1 346.2	1 350	—	—	1 460	3
1 500	1 730	1 660	33	36	M 30	1 529	—	1 498.6	1 500	—	—	1 615	3

付表3　呼び圧力5Kフランジ寸法(続き)

単位 mm

呼び径	フランジの厚さ		ハブの径 小径側		ハブの径 大径側		ハブのテーパ		フランジの全長		面取り	すみ肉の半径		WNの代替寸法	
								最小						フランジの厚さ	ハブのテーパ
	t	t	a	a	b	b	x	x	T	T	c	r	r	t	x
A	BL以外	BL	SOH, SW, LJ, TR	WN	SOH, SW, LJ, TR	WN, IT	WN	IT	SOH, SW, LJ, TR	WN	LJ	SOH, SW, LJ, TR	WN, IT	WN	
10	9	9	23	17.3	26	26	1.25	1.25	13	24	—	4	4	—	—
15	9	9	27	21.7	30	31	1.25	1.25	13	25	3	4	4	—	—
20	10	10	33	27.2	36	38	1.25	1.25	15	28	3	4	4	—	—
25	10	10	41	34.0	44	46	1.25	1.25	17	30	3	4	4	—	—
32	12	12	50	42.7	53	55	1.25	1.25	19	33	4	4	4	—	—
40	12	12	56	48.6	60	62	1.25	1.25	20	34	4	4	4	—	—
50	14	14	69	60.5	73	73	1.25	1.25	24	36	4	4	4	—	—
65	14	14	86	76.3	91	91	1.25	1.25	27	39	5	4	4	—	—
80	14	14	99	89.1	105	105	1.25	1.25	30	41	5	4	4	—	—
90	14	14	—	101.6	—	117	1.25	1.25	—	41	5	—	4	—	—
100	16	16	127	114.3	130	128	1.25	1.25	36	41	5	4	4	—	—
125	16	16	154	139.8	161	156	1.25	1.25	40	43	6	4	4	—	—
150	18	18	182	165.2	189	184	1.25	1.25	40	49	6	4	4	—	—
175	18	18	—	190.7	—	209	1.25	1.25	—	49	—	—	4	—	—
200	20	20	—	216.3	—	235	1.25	1.25	—	53	6	—	4	—	—
225	20	20	—	241.8	—	261	1.25	1.25	—	54	—	—	4	—	—
250	22	22	—	267.4	—	290	1.25	1.25	—	61	6	—	4	—	—
300	22	22	—	318.5	—	342	1.25	1.25	—	62	9	—	4	—	—
350	24	24	—	355.6	—	385	1.25	1.25	—	73	9	—	4	—	—
400	24	24	—	406.4	—	438	1.25	1.25	—	76	9	—	4	—	—
450	24	24	495	457.2	500	491	1.25	1.25	40	79	9	5	5	—	—
500	24	24	546	508.0	552	541	1.25	1.25	40	79	9	5	5	—	—
550	26	26	597	558.8	603	593	1.25	1.25	42	81	9	5	5	—	—
600	26	26	648	609.6	654	643	1.25	1.25	44	81	9	5	5	—	—
650	26	28	702	660.4	708	698	1.25	1.25	48	85	—	5	5	—	—
700	26	30	751	711.2	758	748	1.5	1.5	48	94	—	5	5	36	1.25
750	28	32	802	762.0	810	802	1.5	1.5	52	100	—	5	5	38	1.25
800	28	34	854	812.8	862	852	1.5	1.5	52	100	—	5	5	38	1.25
850	28	36	904	863.6	912	902	1.75	1.75	54	108	—	5	5	38	1.5
900	30	36	956	914.4	964	952	1.75	1.75	56	108	—	5	5	40	1.5
1000	32	40	1058	1016.0	1066	1052	2	2	60	116	—	5	5	50	1.5
1100	32	44	1158	1117.6	1170	1162	2	2	71	136	—	7	8	56	1.5
1200	34	48	1260	1219.2	1272	1272	2	2	77	155	—	7	8	62	1.5
1350	34	54	1414	1371.6	1426	1427	2	2	80	164	—	7	8	62	1.5
1500	36	58	1568	1524.0	1580	1582	2	2	86	172	—	7	10	66	1.5

付表4　呼び圧力 10 K フランジの寸法

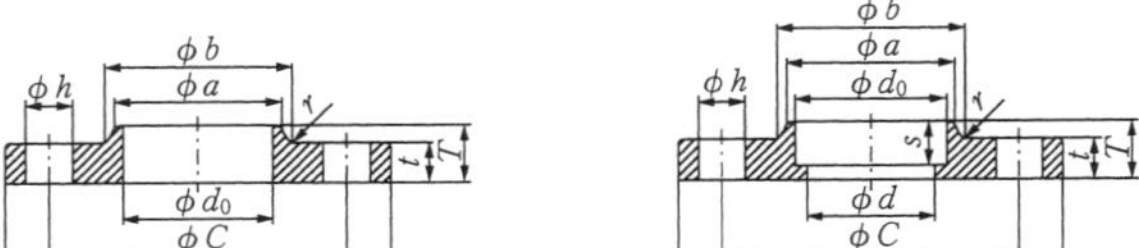
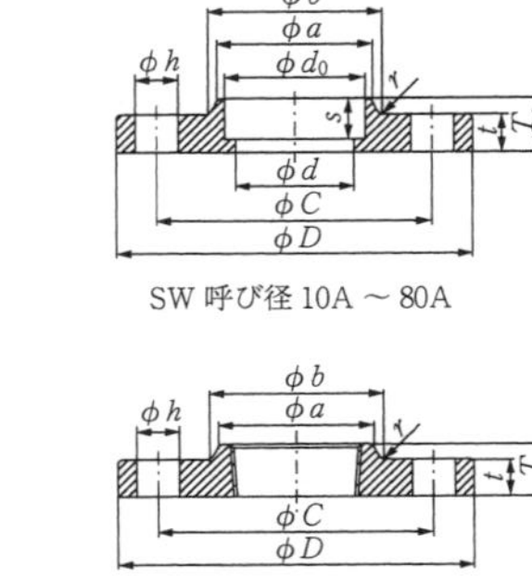
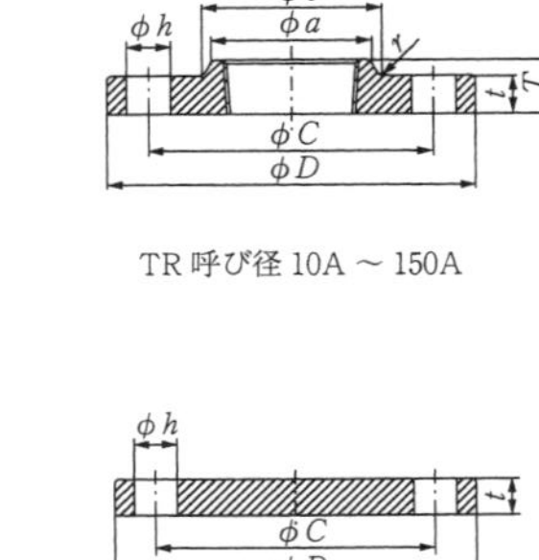
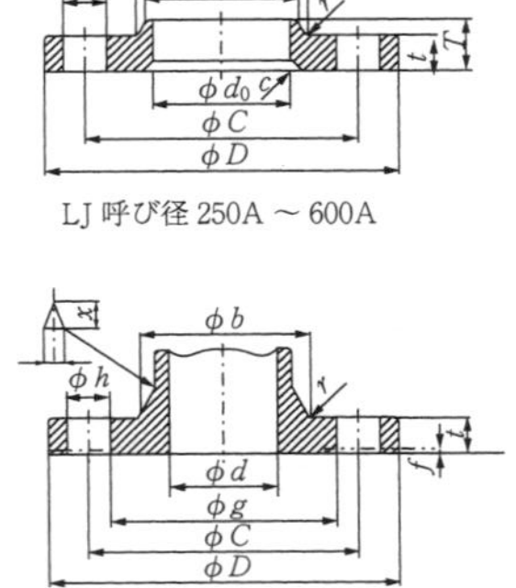
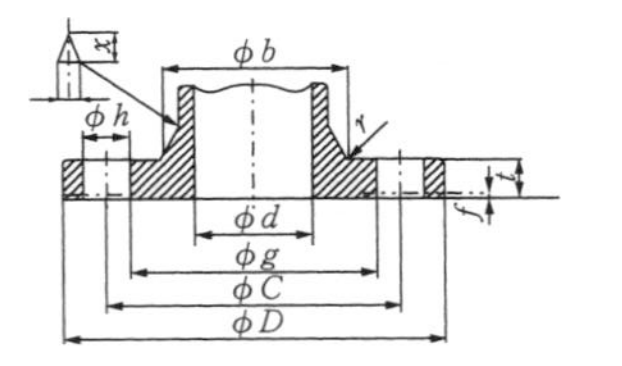
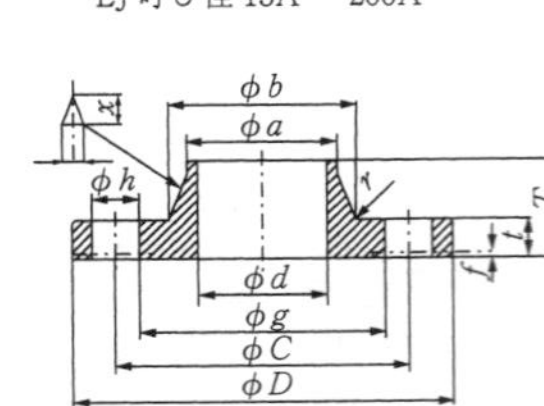
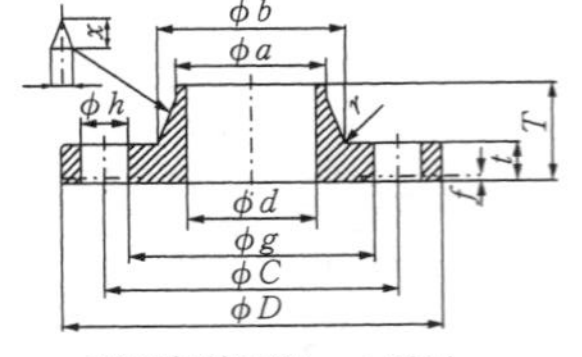

SOP 呼び径 10A ～ 1 500A

SOH 呼び径 250A ～ 1 500A

SW 呼び径 10A ～ 80A

LJ 呼び径 15A ～ 200A

LJ 呼び径 250A ～ 600A

TR 呼び径 10A ～ 150A

WN 呼び径 10A ～ 1 500A

IT 呼び径 10A ～ 1 500A

BL 呼び径 10A ～ 1 500A

付表4 呼び圧力 10 K フランジの寸法

単位 mm

呼び径	接合寸法					内径				ソケットの深さ	ねじの呼び	平面座	
	フランジの外径	ボルト穴中心円の径	ボルト穴の径	ボルトの本数	ボルトのねじの呼び				(参考)			径	高さ
	D	C	h			d_0	d_0	d	d	S		g	f
A	SOP, SOH, SW, LJ, TR, WN, IT, BL					SOP, SOH, SW	LJ	SW, WN	IT	SW	TR	WN, IT	
10	90	65	15	4	M 12	17.8	–	12.7	10	10	Rc 3/8	46	1
15	95	70	15	4	M 12	22.2	23.4	16.1	15	10	Rc 1/2	51	1
20	100	75	15	4	M 12	27.7	28.9	21.6	20	13	Rc 3/4	56	1
25	125	90	19	4	M 16	34.5	35.6	27.6	25	13	Rc 1	67	1
32	135	100	19	4	M 16	43.2	44.3	35.7	32	13	Rc 1 1/4	76	2
40	140	105	19	4	M 16	49.1	50.4	41.6	40	13	Rc 1 1/2	81	2
50	155	120	19	4	M 16	61.1	62.7	52.9	50	16	Rc 2	96	2
65	175	140	19	4	M 16	77.1	78.7	67.9	65	16	Rc 2 1/2	116	2
80	185	150	19	8	M 16	90.0	91.6	80.7	80	16	Rc 3	126	2
90	195	160	19	8	M 16	102.6	104.1	93.2	90	–	–	136	2
100	210	175	19	8	M 16	115.4	116.9	105.3	100	–	Rc 4	151	2
125	250	210	23	8	M 20	141.2	143.0	130.8	125	–	Rc 5	182	2
150	280	240	23	8	M 20	166.6	168.4	155.2	150	–	Rc 6	212	2
175	305	265	23	12	M 20	192.1	–	180.1	175	–	–	237	2
200	330	290	23	12	M 20	218.0	219.5	204.7	200	–	–	262	2
225	350	310	23	12	M 20	243.7	–	229.4	225	–	–	282	2
250	400	355	25	12	M 22	269.5	271.7	254.2	250	–	–	324	2
300	445	400	25	16	M 22	321.0	322.8	304.7	300	–	–	368	3
350	490	445	25	16	M 22	358.1	360.2	339.8	340	–	–	413	3
400	560	510	27	16	M 24	409	411.2	390.6	400	–	–	475	3
450	620	565	27	20	M 24	460	462.3	441.4	450	–	–	530	3
500	675	620	27	20	M 24	511	514.4	492.2	500	–	–	585	3
550	745	680	33	20	M 30	562	565.2	543.0	550	–	–	640	3
600	795	730	33	24	M 30	613	616.0	593.8	600	–	–	690	3
650	845	780	33	24	M 30	664	–	644.6	650	–	–	740	3
700	905	840	33	24	M 30	715	–	695.4	700	–	–	800	3
750	970	900	33	24	M 30	766	–	746.2	750	–	–	855	3
800	1 020	950	33	28	M 30	817	–	797.0	800	–	–	905	3
850	1 070	1 000	33	28	M 30	868	–	847.8	850	–	–	955	3
900	1 120	1 050	33	28	M 30	919	–	898.6	900	–	–	1 005	3
1 000	1 235	1 160	39	28	M 36	1 021	–	1 000.2	1 000	–	–	1 110	3
1 100	1 345	1 270	39	28	M 36	1 122	–	1 098.6	1 100	–	–	1 220	3
1 200	1 465	1 380	39	32	M 36	1 224	–	1 200.2	1 200	–	–	1 325	3
1 350	1 630	1 540	45	36	M 42	1 376	–	1 346.2	1 350	–	–	1 480	3
1 500	1 795	1 700	45	40	M 42	1 529	–	1 498.6	1 500	–	–	1 635	3

付表4　呼び圧力 10 K フランジの寸法（続き）

単位 mm

呼び径	フランジの厚さ		ハブの径 小径側		ハブの径 大径側		ハブのテーパ		フランジの全長		面取り	すみ肉の半径		WN の代替寸法	
								最小						フランジの厚さ	ハブのテーパ
	t	t	a	a	b	b	x	x	T	T	c	r	r	t	x
A	BL 以外	BL	SOH, SW, LJ, TR	WN	SOH, SW, LJ, TR	WN, IT	WN	IT	SOH, SW, LJ, TR	WN	LJ	SOH, SW, LJ, TR	WN, IT	WN	
10	12	12	23	17.3	26	28	1.25	1.25	16	29	—	4	4	—	—
15	12	12	27	21.7	30	33	1.25	1.25	16	31	3	4	4	—	—
20	14	14	33	27.2	36	38	1.25	1.25	20	32	3	4	4	—	—
25	14	14	41	34.0	44	47	1.25	1.25	20	36	3	4	4	—	—
32	16	16	50	42.7	53	56	1.25	1.25	22	38	4	4	4	—	—
40	16	16	56	48.6	60	62	1.25	1.25	24	38	4	4	4	—	—
50	16	16	69	60.5	73	75	1.25	1.25	24	40	4	4	4	—	—
65	18	18	86	76.3	91	92	1.25	1.25	27	44	5	4	4	—	—
80	18	18	99	89.1	105	105	1.25	1.25	30	45	5	4	5	—	—
90	18	18	—	101.6	—	117	1.25	1.25	—	45	5	—	5	—	—
100	18	18	127	114.3	130	130	1.25	1.25	36	45	5	4	5	—	—
125	20	20	154	139.8	161	156	1.25	1.25	40	47	6	4	5	—	—
150	22	22	182	165.2	189	184	1.25	1.25	40	53	6	4	5	—	—
175	22	22	—	190.7	—	210	1.25	1.25	—	55	—	—	5	—	—
200	22	22	—	216.3	—	238	1.25	1.25	—	58	6	—	5	—	—
225	22	22	—	241.8	—	261	1.25	1.25	—	58	—	—	5	—	—
250	24	24	288	267.4	292	292	1.25	1.25	36	65	6	6	6	—	—
300	24	24	340	318.5	346	345	1.25	1.25	38	68	9	6	6	—	—
350	26	26	380	355.6	386	388	1.25	1.25	42	79	9	6	6	—	—
400	28	28	436	406.4	442	442	1.25	1.25	44	85	9	6	6	—	—
450	30	30	496	457.2	502	495	1.25	1.25	48	90	9	6	6	—	—
500	30	30	548	508.0	554	546	1.5	1.5	48	99	9	6	6	40	1.25
550	32	34	604	558.8	610	597	1.75	1.75	52	111	9	6	6	42	1.5
600	32	36	656	609.6	662	648	1.75	1.75	52	112	9	6	6	42	1.5
650	34	38	706	660.4	712	700	1.75	1.75	56	116	—	6	6	44	1.5
700	34	40	762	711.2	770	754	2	2	58	132	—	6	6	56	1.5
750	36	44	816	762.0	824	807	2	2	62	139	—	6	6	60	1.5
800	36	46	868	812.8	876	858	2	2	64	139	—	6	6	60	1.5
850	36	48	920	863.6	928	908	2	2	66	139	—	6	6	60	1.5
900	38	50	971	914.4	979	959	2	2	70	140	—	6	6	62	1.5
1 000	40	56	1 073	1 016.0	1 081	1 065	2	2	74	151	—	6	6	66	1.5
1 100	42	62	1 175	1 117.6	1 185	1 174	2	2	95	170	—	8	10	72	1.5
1 200	44	66	1 278	1 219.2	1 290	1 281	2	2	101	182	—	8	10	76	1.5
1 350	48	74	1 432	1 371.6	1 450	1 438	2	2	110	200	—	8	10	82	1.5
1 500	50	82	1 585	1 524.0	1 605	1 598	2	2	123	218	—	8	12	88	1.5

付表5　呼び圧力 10 K 薄形フランジの寸法

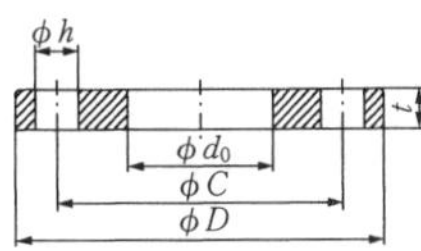

SOP 呼び径 10A ～ 350A

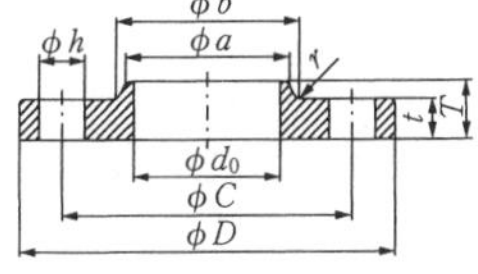

SOH 呼び径 400A

単位 mm

呼び径	接合寸法					内径	フランジの厚さ	ハブの径		フランジの全長	すみ肉の半径
	フランジの外径	ボルト穴中心円の径	ボルト穴の径	ボルトの本数	ボルトのねじの呼び						
	D	C	h			d_0	t	a	b	T	r
A	SOP, SOH					SOP, SOH	SOP, SOH	SOH		SOH	SOH
10	90	65	12	4	M 10	17.8	9	—	—	—	—
15	95	70	12	4	M 10	22.2	9	—	—	—	—
20	100	75	12	4	M 10	27.7	10	—	—	—	—
25	125	90	15	4	M 12	34.5	12	—	—	—	—
32	135	100	15	4	M 12	43.2	12	—	—	—	—
40	140	105	15	4	M 12	49.1	12	—	—	—	—
50	155	120	15	4	M 12	61.1	14	—	—	—	—
65	175	140	15	4	M 12	77.1	14	—	—	—	—
80	185	150	15	8	M 12	90.0	14	—	—	—	—
90	195	160	15	8	M 12	102.6	14	—	—	—	—
100	210	175	15	8	M 12	115.4	16	—	—	—	—
125	250	210	19	8	M 16	141.2	18	—	—	—	—
150	280	240	19	8	M 16	166.6	18	—	—	—	—
175	305	265	19	12	M 16	192.1	20	—	—	—	—
200	330	290	19	12	M 16	218.0	20	—	—	—	—
225	350	310	19	12	M 16	243.7	20	—	—	—	—
250	400	355	23	12	M 20	269.5	22	—	—	—	—
300	445	400	23	16	M 20	321.0	22	—	—	—	—
350	490	445	23	16	M 20	358.1	24	—	—	—	—
400	560	510	25	16	M 22	409	24	436	442	36	5

付表6　呼び圧力16Kフランジの寸法

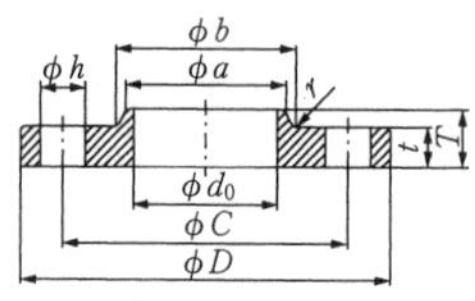

SOH 呼び径 10A ～ 600A

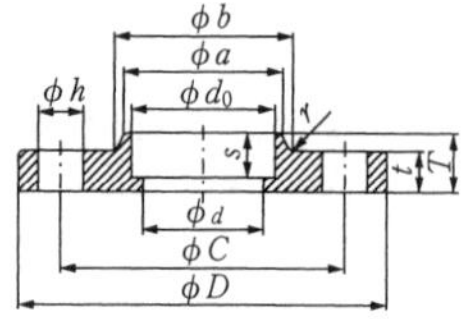

SW 呼び径 10A ～ 80A

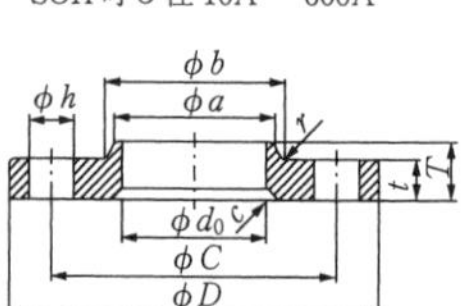

LJ 呼び径 15A ～ 600A

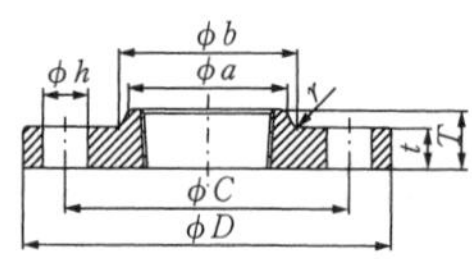

TR 呼び径 10A ～ 150A

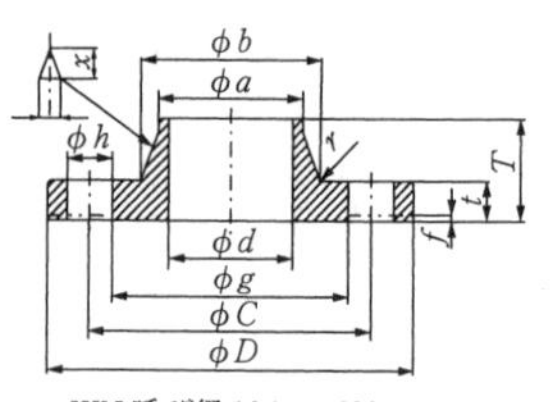

WN 呼び径 10A ～ 600A

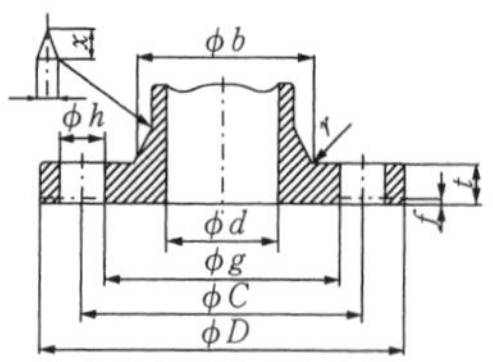

IT 呼び径 10A ～ 600A

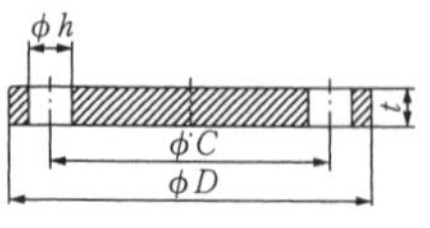

BL 呼び径 10A ～ 600A

付表6 呼び圧力16Kフランジの寸法

単位 mm

呼び径	接合寸法					内径				ソケットの深さ	ねじの呼び	平面座	
	フランジの外径	ボルト穴中心円の径	ボルト穴の径	ボルトの本数	ボルトのねじの呼び				(参考)			径	高さ
	D	C	h			d_0	d_0	d	d	S		g	f
A	SOH, SW, LJ, TR, WN, IT, BL					SOH, SW	LJ	SW, WN	IT	SW	TR	WN, IT	
10	90	65	15	4	M 12	17.8	—	12.7	10	10	Rc $\frac{3}{8}$	46	1
15	95	70	15	4	M 12	22.2	23.4	16.1	15	10	Rc $\frac{1}{2}$	51	1
20	100	75	15	4	M 12	27.7	28.9	21.4	20	13	Rc $\frac{3}{4}$	56	1
25	125	90	19	4	M 16	34.5	35.6	27.2	25	13	Rc 1	67	1
32	135	100	19	4	M 16	43.2	44.3	35.5	32	13	Rc 1$\frac{1}{4}$	76	2
40	140	105	19	4	M 16	49.1	50.4	41.2	40	13	Rc 1$\frac{1}{2}$	81	2
50	155	120	19	8	M 16	61.1	62.7	52.7	50	16	Rc 2	96	2
65	175	140	19	8	M 16	77.1	78.7	65.9	65	16	Rc 2$\frac{1}{2}$	116	2
80	200	160	23	8	M 20	90.0	91.6	78.1	80	16	Rc 3	132	2
90	210	170	23	8	M 20	102.6	104.1	90.2	90	—	—	145	2
100	225	185	23	8	M 20	115.4	116.9	102.3	100	—	Rc 4	160	2
125	270	225	25	8	M 22	141.2	143.0	126.6	125	—	Rc 5	195	2
150	305	260	25	12	M 22	166.6	168.4	151.0	150	—	Rc 6	230	2
200	350	305	25	12	M 22	218.0	219.5	199.9	200	—	—	275	2
250	430	380	27	12	M 24	269.5	271.7	248.8	250	—	—	345	2
300	480	430	27	16	M 24	321.0	322.8	297.9	300	—	—	395	3
350	540	480	33	16	M 30×3	358.1	360.2	333.4	335	—	—	440	3
400	605	540	33	16	M 30×3	409	411.2	381.0	380	—	—	495	3
450	675	605	33	20	M 30×3	460	462.3	431.8	430	—	—	560	3
500	730	660	33	20	M 30×3	511	514.4	482.6	480	—	—	615	3
550	795	720	39	20	M 36×3	562	565.2	533.4	530	—	—	670	3
600	845	770	39	24	M 36×3	613	616.0	584.2	580	—	—	720	3

付表 6　呼び圧力 16 K フランジの寸法（続き）

単位 mm

呼び径	フランジの厚さ	ハブの径 小径側		ハブの径 大径側		ハブのテーパ		フランジの全長			面取り	すみ肉の半径
							最小					
	t	a	a	b	b	x	x	T	T	T	c	r
A	SOH, SW, LJ, TR, WN, IT, BL	SOH, SW, LJ, TR	WN	SOH, SW, LJ, TR	WN, IT	WN	IT	SOH, SW, LJ	TR	WN	LJ	SOH, SW, LJ, TR, WN, IT
10	12	26	17.3	28	29	1.25	1.25	16	16	31	–	4
15	12	30	21.7	32	34	1.25	1.25	16	16	32	3	4
20	14	38	27.2	42	39	1.25	1.25	20	20	34	3	4
25	14	46	34.0	50	47	1.25	1.25	20	20	36	3	4
32	16	56	42.7	60	56	1.25	1.25	22	22	39	4	5
40	16	62	48.6	66	62	1.25	1.25	24	24	39	4	5
50	16	76	60.5	80	75	1.25	1.25	24	24	40	4	5
65	18	94	76.3	98	92	1.25	1.25	26	27	46	5	5
80	20	108	89.1	112	105	1.25	1.25	28	30	49	5	6
90	20	120	101.6	124	118	1.25	1.25	30	–	50	5	6
100	22	134	114.3	138	134	1.25	1.25	34	36	56	5	6
125	22	164	139.8	170	162	1.25	1.25	34	40	60	6	6
150	24	196	165.2	202	192	1.25	1.25	38	40	69	6	6
200	26	244	216.3	252	244	1.25	1.25	40	–	73	6	6
250	28	304	267.4	312	298	1.25	1.25	44	–	81	6	6
300	30	354	318.5	364	352	1.25	1.25	48	–	88	9	8
350	34	398	355.6	408	398	1.25	1.25	52	–	104	9	8
400	38	446	406.4	456	452	1.25	1.25	60	–	115	9	10
450	40	504	457.2	514	510	1.25	1.25	64	–	126	9	10
500	42	558	508.0	568	561	1.25	1.25	68	–	128	9	10
550	44	612	558.8	622	616	1.25	1.25	70	–	135	9	10
600	46	666	609.6	676	670	1.25	1.25	74	–	141	9	10

付表 7　呼び圧力 20 K フランジの寸法

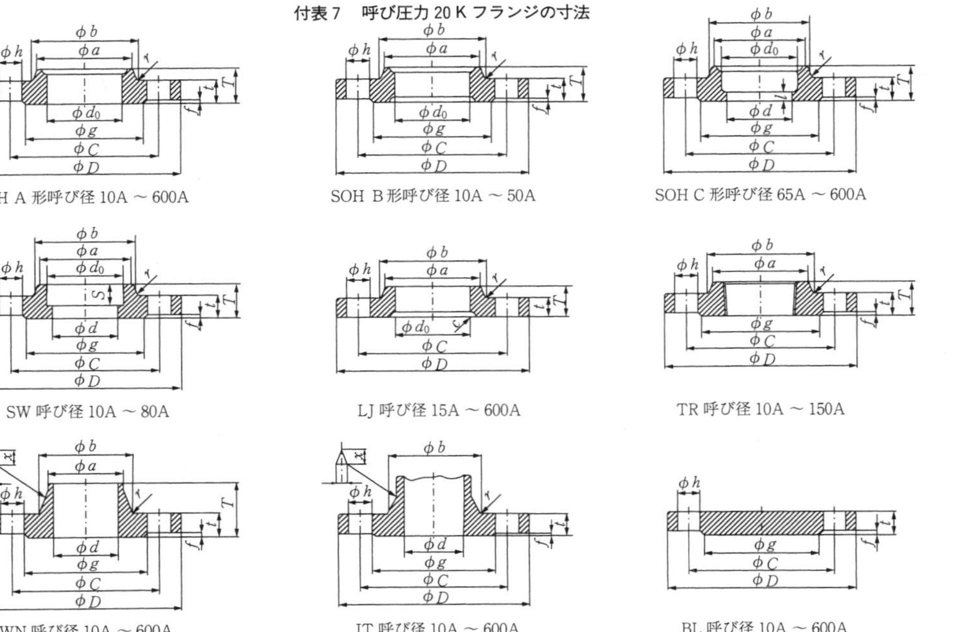

SOH A 形呼び径 10A ～ 600A

SOH B 形呼び径 10A ～ 50A

SOH C 形呼び径 65A ～ 600A

SW 呼び径 10A ～ 80A

LJ 呼び径 15A ～ 600A

TR 呼び径 10A ～ 150A

WN 呼び径 10A ～ 600A

IT 呼び径 10A ～ 600A

BL 呼び径 10A ～ 600A

付表 7 呼び圧力 20 K フランジの寸法

単位 mm

呼び径	接合寸法					内径				ソケットの深さ	ねじの呼び	平面座	
	フランジの外径	ボルト穴中心円の径	ボルト穴の径	ボルトの本数	ボルトのねじの呼び				(参考)			径	高さ
	D	C	h			d_0	d_0	d	d	S		g	f
A	SOH, SW, LJ, TR, WN, IT, BL					SOH, SW	LJ	SOH, SW, WN	IT	SW	TR	SOH, SW, TR, WN, IT, BL	
10	90	65	15	4	M 12	17.8	−	12.7	10	10	Rc $\frac{3}{8}$	46	1
15	95	70	15	4	M 12	22.2	23.4	16.1	15	10	Rc $\frac{1}{2}$	51	1
20	100	75	15	4	M 12	27.7	28.9	21.4	20	13	Rc $\frac{3}{4}$	56	1
25	125	90	19	4	M 16	34.5	35.6	27.2	25	13	Rc 1	67	1
32	135	100	19	4	M 16	43.2	44.3	35.5	32	13	Rc 1 $\frac{1}{4}$	76	2
40	140	105	19	4	M 16	49.1	50.4	41.2	40	13	Rc 1 $\frac{1}{2}$	81	2
50	155	120	19	8	M 16	61.1	62.7	52.7	50	16	Rc 2	96	2
65	175	140	19	8	M 16	77.1	78.7	65.9	65	16	Rc 2 $\frac{1}{2}$	116	2
80	200	160	23	8	M 20	90.0	91.6	78.1	80	16	Rc 3	132	2
90	210	170	23	8	M 20	102.6	104.1	90.2	90	−	−	145	2
100	225	185	23	8	M 20	115.4	116.9	102.3	100	−	Rc 4	160	2
125	270	225	25	8	M 22	141.2	143.0	126.6	125	−	Rc 5	195	2
150	305	260	25	12	M 22	166.6	168.4	151.0	150	−	Rc 6	230	2
200	350	305	25	12	M 22	218.0	219.5	199.9	200	−	−	275	2
250	430	380	27	12	M 24	269.5	271.7	248.8	250	−	−	345	2
300	480	430	27	16	M 24	321.0	322.8	297.9	300	−	−	395	3
350	540	480	33	16	M 30×3	358.1	360.2	333.4	335	−	−	440	3
400	605	540	33	16	M 30×3	409	411.2	381.0	380	−	−	495	3
450	675	605	33	20	M 30×3	460	462.3	431.8	430	−	−	560	3
500	730	660	33	20	M 30×3	511	514.4	482.6	480	−	−	615	3
550	795	720	39	20	M 36×3	562	565.2	533.4	530	−	−	670	3
600	845	770	39	24	M 36×3	613	616.0	584.2	580	−	−	720	3

付表7 呼び圧力 20 K フランジの寸法（続き）

単位 mm

呼び径	フランジの厚さ		ハブの径 小径側		ハブの径 大径側		ハブのテーパ		フランジの全長		面取り	すみ肉の半径	ストッパ
								最小					
	t	t	a	a	b	b	x	x	T	T	c	r	l
A	BL 以外	BL	SOH, SW, LJ, TR	WN	SOH, SW, LJ, TR	WN, IT	WN	IT	SOH, SW, LJ, TR	WN	LJ	SOH, SW, LJ, TR, WN, IT	SOH C 形
10	14	14	30	17.3	32	29	1.25	1.25	20	33	–	4	–
15	14	14	34	21.7	36	34	1.25	1.25	20	34	3	4	–
20	16	16	40	27.2	42	39	1.25	1.25	22	36	3	4	–
25	16	16	48	34.0	50	47	1.25	1.25	24	38	3	4	–
32	18	18	56	42.7	60	56	1.25	1.25	26	41	4	5	–
40	18	18	62	48.6	66	62	1.25	1.25	26	41	4	5	–
50	18	18	76	60.5	80	75	1.25	1.25	26	42	4	5	–
65	20	20	100	76.3	104	92	1.25	1.25	30	48	5	5	6
80	22	22	113	89.1	117	105	1.25	1.25	34	51	5	6	6
90	24	24	126	101.6	130	118	1.25	1.25	36	54	5	6	6
100	24	24	138	114.3	142	134	1.25	1.25	36	58	5	6	6
125	26	26	166	139.8	172	162	1.25	1.25	40	64	6	6	6
150	28	28	196	165.2	202	192	1.25	1.25	42	73	6	6	6
200	30	30	244	216.3	252	244	1.25	1.25	46	77	6	6	6
250	34	34	304	267.4	312	298	1.25	1.25	52	87	6	6	6
300	36	36	354	318.5	364	352	1.25	1.25	56	94	9	8	6
350	40	40	398	355.6	408	398	1.25	1.25	62	110	9	8	6
400	46	46	446	406.4	456	452	1.25	1.25	70	123	9	10	7
450	48	48	504	457.2	514	510	1.25	1.25	78	134	9	10	7
500	50	50	558	508.0	568	561	1.25	1.25	84	136	9	10	7
550	52	52	612	558.8	622	616	1.25	1.25	90	143	9	10	7
600	54	56	666	609.6	676	670	1.25	1.25	96	149	9	10	7

付表 8　呼び圧力 30 K フランジの寸法

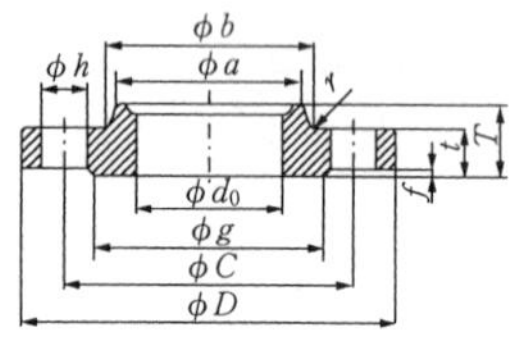

SOH A 形呼び径 10A ～ 400A

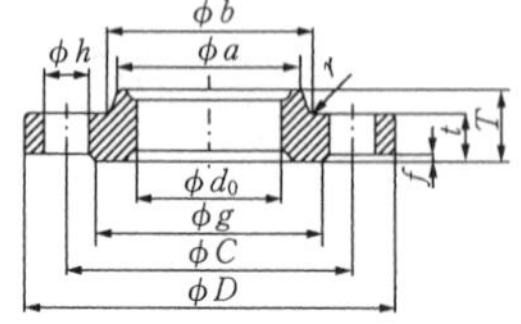

SOH B 形呼び径 10A ～ 50A

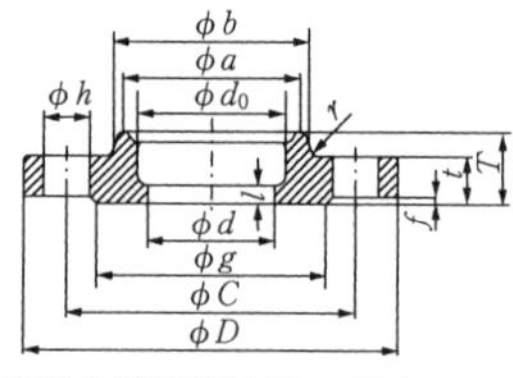

SOH C 形呼び径 65A ～ 400A

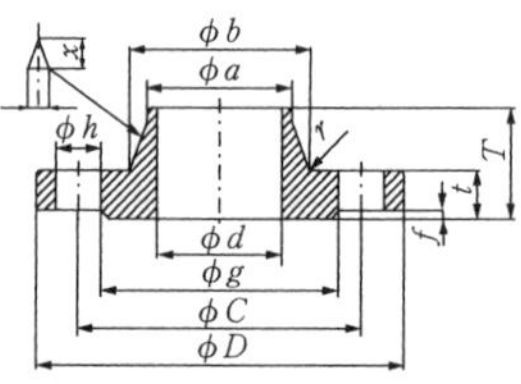

WN 呼び径 15A ～ 400A

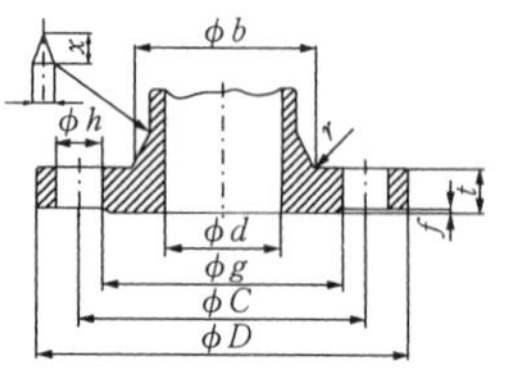

IT 呼び径 15A ～ 400A

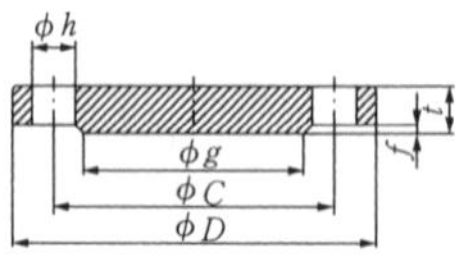

BL 呼び径 10A ～ 400A

付表8　呼び圧力 30 K フランジの寸法

単位 mm

呼び径	接合寸法					内径			平面座	
	フランジの外径	ボルト穴中心円の径	ボルト穴の径	ボルトの本数	ボルトのねじの呼び			(参考)	径	高さ
	D	C	h			d_0	d	d	g	f
A	SOH, WN, IT, BL					SOH	SOH, WN	IT	SOH, WN, IT, BL	
10	110	75	19	4	M16	17.8	—	—	52	1
15	115	80	19	4	M16	22.2	16.1	15	55	1
20	120	85	19	4	M16	27.7	21.4	20	60	1
25	130	95	19	4	M16	34.5	27.2	25	70	1
32	140	105	19	4	M16	43.2	35.5	32	80	2
40	160	120	23	4	M20	49.1	41.2	40	90	2
50	165	130	19	8	M16	61.1	52.7	50	105	2
65	200	160	23	8	M20	77.1	65.9	65	130	2
80	210	170	23	8	M20	90.0	78.1	80	140	2
90	230	185	25	8	M22	102.6	90.2	90	150	2
100	240	195	25	8	M22	115.4	102.3	100	160	2
125	275	230	25	8	M22	141.2	126.6	125	195	2
150	325	275	27	12	M24	166.6	151.0	150	235	2
200	370	320	27	12	M24	218.0	199.9	200	280	2
250	450	390	33	12	M30×3	269.5	248.8	250	345	2
300	515	450	33	16	M30×3	321.0	297.9	300	405	3
350	560	495	33	16	M30×3	358.1	333.4	335	450	3
400	630	560	39	16	M36×3	409	381.0	380	510	3

付表 8 呼び圧力 30 K フランジの寸法（続き）

単位 mm

呼び径	フランジの厚さ	ハブの径 小径側		ハブの径 大径側		ハブのテーパ		フランジの全長		すみ肉の半径		ストッパ
							最小					
	t	a	a	b	b	x	x	T	T	r	r	l
A	SOH, WN, IT, BL	SOH	WN	SOH	WN, IT	WN	IT	SOH	WN	SOH	WN, IT	SOH C 形
10	16	30	–	34	–	–	–	24	–	4	–	–
15	18	36	21.7	40	40	1.25	1.25	26	45	5	6	–
20	18	42	27.2	46	44	1.25	1.25	28	45	5	6	–
25	20	50	34.0	54	52	1.25	1.25	30	48	5	6	–
32	22	60	42.7	64	62	1.25	1.25	32	52	6	6	–
40	22	66	48.6	70	70	1.25	1.25	34	54	6	6	–
50	22	82	60.5	86	84	1.25	1.25	36	57	6	8	–
65	26	102	76.3	106	104	1.25	1.25	40	69	8	8	6
80	28	115	89.1	121	118	1.25	1.25	44	73	8	8	6
90	30	128	101.6	134	130	1.25	1.25	46	74	8	8	6
100	32	141	114.3	147	142	1.25	1.25	48	76	8	8	6
125	36	166	139.8	172	172	1.25	1.25	54	86	8	10	6
150	38	196	165.2	204	202	1.25	1.25	58	95	8	10	6
200	42	248	216.3	256	254	1.25	1.25	64	102	8	10	6
250	48	306	267.4	314	312	1.25	1.25	72	118	10	12	6
300	52	360	318.5	370	366	1.25	1.25	78	127	10	15	6
350	54	402	355.6	412	406	1.25	1.25	84	134	12	15	6
400	60	456	406.4	468	462	1.25	1.25	92	149	15	20	7

付表9　フランジの計算質量

単位 kg

呼び径	呼び圧力																	
	5 K								10 K								10 K 薄形	
	SOP	SOH	SW	LJ	TR	WN		BL	SOP	SOH	SW	LJ	TR	WN		BL	SOP	SOH
A							H								H			
10	0.26	—	0.27	—	0.28	0.30	—	0.28	0.51	—	0.52	—	0.52	0.55	—	0.53	0.42	—
15	0.30	—	0.31	0.29	0.31	0.35	—	0.32	0.56	—	0.58	0.56	0.58	0.63	—	0.60	0.45	—
20	0.36	—	0.38	0.36	0.39	0.44	—	0.41	0.72	—	0.75	0.71	0.75	0.80	—	0.79	0.54	—
25	0.45	—	0.48	0.44	0.50	0.56	—	0.52	1.12	—	1.16	1.11	1.17	1.26	—	1.22	1.00	—
32	0.77	—	0.83	0.76	0.84	0.94	—	0.91	1.47	—	1.53	1.45	1.54	1.67	—	1.66	1.14	—
40	0.82	—	0.90	0.80	0.91	1.03	—	1.00	1.55	—	1.65	1.53	1.65	1.78	—	1.79	1.20	—
50	1.06	—	1.19	1.03	1.20	1.33	—	1.38	1.86	—	1.97	1.83	1.99	2.18	—	2.23	1.68	—
65	1.48	—	1.72	1.44	1.74	1.92	—	2.00	2.58	—	2.77	2.53	2.79	3.07	—	3.24	2.05	—
80	1.97	—	2.34	1.92	2.35	2.53	—	2.67	2.58	—	2.89	2.52	2.90	3.17	—	3.48	2.10	—
90	2.08	—	—	2.02	—	2.70	—	2.99	2.73	—	—	2.66	—	3.40	—	3.90	2.21	—
100	2.35	—	—	2.28	2.99	3.04	—	3.66	3.10	—	—	3.02	3.70	3.89	—	4.57	2.86	—
125	3.20	—	—	3.08	4.29	4.17	—	5.16	4.73	—	—	4.60	5.70	5.77	—	7.18	4.40	—
150	4.39	—	—	4.25	5.74	5.87	—	7.47	6.30	—	—	6.14	7.48	7.86	—	10.1	5.30	—
175	5.42	—	—	—	—	7.16	—	9.52	6.75	—	—	—	—	8.70	—	11.8	6.39	—
200	6.24	—	—	6.06	—	8.50	—	12.1	7.46	—	—	7.28	—	10.1	—	13.9	7.04	—
225	6.57	—	—	—	—	9.30	—	13.9	7.70	—	—	—	—	10.6	—	15.8	7.35	—
250	9.39	—	—	9.11	—	13.2	—	19.2	11.8	12.7	—	12.3	—	16.0	—	22.6	11.1	—
300	10.2	—	—	9.76	—	15.1	—	24.2	12.6	13.8	—	13.2	—	18.1	—	27.8	12.0	—
350	14.0	—	—	13.4	—	21.6	—	33.0	16.3	18.2	—	17.4	—	24.8	—	36.9	14.2	—
400	16.9	—	—	16.2	—	26.2	—	41.7	23.2	25.8	—	24.8	—	34.2	—	52.1	—	22.1
450	21.4	24.9	—	23.9	—	32.7	—	52.7	29.3	33.4	—	32.3	—	42.7	—	68.4	—	—

付表 9　フランジの計算質量（続き）

単位 kg

呼び径	呼び圧力																
	5 K								10 K								10 K 薄形	
	SOP	SOH	SW	LJ	TR	WN		BL	SOP	SOH	SW	LJ	TR	WN		BL	SOP	SOH
A							H								H			
500	23.0	27.0	—	25.6	—	35.4	—	61.6	33.3	38.0	—	36.4	—	50.3	60.4	81.6	—	—
550	30.1	34.5	—	33.0	—	44.4	—	80.8	42.9	49.4	—	47.7	—	64.4	76.7	112	—	—
600	32.5	37.8	—	36.2	—	47.8	—	92.7	45.4	52.6	—	50.8	—	69.1	82.1	134	—	—
650	35.6	43.2	—	—	—	54.3	—	114	51.8	60.2	—	—	—	78.7	92.6	161	—	—
700	38.0	45.8	—	—	—	60.6	74.0	138	59.0	70.2	—	—	—	94.5	129	196	—	—
750	48.4	57.7	—	—	—	75.4	91.1	171	72.8	86.5	—	—	—	114	158	248	—	—
800	51.2	61.3	—	—	—	79.5	96.3	202	76.0	92.0	—	—	—	120	166	286	—	—
850	53.9	65.3	—	—	—	87.0	105	237	80.1	98.7	—	—	—	126	175	330	—	—
900	60.7	73.1	—	—	—	95.2	114	260	88.9	110	—	—	—	138	190	377	—	—
1 000	70.1	84.8	—	—	—	111	147	345	109	133	—	—	—	171	236	512	—	—
1 100	81.6	105	—	—	—	146	202	454	131	175	—	—	—	222	307	675	—	—
1 200	101	129	—	—	—	190	265	586	163	215	—	—	—	275	381	854	—	—
1 350	116	151	—	—	—	240	324	814	204	274	—	—	—	368	496	1 180	—	—
1 500	137	180	—	—	—	284	385	1 060	248	340	—	—	—	459	624	1 590	—	—

備考1.　鋼の密度は 7.85 g/cm³ として計算した。
2.　全面座（FF）フランジの質量を計算の対象とした。
3.　H の記号は WN フランジの代替寸法のものを示す。
4.　呼び圧力 16 K フランジは全面座（FF）フランジの質量を計算の対象とし，呼び圧力 20 K 及び 30 K フランジは平面座（RF）フランジの質量を計算の対象とした。
5.　A，B 及び C の記号はそれぞれ SOH フランジの A 形，B 形及び C 形を示す。

付表 9　フランジの計算質量（続き）

単位 kg

呼び径	呼び圧力																		
	16 K						20 K								30 K				
	SOP	SW	LJ	TR	WN	BL	SOH			SW	LJ	TR	WN	BL	SOH			WN	BL
A							A	B	C						A	B	C		
10	0.52	0.53	—	0.53	0.56	0.53	0.58	0.58	—	0.60	—	0.60	0.61	0.59	1.00	1.00	—	—	1.00
15	0.58	0.58	0.57	0.59	0.64	0.60	0.65	0.64	—	0.67	0.68	0.67	0.70	0.67	1.24	1.22	—	1.33	1.25
20	0.75	0.76	0.74	0.77	0.81	0.79	0.81	0.80	—	0.84	0.84	0.84	0.88	0.86	1.36	1.34	—	1.45	1.38
25	1.16	1.18	1.15	1.19	1.27	1.22	1.27	1.26	—	1.31	1.33	1.32	1.37	1.34	1.77	1.75	—	1.92	1.84
32	1.53	1.56	1.50	1.57	1.67	1.66	1.58	1.57	—	1.64	1.70	1.64	1.73	1.73	2.17	2.15	—	2.39	2.32
40	1.64	1.68	1.61	1.69	1.79	1.79	1.68	1.66	—	1.74	1.80	1.74	1.85	1.87	2.82	2.79	—	3.09	3.00
50	1.83	1.88	1.79	1.90	2.05	2.09	1.89	1.86	—	1.96	2.00	1.97	2.12	2.20	2.89	2.86	—	3.24	3.14
65	2.58	2.68	2.51	2.71	3.00	3.08	2.73	—	2.81	2.92	2.89	2.91	3.11	3.24	4.88	—	4.96	5.70	5.50
80	3.61	3.76	3.53	3.81	4.16	4.41	3.85	—	3.95	4.13	4.04	4.08	4.30	4.63	5.70	—	5.80	6.72	6.63
90	3.89	—	3.80	—	4.53	4.92	4.47	—	4.59	—	4.67	—	5.08	5.67	7.13	—	7.25	8.32	8.55
100	4.87	—	4.76	5.18	5.76	6.29	5.03	—	5.18	—	5.24	5.35	5.95	6.61	8.01	—	8.16	9.41	10.0
125	7.09	—	6.92	7.76	8.39	9.21	7.94	—	8.15	—	8.24	8.44	9.31	10.5	11.6	—	11.9	14.0	15.3
150	9.57	—	9.35	10.2	11.5	12.7	10.4	—	10.7	—	10.8	11.1	12.6	14.4	17.0	—	17.3	20.3	22.2
200	12.0	—	11.8	—	15.3	18.4	13.1	—	13.6	—	13.6	—	16.6	20.8	22.2	—	22.6	27.2	32.6
250	20.1	—	19.6	—	24.8	30.4	23.1	—	23.8	—	23.7	—	28.3	36.2	36.8	—	37.5	45.3	55.2
300	24.3	—	23.6	—	31.3	40.5	27.2	—	28.1	—	28.1	—	34.9	47.4	49.1	—	50.0	61.0	77.9
350	34.4	—	33.5	—	45.7	57.5	38.4	—	39.5	—	39.7	—	50.2	66.1	60.4	—	61.5	74.6	96.9
400	47.4	—	46.3	—	63.6	81.7	53.9	—	55.5	—	55.6	—	71.7	97.0	82.0	—	83.7	103	136
450	61.8	—	60.5	—	82.8	107	71.0	—	72.9	—	73.1	—	92.8	126	—	—	—	—	—
500	73.7	—	71.7	—	96.3	132	84.6	—	86.7	—	86.5	—	108	155	—	—	—	—	—
550	87.9	—	85.8	—	116	163	102	—	104	—	104	—	128	190	—	—	—	—	—
600	98.4	—	96.1	—	130	192	115	—	117	—	117	—	144	231	—	—	—	—	—

参考2 フランジ締付け用ボルト・ナット(JIS 2210)

寸法の規定の基準とした材料（本体表2）を用いたフランジの締付けに用いるボルト・ナットの機械的性質の強度区分，材料及び形状を，参考として**参考表1**及び**参考表2**並びに**参考図1〜3**に示す。

参考表1

呼び圧力(記号)	使用条件		ボルト 強度区分	ボルト 材料	ナット 強度区分	ナット 材料	形状
2K, 5K 10K	220℃以下		—	JIS G 3101のSS41	—	JIS G 3101のSS41	—
	220℃を超える場合		—	JIS G 3101のSS50	—		
16K, 20K	220℃以下	M39以下	4.6	—	4	—	
		M42以上	—	JIS G 3101のSS41	—	JIS G 3101のSS41	—
	220℃を超え 350℃以下		—	JIS G 4051のS35C	—	JIS G 4051のS25C	
	350℃を超え 425℃以下		—	JIS G 4107(高温用合金鋼ボルト材)のSNB7	—	JIS G 4051のS45C	
30K, 40K 63K	350℃以下		—	JIS G 4051のS35C(H)	—	JIS G 4051のS25C(N)	参考図1，参考図2又は参考図3
	350℃を超え 450℃以下		—	JIS G 4107のSNB7	—	JIS G 4051のS45C(H)	参考図2又は参考図3
	450℃を超え 510℃以下		—	JIS G 4107のSNB16	—	モリブデン鋼(ASTMA 194のGr. 4相当材)	

参考図1　　参考図2　　参考図3

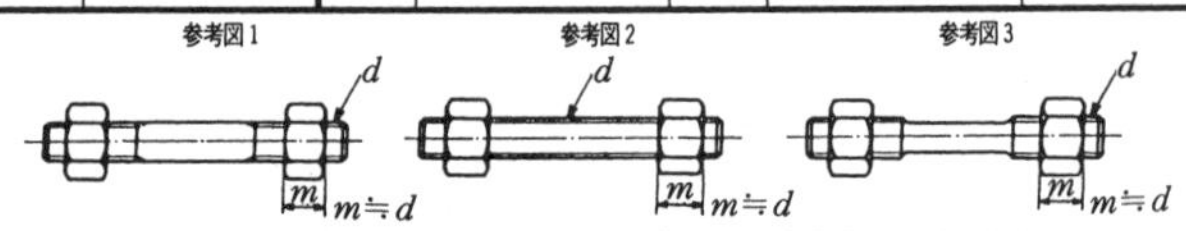

備考1. ボルトの形状は，温度350℃を超える場合には，**参考図2**又は**参考図3**のほうが望ましい。
2. 温度350℃を超える管系に使用する場合，ボルトのねじ部は有効径をいくぶん細目にする。
3. 温度350℃以下の場合でも，合金鋼フランジには合金鋼ボルトを使用する。
4. **参考表1**に示したJIS G 4051の材料に対する機械的性質は，**参考表2**のとおりとする。

参考表2

記号	熱処理℃ 焼ならし (N)	熱処理℃ 焼入 (H)	熱処理℃ 焼戻し (H)	引張試験 降伏点 N/mm² {kgf/mm²}	引張試験 引張強さ N/mm² {kgf/mm²}	引張試験 伸び %	引張試験 絞り %	衝撃試験 衝撃値 (シャルピー) J/cm² {kgf·m/cm²}	硬さ試験 硬さ HB
S25C(N)	860〜910 空冷	—	—	—	—	—	—	—	123〜183
S35C(H)	—	840〜890 水冷	550〜650 急冷	392{40} 以上	569{58} 以上	22以上	55以上	98.1{10} 以上	—
S45C(H)	—	820〜870 水冷	550〜650 急冷	—	—	—	—	—	201〜269

備考1. 上表に示したASTMの規格(化学成分及び機械的性質)は，**参考表3**のとおりである。

参考表3 化学成分及び機械的性質　　単位 %

材料	C	Mn	P	S	Si	Cr	Mo	硬さ HB
ASTM A 194のGr.4	0.40〜0.50	0.70〜0.90	0.035以下	0.040以下	0.15〜0.35	—	0.20〜0.30	248〜352

C-2　鋳鉄製管フランジ　　JIS B 2239-2004

Cast iron pipe flanges

1. **適用範囲**　蒸気，空気，ガス，水，油などに使用する鋼管を接合し，また鋳鉄製の管，管継手，バルブなどに使用するフランジについて規定する。
2. **フランジの種類**　**表1**による。
3. **ガスケット座の種類**　**表2**による。
4. **材　料**　**表3**とする。
5. **流体の温度と最高使用圧力**　**表4**による。
6. **形状・寸法**　付表1～5による。
 ねじ込み式フランジ（TR）のねじは，JIS B 0203による。
7. **呼び方**　規格名称，フランジの種類，ガスケット座の種類，呼び圧力，呼び径，材料記号による。

例　鋳鉄製管フランジ，ねじ込み式フランジ，平面座，16 K，50 A，FCMB 27-05（JIS B 2239，TR，RF，16 K，50 A，FCMB 27-05）

表 1　フランジの種類及びその呼び方

フランジの種類	呼び方	図
ねじ込み式フランジ	TR	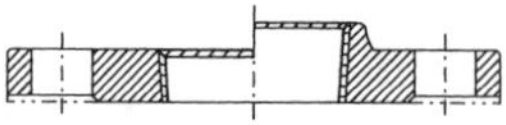
一体フランジ	IT	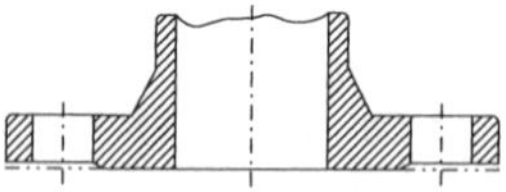

表 2　ガスケット座の種類及びその呼び方

ガスケット座の種類	呼び方	図
全面座	FF	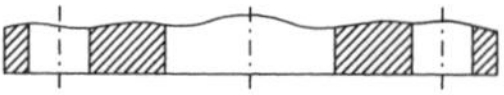
平面座	RF	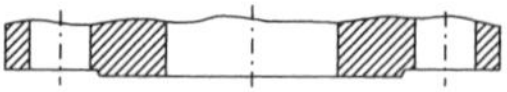

表 4　圧力－温度基準

単位　MPa

呼び圧力	材料グループ記号	最高使用圧力			
		流体の温度　℃			
		−10～120	220	300	350
5 K	G 2, G 3	0.7	0.5	−	−
	D 1, M 1, M 2	0.7	0.6	0.5	−
10 K	G 2, G 3	1.4	1.0	−	−
	D 1, M 1, M 2	1.4	1.2	1.0	−
10 K 薄形	G 2, D 1, M 1, M 2	0.7	−	−	−
16 K	G 2, G 3	2.2	1.6	−	−
	D 1, M 1, M 2	2.2	2.0	1.8	1.6
20 K	G 3, M 1	2.8	2.0	−	−
	D 1, M 2	2.8	2.5	2.3	2.0

表3　材料

材料		機械的性質			材料規格		材料規格（参考）	
種類	材料グループ記号	引張強さ 最小 N/mm^2	伸び 最小 %	0.2％耐力 最小 N/mm^2	規格番号	材料記号	規格番号	材料記号
ねずみ鋳鉄	G 1	(145)	—	—	—	—	ASTM A 126	A
	G 2	200	—	—	JIS G 5501	FC 200	ISO 185	200
		214	—	—	—	—	ASTM A 126	B
	G 3	250	—	—	JIS G 5501	FC 250	ISO 185	250
球状黒鉛鋳鉄	D 1	415	18	276	JIS B 8270	FCD-S	ASTM A 395	—
		350	22	220	JIS G 5502	FCD 350	ISO 1083	350-22
		400	15	250	JIS G 5502	FCD 400	ISO 1083	400-15
		450	10	280	JIS G 5502	FCD 450	ISO 1083	450-10
	D 2	(400)	(5)	(300)	—	—	ISO 2531	400-5
		(600)	(3)	(370)	—	—	ISO 1083	600-3
黒心可鍛鋳鉄	M 1	270	5	165	JIS G 5705	FCMB 27-05	ISO/DIS 5922	BF 27-05
		300	6	190	—	—	ISO/DIS 5922	BF 30-06
	M 2	340	10	220	—	—	ASTM A 47	32510
		350	10	200	JIS G 5705	FCMB 35-10 FCMB 35-10 S	ISO/DIS 5922	BF 35-10

付表1 呼び圧力5Kフランジの寸法

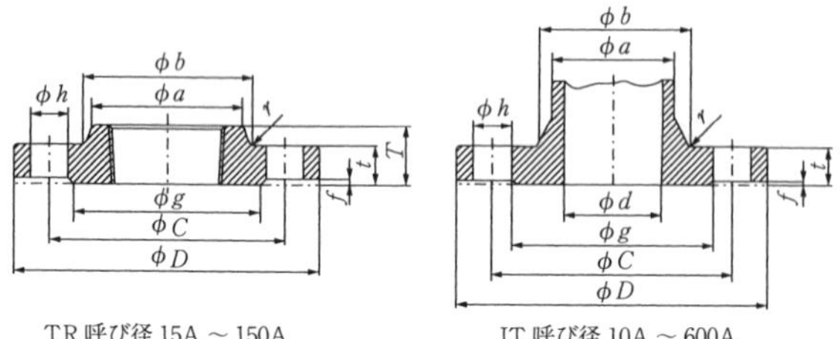

TR 呼び径 15A ～ 150A　　IT 呼び径 10A ～ 600A

単位 mm

呼び径	接合寸法 フランジの外径	接合寸法 ボルト穴中心円の径	接合寸法 ボルト穴の径	接合寸法 ボルトの本数	接合寸法 ボルトのねじの呼び	内径(参考)	ねじの呼び	平面座 径	平面座 高さ	フランジの厚さ				
	D	C	h			d		g	f	t	t	t	t	t
	TR, IT					IT	TR	TR, IT		TR			IT	
A										G2	D1	M1	G2, G3	D1, M2
10	75	55	12	4	M10	10	–	39	1	–	–	–	12	9
15	80	60	12	4	M10	15	Rc ½	44	1	12	9	9	12	9
20	85	65	12	4	M10	20	Rc ¾	49	1	14	10	10	14	10
25	95	75	12	4	M10	25	Rc 1	59	1	14	10	10	14	10
32	115	90	15	4	M12	32	Rc 1¼	70	2	16	12	13	16	12
40	120	95	15	4	M12	40	Rc 1½	75	2	16	12	13	16	12
50	130	105	15	4	M12	50	Rc 2	85	2	16	14	15	16	14
65	155	130	15	4	M12	65	Rc 2½	110	2	18	14	15	18	14
80	180	145	19	4	M16	80	Rc 3	121	2	18	14	15	18	14
100	200	165	19	8	M16	100	Rc 4	141	2	20	16	17	20	16
125	235	200	19	8	M16	125	Rc 5	176	2	20	16	18	20	16
150	265	230	19	8	M16	150	Rc 6	206	2	22	18	20	22	18
200	320	280	23	8	M20	200	–	252	2	–	–	–	24	20
250	385	345	23	12	M20	250	–	317	2	–	–	–	26	22
300	430	390	23	12	M20	300	–	360	3	–	–	–	28	22
350	480	435	25	12	M22	340	–	403	3	–	–	–	30	24
400	540	495	25	16	M22	400	–	463	3	–	–	–	30	24
450	605	555	25	16	M22	450	–	523	3	–	–	–	30	24
500	655	605	25	20	M22	500	–	573	3	–	–	–	32	24
550	720	665	27	20	M24	550	–	630	3	–	–	–	32	26
600	770	715	27	20	M24	600	–	680	3	–	–	–	32	26

付表1　呼び圧力5Kフランジの寸法（続き）

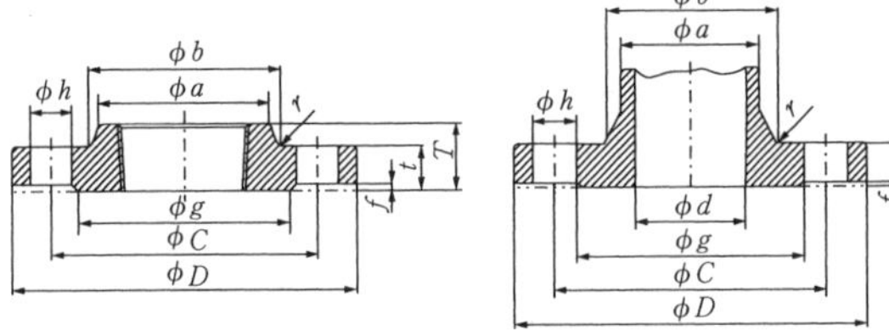

TR呼び径 15A ～ 150A　　IT呼び径 10A ～ 600A

単位 mm

呼び径	ハブの径 小径側 (参考)				ハブの径 大径側 (参考)				フランジの全長		すみ肉の半径 (参考)		
	a	*a*	*a*	*a*	*b*	*b*	*b*	*b*	*T*	*T*	*r*	*r*	*r*
	TR		IT		TR		IT		TR		TR		IT
A	G2	D1, M1	G2, G3	D1, M2	G2	D1, M1	G2, G3	D1, M2	G2	D1, M1	G2	D1, M1	
10	–	–	18	16	–	–	22	20	–	–	–	–	4
15	29	29	23	21	30	30	27	25	13	13	4	4	4
20	35	35	28	26	37	37	32	30	15	15	5	5	5
25	43	43	34	32	45	45	38	37	17	17	5	5	5
32	52	52	41	40	54	54	45	45	19	19	5	5	5
40	58	58	50	48	60	60	54	54	20	20	5	5	5
50	70	70	61	59	72	72	65	66	24	24	5	5	5
65	89	89	77	76	91	91	81	82	27	27	5	5	5
80	102	102	93	92	104	104	99	98	30	30	6	6	6
100	128	128	117	113	130	130	121	122	36	36	6	6	6
125	156	156	143	140	158	158	148	148	40	40	6	6	6
150	184	184	170	166	186	186	176	174	40	40	6	6	6
200	–	–	224	218	–	–	230	228	–	–	–	–	8
250	–	–	278	272	–	–	284	282	–	–	–	–	8
300	–	–	332	326	–	–	338	336	–	–	–	–	8
350	–	–	376	368	–	–	382	378	–	–	–	–	8
400	–	–	440	430	–	–	446	442	–	–	–	–	8
450	–	–	494	482	–	–	500	494	–	–	–	–	8
500	–	–	548	534	–	–	554	546	–	–	–	–	8
550	–	–	602	586	–	–	608	598	–	–	–	–	8
600	–	–	656	638	–	–	662	650	–	–	–	–	8

付表 2　呼び圧力 10 K フランジの寸法

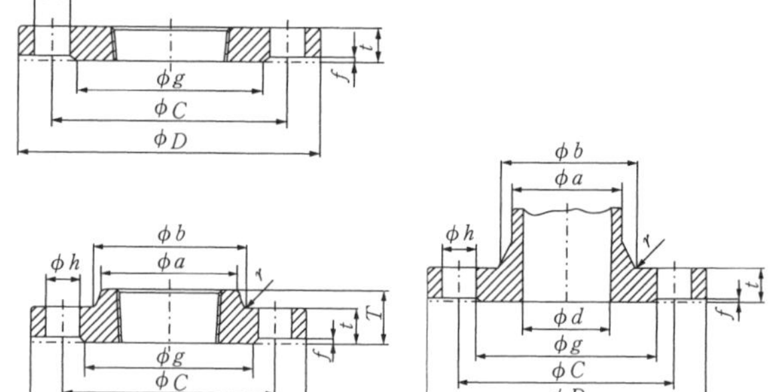

単位 mm

呼び径	接合寸法					内径(参考)	ねじの呼び	平面座		フランジの厚さ				
	フランジの外径	ボルト穴中心円の径	ボルト穴の径	ボルトの本数	ボルトのねじの呼び			径	高さ					
	D	C	h			d		g	f	t	t	t	t	t
	TR, IT					IT	TR	TR, IT		TR			IT	
A										G2	D1	M1	G2, G3	D1, M2
10	90	65	15	4	M 12	10	–	46	1	–	–	–	14	12
15	95	70	15	4	M 12	15	Rc 1/2	51	1	16	12	12	16	12
20	100	75	15	4	M 12	20	Rc 3/4	56	1	18	14	14	18	14
25	125	90	19	4	M 16	25	Rc 1	67	1	18	14	15	18	14
32	135	100	19	4	M 16	32	Rc 1 1/4	76	2	20	16	18	20	16
40	140	105	19	4	M 16	40	Rc 1 1/2	81	2	20	16	18	20	16
50	155	120	19	4	M 16	50	Rc 2	96	2	20	16	18	20	16
65	175	140	19	4	M 16	65	Rc 2 1/2	116	2	22	18	20	22	18
80	185	150	19	8	M 16	80	Rc 3	126	2	22	18	20	22	18
100	210	175	19	8	M 16	100	Rc 4	151	2	24	18	20	24	18
125	250	210	23	8	M 20	125	Rc 5	182	2	24	20	22	24	20
150	280	240	23	8	M 20	150	Rc 6	212	2	26	22	24	26	22
200	330	290	23	12	M 20	200	–	262	2	–	–	–	26	22
250	400	355	25	12	M 22	250	–	324	2	–	–	–	30	24
300	445	400	25	16	M 22	300	–	368	3	–	–	–	32	24
350	490	445	25	16	M 22	340	–	413	3	–	–	–	34	26
400	560	510	27	16	M 24	400	–	475	3	–	–	–	36	28
450	620	565	27	20	M 24	450	–	530	3	–	–	–	38	30
500	675	620	27	20	M 24	500	–	585	3	–	–	–	40	30
550	745	680	33	20	M 30	550	–	640	3	–	–	–	42	32
600	795	730	33	24	M 30	600	–	690	3	–	–	–	44	32
650	845	780	33	24	M 30	650	–	740	3	–	–	–	46	34
700	905	840	33	24	M 30	700	–	800	3	–	–	–	48	34
750	970	900	33	24	M 30	750	–	855	3	–	–	–	50	36
800	1 020	950	33	28	M 30	800	–	905	3	–	–	–	52	36
850	1 070	1 000	33	28	M 30	850	–	955	3	–	–	–	52	36
900	1 120	1 050	33	28	M 30	900	–	1 005	3	–	–	–	54	38
1 000	1 235	1 160	39	28	M 36	1 000	–	1 110	3	–	–	–	58	40
1 100	1 345	1 270	39	28	M 36	1 100	–	1 220	3	–	–	–	62	42
1 200	1 465	1 380	39	32	M 36	1 200	–	1 325	3	–	–	–	66	44
1 350	1 630	1 540	45	36	M 42	1 350	–	1 480	3	–	–	–	70	48
1 500	1 795	1 700	45	40	M 42	1 500	–	1 635	3	–	–	–	74	50

付表2　呼び圧力 10 K フランジの寸法（続き）

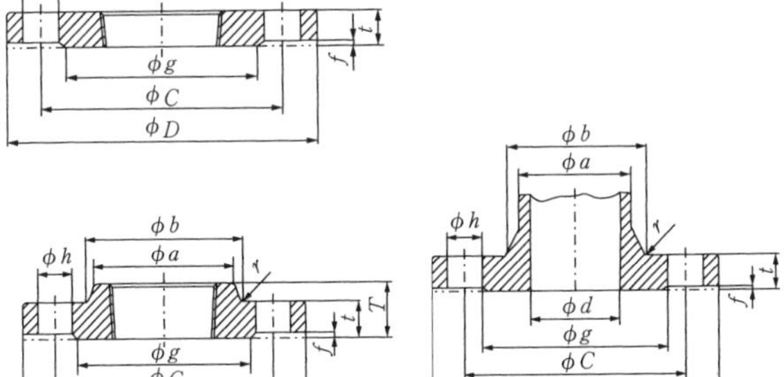

TR 呼び径 15A ～ 150A

IT 呼び径 10A ～ 1 500A　**単位** mm

呼び径	ハブの径 小径側 (参考)				ハブの径 大径側 (参考)				フランジの全長		すみ肉の半径 (参考)		
	a	*a*	*a*	*a*	*b*	*b*	*b*	*b*	*T*	*T*	*r*	*r*	*r*
	TR		IT		TR		IT		TR		TR		IT
A	G2	D1, M1	G2, G3	D1, M2	G2	D1, M1	G2, G3	D1, M2	G2	D1, M1	G2	D1, M1	
10	–	–	19	16	–	–	25	23	–	–	–	–	4
15	–	29	24	21	–	30	30	28	–	13	4	4	4
20	–	35	29	26	–	37	35	33	–	15	5	5	5
25	–	43	35	32	–	45	41	40	–	17	5	5	5
32	–	52	43	40	–	54	48	48	–	19	5	5	5
40	–	58	52	48	–	60	58	56	–	20	5	5	5
50	70	70	64	59	72	72	70	68	24	24	5	5	5
65	89	89	80	76	91	91	86	84	27	27	5	5	5
80	102	102	96	92	104	104	106	102	30	30	6	6	6
100	128	128	118	113	130	130	126	124	36	36	6	6	6
125	156	156	146	140	158	158	157	152	40	40	6	6	6
150	184	184	174	166	186	186	184	178	40	40	6	6	6
200	–	–	228	218	–	–	240	234	–	–	–	–	8
250	–	–	284	272	–	–	294	288	–	–	–	–	8
300	–	–	338	326	–	–	346	340	–	–	–	–	8
350	–	–	382	370	–	–	390	384	–	–	–	–	8
400	–	–	446	432	–	–	454	446	–	–	–	–	8
450	–	–	500	486	–	–	508	500	–	–	–	–	8
500	–	–	554	540	–	–	562	554	–	–	–	–	8
550	–	–	608	592	–	–	616	606	–	–	–	–	8
600	–	–	662	644	–	–	670	658	–	–	–	–	8
650	–	–	712	696	–	–	720	710	–	–	–	–	10
700	–	–	764	748	–	–	772	762	–	–	–	–	10
750	–	–	816	800	–	–	830	814	–	–	–	–	10
800	–	–	868	852	–	–	882	866	–	–	–	–	10
850	–	–	920	904	–	–	934	918	–	–	–	–	10
900	–	–	972	956	–	–	986	970	–	–	–	–	10
1 000	–	–	1 076	1 060	–	–	1 090	1 074	–	–	–	–	10
1 100	–	–	1 180	1 164	–	–	1 196	1 180	–	–	–	–	10
1 200	–	–	1 286	1 270	–	–	1 302	1 286	–	–	–	–	10
1 350	–	–	1 444	1 426	–	–	1 460	1 442	–	–	–	–	10
1 500	–	–	1 602	1 584	–	–	1 618	1 604	–	–	–	–	10

付表3　呼び圧力10K薄形フランジの寸法

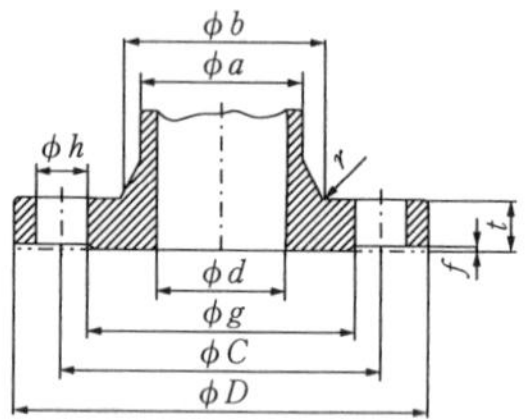

IT 呼び径 10A～400A

単位 mm

呼び径	接合寸法					内径(参考)	平面座		フランジの厚さ		ハブの径小径側(参考)		ハブの径大径側(参考)		すみ肉の半径(参考)
	フランジの外径	ボルト穴中心円の径	ボルト穴の径	ボルトの本数	ボルトのねじの呼び		径	高さ							
	D	C	h			d	g	f	t	t	a	a	b	b	r
A									G2, G3	D1, M2	G2, G3	D1, M2	G2, G3	D1, M2	
10	90	65	12	4	M10	10	46	1	12	9	18	16	23	20	4
15	95	70	12	4	M10	15	51	1	12	9	23	21	27	25	4
20	100	75	12	4	M10	20	56	1	14	10	28	26	32	31	5
25	125	90	15	4	M12	25	67	1	16	12	34	32	38	37	5
32	135	100	15	4	M12	32	76	2	18	12	41	40	45	45	5
40	140	105	15	4	M12	40	81	2	18	12	50	48	54	54	5
50	155	120	15	4	M12	50	96	2	18	14	61	59	65	66	5
65	175	140	15	4	M12	65	116	2	18	14	77	76	81	82	5
80	185	150	15	8	M12	80	126	2	18	14	93	92	99	98	6
100	210	175	15	8	M12	100	151	2	20	16	117	113	121	122	6
125	250	210	19	8	M16	125	182	2	22	18	143	140	150	148	6
150	280	240	19	8	M16	150	212	2	22	18	170	166	178	174	6
200	330	290	19	12	M16	200	262	2	24	20	224	218	232	228	8
250	400	355	23	12	M20	250	324	2	26	22	278	272	286	282	8
300	445	400	23	16	M20	300	368	3	28	22	332	326	340	336	8
350	490	445	23	16	M20	340	413	3	28	24	376	368	384	378	8
400	560	510	25	16	M22	400	475	3	30	24	440	430	448	442	8

付表4　呼び圧力16Kフランジの寸法

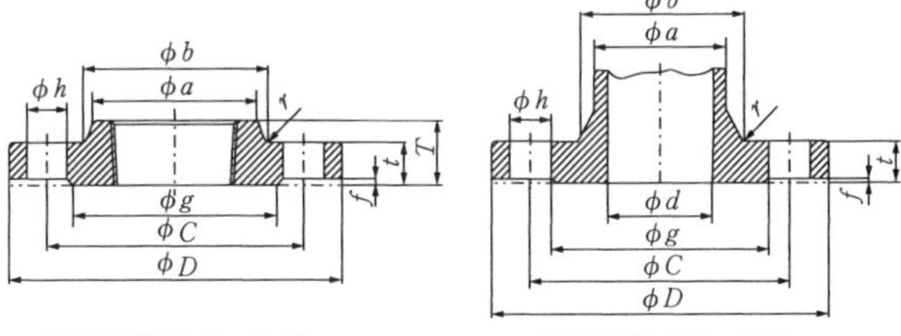

TR 呼び径 25A～150A　　IT 呼び径 10A～600A

単位 mm

呼び径	接合寸法					内径(参考)	ねじの呼び	平面座		フランジの厚さ				
	フランジの外径	ボルト穴中心円の径	ボルト穴の径	ボルトの本数	ボルトのねじの呼び			径	高さ					
	D	C	h			d		g	f	t	t	t	t	t
	TR, IT					IT	TR	TR, IT		TR			IT	
A										G2	D1	M1	G2, G3	D1, M2
10	90	65	15	4	M12	10	−	46	1	−	−	−	14	12
15	95	70	15	4	M12	15	−	51	1	−	−	−	16	12
20	100	75	15	4	M12	20	−	56	1	−	−	−	18	14
25	125	90	19	4	M16	25	Rc1	67	1	−	−	18	18	14
32	135	100	19	4	M16	32	Rc1¼	76	2	−	−	20	20	16
40	140	105	19	4	M16	40	Rc1½	81	2	−	−	20	20	16
50	155	120	19	8	M16	50	Rc2	96	2	−	−	20	20	16
65	175	140	19	8	M16	65	Rc2½	116	2	−	−	22	22	18
80	200	160	23	8	M20	80	Rc3	132	2	−	−	24	24	20
100	225	185	23	8	M20	100	Rc4	160	2	−	−	26	26	22
125	270	225	25	8	M22	125	Rc5	195	2	−	−	26	26	22
150	305	260	25	12	M22	150	Rc6	230	2	−	−	28	28	24
200	350	305	25	12	M22	200	−	275	2	−	−	−	30	26
250	430	380	27	12	M24	250	−	345	2	−	−	−	34	28
300	480	430	27	16	M24	300	−	395	3	−	−	−	36	30
350	540	480	33	16	M30×3	335	−	440	3	−	−	−	38	34
400	605	540	33	16	M30×3	380	−	495	3	−	−	−	42	38
450	675	605	33	20	M30×3	430	−	560	3	−	−	−	46	40
500	730	660	33	20	M30×3	480	−	615	3	−	−	−	50	42
550	795	720	39	20	M36×3	530	−	670	3	−	−	−	54	44
600	845	770	39	24	M36×3	580	−	720	3	−	−	−	58	46

付表4 呼び圧力16Kフランジの寸法（続き）

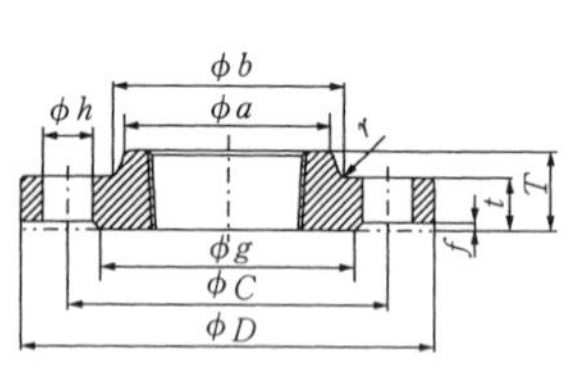

TR 呼び径 25A～150A

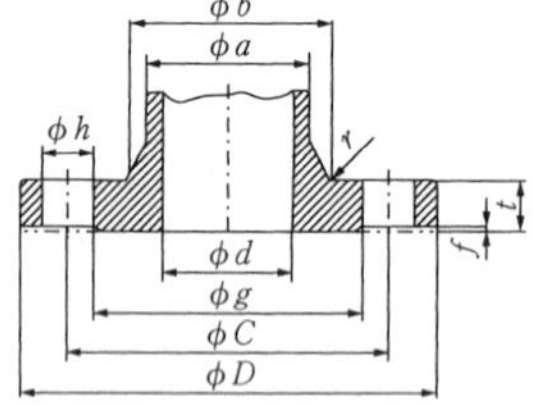

IT 呼び径 10A～600A

単位 mm

呼び径	ハブの径 小径側 (参考)				ハブの径 大径側 (参考)				フランジの全長		すみ肉の半径 (参考)		
	a	a	a	a	b	b	b	b	T	T	r	r	r
	TR		IT		TR		IT		TR		TR		IT
A	G2	D1, M1	G2, G3	D1, M2	G2	D1, M1	G2, G3	D1, M2	G2	D1, M1	G2	D1, M1	
10	–	–	19	16	–	–	25	23	–	–	–	–	4
15	–	–	24	21	–	–	30	28	–	–	–	–	4
20	–	–	29	26	–	–	35	33	–	–	–	–	5
25	–	32	35	32	–	38	41	40	–	19	–	5	5
32	–	40	43	40	–	46	48	48	–	21	–	5	5
40	–	49	52	48	–	55	58	56	–	23	–	5	5
50	–	60	64	59	–	66	73	68	–	26	–	6	6
65	–	77	80	76	–	84	89	84	–	29	–	6	6
80	–	94	96	92	–	102	108	102	–	32	–	6	6
100	–	116	118	113	–	124	130	124	–	38	–	6	6
125	–	142	146	140	–	156	158	152	–	42	–	8	8
150	–	168	174	168	–	186	188	182	–	42	–	8	8
200	–	–	228	220	–	–	242	236	–	–	–	–	8
250	–	–	284	274	–	–	302	294	–	–	–	–	10
300	–	–	338	326	–	–	356	348	–	–	–	–	10
350	–	–	377	365	–	–	395	388	–	–	–	–	10
400	–	–	428	412	–	–	448	440	–	–	–	–	10
450	–	–	482	466	–	–	504	496	–	–	–	–	10
500	–	–	538	522	–	–	562	550	–	–	–	–	10
550	–	–	594	574	–	–	618	606	–	–	–	–	10
600	–	–	648	628	–	–	674	660	–	–	–	–	10

付表5 呼び圧力20Kフランジの寸法

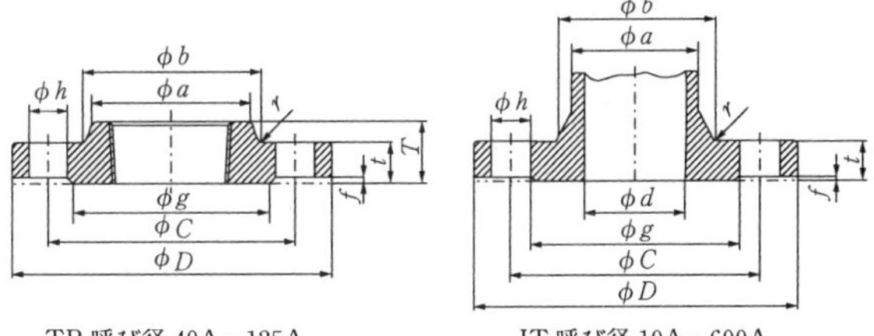

TR 呼び径 40A～125A　　IT 呼び径 10A～600A

単位 mm

呼び径	接合寸法					内径(参考)	ねじの呼び	平面座		フランジの厚さ				
	フランジの外径	ボルト穴中心円の径	ボルト穴の径	ボルトの本数	ボルトのねじの呼び			径	高さ					
	D	C	h			d		g	f	t	t	t	t	t
	TR, IT					IT	TR	TR, IT		TR			IT	
A										G3	D1	M1	G3	D1, M2
10	90	65	15	4	M12	10	–	46	1	–	–	–	16	14
15	95	70	15	4	M12	15	–	51	1	–	–	–	16	14
20	100	75	15	4	M12	20	–	56	1	–	–	–	18	16
25	125	90	19	4	M16	25	–	67	1	–	–	–	20	16
32	135	100	19	4	M16	32	–	76	2	–	–	–	20	18
40	140	105	19	4	M16	40	Rc 1½	81	2	22	18	22	22	18
50	155	120	19	8	M16	50	Rc 2	96	2	22	18	22	22	18
65	175	140	19	8	M16	65	Rc 2½	116	2	24	20	24	24	20
80	200	160	23	8	M20	80	Rc 3	132	2	26	22	26	26	22
100	225	185	23	8	M20	100	Rc 4	160	2	28	24	28	28	24
125	270	225	25	8	M22	125	Rc 5	195	2	30	26	30	30	26
150	305	260	25	12	M22	150	–	230	2	–	–	–	32	28
200	350	305	25	12	M22	200	–	275	2	–	–	–	34	30
250	430	380	27	12	M24	250	–	345	2	–	–	–	38	34
300	480	430	27	16	M24	300	–	395	3	–	–	–	40	36
350	540	480	33	16	M30×3	335	–	440	3	–	–	–	44	40
400	605	540	33	16	M30×3	380	–	495	3	–	–	–	50	46
450	675	605	33	20	M30×3	430	–	560	3	–	–	–	54	48
500	730	660	33	20	M30×3	480	–	615	3	–	–	–	58	50
550	795	720	39	20	M36×3	530	–	670	3	–	–	–	62	52
600	845	770	39	24	M36×3	580	–	720	3	–	–	–	66	54

付表 5　呼び圧力 20 K フランジの寸法（続き）

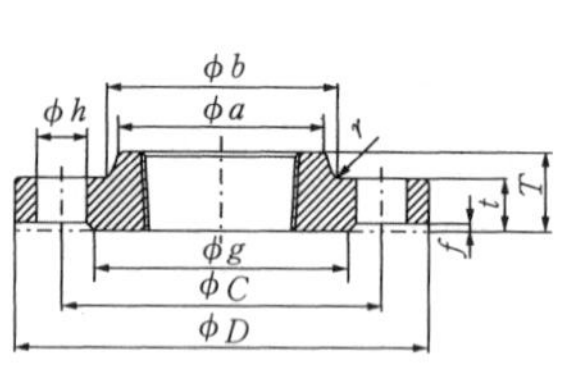

TR 呼び径 40A～125A

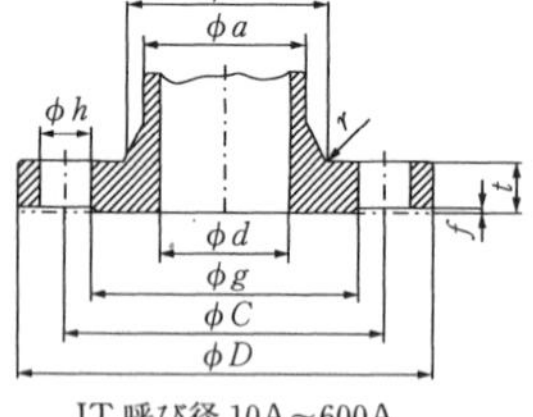

IT 呼び径 10A～600A

単位 mm

呼び径	ハブの径 小径側 (参考)				ハブの径 大径側 (参考)				フランジの全長		すみ肉の半径 (参考)		
	a	*a*	*a*	*a*	*b*	*b*	*b*	*b*	*T*	*T*	*r*	*r*	*r*
	TR		IT		TR		IT		TR		TR		IT
A	G3	D1, M1	G3	D1, M2	G3	D1, M1	G3	D1, M2	G3	D1, M1	G3	D1, M1	
10	–	–	19	17	–	–	25	23	–	–	–	–	4
15	–	–	24	22	–	–	30	28	–	–	–	–	4
20	–	–	30	27	–	–	35	33	–	–	–	–	5
25	–	–	36	33	–	–	41	40	–	–	–	–	5
32	–	–	44	41	–	–	50	48	–	–	–	–	5
40	60	60	54	50	62	62	60	56	26	26	5	5	5
50	72	72	66	61	74	74	75	70	27	27	6	6	6
65	90	90	82	78	93	93	92	86	31	31	6	6	6
80	105	105	100	94	108	108	111	104	34	34	6	6	6
100	132	132	122	116	136	136	132	126	40	40	6	6	6
125	159	159	150	144	164	164	160	155	44	44	8	8	8
150	–	–	182	170	–	–	192	184	–	–	–	–	8
200	–	–	240	224	–	–	250	240	–	–	–	–	8
250	–	–	298	278	–	–	308	300	–	–	–	–	10
300	–	–	356	334	–	–	366	356	–	–	–	–	10
350	–	–	398	372	–	–	408	398	–	–	–	–	10
400	–	–	450	422	–	–	460	450	–	–	–	–	10
450	–	–	508	478	–	–	518	508	–	–	–	–	10
500	–	–	566	532	–	–	576	564	–	–	–	–	10
550	–	–	624	588	–	–	634	620	–	–	–	–	10
600	–	–	682	642	–	–	692	674	–	–	–	–	10

C-3　銅合金製管フランジ

JIS B 2240-2006

Copper alloy pipe flanges

1. **適用範囲**　蒸気，空気，ガス，水，油などに使用する銅及び銅合金管を接合し，また銅合金製の管継手，バルブなどに使用するフランジについて規定する。
2. **フランジの種類**　**表1**による。

表1　フランジの種類及びその呼び方

フランジの種類	呼び方	図
スリップオンろう付式フランジ	SO	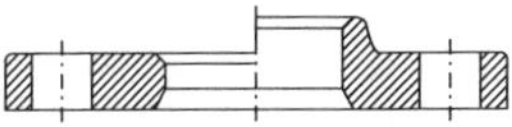
一体フランジ	IT	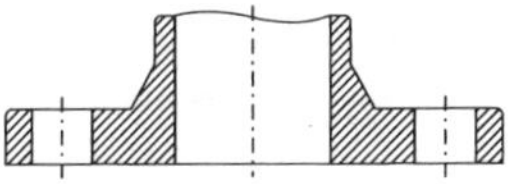

3. **ガスケット座の種類**　**表2**による。

表2　ガスケット座の種類及びその呼び方

ガスケット座の種類	呼び方	図
全面座	FF	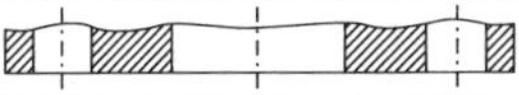

4. **材　料**　**表3**とする。
5. **流体の温度と最高使用圧力**　**表4**による。
6. **形状・寸法**　**付表1～3**による。
7. **呼び方**　規格名称，フランジの種類，呼び圧力，呼び径，材料記号による。

例　銅合金製管フランジ，スリップオンろう付式フランジ，10 K，50 A，CAC 407（JIS B 2240，SO，10 K，50 A，CAC 407）

表 3　材料

フランジの種類	材料グループ記号	材料規格			材料規格（参考）	
		規格番号	材料記号（旧記号）	特記事項	規格番号	材料記号
スリップオンろう付式フランジ (SO)	C 11	JIS H 5120	CAC 202（YBsC 2）	Pb 1 %以下	−	−
	C 12	JIS H 5120	CAC 407（BC 7）	Sn 5~6 % Pb 1 %以下	−	−
一体フランジ (IT)	C 21	JIS H 5120	CAC 406（BC 6）	−	ASTM B 62 ASTM B 271 ASTM B 584	UNS No. C 83600
	C 22	JIS H 5120	CAC 402（BC 2）	−	ASTM B 271 ASTM B 584	UNS No. C 90300
			CAC 407（BC 7）	−	ASTM B 61 ASTM B 271 ASTM B 584	UNS No. C 92200

表 4　流体の温度と最高使用圧力との関係

単位　MPa

呼び圧力	材料グループ記号	最高使用圧力				
		区分	流体の温度 ℃			
			T_A～120	185	205	220
5 K	C 11，C 21	I	0.7	0.6	0.5	−
		II	0.5	0.5	0.5	−
	C 12，C 22	I	0.7	0.6	0.5	0.5
		II	0.5	0.5	0.5	0.5
10 K	C 11，C 21	I	1.4	1.2	1.1	−
		II	1.0	1.0	1.0	−
	C 12，C 22	I	1.4	1.2	1.1	1.0
		II	1.0	1.0	1.0	1.0
16 K	C 11，C 21	I	2.2	1.9	1.7	−
		II	1.6	1.6	1.6	−
	C 12，C 22	I	2.2	1.9	1.7	1.6
		II	1.6	1.6	1.6	1.6

付表1　呼び圧力5Kフランジの寸法

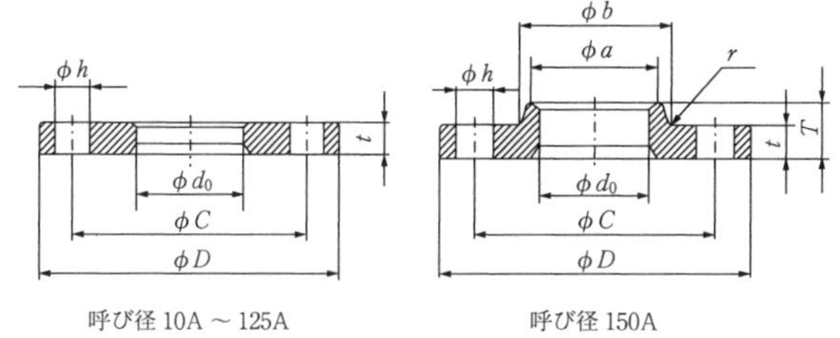

呼び径 10A ～ 125A　　　呼び径 150A

スリップオンろう付式フランジ（SO）

単位 mm

呼び径	接合寸法					内径	フランジの厚さ	ハブの径		フランジの全長	すみ肉の半径
	フランジの外径	ボルト穴中心円の径	ボルト穴の径	ボルトの本数	ボルトねじの呼び			小径側	大径側		
A	D	C	h			d_0	t	a	b	T	r
10	75	55	12	4	M 10	12.80	9	−	−	−	−
15	80	60	12	4	M 10	15.98	9	−	−	−	−
20	85	65	12	4	M 10	22.32	10	−	−	−	−
25	95	75	12	4	M 10	28.68	10	−	−	−	−
32	115	90	15	4	M 12	35.02	12	−	−	−	−
40	120	95	15	4	M 12	41.38	12	−	−	−	−
50	130	105	15	4	M 12	54.08	14	−	−	−	−
65	155	130	15	4	M 12	66.78	14	−	−	−	−
80	180	145	19	4	M 16	79.48	14	−	−	−	−
100	200	165	19	8	M 16	104.88	16	−	−	−	−
125	235	200	19	8	M 16	130.28	16	−	−	−	−
150	265	230	19	8	M 16	155.68	18	168	174	28	6

付表1 呼び圧力5Kフランジの寸法（続き）

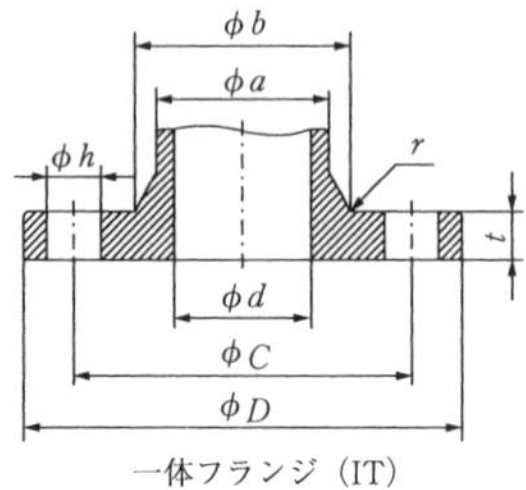

一体フランジ（IT）

単位 mm

呼び径	接合寸法					内径（参考）		フランジの厚さ	ハブの径				すみ肉の半径（参考）
	フランジの外径	ボルト穴中心円の径	ボルト穴の径	ボルトの本数	ボルトねじの呼び				小径側（参考）		大径側（参考）		
A	D	C	h			d		t	a		b		r
						一般用	船用		一般用	船用	一般用	船用	
10	75	55	12	4	M10	10	10	9	18	18	24	24	5
15	80	60	12	4	M10	15	15	9	23	23	29	29	5
20	85	65	12	4	M10	20	20	10	28	28	36	36	5
25	95	75	12	4	M10	25	25	10	33	33	41	41	6
32	115	90	15	4	M12	32	32	12	42	42	50	50	6
40	120	95	15	4	M12	40	40	12	50	50	58	58	6
50	130	105	15	4	M12	50	50	14	60	60	70	70	6
65	155	130	15	4	M12	65	65	14	75	75	85	85	6
80	180	145	19	4	M16	80	80	14	92	92	102	102	6
100	200	165	19	8	M16	100	100	16	112	112	124	124	6
125	235	200	19	8	M16	125	125	16	139	139	149	149	8
150	265	230	19	8	M16	150	150	18	164	164	176	176	8
200	320	280	23	8	M20	200	200	20	216	216	228	228	8
250	385	345	23	12	M20	250	250	22	268	268	282	282	8
300	430	390	23	12	M20	300	300	22	320	320	334	334	8
350	480	435	25	12	M22	340	335	24	360	355	376	371	10
400	540	495	25	16	M22	400	380	24	422	402	438	418	10
450	605	555	25	16	M22	450	430	24	472	452	488	468	10
500	655	605	25	20	M22	500	480	24	524	504	542	522	10
550	720	665	27	20	M24	550	530	26	574	554	592	572	12
600	770	715	27	20	M24	600	580	26	626	606	642	622	12

付表2　呼び圧力10Kフランジの寸法

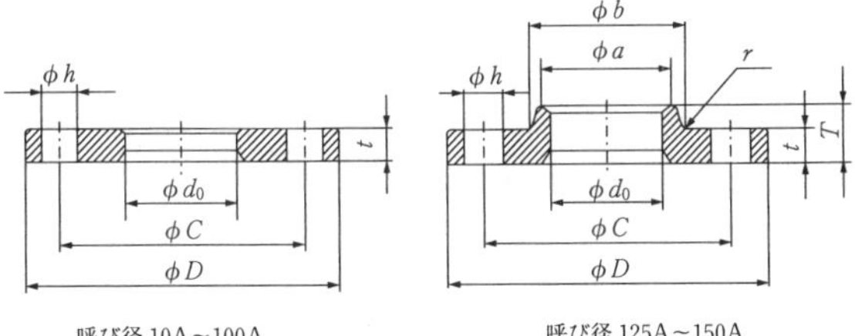

呼び径 10A～100A　　呼び径 125A～150A

スリップオンろう付式フランジ（SO）

単位 mm

呼び径	接合寸法					内径	フランジの厚さ	ハブの径		フランジの全長	すみ肉の半径
	フランジの外径	ボルト穴中心円の径	ボルト穴の径	ボルトの本数	ボルトねじの呼び			小径側	大径側		
A	D	C	h			d_0	t	a	b	T	r
10	90	65	15	4	M 12	12.80	12	–	–	–	–
15	95	70	15	4	M 12	15.98	12	–	–	–	–
20	100	75	15	4	M 12	22.32	14	–	–	–	–
25	125	90	19	4	M 16	28.68	14	–	–	–	–
32	135	100	19	4	M 16	35.02	16	–	–	–	–
40	140	105	19	4	M 16	41.38	16	–	–	–	–
50	155	120	19	4	M 16	54.08	16	–	–	–	–
65	175	140	19	4	M 16	66.78	18	–	–	–	–
80	185	150	19	8	M 16	79.48	18	–	–	–	–
100	210	175	19	8	M 16	104.88	18	–	–	–	–
125	250	210	23	8	M 20	130.28	20	146	152	30	6
150	280	240	23	8	M 20	155.68	22	172	178	32	6

付表2 呼び圧力 10 K フランジの寸法（続き）

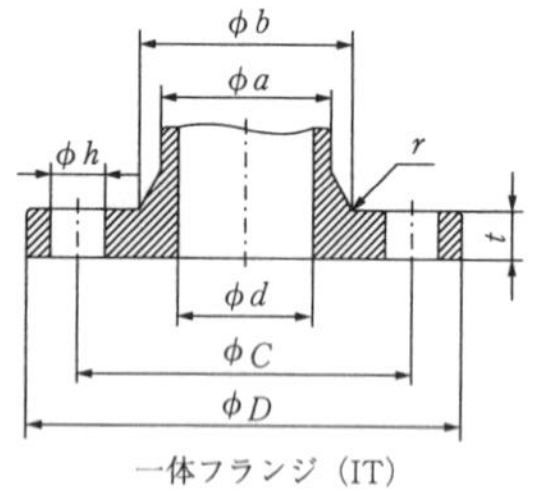

一体フランジ（IT）

単位 mm

呼び径	接合寸法					内径（参考）		フランジの厚さ	ハブの径				すみ肉の半径（参考）
	フランジの外径	ボルト穴中心円の径	ボルト穴の径	ボルトの本数	ボルトねじの呼び				小径側（参考）		大径側（参考）		
A	D	C	h			d		t	a		b		r
						一般用	船用		一般用	船用	一般用	船用	
10	90	65	15	4	M 12	10	10	12	18	18	28	28	5
15	95	70	15	4	M 12	15	15	12	25	25	33	33	5
20	100	75	15	4	M 12	20	20	14	30	30	40	40	5
25	125	90	19	4	M 16	25	25	14	35	35	45	45	6
32	135	100	19	4	M 16	32	32	16	44	44	54	54	6
40	140	105	19	4	M 16	40	40	16	52	52	62	62	6
50	155	120	19	4	M 16	50	50	16	62	62	74	74	6
65	175	140	19	4	M 16	65	65	18	77	77	89	89	6
80	185	150	19	8	M 16	80	80	18	94	94	106	106	6
100	210	175	19	8	M 16	100	100	18	114	114	128	128	6
125	250	210	23	8	M 20	125	125	20	141	141	155	155	8
150	280	240	23	8	M 20	150	150	22	168	168	182	182	8
200	330	290	23	12	M 20	200	200	22	222	222	236	236	8
250	400	355	25	12	M 22	250	250	24	274	274	290	290	8
300	445	400	25	16	M 22	300	300	24	328	328	342	342	8
350	490	445	25	16	M 22	340	335	26	370	365	386	381	10
400	560	510	27	16	M 24	400	380	28	432	412	448	428	10
450	620	565	27	20	M 24	450	430	30	482	462	498	478	10
500	675	620	27	20	M 24	500	480	30	534	514	550	530	10
550	745	680	33	20	M 30	550	530	32	586	566	604	584	12
600	795	730	33	24	M 30	600	580	32	640	620	654	634	12

付表3　呼び圧力16Kフランジの寸法

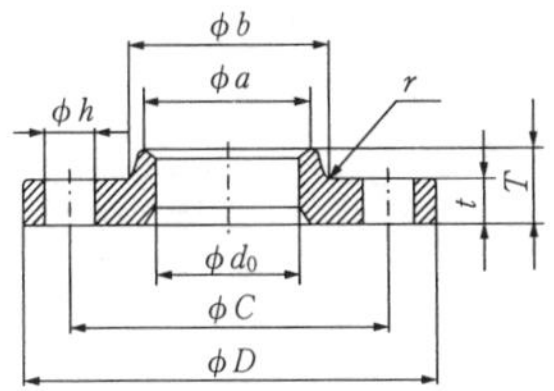

スリップオンろう付式フランジ（SO）

単位 mm

呼び径	接合寸法					内径	フランジの厚さ	ハブの径		フランジの全長	すみ肉の半径
	フランジの外径	ボルト穴中心円の径	ボルト穴の径	ボルトの本数	ボルトねじの呼び			小径側	大径側		
A	D	C	h			d_0	t	a	b	T	r
10	90	65	15	4	M 12	12.80	12	22	26	20	4
15	95	70	15	4	M 12	15.98	12	26	30	20	4
20	100	75	15	4	M 12	22.32	14	33	37	22	4
25	125	90	19	4	M 16	28.68	14	39	43	22	4
32	135	100	19	4	M 16	35.02	16	45	49	24	4
40	140	105	19	4	M 16	41.38	16	52	56	24	4
50	155	120	19	8	M 16	54.08	16	67	71	26	6
65	175	140	19	8	M 16	66.78	18	81	85	28	6
80	200	160	23	8	M 20	79.48	20	95	101	30	6
100	225	185	23	8	M 20	104.88	22	121	127	32	6
125	270	225	25	8	M 22	130.28	22	148	154	34	8
150	305	260	25	12	M 22	155.68	24	176	182	36	8

付表 3　呼び圧力 16 K フランジの寸法（続き）

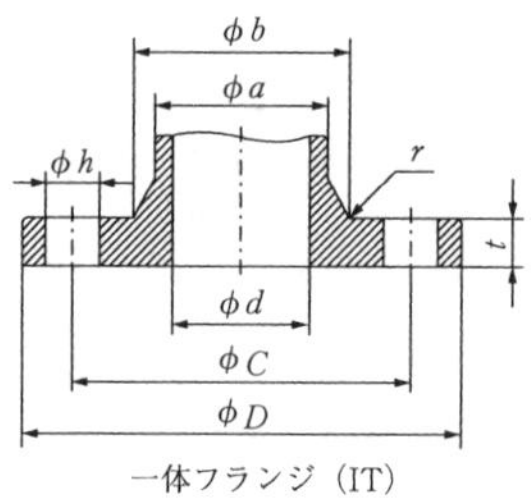

一体フランジ（IT）

単位 mm

呼び径	接合寸法					内径（参考）	フランジの厚さ	ハブの径		すみ肉の半径
	フランジの外径	ボルト穴中心円の径	ボルト穴の径	ボルトの本数	ボルトねじの呼び			小径側（参考）	大径側（参考）	
A	D	C	h			d	t	a	b	r
10	90	65	15	4	M 12	10	12	18	28	5
15	95	70	15	4	M 12	15	12	25	33	5
20	100	75	15	4	M 12	20	14	30	40	5
25	125	90	19	4	M 16	25	14	35	45	6
32	135	100	19	4	M 16	32	16	44	54	6
40	140	105	19	4	M 16	40	16	52	62	6
50	155	120	19	8	M 16	50	16	62	74	6
65	175	140	19	8	M 16	65	18	79	91	6
80	200	160	23	8	M 20	80	20	96	108	6
100	225	185	23	8	M 20	100	22	118	132	6
125	270	225	25	8	M 22	125	22	145	159	8
150	305	260	25	12	M 22	150	24	172	188	8
200	350	305	25	12	M 22	200	26	226	242	8
250	430	380	27	12	M 24	250	28	280	298	10
300	480	430	27	16	M 24	300	30	334	352	10

C-4　アルミニウム合金製管フランジ　JIS B 2241-2006

Aluminum alloy pipe flanges

1. **適用範囲**　液体，空気，ガスなどに使用する管，バルブなどを接合するフランジについて規定する。
2. **フランジの種類**　**表1**による。

表1　フランジの呼び方

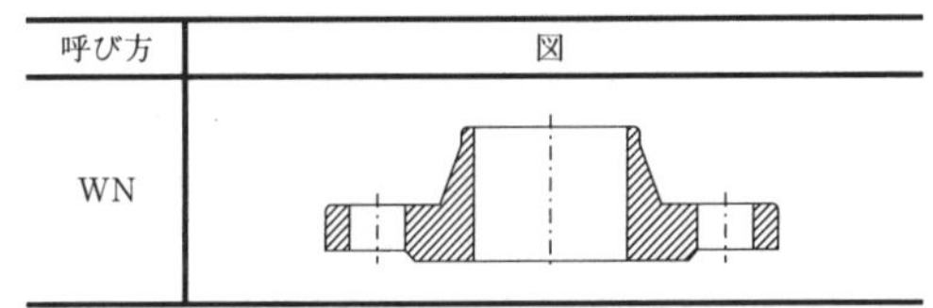

呼び方	図
WN	

3. **ガスケット座の種類**　**表2**による。

表2　ガスケット座の呼び方

ガスケット座の種類	呼び方	図
平面座	RF	

4. **材　料**　**表3**とする。
5. **流体の温度と最高使用圧力**　**表4**による。
6. **形状・寸法**　**付表1～3**による。
7. **呼び方**　規格名称，呼び圧力，呼び径，材料記号及び質別による。

例　アルミニウム合金製管フランジ，5K 50A，A 5083 BE，O
(JIS 2241，5K，50A，A 5083 BE，O)

表 3　材料

材料グループ記号	材料規格			ASTM 材料規格(参考)			ISO 材料規格(参考)		
	規格番号	材料記号	質別	規格番号	材料記号	質別	規格番号	材料記号	質別
Al1	JIS H 4040	A 5083 BE	O	B 221	5083	O	ISO 6362-1 ~-5	Al Mg4,5Mn0,7	O
			H112			H112			H112
		A 5083 BD	O	–	–	–	ISO 6363-1, -2, -4 及び-5	Al Mg4,5Mn0,7	O
		A 6061 BE	T6	B 221	6061	T6	ISO 6362-1 ~-5	Al Mg1SiCu	T6
		A 6061 BD	T6	B 221	6061	T6	ISO 6363-1, -2, -4 及び-5	Al Mg1SiCu	T6
	JIS H 4140	A 5083 FD	O	B 247	5083	O	–	–	–
			H112			H112			
		A 5083 FH	O		5083	O			
			H112			H112			
		A 6061 FD	T6		6061	T6			
		A 6061 FH	T6		6061	T6			

表 4　流体の温度と最高使用圧力との関係

単位 MPa

呼び圧力	材料グループ記号	最高使用圧力
		流体の温度 −268～65℃
5 K	A 11	0.5
10 K		1.0
16 K		1.9

付表1　呼び圧力5Kフランジの寸法

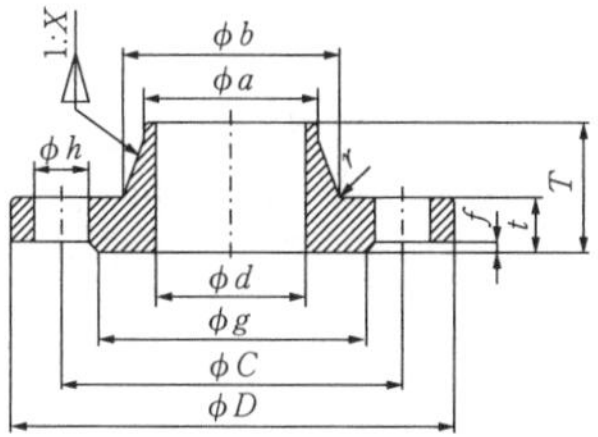

突合せ溶接式フランジ（WN）

単位 mm

呼び径	接合する管の外径	接合寸法					内径	平面座		フランジの厚さ	ハブの径		ハブのテーパ	フランジの全長（参考）	すみ肉の半径（参考）
		フランジの外径	ボルト穴中心円の径	ボルト穴の径	ボルトの本数	ボルトのねじの呼び		径	高さ		小径側	大径側	最小		
A		*D*	*C*	*h*			*d*	*g*	*f*	*t*	*a*	*b*	*x*	*T*	*r*
10	17.3	75	55	12	4	M10	14.0	39	1	12	17.3	28	1.25	28	3
15	21.7	80	60	12	4	M10	17.5	44	1	12	21.7	32	1.25	29	3
20	27.2	85	65	12	4	M10	23.0	49	1	12	27.2	39	1.25	30	3
25	34.0	95	75	12	4	M10	28.4	59	1	12	34.0	44	1.25	30	3
32	42.7	115	90	15	4	M12	37.1	70	2	14	42.7	55	1.25	34	3
40	48.6	120	95	15	4	M12	43.0	75	2	14	48.6	61	1.25	34	3
50	60.5	130	105	15	4	M12	54.9	85	2	14	60.5	75	1.25	37	3
65	76.3	155	130	15	4	M12	70.3	110	2	14	76.3	90	1.25	37	3
80	89.1	180	145	19	4	M16	83.1	121	2	16	89.1	105	1.25	41	3
90	101.6	190	155	19	4	M16	95.6	131	2	16	101.6	118	1.25	41	3
100	114.3	200	165	19	8	M16	108.3	141	2	19	114.3	130	1.25	44	3
125	139.8	235	200	19	8	M16	133.0	176	2	19	139.8	157	1.25	46	4
150	165.2	265	230	19	8	M16	158.4	206	2	19	165.2	184	1.25	48	4
200	216.3	320	280	23	8	M20	208.3	252	2	22	216.3	236	1.25	53	4
250	267.4	385	345	23	12	M20	259.4	317	2	24	267.4	291	1.25	60	4
300	318.5	430	390	23	12	M20	309.5	360	3	24	318.5	344	1.25	63	4
350	355.6	480	435	25	12	M22	346.0	403	3	24	355.6	382	1.5	71	4
400	406.4	540	495	25	16	M22	396.8	463	3	26	406.4	435	1.5	77	4
450	457.2	605	555	25	16	M22	447.6	523	3	26	457.2	486	1.75	84	5
500	508.0	655	605	25	20	M22	497.0	573	3	26	508.0	539	1.75	89	5
550	558.8	720	665	27	20	M24	547.8	630	3	29	558.8	590	1.75	92	5
600	609.6	770	715	27	20	M24	596.8	680	3	29	609.6	639	1.75	92	5

付表 2　呼び圧力 10 K フランジの寸法

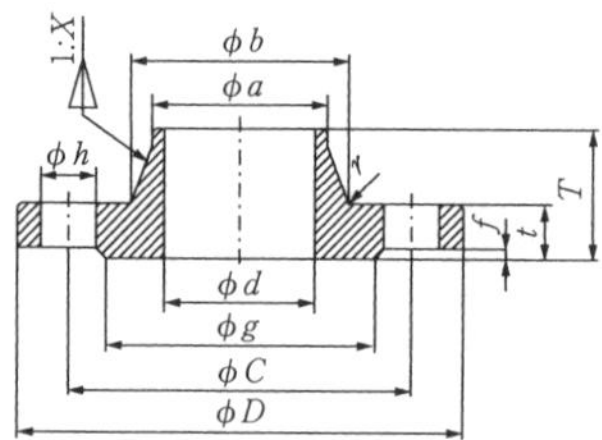

突合せ溶接式フランジ（WN）

単位 mm

呼び径	接合する管の外径	接合寸法					内径	平面座		フランジの厚さ	ハブの径		ハブのテーパ	フランジの全長	すみ肉の半径
		フランジの外径	ボルト穴中心円の径	ボルト穴の径	ボルトの本数	ボルトのねじの呼び		径	高さ		小径側	大径側	最小	(参考)	(参考)
A		D	C	h			d	g	f	t	a	b	x	T	r
10	17.3	90	65	15	4	M 12	13.3	46	1	15	17.3	31	1.25	36	3
15	21.7	95	70	15	4	M 12	16.7	51	1	15	21.7	35	1.25	36	3
20	27.2	105	75	15	4	M 12	22.2	56	1	15	27.2	42	1.25	38	3
25	34.0	125	90	19	4	M 16	28.0	67	1	18	34.0	48	1.25	40	3
32	42.7	135	100	19	4	M 16	36.7	76	2	18	42.7	59	1.25	43	3
40	48.6	140	105	19	4	M 16	42.6	81	2	18	48.6	65	1.25	43	3
50	60.5	155	120	19	4	M 16	53.5	96	2	18	60.5	78	1.25	46	4
65	76.3	175	140	19	4	M 16	69.3	116	2	18	76.3	93	1.25	46	4
80	89.1	185	150	19	8	M 16	81.1	126	2	21	89.1	107	1.25	50	4
90	101.6	195	160	19	8	M 16	93.6	136	2	21	101.6	120	1.25	50	4
100	114.3	210	175	19	8	M 16	106.3	151	2	21	114.3	134	1.25	52	5
125	139.8	250	210	23	8	M 20	129.8	182	2	24	139.8	160	1.25	57	5
150	165.2	280	240	23	8	M 20	155.2	212	2	24	165.2	187	1.25	59	5
200	216.3	330	290	23	12	M 20	203.3	262	2	25	216.3	239	1.25	64	5
250	267.4	400	355	25	12	M 22	254.4	324	2	26	267.4	294	1.25	69	6
300	318.5	445	400	25	16	M 22	305.5	368	3	27	318.5	348	1.25	74	6
350	355.6	490	445	25	16	M 22	339.8	413	3	27	355.6	386	1.25	77	6
400	406.4	560	510	27	16	M 24	390.6	475	3	28	406.4	439	1.5	89	6
450	457.2	620	565	27	20	M 24	441.4	530	3	30	457.2	489	1.5	90	6
500	508.0	675	620	27	20	M 24	489.0	585	3	30	508.0	539	1.5	91	6
550	558.8	745	680	33	20	M 30	539.8	640	3	36	558.8	594	1.5	104	6
600	609.6	795	730	33	24	M 30	590.6	690	3	38	609.6	645	1.5	106	6

付表 3　呼び圧力 16 K フランジの寸法

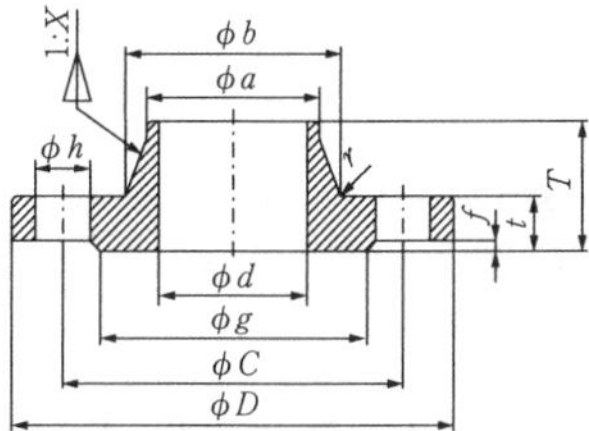

突合せ溶接式フランジ（WN）

単位 mm

呼び径	接合する管の外径	接合寸法					内径	平面座		フランジの厚さ	ハブの径		ハブのテーパ	フランジの全長（参考）	すみ肉の半径（参考）
		フランジの外径	ボルト穴中心円の径	ボルト穴の径	ボルトの本数	ボルトのねじの呼び		径	高さ		小径側	大径側	最小		
A		D	C	h			d	g	f	t	a	b	x	T	r
10	17.3	90	65	15	4	M 12	12.7	46	1	16	17.3	33	1.25	40	3
15	21.7	95	70	15	4	M 12	16.1	51	1	16	21.7	38	1.25	41	3
20	27.2	105	75	15	4	M 12	21.4	56	1	16	27.2	43	1.25	41	3
25	34.0	125	90	19	4	M 16	27.2	67	1	18	34.0	51	1.25	45	3
32	42.7	135	100	19	4	M 16	35.5	76	2	18	42.7	62	1.25	48	3
40	48.6	140	105	19	4	M 16	41.2	81	2	18	48.6	69	1.25	50	3
50	60.5	155	120	19	8	M 16	52.7	96	2	22	60.5	81	1.25	54	4
65	76.3	175	140	19	8	M 16	65.9	116	2	22	76.3	96	1.25	55	4
80	89.1	200	160	23	8	M 20	78.1	132	2	25	89.1	110	1.25	60	4
90	101.6	210	170	23	8	M 20	90.2	145	2	25	101.6	122	1.25	60	4
100	114.3	225	185	23	8	M 20	102.3	160	2	25	114.3	136	1.25	62	5
125	139.8	270	225	25	8	M 22	126.6	195	2	26	139.8	165	1.25	68	5
150	165.2	305	260	25	12	M 22	151.0	230	2	30	165.2	193	1.25	76	5
200	216.3	350	305	25	12	M 22	199.9	275	2	30	216.3	246	1.25	80	6
250	267.4	430	380	27	12	M 24	248.8	345	2	30	267.4	301	1.25	86	6
300	318.5	480	430	27	16	M 24	297.9	395	3	31	318.5	354	1.25	91	8
350	355.6	540	480	33	16	M 30×3	333.4	440	3	38	355.6	395	1.25	104	8
400	406.4	605	540	33	16	M 30×3	381.0	495	3	38	406.4	447	1.25	108	10
450	457.2	675	605	33	20	M 30×3	428.6	560	3	41	457.2	499	1.25	115	10
500	508.0	730	660	33	20	M 30×3	477.8	615	3	41	508.0	550	1.5	127	10
550	558.8	795	720	39	20	M 36×3	527.0	670	3	47	558.8	603	1.5	138	10
600	609.6	845	770	39	24	M 36×3	574.8	720	3	50	609.6	655	1.5	145	10

C-5　ANSI(JPI)規格フランジ

ANSI B 16.5-1996
ANSI B 16.9-1996
(JPI-7 S-15-99)

1. **材料の種類**　**表1**に示す。
2. **圧力-温度基準**　**表2.1～2.7**に示す。
3. **フランジの種類**　**図1**に示す。
4. **フランジの寸法**　**表3.1～3.7**に示す。
5. **スタブエンド(ステンレス鋼)の寸法**　**表4**に示す。

表1 材料の種類

材料グループ	標準主成分	板状品			鋳造品			鍛造品		
		JIS	ASTM	注	JIS	ASTM	注	JIS	ASTM	注
1.1	C-Si	G3103-SB480	A515-70	(1) (13) (19)	G5151-SCPH2	A216-WCB	(1) (13) (19)	G3202-SFVC2A	A105	(1) (13) (19)
	C-Mn-Si	G3118-SGV480	A516-70	(1) (13) (18)				G3205-SFL2	A350-LF2	(1) (13) (19)
	C-Mn-Si	G3115-SPV355N	A537-CL1	(16)						
1.2	2.5Ni		A203-B	(13) (19)	G5152-SCPL21	A352-LC2	(16)			
	3.5Ni	G3127-SL3N275	A203-E	(13) (19)	G5152-SCPL31	A352-LC3	(16)	G3205-SFL3	A350-LF3	(16)
1.3	C-Si	G3103-SB450	A515-65	(1) (13) (19)	G5152-SCPL1	A352-LCB	(16)			
	C-Mn-Si	G3118-SGV450	A516-65	(1) (13) (18)						
	2.5Ni	G3127-SL2N255	A203-A	(13) (19)						
	3.5Ni	G3127-SL3N255	A203-D	(13) (19)						
1.4	C-Si	G3103-SB410	A515-60	(1) (13) (19)						
	C-Mn-Si	G3118-SGV410	A516-60	(13) (18)				G3205-SFL1	A350-LF1CL1	(13) (19)
1.5	C-0.5Mo	G3103-SB450M	A204-A	(2) (14) (19)	G5151-SCPH11	A217-WC1	(2) (4) (19)	G3203-SFVAF1	A182-F1	(2) (14) (19)
	C-0.5Mo	G3103-SB480M	A204-B	(2) (14) (19)	G5152-SCPL11	A352-LC1	(16)			
1.7	C-0.5Mo		A204-C	(2) (18)						
	0.5Cr-0.5Mo							G3203-SFVAF2	A182-F2	(19)
1.9	1Cr-0.5Mo							G3203-SFVAF12	A182-F12CL2	(4) (15) (21)
	1.25Cr-0.5Mo-Si	G4109-SCMV3-2	A387-11CL2	(15) (21)	G5151-SCPH21	A217-WC6	(4) (20)	G3203-SFVAF11A	A182-F11CL2	(4) (15) (21)
1.10	2.25Cr-1Mo	G4109-SCMV4-2	A387-22CL2	(15) (21)	G5151-SCPH32	A217-WC9	(4) (20)	G3203-SFVAF22B	A182-F22CL3	(15) (21)
1.13	5Cr-0.5Mo				G5151-SCPH61	A217-C5	(4) (21)	G3203-SFVAF5D	A182-F5a	(21)
	5Cr-0.5Mo							G3203-SFVAF5B	A182-F5	(21)

1.14	9Cr-1Mo					A217-C12	(4) (21)	G3203-SFVAF9	A182-F9	(21)
2.1	18Cr-8Ni 18Cr-8Ni	G4304/G4305-SUS304	A240-304 A240-304H	(5) (6)	G5121-SCS19A G5121-SCS13A	A351-CF3 A351-CF8	(17) (5)	G3214-SUSF304 G3214-SUSF304H	A182-F304 A182-F304H	(5)
2.2	16Cr-12Ni-2Mo 16Cr-12Ni-2Mo	G4304/G4305-SUS316	A240-316 A240-316H	(5) (6)	G5121-SCS16A G5121-SCS14A	A351-CF3M A351-CF8M	(18) (5)	G3214-SUSF316 G3214-SUSF316H	A182-F316 A182-F316H	(5)
2.3	18Cr-8Ni 16Cr-12Ni-2Mo	G4304/G4305-SUS304L G4304/G4305-SUS316L	A240-304L A240-316L	(17) (18)				G3214-SUSF304L G3214-SUSF316L	A182-F304L A182-F316L	(17) (18)
2.4	18Cr-10Ni-Ti 18Cr-10Ni-Ti	G4304/G4305-SUS321	A240-321 A240-321H	(19) (6)				G3214-SUSF321 G3214-SUSF321H	A182-F321 A182-F321H	(19) (6)
2.5	18Cr-10Ni-Nb 18Cr-10Ni-Nb 18Cr-10Ni-Nb 18Cr-10Ni-Nb	G4304/G4305-SUS347	A240-347 A240-347H A240-348 A240-348H	(19) (6) (19) (6)	G5121-SCS21	A351-CF8C	(5)	G3214-SUSF347 G3214-SUSF347H	A182-F347 A182-F347H A182-F348 A182-F348H	(19) (6) (19) (6)
2.6	25Cr-12Ni 23Cr-12Ni	 G4304/G4305-SUS309S	 A240-309S	 (5) (6) (8)	G5121-SCS17	A351-CH20	(5) (7)			
2.7	25Cr-20Ni	G4304/G4305-SUS310S	A240-310S	(5) (6) (8)	G5121-SCS18	A351-CK20	(5)	G3214-SUSF310	A182-F310	(5) (8)
3.4	67Ni-30Cu 67Ni-30Cu-S	H4551-NCuP-O	B127-N04400	(9) (23)				H4553-NCuB-O	B564-N04400 B164-N04405	(9) (23) (9) (11) (23)
3.5	72Ni-15Cr-8Fe	G4902-NCF600	B168-N06600	(9) (21)				G4901-NCF600	B564-N06600	(9) (21)
3.6	33Ni-42Fe-21Cr	G4902-NCF800	B409-N08800	(9)				G4901-NCF800	B564-N08800	(9)
3.8	54Ni-16Mo-15Cr Ni-Cr-Mo-Nb625 Ni-Cr-Mo-Cu825	H4551-NMCrP-S G4902-NCF625 G4902-NCF825	B575-N10276 B443-N06625 B424-N08825	(10) (22) (9) (12) (21) (9) (19)				H4553-NMCrB-S G4901-NCF625 G4901-NCF825	B564-N10276 B564-N06625 B564-N08825	(10) (22) (9) (12) (21) (9) (19)

注 (1) 約427℃を超える温度で長時間使用する場合は，炭素鋼のカーバイド相の黒鉛化に注意する。
(2) 約468℃を超える温度で長時間使用する場合は，C-Mo 鋼のカーバイド相の黒鉛化に注意する。
(3) 454℃を超える温度で使用する場合は，キルド鋼を使用する。
(4) 焼ならし焼戻しを行った材料に限る。
(5) 538℃を超える温度で使用する場合は，炭素含有量0.04%以上の材料だけを使用する。
(6) 538℃を超える温度で使用する場合は，その材料を最低1038℃以上に加熱した後水冷，その他の方法で急冷する。
(7) 454℃を超える温度で使用する場合は，Si の残留含有量が0.10%以上のキルド鋼を使うほうがよい。
(8) 566℃以上の温度で使用する場合は，JIS G 0551による粒度結晶が6又はそれよりも粗いことが確認されたときに限る。
(9) 焼なましを行った材料に限る。
(10) 固溶化熱処理を行った材料に限る。
(11) 化学成分，機械的性質，熱処理及び結晶粒度の要求は，適用するASTM規格を満足すること。
(12) 焼なまし状態のN06625合金は，538～760℃の範囲にさらされると常温での衝撃強さが著しく低下する。
(13) 約427℃を超える温度では長時間の使用は避けたほうがよい。
(14) 約454℃を超える温度では長時間の使用は避けたほうがよい。
(15) 約593℃を超える温度では長時間の使用は避けたほうがよい。
(16) 343℃を超える場合は使用できない。
(17) 427℃を超える場合は使用できない。
(18) 454℃を超える場合は使用できない。
(19) 538℃を超える場合は使用できない。
(20) 593℃を超える場合は使用できない。
(21) 649℃を超える場合は使用できない。
(22) 677℃を超える場合は使用できない。
(23) 482℃を超える場合は使用できない。

表 2.1　クラス 150 圧力ー温度基準

単位：MPa

温度 (℃)	炭素鋼			低合金鋼							ステンレス鋼							Ni 合金			
	C-Si C-Mn-Si	C-Si C-Mn-Si	C-Si C-Mn-Si	2.5Ni 3.5Ni	C-0.5Mo	0.5Cr-0.5Mo	1Cr-0.5Mo 1.25Cr-0.5Mo	2.25Cr-1Mo	5Cr-0.5Mo	9Cr-1Mo	タイプ 304	タイプ 316	タイプ 304L タイプ 316L	タイプ 321	タイプ 347 タイプ 348	タイプ 309	タイプ 310	Ni-Cu 合金 400, 405	Ni-Cr-Fe 合金 600	Ni-Fe-Cr 合金 800	Ni 合金 276 625 825
	1.1	1.3	1.4	1.2	1.5	1.7	1.9	1.10	1.13	1.14	2.1	2.2	2.3	2.4	2.5	2.6	2.7	3.4	3.5	3.6	3.8
−29～38	1.97	1.83	1.62	2.00	1.83	2.00	2.00	2.00	2.00	2.00	1.90	1.90	1.59	1.90	1.90	1.79	1.79	1.59	2.00	1.90	2.00
93	1.79	1.72	1.48	1.79	1.79	1.79	1.79	1.79	1.79	1.79	1.59	1.62	1.34	1.69	1.76	1.59	1.62	1.38	1.79	1.76	1.79
149	1.59	1.59	1.45	1.59	1.59	1.59	1.59	1.59	1.59	1.59	1.41	1.48	1.21	1.59	1.59	1.52	1.52	1.31	1.59	1.59	1.59
204	1.38	1.38	1.38	1.38	1.38	1.38	1.38	1.38	1.38	1.38	1.31	1.34	1.10	1.38	1.38	1.38	1.38	1.28	1.38	1.38	1.38
260	1.17	1.17	1.17	1.17	1.17	1.17	1.17	1.17	1.17	1.17	1.17	1.17	1.00	1.17	1.17	1.17	1.17	1.17	1.17	1.17	1.17
316	0.97	0.97	0.97	0.97	0.97	0.97	0.97	0.97	0.97	0.97	0.97	0.97	0.97	0.97	0.97	0.97	0.97	0.97	0.97	0.97	0.97
343	0.86	0.86	0.86	0.86	0.86	0.86	0.86	0.86	0.86	0.86	0.86	0.86	0.86	0.86	0.86	0.86	0.86	0.86	0.86	0.86	0.86
371	0.76	0.76	0.76	0.76	0.76	0.76	0.76	0.76	0.76	0.76	0.76	0.76	0.76	0.76	0.76	0.76	0.76	0.76	0.76	0.76	0.76
399	0.66	0.66	0.66	0.66	0.66	0.66	0.66	0.66	0.66	0.66	0.66	0.66	0.66	0.66	0.66	0.66	0.66	0.66	0.66	0.66	0.66
427	0.55	0.55	0.55	0.55	0.55	0.55	0.55	0.55	0.55	0.55	0.55	0.55	0.55	0.55	0.55	0.55	0.55	0.55	0.55	0.55	0.55
454	0.45	0.45	0.45	0.45	0.45	0.45	0.45	0.45	0.45	0.45	0.45	0.45	0.45	0.45	0.45	0.45	0.45	0.45	0.45	0.45	0.45
482	0.34	0.34	0.34	0.34	0.34	0.34	0.34	0.34	0.34	0.34	0.34	0.34		0.34	0.34	0.34	0.34	0.34	0.34	0.34	0.34
510	0.24	0.24	0.24	0.24	0.24	0.24	0.24	0.24	0.24	0.24	0.24	0.24		0.24	0.24	0.24	0.24		0.24	0.24	0.24
538	0.14	0.14	0.14	0.14	0.14	0.14	0.14	0.14	0.14	0.14	0.14	0.14		0.14	0.14	0.14	0.14		0.14	0.14	0.14
566																					
593																					
621																					
649																					
677																					
704																					
732																					
760																					
788																					
816																					

表 2.2 クラス 300 圧力一温度基準

単位：MPa

温度	炭素鋼			低合金鋼							ステンレス鋼							Ni 合金			
(℃)	C-Si C-Mn-Si	C-Si C-Mn-Si	C-Si C-Mn-Si	2.5Ni 3.5Ni	C-0.5Mo	0.5Cr-0.5Mo	1Cr-0.5Mo 1.25Cr-0.5Mo	2.25Cr-1Mo	5Cr-0.5Mo	9Cr-1Mo	タイプ 304	タイプ 316	タイプ 304L タイプ 316L	タイプ 321	タイプ 347 タイプ 348	タイプ 309	タイプ 310	Ni-Cu 合金 400, 405	Ni-Cr-Fe 合金 600	Ni-Fe-Cr 合金 800	Ni 合金 276 625 825
	1.1	1.3	1.4	1.2	1.5	1.7	1.9	1.10	1.13	1.14	2.1	2.2	2.3	2.4	2.5	2.6	2.7	3.4	3.5	3.6	3.8
−29～38	5.10	4.79	4.27	5.17	4.79	5.17	5.17	5.17	5.17	5.17	4.96	4.96	4.14	4.96	4.96	4.62	4.62	4.14	5.17	4.96	5.17
93	4.65	4.52	3.86	5.17	4.69	5.17	5.17	5.17	5.14	5.17	4.14	4.27	3.48	4.45	4.55	4.17	4.17	3.65	5.17	4.55	5.17
149	4.52	4.41	3.79	5.03	4.52	4.96	4.96	5.03	4.93	5.03	3.72	3.86	3.14	4.10	4.24	3.93	3.93	3.41	5.03	4.31	5.03
204	4.38	4.27	3.65	4.86	4.41	4.79	4.79	4.86	4.86	4.86	3.41	3.55	2.86	3.79	3.96	3.69	3.69	3.31	4.86	4.14	4.86
260	4.14	4.03	3.45	4.59	4.27	4.59	4.59	4.59	4.59	4.59	3.21	3.31	2.62	3.55	3.72	3.48	3.48	3.28	4.59	4.00	4.59
316	3.79	3.69	3.14	4.17	4.17	4.17	4.17	4.17	4.17	4.17	3.00	3.10	2.48	3.34	3.55	3.31	3.31	3.28	4.17	3.96	4.17
343	3.69	3.62	3.10	4.07	4.07	4.07	4.07	4.07	4.07	4.07	2.96	3.07	2.41	3.31	3.48	3.21	3.24	3.28	4.07	3.93	4.07
371	3.69	3.59	3.10	3.93	3.93	3.93	3.93	3.93	3.93	3.93	2.93	2.96	2.38	3.21	3.41	3.14	3.14	3.28	3.93	3.90	3.93
399	3.48	3.28	3.07	3.48	3.65	3.65	3.65	3.65	3.65	3.65	2.86	2.93	2.31	3.17	3.38	3.07	3.10	3.24	3.65	3.65	3.65
427	2.83	2.69	2.55	2.83	3.52	3.52	3.52	3.52	3.52	3.52	2.79	2.90	2.28	3.10	3.34	3.00	3.00	3.17	3.52	3.48	3.52
454	1.86	1.86	1.86	1.86	3.34	3.34	3.34	3.34	3.34	3.34	2.72	2.90	2.21	3.07	3.34	2.93	2.93	2.34	3.34	3.34	3.34
482	1.17	1.17	1.17	1.17	3.10	3.10	3.10	3.10	2.55	3.10	2.69	2.86		3.03	3.10	2.86	2.90	1.69	3.10	3.10	3.10
510	0.72	0.72	0.72	0.72	1.93	2.17	2.21	2.59	1.90	2.59	2.62	2.65		2.65	2.65	2.65	2.65		2.24	2.65	2.65
538	0.34	0.34	0.34	0.34	1.14	1.38	1.48	1.79	1.38	1.76	2.21	2.41		2.45	2.52	2.31	2.38		1.48	2.52	2.52
566						1.10	1.00	1.21	1.00	1.17	2.14	2.38		2.17	2.48	2.00	2.31		0.97	2.48	2.48
593							0.66	0.76	0.69	0.79	1.76	2.10		1.86	2.24	1.55	1.79		0.66	2.24	2.24
621							0.41	0.48	0.41	0.52	1.38	1.62		1.62	1.90	1.17	1.31		0.48	1.90	1.90
649							0.28	0.28	0.24	0.34	1.07	1.28		1.28	1.17	0.90	0.93		0.41	1.41	1.28
677											0.79	1.00		0.97	0.86	0.69	0.72			0.90	1.00
704											0.59	0.79		0.76	0.66	0.55	0.52			0.41	0.76
732											0.41	0.66		0.59	0.48	0.41	0.41			0.34	
760											0.34	0.52		0.45	0.38	0.31	0.31			0.24	
788											0.24	0.41		0.34	0.28	0.21	0.24			0.21	
816											0.17	0.28		0.28	0.24	0.17	0.17			0.17	

表 2.3　クラス 400 圧力—温度基準

単位：MPa

温度 (℃)	炭素鋼			低合金鋼							ステンレス鋼							Ni 合金			
	C-Si C-Mn-Si	C-Si C-Mn-Si	C-Si C-Mn-Si	2.5Ni 3.5Ni	C-0.5Mo	0.5Cr-0.5Mo	1Cr-0.5Mo 1.25Cr-0.5Mo	2.25Cr-1Mo	5Cr-0.5Mo	9Cr-1Mo	タイプ 304	タイプ 316	タイプ 304L タイプ 316L	タイプ 321	タイプ 347 タイプ 348	タイプ 309	タイプ 310	Ni-Cu 合金 400, 405	Ni-Cr-Fe 合金 600	Ni-Fe-Cr 合金 800	Ni 合金 276 625 825
	1.1	1.3	1.4	1.2	1.5	1.7	1.9	1.10	1.13	1.14	2.1	2.2	2.3	2.4	2.5	2.6	2.7	3.4	3.5	3.6	3.8
−29～38	6.83	6.38	5.69	6.89	6.38	6.89	6.89	6.89	6.89	6.89	6.62	6.62	5.52	6.62	6.62	6.17	6.17	5.52	6.89	6.62	6.89
93	6.21	6.03	5.17	6.89	6.24	6.89	6.89	6.89	6.89	6.89	5.52	5.69	4.65	5.93	6.07	5.55	5.58	4.86	6.89	6.10	6.89
149	6.03	5.86	5.03	6.69	6.00	6.65	6.65	6.69	6.58	6.69	4.96	5.14	4.17	5.48	5.65	5.24	5.24	4.55	6.69	5.72	6.69
204	5.83	5.69	4.86	6.48	5.90	6.38	6.38	6.48	6.48	6.48	4.55	4.72	3.79	5.07	5.27	4.90	4.93	4.38	6.48	5.52	6.48
260	5.52	5.34	4.59	6.10	5.72	6.10	6.10	6.10	6.10	6.10	4.27	4.38	3.52	4.72	4.96	4.62	4.65	4.38	6.10	5.31	6.10
316	5.03	4.90	4.21	5.55	5.55	5.55	5.55	5.55	5.55	5.55	4.00	4.14	3.31	4.48	4.72	4.38	4.41	4.38	5.55	5.27	5.55
343	4.93	4.79	4.14	5.41	5.41	5.41	5.41	5.41	5.41	5.41	3.96	4.07	3.24	4.38	4.62	4.27	4.31	4.38	5.41	5.24	5.41
371	4.90	4.76	4.14	5.21	5.21	5.21	5.21	5.21	5.21	5.21	3.90	4.00	3.17	4.27	4.55	4.21	4.21	4.38	5.21	5.17	5.21
399	4.62	4.34	4.07	4.62	4.90	4.90	4.90	4.90	4.86	4.90	3.83	3.93	3.10	4.21	4.52	4.10	4.14	4.31	4.90	4.90	4.90
427	3.79	3.59	3.41	3.79	4.65	4.65	4.65	4.65	4.65	4.65	3.72	3.90	3.03	4.14	4.48	4.00	4.00	4.21	4.65	4.65	4.65
454	2.45	2.45	2.45	2.45	4.48	4.48	4.48	4.48	4.45	4.48	3.65	3.83	2.96	4.10	4.45	3.90	3.93	3.14	4.48	4.48	4.48
482	1.59	1.59	1.59	1.59	4.14	4.14	4.14	4.14	3.41	4.14	3.59	3.83		4.07	4.14	3.83	3.83	2.28	4.14	4.14	4.14
510	0.97	0.97	0.97	0.97	2.59	2.90	2.93	3.48	2.52	3.48	3.52	3.55		3.55	3.55	3.55	3.55		3.00	3.55	3.55
538	0.48	0.48	0.48	0.48	1.52	1.86	2.00	2.38	1.83	2.34	2.96	3.21		3.28	3.34	3.10	3.17		2.00	3.34	3.34
566						1.45	1.31	1.62	1.31	1.59	2.83	3.17		2.86	3.31	2.69	3.10		1.28	3.31	3.31
593							0.90	1.00	0.93	1.03	2.38	2.79		2.48	2.96	2.07	2.38		0.86	2.96	2.96
621							0.55	0.62	0.55	0.69	1.83	2.17		2.17	2.52	1.59	1.72		0.62	2.52	2.52
649							0.34	0.38	0.31	0.48	1.41	1.69		1.69	1.59	1.21	1.28		0.55	1.86	1.69
677											1.03	1.34		1.28	1.14	0.93	0.93			1.21	1.34
704											0.79	1.07		1.00	0.86	0.72	0.69			0.55	1.00
732											0.55	0.90		0.79	0.62	0.55	0.55			0.45	
760											0.45	0.69		0.59	0.52	0.41	0.41			0.31	
788											0.31	0.55		0.48	0.38	0.28	0.31			0.28	
816											0.24	0.38		0.34	0.31	0.21	0.24			0.24	

表2.4 クラス600圧力―温度基準

単位：MPa

温度 (℃)	炭素鋼			低合金鋼							ステンレス鋼							Ni合金			
	C-Si C-Mn-Si	C-Si C-Mn-Si	C-Si C-Mn-Si	2.5Ni 3.5Ni	C-0.5Mo	0.5Cr-0.5Mo	1Cr-0.5Mo 1.25Cr-0.5Mo	2.25Cr-1Mo	5Cr-0.5Mo	9Cr-1Mo	タイプ304	タイプ316	タイプ304L タイプ316L	タイプ321	タイプ347 タイプ348	タイプ309	タイプ310	Ni-Cu合金 400, 405	Ni-Cr-Fe合金 600	Ni-Fe-Cr合金 800	Ni合金 276 625 825
	1.1	1.3	1.4	1.2	1.5	1.7	1.9	1.10	1.13	1.14	2.1	2.2	2.3	2.4	2.5	2.6	2.7	3.4	3.5	3.6	3.8
−29～38	10.2	9.58	8.52	10.3	9.58	10.3	10.3	10.3	10.3	10.3	9.93	9.93	8.27	9.93	9.93	9.27	9.27	8.27	10.3	9.93	10.3
93	9.31	9.07	7.76	10.3	9.38	10.3	10.3	10.3	10.3	10.3	8.27	8.55	7.00	8.89	9.10	8.34	8.38	7.27	10.3	9.14	10.3
149	9.07	8.79	7.55	10.0	9.00	9.96	9.96	10.0	9.86	10.0	7.45	7.72	6.27	8.20	8.48	7.86	7.86	6.83	10.0	8.62	10.0
204	8.76	8.52	7.31	9.72	8.83	9.55	9.55	9.72	9.72	9.72	6.86	7.07	5.69	7.62	7.89	7.34	7.38	6.58	9.72	8.27	9.72
260	8.27	8.03	6.86	9.17	8.58	9.17	9.17	9.17	9.17	9.17	6.41	6.58	5.27	7.10	7.45	6.96	7.00	6.55	9.17	7.96	9.17
316	7.55	7.34	6.31	8.34	8.34	8.34	8.34	8.34	8.34	8.34	6.03	6.21	4.96	6.72	7.07	6.58	6.62	6.55	8.34	7.89	8.34
343	7.41	7.21	6.17	8.10	8.10	8.10	8.10	8.10	8.10	8.10	5.93	6.14	4.83	6.58	6.96	6.41	6.45	6.55	8.10	7.86	8.10
371	7.34	7.14	6.17	7.83	7.83	7.83	7.83	7.83	7.83	7.83	5.86	6.00	4.72	6.41	6.83	6.27	6.27	6.55	7.83	7.79	7.83
399	6.96	6.52	6.10	6.96	7.34	7.34	7.34	7.34	7.27	7.34	5.72	5.90	4.62	6.31	6.79	6.17	6.21	6.45	7.34	7.34	7.34
427	5.69	5.38	5.10	5.69	7.00	7.00	7.00	7.00	7.00	7.00	5.55	5.83	4.55	6.21	6.72	6.00	6.03	6.31	7.00	7.00	7.00
454	3.69	3.69	3.69	3.69	6.72	6.72	6.72	6.72	6.65	6.72	5.45	5.76	4.45	6.17	6.69	5.86	5.90	4.69	6.72	6.72	6.72
482	2.38	2.38	2.38	2.38	6.21	6.21	6.21	6.21	5.10	6.21	5.38	5.72		6.10	6.21	5.72	5.76	3.41	6.21	6.21	6.21
510	1.41	1.41	1.41	1.41	3.86	4.34	4.41	5.21	3.79	5.21	5.27	5.34		5.34	5.34	5.34	5.34		4.52	5.34	5.34
538	0.72	0.72	0.72	0.72	2.28	2.79	2.96	3.59	2.76	3.48	4.41	4.83		4.93	5.00	4.62	4.72		2.96	5.00	5.00
566						2.17	2.00	2.41	2.00	2.38	4.24	4.72		4.31	4.96	4.03	4.62		1.93	4.96	4.96
593							1.31	1.52	1.38	1.55	3.55	4.21		3.76	4.45	3.07	3.59		1.28	4.45	4.45
621							0.86	0.93	0.86	1.03	2.76	3.28		3.28	3.79	2.38	2.59		0.93	3.79	3.79
649							0.52	0.55	0.48	0.72	2.14	2.55		2.55	2.38	1.79	1.90		0.86	2.79	2.55
677											1.55	2.03		1.93	1.69	1.38	1.41			1.79	2.03
704											1.17	1.62		1.52	1.28	1.10	1.03			0.86	1.48
732											0.86	1.31		1.17	0.93	0.79	0.79			0.69	
760											0.62	1.03		0.90	0.76	0.62	0.62			0.48	
788											0.48	0.79		0.72	0.55	0.41	0.45			0.41	
816											0.38	0.59		0.52	0.48	0.34	0.34			0.34	

表 2.5　クラス 900 圧力－温度基準

単位：MPa

温度 (℃)	炭素鋼			低合金鋼							ステンレス鋼							Ni 合金			
	C-Si C-Mn-Si	C-Si C-Mn-Si	C-Si C-Mn-Si	2.5Ni 3.5Ni	C-0.5Mo	0.5Cr-0.5Mo	1Cr-0.5Mo 1.25Cr-0.5Mo	2.25Cr-1Mo	5Cr-0.5Mo	9Cr-1Mo	タイプ 304	タイプ 316	タイプ 304L タイプ 316L	タイプ 321	タイプ 347 タイプ 348	タイプ 309	タイプ 310	Ni-Cu 合金 400, 405	Ni-Cr-Fe 合金 600	Ni-Fe-Cr 合金 800	Ni 合金 276 625 825
	1.1	1.3	1.4	1.2	1.5	1.7	1.9	1.10	1.13	1.14	2.1	2.2	2.3	2.4	2.5	2.6	2.7	3.4	3.5	3.6	3.8
−29～38	15.3	14.4	12.8	15.5	14.4	15.5	15.5	15.5	15.5	15.5	14.9	14.9	12.4	14.9	14.9	13.9	13.9	12.4	15.5	14.9	15.5
93	14.0	13.6	11.6	15.5	14.0	15.5	15.5	15.5	15.4	15.5	12.4	12.8	10.5	13.3	13.7	12.5	12.5	10.9	15.5	13.7	15.5
149	13.6	13.2	11.3	15.1	13.5	14.9	14.9	15.1	14.8	15.1	11.2	11.6	9.38	12.3	12.7	11.8	11.8	10.2	15.1	12.9	15.1
204	13.1	12.8	10.9	14.6	13.2	14.3	14.3	14.6	14.6	14.6	10.3	10.6	8.55	11.4	11.9	11.0	11.1	9.89	14.6	12.4	14.6
260	12.4	12.0	10.3	13.8	12.9	13.8	13.8	13.8	13.8	13.8	9.62	9.89	7.89	10.7	11.2	10.4	10.5	9.89	13.8	12.0	13.8
316	11.3	11.0	9.45	12.5	12.5	12.5	12.5	12.5	12.5	12.5	9.03	9.34	7.45	10.1	10.6	9.89	9.93	9.89	12.5	11.9	12.5
343	11.1	10.8	9.27	12.2	12.2	12.2	12.2	12.2	12.2	12.2	8.89	9.17	7.24	9.89	10.4	9.62	9.69	9.89	12.2	11.8	12.2
371	11.0	10.7	9.27	11.8	11.8	11.8	11.8	11.8	11.8	11.8	8.79	9.00	7.10	9.62	10.2	9.45	9.45	9.89	11.8	11.7	11.8
399	10.4	9.79	9.14	10.4	11.0	11.0	11.0	11.0	10.9	11.0	8.58	8.83	6.96	9.48	10.2	9.24	9.27	9.69	11.0	11.0	11.0
427	8.52	8.10	7.65	8.52	10.5	10.5	10.5	10.5	10.5	10.5	8.34	8.72	6.79	9.34	10.1	9.00	9.03	9.48	10.5	10.5	10.5
454	5.55	5.55	5.55	5.55	10.1	10.1	10.1	10.1	10.0	10.1	8.20	8.65	6.65	9.24	10.0	8.79	8.83	7.03	10.1	10.1	10.1
482	3.55	3.55	3.55	3.55	9.31	9.31	9.31	9.31	7.65	9.31	8.03	8.58		9.14	9.31	8.58	8.65	5.10	9.31	9.31	9.31
510	2.14	2.14	2.14	2.14	5.83	6.52	6.58	7.79	5.69	7.79	7.89	8.00		8.00	8.00	8.00	8.00		6.76	8.00	8.00
538	1.07	1.07	1.07	1.07	3.41	4.17	4.48	5.38	4.10	5.24	6.65	7.24		7.38	7.52	6.96	7.10		4.48	7.52	7.52
566						3.28	2.96	3.62	2.96	3.55	6.38	7.10		6.48	7.45	6.03	6.96		2.86	7.45	7.45
593							2.00	2.28	2.07	2.34	5.31	6.31		5.62	6.65	4.62	5.38		1.93	6.65	6.65
621							1.28	1.41	1.28	1.55	4.10	4.90		4.90	5.69	3.55	3.90		1.41	5.69	5.69
649							0.79	0.86	0.72	1.07	3.21	3.83		3.83	3.55	2.69	2.83		1.28	4.21	3.83
677											2.34	3.03		2.90	2.55	2.07	2.14			2.69	3.03
704											1.76	2.41		2.28	1.93	1.62	1.55			1.28	2.24
732											1.28	2.00		1.76	1.41	1.21	1.21			1.03	
760											1.00	1.55		1.34	1.14	0.93	0.93			0.69	
788											0.72	1.21		1.07	0.86	0.66	0.69			0.66	
816											0.55	0.86		0.79	0.72	0.48	0.52			0.52	

表 2.6　クラス 1500 圧力一温度基準

単位：MPa

温度 (℃)	炭素鋼			低合金鋼							ステンレス鋼							Ni 合金			
	C-Si C-Mn-Si	C-Si C-Mn-Si	C-Si C-Mn-Si	2.5Ni 3.5Ni	C-0.5Mo	0.5Cr-0.5Mo	1Cr-0.5Mo 1.25Cr-0.5Mo	2.25Cr-1Mo	5Cr-0.5Mo	9Cr-1Mo	タイプ 304	タイプ 316	タイプ 304L タイプ 316L	タイプ 321	タイプ 347 タイプ 348	タイプ 309	タイプ 310	Ni-Cu 合金 400, 405	Ni-Cr-Fe 合金 600	Ni-Fe-Cr 合金 800	Ni 合金 276 625 825
	1.1	1.3	1.4	1.2	1.5	1.7	1.9	1.10	1.13	1.14	2.1	2.2	2.3	2.4	2.5	2.6	2.7	3.4	3.5	3.6	3.8
−29〜38	25.5	23.9	21.3	25.9	23.9	25.9	25.9	25.9	25.9	25.9	24.8	24.8	20.7	24.8	24.8	23.2	23.2	20.7	25.9	24.8	25.9
93	23.3	22.6	19.4	25.9	23.4	25.9	25.9	25.9	25.7	25.9	20.7	21.3	17.4	22.3	22.8	20.9	20.9	18.2	25.9	22.8	25.9
149	22.6	22.0	18.9	25.1	22.5	24.9	24.9	25.1	24.7	25.1	18.6	19.3	15.7	20.5	21.2	19.6	19.6	17.0	25.1	21.5	25.1
204	21.9	21.3	18.2	24.3	22.1	23.9	23.9	24.3	24.3	24.3	17.1	17.7	14.2	19.0	19.8	18.4	18.4	16.5	24.3	20.7	24.3
260	20.6	20.1	17.2	22.9	21.4	22.9	22.9	22.9	22.9	22.9	16.1	16.5	13.2	17.7	18.6	17.4	17.4	16.4	22.9	19.9	22.9
316	18.9	18.4	15.8	20.9	20.9	20.9	20.9	20.9	20.9	20.9	15.1	15.5	12.4	16.8	17.7	16.5	16.5	16.4	20.9	19.8	20.9
343	18.5	18.0	15.5	20.3	20.3	20.3	20.3	20.3	20.3	20.3	14.8	15.3	12.1	16.5	17.4	16.1	16.1	16.4	20.3	19.6	20.3
371	18.4	17.9	15.5	19.6	19.6	19.6	19.6	19.6	19.6	19.6	14.7	15.0	11.8	16.1	17.0	15.7	15.7	16.4	19.6	19.4	19.6
399	17.4	16.3	15.2	17.4	18.3	18.3	18.3	18.3	18.2	18.3	14.3	14.7	11.6	15.8	17.0	15.4	15.5	16.1	18.3	18.3	18.3
427	14.2	13.5	12.8	14.2	17.5	17.5	17.5	17.5	17.5	17.5	13.9	14.5	11.3	15.5	16.8	15.0	15.1	15.8	17.5	17.5	17.5
454	9.24	9.24	9.24	9.24	16.8	16.8	16.8	16.8	16.7	16.8	13.7	14.4	11.1	15.4	16.7	14.7	14.7	11.7	16.8	16.8	16.8
482	5.93	5.93	5.93	5.93	15.5	15.5	15.5	15.5	12.8	15.5	13.4	14.3		15.2	15.5	14.3	14.4	8.52	15.5	15.5	15.5
510	3.55	3.55	3.55	3.55	9.69	10.9	11.0	13.0	9.45	13.0	13.2	13.3		13.3	13.3	13.3	13.3		11.3	13.3	13.3
538	1.79	1.79	1.79	1.79	5.69	6.96	7.45	9.00	6.86	8.76	11.1	12.1		12.3	12.5	11.6	11.9		7.45	12.5	12.5
566						5.45	4.96	6.03	4.96	5.90	10.7	11.9		10.8	12.4	10.1	11.6		4.79	12.4	12.4
593							3.31	3.79	3.41	3.90	8.86	10.5		9.38	11.1	7.69	9.00		3.21	11.1	11.1
621							2.14	2.38	2.14	2.59	6.86	8.17		8.17	9.45	5.93	6.52		2.34	9.45	9.45
649							1.31	1.41	1.17	1.76	5.31	6.38		6.38	5.90	4.48	4.72		2.14	7.03	6.38
677											3.09	5.07		4.86	4.24	3.41	3.55			4.48	5.07
704											2.96	4.03		3.79	3.21	2.72	2.59			2.14	3.72
732											2.14	3.31		2.96	2.38	2.00	2.00			1.69	
760											1.65	2.62		2.24	1.90	1.55	1.55			1.17	
788											1.17	2.00		1.76	1.41	1.07	1.14			1.07	
816											0.93	1.41		1.31	1.17	0.83	0.90			0.86	

表 2.7　クラス 2500 圧力ー温度基準

単位：MPa

温度 (℃)	炭素鋼			低合金鋼							ステンレス鋼							Ni 合金			
	C-Si C-Mn-Si	C-Si C-Mn-Si	C-Si C-Mn-Si	2.5Ni 3.5Ni	C-0.5Mo	0.5Cr-0.5Mo	1Cr-0.5Mo 1.25Cr-0.5Mo	2.25Cr-1Mo	5Cr-0.5Mo	9Cr-1Mo	タイプ 304	タイプ 316	タイプ 304L タイプ 316L	タイプ 321	タイプ 347 タイプ 348	タイプ 309	タイプ 310	Ni-Cu 合金 400, 405	Ni-Cr-Fe 合金 600	Ni-Fe-Cr 合金 800	Ni 合金 276 625 825
	1.1	1.3	1.4	1.2	1.5	1.7	1.9	1.10	1.13	1.14	2.1	2.2	2.3	2.4	2.5	2.6	2.7	3.4	3.5	3.6	3.8
−29〜38	42.5	39.9	35.5	43.1	39.9	43.1	43.1	43.1	43.1	43.1	41.4	41.4	34.5	41.4	41.4	38.6	38.6	34.5	43.1	41.4	43.1
93	38.8	37.7	32.3	43.1	39.0	43.1	43.1	43.1	42.8	43.1	34.5	35.6	29.1	37.1	37.9	34.7	34.9	30.3	43.1	38.1	43.1
149	37.7	36.6	31.4	41.9	37.5	41.5	41.5	41.9	41.1	41.9	31.0	32.1	26.1	34.2	35.3	32.7	32.7	28.4	41.9	35.9	41.9
204	36.4	35.5	30.4	40.5	36.7	39.8	39.8	40.5	40.5	40.5	28.5	29.5	23.7	31.7	33.0	30.6	30.8	27.4	40.5	34.5	40.5
260	34.4	33.4	28.6	38.2	35.7	38.2	38.2	38.2	38.2	38.2	26.8	27.4	21.9	29.5	31.0	29.0	29.1	27.3	38.2	33.2	38.2
316	31.4	30.6	26.2	34.7	34.7	34.7	34.7	34.7	34.7	34.7	25.1	25.9	20.7	28.0	29.5	27.4	27.6	27.3	34.7	33.0	34.7
343	30.9	30.0	25.8	33.8	33.8	33.8	33.8	33.8	33.8	33.8	24.7	25.5	20.1	27.4	29.0	26.8	26.9	27.3	33.8	32.7	33.8
371	30.6	29.8	25.8	32.6	32.6	32.6	32.6	32.6	32.6	32.6	24.4	25.0	19.7	26.8	28.4	26.2	26.2	27.3	32.6	32.4	32.6
399	29.0	27.2	25.4	29.0	30.5	30.5	30.5	30.5	30.3	30.5	23.9	24.5	19.3	26.3	28.3	25.6	25.8	26.9	30.5	30.5	30.5
427	23.6	22.5	21.3	23.6	29.2	29.2	29.2	29.2	29.2	29.2	23.2	24.3	18.9	25.9	28.0	25.0	25.1	26.3	29.2	29.2	29.2
454	15.4	15.4	15.4	15.4	28.0	28.0	28.0	28.0	27.8	28.0	22.8	24.0	18.5	25.6	27.9	24.4	24.5	19.5	28.0	28.0	28.0
482	9.86	9.86	9.86	9.86	25.8	25.8	25.8	25.8	21.3	25.8	22.3	23.9		25.4	25.8	23.9	24.0	14.2	25.8	25.8	25.8
510	5.93	5.93	5.93	5.93	16.2	18.1	18.3	21.7	15.8	21.7	21.9	22.2		22.2	22.2	22.2	22.2		18.8	22.2	22.2
538	2.96	2.96	2.96	2.96	9.45	11.6	12.4	15.0	11.4	14.6	18.4	20.1		20.5	20.9	19.3	19.8		12.4	20.9	20.9
566						9.07	8.27	10.0	8.27	9.86	17.7	19.8		18.0	20.7	16.8	19.3		7.96	20.7	20.7
593							5.52	6.31	5.72	6.52	14.8	17.5		15.6	18.5	12.8	15.0		5.31	18.5	18.5
621							3.55	3.93	3.55	4.34	11.4	13.6		13.6	15.8	9.86	10.8		3.90	15.8	15.8
649							2.17	2.38	1.97	2.96	8.86	10.7		10.7	9.86	7.48	7.89		3.55	11.7	10.7
677											6.52	8.48		8.07	7.10	5.72	5.90			7.45	8.41
704											4.93	6.69		6.31	5.31	4.55	4.34			3.55	6.21
732											3.55	5.52		4.93	3.93	3.34	3.34			2.83	
760											2.76	4.34		3.76	3.14	2.55	2.55			1.97	
788											1.97	3.34		2.96	2.38	1.79	1.90			1.76	
816											1.59	2.38		2.17	1.97	1.38	1.48			1.41	

図1　フランジの種類

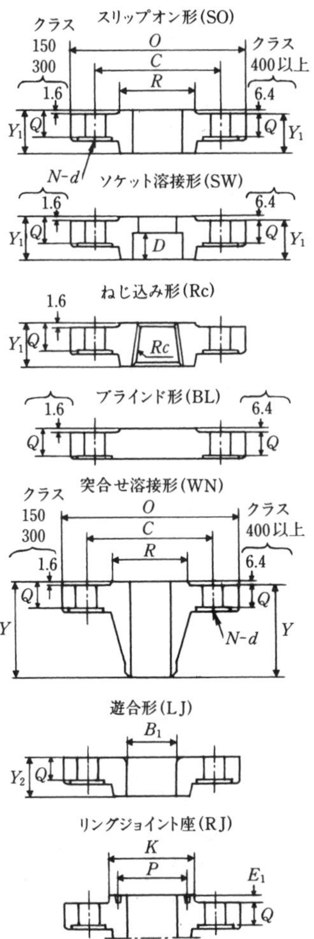

※図の左側はクラス150，300，右側はクラス400以上の寸法を示す。
数値は表3.1～3.7を参照。

表 3.1 クラス 150 フランジ寸法表

単位 mm

呼び径		O	C	R	Q	Y_1	Y_2	Y	D	B_1	K	P	E_1	リング番号	穴数 N	穴径 d	概略質量 (kg)				
A	B																SO	SW	BL	WN	LJ
15	1/2	89	60.5	35.1	11.2	16	16	47.8	10	23.4					4	16	0.41	0.42	0.43	0.50	0.46
20	3/4	99	69.8	42.9	12.7	16	16	52.3	11	28.9					4	16	0.59	0.60	0.64	0.73	0.65
25	1	108	79.2	50.8	14.3	18	18	55.6	13	35.6	63.5	47.62	6.35	R 15	4	16	0.79	0.81	0.87	1.03	0.86
(32)	(1 1/4)	117	88.9	63.5	15.8	21	21	57.2	14	44.3	73.5	57.15	6.35	R 17	4	16	1.03	1.05	1.16	1.33	1.10
40	1 1/2	127	98.6	73.2	17.6	22	22	62.0	16	50.4	83.0	65.07	6.35	R 19	4	16	1.36	1.38	1.58	1.76	1.43
50	2	152	120.6	91.9	19.1	25	25	63.5	18	62.7	102	82.55	6.35	R 22	4	19	2.10	2.14	2.47	2.61	2.20
65	2 1/2	178	139.7	104.6	22.4	28	28	69.8	19	78.7	121	101.60	6.35	R 25	4	19	3.25	3.34	4.00	4.08	3.40
80	3	190	152.4	127.0	23.9	30	30	69.8	21	91.6	134	114.30	6.35	R 29	4	19	3.87	3.99	4.95	4.93	4.00
(90)	(3 1/2)	216	177.8	139.7	23.9	32	32	71.4		104.1	154	131.78	6.35	R 33	8	19	4.89		6.42	6.12	5.06
100	4	229	190.5	157.2	23.9	33	33	76.2		116.9	172	149.22	6.35	R 36	8	19	5.38		7.09	6.96	5.55
(125)	(5)	254	215.9	185.7	23.9	37	37	88.9		143.0	194	171.45	6.35	R 40	8	22	6.29		8.72	8.83	6.43
150	6	279	241.3	215.9	25.4	40	40	88.9		168.4	219	193.68	6.35	R 43	8	22	7.77		11.4	10.9	7.89
200	8	343	298.4	269.7	28.5	44	44	101.6		219.5	274	247.65	6.35	R 48	8	22	12.4		19.6	17.9	12.6
250	10	406	362.0	323.8	30.3	49	49	101.6		271.7	331	304.80	6.35	R 52	12	26	17.6		29.1	25.0	17.8
300	12	483	431.8	381.0	31.8	56	56	114.3		322.8	407	381.00	6.35	R 56	12	26	27.7		43.8	38.7	28.1
350	14	535	476.2	412.8	35.1	57		127.0			426	396.88	6.35	R 59	12	29	35.3		59.0	51.0	
400	16	595	539.8	469.9	36.6	64		127.0			483	454.02	6.35	R 64	16	29	44.9		77.0	64.0	
450	18	635	577.8	533.4	39.7	68		139.7			547	517.52	6.35	R 68	16	32	49.3		94.0	75.0	
500	20	700	635.0	584.2	43.0	73		144.5			597	558.80	6.35	R 72	20	32	63.0		123	94.0	
600	24	815	749.3	692.2	47.8	83		152.4			712	673.10	6.35	R 76	20	35	89.0		188	133	

(SW，WN の質量は Sch 40 の場合)

表 3.2　クラス 300 フランジ寸法表

単位 mm

呼び径		O	C	R	Q	Y_1	Y_2	Y	D	B_1	K	P	E_1	リング番号	穴数	穴径	概略質量 (kg)				
A	B														N	d	SO	SW	BL	WN	LJ
15	1/2	95	66.5	35.1	14.3	22	22	52.3	10	23.4	51.0	34.14	5.56	R 11	4	16	0.65	0.66	0.65	0.75	0.71
20	3/4	117	82.6	42.9	15.8	25	25	57.2	11	28.9	63.5	42.88	6.35	R 13	4	19	1.11	1.14	1.11	1.27	1.20
25	1	124	88.9	50.8	17.6	27	27	62.0	13	35.6	70.0	50.80	6.35	R 16	4	19	1.39	1.43	1.43	1.64	1.49
(32)	(1 1/4)	133	98.6	63.5	19.1	27	27	65.0	14	44.3	79.5	60.32	6.35	R 18	4	19	1.70	1.75	1.83	2.07	1.81
40	1 1/2	155	114.3	73.2	20.6	30	30	68.3	16	50.4	90.5	68.28	6.35	R 20	4	22	2.51	2.58	2.69	2.94	2.66
50	2	165	127.0	91.9	22.4	33	33	69.8	18	62.7	108	82.55	7.92	R 23	8	19	2.91	2.97	3.22	3.45	3.02
65	2 1/2	190	149.4	104.6	25.4	38	38	76.2	19	78.7	127	101.60	7.92	R 26	8	22	4.22	4.41	4.86	5.10	4.37
80	3	210	168.1	127.0	28.5	43	43	79.2	21	91.6	147	123.82	7.92	R 31	8	22	5.88	6.15	6.83	6.25	6.04
(90)	(3 1/2)	229	184.2	139.7	30.3	44	44	81.0		104.1	159	131.78	7.92	R 34	8	22	7.44		8.85	8.78	7.64
100	4	254	200.2	157.2	31.8	48	48	85.9		116.9	175	149.22	7.92	R 37	8	22	9.73		11.6	11.4	9.98
(125)	(5)	279	235.0	185.7	35.1	51	51	98.6		143.0	210	180.98	7.92	R 41	8	22	12.5		15.8	15.4	12.7
150	6	318	269.7	215.9	36.6	52	52	98.6		168.4	242	211.12	7.92	R 45	12	22	16.2		21.3	19.8	16.5
200	8	381	330.2	269.7	41.2	62	62	111.3		219.5	302	269.88	7.92	R 49	12	26	24.8		34.6	30.5	25.2
250	10	444	387.4	323.8	47.8	67	95	117.3		271.7	356	323.85	7.92	R 53	16	29	35.5		54.0	44.1	40.2
300	12	520	450.8	381.0	50.8	73	102	130.0		322.8	413	381.00	7.92	R 57	16	32	51.0		79.0	64.0	58.0
350	14	585	514.4	412.8	53.9	76		142.7			458	419.10	7.92	R 61	20	32	70.0		106	88.0	
400	16	650	571.5	469.9	57.2	83		146.0			508	469.90	7.92	R 65	20	35	90.0		139	113	
450	18	710	628.6	533.4	60.5	89		158.8			575	533.40	7.92	R 69	24	35	109		175	138	
500	20	775	685.8	584.2	63.5	95		162.1			635	584.20	9.52	R 73	24	35	135		221	169	
600	24	915	812.8	692.2	69.9	106		168.1			750	692.15	11.13	R 77	24	42	204		341	249	

(SW, WN の質量は Sch 40 の場合)

表 3.3　クラス 400 フランジ寸法表

単位 mm

呼び径 A	呼び径 B	O	C	R	Q	Y_1	Y_2	Y	D	B_1	K	P	E_1	リング番号	穴数 N	穴径 d	概略質量 (kg) SO	SW	BL	WN	LJ
15	1/2	95	66.5	35.1	14.3	22	22	52.3	10	23.4	51.0	34.14	5.56	R 11	4	16	0.74	0.76	0.76	0.88	0.71
20	3/4	117	82.6	42.9	15.8	25	25	57.2	11	28.9	63.5	42.88	6.35	R 13	4	19	1.26	1.30	1.28	1.46	1.20
25	1	124	88.9	50.8	17.6	27	27	62.0	13	35.6	70.0	50.80	6.35	R 16	4	19	1.56	1.63	1.65	1.87	1.49
(32)	(1 1/4)	133	98.6	63.5	20.6	28	28	66.5	14	44.3	79.5	60.32	6.35	R 18	4	19	2.04	2.14	2.26	2.52	1.94
40	1 1/2	155	114.3	73.2	22.4	32	32	69.8	16	50.4	90.5	68.28	6.35	R 20	4	22	2.98	3.11	3.28	3.54	2.84
50	2	165	127.0	91.9	25.4	37	37	73.2	18	62.7	108	82.55	7.92	R 23	8	19	3.65	3.85	4.16	4.40	3.42
65	2 1/2	190	149.4	104.6	28.5	41	41	79.2	19	78.7	127	101.60	7.92	R 26	8	22	5.11	5.47	6.09	6.33	4.85
80	3	210	168.1	127.0	31.8	46	46	82.6	21	91.6	147	123.82	7.92	R 31	8	22	7.11	7.62	8.57	8.69	6.75
(90)	(3 1/2)	229	184.2	139.7	35.1	49	49	85.9		104.1	159	131.78	7.92	R 34	8	26	9.00		11.2	11.0	8.56
100	4	254	200.2	157.2	35.1	51	51	88.9		116.9	175	149.22	7.92	R 37	8	26	11.3		14.0	13.7	10.7
(125)	(5)	279	235.0	185.7	38.1	54	54	101.6		143.0	210	180.98	7.92	R 41	8	26	14.2		18.6	18.2	13.5
150	6	318	269.7	215.9	41.2	57	57	103.1		168.4	242	211.12	7.92	R 45	12	26	18.9		25.8	24.3	18.0
200	8	381	330.2	269.7	47.8	68	68	117.3		219.5	302	269.88	7.92	R 49	12	29	29.3		42.8	38.2	28.0
250	10	444	387.4	323.8	53.9	73	102	124.0		271.7	356	323.85	7.92	R 53	16	32	40.7		64.0	54.0	43.5
300	12	520	450.8	381.0	57.2	79	108	136.7		322.8	413	381.00	7.92	R 57	16	35	59.0		95.0	79.0	62.0
350	14	585	514.4	412.8	60.5	84		149.4			458	419.10	7.92	R 61	20	35	80.0		125	107	
400	16	650	571.5	469.9	63.5	94		152.4			508	469.90	7.92	R 65	20	39	103		163	136	
450	18	710	628.6	533.4	66.6	99		165.1			575	533.40	7.92	R 69	24	39	123		205	169	
500	20	775	685.8	584.2	69.9	102		168.1			635	584.20	9.52	R 73	24	42	148		255	205	
600	24	915	812.8	692.2	76.2	114		174.8			750	692.15	11.13	R 77	24	48	222		388	301	

(SW，WN の質量は Sch 80 の場合)

表 3.4 クラス 600 フランジ寸法表

単位 mm

呼び径		O	C	R	Q	Y_1	Y_2	Y	D	B_1	K	P	E_1	リング番号	穴数 N	穴径 d	概略質量 (kg)				
A	B																SO	SW	BL	WN	LJ
15	1/2	95	66.5	35.1	14.3	22	22	52.3	10	23.4	51.0	34.14	5.56	R 11	4	16	0.74	0.76	0.76	0.88	0.71
20	3/4	117	82.6	42.9	15.8	25	25	57.2	11	28.9	63.5	42.88	6.35	R 13	4	19	1.26	1.30	1.28	1.46	1.20
25	1	124	88.9	50.8	17.6	27	27	62.0	13	35.6	70.0	50.80	6.35	R 16	4	19	1.56	1.63	1.65	1.87	1.49
(32)	(1 1/4)	133	98.6	63.5	20.6	28	28	66.5	14	44.3	79.5	60.32	6.35	R 18	4	19	2.04	2.14	2.26	2.52	1.94
40	1 1/2	155	114.3	73.2	22.4	32	32	69.8	16	50.4	90.5	68.28	6.35	R 20	4	22	2.98	3.11	3.28	3.54	2.84
50	2	165	127.0	91.9	25.4	37	37	73.2	18	62.7	108	82.55	7.92	R 23	8	19	3.65	3.85	4.16	4.40	3.42
65	2 1/2	190	149.4	104.6	28.5	41	41	79.2	19	78.7	127	101.60	7.92	R 26	8	22	5.11	5.47	6.09	6.33	4.85
80	3	210	168.1	127.0	31.8	46	46	82.6	21	91.6	147	123.82	7.92	R 31	8	22	7.11	7.62	8.57	8.69	6.75
(90)	(3 1/2)	229	184.2	139.7	35.1	49	49	85.9		104.1	159	131.78	7.92	R 34	8	26	9.00		11.2	11.0	8.56
100	4	273	215.9	157.2	38.1	54	54	101.6		116.9	175	149.22	7.92	R 37	8	26	14.7		17.5	17.7	14.1
(125)	(5)	330	266.7	185.7	44.5	60	60	114.3		143.0	210	180.98	7.92	R 41	8	29	24.6		29.4	29.5	23.8
150	6	356	292.1	215.9	47.8	67	67	117.3		168.4	242	211.12	7.92	R 45	12	29	29.5		36.4	35.7	28.5
200	8	419	349.2	269.7	55.7	76	76	133.4		219.5	302	269.88	7.92	R 49	12	32	44.2		59.0	55.0	42.9
250	10	510	431.8	323.8	63.5	86	111	152.4		271.7	356	323.85	7.92	R 53	16	35	73.0		98.0	91.0	78.0
300	12	560	489.0	381.0	66.6	92	117	155.4		322.8	413	381.00	7.92	R 57	20	35	87.0		125	110	93.0
350	14	605	527.0	412.8	69.9	94		165.1			458	419.10	7.92	R 61	20	39	100		152	131	
400	16	685	603.2	469.9	76.2	106		177.8			508	469.90	7.92	R 65	20	42	137		214	184	
450	18	745	654.0	533.4	82.6	117		184.2			575	533.40	7.92	R 69	20	45	175		275	226	
500	20	815	723.9	584.2	88.9	127		190.5			635	584.20	9.52	R 73	24	45	223		351	284	
600	24	940	838.2	692.2	101.6	140		203.2			750	692.15	11.13	R 77	24	51	316		535	408	

(SW，WN の質量は Sch 80 の場合)

表 3.5　クラス 900 フランジ寸法表

単位 mm

呼び径		O	C	R	Q	Y_1	Y_2	Y	D	B_1	K	P	E_1	リング番号	穴数	穴径	概略質量 (kg)				
A	B														N	d	SO	SW	BL	WN	LJ
15	$^1/_2$	121	82.6	35.1	22.4	32		60.5	10		60.5	39.67	6.35	R 12	4	22	1.78	1.84	1.81	1.93	
20	$^3/_4$	130	88.9	42.9	25.4	35		69.8	11		67.0	44.45	6.35	R 14	4	22	2.34	2.44	2.43	2.61	
25	1	149	101.6	50.8	28.5	41		73.2	13		71.5	50.80	6.35	R 16	4	26	3.42	3.58	3.56	3.80	
(32)	($1^1/_4$)	159	111.3	63.5	28.5	41		73.2	14		81.5	60.32	6.35	R 18	4	26	3.92	4.12	4.16	4.41	
40	$1^1/_2$	178	124.0	73.2	31.8	44		82.6	16		92.0	68.28	6.35	R 20	4	29	5.40	5.66	5.80	6.14	
50	2	216	165.1	91.9	38.1	57		101.6	18		124	95.25	7.92	R 24	8	26	9.98	10.5	10.2	11.4	
65	$2^1/_2$	244	190.5	104.6	41.2	64		104.6	19		137	107.95	7.92	R 27	8	29	13.4	14.3	13.9	15.2	
80	3	241	190.5	127.0	38.1	54		101.6			156	123.82	7.92	R 31	8	26	11.7		13.2	14.4	
(90)	($3^1/_2$)																				
100	4	292	235.0	157.2	44.5	70		114.3			181	149.22	7.92	R 37	8	32	19.7		22.1	23.8	
(125)	(5)	349	279.4	185.7	50.8	79		127.0			216	180.98	7.92	R 41	8	35	32.2		36.6	38.8	
150	6	381	317.5	215.9	55.7	86		139.7			242	211.12	7.92	R 45	12	32	41.9		47.7	52.0	
200	8	470	393.7	269.7	63.5	102		162.1			308	269.88	7.92	R 49	12	39	71.0		83.0	90.0	
250	10	545	469.9	323.8	69.9	108		184.2			362	323.85	7.92	R 53	16	39	102		122	137	
300	12	610	533.4	381.0	79.3	117		200.2			420	381.00	7.92	R 57	20	39	136		174	188	
350	14	640	558.8	412.8	85.9	130		212.9			467	419.10	11.13	R 62	20	42	152		206	217	
400	16	705	616.0	469.9	88.9	133		215.9			524	469.90	11.13	R 66	20	45	184		259	269	
450	18	785	685.8	533.4	101.6	152		228.6			594	533.40	12.70	R 70	20	51	256		366	361	
500	20	855	749.3	584.2	108.0	159		247.6			648	584.20	12.70	R 74	20	54	315		461	458	
600	24	1040	901.7	692.2	139.7	203		292.1			772	692.15	15.88	R 78	20	67	605		875	838	

(SW，WN の質量は Sch 160 の場合)

表 3.6　クラス 1500 フランジ寸法表

単位 mm

呼び径		O	C	R	Q	Y_1	Y_2	Y	D	B_1	K	P	E_1	リング番号	穴数	穴径	概略質量 (kg)				
A	B														N	d	SO	SW	BL	WN	LJ
15	$^1/_2$	121	82.6	35.1	22.4	32		60.5	10		60.5	39.67	6.35	R 12	4	22	1.78	1.84	1.81	1.93	
20	$^3/_4$	130	88.9	42.9	25.4	35		69.8	11		67.0	44.45	6.35	R 14	4	22	2.34	2.44	2.43	2.61	
25	1	149	101.6	50.8	28.5	41		73.2	13		71.5	50.80	6.35	R 16	4	26	3.42	3.58	3.56	3.80	
(32)	($1^1/_4$)	159	111.3	63.5	28.5	41		73.2	14		81.5	60.32	6.35	R 18	4	26	3.92	4.12	4.16	4.41	
40	$1^1/_2$	178	124.0	73.2	31.8	44		82.6	16		92.0	68.28	6.35	R 20	4	29	5.40	5.66	5.80	6.14	
50	2	216	165.1	91.9	38.1	57		101.6	18		124	95.25	7.92	R 24	8	26	9.98	10.5	10.2	11.4	
65	$2^1/_2$	244	190.5	104.6	41.2	64		104.6	19		137	107.95	7.92	R 27	8	29	13.4	14.3	13.9	15.2	
80	3	267	203.2	127.0	47.8			117.3			169	136.52	7.92	R 35	8	32			19.3	20.7	
(90)	($3^1/_2$)																				
100	4	311	241.3	157.2	53.9			124.0			194	161.92	7.92	R 39	8	35			29.9	31.3	
(125)	(5)	375	292.1	185.7	73.2			155.4			229	193.68	7.92	R 44	8	42			59.0	61.0	
150	6	394	317.5	215.9	82.6			171.4			248	211.12	9.52	R 46	12	39			72.0	74.0	
200	8	483	393.7	269.7	92.0			212.9			318	269.88	11.13	R 50	12	45			121	128	
250	10	585	482.6	323.8	108.0			254.0			372	323.85	11.13	R 54	12	51			211	227	
300	12	675	571.5	381.0	124.0			282.4			439	381.00	14.27	R 58	16	54			318	343	
350	14	750	635.0	412.8	133.4			298.4			489	419.10	15.88	R 63	16	60			422	445	
400	16	825	704.8	469.9	146.1			311.2			547	469.90	17.48	R 67	16	67			559	573	
450	18	915	774.7	533.4	162.1			327.2			613	533.40	17.48	R 71	16	74			765	752	
500	20	985	831.8	584.2	177.8			355.6			674	584.20	17.48	R 75	16	80			969	938	
600	24	1170	990.6	692.2	203.2			406.4			794	692.15	20.62	R 79	16	93			1566	1513	

(SW，WN の質量は Sch 160 の場合)

表 3.7　クラス 2500 フランジ寸法表

単位 mm

呼び径		O	C	R	Q	Y_1	Y_2	Y	D	B_1	K	P	E_1	リング番号	穴数 N	穴径 d	概略質量 (kg)				
A	B																SO	SW	BL	WN	LJ
15	½	133	88.9	35.1	30.3			73.2			65.5	42.88	6.35	R 13	4	22			3.01	3.17	
20	¾	140	95.2	42.9	31.8			79.2			73.5	50.80	6.35	R 16	4	22			3.56	3.81	
25	1	159	108.0	50.8	35.1			88.9			83.0	60.32	6.35	R 18	4	26			5.09	5.43	
(32)	(1¼)	184	130.0	63.5	38.1			95.2			102	72.24	7.92	R 21	4	29			7.40	7.88	
40	1½	203	146.0	73.2	44.5			111.3			115	82.55	7.92	R 23	4	32			10.4	11.1	
50	2	235	171.4	91.9	50.8			127.0			134	101.60	7.92	R 26	8	29			15.6	16.7	
65	2½	267	196.8	104.6	57.2			142.7			150	111.12	9.52	R 28	8	32			22.8	24.2	
80	3	305	228.6	127.0	66.6			168.1			169	127.00	9.52	R 32	8	35			35.0	37.5	
(90)	(3½)																				
100	4	356	273.0	157.2	76.2			190.5			204	157.18	11.13	R 38	8	42			54.0	58.0	
(125)	(5)	419	323.8	185.7	92.0			228.6			242	190.50	12.70	R 42	8	48			90.0	97.0	
150	6	483	368.3	215.9	108.0			273.0			280	228.60	12.70	R 47	8	54			142	152	
200	8	550	438.2	269.7	127.0			317.5			340	279.40	14.27	R 51	12	54			212	232	
250	10	675	539.8	323.8	165.1			419.1			426	342.90	17.48	R 55	12	67			414	456	
300	12	760	619.3	381.0	184.2			463.6			496	406.40	17.48	R 60	12	74			590	648	
350	14																				
400	16																				
450	18																				
500	20																				
600	24																				

(WN の質量は Sch 160 の場合)

平面座

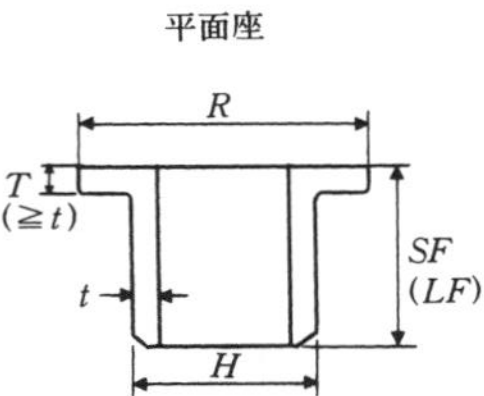

リングジョイント座

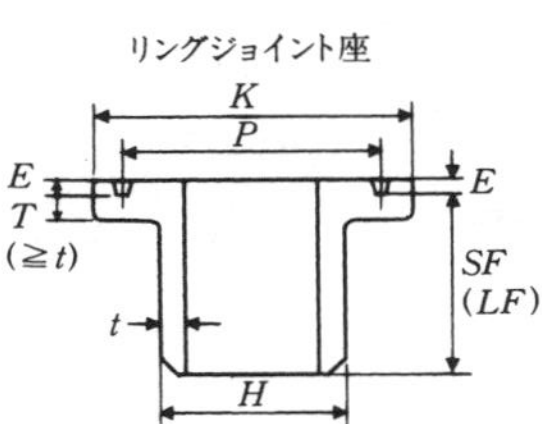

表 4 遊合形フランジ用スタブエンド寸法表

単位 mm

呼び径		SF	LF	H	円筒部外径		R	K		P		リング番号		E	
A	B	ショート	ロング	端部	最大	最小	クラス 150 ~600	クラス 150	クラス 300 ~600	クラス 150	クラス 300 ~600	クラス 150	クラス 300 ~600	クラス 150	クラス 300 ~600
15	1/2	50	100	21.7	23.3	20.9	35.1	—	51.0	—	34.14	—	R 11	—	5.56
20	3/4	50	100	27.2	28.8	26.4	42.9	—	63.5	—	42.88	—	R 13	—	6.35
25	1	50	100	34.0	35.5	33.2	50.8	63.5	70.0	47.62	50.80	R 15	R 16	6.35	6.35
(32)	(1 1/4)	50	100	42.7	44.2	41.9	63.5	73.5	79.5	57.15	60.32	R 17	R 18	6.35	6.35
40	1 1/2	50	100	48.6	50.3	47.8	73.2	83.0	90.5	65.07	68.28	R 19	R 20	6.35	6.35
50	2	65	150	60.5	62.6	59.7	91.9	102	108	82.55	82.55	R 22	R 23	6.35	7.92
65	2 1/2	65	150	76.3	78.6	75.5	104.6	121	127	101.60	101.60	R 25	R 26	6.35	7.92
80	3	65	150	89.1	91.5	88.3	127.0	134	147	114.30	117.48	R 29	R 30	6.35	7.92
(90)	(3 1/2)	75	150	101.6	104.0	100.8	139.7	154	159	131.78	131.78	R 33	R 34	6.35	7.92
100	4	75	150	114.3	116.7	113.5	157.2	172	175	149.22	149.22	R 36	R 37	6.35	7.92
(125)	(5)	75	200	139.8	142.8	139.0	185.6	194	210	171.45	180.98	R 40	R 41	6.35	7.92
150	6	90	200	165.2	168.2	164.4	215.9	219	242	193.68	211.12	R 43	R 45	6.35	7.92
200	8	100	200	216.3	219.3	215.5	269.7	274	302	247.65	269.88	R 48	R 49	6.35	7.92
250	10	125	250	267.4	271.5	266.6	323.8	331	356	304.80	323.85	R 52	R 53	6.35	7.92
300	12	150	250	318.5	322.6	317.7	381.0	407	413	381.00	381.00	R 56	R 57	6.35	7.92

C-6 ANSI(JPI)規格大口径フランジ ANSI B 16.47-1990 (JPI-7 S-43-95)

1. **材料の種類** ANSI 規格フランジ(C-6)の表1に同じ。
2. **圧力-温度基準** ANSI 規格フランジ(C-6)の表2.1〜2.7に同じ。
3. **大口径フランジの種類** 図1に示す。
4. **大口径フランジの寸法**

(1)シリーズA(MSS系)**表3.1〜3.5**に示す。

(2)シリーズB(API系)**表4.1〜4.6**に示す。

図1 大口径フランジの種類

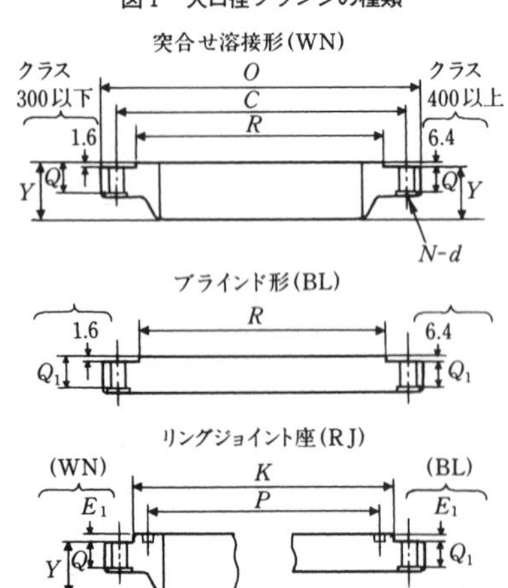

※図の左側はクラス300以下，右側はクラス400以上の寸法を示す。数値は**表**3.1〜3.5，**表**4.1〜4.6を参照。

表 3.1 シリーズ A クラス 150 大口径フランジ寸法表

単位 mm

呼び径		O	C	R	Q	Q_1	Y	K	P	E_1	リング番号	穴数 N	穴径 d	概略質量 (kg)			
														平面座		リングジョイント座	
A	B													WN	BL	WN	BL
650	26	870	806.4	749.3	68.4	68.4	120.6					24	35	143	306		
700	28	925	863.6	800.1	71.4	71.4	125.5					28	35	162	360		
750	30	985	914.4	857.2	74.7	74.7	136.7					28	35	192	431		
800	32	1060	977.9	914.4	81.1	81.1	144.5					28	42	239	537		
850	34	1110	1028.7	965.2	82.6	82.6	149.4					32	42	254	599		
900	36	1170	1085.8	1022.4	90.5	90.5	157.2					32	42	304	730		
950	38	1240	1149.4	1073.2	87.4	87.4	157.2					32	42	339	796		
1000	40	1290	1200.2	1124.0	90.5	90.5	163.6					36	42	364	890		
1050	42	1345	1257.3	1193.8	96.8	96.8	171.4					36	42	415	1041		
1100	44	1405	1314.4	1244.6	101.6	101.6	177.8					40	42	468	1194		
1150	46	1455	1365.2	1295.4	103.2	103.2	185.7					40	42	499	1302		
1200	48	1510	1422.4	1358.9	108.0	108.0	192.0					44	42	546	1463		
(1250)	(50)	1570	1479.6	1409.7	111.3	111.3	203.2					44	48	595	1621		
(1300)	(52)	1625	1536.7	1460.5	115.9	115.9	209.6					44	48	653	1812		
1350	54	1685	1593.8	1511.3	120.7	120.7	215.9					44	48	716	2026		
(1400)	(56)	1745	1651.0	1574.8	124.0	124.0	228.6					48	48	800	2239		
(1450)	(58)	1805	1708.2	1625.6	128.6	128.6	235.0					48	48	887	2498		
1500	60	1855	1759.0	1676.4	131.9	131.9	239.8					52	48	928	2698		

WN の質量は管厚 9.5(STD)の場合

表 3.2　シリーズ A クラス 300 大口径フランジ寸法表

単位 mm

呼び径		O	C	R	Q	Q_1	Y	K	P	E_1	リング番号	穴数 N	穴径 d	概略質量 (kg)			
														平面座		リングジョイント座	
A	B													WN	BL	WN	BL
650	26	970	876.3	749.3	79.3	84.1	184.2	810	749.30	12.70	R 93	28	45	271	457	285	509
700	28	1035	939.8	800.1	85.9	90.5	196.8	861	800.10	12.70	R 94	28	45	330	562	345	620
750	30	1090	997.0	857.2	92.0	95.3	209.6	918	857.25	12.70	R 95	28	48	378	662	394	724
800	32	1150	1054.1	914.4	98.6	100.1	222.2	985	914.40	14.27	R 96	28	51	441	770	461	857
850	34	1205	1104.9	965.2	101.6	104.7	231.6	1036	965.20	14.27	R 97	28	51	492	888	514	984
900	36	1270	1168.4	1022.4	104.7	111.3	241.3	1093	1022.35	14.27	R 98	32	54	549	1040	573	1147
950	38	1170	1092.2	1028.7	108.0	108.0	180.8					32	42	304	871		
1000	40	1240	1155.7	1085.8	114.3	114.3	193.5					32	45	368	1037		
1050	42	1290	1206.5	1136.6	119.2	119.2	200.2					32	45	403	1175		
1100	44	1355	1263.6	1193.8	124.0	124.0	206.2					32	48	450	1334		
1150	46	1415	1320.8	1244.6	128.6	128.6	215.9					28	51	525	1531		
1200	48	1465	1371.6	1301.8	133.4	133.4	223.8					32	51	558	1694		
(1250)	(50)	1530	1428.8	1358.9	139.7	139.7	231.6					32	54	638	1936		
(1300)	(52)	1580	1479.6	1409.7	144.6	144.6	238.3					32	54	685	2144		
1350	54	1655	1549.4	1466.8	152.4	152.4	252.5					28	60	820	2476		
(1400)	(56)	1710	1600.2	1517.6	154.0	154.0	260.4					28	60	880	2676		
(1450)	(58)	1760	1651.0	1574.8	158.8	158.8	266.7					32	60	923	2919		
1500	60	1810	1701.8	1625.6	163.6	163.6	273.0					32	60	982	3191		

WN の質量は管厚 9.5(STD)の場合

表 3.3 シリーズ A クラス 400 大口径フランジ寸法表

単位 mm

呼び径		O	C	R	Q	Q_1	Y	K	P	E_1	リング番号	穴数 N	穴径 d	概略質量 (kg)			
														平面座		リングジョイント座	
A	B													WN	BL	WN	BL
650	26	970	876.3	749.3	88.9	98.6	193.5	810	749.30	12.70	R 93	28	48	306	557	311	583
700	28	1035	939.8	800.1	95.3	104.7	206.2	861	800.10	12.70	R 94	28	51	366	672	371	701
750	30	1090	997.0	857.2	101.6	111.3	218.9	918	857.25	12.70	R 95	28	54	419	790	424	823
800	32	1150	1054.1	914.4	108.0	115.9	231.6	985	914.40	14.27	R 96	28	54	487	920	495	967
850	34	1205	1104.9	965.2	111.3	122.2	241.3	1036	965.20	14.27	R 97	28	54	544	1072	552	1123
900	36	1270	1168.4	1022.4	114.3	128.6	251.0	1093	1022.35	14.27	R 98	32	54	613	1250	622	1307
950	38	1205	1117.6	1035.0	124.0	124.0	206.2					32	48	413	1096		
1000	40	1270	1174.8	1092.2	130.1	130.1	215.9					32	51	379	1278		
1050	42	1320	1225.6	1143.0	133.4	133.4	223.8					32	51	517	1417		
1100	44	1385	1282.7	1200.2	139.7	139.7	233.2					32	54	594	1632		
1150	46	1440	1339.8	1257.3	146.1	146.1	244.3					36	54	652	1834		
1200	48	1510	1403.4	1308.1	152.4	152.4	257.0					28	60	773	2117		
(1250)	(50)	1570	1460.5	1361.9	157.3	158.8	268.2					32	60	851	2377		
(1300)	(52)	1620	1511.3	1412.7	162.1	163.6	276.4					32	60	909	2616		
1350	54	1700	1581.2	1470.2	170.0	171.5	289.1					28	67	1085	3008		
(1400)	(56)	1755	1632.0	1527.0	174.8	176.3	298.4					32	67	1143	3268		
(1450)	(58)	1805	1682.8	1577.8	177.8	180.9	306.3					32	67	1283	3574		
1500	60	1885	1752.6	1635.3	185.7	189.0	319.0					32	74	1416	4042		

WN の質量は管厚 9.5(STD)の場合

表 3.4　シリーズ A クラス 600 大口径フランジ寸法表

単位 mm

呼び径		O	C	R	Q	Q_1	Y	K	P	E_1	リング番号	穴数 N	穴径 d	概略質量 (kg)			
														平面座		リングジョイント座	
A	B													WN	BL	WN	BL
650	26	1015	914.4	749.3	108.0	125.5	222.2	810	749.30	12.70	R 93	28	51	429	763	433	789
700	28	1075	965.2	800.1	111.3	131.9	235.0	861	800.10	12.70	R 94	28	54	487	899	490	928
750	30	1130	1022.4	857.2	114.3	139.7	247.6	918	857.25	12.70	R 95	28	54	550	1061	553	1094
800	32	1195	1079.5	914.4	117.4	147.6	260.4	985	914.40	14.27	R 96	28	60	618	1244	624	1291
850	34	1245	1130.3	965.2	120.7	154.0	269.7	1036	965.20	14.27	R 97	28	60	678	1413	683	1464
900	36	1315	1193.8	1022.4	124.0	162.1	282.4	1093	1022.35	14.27	R 98	28	67	766	1648	771	1705
950	38	1270	1162.0	1054.1	152.4	155.5	254.0					28	60	646	1494		
1000	40	1320	1212.8	1111.2	158.8	162.1	263.7					32	60	693	1679		
1050	42	1405	1282.7	1168.4	168.2	171.5	279.4					28	67	862	2035		
1100	44	1455	1333.5	1225.6	173.0	177.8	289.1					32	67	911	2256		
1150	46	1510	1390.6	1276.4	179.4	185.7	300.0					32	67	1006	2547		
1200	48	1595	1460.5	1333.5	189.0	195.4	316.0					32	74	1199	2931		
(1250)	(50)	1670	1524.0	1384.3	196.9	203.2	328.7					28	80	1398	3318		
(1300)	(52)	1720	1574.8	1435.1	203.2	209.6	336.6					32	80	1465	3646		
1350	54	1780	1632.0	1492.2	210.0	217.5	349.2					32	80	1620	4062		
(1400)	(56)	1855	1695.4	1543.0	217.5	225.6	362.0					32	86	1823	4559		
(1450)	(58)	1905	1746.2	1600.2	222.3	231.7	369.8					32	86	1928	4953		
1500	60	1995	1822.4	1657.4	233.5	242.9	388.9					28	93	2322	5708		

WN の質量は管厚 9.5(STD)の場合

表 3.5 シリーズ A クラス 900 大口径フランジ寸法表

単位 mm

呼び径		O	C	R	Q	Q_1	Y	K	P	E_1	リング番号	穴数 N	穴径 d	概略質量 (kg)			
														平面座		リングジョイント座	
A	B													WN	BL	WN	BL
650	26	1085	952.5	749.3	139.7	160.3	285.8	832	749.30	17.48	R 100	20	74	681	1075	687	1124
700	28	1170	1022.4	800.1	142.8	171.5	298.4	889	800.10	17.48	R 101	20	80	807	1360	812	1388
750	30	1230	1085.8	857.2	149.4	182.4	311.2	947	857.25	17.48	R 102	20	80	924	1587	929	1645
800	32	1315	1155.7	914.4	158.8	193.6	330.2	1004	914.40	17.48	R 103	20	86	1114	1924	1120	1990
850	34	1395	1225.6	965.2	165.1	204.8	349.2	1067	965.20	20.62	R 104	20	93	1297	2278	1308	2372
900	36	1460	1289.0	1022.4	171.5	214.4	362.0	1124	1022.35	20.62	R 105	20	93	1469	2631	1480	2736
950	38	1460	1289.0	1098.6	190.5	215.9	352.6					20	93	1426	2656		
1000	40	1510	1339.8	1162.0	196.9	223.8	363.5					24	93	1512	2916		
1050	42	1560	1390.6	1212.8	206.3	231.7	371.3					24	93	1639	3242		
1100	44	1650	1463.5	1270.0	214.4	242.9	390.7					24	99	1915	3807		
1150	46	1735	1536.7	1333.5	225.6	255.6	411.0					24	105	2261	4404		
1200	48	1785	1587.5	1384.3	233.5	263.7	419.1					24	105	2419	4831		
(1250)	(50)																
(1300)	(52)																
1350	54																
(1400)	(56)																
(1450)	(58)																
1500	60																

WN の質量は管厚 12.7(XS)の場合

表 4.1 シリーズ B クラス 75 大口径フランジ寸法表

単位 mm

呼び径		O	C	R	Q	Q_1	Y	K	P	E_1	リング番号	穴数 N	穴径 d	概略質量 (kg)			
														平面座		リングジョイント座	
A	B													WN	BL	WN	BL
650	26	760	723.9	704.8	33.3	33.3	58.7					36	19	35.9	116		
700	28	815	774.7	755.6	33.3	33.3	62.0					40	19	38.9	132		
750	30	865	825.5	806.4	33.3	33.3	65.0					44	19	43.7	150		
800	32	915	876.3	857.2	35.1	35.1	69.8					48	19	49.0	169		
850	34	965	927.1	908.0	35.1	35.1	73.2					52	19	53.0	188		
900	36	1035	992.1	965.2	36.6	36.6	85.9					40	22	71.0	239		
950	38	1085	1042.9	1016.0	38.1	38.1	88.9					40	22	78.0	274		
1000	40	1135	1093.7	1066.8	38.1	38.1	92.0					44	22	82.0	299		
1050	42	1185	1144.5	1117.6	39.7	39.7	95.2					48	22	88.0	339		
1100	44	1250	1203.4	1174.8	43.0	43.0	104.6					36	26	110	406		
1150	46	1300	1254.3	1225.6	44.5	44.5	108.0					40	26	118	455		
1200	48	1355	1305.1	1276.4	46.0	46.0	111.3					44	26	126	507		
(1250)	(50)	1405	1355.9	1327.2	47.8	47.8	115.8					44	26	141	573		
(1300)	(52)	1455	1409.7	1378.0	47.8	47.8	120.6					48	26	148	615		
1350	54	1510	1460.5	1428.8	49.3	49.3	125.5					48	26	164	684		
(1400)	(56)	1575	1521.0	1485.9	50.8	50.8	134.9					40	29	196	767		
(1450)	(58)	1625	1571.8	1536.7	52.4	52.4	138.2					44	29	205	840		
1500	60	1675	1622.6	1587.5	55.7	55.7	144.5					44	29	223	953		

WN の質量は管厚 9.5(STD)の場合

表 4.2　シリーズ B クラス 150 大口径フランジ寸法表

単位 mm

呼び径		O	C	R	Q	Q_1	Y	K	P	E_1	リング番号	穴数 N	穴径 d	概略質量 (kg)			
														平面座		リングジョイント座	
A	B													WN	BL	WN	BL
650	26	785	744.5	711.2	41.2		88.9					36	22	58			
700	28	835	795.3	762.0	44.5		95.2					40	22	66			
750	30	885	846.1	812.8	44.5		100.1					44	22	72			
800	32	940	900.2	863.6	46.0		108.0					48	22	83			
850	34	1005	957.3	920.8	49.3		110.2					40	26	101			
900	36	1055	1009.6	971.6	52.4		117.3					44	26	113			
950	38	1125	1069.8	1022.4	53.9		124.0					40	29	136			
1000	40	1175	1120.6	1079.5	55.7		128.5					44	29	148			
1050	42	1225	1171.4	1130.3	58.7		133.4					48	29	162			
1100	44	1275	1222.2	1181.1	60.5		136.7					52	29	173			
1150	46	1340	1284.2	1234.9	62.0		144.5					40	32	203			
1200	48	1390	1335.0	1289.0	65.1		149.4					44	32	221			
(1250)	(50)	1445	1385.8	1339.8	68.4		153.9					48	32	238			
(1300)	(52)	1495	1436.6	1390.6	69.9		157.2					52	32	257			
1350	54	1550	1492.2	1441.4	71.4		162.0					56	32	280			
(1400)	(56)	1600	1543.0	1492.2	73.2		166.6					60	32	297			
(1450)	(58)	1675	1611.4	1543.0	74.7		174.8					48	35	355			
1500	60	1725	1662.2	1600.2	76.2		179.3					52	35	376			

WN の質量は管厚 9.5(STD)の場合

表 4.3 シリーズ B クラス 300 大口径フランジ寸法表

単位 mm

呼び径		O	C	R	Q	Q_1	Y	K	P	E_1	リング番号	穴数 N	穴径 d	概略質量 (kg)			
														平面座		リングジョイント座	
A	B													WN	BL	WN	BL
650	26	865	803.1	736.6	88.9		144.5					32	35	175			
700	28	920	857.2	787.4	88.9		149.4					36	35	193			
750	30	990	920.8	844.6	93.8		158.0					36	39	234			
800	32	1055	977.9	901.7	103.2		168.1					32	42	290			
850	34	1110	1031.7	952.5	103.2		173.0					36	42	306			
900	36	1170	1089.2	1009.6	103.2		180.8					32	45	347			
950	38	1220	1140.0	1060.4	111.3		192.0					36	45	386			
1000	40	1275	1190.8	1114.6	115.9		198.4					40	45	425			
1050	42	1335	1244.6	1168.4	119.2		204.7					36	48	474			
1100	44	1385	1295.4	1219.2	127.0		214.4					40	48	520			
1150	46	1460	1365.2	1270.0	128.6		222.2					36	51	613			
1200	48	1510	1416.0	1327.2	128.6		223.8					40	51	630			
(1250)	(50)	1560	1466.8	1378.0	138.2		235.0					44	51	690			
(1300)	(52)	1615	1517.6	1428.8	142.8		242.8					48	51	735			
1350	54	1675	1577.8	1479.6	136.7		239.8					48	51	778			
(1400)	(56)	1765	1651.0	1536.7	154.0		268.2					36	60	1165			
(1450)	(58)	1825	1713.0	1593.8	154.0		274.6					40	60	1106			
1500	60	1880	1763.8	1651.0	150.9		271.5					40	60	1139			

WN の質量は管厚 9.5(STD)の場合

表 4.4 シリーズ B クラス 400 大口径フランジ寸法表

単位 mm

呼び径		O	C	R	Q	Q_1	Y	K	P	E_1	リング番号	穴数 N	穴径 d	概略質量 (kg)			
														平面座		リングジョイント座	
A	B													WN	BL	WN	BL
650	26	850	781.0	711.2	88.9		149.4					28	39	167			
700	28	915	838.2	762.0	95.3		158.8					24	42	208			
750	30	970	895.4	819.2	101.6		169.9					28	42	240			
800	32	1035	952.5	873.3	108.0		179.3					28	45	247			
850	34	1085	1003.3	927.1	111.3		187.4					32	45	310			
900	36	1155	1066.8	980.9	119.2		200.2					28	48	386			
950	38																
1000	40																
1050	42																
1100	44																
1150	46																
1200	48																
(1250)	(50)																
(1300)	(52)																
1350	54																
(1400)	(56)																
(1450)	(58)																
1500	60																

WN の質量は管厚 9.5(STD)の場合

表 4.5 シリーズ B クラス 600 大口径フランジ寸法表

単位 mm

呼び径		O	C	R	Q	Q_1	Y	K	P	E_1	リング番号	穴数 N	穴径 d	概略質量 (kg)			
														平面座		リングジョイント座	
A	B													WN	BL	WN	BL
650	26	890	806.4	726.9	111.3		180.8					28	45	249			
700	28	950	863.6	784.4	115.9		190.5					28	48	288			
750	30	1020	927.1	841.2	125.5		204.7					28	51	357			
800	32	1085	984.2	895.4	130.1		215.9					28	54	418			
850	34	1160	1054.1	952.5	141.3		233.4					24	60	527			
900	36	1215	1104.9	1009.6	146.4		242.8					28	60	566			
950	38																
1000	40																
1050	42																
1100	44																
1150	46																
1200	48																
(1250)	(50)																
(1300)	(52)																
1350	54																
(1400)	(56)																
(1450)	(58)																
1500	60																

WN の質量は管厚 9.5(STD)の場合

表 4.6　シリーズ B クラス 900 大口径フランジ寸法表

単位 mm

呼び径		O	C	R	Q	Q_1	Y	K	P	E_1	リング番号	穴数 N	穴径 d	概略質量 (kg)			
														平面座		リングジョイント座	
A	B													WN	BL	WN	BL
650	26	1020	901.7	762.0	134.9		258.8					20	67	531			
700	28	1105	971.6	819.2	147.6		276.4					20	74	671			
750	30	1180	1035.0	876.3	155.5		289.1					20	80	792			
800	32	1240	1092.2	927.1	160.3		303.3					20	80	897			
850	34	1315	1155.7	990.6	171.5		319.0					20	86	1060			
900	36	1345	1200.2	1028.7	173.0		325.4					24	80	1067			
950	38																
1000	40																
1050	42																
1100	44																
1150	46																
1200	48																
(1250)	(50)																
(1300)	(52)																
1350	54																
(1400)	(56)																
(1450)	(58)																
1500	60																

WN の質量は管厚 12.7(XS)の場合

D-1 青銅弁　JIS B 2011-2001

Bronze gate, globe, angle and check valves

1. **適用範囲**　一般の機械装置などに用いるバルブ。
2. **種　類**　**表1**とする。

表1　種類

呼び圧力	弁種	シート	呼び径											
			A	8	10	15	20	25	32	40	50	65	80	100
			B	(1/4)	(3/8)	(1/2)	(3/4)	(1)	(1 1/4)	(1 1/2)	(2)	(2 1/2)	(3)	(4)
5 K	ねじ込み玉形弁	メタル及びソフト		—	—	○	○	○	○	○	○	○	○	—
	ソルダー形玉形弁			—	—	○	○	○	○	○	○	—	—	—
	ねじ込み仕切弁	メタル		—	—	○	○	○	○	○	○	○	○	—
	ソルダー形仕切弁			—	—	○	○	○	○	○	○	—	—	—
10 K	ねじ込み玉形弁	メタル及びソフト		○	○	○	○	○	○	○	○	○	○	○
	ねじ込みアングル弁													
	ソルダー形玉形弁			—	—	○	○	○	○	○	○	—	—	—
	ねじ込み仕切弁	メタル		—	—	○	○	○	○	○	○	○	○	—
	ソルダー形仕切弁			—	—	○	○	○	○	○	○	—	—	—
	ねじ込みリフト逆止め弁	メタル及びソフト		—	○	○	○	○	○	○	○	—	—	—
	ねじ込みスイング逆止め弁													
	ソルダー形リフト逆止め弁			—	—	○	○	○	○	○	○	—	—	—
	ソルダー形スイング逆止め弁													
	フランジ形玉形弁	メタル及びソフト		—	—	◎	◎	◎	◎	◎	◎	◎	◎	◎
	フランジ形アングル弁			—	—	◎	◎	◎	◎	◎	◎	—	—	—
	フランジ形仕切弁	メタル		—	—	—	—	◎	◎	◎	◎	◎	◎	—

備考1.　ソルダー形は，銅管配管だけに適用する。

2.　呼び径の○は，A，Bどちらでもよい。◎は，Aとする。

3．**流体の状態と最高許容圧力との関係**　**表2**とする。

表2　流体の状態と最高許容圧力との関係

流体の状態	最高許容圧力 MPa{kgf/cm²}	
	呼び圧力5Kのバルブ	呼び圧力10Kのバルブ
120℃以下の油，ガス，空気及び脈動水	0.5{5}	1.0{10} 0.85{8.5}(3)
飽和蒸気(1)	0.3{3} 0.2{2}(2)	1.0{10} 0.7{7}(2)
120℃以下の静流水	0.7{7}	1.4{14} 1.2{12}(3)

注(1)　ソルダー形には適用しない。
(2)　仕切弁に適用する。
(3)　呼び径32(1¼)以上のソルダー形に適用する。

4．**構造・形状・寸法**　**付表1～10**に示す。

5．**材　料**　バルブの弁箱，ふた及び弁体の青銅鋳物系はJIS H 5120のCAC 406，鉛レス銅合金材料はCAC 911とする。ソフトシートは四ふっ化エチレン樹脂とする。ソルダー形の接合材は，Sn 96.5％，Ag 3.5％の軟ろう合金とする。

6．**呼び方**　規格番号又は青銅及び種類

例）青銅-5K-1/2ねじ込み玉形弁(メタルシート)

D

付表1　青銅5Kねじ込み及びソルダー形玉形弁

構造・形状・寸法

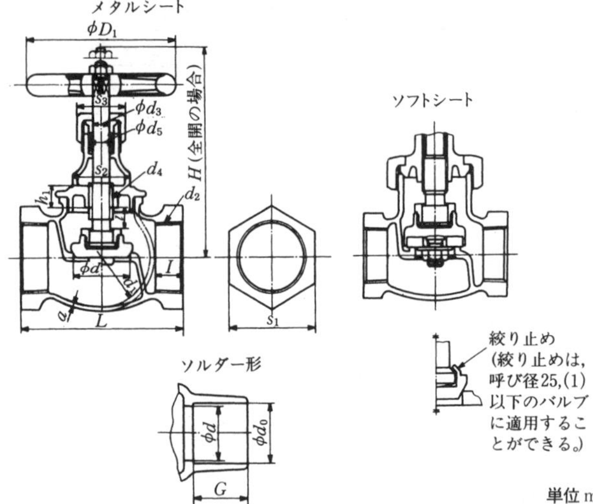

単位 mm

呼び径 A	呼び径 B	弁座口径 d	面間寸法 L	d_2 ねじの呼び	d_2 有効ねじ部の長さ I	H（参考）	l（参考）	D_1（参考）	弁箱 a（最小）	弁箱 d_1（参考）	弁箱 d_0（最大）	弁箱 d_0（最小）	弁箱 G（最小）	弁棒 d_3	弁棒 d_4 ねじの呼び	d_5（参考）	h_1（最小）	二面幅 s_1	二面幅 s_2（参考）	二面幅 s_3（参考）
15	(1/2)	15	60	R_c1/2	12	90	8	63	2	32	16.03	15.93	12.7	8.5	Tr12×3(TW12)	14.5	12	29	23	26
20	(3/4)	20	70	R_c3/4	14	105	8	63	2.5	38	22.38	22.28	19.1	8.5	Tr12×3(TW12)	14.5	12	35	23	26
25	(1)	25	80	R_c1	16	120	9	80	2.5	48	28.75	28.65	23.1	10	Tr14×3(TW14)	16	14	44	29	29
32	(1 1/4)	32	100	R_c1 1/4	18	135	12	100	3	58	35.10	35.00	24.6	11	Tr16×4(TW16)	18	17	54	35	32
40	(1 1/2)	40	110	R_c1 1/2	19	145	14	100	3.5	66	41.48	41.35	27.7	11	Tr16×4(TW16)	18	17	60	38	32
50	(2)	50	135	R_c2	21	175	18	125	4	82	54.18	54.05	34.0	13	Tr18×4(TW18)	21	20	74	46	38
65	(2 1/2)	65	160	R_c2 1/2	24	200	22	140	4.5	102	—	—	—	15	Tr20×4(TW20)	23	24	90	63	41
80	(3)	80	190	R_c3	26	230	28	180	5	120	—	—	—	16	Tr22×5(TW22)	26	27	105	77	46

備考1．Lは，ソルダー形に適用しない。

2．d_2は，JIS B 0203による。

3．d_4は，JIS B 0216による。ただし，JIS B 0222の規定によってもよいが，新設計のものには使用しないのがよい。

4．(参考)は，参考寸法を示す。

5．(最小)は，最小寸法を示す。

6．(最大)は，最大寸法を示す。

付表2　青銅5Kねじ込み及びソルダー形仕切弁

構造・形状・寸法

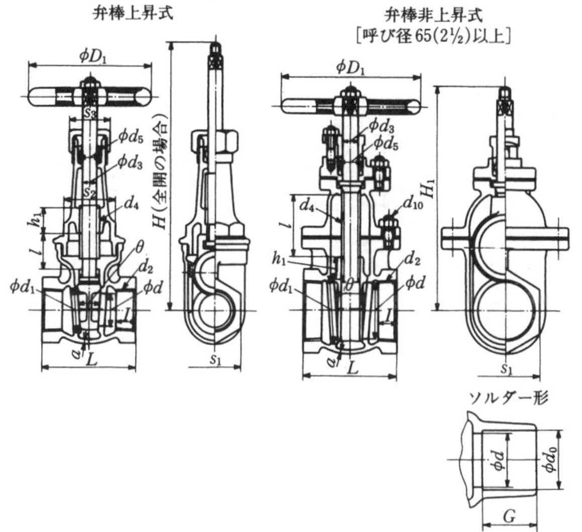

単位 mm

呼び径 A	呼び径 B	弁座口径 d	面間寸法 L	d_2 ねじの呼び	d_2 有効ねじ部長さ I	H（参考）	H_1（参考）	l（参考）	D_1（参考）	弁箱 a（最小）	弁箱 弁座の外径(参考) d_1	弁箱 ボルト d_{10} ねじの呼び	弁箱 ボルト 数	弁箱 d_0（最大）	弁箱 d_0（最小）	弁箱 G（最小）	弁棒 d_3	弁棒 d_4 ねじの呼び	θ（参考）	d_5（参考）	h_1（最小）	二面幅 s_1	二面幅 s_2（参考）	二面幅 s_3（参考）
15	(1/2)	15	50	$R_c1/2$	12	145	—	18	63	2	20	—	—	16.03	15.93	12.7	8.5	Tr12×3(TW12)	8°	14.5	12	29	26	26
20	(3/4)	20	60	$R_c3/4$	14	165	—	24	63	2.5	25	—	—	22.38	22.28	19.1	8.5	Tr12×3(TW12)	8°	14.5	12	35	29	26
25	(1)	25	65	R_c1	16	190	—	29	80	2.5	31	—	—	28.75	28.65	23.1	10	Tr14×3(TW14)	8°	16	14	44	32	29
32	(1 1/4)	32	75	$R_c1\,1/4$	18	225	—	36	100	3	38	—	—	35.10	35.00	24.6	11	Tr16×4(TW16)	8°	18	17	54	38	32
40	(1 1/2)	40	85	$R_c1\,1/2$	19	255	—	45	100	3.5	47	—	—	41.48	41.35	27.7	11	Tr16×4(TW16)	8°	18	17	60	46	32
50	(2)	50	95	R_c2	21	305	—	55	125	4	58	—	—	54.18	54.05	34.0	13	Tr18×4(TW18)	8°	21	20	74	58	38
65	(2 1/2)	65	115	$R_c2\,1/2$	24	400	240	72	140	4.5	75	M12	6	—	—	—	15	Tr20×4(TW20)	8°	23	24	90	75	41
80	(3)	80	130	R_c3	26	460	280	88	180	5	92	M12	8	—	—	—	16	Tr22×5(TW22)	8°	26	27	105	85	46

備考 1.　Lは，ソルダー形に適用しない。
2.　d_2は，JIS B 0203による。
3.　d_4は，JIS B 0216による。ただし，JIS B 0222の規定によってもよいが，新設計のものには使用しないのがよい。
4.　d_{10}は，JIS B 0205による。
5.　(参考)は，参考寸法を示す。
6.　(最小)は，最小寸法を示す。
7.　(最大)は，最大寸法を示す。

付表3　青銅10Kねじ込み及びソルダー形玉形弁

構造・形状・寸法

メタルシート

呼び径65(2½)以下　呼び径80(3)以上

ソフトシート

呼び径65(2½)以下　呼び径80(3)以上

ソルダー形

絞り止め
(絞り止めは，呼び径25.(1)以下のバルブに適用することができる。)

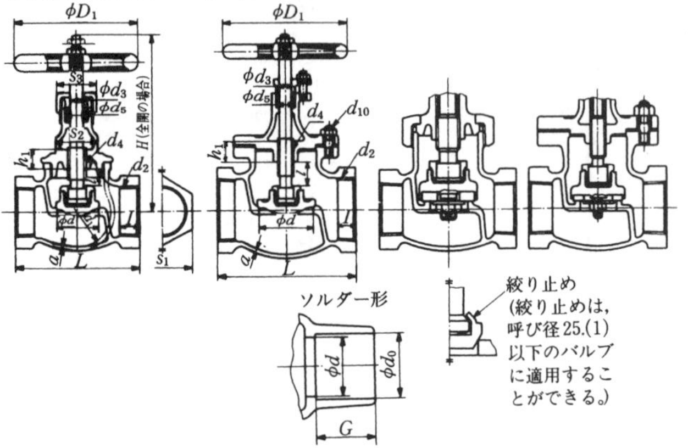

単位 mm

呼び径 A	呼び径 B	弁座口径 d	面間寸法 L	d_2 ねじの呼び	d_2 有効ねじ部の長さ l	H(参考)	l(参考)	D_1(参考)	弁箱 a(最小)	弁箱 d_1(参考)	弁箱 ボルト d_{10} ねじの呼び	弁箱 ボルト 数	弁箱 d_0(最大)	弁箱 d_0(最小)	弁箱 G(最小)	弁棒 d_3	弁棒 d_4 ねじの呼び	d_5(参考)	h_1(最小)	二面幅 s_1	二面幅 s_2(参考)	二面幅 s_3(参考)
8	(¼)	10	50	Rc¼	8	90	7	50	2.5	24	—	—	—	—	—	8.5	Tr12×3(TW12)	14.5	12	21	21	26
10	(⅜)	12	55	Rc⅜	10	95	7	63	2.5	26	—	—	—	—	—	8.5	Tr12×3(TW12)	14.5	12	24	21	26
15	(½)	15	65	Rc½	12	110	8	63	3	34	—	—	16.03	15.93	12.7	8.5	Tr12×3(TW12)	14.5	12	29	23	26
20	(¾)	20	80	Rc¾	14	125	10	80	3	40	—	—	22.38	22.28	19.1	10	Tr14×3(TW14)	16	14	35	29	29
25	(1)	25	90	Rc1	16	140	12	100	3	50	—	—	28.75	28.65	23.1	11	Tr16×4(TW16)	18	17	44	32	32
32	(1¼)	32	105	Rc1¼	18	170	15	125	3.5	60	—	—	35.10	35.00	24.6	13	Tr18×4(TW18)	21	20	54	35	38
40	(1½)	40	120	Rc1½	19	180	17	125	4	68	—	—	41.48	41.35	27 7	13	Tr18×4(TW18)	21	20	60	41	38
50	(2)	50	140	Rc2	21	205	21	140	4.5	84	—	—	54.18	54.05	34.0	15	Tr20×4(TW20)	23	24	74	50	41
65	(2½)	65	180	Rc2½	24	240	26	180	5.5	106	—	—	—	—	—	16	Tr22×5(TW22)	26	27	90	67	46
80	(3)	80	200	Rc3	26	275	32	200	6	125	M12	8	—	—	—	18	Tr24×5(TW24)	28	30	105	—	—
100	(4)	100	260	Rc4	30	340	40	250	7	162	M16	8	—	—	—	22	Tr28×5(TW28)	35	34	135	—	—

備考 1．Lは，ソルダー形に適用しない。
2．d_2は，JIS B 0203 による。
3．d_4は，JIS B 0216 による。ただし，JIS B 0222 の規定によってもよいが，新設計のものには使用しないのがよい。
4．d_{10}は，JIS B 0205 による。
5．(参考)は，参考寸法を示す。
6．(最小)は，最小寸法を示す。
7　(最大)は，最大寸法を示す。

付表4　青銅10 K ねじ込みアングル弁

構造・形状・寸法

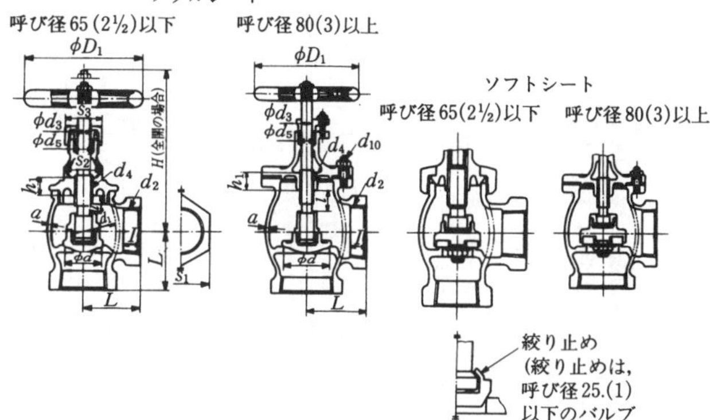

絞り止め
(絞り止めは，呼び径25.(1)以下のバルブに適用することができる。)　**単位** mm

呼び径		弁座口径 d	面間寸法 L	d_2		H (参考)	l (参考)	D_1 (参考)	弁箱				弁棒		d_5 (参考)	h_1 (最小)	二面幅		
				ねじの呼び	有効ねじ部の長さ I				a (最小)	d_1 (参考)	ボルト		d_3	d_4 ねじの呼び			s_1	s_2 (参考)	s_3 (参考)
A	B										d_{10} ねじの呼び	数							
8	(¼)	10	28	R_c¼	8	90	7	50	2.5	24	—	—	8.5	Tr12×3(TW12)	14.5	12	21	21	26
10	(⅜)	12	30	R_c⅜	10	100	7	63	2.5	26	—	—	8.5	Tr12×3(TW12)	14.5	12	24	21	26
15	(½)	15	32	R_c½	12	105	8	63	3	34	—	—	8.5	Tr12×3(TW12)	14.5	12	29	23	26
20	(¾)	20	40	R_c¾	14	130	10	80	3	40	—	—	10	Tr14×3(TW14)	16	14	35	29	29
25	(1)	25	45	R_c1	16	145	12	100	3	50	—	—	11	Tr16×4(TW16)	18	17	44	32	32
32	(1¼)	32	55	R_c1¼	18	175	15	125	3.5	60	—	—	13	Tr18×4(TW18)	21	20	54	35	38
40	(1½)	40	60	R_c1½	19	190	17	125	4	68	—	—	13	Tr18×4(TW18)	21	20	60	41	38
50	(2)	50	70	R_c2	21	225	21	140	4.5	84	—	—	15	Tr20×4(TW20)	23	24	74	50	41
65	(2½)	65	90	R_c2½	24	265	26	180	5.5	106	—	—	16	Tr22×5(TW22)	26	27	90	67	46
80	(3)	80	100	R_c3	26	275	32	200	6	125	M12	8	18	Tr24×5(TW24)	28	30	105	—	—
100	(4)	100	125	R_c4	30	340	40	250	7	162	M16	8	22	Tr28×5(TW28)	35	34	135	—	—

備考1.　d_2は，JIS B 0203による。
2.　d_4は，JIS B 0216による。ただし，JIS B 0222の規定によってもよいが，新設計のものには使用しないのがよい。
3.　d_{10}は，JIS B 0205による。
4.　(参考)は，参考寸法を示す。
5.　(最小)は，最小寸法を示す。

付表5 青銅10Kねじ込み及びソルダー形仕切弁

構造・形状・寸法

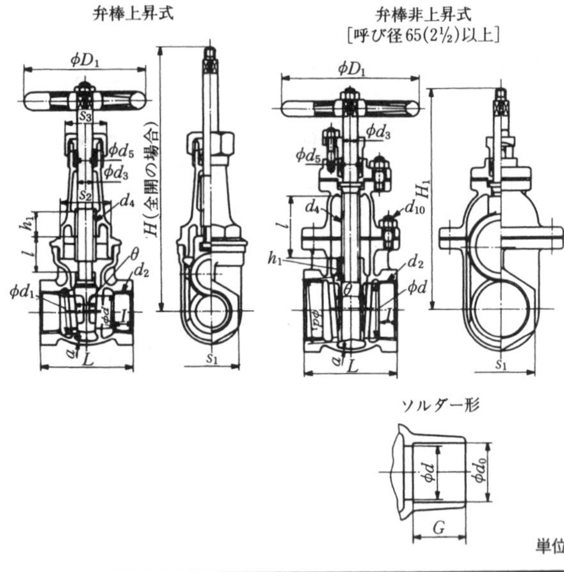

単位 mm

呼び径		弁座口径 d	面間寸法 L	d_2		H (参考)	H_1 (参考)	l (参考)	D_1 (参考)	弁箱							弁棒		θ (参考)	d_5 (参考)	h_1 (最小)	二面幅		
A	B			ねじの呼び	有効ねじ部の長さ I					a (最小)	弁座の外径(参考) d_1	ボルト d_{10} ねじの呼び	ボルト 数	d_0 (最大)	d_0 (最小)	G (最小)	d_3	d_4 ねじの呼び				s_1	s_2 (参考)	s_3 (参考)
15	(1/2)	15	55	R_c1/2	12	150	—	19	63	3	21	—	—	16.03	15.93	12.7	8.5	Tr12×3(TW12)	8°	14.5	12	29	26	26
20	(3/4)	20	65	R_c3/4	14	175	—	24	80	3	26	—	—	22.38	22.28	19.1	10	Tr14×3(TW14)	8°	16	14	35	32	29
25	(1)	25	70	R_c1	16	205	—	30	100	3.5	32	—	—	28.75	28.65	23.1	11	Tr16×4(TW16)	8°	18	17	44	38	32
32	(1 1/4)	32	80	R_c1 1/4	18	245	—	37	125	3.5	40	—	—	35.10	35.00	24.6	13	Tr18×4(TW18)	8°	21	20	54	46	38
40	(1 1/2)	40	90	R_c1 1/2	19	275	—	46	125	4	49	—	—	41.48	41.35	27.7	13	Tr18×4(TW18)	8°	21	20	60	50	38
50	(2)	50	100	R_c2	21	325	—	57	140	4.5	60	—	—	54.18	54.05	34.0	15	Tr20×4(TW20)	8°	23	24	74	63	41
65	(2 1/2)	65	120	R_c2 1/2	24	430	260	73	180	5.5	77	M12	6	—	—	—	16	Tr22×5(TW22)	8°	26	27	90	80	46
80	(3)	80	140	R_c3	26	490	295	89	200	6	94	M12	8	—	—	—	18	Tr24×5(TW24)	8°	28	30	105	90	50

備考1. Lは，ソルダー形に適用しない。
2. d_2は，JIS B 0203による。
3. d_4は，JIS B 0216による。ただし，JIS B 0222の規定によってもよいが，新設計のものには使用しないのがよい。
4. d_{10}は，JIS B 0205による。
5. (参考)は，参考寸法を示す。
6. (最小)は，最小寸法を示す。
7. (最大)は，最大寸法を示す。

付表 6　青銅 10 K ねじ込み及びソルダー形リフト逆止め弁

構造・形状・寸法

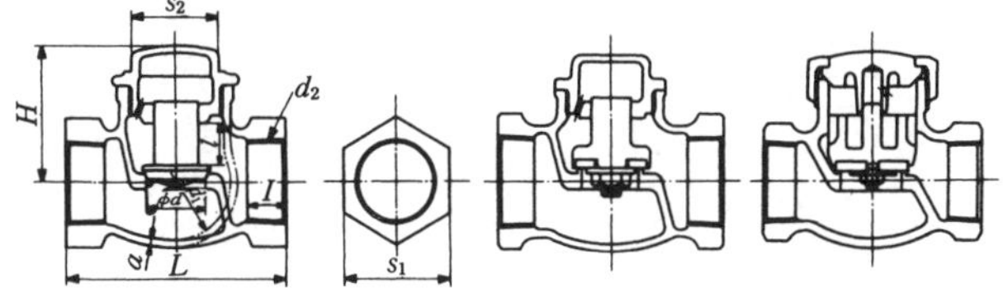

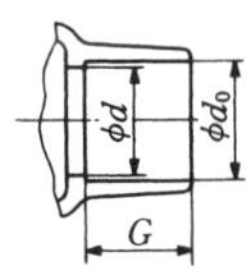

単位 mm

呼び径 A	呼び径 B	弁座口径 d	面間寸法 L	d_2 ねじの呼び	d_2 有効ねじ部の長さ l	H (参考)	l (参考)	弁箱 a (最小)	弁箱 d_1 (参考)	弁箱 d_0 (最大)	弁箱 d_0 (最小)	弁箱 G (最小)	二面幅 s_1	二面幅 s_2 (参考)
10	(3/8)	12	55	$R_c3/8$	10	35	7	2.5	26	—	—	—	24	21
15	(1/2)	15	65	$R_c1/2$	12	40	8	3	34	16.03	15.93	12.7	29	23
20	(3/4)	20	80	$R_c3/4$	14	55	10	3	40	22.38	22.28	19.1	35	29
25	(1)	25	90	R_c1	16	60	12	3	50	28.75	28.65	23.1	44	32
32	(1 1/4)	32	105	$R_c1\,1/4$	18	70	15	3.5	60	35.10	35.00	24.6	54	35
40	(1 1/2)	40	120	$R_c1\,1/2$	19	75	17	4	68	41.48	41.35	27.7	60	41
50	(2)	50	140	R_c2	21	90	21	4.5	84	54.18	54.05	34.0	74	50

備考 1.　L は，ソルダー形に適用しない。

2.　d_2 は，JIS B 0203 による。

3.　(参考)は，参考寸法を示す。

4.　(最小)は，最小寸法を示す。

5.　(最大)は，最大寸法を示す。

付表7 青銅10Kねじ込み及びソルダー形スイング逆止め弁

構造・形状・寸法

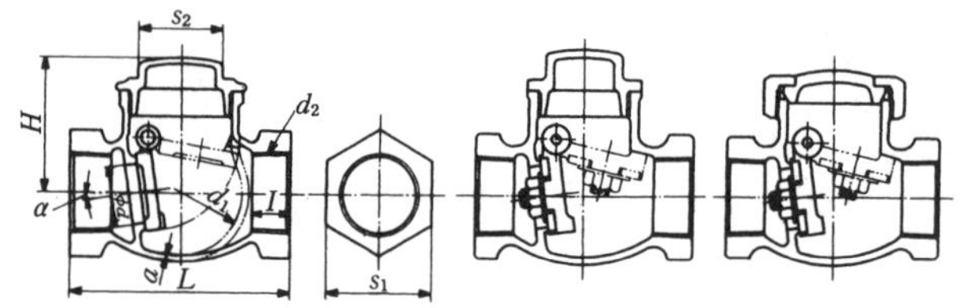

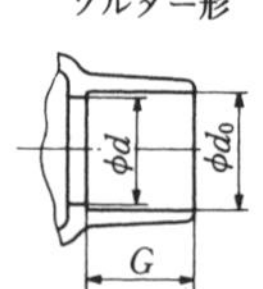

単位 mm

呼び径 A	呼び径 B	弁座口径 d	面間寸法 L	d_2 ねじの呼び	d_2 有効ねじ部の長さ I	H（参考）	弁箱 a（最小）	弁箱 d_1（参考）	弁箱 α（参考）	弁箱 d_0（最大）	弁箱 d_0（最小）	弁箱 G（最小）	二面幅 s_1	二面幅 s_2（参考）
10	(3/8)	12	55	R_c3/8	10	40	2.5	26	8°	—	—	—	24	21
15	(1/2)	15	65	R_c1/2	12	45	3	34	8°	16.03	15.93	12.7	29	23
20	(3/4)	20	80	R_c3/4	14	50	3	40	8°	22.38	22.28	19.1	35	29
25	(1)	25	90	R_c1	16	60	3	50	8°	28.75	28.65	23.1	44	32
32	(1 1/4)	32	105	R_c1 1/4	18	70	3.5	60	8°	35.10	35.00	24.6	54	35
40	(1 1/2)	40	120	R_c1 1/2	19	80	4	68	8°	41.48	41.35	27.7	60	41
50	(2)	50	140	R_c2	21	95	4.5	84	8°	54.18	54.05	34.0	74	50

備考 1. Lは，ソルダー形に適用しない。
2. d_2は，JIS B 0203による。
3. (参考)は，参考寸法を示す。
4. (最小)は，最小寸法を示す。
5. (最大)は，最大寸法を示す。

付表 8　青銅 10 K フランジ形玉形弁

構造・形状・寸法

メタルシート

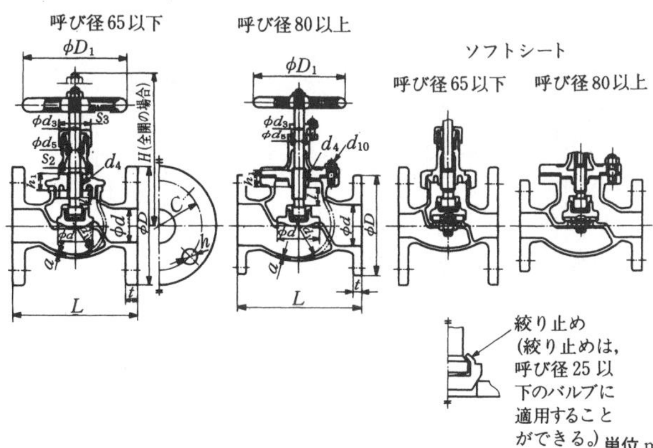

単位 mm

呼び径	口径(弁座口径) d	面間寸法 L	フランジ 外径 D	フランジ ボルト穴 中心円の径 C	フランジ ボルト穴 数	フランジ ボルト穴 径 h	フランジ ボルトのねじの呼び	フランジ 厚さ t	H (参考)	l (参考)	D_1 (参考)	弁箱 a (最小)	弁箱 d_1 (参考)	弁箱 ボルト d_{10} ねじの呼び	弁箱 ボルト 数	弁棒 d_3	弁棒 d_4 ねじの呼び	d_5 (参考)	h_1 (最小)	二面幅 S_2 (参考)	二面幅 S_3 (参考)
15	15	85	95	70	4	15	M 12	12	110	8	63	3	34	—	—	8.5	Tr12×3(TW12)	14.5	12	23	26
20	20	95	100	75	4	15	M 12	14	125	10	80	3	40	—	—	10	Tr14×3(TW14)	16	14	29	29
25	25	110	125	90	4	19	M 16	14	140	12	100	3	50	—	—	11	Tr16×4(TW16)	18	17	32	32
32	32	130	135	100	4	19	M 16	16	170	15	125	3.5	60	—	—	13	Tr18×4(TW18)	21	20	35	38
40	40	150	140	105	4	19	M 16	16	180	17	125	4	68	—	—	13	Tr18×4(TW18)	21	20	41	38
50	50	180	155	120	4	19	M 16	16	205	21	140	4.5	84	—	—	15	Tr20×4(TW20)	23	24	50	41
65	65	210	175	140	4	19	M 16	18	240	26	180	5.5	106	—	—	16	Tr22×5(TW22)	26	27	67	46
80	80	240	185	150	8	19	M 16	18	275	32	200	6	125	M 12	8	18	Tr24×5(TW24)	28	30	—	—
100	100	280	210	175	8	19	M 16	18	340	40	250	7	162	M 16	8	22	Tr28×5(TW28)	35	34	—	—

備考 1. フランジは，t を除き，JIS B 2240 による。

2. フランジのボルト穴は，中心線振り分けとする。

3. d_4は，JIS B 0216 による。ただし，JIS B 0222 の規定によってもよいが，新設計のものには使用しないのがよい。

4. d_{10}は，JIS B 0205 による。

5. (参考)は，参考寸法を示す。

6. (最小)は，最小寸法を示す。

付表 9　青銅 10 K フランジ形アングル弁

構造・形状・寸法

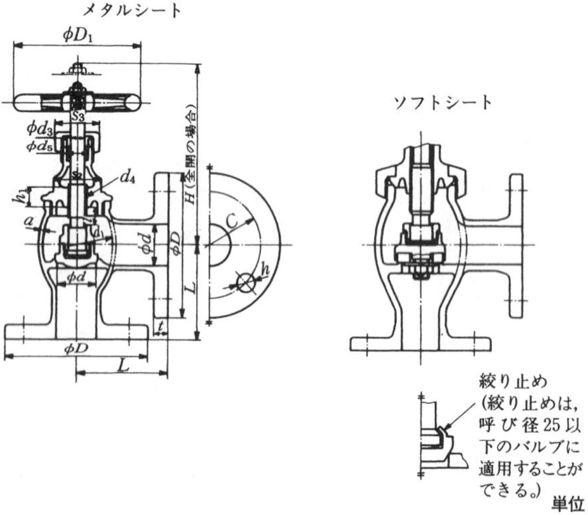

メタルシート

ソフトシート

絞り止め
(絞り止めは，呼び径 25 以下のバルブに適用することができる。)

単位 mm

呼び径	口径(弁座口径) d	面間寸法 L	フランジ 外径 D	フランジ ボルト穴 中心円の径 C	フランジ ボルト穴 数	フランジ ボルト穴 径 h	フランジ ボルトのねじの呼び	フランジ 厚さ t	H (参考)	l (参考)	D_1 (参考)	弁箱 a (最小)	弁箱 d_1 (参考)	弁棒 d_3	弁棒 d_4 ねじの呼び	d_5 (参考)	h_1 (最小)	二面幅 s_2 (参考)	二面幅 s_3 (参考)
15	15	62	95	70	4	15	M 12	12	105	8	63	3	34	8.5	Tr12×3(TW12)	14.5	12	23	26
20	20	65	100	75	4	15	M 12	14	130	10	80	3	40	10	Tr14×3(TW14)	16	14	29	29
25	25	80	125	90	4	19	M 16	14	145	12	100	3	50	11	Tr16×4(TW16)	18	17	32	32
32	32	85	135	100	4	19	M 16	16	175	15	125	3.5	60	13	Tr18×4(TW18)	21	20	35	38
40	40	90	140	105	4	19	M 16	16	190	17	125	4	68	13	Tr18×4(TW18)	21	20	41	38
50	50	100	155	120	4	19	M 16	16	225	21	140	4.5	84	15	Tr20×4(TW20)	23	24	50	41

備考 1.　フランジは，t を除き，JIS B 2240 による。

2.　フランジのボルト穴は，中心線振り分けとする。

3.　d_4は，JIS B 0216 による。ただし，JIS B 0222 の規定によってもよいが，新設計のものには使用しないのがよい。

4.　(参考)は，参考寸法を示す。

5.　(最小)は，最小寸法を示す。

付表 10　青銅 10 K フランジ形仕切弁

構造・形状・寸法

弁棒上昇式

弁棒非上昇式
(呼び径 65 以上)

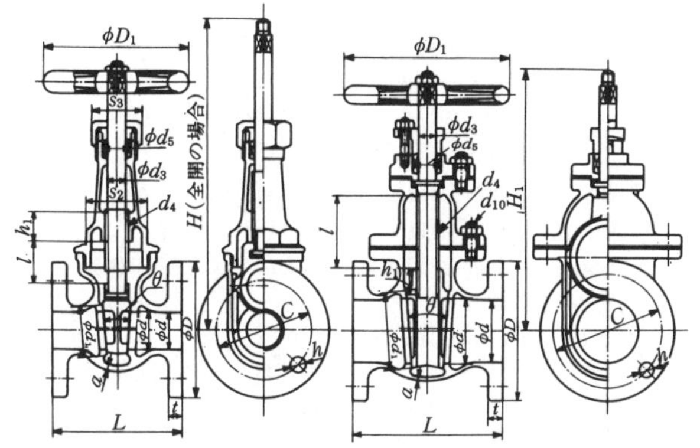

単位 mm

呼び径	口径(弁座口径) d	面間寸法 L	フランジ 外径 D	ボルト穴 中心円の径 C	ボルト穴 数	ボルト穴 径 h	ボルトのねじの呼び	厚さ t	H (参考)	H_1 (参考)	l (参考)	D_1 (参考)	弁箱 a (最小)	弁座の外径(参考) d_1	弁箱ボルト d_{10} ねじの呼び	弁箱ボルト 数	弁棒 d_3	弁棒 d_4 ねじの呼び	θ (参考)	d_5 (参考)	h_1 (最小)	二面幅 s_2 (参考)	二面幅 s_3 (参考)
25	25	100	125	90	4	19	M 16	14	205	—	30	100	3.5	32	—	—	11	Tr16×4(TW16)	8°	18	17	38	32
32	32	110	135	100	4	19	M 16	16	245	—	37	125	3.5	40	—	—	13	Tr18×4(TW18)	8°	21	20	46	38
40	40	125	140	105	4	19	M 16	16	275	—	46	125	4	49	—	—	13	Tr18×4(TW18)	8°	21	20	50	38
50	50	140	155	120	4	19	M 16	16	325	—	57	140	4.5	60	—	—	15	Tr20×4(TW20)	8°	23	24	63	41
65	65	170	175	140	4	19	M 16	18	430	260	73	180	5.5	77	M 12	6	16	Tr22×5(TW22)	8°	26	27	80	46
80	80	190	185	150	8	19	M 16	18	490	295	89	200	6	94	M 12	8	18	Tr24×5(TW24)	8°	28	30	90	50

備考 1.　フランジは，t を除き，JIS B 2240 による。

2.　フランジのボルト穴は，中心線振り分けとする。

3.　d_4は，JIS B 0216 による。ただし，JIS B 0222 の規定によってもよいが，新設計のものには使用しないのがよい。

4.　d_{10}は，JIS B 0205 による。

5.　(参考)は，参考寸法を示す。

6.　(最小)は，最小寸法を示す。

D-2　ねずみ鋳鉄弁　JIS B 2031-1994

Gray cast iron valves

1. **適用範囲**　一般の機械装置などに用いるバルブ。
2. **種　類**　**表1**とする。
3. **流体の状態と最高許容圧力との関係**　**表2**とする。
4. **構造・形状・寸法**　**付表1～4**に示す。
5. **材　料**

(1)呼び圧力5Kバルブ

・弁箱，ふた及び弁体は，JIS G 5501のFC 200

・弁座は，JIS H 5111のBC 6又はBC 6 C。

・弁棒は，JIS H 3250のC 3771 BD又はC 3771 BE。

(2)呼び圧力10Kバルブ

・弁箱及びふたは，JIS G 5501のFC 200。

・弁体と弁体付弁座とに分けた弁体は，弁箱と同等品。

・一体形の弁体，ねじ込みの弁体付き弁座と弁箱付き弁座，弁棒及びヒンジピンのトリム(要部)材料は，**表3**による。

・圧入の弁体付き弁座と弁箱付き弁座は，JIS H 5111のBC 6又はBC 6 C。

6. **呼び方**　規格番号又はねずみ鋳鉄，呼び圧力，呼び径，トリム材料，弁座取付方法及び弁種

例）呼び圧力10K，呼び径100，フランジ形玉形弁で，

(1)トリム材料：13 Cr系，弁座取付け方法：ねじ込みの場合
ねずみ鋳鉄-10K-100-CR 13-S　フランジ形玉形弁

(2)トリム材料：青銅系，弁座取付け方法：圧入の場合
ねずみ鋳鉄-10K-100-BC-P　フランジ形玉形弁

表 1　種類

呼び圧力 (記号)	弁種	呼び径									
		40	50	65	80	100	125	150	200	250	300
5 K	フランジ形外ねじ仕切弁	−	○	○	○	○	○	○	○	○	−
10 K	フランジ形玉形弁	○	○	○	○	○	○	○	○	−	−
10 K	フランジ形アングル弁	○	○	○	○	○	○	○	○	−	−
10 K	フランジ形内ねじ仕切弁	−	○	○	○	○	○	○	○	○	○
10 K	フランジ形外ねじ仕切弁	−	○	○	○	○	○	○	○	○	○
10 K	フランジ形スイング逆止め弁	−	○	○	○	○	○	○	○	−	−

表 2　流体の状態と最高許容圧力との関係

流体の状態	最高許容圧力 MPa{kgf/cm²}	
	呼び圧力 5 K バルブ	呼び圧力 10 K バルブ
120℃以下の油，脈動水及び空気	0.49{5}	0.98{10}
飽和蒸気	0.20{2}	0.69{7}(ねじ込み弁座)(1) 0.20{2}(圧入弁座)
120℃以下のガス(2)	0.20{2}	0.20{2}
120℃以下の静流水	0.69{7}	1.37{14}

注(1)　ねじ込み弁座の呼び圧力 10 K フランジ形内ねじ仕切弁では，0.20 MPa{2 kgf/cm²}とする。

(2)　高圧ガス取締法に定める毒ガス及び可燃性ガスは除く。

表 3　一体形の弁体，ねじ込みの弁座，弁棒及びヒンジピンの材料

材料の区分	該当 JIS 材料	
	一体形の弁体，ねじ込みの弁箱付き弁座又はねじ込みの弁体付き弁座	弁棒又はヒンジピン
青銅系	JIS H 5111の BC6又は BC6C	JIS H 3250の C3771BD 又は C3771BE
13Cr 鋼系	JIS G 4303の SUS403，SUS420J1若しくは SUS420J2又は JIS G 5121の SCS1若しくは SCS2(1)	JIS G 4303の SUS403又は SUS420J1
18Cr-8Ni 鋼系	JIS G 4303の SUS304，JIS G 5121の SCS13又は JIS G 3214の SUSF304	JIS G 4303の SUS304又はJIS G 3214のSUSF304
18Cr-12Ni-Mo 鋼系	JIS G 4303の SUS316，JIS G 5121の SCS14又は JIS G 3214の SUSF316	JIS G 4303の SUS316又はJIS G 3214のSUSF316

注(1)　この欄の材料を使用する場合には，接触面にブリネル硬さで 50 以上の差をつけるように適当な処理を施さなければならない。

付表1　呼び圧力5K外ねじ仕切弁

構造，形状及び寸法

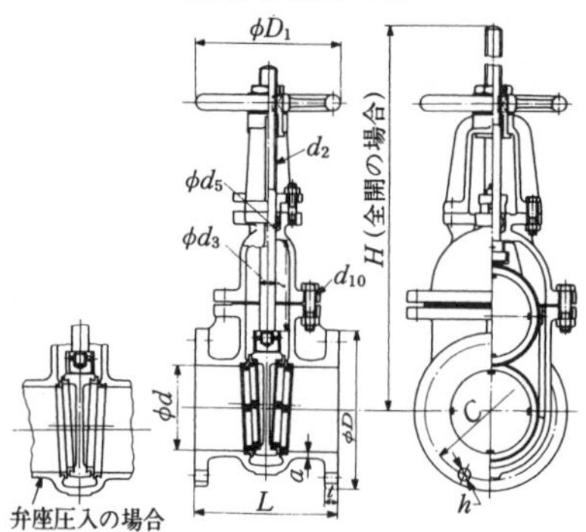

単位 mm

呼び径	口径	面間寸法	フランジ						H（参考）	l（参考）	D_1（参考）	弁箱			弁棒		d_5（参考）
			外径	ボルト穴			ボルトのねじの呼び	厚さ					ボルト(参考)				
	d	L	D	中心円の径 C	数	径 h		t				a	d_{10} ねじの呼び	数	d_3	d_2 ねじの呼び	
50	50	160	130	105	4	15	M 12	16	340	55	160	6	M 12	6	18	Tr(TW)18	31
65	65	170	155	130	4	15	M 12	18	405	70	180	6	M 12	6	20	Tr(TW)20	33
80	80	180	180	145	4	19	M 16	18	465	86	180	6	M 12	6	20	Tr(TW)20	33
100	100	200	200	165	8	19	M 16	20	550	108	224	8	M 16	6	24	Tr(TW)24	37
125	125	220	235	200	8	19	M 16	20	650	137	224	9	M 16	8	24	Tr(TW)24	37
150	150	240	265	230	8	19	M 16	22	755	163	250	10	M 16	8	26	Tr(TW)26	39
200	200	260	320	280	8	23	M 20	24	955	214	280	12	M 16	12	28	Tr(TW)28	41
250	250	300	385	345	12	23	M 20	26	1 160	265	355	15	M 20	12	32	Tr(TW)32	48

備考1. フランジは，JIS B 2210の規定による。

2. フランジのボルト穴は，中心線振り分けとする。

3. d_2は，JIS B 0216の規定による。ただし，JIS B 0222の規定によってよいが，新設計のものには使用しないのがよい。

4. (参考)は，参考寸法を示す。

付表2　呼び圧力10K玉形弁及びアングル弁

構造，形状及び寸法

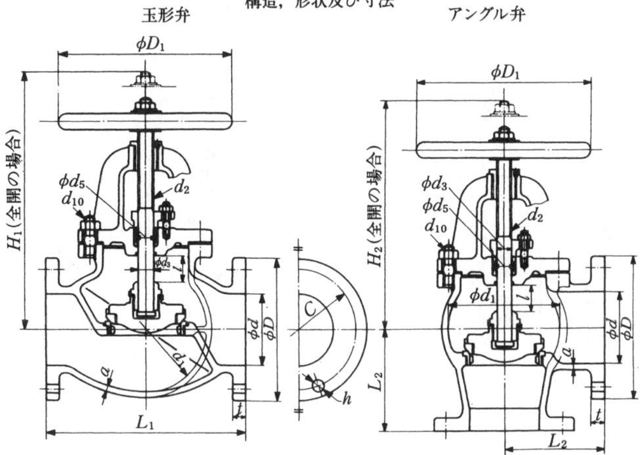

単位 mm

呼び径	口径 d	面間寸法 L_1	面間寸法 L_2	フランジ 外径 D	フランジ ボルト穴 中心円の径 C	フランジ ボルト穴 数	フランジ ボルト穴 径 h	フランジ ボルトのねじの呼び	フランジ 厚さ t	H_1（参考）	H_2（参考）	l（参考）	D_1（参考）	弁箱 a	弁箱 d_1（参考）	弁箱 ボルト(参考) d_{10} ねじの呼び	弁箱 ボルト(参考) 数	弁棒 d_3	弁棒 d_2 ねじの呼び	d_5（参考）
40	40	190	100	140	105	4	19	M 16	20	250	230	17	160	7	95	M 12	6	18	Tr(TW)18	31
50	50	200	105	155	120	4	19	M 16	20	275	245	20	180	7	110	M 12	6	20	Tr(TW)20	33
65	65	220	115	175	140	4	19	M 16	22	310	270	26	200	8	130	M 12	6	20	Tr(TW)20	33
80	80	240	135	185	150	8	19	M 16	22	340	295	30	224	8	150	M 16	6	24	Tr(TW)24	37
100	100	290	155	210	175	8	19	M 16	24	390	335	38	280	10	175	M 16	8	26	Tr(TW)26	39
125	125	360	180	250	210	8	23	M 20	24	460	400	46	315	11	225	M 20	8	28	Tr(TW)28	41
150	150	410	205	280	240	8	23	M 20	26	515	455	58	355	13	270	M 20	8	32	Tr(TW)32	48
200	200	500	230	330	290	12	23	M 20	26	610	525	74	450	15	330	M 20	12	38	Tr(TW)38	57

備考 1．フランジは，JIS B 2210の規定による。

2．フランジのボルト穴は，中心線振り分けとする。

3．d_2は，JIS B 0216の規定による。ただし，JIS B 0222の規定によってもよいが，新設計のものには使用しないのがよい。

4．弁箱の d_1 寸法は，隔壁を丸隔壁とした場合のものを示す。

5．（参考）は，参考寸法を示す。

付表3 呼び圧力 10 K 仕切弁

構造，形状及び寸法

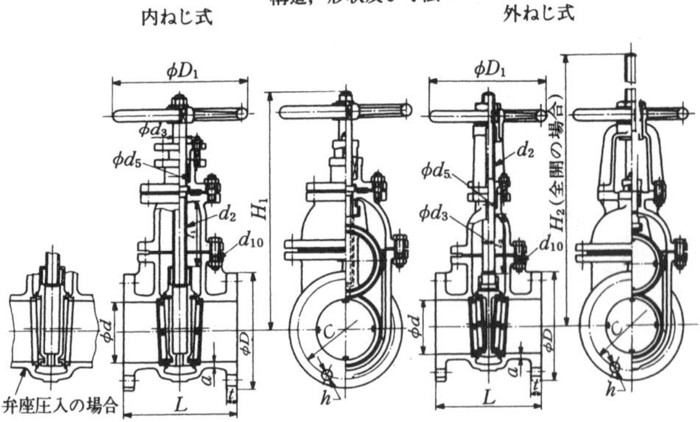

内ねじ式　　外ねじ式

弁座圧入の場合

単位 mm

呼び径	口径 d	面間寸法 L	フランジ						H_1（参考）	H_2（参考）	l_1（参考）	l_2（参考）	D_1（参考）	弁箱			弁棒		d_5（参考）
			外径 D	ボルト穴 中心円の径 C	ボルト穴 数	ボルト穴 径 h	ボルトのねじの呼び	厚さ t						a	ボルト（参考） d_{10} ねじの呼び	ボルト（参考） 数	d_3	d_2 ねじの呼び	
50	50	180	155	120	4	19	M 16	20	300	365	55	58	200	7	M 12	6	20	Tr(TW)20	33
65	65	190	175	140	4	19	M 16	22	330	425	70	73	200	8	M 12	6	20	Tr(TW)20	33
80	80	200	185	150	8	19	M 16	22	380	490	86	89	224	8	M 12	6	24	Tr(TW)24	37
100	100	230	210	175	8	19	M 16	24	430	575	108	110	250	10	M 16	8	26	Tr(TW)26	39
125	125	250	250	210	8	23	M 20	24	490	685	137	139	280	11	M 16	8	28	Tr(TW)28	41
150	150	270	280	240	8	23	M 20	26	560	795	163	165	300	13	M 16	10	30	Tr(TW)30	46
200	200	290	330	290	12	23	M 20	26	650	1 000	214	217	355	15	M 16	12	32	Tr(TW)32	48
250	250	330	400	355	12	25	M 22	30	770	1 210	265	270	400	17	M 20	14	36	Tr(TW)36	55
300	300	350	445	400	16	25	M 22	32	885	1 420	315	323	450	19	M 20	16	40	Tr(TW)40	59

備考 1. フランジは，JIS B 2210 の規定による。

2. フランジのボルト穴は，中心線振り分けとする。

3. d_2は，JIS B 0216 の規定による。ただし，JIS B 0222 の規定によってもよいが，新設計のものには使用しないのがよい。

4. （参考）は，参考寸法を示す。

付表 4　呼び圧力 10 K スイング逆止め弁

構造，形状及び寸法

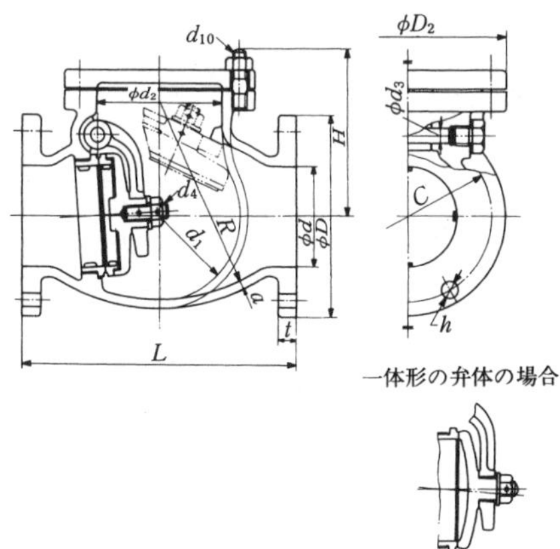

一体形の弁体の場合

単位 mm

呼び径	口径 d	面間寸法 L	フランジ 外径 D	フランジ ボルト穴 中心円の径 C	フランジ ボルト穴 数	フランジ ボルト穴 径 h	フランジ ボルトのねじの呼び	フランジ 厚さ t	H（参考）	弁箱 a	弁箱 d_1（参考）	弁箱 R（参考）	弁箱 D_2（参考）	弁箱 d_2（参考）	d_3（参考）	d_4 ねじの呼び（参考）	ふたボルト（参考） d_{10} ねじの呼び	ふたボルト（参考） 数
50	50	200	155	120	4	19	M 16	20	120	7	90	120	135	78	9	M 12	M 12	6
65	65	220	175	140	4	19	M 16	22	135	8	115	135	160	100	11	M 12	M 12	6
80	80	240	185	150	8	19	M 16	22	155	8	130	150	185	112	12	M 12	M 16	6
100	100	290	210	175	8	19	M 16	24	170	10	165	180	210	135	14	M 16	M 16	8
125	125	360	250	210	8	23	M 20	24	200	11	205	250	250	165	17	M 20	M 20	8
150	150	410	280	240	8	23	M 20	26	225	13	240	300	285	196	20	M 22	M 20	8
200	200	500	330	290	12	23	M 20	26	255	15	305	370	340	247	24	M 24	M 20	12

備考 1.　フランジは，JIS B 2210 の規定による。

2.　フランジのボルト穴は，中心線振り分けとする。

3.　(参考)は，参考寸法を示す。

D-3 可鍛鋳鉄 10 K ねじ込み形弁 JIS B 2051-1994

Malleable iron 10 K screwed valves

1. **適用範囲** 一般の機械装置などに用いるバルブ。
2. **種 類** **表1** とする。

表1 種類

呼び圧力(記号)	弁種			呼び径 A	15	20	25	32	40	50
				呼び径 B	(1/2)	(3/4)	(1)	(1 1/4)	(1 1/2)	(2)
10 K	ねじ込み形	玉形弁	メタルシート		○	○	○	○	○	○
			ソフトシート		○	○	○	○	○	○
		仕切弁	メタルシート		○	○	○	○	○	○
		リフト逆止め弁	メタルシート		○	○	○	○	○	○
			ソフトシート		○	○	○	○	○	○
		スイング逆止め弁	メタルシート		○	○	○	○	○	○
			ソフトシート		○	○	○	○	○	○

3. **流体の状態と最高許容圧力との関係** **表2** とする。

表2 流体の状態と最高許容圧力との関係

流体の状態	最高許容圧力 MPa{kgf/cm²}
220℃以下の油，ガス，空気，蒸気及び脈動水	0.98{10}
120℃以下の静流水	1.37{14}

備考 充てん材なしの四ふっ化エチレン樹脂を用いるソフトシートの場合は，220℃を183℃と読み替える。

4. **構造・形状・寸法** **付表1～4** に示す。
5. **材 料**

(1)弁箱及びふたは，JIS G 5702 の FCMB 340。

(2)メタルシートの弁体及び弁箱付弁座は，JIS G 4303 の SUS 304 又は SUS 420 J 2 とする。

(3)ソフトシートは，原則として，四ふっ化エチレン樹脂とする。

6. **呼び方** 規格の番号又は名称，呼び圧力，弁種-弁径

例) 可鍛鋳鉄-10 K-ねじ込み形玉形弁(メタルシート)-1/2

付表1　玉形弁

構造，形状及び寸法

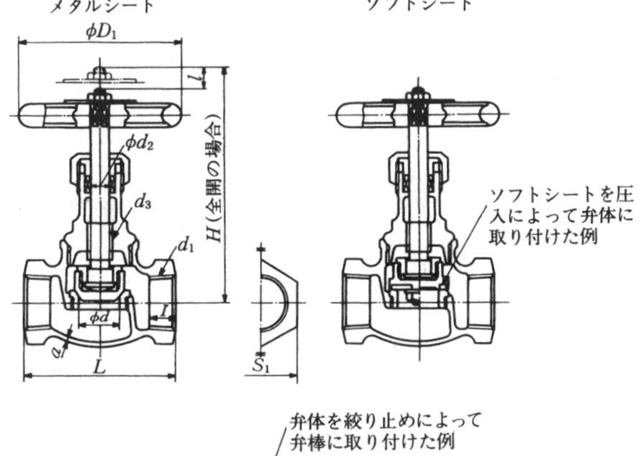

単位 mm

呼び径		弁座口径 d	面間寸法 L	両端ねじ		弁箱肉厚 a	弁棒		S_1 (参考)	l (参考)	H (参考)	D_1 (参考)
A	B			ねじの呼び d_1	I		d_2	ねじの呼び d_3				
15	(1/2)	15	65	$R_c\frac{1}{2}$	11	2.5	8.5	Tr(TW)12	28	6	110	63
20	(3/4)	20	80	$R_c\frac{3}{4}$	13	2.5	8.5	Tr(TW)12	34	8	120	80
25	(1)	25	90	R_c1	15	2.5	10	Tr(TW)14	42	10	140	100
32	(1 1/4)	32	105	$R_c1\frac{1}{4}$	17	3	11	Tr(TW)16	52	13	160	125
40	(1 1/2)	40	120	$R_c1\frac{1}{2}$	18	3.5	11	Tr(TW)16	58	16	180	125
50	(2)	50	140	R_c2	20	4	13	Tr(TW)18	72	20	200	140

備考 1.　d_1は，JIS B 0203 による。

2.　d_3は，JIS B 0216 による。ただし，JIS B 0222 によってもよいが，新設計のものには使用しないのがよい。

3.　(参考)は，参考寸法を示す。

付表 2　仕切弁

構造，形状及び寸法

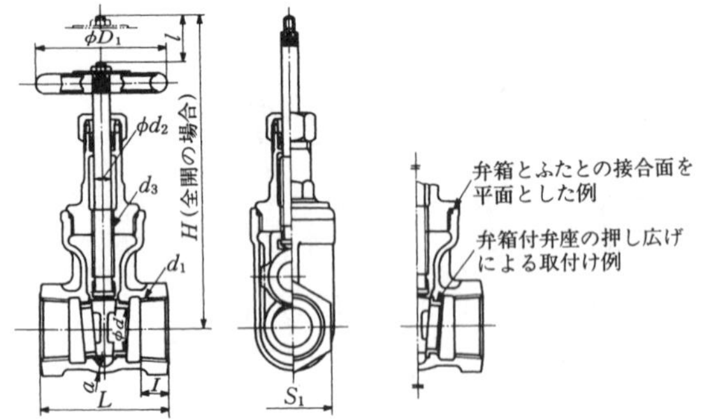

単位 mm

呼び径		弁座口径 d	面間寸法 L	両端ねじ		弁箱肉厚 a	弁棒		S_1 (参考)	l (参考)	H (参考)	D_1 (参考)
A	B			ねじの呼び d_1	I		d_2	ねじの呼び d_3				
15	($^1/_2$)	15	60	$R_c{}^1/_2$	11	2.5	8.5	Tr(TW)12	28	20	150	63
20	($^3/_4$)	20	70	$R_c{}^3/_4$	13	2.5	8.5	Tr(TW)12	34	25	175	80
25	(1)	25	75	R_c1	15	2.5	10	Tr(TW)14	42	30	205	100
32	($1^1/_4$)	32	85	$R_c1^1/_4$	17	3	11	Tr(TW)16	52	37	245	125
40	($1^1/_2$)	40	95	$R_c1^1/_2$	18	3.5	11	Tr(TW)16	58	46	275	125
50	(2)	50	105	R_c2	20	4	13	Tr(TW)18	72	56	325	140

備考 1.　d_1は，JIS B 0203 による。

2.　d_3は，JIS B 0216 による。ただし，JIS B 0222 によってもよいが，新設計のものには使用しないのがよい。

3.　(参考)は，参考寸法を示す。

付表3　リフト逆止め弁

構造，形状及び寸法

メタルシート　　　　　　　　ソフトシート

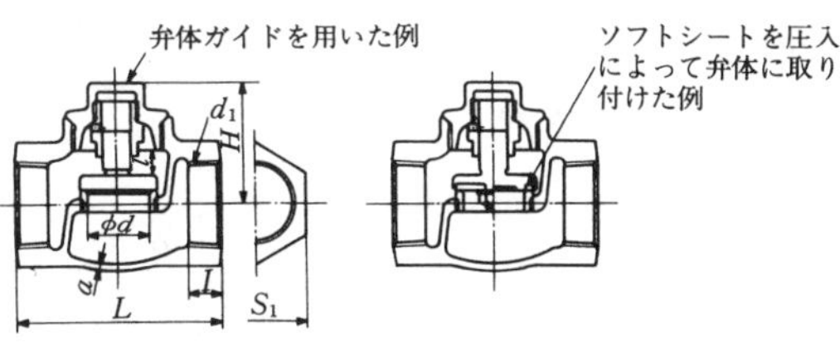

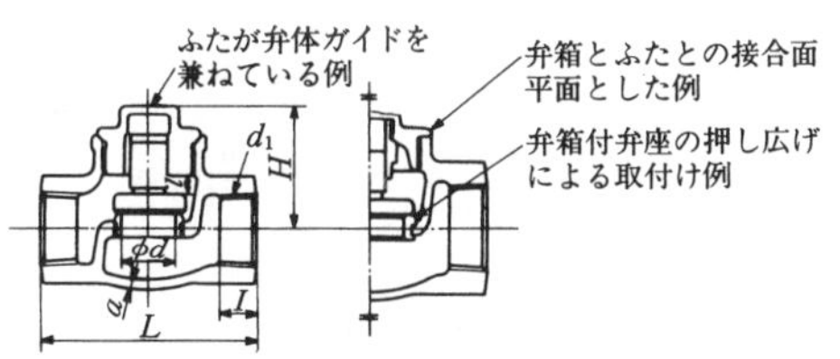

単位 mm

呼び径		弁座口径 d	面間寸法 L	両端ねじ		弁箱肉厚 a	S_1（参考）	l（参考）	H（参考）
A	B			ねじの呼び d_1	I				
15	(1/2)	15	65	$R_c1/2$	11	2.5	28	6	40
20	(3/4)	20	80	$R_c3/4$	13	2.5	34	8	45
25	(1)	25	90	R_c1	15	2.5	42	10	50
32	(1 1/4)	32	105	$R_c1\,1/4$	17	3	52	13	60
40	(1 1/2)	40	120	$R_c1\,1/2$	18	3.5	58	16	65
50	(2)	50	140	R_c2	20	4	72	20	75

備考 1.　d_1は，JIS B 0203 による。

2.　(参考)は，参考寸法を示す。

付表4　スイング逆止め弁

構造，形状及び寸法

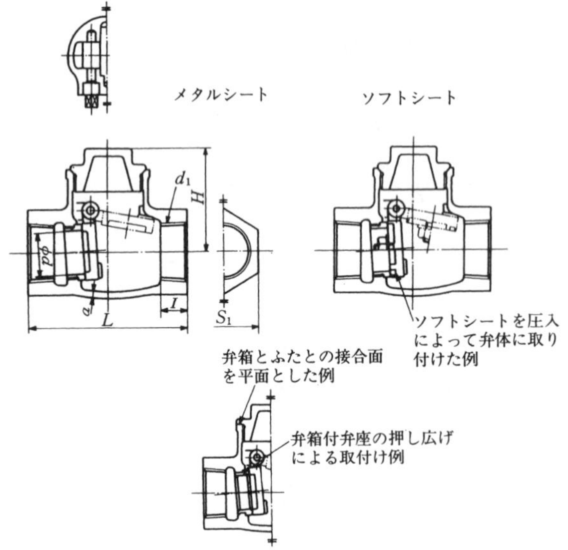

単位 mm

呼び径		弁座口径 d	面間寸法 L	両端ねじ		弁箱肉厚 a	S_1（参考）	H（参考）
A	B			ねじの呼び d_1	I			
15	(1/2)	15	65	R_c1/2	11	2.5	28	50
20	(3/4)	20	80	R_c3/4	13	2.5	34	55
25	(1)	25	90	R_c1	15	2.5	42	60
32	(1 1/4)	32	105	R_c1 1/4	17	3	52	70
40	(1 1/2)	40	120	R_c1 1/2	18	3.5	58	80
50	(2)	50	140	R_c2	20	4	72	90

備考 1.　d_1は，JIS B 0203 による。

2.　(参考)は，参考寸法を示す。

D-4　給水栓　JIS B 2061-1997

Faucets, ball taps and flush valves

1. **適用範囲**　使用圧力 0.75 MPa{7.6 kgf/cm²}以下の単水栓，湯水混合水栓，止水栓，ボールタップ及び洗浄弁。使用圧力とは，止水状態の圧力をいう。
2. **種類・呼び径・補助区分**　**表 1** による。
3. **構　造**

(1)水栓及び洗浄弁の主要寸法　**附属 1 図 1 ～ 4** による。

(2)水栓の取付部の主要寸法　**附属 2 図 1，附属 2 表 1** とする。

(3)ボールタップの共通主要寸法　**附属 3 図 1** による。

(4)こま式・固定式の水栓の共通主要寸法(参考)　**附属 5 図 1** に示す。

(5)こま，こまパッキン及びスピンドルの形状・寸法(参考)　**附属 6 図 1，附属 6 図 2，附属 6 図 3** に示す。

(6)ボールタップと水受け容器を組み合わせた場合の吐水口空間(参考)　**附属 7 図 1** に示す。

(※附属 4 省略)

4. **呼び方**　種類，呼び径及び補助区分による。**表 2** に示す略号を用いてもよい。

例)

横水栓	13	(自在形，	寒冷地用)
種　類	呼び径	補助区分	機　能

表1　種類，呼び径及び補助区分

区分	種類	呼び径			補助区分
単水栓	横水栓	13	20	25	吐水口回転形，自在形，横自在形，グーズネック形，ホース接続形
	立水栓	13	20	25	吐水口回転形，自在形，グーズネック形，埋込形，ホース接続形
	横形衛生水栓	13	—	—	
	立形衛生水栓	13	—	—	
	壁付き化学水栓	13	—	—	1口，2口，3口，4口
	台付き化学水栓	13	—	—	1口，2口，3口，4口，振分2口，振分4口
	横形水飲水栓	13	—	—	
	立形水飲水栓	13	—	—	
	小便器洗浄水栓	13	—	—	
湯水混合水栓	壁付きサーモスタット湯水混合水栓	13	20	25	シャワー形，シャワーバス形，埋込形，ホース接続形
	台付きサーモスタット湯水混合水栓	13	20	25	
	壁付きミキシング湯水混合水栓	13	20	—	
	台付きミキシング湯水混合水栓	13	20	—	
	壁付きシングルレバー湯水混合水栓	13	20	—	
	台付きシングルレバー湯水混合水栓	13	20	—	
	壁付きツーハンドル湯水混合水栓	13	20	—	
	台付きツーハンドル湯水混合水栓	13	20	—	
止水栓	アングル形止水栓	13	20	—	
	ストレート形止水栓	13	20	—	
	腰高止水栓	13	20	25	
ボールタップ	横形ロータンク用ボールタップ	13	—	—	
	立形ロータンク用ボールタップ	13	—	—	
	横形ボールタップ	13	20	25	
洗浄弁	小便器洗浄弁	13	—	—	
	大便器洗浄弁	—	—	25	

表 2　種類，補助区分及び機能の略号

種類		補助区分		機能	
名称	略号	名称	略号	名称	略号
壁付きサーモスタット温水混合水栓	壁付サーモ	シャワー形	シャワ	寒冷地形	寒
台付きサーモスタット温水混合水栓	台付サーモ	シャワーバス形	シャワバス	共用形	共
壁付きミキシング温水混合水栓	壁付ミキシング	埋込形	埋込	節水こま形	節水
台付きミキシング温水混合水栓	台付ミキシング	吐水口回転形	吐水口回転	負圧破壊機構付き	負圧破壊
壁付きシングルレバー温水混合水栓	壁付シングル	自在形	自在	逆流防止装置付き	逆止
台付きシングルレバー温水混合水栓	台付シングル	横自在形	横自在	一時止水式	一時止水
壁付きツーハンドル温水混合水栓	壁付2ハンドル	グーズネック形	グーズネック	定量止水式	定量
台付きツーハンドル温水混合水栓	台付2ハンドル	ホース接続形	ホース接続	自閉式	自閉
				流量制御装置付き	流量制御
				泡まつ(沫)装置付き	泡まつ

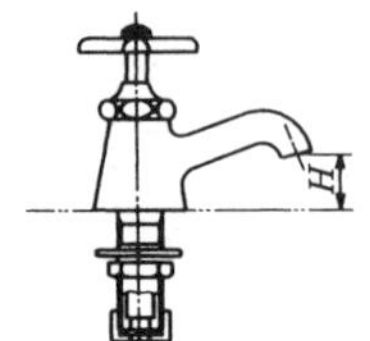

単位 mm

呼び径	H (最小)
13	25
20	40
25	50

附属 1 図 1　立水栓の主要寸法

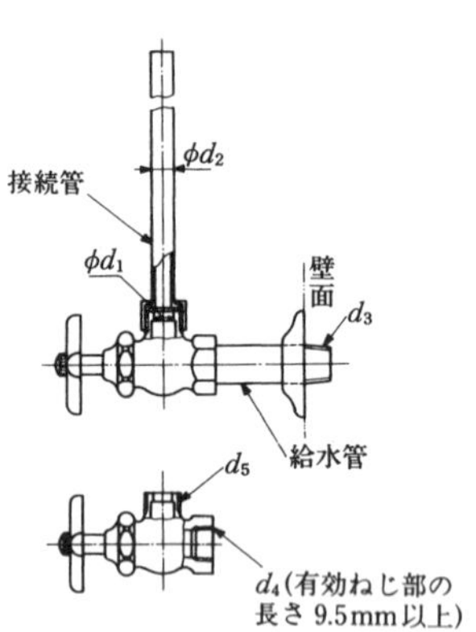

アングル形止水栓

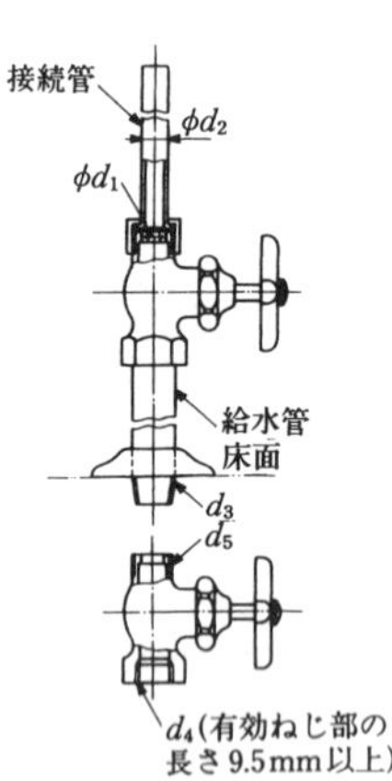

ストレート形止水栓

単位 mm

呼び径	d_1	d_2	d_3
13	13	12.7	R ½

備考　給水管及び接続管は，除くことができる。除いたとき，d_4部のねじは JIS B 0203 に規定する R_c½，d_5部のねじは JIS B 0202 に規定する G ½とする。

なお，d_5部のねじの寸法許容差は，JIS B 0202 の付表 2 (寸法許容差) 又はこの規格の**附属 2 表 1** による。

附属 1 図 2　アングル形及びストレート形止水栓の主要寸法

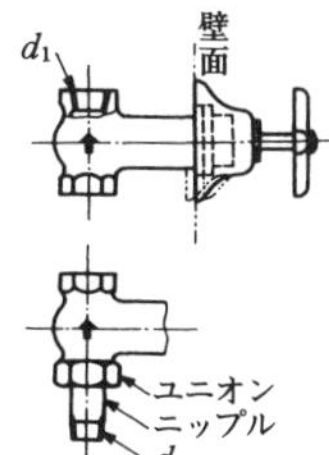

呼び径	d_1	d_2
13	$R_c 1/2$	$R\ 1/2$
20	$R_c 3/4$	$R\ 3/4$
25	$R_c 1$	$R\ 1$

附属 1 図 3　腰高止水栓の主要寸法

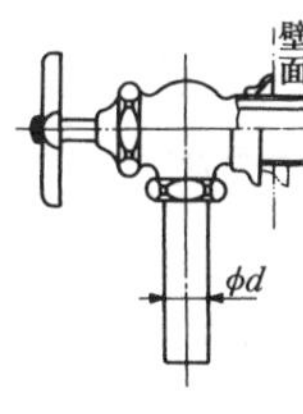

小便器洗浄水栓

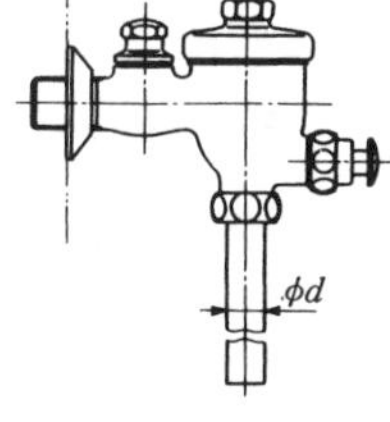

小便器洗浄弁

単位 mm

呼び径	d
13	16 15.88

附属 1 図 4　小便器洗浄水栓及び小便器洗浄弁の主要寸法

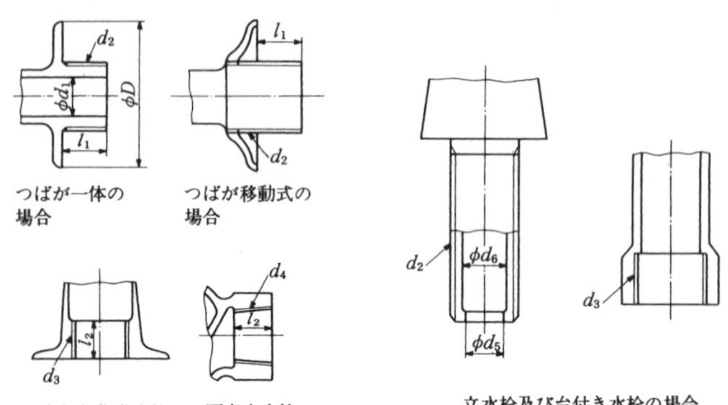

単位 mm

呼び径	D (参考)	d_1 (参考)	d_2	d_3	d_4	d_5	d_6 (参考)	l_1 (参考)	l_2
13	46	12	G 1/2	R_p1/2	R_c1/2	13	14	14	12
20	50	18	G 3/4	R_p3/4	R_c3/4	19.3	19.5	16	14
25	60	21	G 1	R_p1	R_c1	—	—	18	16

備考 1.　d_2部のねじは，JIS B 0202 の付表 1 (基準山形及び基準寸法) による。ただし，寸法許容差は，JIS B 0202 の付表 2 (寸法許容差) 又はこの規格の**附属 2 表 1** による。

2.　d_3，d_4部の寸法は，JIS B 0203 による。

附属 2 図 1　取付部の主要寸法

附属 2 表 1　給水栓取付ねじの寸法許容差

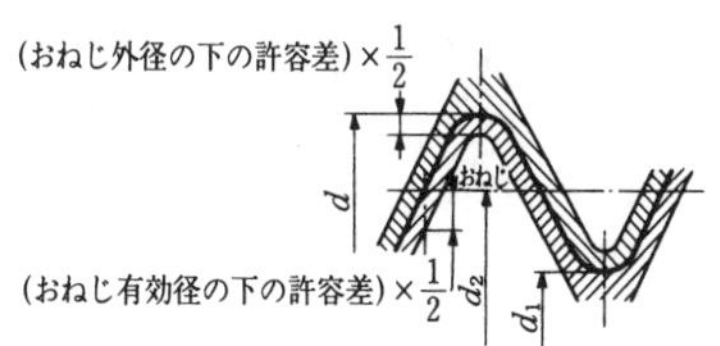

単位 mm

呼び径	外径 d			有効径 d_2			谷の径 d_1		
	基準寸法	上の許容差	下の許容差	基準寸法	上の許容差	下の許容差	基準寸法	上の許容差	下の許容差
13	20.955	−0.25	−0.534	19.793	−0.25	−0.534	18.631	−0.25	−0.534
20	26.441	−0.25	−0.534	25.279	−0.25	−0.534	24.117	−0.25	−0.534
25	33.249	−0.25	−0.610	31.770	−0.25	−0.610	30.291	−0.25	−0.610

備考　給水栓取付ねじは，“PJ”の記号を用いて表す。

例　PJ $^1/_2$，PJ $^3/_4$

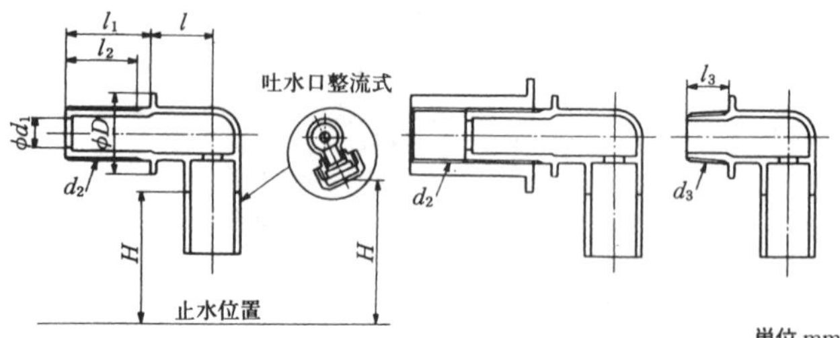

単位 mm

呼び径	D (参考)	l_1 (最小)	l_2・l_3 (最小)	d_1	d_2	d_3	H (最小)	l (最小)
13	25	20	14	13	G 1/2	R 1/2	35	25
20	30	30	16	—	G 3/4	R 3/4	50	40
25	40	35	18	—	G 1	R 1	60	50

備考 1.　d_2部のねじは，JIS B 0202 の付表 1 (基準山形及び基準寸法)による。ただし，寸法許容差は，JIS B 0202 の付表 2 (寸法許容差)又はこの規格の**附属 2 表 1** による。

2.　D の形状は，円とするほか，注文者又は製造業者の考案意匠による多角形・円に面取りを行ったとき，胴の中心から対辺までの寸法は，$D/2$ 以上とする。つば裏に回転防止のため，突起などを設けることができる。

3.　d_1の規定は，差込み接続形だけに適用する。

4.　横形ボールタップの取付部は，l_3，d_3によることができる。
なお，d_3部のねじは，JIS B 0203 による。

5.　H 寸法は，吐水口端面が水平でない場合，吐水口端面の中心から止水位置までとする。

6.　吐水口の切込み部分の断面積(バルブレバーの断面積を除く)がシート断面積より大きい場合，H 寸法は，切込み上端から止水位置までとする。

7.　H 寸法は，吐水口水没形には適用しない。

8.　l 寸法は，つば裏から吐水口中心までとする。

9.　止水位置は，使用水圧が 0.75 MPa{7.6 kgf/cm²}のときのものである。

附属 3 図 1　ボールタップの共通主要寸法

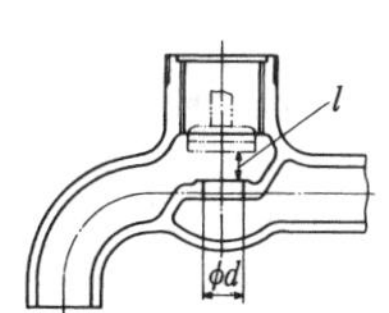

単位 mm

呼び径	d (シート口径)	l (リフト)
13	9	3
20	15	4
25	18	5

備考 1.　呼び径 13 のシート口径は，湯水混合水栓の湯側では，10 mm の場合がある。

2.　呼び径 13 の台付きツーハンドル湯水混合水栓(埋込形)，壁付きツーハンドル(埋込形，シャワー形，シャワーバス形)及び腰高止水栓は，シート口径を 12 mm とするのが望ましい。

附属5図1　こま式・固定式の水栓の共通主要寸法

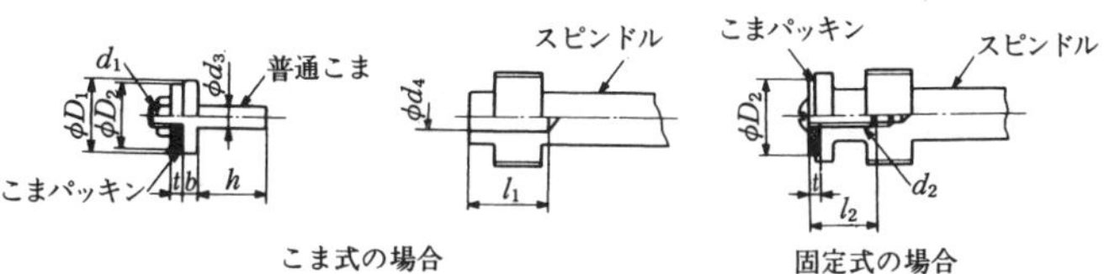

単位 mm

呼び径	D_1	D_2	b	d_1，d_2	d_3	d_4	h	l_1	l_2	t
13	15	14	2.5	M 4	5	5.3	15	17	10	3
20	21	20	4	M 5	5	5.3	19	21	10	4
25	24	23	4	M 6	5.5	5.8	20	22	10	4

附属6図1　普通こま，こまパッキン及びスピンドルの形状・寸法

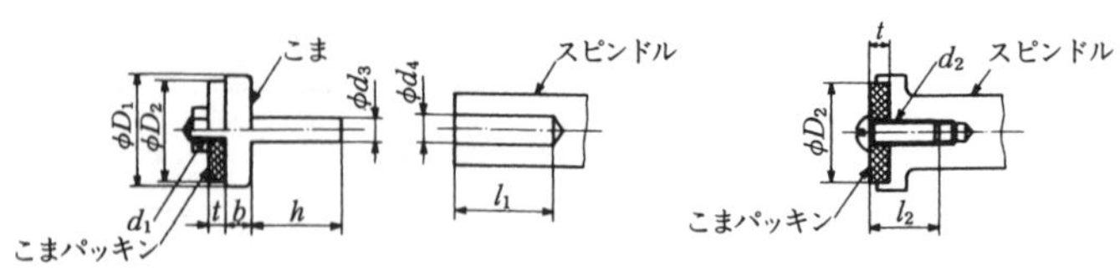

単位 mm

呼び径	D_1	D_2	b	d_1, d_2	d_3	d_4	h	l_1	l_2	t
13	19	18	3	M 5	5	5.3	15	17	10	3
	19	18	3	M 5	5	5.3	17	19	10	3

附属 6 図 2　呼び径 13 でシート口径が 12 mm の場合のこま，こまパッキン及びスピンドルの形状・寸法

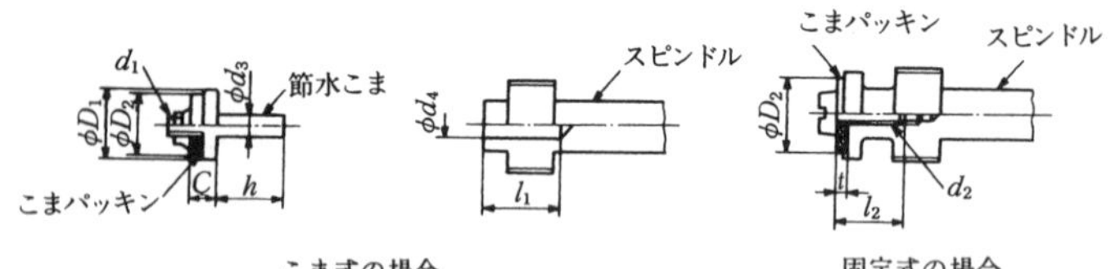

単位 mm

呼び径	D_1	D_2	C	d_1, d_2	d_3	d_4	h	l_1	l_2	t
13	15	14	5.5	M 4	5	5.3	15	17	10	3

附属 6 図 3　節水こま，こまパッキン及びスピンドルの形状・寸法

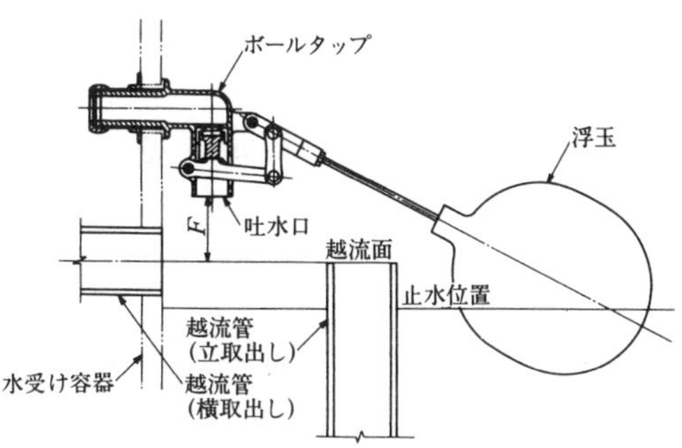

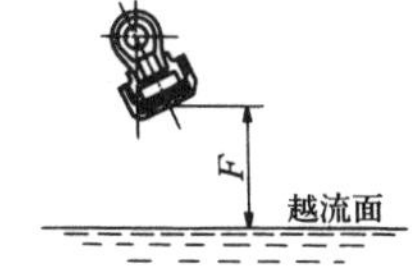

単位 mm

呼び径	吐水口空間 F (最小)
13	25
20	40
25	50

附属7図1　ボールタップと水受け容器を組み合わせた場合の吐水口空間

D-5 鋳鋼フランジ形弁 JIS B 2071-1995

Cast steel flanged valves

1. **適用範囲** 一般の機械装置，化学装置などに用いるバルブ。
2. **種 類** **表1**とする。

表1 種類

呼び圧力	弁種	呼び径										
		40	50	65	80	(90)	100	125	150	200	250	300
10 K	フランジ形玉形弁	—	○	○	○	○	○	○	○	○	—	—
	フランジ形アングル弁	—	○	○	○	○	○	○	○	○	—	—
	フランジ形外ねじ仕切弁	—	○	○	○	○	○	○	○	○	○	○
	フランジ形スイング逆止め弁	—	○	○	○	○	○	○	○	○	○	○
20 K	フランジ形玉形弁	○	○	○	○	○	○	○	○	○	—	—
	フランジ形アングル弁	○	○	○	○	○	○	○	○	○	—	—
	フランジ形外ねじ仕切弁	—	○	○	○	○	○	○	○	○	○	○
	フランジ形スイング逆止め弁	—	○	○	○	○	○	○	○	○	○	○

備考 ( )を付けた呼び径は使用しないのが望ましい。

3. **流体の状態と最高許容圧力との関係** **表2**による。

表2 流体の状態と最高許容圧力との関係

単位 MPa

流体の状態	最高許容圧力	
	10 K	20K
425℃以下の蒸気，空気，ガス，油などでクリープが考慮される場合	—	2.0
400℃以下の蒸気，空気，ガス，油	—	2.3
350℃以下の蒸気，空気，ガス，油又は脈動水	—	2.6
300℃以下の蒸気，空気，ガス，油及び脈動水	1.0	2.9
220℃以下の蒸気，空気，ガス，油及び脈動水	1.2	3.1
120℃以下の静流水	1.4	3.4

4. 構造・形状・寸法　付表 1 ～ 3 による。

5. 材　料　次による。

⑴弁箱及びふたは，JIS G 5151 の SCPH 2 とする。

⑵弁体と弁体付弁座に分けた弁体は，弁箱と同等品。

⑶一体形の弁体又は弁体付き弁座と弁箱付き弁座のそれぞれの弁座面は，次に示すごとく用途に適した金属の組合せとする。

⒜一方を JIS G 4303 の SUS 420 J 2，他方を SUS 403 又は SUS 420 J 1。又はこれらの組合せの両方もしくは一方を JIS Z 3221 の D 410 又は JIS Z 3321 の Y 410 とする。

⒝一方を⒜のいずれかとし，他方を JIS H 4553 の NCuB 又は JIS Z 3224 の DNiCu-4 とする。

⒞両方又は一方を JIS Z 3251 の DCoCrA による硬化肉盛とする。その一方は⒜によるもの。SUS 403，SUS 420 J 1，SUS 420 J 2 及び D 410 の表面のブリネル硬さは，250 以上とし，これらを組合せた硬さの差は 50 以上とする。

一体形の弁体及び弁座は，JIS G 5121 の SCS 1 又は SCS 2 でもよい。

⑷弁棒は JIS G 4303 の SUS 403 とする。

⑸ふたボルトは，JIS G 4107 の SNB 7 とする。使用温度が 300℃ 以下では，JIS G 4051 の S 35 C が使用できる。

6. 呼び方　規格番号又は弁箱材料を示す記号，用途を示す記号，呼び圧力，呼び径及び弁種

例）呼び圧力 10 K，呼び径 100，外ねじ仕切弁の場合

⒜一般機械装置用 (M)

JIS B 2071-M-10 K-100 フランジ形外ねじ仕切弁

⒝化学装置用 (C)

PH 2-C-10 K-100 フランジ形外ねじ仕切弁

付表 1 玉形弁及びアングル弁の構造，形状及び寸法

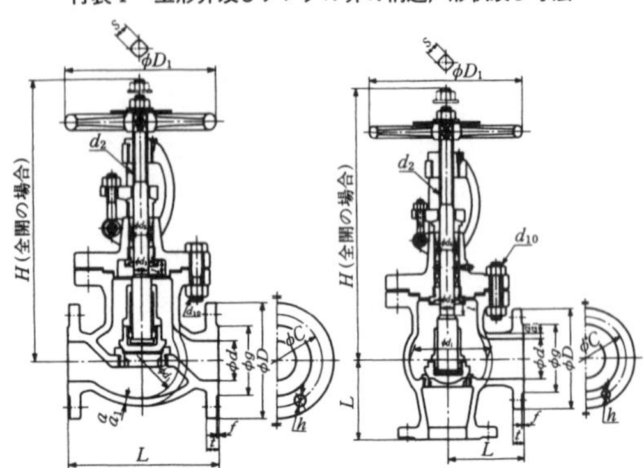

(1) 呼び圧力 10 K バルブの寸法

単位 mm

呼び径	口径 d	面間寸法 玉形弁 L	面間寸法 アングル弁 L	フランジ 外径 D	フランジ ボルト穴 中心円の径 C	フランジ ボルト穴 数	フランジ ボルト穴 径 h	フランジ ボルトのねじの呼び	フランジ g	フランジ 厚さ t	フランジ f	弁箱 a	弁箱 a_1	弁箱 d_1 (参考)	弁箱 ボルト(参考) d_{10} ねじの呼び	弁箱 ボルト(参考) 数	d_5 (参考)	弁棒 d_3	弁棒 d_2 ねじの呼び	弁棒 S	D_1 (参考)	l (参考)	H(参考) 玉形弁	H(参考) アングル弁
50	50	203	105	155	120	4	19	M16	96	16	2	8	8.6	100	M16	4	33	20	Tr20×4(TW20)	14	200	19	370	365
65	65	216	115	175	140	4	19	M16	116	18	2	8	9.7	120	M16	8	33	20	Tr20×4(TW20)	14	224	22	390	385
80	80	241	135	185	150	8	19	M16	126	18	2	8	10.4	130	M16	8	37	24	Tr24×5(TW24)	19	250	26	415	410
(90)	90	270	145	195	160	8	19	M16	136	18	2	8	11.0	160	M16	8	37	24	Tr24×5(TW24)	19	250	31	425	425
100	100	292	155	210	175	8	19	M16	151	18	2	9	11.2	170	M20	8	39	26	Tr26×5(TW26)	21	280	35	460	460
125	125	356	180	250	210	8	23	M20	182	20	2	9	11.9	225	M20	8	41	28	Tr28×5(TW28)	23	315	43	490	490
150	150	406	205	280	240	8	23	M20	212	22	2	9	11.9	260	M20	8	48	32	Tr32×6(TW32)	26	355	50	525	525
200	200	495	230	330	290	12	23	M20	262	22	2	10	12.7	330	M22	12	58	38	Tr38×7(TW38)	29	450	62	655	655

(2) 呼び圧力 20 K バルブの寸法

単位 mm

呼び径	口径 d	面間寸法 玉形弁 L	面間寸法 アングル弁 L	フランジ 外径 D	フランジ ボルト穴 中心円の径 C	フランジ ボルト穴 数	フランジ ボルト穴 径 h	フランジ ボルトのねじの呼び	フランジ g	フランジ 厚さ t	フランジ f	弁箱 a	弁箱 a_1	弁箱 d_1 (参考)	弁箱 ボルト(参考) d_{10} ねじの呼び	弁箱 ボルト(参考) 数	d_5 (参考)	弁棒 d_3	弁棒 d_2 ねじの呼び	弁棒 S	D_1 (参考)	l (参考)	H (参考)
40	40	229	114	140	105	4	19	M16	81	22	2	8	7.9	95	M16	8	33	20	Tr20×4(TW20)	14	200	16	380
50	50	267	133	155	120	8	19	M16	96	22	2	9	9.7	110	M16	8	33	20	Tr20×4(TW20)	14	224	19	405
65	65	292	146	175	140	8	19	M16	116	24	2	10	11.2	140	M20	8	37	24	Tr24×5(TW24)	19	250	22	445
80	80	318	159	200	160	8	23	M20	132	26	2	10	11.9	160	M20	8	39	26	Tr26×5(TW26)	21	280	25	470
(90)	90	335	168	210	170	8	23	M20	145	28	2	11	12.7	175	M22	8	46	30	Tr30×6(TW30)	23	315	30	550
100	100	356	178	225	185	8	23	M20	160	28	2	11	13.0	185	M20	12	48	32	Tr32×6(TW32)	26	355	35	570
125	125	400	200	270	225	8	25	M22	195	30	2	12	14.0	230	M22	12	59	40	Tr40×7(TW40)	32	400	42	660
150	150	444	222	305	260	12	25	M22	230	32	2	13	16.0	270	M22	12	65	46	Tr46×8(TW46)	35	450	50	725
200	200	559	279	350	305	12	25	M22	275	34	2	16	17.5	340	M24	12	78	52	Tr52×8(TW52)	41	560	60	870

備考 1. 図は，構造及び形状の一例を示すもので，特定のモデルを規定するものではない。
2. フランジは，JIS B 2210 による。ただし，呼び圧力 20 K バルブの t は，鋳鉄の場合の寸法による。
3. フランジのボルト穴は，中心線振り分けとする。
4. d_2 は，JIS B 0216 による。ただし，JIS B 0222 の規定によってもよいが，新設計のものには使用しないのがよい。
5. 弁箱肉厚 a は，一般機械用のもので，a_1 は化学装置用のものである。
6. (参考)は，参考寸法を示す。
7. (　)を付けた呼び径は使用しないのが望ましい。

付表 2　外ねじ仕切弁の構造，形状及び寸法

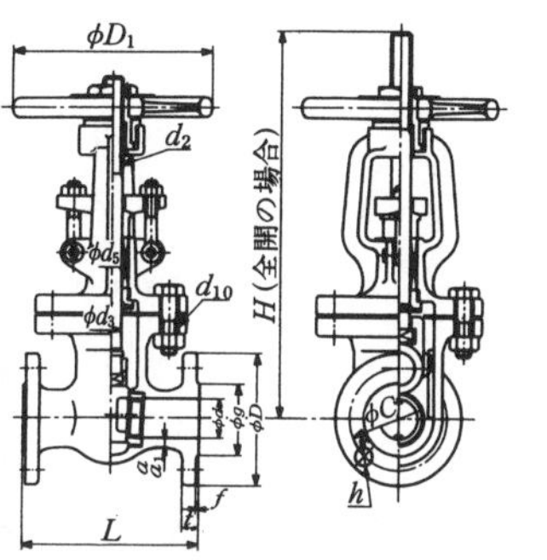

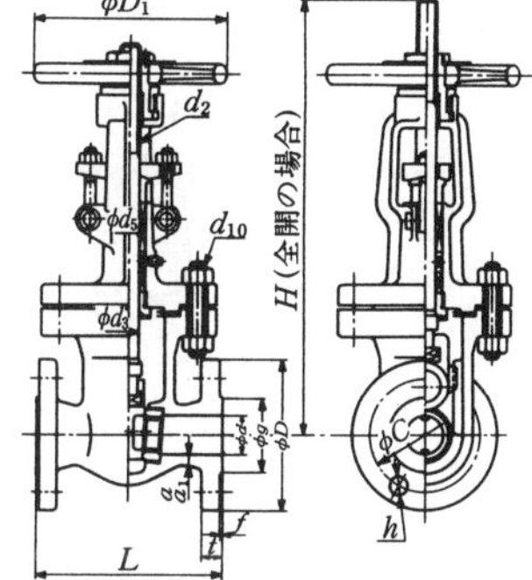

(1)　呼び圧力 10 K バルブの寸法

単位 mm

大きさの呼び	口径	面間寸法	フランジ								弁箱				d_5 (参考)	弁箱		D_1 (参考)	H (参考)
			外径	ボルト穴			ボルトのねじの呼び	g	厚さ	f	a	a_1	ボルト(参考)			d_3	d_2		
	d	L	D	中心円の径 C	数	径 h			t				d_{10} ねじの呼び	数			ねじの呼び		
50	50	178	155	120	4	19	M 16	96	16	2	8	8.6	M 16	6	33	20	Tr20×4(TW20)	200	415
65	65	190	175	140	4	19	M 16	116	18	2	8	9.7	M 16	6	33	20	Tr20×4(TW20)	200	460
80	80	203	185	150	8	19	M 16	126	18	2	8	10.4	M 16	8	37	24	Tr24×5(TW24)	224	500
(90)	90	216	195	160	8	19	M 16	136	18	2	8	11.0	M 16	8	37	24	Tr24×5(TW24)	224	550
100	100	229	210	175	8	19	M 16	151	18	2	9	11.2	M 16	10	39	26	Tr26×5(TW26)	250	615
125	125	254	250	210	8	23	M 20	182	20	2	9	11.9	M 16	12	41	28	Tr28×5(TW28)	280	725
150	150	267	280	240	8	23	M 20	212	22	2	9	11.9	M 20	10	46	30	Tr30×6(TW30)	300	850
200	200	292	330	290	12	23	M 20	262	22	2	10	12.7	M 20	12	48	32	Tr32×6(TW32)	355	1 065
250	250	330	400	355	12	25	M 22	324	24	2	—	14.2	M 20	16	55	36	Tr36×6(TW36)	400	1 285
300	300	356	445	400	16	25	M 22	368	24	3	—	16.0	M 22	16	59	40	Tr40×7(TW40)	450	1 480

備考 1.　図は，構造及び形状の一例を示すもので，特定のモデルを規定するものではない。

2.　フランジは，JIS B 2210 による。ただし，呼び圧力 20 K のバルブの t は，鋳鉄の場合の寸法による。

3.　フランジのボルト穴は，中心線振り分けとする。

4.　d_2は，JIS B 0216 による。ただし，JIS B 0222 の規定によってもよいが，新設計のものには使用しないのがよい。

付表 2 (続き)

ふたとヨークを分けた場合

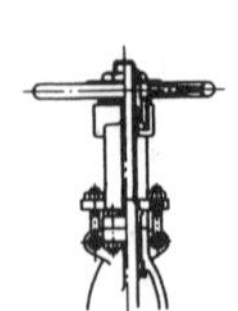

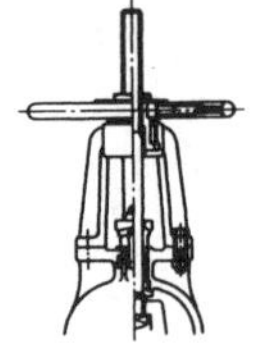

ふたとヨークを分けた場合

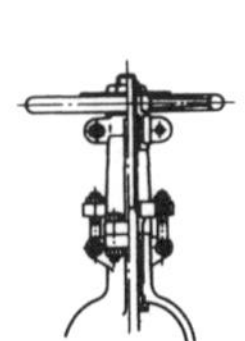

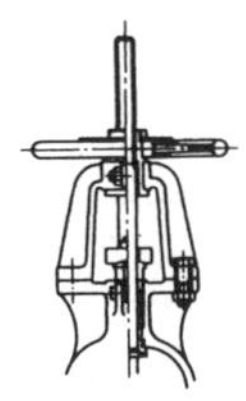

弁体と弁体付き弁座に分けた場合

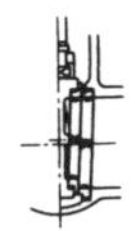

(2) 呼び圧力 20 K バルブの寸法

単位 mm

大きさの呼び	口径	面間寸法	フランジ								弁箱				d_5 (参考)	弁棒		D_1 (参考)	H (参考)
			外径	ボルト穴			ボルトのねじの呼び	g	厚さ	f	a	a_1	ボルト(参考)			d_3	d_2 ねじの呼び		
	d	L	D	中心円の径 C	数	径 h			t				d_{10} ねじの呼び	数					
50	50	216	155	120	8	19	M 16	96	22	2	8	9.7	M 16	8	33	20	Tr20×4(TW20)	224	480
65	65	241	175	140	8	19	M 16	116	24	2	9	11.2	M 20	8	33	20	Tr20×4(TW20)	224	530
80	80	283	200	160	8	23	M 20	132	26	2	9	11.9	M 20	8	37	24	Tr24×5(TW24)	250	610
(90)	90	300	210	170	8	23	M 20	145	28	2	10	12.7	M 22	8	37	24	Tr24×5(TW24)	250	660
100	100	305	225	185	8	23	M 20	160	28	2	10	12.7	M 20	12	39	26	Tr26×5(TW26)	300	740
125	125	381	270	225	8	25	M 22	195	30	2	11	14.0	M 22	12	41	28	Tr28×5(TW28)	300	860
150	150	403	305	260	12	25	M 22	230	32	2	12	16.0	M 24	12	48	32	Tr32×6(TW32)	355	1 000
200	200	419	350	305	12	25	M 22	275	34	2	15	17.5	M 24	16	55	36	Tr36×6(TW36)	400	1 222
250	250	457	430	380	12	27	M 24	345	38	2	18	19.1	M 30	16	59	40	Tr40×7(TW40)	450	1 430
300	300	502	480	430	16	27	M 24	395	40	3	21	20.6	M 30	20	63	44	Tr44×7(TW44)	500	1 700

5. 弁箱肉厚 a は，一般機械用のもので，a_1 は化学装置用のものである。
6. (参考) は，参考寸法を示す。
7 ( ) を付けた呼び径は使用しないのが望ましい。

付表 3　スイング逆止め弁の構造，形状及び寸法

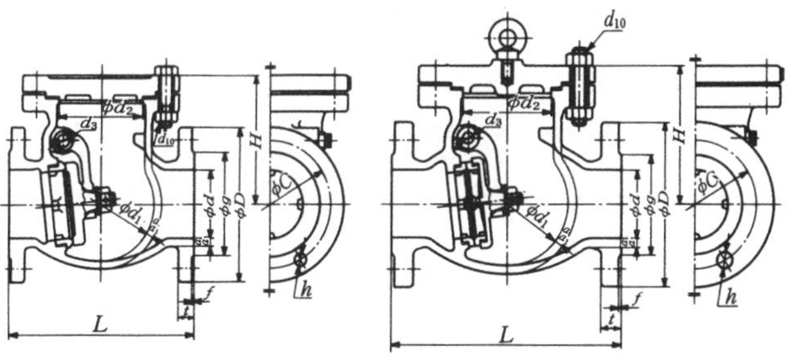

(1)　呼び圧力 10 K バルブの寸法

単位 mm

呼び径	口径	面間寸法	フランジ								弁箱				ふたボルト		d_3	H
	d	L	外径 D	ボルト穴 中心円の径 C	ボルト穴 数	ボルト穴 径 h	ボルトのねじの呼び	g	厚さ t	f	a	a_1	d_1 (参考)	d_2 (参考)	数 (参考)	d_{10} ねじの呼び (参考)	(参考)	(参考)
50	50	203	155	120	4	19	M 16	96	16	2	8	8.6	112	76	4	M 16	12	160
65	65	216	175	140	4	19	M 16	116	18	2	8	9.7	122	90	8	M 16	12	175
80	80	241	185	150	8	19	M 16	126	18	2	8	10.4	140	104	8	M 16	12	190
(90)	90	270	195	160	8	19	M 16	136	18	2	8	11.0	160	116	8	M 16	14	205
100	100	292	210	175	8	19	M 16	151	18	2	9	11.2	180	134	8	M 20	14	215
125	125	330	250	210	8	23	M 20	182	20	2	9	11.9	196	162	8	M 20	16	240
150	150	356	280	240	8	23	M 20	212	22	2	9	11.9	220	188	8	M 20	16	255
200	200	495	330	290	12	23	M 20	262	22	2	10	12.7	300	246	12	M 20	18	295
250	250	622	400	355	12	25	M 22	324	24	2	—	14.2	365	290	12	M 20	20	340
300	300	698	445	400	16	25	M 22	368	24	3	—	16.0	450	354	16	M 22	22	390

(2)　呼び圧力 20 K バルブの寸法

単位 mm

呼び径	口径	面間寸法	フランジ								弁箱				ふたボルト		d_3	H
	d	L	外径 D	ボルト穴 中心円の径 C	ボルト穴 数	ボルト穴 径 h	ボルトのねじの呼び	g	厚さ t	f	a	a_1	d_1 (参考)	d_2 (参考)	数 (参考)	d_{10} ねじの呼び (参考)	(参考)	(参考)
50	50	267	155	120	8	19	M 16	96	22	2	9	9.7	112	76	8	M 16	12	170
65	65	292	175	140	8	19	M 16	116	24	2	10	11.2	122	90	8	M 16	13	185
80	80	318	200	160	8	23	M 20	132	26	2	10	11.9	140	104	8	M 20	14	210
(90)	90	335	210	170	8	23	M 20	145	28	2	11	12.7	160	116	8	M 20	15	230
100	100	356	225	185	8	23	M 20	160	28	2	11	12.7	180	134	8	M 22	16	245
125	125	400	270	225	8	25	M 22	195	30	2	12	14.0	196	162	12	M 22	17	270
150	150	444	305	260	12	25	M 22	230	32	2	13	16.0	220	188	12	M 22	18	295
200	200	533	350	305	12	25	M 22	275	34	2	16	17.5	300	246	12	M 24	20	345
250	250	622	430	380	12	27	M 24	345	38	2	—	19.1	365	290	16	M 24	22	390
300	300	711	480	430	16	27	M 24	395	40	3	—	20.6	450	354	16	M 30	25	445

備考 1.　図は，構造及び形状の一例を示すもので，特定のモデルを規定するものではない。
2.　フランジは，JIS B 2210 による。ただし，呼び圧力 20 K バルブの t は，鋳鉄の場合の寸法による。
3.　フランジのボルト穴は，中心線振り分けとする。
4.　弁箱肉厚 a は一般機械用のもので，a_1 は化学装置用のものである。
5.　(参考)は，参考寸法を示す。
6.　(　)を付けた呼び径は使用しないのが望ましい。

D-6 青銅ねじ込みコック　JIS B 2191-1995

Screwed bronze plug cocks and gland cocks

1. **適用範囲**　一般の機械装置などに用いるコック。
2. **種　類**　**表1**とする。

表1　種類

弁種		呼び径						
	A	10	15	20	25	32	40	50
	B	3/8	1/2	3/4	1	1 1/4	1 1/2	2
ねじ込みメンコック		○	○	○	○	○	○	○
ねじ込みグランドコック		—	○	○	○	○	○	○

3. **流体の状態と最高許容圧力との関係**　**表2**とする。

表2　流体の状態と最高許容圧力との関係

流体の状態	最高許容圧力 MPa{kgf/cm²}	
	メンコック	グランドコック
120℃以下の油，ガス，空気及び脈動水	0.49{ 5}	0.69{ 7}
飽和蒸気	—	0.20{ 2}
120℃以下の静流水	0.98{10}	0.98{10}

4. **構造・形状・寸法**　**付表1.1**及び**付表2.1**による。
5. **材　料**

(1)本体及び栓　JIS H 5111 の BC 6

(2)パッキン　無機質の繊維と潤滑剤の組合わせ材

6. **呼び方**　規格番号又は青銅及び種類。例えば青銅−1/2 ねじ込みメンコック

付表1.1　青銅ねじ込みメンコックの構造，形状及び寸法

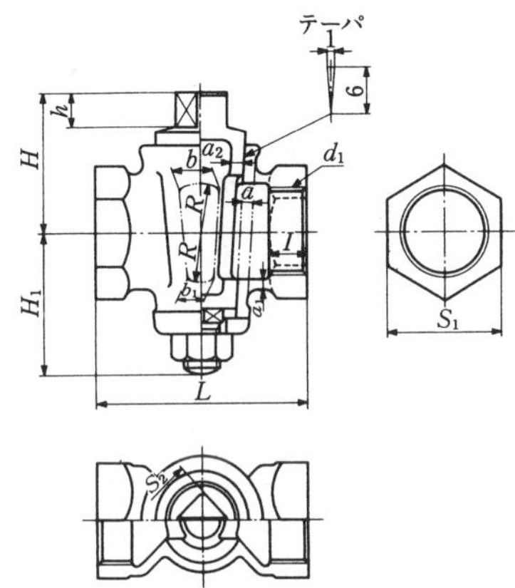

単位 mm

呼び径		口径	面間寸法 L	d_1		本体					栓				二面幅	
A	B			ねじの呼び	有効ねじ部の長さ I	a	a_1	b (参考)	b_1 (参考)	R (参考)	a_2 (参考)	H (参考)	H_1 (参考)	h (参考)	s_1	s_2 (参考)
10	3/8	10	50	R_c3/8	10	3.5	2.5	6.6	5.4	9	2.5	35	31	11	24	10
15	1/2	15	60	R_c1/2	12	4	2.5	8.8	7.3	11	3	40	36	12	29	12
20	3/4	20	75	R_c3/4	14	4.5	2.5	12	10	14	3.5	49	43	14	35	14
25	1	25	90	R_c1	16	5	3	15.3	12.7	18	4.5	56	50	16	44	17
32	1 1/4	32	105	R_c1 1/4	18	5.5	3.5	19.8	16.3	22.5	5.5	67	61	18	54	19
40	1 1/2	40	120	R_c1 1/2	19	6	4	26	22	25	6	77	67	22	60	23
50	2	50	140	R_c2	21	6.5	4.5	31.6	26.4	32	6.5	91	81	24	74	26

付表 2.1 青銅ねじ込みグランドコックの構造，形状及び寸法

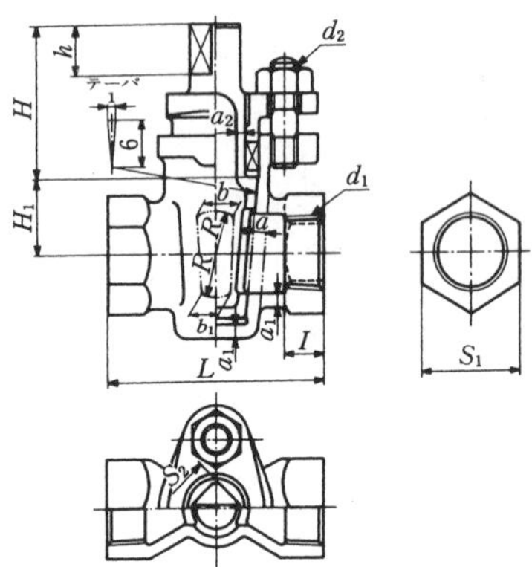

単位 mm

呼び径		口径	面間寸法 L	d_1		本体						栓			二面幅		ボルト
A	B			ねじの呼び	有効ねじ部の長さ I	a	a_1	H_1（参考）	b（参考）	b_1（参考）	R（参考）	a_2（参考）	H（参考）	h（参考）	s_1	s_2（参考）	d_2（参考）
15	$^1/_2$	15	60	$R_c{}^1/_2$	12	4	2.5	22	9.8	8.2	10	3	62	14	29	12	M 8
20	$^3/_4$	20	75	$R_c{}^3/_4$	14	4.5	2.5	28	12.3	10	14	3.5	71	17	35	14	M 10
25	1	25	90	R_c1	16	5	3	33	16.3	13.7	16	4.5	88	20	44	17	M 10
32	$1^1/_4$	32	105	$R_c1^1/_4$	18	5.5	3.5	42	20.7	17.3	20.5	5.5	107	23	54	19	M 12
40	$1^1/_2$	40	120	$R_c1^1/_2$	19	6	4	50	26.1	22	25	6	125	28	60	23	M 12
50	2	50	140	R_c2	21	6.5	4.5	62	31.6	26.4	32	6.5	152	32	74	26	M 16

D-7　ANSI(JPI)規格鋼製バルブ

ANSI B 16.10-1973
ANSI B 16.34-1973
(JPI-7 S-47-96)

1. **弁箱・ふた材料の種類**　ANSI 規格フランジ(C-5)の表 1 に同じ。
2. **圧力-温度基準**　ANSI 規格フランジ(C-5)の表 2.1～2.7 に同じ。
3. **要部材料の組合せ**　**表 3** に示す。
4. **面間図**　**図 1** に示す。
5. **面間寸法**　**表 4.1～4.7** に示す。

図 1　鋼製バルブ面間図

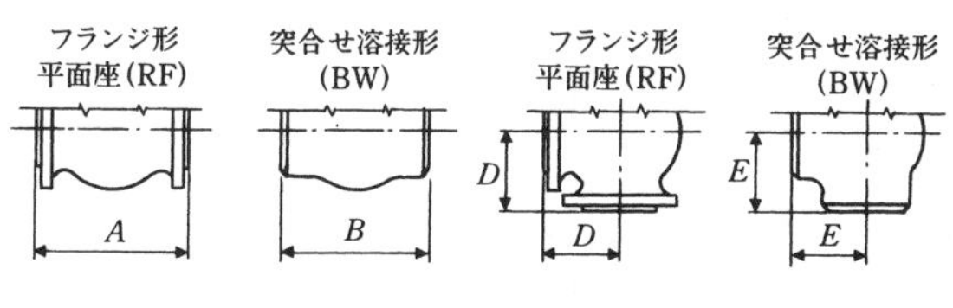

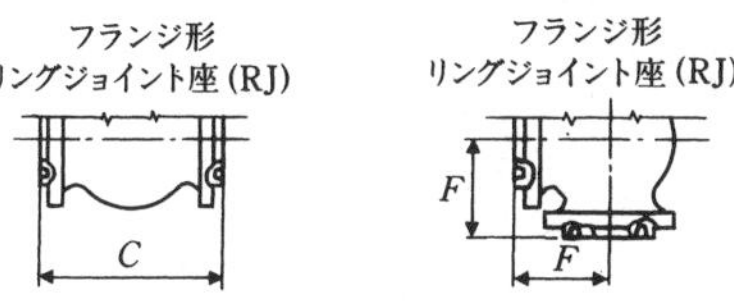

表 3　要部材料の組合せ及びその規格

要部番号	弁座面					ふたはめ輪		弁棒	
	硬さ (HB 最小)	材料の種類	材料			材料	硬さ (HB 最小)	材料	硬さ (HB 最小)
			鋳造	鍛造	溶接(15)				
1	(2)	13Cr 鋼	SCS1又はSCS2	(1)	D410	(1)	250	SUS403又はSUS410	200
2	(3)	18Cr-8Ni 鋼	SCS13A	SUS-F304	D308	18Cr-8Ni 鋼	(3)	SUS-F304又はSUS304	(3)
3	(3)	25Cr-20Ni 鋼	SCS18(9)	SUS-F310	D310	25Cr-20Ni 鋼		SUS-F310又はSUS310S	
4	750(4)	表面硬化13Cr 鋼	(5)			(1)	250	SUS403又はSUS410	200
5	350(4)	Co, Cr-W 合金(8)	—		DCoCrA(JISZ3251)(15)	(1)(14)		SUS403又はSUS410 (14)	
5A	350(4)	Ni-Cr 合金	—		(11)				
6	250(6)	13Cr 鋼	SCS1又はSCS2	(1)	D410	(1)		SUS403又はSUS410	
	175(6)	Cu-Ni 合金	(7)						
7	300(6)	13Cr 鋼	SCS1又はSCS2	(1)	D410				
	750(6)	表面硬化13Cr 鋼	(5)						
8	300(6)	13Cr 鋼	SCS1又はSCS2	(1)	D410				
	350(6)	Co, Cr-W 合金(8)	—		DCoCrA(JISZ3251)(15)				
8A	300(6)	13Cr 鋼	SCS1又はSCS2	(1)	D410				
	350(6)	Ni-Cr 合金	—		(11)				
9	(3)	Ni-Cu 合金(10)	(3)			Ni-Cu 合金(10)		Ni-Cu 合金(10)	

10	(3)	18Cr-8Ni-Mo 鋼	SCS14A	SUS-F316	D316	18Cr-8Ni-Mo 鋼		SUS-F316又はSUS316	
11	(3)	Ni-Cu 合金(10)	(3)			Ni-Cu 合金(10)	(3)	Ni-Cu 合金(10)	(3)
	350(6)	(12)	—		(12)				
12	(3)	18Cr-8Ni-Mo 鋼	SCS14A	SUS-F316	D316	18Cr-8Ni-Mo 鋼		SUS-F316又はSUS316	
	350(6)	(12)	—		(12)				
13	(3)	20Cr-30Ni-Mo-Cu 鋼	SCS23	ASTM B473	ER320	20Cr-30Ni-Mo-Cu 鋼	(3)	ASTM B473	(3)
14	(3)	20Cr-30Ni-Mo-Cu 鋼			(AWS A5.9)				
	350(6)	(12)	—		(12)				

注 (1) JIS G 4303のSUS403，SUS410，SUS420J1又はSUS420J2のいずれかとする。
(2) 最小HB250とし，弁体側弁座と弁箱側弁座との間にHB50以上の硬さの差を付ける。
(3) 製造業者標準とする。
(4) 弁体側弁座と弁箱側弁座の間に，硬さの差を付ける必要はない。
(5) 窒化による表面硬化(厚さ最小0.13mm)の場合。
(6) 弁体側弁座と弁箱側弁座の間の硬さの差は，製造業者標準とする。
(7) Ni 含有量30%以上のCu-Ni 合金(JIS H 3100 C7150又はAWS A5.6 ECuNi 相当)とし，製造業者標準とする。
(8) ステライトNo. 6相当品。
(9) C 含有量は，0.15%以下のものとする。
(10) Ni 含有量65%以上のNi-Cu 合金(JIS H 4553 NCuB 又はJIS Z 3224 DNiCu- 4 相当)とし，製造業者標準とする。
(11) 製造業者標準の硬化肉盛とするが，Fe 含有量は，25%以下のものとする(JIS Z 3224 DNiCrFe 相当)。
(12) 要部番号は5又は5 Aとする。
(13) JIS Z 3221のD×××の溶接材料は，JIS Z 3321のY×××でもよい。
(14) 弁箱及びふたの材料が高温用，低温用の合金鋼，オーステナイト系ステンレス鋼の場合などで，13Cr 鋼とすることが不適当なときは，製造業者標準とする。
(15) AWS A5.13 RCoCr-A でもよい。

表 4.1　クラス 150 鋼製バルブ面間寸法

単位 mm

呼び径		口径	フランジ形(平面座)，突合せ溶接形								フランジ形(リングジョイント座)			
			仕切弁，ソリッドウェッジ形，ダブルディスク形		玉形弁，リフト逆止弁		アングル弁，リフト逆止弁		スイング逆止弁		仕切弁，ソリッドウェッジ形，ダブルディスク形	玉形弁，リフト逆止弁	アングル弁，リフト逆止弁	スイング逆止弁
			レギュラー		レギュラー	ショート	レギュラー	ショート	レギュラー	ショート				
(A)	(B)		*A*	*B*	*A*，*B*	*B*	*D*，*E*	*E*	*A*，*B*	*B*	*C*	*C*	*F*	*C*
(15)	$(^{1}/_{2})$	13	108	108	108		57		108		119	119	63	119
(20)	$(^{3}/_{4})$	19	117	117	117		64		117		130	130	70	130
25	1	25	127	127	127		70		127		140	140	76	140
(32)	$(1^{1}/_{4})$	32	140	140	140		76		140		152	152	83	152
40	$1^{1}/_{2}$	38	165	165	165		83		165		178	178	89	178
50	2	51	178	216	203		102		203		190	216	108	216
(65)	$(2^{1}/_{2})$	64	190	241	216		108		216		203	229	114	229
80	3	76	203	283	241		121		241		216	254	127	254
100	4	102	229	305	292		146		292		241	305	152	305
(125)	(5)	127	254	381	356		178		330		267	368	184	343
150	6	152	267	403	406		203		356		279	419	210	368
200	8	203	292	419	495		248		495		305	508	254	508
250	10	254	330	457	622		311		622		343	635	318	635
300	12	305	356	502	698		349		698		368	711	356	711
350	14	337	381	572	787		394		787		394	800	400	800
400	16	387	406	610	914		457		864		419	927	464	876
450	18	438	432	660	—		—		978		444	—	—	991
500	20	489	457	711	—		—		978		470	—	—	991
(550)	(22)	540	—	762	—		—		1067		—	—	—	1080
600	24	591	508	813	—		—		1295		521	—	—	1308
650	26	641	559	—	—		—		1295		—	—	—	—

表 4.2　クラス 300 鋼製バルブ面間寸法

単位 mm

呼び径		口径	フランジ形(平面座)，突合せ溶接形								フランジ形(リングジョイント座)			
			仕切弁，ソリッドウェッジ形，ダブルディスク形		玉形弁，リフト逆止弁		アングル弁，リフト逆止弁		スイング逆止弁		仕切弁，ソリッドウェッジ形，ダブルディスク形	玉形弁，リフト逆止弁	アングル弁，リフト逆止弁	スイング逆止弁
			レギュラー	ショート	レギュラー	ショート	レギュラー	ショート	レギュラー	ショート				
(A)	(B)		*A*，*B*	*B*	*A*，*B*	*B*	*D*，*E*	*E*	*A*，*B*	*B*	*C*	*C*	*F*	*C*
15	$^1/_2$	13	140		152		76		—		151	164	82	—
20	$^3/_4$	19	152		178		89		—		165	190	95	—
25	1	25	＊165		203		102		216		178	216	108	229
(32)	$(1^1/_4)$	32	＊178		216		108		229		190	229	114	241
40	$1^1/_2$	38	190		229		114		241		203	241	121	254
50	2	51	216		267		133		267		232	283	141	283
(65)	$(2^1/_2)$	64	241		292		146		292		257	308	154	308
80	3	76	283		318		159		318		298	333	167	333
100	4	102	305		356		178		356		321	371	186	371
(125)	(5)	127	381		400		200		400		397	416	208	416
150	6	152	403		444		222		444		419	460	230	460
200	8	203	419		559		279		533		435	575	287	549
250	10	254	457		622		311		622		473	638	319	638
300	12	305	502		711		356		711		518	727	364	727
350	14	337	762		—		—		838		778	—	—	854
400	16	387	838		—		—		864		854	—	—	879
450	18	432	914		—		—		978		930	—	—	994
500	20	483	991		—		—		1016		1010	—	—	1035
(550)	(22)	533	1092		—		—		1118		1114	—	—	1140
600	24	584	1143		—		—		1346		1165	—	—	1368
650	26	635	1245		—		—		1346		1270	—	—	1371

＊ソリッドウェッジのみ

表 4.3　クラス 400 鋼製バルブ面間寸法

単位 mm

呼び径		口径	フランジ形(平面座)，突合せ溶接形								フランジ形(リングジョイント座)			
			仕切弁，ソリッドウェッジ形，ダブルディスク形		玉形弁，リフト逆止弁		アングル弁，リフト逆止弁		スイング逆止弁		仕切弁，ソリッドウェッジ形，ダブルディスク形	玉形弁，リフト逆止弁	アングル弁，リフト逆止弁	スイング逆止弁
			レギュラー	ショート	レギュラー	ショート	レギュラー	ショート	レギュラー	ショート				
(A)	(B)		*A*, *B*	*B*	*A*, *B*	*B*	*D*, *E*	*E*	*A*, *B*	*B*	*C*	*C*	*F*	*C*
15	$^1/_2$	13	165	—	165		83	—	165	—	164	164	82	164
20	$^3/_4$	19	190	—	190		95	—	190	—	190	190	95	190
25	1	25	216	133	216	133	108	—	216	133	216	216	108	216
(32)	($1^1/_4$)	32	229	146	229	146	114	—	229	146	229	229	114	229
40	$1^1/_2$	38	241	152	241	152	121	—	241	152	241	241	121	241
50	2	51	292	178	292	178	146	108	292	178	295	295	148	295
(65)	($2^1/_2$)	64	330	216	330	216	165	127	330	216	333	333	167	333
80	3	76	356	254	356	254	178	152	356	254	359	359	179	359
100	4	102	406	—	406	—	203	—	406	—	410	410	205	410
(125)	(5)	127	457	—	457	—	229	—	457	—	460	460	230	460
150	6	152	495	—	495	—	248	—	495	—	498	498	249	498
200	8	203	597	—	597	—	298	—	597	—	600	600	300	600
250	10	254	673	—	673	—	337	—	673	—	676	676	338	676
300	12	305	762	—	762	—	381	—	762	—	765	765	383	765
350	14	333	826	—	—	—	—	—	889	—	829	—	—	892
400	16	381	902	—	—	—	—	—	902	—	905	—	—	905
450	18	432	978	—	—	—	—	—	1016	—	981	—	—	1019
500	20	479	1054	—	—	—	—	—	1054	—	1060	—	—	1060
(550)	(22)	527	1143	—	—	—	—	—	1143	—	1153	—	—	1153
600	24	575	1232	—	—	—	—	—	1397	—	1241	—	—	1407
650	26	622	—	—	—	—	—	—	1397	—	—	—	—	1410

仕切弁のダブルディスク形は 1 (B)以上

表4.4　クラス600鋼製バルブ面間寸法

単位 mm

呼び径		口径	フランジ形(平面座)，突合せ溶接形								フランジ形(リングジョイント座)			
			仕切弁，ソリッドウェッジ形，ダブルディスク形		玉形弁，リフト逆止弁		アングル弁，リフト逆止弁		スイング逆止弁		仕切弁，ソリッドウェッジ形，ダブルディスク形	玉形弁，リフト逆止弁	アングル弁，リフト逆止弁	スイング逆止弁
			レギュラー	ショート	レギュラー	ショート	レギュラー	ショート	レギュラー	ショート				
(A)	(B)		*A*，*B*	*B*	*A*，*B*	*B*	*D*，*E*	*E*	*A*，*B*	*B*	*C*	*C*	*F*	*C*
15	$^1/_2$	13	165	—	165	—	83	—	165	—	164	164	82	164
20	$^3/_4$	19	190	—	190	—	95	—	190	—	190	190	95	190
25	1	25	216	133	216	133	108	—	216	133	216	216	108	216
(32)	($1^1/_4$)	32	229	146	229	146	114	—	229	146	229	229	114	229
40	$1^1/_2$	38	241	152	241	152	121	—	241	152	241	241	121	241
50	2	51	292	178	292	178	146	108	292	178	295	295	148	295
(65)	($2^1/_2$)	64	330	216	330	216	165	127	330	216	333	333	167	333
80	3	76	356	254	356	254	178	152	356	254	359	359	179	359
100	4	102	432	305	432	305	216	178	432	305	435	435	217	435
(125)	(5)	127	508	381	508	381	254	216	508	381	511	511	256	511
150	6	152	559	457	559	457	279	254	559	457	562	562	281	562
200	8	200	660	583	660	584	330	—	660	584	664	664	332	664
250	10	248	787	711	787	711	394	—	787	711	791	791	395	791
300	12	298	838	813	838	813	419	—	838	813	841	841	421	841
350	14	327	889	889	—	—	—	—	889	—	892	—	—	892
400	16	375	991	991	—	—	—	—	991	—	994	—	—	994
450	18	419	1092	1092	—	—	—	—	1092	—	1095	—	—	1095
500	20	464	1194	1194	—	—	—	—	1194	—	1200	—	—	1200
(550)	(22)	511	1295	—	—	—	—	—	1295	—	1305	—	—	1305
600	24	559	1397	1397	—	—	—	—	1397	—	1407	—	—	1407
650	26	603	1448	—	—	—	—	—	1448	—	1460	—	—	1460

仕切弁のダブルディスク形は1(B)以上

表 4.5 クラス 900 鋼製バルブ面間寸法

単位 mm

呼び径		口径	フランジ形(平面座)，突合せ溶接形								フランジ形(リングジョイント座)			
			仕切弁，ソリッドウェッジ形，ダブルディスク形		玉形弁，リフト逆止弁		アングル弁，リフト逆止弁		スイング逆止弁		仕切弁，ソリッドウェッジ形，ダブルディスク形	玉形弁，リフト逆止弁	アングル弁，リフト逆止弁	スイング逆止弁
			レギュラー	ショート	レギュラー	ショート	レギュラー	ショート	レギュラー	ショート				
(A)	(B)		*A*，*B*	*B*	*A*，*B*	*B*	*D*，*E*	*E*	*A*，*B*	*B*	*C*	*C*	*F*	*C*
15	$^1/_2$	13	—	—	—	—	—	—	—	—	—	—	—	—
20	$^3/_4$	17	—	—	229	—	114	—	229	—	—	229	114	229
25	1	22	254	140	254	—	127	—	254	—	254	254	127	254
(32)	$(1^1/_4)$	28	279	165	279	—	140	—	279	—	279	279	140	279
40	$1^1/_2$	35	305	178	305	—	152	—	305	—	305	305	152	305
50	2	47	368	216	368	290	184	—	368	216	371	371	186	371
(65)	$(2^1/_2)$	57	419	254	419	340	210	—	419	254	422	422	211	422
80	3	73	381	305	381	305	190	152	381	305	384	384	192	384
100	4	98	457	356	457	356	229	178	457	356	460	460	230	460
(125)	(5)	121	559	432	559	432	279	216	559	432	562	562	281	562
150	6	146	610	508	610	508	305	254	610	508	613	613	306	613
200	8	190	737	660	737	660	368	330	737	660	740	740	370	740
250	10	238	838	787	838	787	419	394	838	787	841	841	421	841
300	12	282	965	914	965	914	483	457	965	914	968	968	484	968
350	14	311	1029	991	1029	991	514	495	1029	991	1038	1038	519	1038
400	16	356	1130	1092	—	1092	660	—	1130	1092	1140	—	665	1140
450	18	400	1219	—	—	—	737	—	1219	—	1232	—	743	1232
500	20	444	1321	—	—	—	826	—	1321	—	1334	—	832	1334
(550)	(22)	489	—	—	—	—	—	—	—	—	—	—	—	—
600	24	533	1549	—	—	—	991	—	1549	—	1568	—	1000	1568
650	26	578	—	—	—	—	—	—	—	—	—	—	—	—

仕切弁のダブルディスク形は 2 (B)以上

表 4.6　クラス 1500 鋼製バルブ面間寸法

単位 mm

呼び径		口径	フランジ形(平面座)，突合せ溶接形								フランジ形(リングジョイント座)			
			仕切弁，ソリッドウェッジ形，ダブルディスク形		玉形弁，リフト逆止弁		アングル弁，リフト逆止弁		スイング逆止弁		仕切弁，ソリッドウェッジ形，ダブルディスク形	玉形弁，リフト逆止弁	アングル弁，リフト逆止弁	スイング逆止弁
			レギュラー	ショート	レギュラー	ショート	レギュラー	ショート	レギュラー	ショート				
(A)	(B)		A，B	B	A，B	B	D，E	E	A，B	B	C	C	F	C
15	$^1/_2$	13	—	—	216	—	108		—	—	—	216	108	—
20	$^3/_4$	17	—	—	229	—	114		229	—	—	229	114	229
25	1	22	254	140	254	—	127		254	—	254	254	127	254
(32)	($1^1/_4$)	28	279	165	279	—	140		279	—	279	279	140	279
40	$1^1/_2$	35	305	178	305	—	152		305	—	305	305	152	305
50	2	47	368	216	368	290	184		368	216	371	371	186	371
(65)	($2^1/_2$)	57	419	254	419	340	210		419	254	422	422	211	422
80	3	70	470	305	470	390	235		470	305	473	473	237	473
100	4	92	546	406	546	480	273		546	406	549	549	275	549
(125)	(5)	111	673	483	673	—	337		673	483	676	676	338	676
150	6	136	705	559	705	630	352		705	559	711	711	356	711
200	8	178	832	711	832	770	416		832	711	841	841	421	841
250	10	222	991	864	991	930	495		991	864	1000	1000	500	1000
300	12	263	1130	991	1130	1060	565		1130	991	1146	1146	573	1146
350	14	289	1257	1067	1257	1160	629		1257	1067	1276	1276	638	1276
400	16	330	1384	1194	—	—	—		1384	1194	1407	—	—	1407
450	18	371	1537	1346	—	—	—		1537	—	1559	—	—	1559
500	20	416	1664	1473	—	—	—		1664	—	1686	—	—	1686
(550)	(22)	457	—	—	—	—	—		—	—	—	—	—	—
600	24	498	1943	—	—	—	—		1943	—	1972	—	—	1972
650	26	540	—	—	—	—	—		—	—	—	—	—	—

仕切弁のダブルディスク形は 2(B)以上

表 4.7　クラス 2500 鋼製バルブ面間寸法

単位 mm

呼び径		口径	フランジ形(平面座)，突合せ溶接形								フランジ形(リングジョイント座)			
			仕切弁，ソリッドウェッジ形，ダブルディスク形		玉形弁，リフト逆止弁		アングル弁，リフト逆止弁		スイング逆止弁		仕切弁，ソリッドウェッジ形，ダブルディスク形	玉形弁，リフト逆止弁	アングル弁，リフト逆止弁	スイング逆止弁
			レギュラー	ショート	レギュラー	ショート	レギュラー	ショート	レギュラー	ショート				
(A)	(B)		A，B	B	A，B	B	D，E	E	A，B	B	C	C	F	C
15	$^1/_2$	11	264	—	264	—	132		264	—	264	264	132	264
20	$^3/_4$	14	273	—	273	—	137		273	—	273	273	137	273
25	1	19	308	186	308	—	154		308	—	308	308	154	308
(32)	($1^1/_4$)	25	349	232	349	—	175		349	—	352	352	176	352
40	$1^1/_2$	28	384	232	384	—	192		384	—	387	387	194	387
50	2	38	451	279	451	370	225		451	279	454	454	227	454
(65)	($2^1/_2$)	47	508	330	508	420	254		508	330	514	514	257	514
80	3	57	578	368	578	470	289		578	368	584	584	292	584
100	4	73	673	457	673	570	337		673	457	683	683	341	683
(125)	(5)	92	794	533	794	—	397		794	533	806	806	403	806
150	6	111	914	610	914	760	457		914	610	927	927	464	927
200	8	146	1022	762	1022	890	511		1022	762	1038	1038	519	1038
250	10	184	1270	914	1270	1090	635		1270	914	1292	1292	646	1292
300	12	219	1422	1041	1422	1230	711		1422	1041	1445	1445	722	1445
350	14	241	—	1118	—	—	—		—	—	—	—	—	—
400	16	276	—	1245	—	—	—		—	—	—	—	—	—
450	18	311	—	1397	—	—	—		—	—	—	—	—	—
500	20	343	—	—	—	—	—		—	—	—	—	—	—
(550)	(22)	378	—	—	—	—	—		—	—	—	—	—	—
600	24	413	—	—	—	—	—		—	—	—	—	—	—
650	26	448	—	—	—	—	—		—	—	—	—	—	—

仕切弁のダブルディスク形は 2 (B)以上

D-8　軽量形鋼製小形弁(クラス 800)

API Std 602
(JPI-7 S-57-96)

1. **材料の種類・記号**　**表 1** に示す。
2. **圧力－温度基準**　**表 2** に示す。
3. **主要寸法**　**表 3** による。

表 3　主要寸法

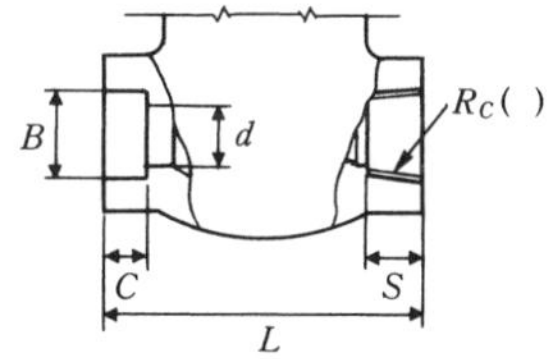

単位 mm

呼び径		L			Rc( )	S	B	C	d
A	(B)	仕切弁	玉形弁	逆止弁					
8	1/4	80	80	80	Rc1/4	11.0	14.3	9.6	6.4
10	3/8	80	80	80	Rc3/8	11.4	17.8	9.6	6.4
15	1/2	80	80	80	Rc1/2	15.0	22.2	9.6	9.5
20	3/4	90	90	90	Rc3/4	16.3	27.7	12.7	12.7
25	1	110	110	110	Rc1	19.1	34.5	12.7	17.5
32	1 1/4	120	150	150	Rc1 1/4	21.4	43.2	12.7	23.8
40	1 1/2	120	150	150	Rc1 1/2	21.4	49.1	12.7	28.6
50	2	140	170	170	Rc2	25.7	61.1	15.9	36.5

表 1　材料の種類・記号

材料グループ		主成分	弁箱，ふた	要部番号	ふたボルト(ナット)
炭素鋼	1.1	C	G 3202　SFVC2A	1	G 4107　SNB7 (G 4051　S45C)
			G 3205　SFL2 (3)	2	
			G 5151　SCPH2	1	
	1.3	C	G 5152　SCPL1	2	
合金鋼	1.2	2.5Ni	G 5152　SCPL21	2	G 4107　SNB7 (G 4051　S45C)
		3.5Ni	G 3205　SFL3 G 5152　SCPL31		
	1.9	1.25Cr-0.5Mo	G 3203　SFVAF11A (1) G 5151　SCPH21 (1)	8	G 4107　SNB16 (A194 Gr. 4)
	1.10	2.25Cr-1Mo	G 3203　SFVAF22B G 5151　SCPH32 (1)		
	1.13	5Cr-0.5Mo	G 3203　SFVAF5D G 3203　SFVAF5B G 5151　SCPH61 (1)		
	1.14	9Cr-1Mo	G 3203　SFVAF9		
ステンレス鋼	2.1	18Cr-8Ni	G 3214　SUSF304 (2) G 5121　SCS13A (2)	2	A193 Gr. B8 Class 2 (A194 Gr. 8)
		18Cr-8Ni，LC	G 5121　SCS19A (5)		
	2.2	16Cr-12Ni-2Mo	G 3214　SUSF316 (2)	10	
		18Cr-9Ni-2Mo，LC	G 5121　SCS16A (6)		
		18Cr-9Ni-2Mo	G 5121　SCS14A (2)		
	2.3	18Cr-8Ni，LC	G 3214　SUSF304L	(304L)	
		16Cr-12Ni-2Mo，LC	G 3214　SUSF316L	(316L)	
	2.5	18Cr-10Ni-Nb	G 3214　SUSF347 (2) (4) G 5121　SCS21 (2)	(347)	

注 (1)　焼ならし焼戻した材料
(2)　使用温度 $t \leqq 538$℃では，炭素含水量 C≧0.04%の材料
(3)　使用温度 $t \leqq 343$℃
(4)　使用温度 $t \leqq 538$℃
(5)　使用温度 $t \leqq 427$℃
(6)　使用温度 $t \leqq 454$℃
G ○○○○は JIS 規格，A ○○○は ASTM 規格の種類
要部番号は ANSI (JPI) 規格鋼製バルブ (D-7) の表 3 を参照

表2　クラス800圧力-温度基準

単位 MPa

温度		炭素鋼		合金鋼					ステンレス鋼			
		1.1	1.3	1.2	1.9	1.10	1.13	1.14	2.1	2.2	2.3	2.5
°F	°C	C	C	3.5 Ni	1.25 Cr 0.5 Mo	2.25 Cr 1 Mo	5 Cr 0.5 Mo	9 Cr 1 Mo	304	316	304 L 316 L	347
-20～100	-29～ 38	13.62	12.79	13.79	13.79	13.79	13.79		13.24	13.24	11.03	13.24
200	93	12.41	12.07	13.79	13.10	13.17	13.79		11.03	11.41	9.31	11.69
300	149	12.07	11.72	13.38	12.38	12.45	13.38		9.72	10.31	8.34	10.82
400	204	11.65	11.34	12.96	12.10	11.93	12.96		8.65	9.45	7.58	10.20
500	260	11.00	10.69	12.24	11.79	11.76	12.24		8.03	8.79	7.03	9.51
600	316	10.07	9.79	11.14					7.62	8.31	6.62	9.03
650	343	9.86	9.62	10.82					7.52	8.17	6.45	8.83
700	371	9.79			10.45				7.41	7.93	6.31	8.62
750	399	9.27			9.79				7.31	7.79	6.17	8.48
800	427	7.58			9.34		9.14	9.34	7.24	7.62	6.03	8.38
850	454				8.96		8.07	8.96	7.14	7.45		8.17
900	482				8.27		6.48	8.27	7.07	7.24		7.93
950	510				6.93		4.79	6.79	6.89	7.10		7.10
1000	538				4.10	4.93	3.52	5.38	5.93	6.69		6.69
1050	566				2.52	3.65	2.59	3.48	5.69	6.62		6.62
1100	593				1.76	2.07	1.90	2.07	4.72	5.93		5.93
1150	621						1.28	1.38	3.59	5.07		5.07
1200	649						0.83	0.97	2.86	3.79		3.17
1250	677								2.03	3.34		2.28
1300	704								1.50	2.52		1.72
1350	732								1.14	1.90		1.24
1400	760								0.90	1.38		0.97
1450	788								0.66	1.07		0.76
1500	816								0.45	0.76		0.66

E-1　ガスケット　（バルカーハンドブック）

Gaskets

1. 種　類　フランジの間に装着して用いられる静的シール材をガスケットといい，ソフトガスケット(非金属ガスケット)，セミメタルガスケット，メタルガスケットの3種類に分類される(**表1**)。

ソフトガスケットは，ゴム，樹脂，黒鉛，無機，有機質繊維などの非金属材料から構成され，300℃・3MPa {30kgf/cm^2} 程度以下の低温・低圧の範囲で使用されている。ジョイントシート，ふっ素樹脂(PTFE)ガスケットが代表的であるが，最近は膨張黒鉛ガスケットも広く使用されるようになってきている。

セミメタルガスケットは，金属と非金属材料を組み合わせたガスケットで，500℃・10MPa {100kgf/cm^2} 程度の中温・中圧の範囲で使用され，うず巻形ガスケット，メタルジャケット形ガスケットが代表的なものである。

メタルガスケットは，金属を所定の形状寸法に加工したもので，一般的には800℃・45MPa {450kgf/cm^2} 程度の高温・高圧の範囲で使用される。

表1 ガスケットの種類と特性

分類	ガスケットの種類 名称	バルカー No.	構成材料等	厚さ (mm)	ガスケット係数 m	最小設計締付圧力 y (N/mm²)	使用可能範囲 温度(℃)	圧力 (MPa)	製作範囲 (mm)
ソフトガスケット（非金属ガスケット）	合成ゴムガスケット	2010 4010	NBR, CR, EPDM, FKM	3~5	0.50[1] 1.00[2]	1.4 1.4	120~ 200[3]	0.5	1000 角
	ノンアスジョイントシート	6500 6500 AC 6502 6503	有機・無機繊維 +ゴムバインダー	3.0 1.5 0.8	2.00 2.75 3.50	11.0 25.5 44.8	−50~ 214[3]	3.0	3048× 3810 角
	黒鉛配合シート (ブラックハイパー)	GF 300	黒鉛 +PTFE	3.0 1.5 0.8	2.00 2.75 3.50	11.0 25.5 44.8	−200 ~300	3.5	1270 角
	PTFEソリッド ガスケット	7010 7010-EX	PTFE NEW-PTFE	3.0 1.0/1.5	2.00※ 3.00※	14.7※ 19.6※	−50~100 −50~150	1	1300 角
	特殊充塡材入り PTFEソリッドガスケット	7020 7026	PTFE +無機質充塡材	3.0 1.0	2.50 3.50	19.6 24.5	−200 ~200	4	1270 角
	PTFE 包みガスケット	N 7030 N 7031 N 7035	PTFE+ノンアス ジョイントシート (+ノンアスフェルト)	2.5~7.8	3.50 4.00 3.50	14.7 19.6 14.7	150	2	φ1000 φ300 以上 φ1000
	膨脹黒鉛 シートガスケット	VF 30 VFT 30	膨脹黒鉛 膨脹黒鉛+PTFE	0.4~0.3 0.5~1.5	2.00※	26.0※	400 300	2 2	φ600~φ980 φ1000
	金属補強膨脹黒鉛 シートガスケット	VF 35 E VFT 35 E	膨脹黒鉛+PTFE 膨脹黒鉛+ステンレス +PTFE	0.8~3.0 0.8~3.0	2.00※	29.5※	400 300	5	φ1000

E

表1 ガスケットの種類と特性(続き)

セミメタリックガスケット	うず巻形ガスケット ノンアスフィラー	8590 シリーズ	金属フープ ＋ノンアスフィラー	標準厚さ 4.5 その他 6.4 3.2 1.6	3.00	68.9	500	30	t＝4.5 φ16 ～φ3000 t＝6.4 φ300 ～φ3000 t＝3.2 φ16 ～φ1500 t＝16 φ10 ～φ150
	うず巻形ガスケット 黒鉛ライン入り	8590 L シリーズ	金属フープ ＋ノンアスフィラー ＋黒鉛フィラー				600	30	
	うず巻形ガスケット 膨脹黒鉛フィラー	6590 シリーズ	金属フープ ＋膨脹黒鉛フィラー				450(4)	30	
	うず巻形ガスケット PTFE フィラー	7590 シリーズ	金属フープ ＋PTFE フィラー				300	19.6	
	メタルジャケット形 ガスケット	N 520	金属＋ノンアス板	3.0	3.25～ 3.75	37.9～ 62.1	500(3)	6	φ15～任意
メタルガスケット	メタル平形 ガスケット	560 シリーズ	極軟鋼、ステンレス等	3.0 その他	4.0～ 6.50	60.7～ 179.3	800(3)	14{140}	φ3000
	のこ歯形 ガスケット	540 シリーズ	極軟鋼、ステンレス等	3.0～8.0	3.25 ～4.25	37.9 ～69.6	800(3)	14{140}	φ2500
	リングジョイント ガスケット	550 シリーズ	極軟鋼、純鉄 ステンレス等		5.50 ～6.5	124.1 ～179.3	800(3)	45{450}	φ2500

注(1) スプリング硬さ (JIS A) 75 未満
(2) スプリング硬さ (JIS A) 75 以上
(3) 材質により使用可能温度が異なる。
(4) 400℃を越えて使用する場合、フランジ形式や施行状態によっては、膨脹黒鉛フィラーが消失する場合もある。

備 考 ガスケット係数 m、最小設計締付圧力 y は、下記を除いて JIS B 8265 および JIS B 2206 に示された値である。
(イ) 金属材質により値が異なるものは範囲で示した。
(ロ) ※印は、弊社が独自に設定した値である。

2．選定および使用基準

①流体：シールする流体が**表 2** の，どの流体区分に分類されるかを確認する。

②温度・圧力：流体区分別に温度・圧力範囲(**図1.1～1.6**)により使用可能なガスケットを選定する。

表 2　流体区分

流体区分	代表的流体
水系流体	水，海水，温水，熱水，水蒸気，過熱蒸気，等
油系流体	原油，揮発油，ナフサ，灯油，軽油，重油，LPG，アルコール，フルフラール，エチレングリコール，エチレン，プロピレン，B-B 留分，ブタジエン，等
溶剤および腐食性流体	一般的な溶剤，芳香族炭化水素（B.T.X 等），ケトン類，アミン類，エーテル類，フェノール，アクリロニトリル，アンモニア液，等 鉱酸，有機酸，混酸，酸性溶液，等の酸類 アルカリ類，等
ガス系流体 I	空気，窒素ガス，不活性ガス，等
ガス系流体 II	可燃性ガス，支燃性ガス，不燃性ガス，毒性ガス，等 H_2，都市ガス，LNG，CO，等
低温流体	LPG，液化エチレン，LNG，液体酸素，液体空気，液体窒素，DME，等

E

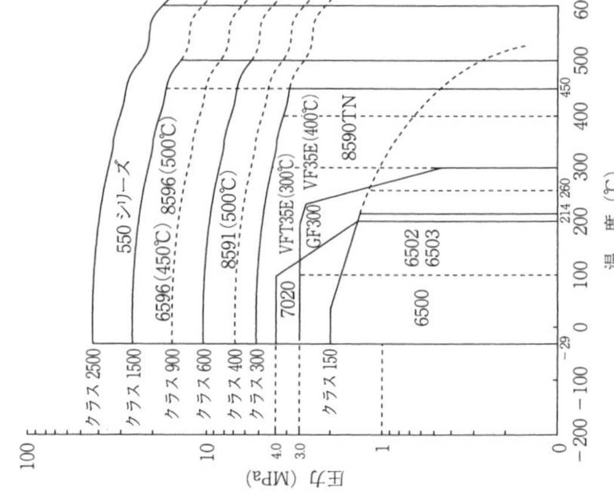

図1.2 油系流体に対する使用基準

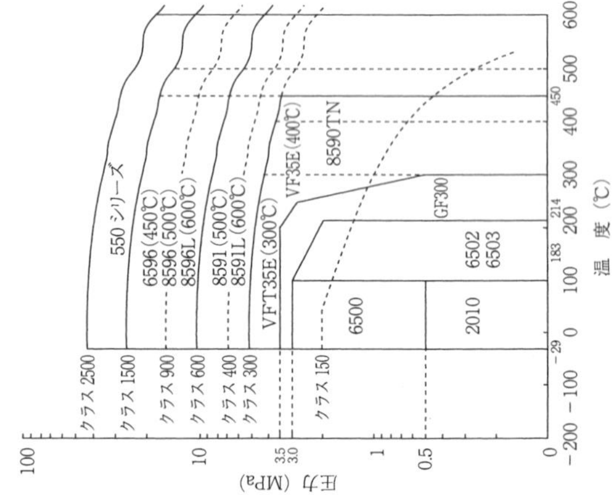

図1.1 水系流体に対する使用基準

図1.3 溶剤及び腐食性流体に対する使用基準

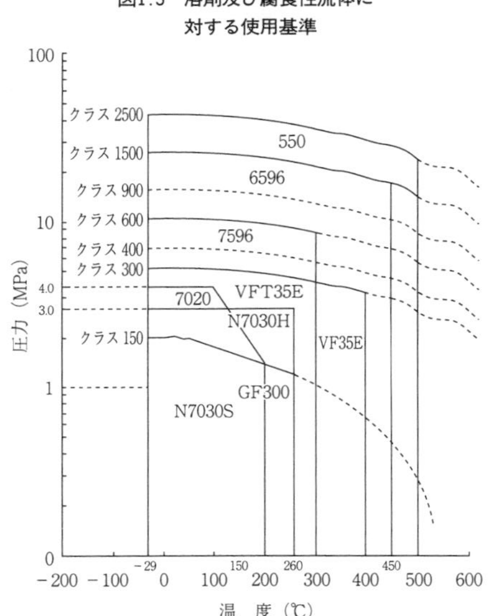

図1.4 ガス系流体Ⅰに対する使用基準

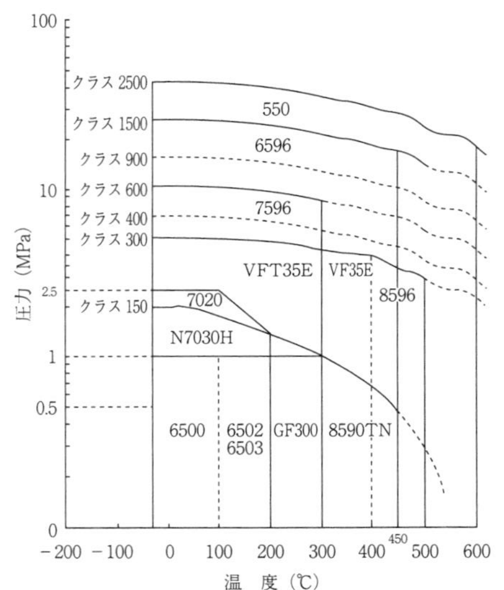

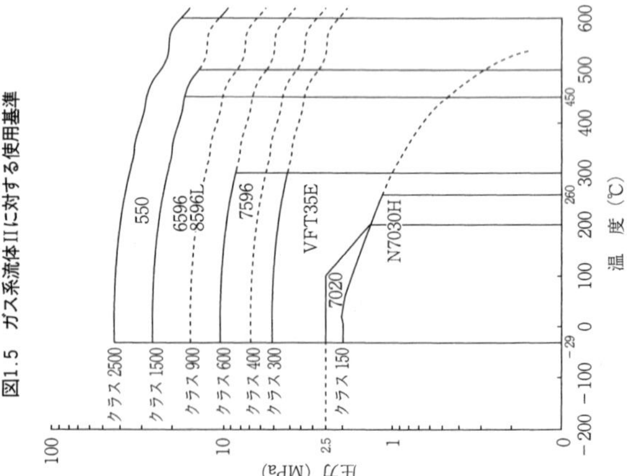

図1.5　ガス系流体IIに対する使用基準

図1.6　低温流体に対する使用基準

E-2 ソフトガスケット

バルカーハンドブック

Softgaskets

(1) JIS 全面座管フランジ用全面形ガスケット

対象製品	製品寸法規格	適用フランジ規格
○ゴムシートガスケット ○ジョイントシートガスケット	JIS B 2404 －2006	JIS B 2239 JIS B 2240 JIS B 2220

E

表1

呼び径	内径	呼び圧力 2kgf/cm²				呼び圧力 5kgf/cm²			
	d_1	ガスケット外径 D	ボルト穴の中心円の径 C	ボルト穴の径 h	ボルト穴の数	ガスケット外径 D	ボルト穴の中心円の径 C	ボルト穴の径 h	ボルト穴の数
10	18	—	—	—	—	75	55	12	4
15	22	—	—	—	—	80	60	12	4
20	28	—	—	—	—	85	65	12	4
25	35	—	—	—	—	95	75	12	4
32	43	—	—	—	—	115	90	15	4
40	49	—	—	—	—	120	95	15	4
50	61	—	—	—	—	130	105	15	4
65	84	—	—	—	—	155	130	15	4
80	90	—	—	—	—	180	145	19	4
90	102	—	—	—	—	190	155	19	4
100	115	—	—	—	—	200	165	19	8
125	141	—	—	—	—	235	200	19	8
150	167	—	—	—	—	265	230	19	8
175	192	—	—	—	—	300	260	23	8
200	218	—	—	—	—	320	280	23	8
225	244	—	—	—	—	345	305	23	12
250	270	—	—	—	—	385	345	23	12
300	321	—	—	—	—	430	390	23	12
350	359	—	—	—	—	480	435	25	12
400	410	—	—	—	—	540	495	25	16
450	460	605	555	23	16	605	555	25	16
500	513	655	605	23	20	655	605	25	20
550	564	720	665	25	20	720	665	27	20
600	615	770	715	25	20	770	715	27	20
650	667	825	770	25	24	825	770	27	24
700	718	875	820	25	24	875	820	27	24
750	770	945	880	27	24	945	880	33	24
800	820	995	930	27	24	995	930	33	24
850	872	1045	980	27	24	1045	980	33	24
900	923	1095	1030	27	24	1095	1030	33	24
1000	1025	1195	1130	27	28	1195	1130	33	28
1100	1130	1305	1240	27	28	1305	1240	33	28
1200	1230	1420	1350	27	32	1420	1350	33	32
1350	1385	1575	1505	27	32	1575	1505	33	32
1500	1540	1730	1660	27	36	1730	1660	33	36

全面座フランジ用

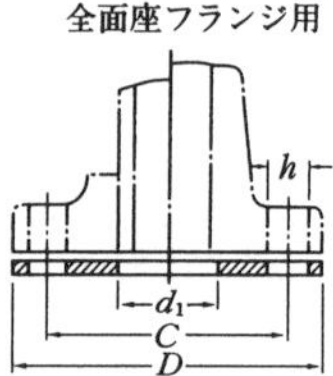

単位 mm

呼び圧力 10kgf/cm²				呼び圧力 16kgf/cm²				厚さ
ガスケット外径 D	ボルト穴の中心円の径 C	ボルト穴の径 h	ボルト穴の数	ガスケット外径 D	ボルト穴の中心円の径 C	ボルト穴の径 h	ボルト穴の数	
90	65	15	4	90	65	15	4	
95	70	15	4	95	70	15	4	
100	75	15	4	100	75	15	4	
125	90	19	4	125	90	19	4	
135	100	19	4	135	100	19	4	
140	105	19	4	140	105	19	4	
155	120	19	4	155	120	19	8	
175	140	19	4	175	140	19	8	
185	150	19	8	200	160	23	8	
195	160	19	8	210	170	23	8	
210	175	19	8	225	185	23	8	
250	210	23	8	270	225	25	8	1.5
280	240	23	8	305	260	25	12	
305	265	23	12	—	—	—	—	
330	290	23	12	350	305	25	12	
350	310	23	12	—	—	—	—	
400	355	25	12	430	380	27	12	
445	400	25	16	480	430	27	16	2.0
490	445	25	16	540	480	33	16	
560	510	27	16	605	540	33	16	
620	565	27	20	675	605	33	20	
675	620	27	20	730	660	33	20	
745	680	33	20	795	720	39	20	
795	730	33	24	845	770	39	24	3.0
845	780	33	24	—	—	—		
905	840	33	24	—	—	—		
970	900	33	24	—	—	—		
1020	950	33	28	—	—	—		
1070	1000	33	28	—	—	—		
1120	1050	33	28	—	—	—		
1235	1160	39	28	—	—	—		
1345	1270	39	28	—	—	—		
1465	1380	39	32	—	—	—		
1630	1540	45	36	—	—	—		
1795	1700	45	40	—	—	—		

備考 1.ゴムシートガスケットについては，呼び圧力2kgf/cm²，5kgf/cm²までの適用とする。
2.ジョイントシートガスケットのうちノンアスジョイントシートを適用するときは相談のこと。

(2) JIS全面座・大平面座・小平面座　管フランジ用リングガスケット

対象製品(バルカー No.)	製品寸法規格	適用フランジ規格
ゴムシートガスケット ジョイントシートガスケット バルフロンガスケット(7020, 7026) バルカホイルガスケット	JIS B 2404 －2006	JIS B 2239 JIS B 2220 JIS B 2240

表2

呼び径	内径 d_1	外径 D_1 呼び圧力 2 kgf/cm²	呼び圧力 5 kgf/cm²	呼び圧力 10kgf/cm² 並形	薄形
10	18	—	45	53	55
15	22	—	50	58	60
20	28	—	55	63	65
25	35	—	65	74	78
32	43	—	78	84	88
40	49	—	83	89	93
50	61	—	93	104	108
65	84	—	118	124	128
80	90	—	129	134	138
90	102	—	139	144	148
100	115	—	149	159	163
125	141	—	184	190	194
150	167	—	214	220	224
175	192	—	240	245	249
200	218	—	260	270	274
225	244	—	285	290	294
250	270	—	325	333	335
300	321	—	370	378	380
350	359	—	413	423	425
400	410	—	473	486	488
450	460	535	533	541	—
500	513	585	583	596	—
550	564	643	641	650	—
600	615	693	691	700	—
650	667	748	746	750	—
700	718	798	796	810	—
750	770	856	850	870	—
800	820	906	900	920	—
850	872	956	950	970	—
900	923	1006	1000	1020	—
1000	1025	1106	1100	1124	—
1100	1130	1216	1210	1234	—
1200	1230	1326	1320	1344	—
1300	1335	—	—	—	—
1350	1385	1481	1475	1498	—
1400	1435	—	—	—	—
1500	1540	1636	1630	1658	—

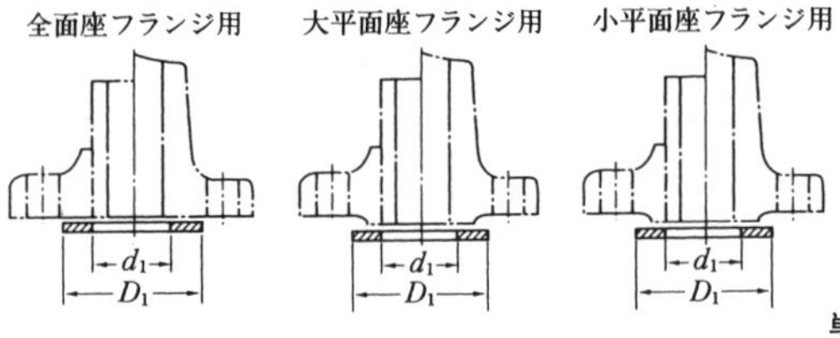

全面座フランジ用　　大平面座フランジ用　　小平面座フランジ用

d_1　D_1

単位 mm

外径 D_1					厚さ
呼び圧力 16 kgf/cm²	呼び圧力 20 kgf/cm²	呼び圧力 30 kgf/cm²	呼び圧力 40 kgf/cm²	呼び圧力 63 kgf/cm²	
53	53	59	59	64	
58	58	64	64	69	
63	63	69	69	75	
74	74	79	79	80	
84	84	89	89	90	
89	89	100	100	108	
104	104	114	114	125	
124	124	140	140	153	
140	140	150	150	163	
150	150	163	163	181	
165	165	173	183	196	
203	203	208	226	235	
238	238	251	265	275	1.5
—	—	—	—	—	
283	283	296	315	330	
—	—	—	—	—	
356	356	360	380	394	
406	406	420	434	449	
450	450	465	479	488	2.0
510	510	524	534	548	
575	575	—	—	—	
630	630	—	—	—	
684	684	—	—	—	
734	734	—	—	—	
784	805	—	—	—	3.0
836	855	—	—	—	
896	918	—	—	—	
945	978	—	—	—	
995	1038	—	—	—	
1045	1088	—	—	—	
1158	—	—	—	—	
1258	—	—	—	—	
1368	—	—	—	—	
1474	—	—	—	—	
1534	—	—	—	—	
1584	—	—	—	—	
1694	—	—	—	—	

備考 1. ゴムシートガスケットについては，呼び圧力2kgf/cm²，5kgf/cm²までの適用とする。
2. バルフロンガスケットは呼び圧力30kgf/cm²以上は適用できない。
3. バルカホイルガスケットは呼び圧力10kgf/cm²，16kgf/cm²，20kgf/cm²に適用する。

(3)　JISはめ込み形・みぞ形管フランジ用リングガスケット

対象製品(バルカーNo.)	製品寸法規格	適用フランジ規格
ジョイントシートガスケット バルフロンガスケット(7010, 7020, 7026) バルカホイルガスケット	JIS B 2404 －2006	JIS B 2239 JIS B 2220 JIS B 2240

はめ込み形フランジ用

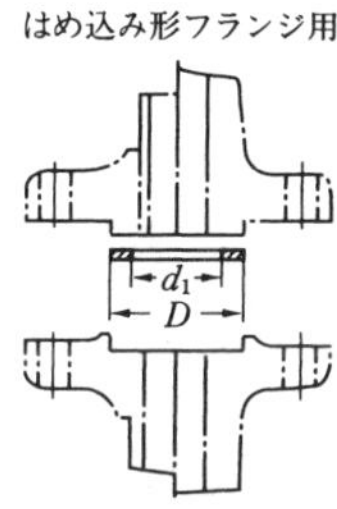

みぞ形フランジ用

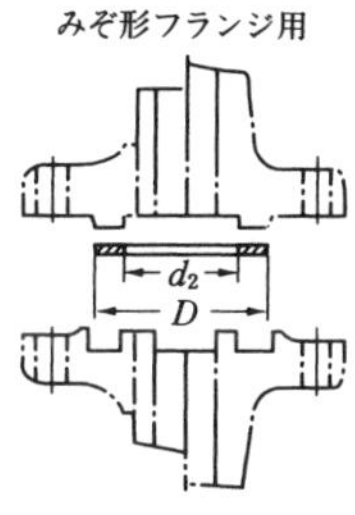

表3　　単位 mm

呼び径	はめ込み形フランジ用		みぞ形フランジ用		厚さ
	内径 d_1	外径 D	内径 d_2	外径 D	
10	18	38	28	38	
15	22	42	32	42	
20	28	50	38	50	
25	35	60	45	60	
32	43	70	55	70	
40	49	75	60	75	
50	61	90	70	90	
65	77	110	90	110	
80	90	120	100	120	
90	102	130	110	130	
100	115	145	125	145	
125	141	175	150	175	
150	167	215	190	215	1.5
175	—	—	—	—	
200	218	260	230	260	

表3　(続き)　　単位 mm

呼び径	はめ込み形フランジ用		みぞ形フランジ用		厚さ
	内径 d_1	外径 D	内径 d_2	外径 D	
225	—	—	—	—	2.0
250	270	325	295	325	
300	321	375	340	375	
350	359	415	380	415	
400	410	475	440	475	
450	460	523	483	523	
500	513	575	535	575	
550	564	625	585	625	
600	615	675	635	675	
650	667	727	682	727	
700	718	777	732	777	
750	770	832	787	832	
800	820	882	837	882	
850	872	934	889	934	
900	923	987	937	987	
1000	1025	1092	1042	1092	3.0
1100	1130	1192	1142	1192	
1200	1230	1292	1237	1292	
1300	1335	1392	1337	1392	
1350	1385	1442	1387	1442	
1400	1435	1492	1437	1492	
1500	1540	1592	1537	1592	

備考　はめ込み形フランジには，No.7010は適用しない。

(4) JIS ねじ込み式可鍛鋳鉄製管
F 型ユニオン・組みフランジ用リングガスケット

対象製品	製品寸法規格	適用フランジ規格
ジョイントシートガスケット	バルカー標準	JIS B 2301

F形ユニオン

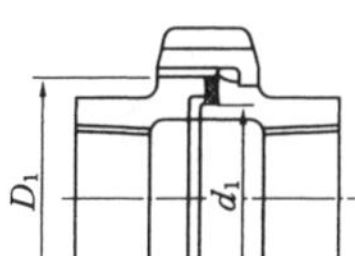

組みフランジ

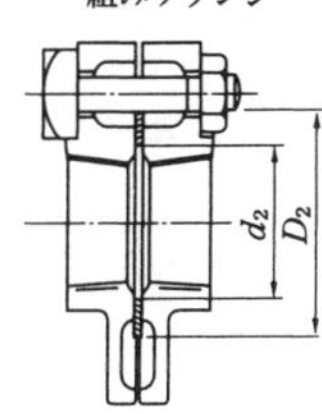

表4　　**単位** mm

呼び径	F形ユニオン		組みフランジ		厚さ
	内径 d_1	外径 D_1	内径 d_2	外径 D_2	
1/8	13	18	—	—	1.0
1/4	17	23	—	—	
3/8	21	28	—	—	
1/2	25	32	22	38	1.5
3/4	31	39	28	44	
1	39	48	35	52	
1 1/4	47	57	43	64	2.0
1 1/2	54	65	49	70	
2	66	79	61	83	
2 1/2	82	97	77	102	3.0
3	96	111	90	115	
3 1/2	109	126	102	129	
4	122	141	115	143	
5	151	170	141	170	
6	178	200	167	200	

(5) ANSI/ASME(JPI)全面座管フランジ用全面形ガスケット

対象製品	製品寸法規格	適用フランジ規格
ジョイントシートガスケット	JPI-7S-16	JPI-7S-15 ANSI/ASME B16.5

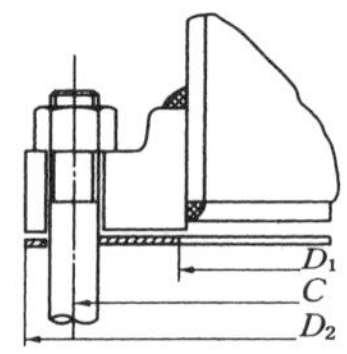

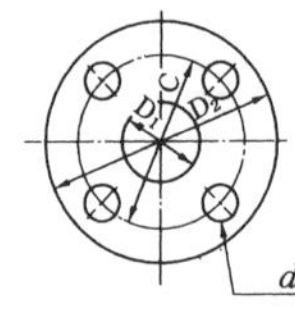

表 5

単位 mm

呼び径		内径	クラス150				クラス300				厚さ
A	B	D_1	外径 D_2	中心円の径 C	穴の数	穴の径 d	外径 D_2	中心円の径 C	穴の数	穴の径 d	
15	½	22	89	60.3	4	16	95	66.7	4	16	
20	¾	28	98	69.9	4	16	117	82.5	4	20	
25	1	34	108	79.4	4	16	124	88.9	4	20	1.0
(32)	(1 ¼)	44	117	88.9	4	16	133	98.4	4	20	
40	1½	49	127	98.4	4	16	156	114.3	4	23	
50	2	61	152	120.6	4	20	165	127.0	8	20	
65	2 ½	77	178	139.7	4	20	191	149.2	8	23	1.5
80	3	90	191	152.4	4	20	210	168.3	8	23	
(90)	(3 ½)	103	216	177.8	8	20	229	184.1	8	23	
100	4	116	229	190.5	8	20	254	200.0	8	23	
(125)	(5)	143	254	215.9	8	23	279	234.9	8	23	2.0
150	6	169	279	241.3	8	23	318	269.9	12	23	
200	8	220	343	298.4	8	23	381	330.2	12	26	
250	10	275	406	361.9	12	26	445	387.3	16	29	
300	12	326	483	431.8	12	26	520	450.8	16	32	3.0
350	14	358	535	476.2	12	29	585	514.3	20	32	
400	16	408	595	539.7	16	29	650	571.5	20	35	
450	18	459	635	577.8	16	32	710	628.6	24	35	
500	20	510	700	635.0	20	32	775	685.8	24	35	
600	24	612	815	749.3	20	35	915	812.8	24	42	

備考 ( )を付けた呼び径のものは，なるべく使わないのがよい。

(6) ANSI/ASME(JPI)平面座管フランジ用リングガスケット

対象製品	製品寸法規格	適用フランジ規格
ゴムシートガスケット	JPI-7S-16	JPI-7S-15
ジョイントシートガスケット	JPI-7S-16	ANSI/ASME B16.5
バルフロンガスケット	バルカー標準	JPI-7S-43(シリーズB)
バルカホイルガスケット	JPI-7S-79	ANSI/ASME B16.47(シリーズB)

平面座フランジ用

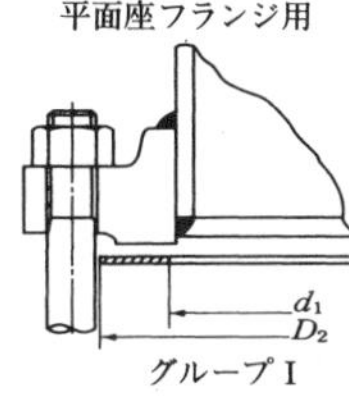

グループI

平面座フランジ用

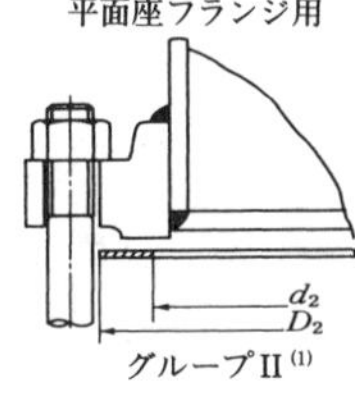

グループII[1]

表6　単位 mm

呼び径		グループI				グループII			厚さ
A	B	内径 d_1	外径 D_2 クラス75	外径 D_2 クラス150	外径 D_2 クラス300	内径 d_1	外径 D_2 クラス150	外径 D_2 クラス300	
15	½	22		47	53	25	47	53	グループI 1.5 (2.0) 3.0
20	¾	28		56	66	33	56	66	
25	1	34		66	72	38	66	72	
(32)	(1 ¼)	44		75	82	48	75	82	
40	1 ½	49		85	94	54	85	94	
50	2	61		104	110	73	104	110	
65	2 ½	77		123	129	86	123	129	
80	3	90		135	148	108	135	148	
(90)	(3 ½)	103		161	164	121	161	164	
100	4	116		173	180	132	173	180	
(125)	(5)	143		196	215	160	196	215	
150	6	169		221	250	190	221	250	
200	8	220		277	306	238	277	306	
250	10	275		338	360	287	338	360	
300	12	326		408	420	344	408	420	
350	14	358		449	484	376	449	484	
400	16	408		512	538	427	512	538	
450	18	459		547	595	490	547	595	

表6　(続き)　　単位 mm

呼び径		グループI				グループII			厚さ
A	B	内径 d_1	外径 D_2			内径 d_1	外径 D_2		
			クラス75	クラス150	クラス300		クラス150	クラス300	
500	20	510		604	651	535	604	651	グループII 0.8 1.5 (2.0) (3.0)
600	24	612		715	772	643	715	772	
650	26	663	705	722	769				
700	28	714	756	773	822				
750	30	765	807	824	883				
800	32	816	857	878	937				
850	34	867	908	932	991				
900	36	917	970	984	1045				
950	38	968	1021	1042	1096				
1000	40	1019	1072	1092	1146				
1050	42	1070	1123	1143	1197				
1100	44	1121	1178	1194	1248				
1150	46	1171	1229	1253	1315				
1200	48	1222	1280	1304	1365				
(1250)	(50)	1273	1330	1354	1416				
(1300)	(52)	1324	1384	1405	1467				
1350	54	1375	1435	1461	1527				
(1400)	(56)	1425	1492	1511	1591				
(1450)	(58)	1476	1543	1577	1651				
1500	60	1527	1594	1625	1702				

注 (1)　ガス系流体を取り扱う場合は，厚さのいかんに関わらずグループIIのガスケット寸法とする。

備考 1.(　)を付けた呼び径のものは，なるべく使わないのがよい。

2.ゴムシートガスケットは，クラス75のみ適用する。

(7)　ANSI/ASME(JPI)はめ込み形・みぞ形管フランジ用リングガスケット

対象製品	製品寸法規格	適用フランジ規格
ジョイントシートガスケット バルフロンガスケット バルカホイルガスケット	JPI-7S-16(クラス300) JPI-7S-75 バルカー標準	JPI-7S-15 ANSI/ASME B16.5

はめ込み形フランジ(LM・F座)用　はめ込み形(LM・F座)用　みぞ形(LT・G座)用

グループⅠ　グループⅡ　グループⅡ

表7　単位 mm

呼び径		内径 D_1			外径 D_2	厚さ
		LM・F座用		LT・G座用		
A	B	グループⅠ	グループⅡ			
15	½	22	25	25	35	1.5
20	¾	28	33	33	43	
25	1	34	38	38	51	
(32)	(1¼)	44	48	48	64	
40	1½	49	54	54	73	
50	2	61	73	73	92	
65	2½	77	86	86	105	
80	3	90	108	108	127	
(90)	(3½)	103	121	121	140	
100	4	116	132	132	157	2.0
(125)	(5)	143	160	160	186	
150	6	169	190	190	216	
200	8	220	238	238	269	3.0
250	10	275	287	287	323	
300	12	326	344	344	380	
350	14	358	376	376	412	
400	16	408	427	427	469	
450	18	459	490	490	532	
500	20	510	535	535	583	
600	24	612	643	643	690	

備考　1.(　)を付けた呼び径のものは，なるべく使わないのがよい。
2.バルフロン単体ガスケット バルカー No.7010は，みぞ形(LT・G座)に使用のこと。

(8) ANSI/ASME(JPI)鋼管平面座管フランジ用リングガスケット

対象製品	製品寸法規格	適用フランジ規格
ジョイントシートガスケット バルフロンガスケット バルカホイルガスケット	ANSI/ASME B16.21	ANSI/ASME B16.47(シリーズ A) MSS SP-44 JPI-7S-43(シリーズ A)

平面座フランジ用

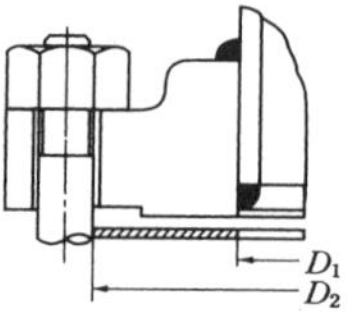

表 8　　単位 mm

呼び径		クラス150		クラス300		厚さ
A	B	内径 D_1	外径 D_2	内径 D_1	外径 D_2	
300	12	324	410	324	422	
350	14	356	445	356	486	
400	16	406	510	406	540	
450	18	457	550	457	595	
500	20	510	605	510	655	
550	22	560	660	560	705	
600	24	610	720	610	775	1.5
650	26	660	775	700	835	
700	28	710	830	750	900	
750	30	760	885	805	950	2.0
800	32	815	940	860	1005	
850	34	865	990	905	1055	
900	36	915	1050	955	1120	3.0
950	38	965	1110	965	1055	
1000	40	1015	1160	1015	1115	
1050	42	1065	1220	1065	1165	
1100	44	1120	1275	1120	1220	
1150	46	1170	1325	1170	1275	
1200	48	1220	1385	1220	1325	
1250	50	1270	1435	1270	1380	
1300	52	1320	1490	1320	1430	
1350	54	1370	1550	1370	1490	
1400	56	1420	1605	1420	1545	
1450	58	1475	1665	1475	1595	
1500	60	1525	1715	1525	1645	

(9) JIS全面座・大平面座・小平面座管フランジ用バルフロンジャケットガスケット

対象製品(バルカー No.)	製品寸法規格	適用フランジ規格
●バルフロンジャケットガスケット バルフロンフローレスガスケット ノンアスジャケットガスケット ノンアスフローレスガスケット (7030, 7035, 7031シリーズ)	バルカー標準	JIS B 2239 JIS B 2220 JIS B 2240

① No.7030シリーズ　② No.7035シリーズ 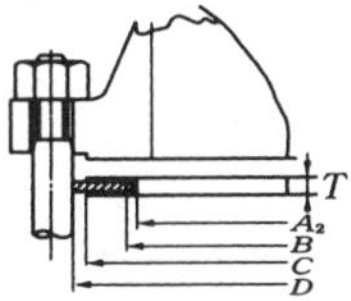　③ No.7031シリーズ

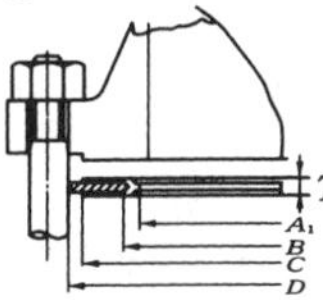

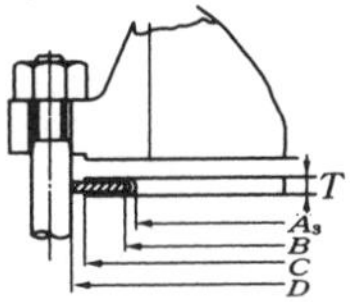

表9　単位 mm

呼び径	バルフロン内径 A_1	バルフロン内径 A_2	バルフロン内径 A_3	中心内径 B	5K バルフロン外径 C	5K 中心外径 D	10K バルフロン外径 C	10K 中心外径 D	16K・20K バルフロン外径 C 16K	16K・20K バルフロン外径 C 20K	16K・20K 中心外径 D 16K	16K・20K 中心外径 D 20K	厚さ T
10	18	23		26	42	45	48	53	48		53		2.8(1) 2.9(2) 3.3(3)
15	22	27		30	46	50	52	58	52		58		
20	28	33		36	52	55	58	63	58		63		
25	35	40		43	59	65	70	74	70		74		
32	43	48		51	71	78	79	84	79		84		
40	49	54		57	77	83	85	89	85		89		
50	61	66		69	88	93	98	104	100		104		2.8(1) 3.2(2) 3.6(3)
65	77	82		85	106	118	114	124	116		124		
80	90	95		98	121	129	130	134	135		140		
90	103	108		111	134	139	140	144	145		150		
100	116	121		124	145	149	155	159	160		165		
125	143	148		151	178	184	185	190	195		203		
150	170	175		178	205	214	214	220	227		238		
175	192	197		200	229	240	239	245	—		—		
200	218	223		226	255	260	265	270	275		283		
225	243	248		251	280	285	285	290	—		—		
250	270	275		278	313	325	321	333	345		356		
300	320	325		328	363	370	370	378	395		406		
350	355	360		363	401	413	410	423	436		450		
400	406	411		414	461	473	471	486	487		510		
450	456	461		464	511	533	530	541	556		575		
500	509	514		517	571	583	583	596	609		630		
550	560	565		568	625	641	635	650	665		684		
600	611	616		619	676	691	684	700	716		734		
650	667	676	674	679	735	746	740	750	770	790	784	805	3.8(1) 5.4(2) 5.8(3)
700	718	727	725	730	785	796	800	810	820	840	836	855	
750	770	779	777	782	840	850	855	870	880	900	896	918	
800	820	829	827	832	890	900	905	920	930	960	945	978	

注 (1) バルフロンジャケットガスケット(No.N7030-S5A, No.7035-S5A, No.7031-S5A)およびノンアスジャケットガスケット(No.N7030-S5N, No.N7035-S5N, No.N7031-S5N)の厚さである。

(2) バルフロンフローレスガスケット(No.7030-S5L, No.7035-S5L, No.7031-S5L)の厚さである。

(3) ノンアスフローレスガスケット(No.N7030-S5S, No.N7035-S5S, No.N7031-S5S)の厚さである。

⑽ ANSI/ASME(JPI)平面座管フランジ用バルフロンジャケットガスケット(バルカー標準)

対象製品(バルカー No.)	製品寸法規格	適用フランジ規格
●バルフロンジャケットガスケット バルフロンフローレスガスケット ノンアスジャケットガスケット ノンアスフローレスガスケット (7030, 7035, 7031シリーズ)	バルカー標準	JPI-7S-15 ANSI/ASME B16.5 JPI-7S-43 ANSI/ASME B16.47

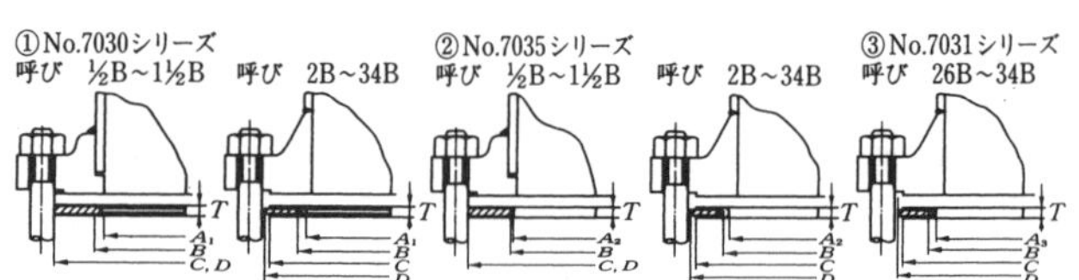

表10

単位 mm

呼び径		バルフロン内径			中心内径	クラス150		クラス300		厚さ T
						バルフロン外径	中心外径	バルフロン外径	中心外径	
A	B	A_1	A_2	A_3	B	C	D	C	D	
15	½	16	21		24	48		54		2.8(1) 2.9(2) 3.3(3)
20	¾	21	26		29	57		67		
25	1	27	32		35	67		73		
(32)	(1 ¼)	35	40		43	76		83		
40	1 ½	41	46		49	86		95		
50	2	60	65		68	92	104	92	110	2.8(1) 3.2(2) 3.6(3)
65	2 ½	73	78		81	105	123	105	129	
80	3	89	94		97	121	135	127	148	
(90)	(3 ½)	102	107		110	140	161	140	164	
100	4	115	120		123	155	173	155	180	
(125)	(5)	142	147		150	185	196	185	215	
150	6	168	173		176	214	221	216	250	
200	8	219	224		227	263	277	269	306	
250	10	274	279		282	324	338	324	360	
300	12	325	330		333	375	408	381	420	
350	14	357	362		365	410	449	410	484	
400	16	407	412		415	466	512	466	538	
450	18	458	463		466	530	547	530	595	
500	20	509	514		517	583	604	583	651	
(550)	(22)	560	565		568	641	660	641	704	
600	24	611	616		619	688	715	688	772	
650	26	660	669	667	672	749	774	749	834	3.8(1) 5.4(2) 5.8(3)
700	28	710	719	717	722	800	831	800	898	
750	30	760	769	767	772	857	882	857	952	
800	32	815	824	822	827	914	939	914	1006	
850	34	865	874	872	877	965	990	965	1057	

注 (1) バルフロンジャケットガスケット(No.7030-S5A, No.7035-S5A, No.7031-S5A)及びノンアスジャケットガスケット(No.N7030-S5N, No.N7035-S5N, No.N7031-S5N)の厚さである。
(2) バルフロンフローレスガスケット(No.7030-S5L, No.7035-S5L, No.7031-S5L)の厚さである。
(3) ノンアスフローレスガスケット(No.N7035-S5S, No.N7035-S5S, No.N7031-S5S)の厚さである。

E-3　セミメタルガスケット　　バルカーハンドブック

Semimetalgaskets

(1)　JISはめ込み形・みぞ形管フランジ用うず巻形ガスケット

対象製品(バルカー No.)	製品寸法規格	適用フランジ規格
●基本形うず巻形ガスケット 590，6590，7590，8590 ●内輪付うず巻形ガスケット 592，6592，7592，8592	JIS B 2404 － 2006	JIS B 2220

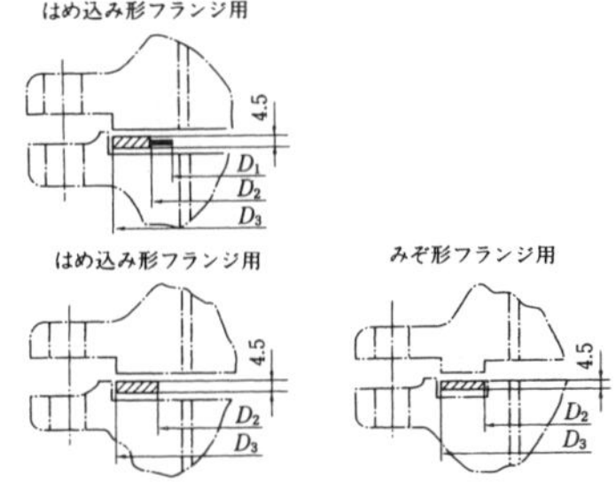

表1　　単位 mm

呼び径	16K～63K　はめ込み形フランジ用			みぞ形フランジ用	
	内輪内径 D_1	ガスケット本体		内径 D_2	外径 D_3
		内径 D_2	外径 D_3		
10	19	25	38	28	38
15	23	29	42	32	42
20	31	37	50	38	50
25	38	44	60	45	60
(32)	46	54	70	55	70
40	51	59	75	60	75
50	62	70	90	70	90
65	80	90	110	90	110
80	90	100	120	100	120
(90)	100	110	130	110	130
100	113	125	145	125	145
(125)	138	150	175	150	175
150	171	187	215	190	215
200	215	231	259	230	259
250	268	288	324	296	324
300	318	338	374	341	374
350	356	376	414	381	414
400	409	434	474	441	474

備考　1. ガスケットの呼び厚さ4.5の場合，溝の深さは5mm以上必要
2. (　)を付けた呼び径のものは，なるべく使わないのがよい。

(2) JIS 平面座管フランジ用うず巻形ガスケット

対象製品(バルカー No.)	製品寸法規格	適用フランジ規格
●外輪付うず巻形ガスケット 591，6591，7591，8591 ●内外輪付うず巻形ガスケット 596，6596，7596，8596	JIS B 2404－1999 2404－2006 但し，呼び径650以上はバルカー標準	JIS B 2220

呼び圧力 10K、16K、20K の大平面座フランジ

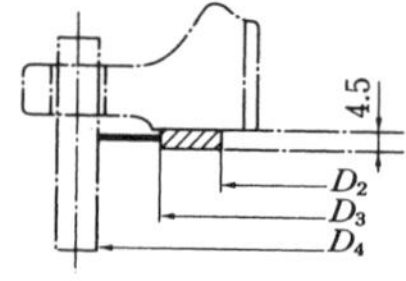

呼び圧力 16K、20K の大平面座フランジ

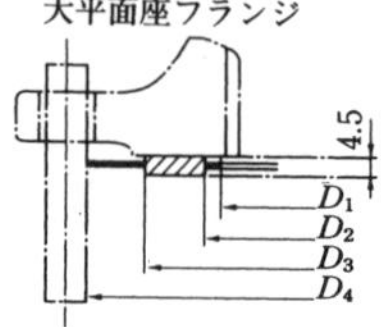

呼び圧力 30K、40K の平面座フランジ

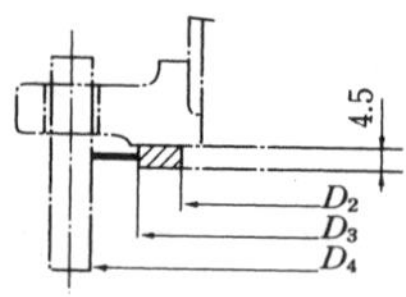

呼び圧力 30K、40K の平面座フランジ

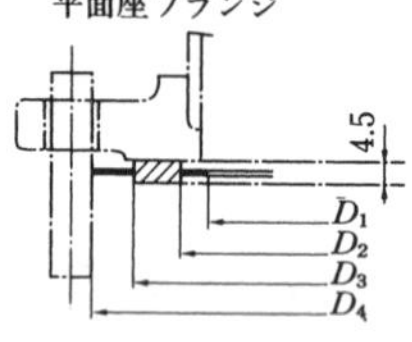

呼び圧力 63K の平面座フランジ

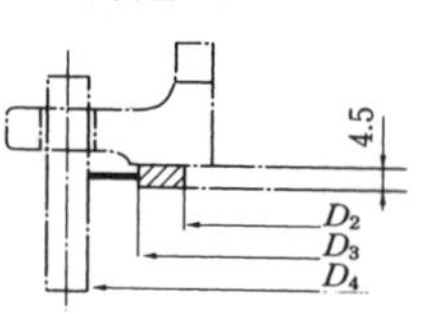

呼び圧力 63K の平面座フランジ

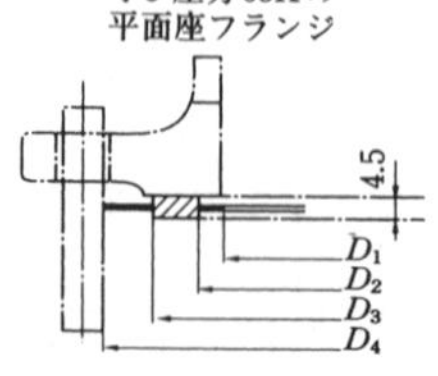

表2

呼び圧力 / 呼び径	10K				16K				20K			
	内輪内径	ガスケット本体		外輪外径	内輪内径	ガスケット本体		外輪外径	内輪内径	ガスケット本体		外輪外径
		内径	外径			内径	外径			内径	外径	
	D_1	D_2	D_3	D_4	D_1	D_2	D_3	D_4	D_1	D_2	D_3	D_4
10	18	24	37	52	18	24	37	52	18	24	37	52
15	22	28	41	57	22	28	41	57	22	28	41	57
20	28	34	47	62	28	34	47	62	28	34	47	62
25	34	40	53	74	34	40	53	74	34	40	53	74
32	43	51	67	84	43	51	67	84	43	51	67	84
40	49	57	73	89	49	57	73	89	49	57	73	89
50	61	69	89	104	61	69	89	104	61	69	89	104
65	77	87	107	124	77	87	107	124	77	87	107	124
80	91	101	118	134	89	99	119	140	89	99	119	140
90	102	112	130	144	102	114	139	150	102	114	139	150
100	115	127	143	159	115	127	152	165	115	127	152	165
125	141	153	173	190	140	152	177	202	140	152	177	202
150	170	182	203	220	166	182	214	237	166	182	214	237
175	193	209	229	245	—	—	—	—	—	—	—	—
200	220	236	254	270	217	233	265	282	217	233	265	282
225	244	256	272	290	—	—	—	—	—	—	—	—
250	271	287	310	332	268	288	328	354	268	288	328	354
300	321	337	357	377	319	339	379	404	319	339	379	404
350	359	375	400	422	356	376	416	450	356	376	416	450
400	409	429	461	484	407	432	482	508	407	432	482	508
450	461	486	518	539	458	483	533	573	458	483	533	573
500	511	536	568	594	508	533	583	628	508	533	583	628
550	564	589	621	650	559	584	634	684	559	584	634	684
600	615	640	672	700	610	635	685	734	610	635	685	734
650	672	692	724	750	684	704	754	784	704	724	774	805
700	732	752	784	810	734	754	804	836	754	774	824	855
750	785	807	839	870	792	814	864	896	812	834	884	918
800	831	853	889	920	842	864	914	945	872	894	944	978
850	881	903	939	970	892	914	964	995	932	954	1004	1038
900	931	953	989	1020	942	964	1014	1045	982	1004	1054	1088
1000	1036	1058	1094	1124	1050	1074	1124	1158				
1100	1144	1168	1204	1234	1150	1174	1224	1258				
1200	1249	1273	1309	1344	1260	1284	1334	1368				
1300	—	—	—	—	1354	1384	1434	1474				
1350	1398	1428	1464	1498	1414	1444	1494	1534				
1400	—	—	—	—	1464	1494	1544	1584				
1500	1553	1583	1619	1658	1574	1604	1654	1694				

単位 mm

30K				40K				63K			
内輪内径	ガスケット本体		外輪外径	内輪内径	ガスケット本体		外輪外径	内輪内径	ガスケット本体		外輪外径
	内径	外径			内径	外径			内径	外径	
D_1	D_2	D_3	D_4	D_1	D_2	D_3	D_4	D_1	D_2	D_3	D_4
18	24	37	59	15	21	34	59	15	21	34	64
22	28	41	64	18	24	37	64	18	24	37	69
28	34	47	69	23	29	42	69	23	29	42	75
34	40	53	79	29	35	48	79	29	35	48	80
43	51	67	89	38	44	60	89	38	44	60	90
49	57	73	100	43	51	67	100	43	51	67	107
61	69	89	114	55	63	79	114	55	63	79	125
68	78	98	140	68	78	98	140	68	78	98	152
80	90	110	150	80	90	110	150	80	90	110	162
92	102	127	162	92	102	127	162	92	102	127	179
104	116	141	172	104	116	141	182	104	116	141	194
128	140	165	207	128	140	165	224	128	140	165	235
153	165	197	249	153	165	197	265	153	165	197	275
—	—	—	—	—	—	—	—	—	—	—	—
202	218	250	294	202	218	250	315	202	218	250	328
—	—	—	—	—	—	—	—	—	—	—	—
251	271	311	360	251	271	311	378	251	271	311	394
300	320	360	418	300	320	360	434	300	320	360	446
336	356	396	463	336	356	396	479	336	356	396	488
383	403	453	524	383	403	453	531	383	403	453	545

備考 1. このガスケットは，鋼管突合せ溶接フランジと，鋼管差込み溶接フランジのソケット溶接フランジだけに適用する。

2. 呼び圧力30K-50以下は，大平面座だけに適用する。

3. 呼び圧力40K-65以上は，大平面，平面座の両方に適用するが，鋼管突合せ溶接フランジと，鋼管差込み溶接フランジのソケット溶接フランジだけ適用する。

4. 呼び圧力20K 及び30K の差込み溶接式フランジ B 形(呼び径10-65)には，表の太線枠内の代わりに，次の付表寸法表を利用のこと。

5. バルカホイルフィラーのうず巻形ガスケットおよびPTFE フィラーのうず巻形ガスケットは内外輪付うず巻形ガスケットを推奨する。

付表

単位 mm

呼び径	20K				30K			
	D_1	D_2	D_3	D_4	D_1	D_2	D_3	D_4
10	24	30	42	52	30	36	46	59
15	28	34	46	57	35	41	51	64
20	33	39	51	62	39	45	56	69
25	44	50	63	74	48	54	66	79
32	52	59	73	84	56	62	75	89
40	56	63	78	89	63	69	84	100
50	69	77	93	104	77	83	99	114
65	80	92	112	124	90	100	120	140

(3) ANSI/ASME(JPI)平面座管フランジ用うず巻形ガスケット

対象製品(バルカー No.)	製品寸法規格	適用フランジ規格
●外輪付うず巻形ガスケット 591, (6591), (7591), 8591 ●内外輪付うず巻形ガスケット 596, 6596, 7596, 8596	JPI-7S-41 ANSI/ASME B16.20 (API STD601)	JPI-7S-15 ANSI/ASME B16.5

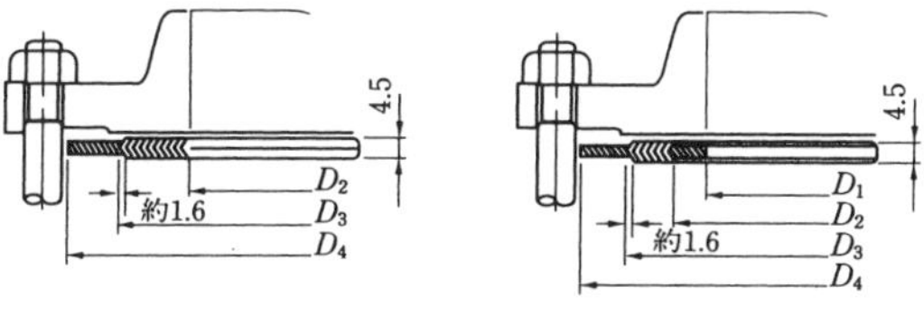

表3

呼び径		内輪内径 D_1					本体内径 D_2				
A	B	クラス 150 300	クラス 400 600	クラス 900	クラス 1500	クラス 2500	クラス 150 300	クラス 400 600	クラス 900	クラス 1500	クラス 2500
15	½	14.2	14.2	14.2	14.2	14.2	19.0	19.0	19.0	19.0	19.0
20	¾	20.6	20.6	20.6	20.6	20.6	25.4	25.4	25.4	25.4	25.4
25	1	26.9	26.9	26.9	26.9	26.9	31.8	31.8	31.8	31.8	31.8
(32)	(1 ¼)	38.1	38.1	33.3	33.3	33.3	47.8	47.8	39.6	39.6	39.6
40	1 ½	44.4	44.4	41.4	41.4	41.4	54.1	54.1	47.8	47.8	47.8
50	2	55.6	55.6	52.3	52.3	52.3	69.8	69.8	58.7	58.7	58.7
65	2 ½	66.5	66.5	63.5	63.5	63.5	82.6	82.6	69.8	69.8	69.8
80	3	81.0	81.0	81.0	81.0	81.0	101.6	101.6	95.2	92.2	92.2
(90)	(3 ½)	93.7	93.7	—	—	—	114.3	114.3	—	—	—
100	4	106.4	106.4	106.4	106.4	106.4	127.0	120.6	120.6	117.6	117.6
(125)	(5)	131.8	131.8	131.8	131.8	131.8	155.7	147.6	147.6	143.0	143.0
150	6	157.2	157.2	157.2	157.2	157.2	182.6	174.8	174.8	171.4	171.4
200	8	215.9	209.6	209.6	206.2	200.2	233.4	225.6	222.2	215.9	215.9
250	10	268.2	260.4	260.4	257.8	247.6	287.3	274.6	276.4	266.7	270.0
300	12	317.5	317.5	314.4	314.4	292.1	339.8	327.2	323.8	323.8	317.5
350	14	349.2	349.2	342.9	339.8	—	371.6	362.0	355.6	362.0	—
400	16	400.0	400.0	393.7	387.4	—	422.4	412.8	412.8	406.4	—
450	18	449.3	449.3	444.5	438.2	—	474.7	469.9	463.6	463.6	—
500	20	500.1	500.1	495.3	489.0	—	525.5	520.7	520.7	514.4	—
600	24	603.2	603.2	603.2	577.8	—	628.6	628.6	628.6	616.0	—

単位 mm

本体外径 D_3		外輪外径 D_4						
クラス 150 300 400 600	クラス 900 1500 2500	クラス 150	クラス 300	クラス 400	クラス 600	クラス 900	クラス 1500	クラス 2500
31.8	31.8	47.8	54.1	54.1	54.1	63.5	63.5	69.8
39.6	39.6	57.2	66.8	66.8	66.8	69.8	69.8	76.2
47.8	47.8	66.8	73.2	73.2	73.2	79.5	79.5	85.8
60.4	60.4	76.2	82.6	82.6	82.6	88.9	88.9	104.9
69.8	69.8	85.8	95.2	95.2	95.2	98.6	98.6	117.6
85.8	85.8	104.9	111.2	111.2	111.2	143.0	143.0	146.0
98.6	98.6	124.0	130.3	130.3	130.3	165.1	165.1	168.4
120.6	120.6	136.6	149.4	149.4	149.4	168.4	174.8	196.8
133.3	—	161.9	165.1	161.9	161.9	—	—	—
149.4	149.4	174.8	181.1	177.8	193.8	206.5	209.6	235.0
177.8	177.8	196.8	215.9	212.8	241.3	247.6	254.0	279.4
209.6	209.6	222.2	251.0	247.6	266.7	289.0	282.7	317.5
263.6	257.3	279.4	308.1	304.8	320.8	358.9	352.6	387.4
317.5	311.2	339.8	362.0	358.9	400.0	435.1	435.1	476.2
374.6	368.3	409.7	422.4	419.1	457.2	498.6	520.7	549.4
406.4	400.0	450.8	485.9	482.6	492.2	520.7	577.8	—
463.6	457.2	514.4	539.8	536.7	565.2	574.8	641.4	—
527.0	520.7	549.4	596.9	593.8	612.9	638.3	704.8	—
577.8	571.5	606.6	654.0	647.7	682.8	698.5	755.6	—
685.8	679.4	717.6	774.7	768.4	790.7	838.2	901.7	—

(4)　ANSI/ASME(JPI)平面座大口径管フランジ用うず巻形ガスケット

対象製品(バルカー No.)	製品寸法規格	適用フランジ規格
●外輪付うず巻形ガスケット 591, (6591), (7591), 8591 ●内外輪付うず巻形ガスケット 596, 6596, 7596, 8596	JPI-7S-41 (API STD 601)	JPI-7S-43(シリーズB) ANSI/ASME B16.47(シリーズB) (API STD 605)

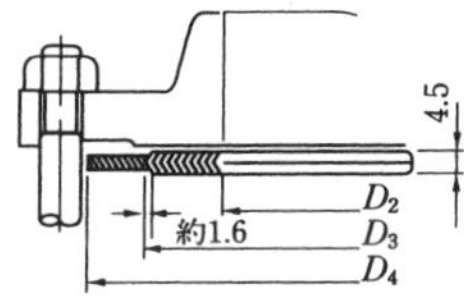

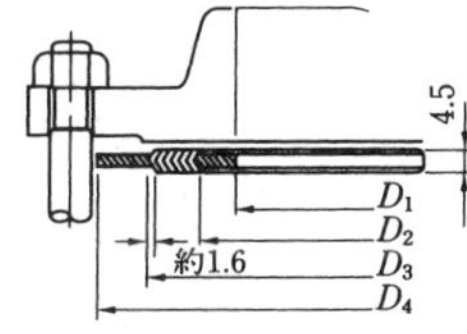

表4

呼び径		クラス150				クラス300				クラス400			
		内輪内径	ガスケット本体		外輪外径	内輪内径	ガスケット本体		外輪外径	内輪内径	ガスケット本体		外輪外径
			内径	外径			内径	外径			内径	外径	
A	B	D_1	D_2	D_3	D_4	D_1	D_2	D_3	D_4	D_1	D_2	D_3	D_4
650	26	654.0	673.1	698.5	725.4	654.0	673.1	711.2	771.6	654.0	666.8	698.5	746.2
700	28	704.8	723.9	749.3	776.2	704.8	723.9	762.0	825.5	701.8	714.5	749.3	800.1
750	30	755.6	774.7	800.1	827.0	755.6	774.7	812.8	886.0	752.6	765.3	806.4	857.2
800	32	806.4	825.5	850.9	881.1	806.4	825.5	863.6	939.8	800.1	812.8	860.6	911.4
850	34	857.2	876.3	908.0	935.0	857.2	876.3	914.4	993.9	850.9	866.9	911.4	962.2
900	36	908.0	927.1	958.8	987.6	908.0	927.1	965.2	1047.8	898.6	917.7	965.2	1022.4
950	(38)	958.8	974.6	1009.6	1044.7	971.6	1009.6	1047.8	1098.6	952.5	971.6	1022.4	1073.2
1000	40	1009.6	1022.4	1063.8	1095.5	1022.4	1060.4	1098.6	1149.4	1000.2	1025.6	1076.4	1127.2
1050	42	1060.4	1079.5	1114.6	1146.3	1054.1	1079.5	1117.6	1200.2	1051.0	1076.4	1127.2	1178.0
1100	(44)	1111.2	1124.0	1165.4	1197.1	1124.0	1162.0	1200.2	1251.0	1104.9	1130.3	1181.1	1231.9
1150	46	1162.0	1181.1	1224.0	1255.8	1178.0	1216.2	1254.2	1317.8	1168.4	1193.8	1244.6	1289.0
1200	48	1212.8	1231.9	1270.0	1306.6	1200.2	1231.9	1270.0	1368.6	1206.5	1244.6	1295.4	1346.2
(1250)	(50)	1263.6	1282.7	1325.6	1357.4	1267.0	1317.8	1355.8	1419.4	1257.3	1295.4	1346.2	1403.4
(1300)	(52)	1314.4	1333.5	1376.4	1408.2	1317.8	1368.6	1406.6	1470.2	1308.1	1346.2	1397.0	1454.2
1350	54	1365.2	1384.3	1422.4	1463.8	1346.2	1384.3	1422.4	1530.4	1352.6	1403.4	1454.2	1517.6
(1400)	(56)	1412.7	1435.1	1470.2	1514.6	1428.8	1479.6	1524.0	1593.8	1403.4	1454.2	1505.0	1568.4
(1450)	(58)	1463.5	1485.9	1522.5	1579.6	1484.4	1535.2	1573.3	1655.8	1454.2	1505.0	1555.8	1619.2
1500	60	1514.3	1536.7	1573.3	1630.4	1505.0	1536.7	1574.8	1706.6	1517.6	1568.4	1619.2	1682.8

表4 (続き)

呼び径		クラス600				クラス900			
		内輪	ガスケット本体		外輪	内輪	ガスケット本体		外輪
		内径	内径	外径	外径	内径	内径	外径	外径
A	B	D_1	D_2	D_3	D_4	D_1	D_2	D_3	D_4
650	26	644.6	663.7	714.5	765.3	673.1	692.2	749.3	838.2
700	28	692.2	704.8	755.6	819.2	723.9	743.0	800.1	901.7
750	30	752.6	778.0	828.8	879.6	787.4	806.4	857.2	958.8
800	32	793.8	831.8	882.6	933.4	838.2	863.6	914.4	1016.0
850	34	850.9	889.0	939.8	997.0	895.4	920.8	971.6	1073.2
900	36	901.7	939.8	990.6	1047.8	927.1	946.2	997.0	1124.0
950	38	952.5	990.6	1041.4	1104.9	1009.6	1035.0	1085.8	1200.2
1000	40	1009.6	1047.8	1098.6	1155.7	1060.4	1098.6	1149.4	1251.0
1050	42	1066.8	1104.9	1155.7	1219.2	1111.2	1149.4	1200.2	1301.8
1100	44	1111.2	1162.0	1212.8	1270.0	1155.7	1206.5	1257.3	1368.6
1150	46	1162.0	1212.8	1263.6	1327.2	1219.2	1270.0	1320.8	1435.1
1200	48	1219.2	1270.0	1320.8	1390.6	1270.0	1320.8	1371.6	1485.9
(1250)	(50)	1270.0	1320.8	1371.6	1447.8				
(1300)	(52)	1320.8	1371.6	1422.4	1498.6				
1350	54	1378.0	1428.8	1479.6	1555.8				
(1400)	(56)	1428.8	1479.6	1530.4	1612.9				
(1450)	(58)	1473.2	1536.7	1587.5	1663.7				
1500	60	1530.4	1593.8	1644.6	1733.6				

備考 1.( )を付けた呼び径のものは，なるべく使わないのがよい。

2.クラス150～600の呼び径26～60Bおよびクラス900の呼び径26～48Bのガスケットは突合せ溶接形フランジに適合する。

3. JPI-7S-43-72(旧規格)フランジに適用する場合は，クラス150，呼び径38Bの外輪外径 D_4 は1037.7mm，呼び径44Bの外輪外径 D_4 は1204.4mmに変更する必要がある。

4.バルカホイルフィラーのうず巻形ガスケットおよびPTFEフィラーのうず巻形ガスケットは内外輪付うず巻形ガスケットを推奨する。

(5) MSS(ANSI/ASME, JPI)大口径平面座管フランジ用うず巻形ガスケット

対象製品(バルカー No.)	製品寸法規格	適用フランジ規格
●内外輪付うず巻形ガスケット 596, 6596, 7596, 8596 ●外輪付うず巻形ガスケット 591, (6591), (7591), 8591	ANSI/ASME B16.20 (API STD 601)	ANSI/ASME B16.47(シリーズA) MSS SP-44 JPI-7S-43(シリーズA)

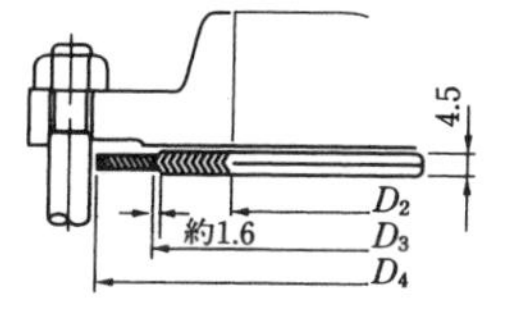

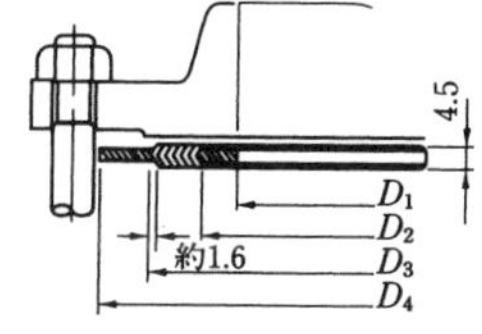

表5

呼び径		クラス150				クラス300				クラス400			
		内輪内径	ガスケット本体		外輪外径	内輪内径	ガスケット本体		外輪外径	内輪内径	ガスケット本体		外輪外径
			内径	外径			内径	外径			内径	外径	
A	B	D_1	D_2	D_3	D_4	D_1	D_2	D_3	D_4	D_1	D_2	D_3	D_4
650	26	654.1	673.1	704.9	774.7	654.1	685.8	736.6	835.2	660.4	685.8	736.6	831.9
700	28	704.9	723.9	755.7	831.9	704.9	736.6	787.4	898.7	711.2	736.6	787.4	892.3
750	30	755.7	774.7	806.5	882.7	755.7	793.8	844.6	952.5	755.7	793.8	844.6	946.2
800	32	806.5	825.5	860.6	939.8	806.5	850.9	901.7	1006.6	812.8	850.9	901.7	1003.3
850	34	857.3	876.3	911.4	990.6	857.3	901.7	952.5	1057.4	863.6	901.7	952.5	1054.1
900	36	908.1	927.1	968.5	1047.8	908.1	955.8	1006.6	1117.6	917.7	955.8	1006.6	1117.6
950	38	958.9	977.9	1019.3	1111.3	952.5	977.9	1016.0	1054.1	952.5	971.6	1022.4	1073.2
1000	40	1009.7	1028.7	1070.1	1162.1	1003.3	1022.4	1070.1	1114.6	1000.3	1025.7	1076.5	1127.3
1050	42	1060.5	1079.5	1124.0	1219.2	1054.1	1073.2	1120.9	1165.4	1051.1	1076.5	1127.3	1178.1
1100	44	1111.3	1130.3	1178.1	1276.4	1104.9	1130.3	1181.1	1219.2	1104.9	1130.3	1181.1	1231.9
1150	46	1162.1	1181.1	1228.9	1327.2	1152.7	1178.1	1228.9	1273.3	1168.4	1193.8	1244.6	1289.1
1200	48	1212.9	1231.9	1279.7	1384.3	1209.8	1235.2	1286.0	1324.1	1206.5	1244.6	1295.4	1346.2
1250	50	1263.7	1282.7	1333.5	1435.1	1244.6	1295.4	1346.2	1378.0	1257.3	1295.4	1346.2	1403.4
1300	52	1314.5	1333.5	1384.3	1492.3	1320.8	1346.2	1397.0	1428.8	1308.1	1346.2	1397.0	1454.2
1350	54	1358.9	1384.3	1435.1	1549.4	1352.6	1403.4	1454.2	1492.3	1352.6	1403.4	1454.2	1517.7
1400	56	1409.7	1435.1	1485.9	1606.6	1403.4	1454.2	1505.0	1543.1	1403.4	1454.2	1505.0	1568.5
1450	58	1460.5	1485.9	1536.7	1663.7	1447.8	1511.3	1562.1	1593.9	1454.2	1505.0	1555.8	1619.3
1500	60	1511.3	1536.7	1587.5	1714.5	1524.0	1562.1	1612.9	1644.7	1517.7	1568.5	1619.3	1682.8

単位 mm

クラス600				クラス900			
内輪内径 D_1	ガスケット本体 内径 D_2	ガスケット本体 外径 D_3	外輪外径 D_4	内輪内径 D_1	ガスケット本体 内径 D_2	ガスケット本体 外径 D_3	外輪外径 D_4
647.7	685.8	736.6	866.9	666.8	685.8	736.6	882.7
698.5	736.6	787.4	914.4	711.2	736.6	787.4	946.2
755.7	793.8	844.6	971.6	774.7	793.8	844.6	1009.7
812.8	850.9	901.7	1022.4	812.8	850.9	901.7	1073.2
863.6	901.7	952.5	1073.2	863.6	901.7	952.5	1136.7
917.7	955.8	1006.6	1130.3	920.8	958.9	1009.7	1200.2
952.5	990.6	1041.4	1104.9	1009.7	1035.1	1085.9	1200.2
1009.7	1047.8	1098.6	1155.7	1060.5	1098.6	1149.4	1251.0
1066.8	1104.9	1155.7	1219.2	1111.3	1149.4	1200.2	1301.8
1111.3	1162.1	1212.9	1270.0	1155.7	1206.5	1257.3	1368.6
1162.1	1212.9	1263.7	1327.2	1219.2	1270.0	1320.8	1435.1
1219.2	1270.0	1320.8	1390.7	1270.0	1320.8	1371.6	1485.9
1270.0	1320.8	1371.6	1447.8				
1320.8	1371.6	1422.4	1498.6				
1378.0	1428.8	1479.6	1555.8				
1428.8	1479.6	1530.4	1612.9				
1473.2	1536.7	1587.5	1663.7				
1530.4	1593.9	1644.7	1733.6				

備考　バルカホイルフィラーのうず巻形ガスケットおよびPTFEフィラーのうず巻形ガスケットは内外輪付うず巻形ガスケットを推奨する。

(6) ANSI/ASME(JPI)はめ込み形(M&F)，みぞ形(T&G)管フランジ用うず巻形ガスケット

対象製品(バルカー No.)	製品寸法規格	適用フランジ規格
●基本形うず巻形ガスケット 590，6590，7590，8590 ●内輪付うず巻形ガスケット 592，6592，7592，8592	JPI-7S-41	JPI-7S-15 ANSI/ASME B16.5

はめ込み形(メール・フィメール)フランジ用

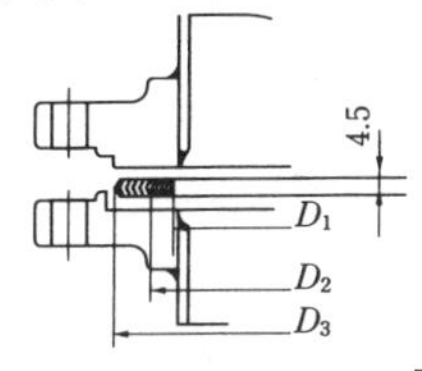

みぞ形(タング・グルーブ)フランジ用

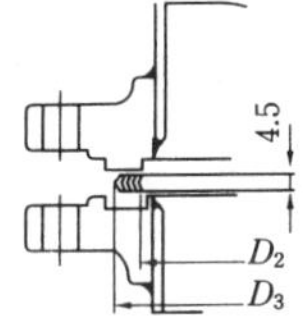

表6
ラージメール・フィメールおよびラージタング・グルーブフランジ用の内輪付および基本形うず巻形ガスケットの寸法　　単位 mm

呼び径		内輪内径 D_1					ガスケット本体	
A	B	クラス300	クラス400 クラス600	クラス900	クラス1500	クラス2500	内径 D_2	外径 D_3
15	½	14.2	14.2	14.2	14.2	14.2	25.0	35.3
20	¾	20.6	20.6	20.6	20.6	20.6	33.0	43.2
25	1	26.9	26.9	26.9	26.9	26.9	37.7	51.2
(32)	(1¼)	38.1	38.1	33.3	33.3	33.3	47.2	63.9
40	1½	44.4	44.4	41.4	41.4	41.4	53.6	73.4
50	2	55.6	55.6	52.3	52.3	52.3	72.6	92.5
65	2½	66.5	66.5	63.5	63.5	63.5	85.3	105.2
80	3	81.0	81.0	81.0	81.0	81.0	107.6	127.4
(90)	(3½)	93.7	93.7	—	—	—	120.3	140.1
100	4	106.4	106.4	106.4	106.4	106.4	131.4	157.6
(125)	(5)	131.8	131.8	131.8	131.8	131.8	160.0	186.1
150	6	157.2	157.2	157.2	157.2	157.2	190.1	216.3
200	8	215.9	209.6	209.6	206.2	200.2	237.7	270.0
250	10	268.2	260.4	260.4	257.8	247.6	285.7	323.9
300	12	317.5	317.5	314.4	314.4	292.1	342.8	381.1
350	14	349.2	349.2	342.9	339.8	—	374.6	412.8
400	16	400.0	400.0	393.7	387.4	—	425.4	470.0
450	18	449.3	449.3	444.5	438.2	—	488.9	533.5
500	20	500.1	500.1	495.3	489.0	—	533.3	584.3
600	24	603.2	603.2	603.2	577.8	—	641.8	691.7

備考　1.(　)を付けた呼び径のものは，なるべく使わないのがよい。
2.クラス2500の呼び径14B 以上は，規格寸法なし。

(7) ANSI/ASME(JPI)平面座管フランジ用メタルジャケットガスケット

対象製品(バルカー No.)	製品寸法規格	適用フランジ規格
●アスベスト系 520, 6520, 510, 6510 ●ノンアスベスト系 N520, N6520, N510, N6510 (取手付メタルジャケット含)	バルカー標準	JPI-7S-15 ANSI/ASME B16.5

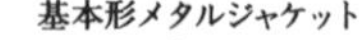

基本形メタルジャケット

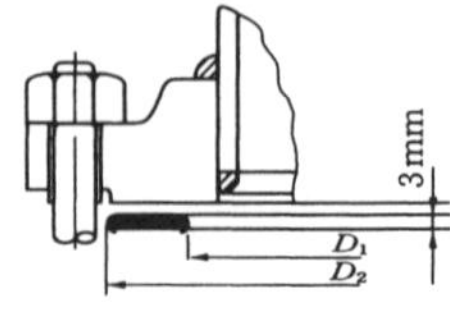

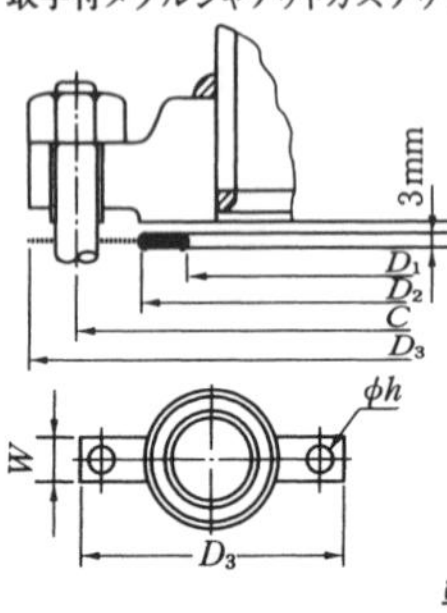

表 7 単位 mm

呼び径		基本形メタルジャケット			取手付メタルジャケット											
					ガスケット部			取手部								
A	B	内径 D_1	外径 D_2		内径 D_1	外径 D_2		長さ D_3		中心円の径 C		ボルト穴径 h		幅 W		
			クラス 150	クラス 300		クラス 150	クラス 300	クラス 150	クラス 300	クラス 150	クラス 300	クラス 150	クラス 300	クラス 150	クラス 300	
15	½	25	47	53	25	35	35	89	95	60.5	66.5	16	16	26	26	
20	¾	33	56	66	33	43	43	98	117	70	82.5	16	20	26	30	
25	1	38	66	72	38	51	51	108	124	79.5	89	16	20	26	30	
(32)	1¼	48	75	82	48	64	64	117	133	89	98.5	16	20	26	30	
40	1½	54	85	94	54	73	73	127	156	98.5	114.5	16	23	26	33	
50	2	73	104	110	73	92	92	152	165	120.5	127	20	20	30	30	
65	2½	86	123	129	86	105	105	178	191	139.5	149	20	23	30	33	
80	3	108	135	148	108	127	127	191	210	152.5	168	20	23	30	33	
(90)	(3½)	121	161	164	—	—	—	—	—	—	—	—	—	—	—	
100	4	132	173	180	132	157	157	229	254	190.5	200	20	23	30	33	
(125)	(5)	160	196	215	160	186	186	254	279	216	235	23	23	33	33	
150	6	190	221	250	190	216	216	279	318	241.5	270	23	23	33	33	
200	8	238	277	306	238	270	270	343	381	298.5	330	23	26	33	36	
250	10	286	338	360	286	324	324	406	445	362	387.5	26	29	36	44	
300	12	343	408	420	343	381	381	483	520	432	451	26	32	36	47	
350	14	375	449	484	375	413	413	535	585	476	514.5	29	32	44	47	
400	16	425	512	538	425	470	470	595	650	539.5	571.5	29	35	44	50	
450	18	489	547	595	489	533	533	635	710	578	628.5	32	35	47	50	
500	20	533	604	651	533	584	584	700	775	635	686	32	35	47	50	
600	24	641	715	772	641	692	692	815	915	749.5	813	35	42	50	62	

備考 1. メタルジャケットの厚さは3mm としているが，他寸法も製作可能。
2. メタルジャケットに0.4mm 厚さのバルカホイル(膨張黒鉛テープ)を両面に貼り付けることも可能(VF メタルジャケット)。
3. 取手付メタルジャケットガスケットは原則として厚さ0.4mm の取手である。
4. 取手材料は SPCC を標準としている。ガスケット部と同一材料を希望のときは，その旨指示のこと。
5. ( )を付けた呼び径のものは，なるべく使わないのがよい。

E-4　メタルガスケット
バルカーハンドブック

Metalgaskets

(1)　JIS 平面座管フランジ用のこ歯形ガスケット

対象製品(バルカー No.)	製品寸法規格	適用フランジ規格
外つば付のこ歯形ガスケット 540	バルカー標準	JIS B 2220 JIS B 2239

表 1　　**単位** mm

呼び径	JIS10K 大平面座用					JIS16K および20K 大平面座用				
	のこ歯部			つば部		のこ歯部			つば部	
	内径 D_1	外径 D_2	厚さ T	外径 D_3	厚さ t	内径 D_1	外径 D_2	厚さ T	外径 D_3	厚さ t
10	36	46	3	52	2	36	46	3	52	2
15	41	51	3	57	2	41	51	3	57	2
20	46	56	3	62	2	46	56	3	62	2
25	54	67	3	74	2	54	67	3	74	2
32	60	76	3	84	2	60	76	3	84	2
40	62	81	3	89	2	62	81	3	89	2
50	77	96	4.5	104	3	77	96	4.5	104	3
65	97	116	4.5	124	3	97	116	4.5	124	3
80	107	126	4.5	134	3	113	132	4.5	140	3
90	110	136	4.5	144	3	119	145	4.5	150	3
100	125	151	4.5	159	3	134	160	4.5	165	3
125	156	182	4.5	190	3	169	195	4.5	202	3
150	186	212	4.5	220	3	204	230	4.5	237	3
175	205	237	4.5	245	3	—	—	—	—	—
200	230	262	6	270	4.5	243	275	6	282	4.5
225	250	282	6	290	4.5	—	—	—	—	—
250	286	324	6	332	4.5	307	345	6	354	4.5
300	330	368	6	377	4.5	357	395	6	404	4.5
350	375	413	6	422	4.5	402	440	6	450	4.5
400	431	475	6	484	4.5	451	495	6	510	4.5
450	486	530	6	539	4.5	516	560	6	573	4.5
500	535	585	6	594	4.5	565	615	6	627	4.5
550	590	640	8	650	6	620	670	8	684	6
600	640	690	8	700	6	670	720	8	734	6

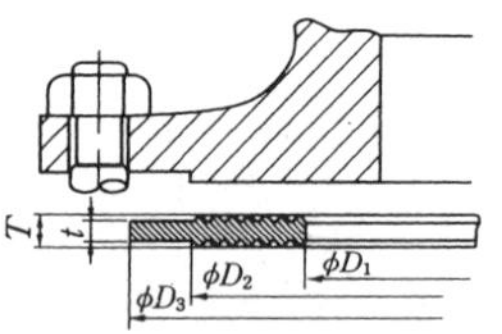

表1 (続き)

呼び径	JIS40K 平面座用					JIS63K 平面座用				
	のこ歯部			つば部		のこ歯部			つば部	
	内径 D_1	外径 D_2	厚さ T	外径 D_3	厚さ t	内径 D_1	外径 D_2	厚さ T	外径 D_3	厚さ t
10	25	35	3	59	2	25	35	3	64	2
15	32	42	3	64	2	32	42	3	69	2
20	40	50	3	69	2	40	50	3	75	2
25	47	60	3	79	2	47	60	3	80	2
32	52	68	3	89	2	52	68	3	90	2
40	56	75	4.5	100	3	56	75	4.5	107	3
50	71	90	4.5	114	3	71	90	4.5	125	3
65	86	105	4.5	140	3	86	105	4.5	152	3
80	101	120	4.5	150	3	101	120	4.5	162	3
90	104	130	4.5	162	3	104	130	4.5	179	3
100	119	145	4.5	182	3	119	145	4.5	194	3
125	144	170	4.5	224	3	144	170	4.5	235	3
150	179	205	6	265	4.5	179	205	6	275	4.5
200	228	260	6	315	4.5	228	260	6	327	4.5
250	277	315	6	377	4.5	277	315	6	394	4.5
300	337	375	6	434	4.5	337	375	6	446	4.5
350	377	415	6	479	4.5	377	415	6	488	4.5
400	421	465	6	531	4.5	421	465	6	545	4.5

備考 のこ歯形ガスケットは外つば付を標準とするが，内つば付や内外つば付，つばなしも製作可能。

(2) ANSI/ASME(JPI)平面座管フランジ用のこ歯形ガスケット

対象製品(バルカー No.)	製品寸法規格	適用フランジ規格
外つば付のこ歯形ガスケット 540	バルカー標準	JPI-7S-15 ANSI/ASME B16.5

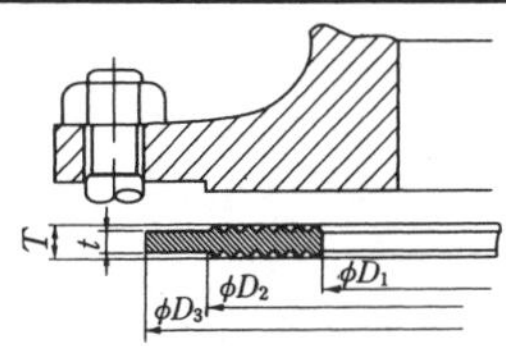

表 2

呼び径		のこ歯部			外径 D_3	
A	B	内径 D_1	外径 D_2	厚さ T	クラス 150	クラス 300
15	½	25	35	3	47	54
20	¾	33	43	3	57	66
25	1	38	51	3	66	73
32	1 ¼	48	63	3	76	82
40	1 ½	54	73	3	85	95
50	2	73	92	4.5	104	111
65	2 ½	86	105	4.5	123	130
80	(3)	108	127	4.5	136	149
90	3 ½	121	140	4.5	161	165
100	4	132	157	4.5	174	180
125	5	160	186	4.5	196	215
150	6	190	216	4.5	222	250
200	8	238	270	6	279	307
250	10	286	324	6	339	361
300	12	343	381	6	409	422
350	14	375	413	6	450	485
400	16	425	470	6	514	539
450	18	489	533	6	548	596
500	20	533	584	6	606	653
600	24	641	692	8	716	774

単位 mm

つば部					
		厚さ t			
クラス 600	クラス 900	クラス 150	クラス 300	クラス 600	クラス 900
54	63	2	2	2	2
66	70	2	2	2	2
73	79	2	2	2	2
82	89	2	2	2	2
95	98	2	2	2	2
111	142	3	3	3	3
130	165	3	3	3	3
149	168	3	3	3	3
161	—	3	3	3	—
193	206	3	3	3	3
241	247	3	3	3	3
266	288	3	3	3	3
320	358	4.5	4.5	4.5	4.5
399	434	4.5	4.5	4.5	4.5
456	498	4.5	4.5	4.5	4.5
491	520	4.5	4.5	4.5	4.5
564	574	4.5	4.5	4.5	4.5
612	637	4.5	4.5	4.5	4.5
681	697	4.5	4.5	4.5	4.5
789	837	6	6	6	6

備考 1. のこ歯形ガスケットは外つば付を標準とするが，内つば付や内外つば付や，つばなしも製作可能。

2. ( )を付けた呼び径のものは，なるべく使わないのがよい。

(3)　真空装置用ベーカブルフランジ用無酸素銅ガスケット

対象製品(バルカー No.)	製品寸法規格	適用フランジ規格
無酸素銅ガスケット 560-ZZC	JVIS003	ベーカブルフランジ (ナイフエッジ型メタルシールフランジ)

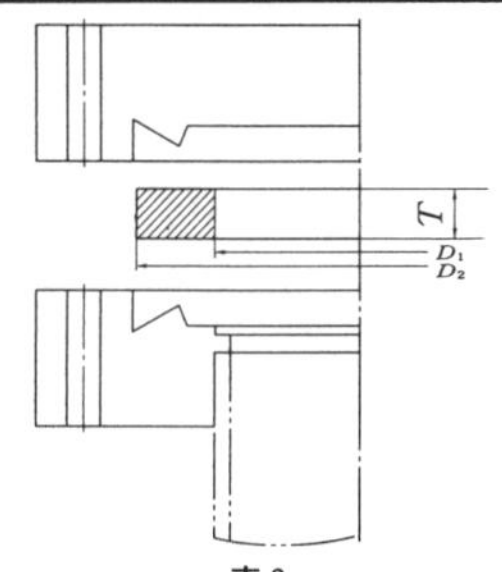

表 3　　**単位** mm

呼び径	内径	外径	厚さ
	$D_1 \pm 0.1$	$D_2{}^{+0.05}_{-0.1}$	$T \pm 0.07$
16	16.3	21.3	2
25	26.0	34.9	2
40	37.0	48.2	2
63	64.0	82.4	2
100	102.0	120.5	2
160	153.0	171.3	2
200	204.0	222.1	2
250	256.0	273.3	2

(4) ANSI/ASME(JPI)，MSS，API リングジョイント座管フランジ用リングジョイントガスケット

対象製品(バルカー No.)	製品寸法規格	適用フランジ規格
●オーバル断面形リングジョイントガスケット 550-0 ●オクタゴナル断面形リングジョイントガスケット 550-S	JPI-7S-23 ASME B16.20 API SPEC6A	JPI-7S-15 ANSI/ASME B16.5 MSS SP-44 API SPEC6A

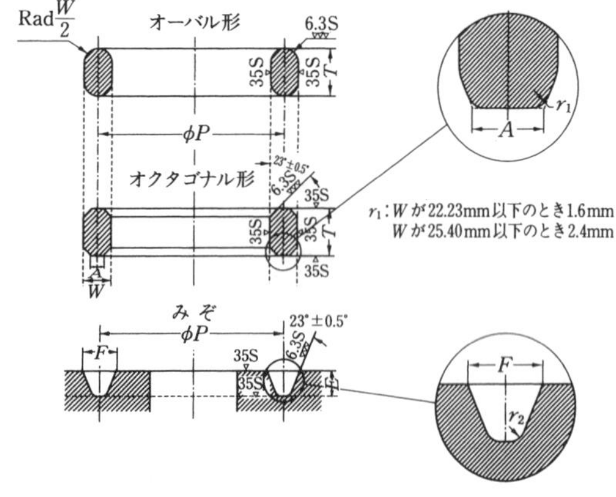

表4

リング番号	適用フランジ(呼び径)									
	JIS-7S-15, ANSI/ASME B16.5					MSS SP-44		API SPEC 6A		
	クラス 150	クラス 300 400 600	クラス 900	クラス 1500	クラス 2500	クラス 300 400 600	クラス 900	クラス 2000	クラス 3000	クラス 5000
R 11		½								
R 12			½	½						
R 13		¾			½					
R 14			¾	¾						
R 15	1									
R 16		1	1	1	¾					
R 17	1 ¼									
R 18		1 ¼	1 ¼	1 ¼	1					
R 19	1 ½									
R 20		1 ½	1 ½	1 ½				1 13/16	1 13/16	1 13/16
R 21					1 ¼					
R 22	2									
R 23		2			1 ½			2 1/16		
R 24			2	2					2 1/16	2 1/16
R 25	2 ½									
R 26		2 ½			2			2 9/16		
R 27			2 ½	2 ½					2 9/16	2 9/16
R 28					2 ½					
R 29	3									
R 30		3(1)								
R 31		3	3					3 ⅛	3 ⅛	
R 32					3					
R 33	3 ½									
R 34		3 ½								
R 35				3						3 ⅛
R 36	4									
R 37		4	4					4 1/16	4 1/16	
R 38					4					
R 39				4						4 1/16
R 40	5									
R 41		5	5					5 ⅛	5 ⅛	
R 42					5					
R 43	6									
R 44				5						5 ⅛
R 45		6	6					7 1/16	7 1/16	

単位 mm

ガスケットの寸法					みぞの寸法		
中心径 P (±0.18)	幅 W (±0.20)	高さ T (±0.40) オーバル形	高さ T (±0.40) オクタゴナル形	オクタゴナル形平面部の幅 A (±0.20)	深さ E $\left(\begin{smallmatrix}\pm 0.40\\ 0\end{smallmatrix}\right)$	幅 F (±0.20)	底のすみの半径 r_2 (最大)
34.13	6.35	11.11	9.53	4.32	5.56	7.14	0.8
39.69	7.94	14.29	12.70	5.23	6.35	8.74	0.8
42.86	7.94	14.29	12.70	5.23	6.35	8.74	0.8
44.45	7.94	14.29	12.70	5.23	6.35	8.74	0.8
47.63	7.94	14.29	12.70	5.23	6.35	8.74	0.8
50.80	7.94	14.29	12.70	5.23	6.35	8.74	0.8
57.15	7.94	14.29	12.70	5.23	6.35	8.74	0.8
60.33	7.94	14.29	12.70	5.23	6.35	8.74	0.8
65.09	7.94	14.29	12.70	5.23	6.35	8.74	0.8
68.26	7.94	14.29	12.70	5.23	6.35	8.74	0.8
72.23	11.11	17.46	15.88	7.75	7.92	11.91	0.8
82.55	7.94	14.29	12.70	5.23	6.35	8.74	0.8
82.55	11.11	17.46	15.88	7.75	7.92	11.91	0.8
95.25	11.11	17.46	15.88	7.75	7.92	11.91	0.8
101.60	7.94	14.29	12.70	5.23	6.35	8.74	0.8
101.60	11.11	17.46	15.88	7.75	7.92	11.91	0.8
107.95	11.11	17.46	15.88	7.75	7.92	11.91	0.8
111.13	12.70	19.05	17.46	8.66	9.52	13.49	1.5
114.30	7.94	14.29	12.70	5.23	6.35	8.74	0.8
117.48	11.11	17.46	15.88	7.75	7.92	11.91	0.8
123.83	11.11	17.46	15.88	7.75	7.92	11.91	0.8
127.00	12.70	19.05	17.46	8.66	9.52	13.49	1.5
131.76	7.94	14.29	12.70	5.23	6.35	8.74	0.8
131.76	11.11	17.46	15.88	7.75	7.92	11.91	0.8
136.53	11.11	17.46	15.88	7.75	7.92	11.91	0.8
149.23	7.94	14.29	12.70	5.23	6.35	8.74	0.8
149.23	11.11	17.46	15.88	7.75	7.92	11.91	0.8
157.16	15.88	22.23	20.64	10.49	11.13	16.66	1.5
161.93	11.11	17.46	15.88	7.75	7.92	11.91	0.8
171.45	7.94	14.29	12.70	5.23	6.35	8.74	0.8
180.98	11.11	17.46	15.88	7.75	7.92	11.91	0.8
190.50	19.05	25.40	23.81	12.32	12.70	19.84	1.5
193.68	7.94	14.29	12.70	5.23	6.35	8.74	0.8
193.68	11.11	17.46	15.88	7.75	7.92	11.91	0.8
211.14	11.11	17.46	15.88	7.75	7.92	11.91	0.8

注 (1)　ラップジョイントのみに適用する。

表4　(続き)

リング番号	適用フランジ(呼び径)									
	JIS-7S-15, ANSI/ASME B16.5					MSS SP-44		API SPEC 6A		
	クラス 150	クラス 300 400 600	クラス 900	クラス 1500	クラス 2500	クラス 300 400 600	クラス 900	クラス 2000	クラス 3000	クラス 5000
R 46				6						7 1/16
R 47					6					
R 48	8									
R 49		8	8					9	9	
R 50				8						9
R 51					8					
R 52	10									
R 53		10	10					11	11	
R 54				10						11
R 55					10					
R 56	12									
R 57		12	12			12	12	13 5/8	13 5/8	
R 58				12						
R 59	14									
R 60					12					
R 61		14				14				
R 62			14				14			
R 63				14						
R 64	16									
R 65		16				16		16 3/4		
R 66			16				16		16 3/4	
R 67				16						
R 68	18									
R 69		18				18		17 3/4		
R 70			18				18		17 3/4	
R 71				18						
R 72	20									
R 73		20				20		21 1/4		
R 74			20				20		20 3/4	
R 75				20						
R 76	24									
R 77		24				24				
R 78			24				24			
R 79				24						
R 80	22									

単位 mm

ガスケットの寸法					みぞの寸法		
中心径 P (±0.18)	幅 W (±0.20)	高さ T (±0.40) オーバル形	高さ T (±0.40) オクタゴナル形	オクタゴナル形平面部の幅 A (±0.20)	深さ E $\left(\begin{smallmatrix}\pm 0.40\\0\end{smallmatrix}\right)$	幅 F (±0.20)	底のすみの半径 r_2 (最大)
211.14	12.70	19.05	17.46	8.66	9.52	13.49	1.5
228.60	19.05	25.40	23.81	12.32	12.70	19.84	1.5
247.65	7.94	14.29	12.70	5.23	6.35	8.74	0.8
269.88	11.11	17.46	15.88	7.75	7.92	11.91	0.8
269.88	15.88	22.23	20.64	10.49	11.13	16.66	1.5
279.40	22.23	28.58	26.99	14.81	14.27	23.01	1.5
304.80	7.94	14.29	12.70	5.23	6.35	8.74	0.8
323.85	11.11	17.46	15.88	7.75	7.92	11.91	0.8
323.85	15.88	22.23	20.64	10.49	11.13	16.66	1.5
342.90	28.58	36.51	34.93	19.81	17.48	30.18	2.4
381.00	7.94	14.29	12.70	5.23	6.35	8.74	0.8
381.00	11.11	17.46	15.88	7.75	7.92	11.91	0.8
381.00	22.23	28.58	26.99	14.81	14.27	23.01	1.5
396.88	7.94	14.29	12.70	5.23	6.35	8.74	0.8
406.40	31.75	39.69	38.10	22.33	17.48	33.32	2.4
419.10	11.11	17.46	15.88	7.75	7.92	11.91	0.8
419.10	15.88	22.23	20.64	10.49	11.13	16.66	1.5
419.10	25.40	33.34	31.75	17.30	15.88	26.97	2.4
454.03	7.94	14.29	12.70	5.23	6.35	8.74	0.8
469.90	11.11	17.46	15.88	7.75	7.92	11.91	0.8
469.90	15.88	22.23	20.64	10.49	11.13	16.66	1.5
469.90	28.58	36.51	34.93	19.81	17.48	30.18	2.4
517.53	7.94	14.29	12.70	5.23	6.35	8.74	0.8
533.40	11.11	17.46	15.88	7.75	7.92	11.91	0.8
533.40	19.05	25.40	23.81	12.32	12.70	19.84	1.5
533.40	28.58	36.51	34.93	19.81	17.48	30.18	2.4
558.80	7.94	14.29	12.70	5.23	6.35	8.74	0.8
584.20	12.70	19.05	17.46	8.66	9.52	13.49	1.5
584.20	19.05	25.40	23.81	12.32	12.70	19.84	1.5
584.20	31.75	39.69	38.10	22.33	17.48	33.32	2.4
673.10	7.94	14.29	12.70	5.23	6.35	8.74	0.8
692.15	15.88	22.23	20.64	10.49	11.13	16.66	1.5
692.15	25.40	33.34	31.75	17.30	15.88	26.97	2.4
692.15	34.93	44.45	41.28	24.82	20.62	36.53	2.4
615.95	7.94		12.70	5.23	6.35	8.74	0.8

F-1　ロックウール保温筒　　JIS A 9501-1995

Rock wool heat insulating mould

(a)　ロックウール保温筒

単位 保温厚さ mm，放散熱量 W/m，θ：温度(℃)

熱伝導率(W/m·K)	$-20℃ \leqq \theta < 100℃$　$0.0314+0.000174\cdot\theta$ $100℃ \leqq \theta \leqq 600℃$　$0.0384+7.13\times10^{-5}\cdot\theta+3.51\times10^{-7}\cdot\theta^2$
年間使用時間(hr)	4 000

管内温度(℃)	管の呼び径	A	15	20	25	32	40	50	65	80	100	125	150	200	250	300	350	400	450	500	550	600
		B	1/2	3/4	1	1 1/4	1 1/2	2	2 1/2	3	4	5	6	8	10	12	14	16	18	20	22	24
100	保温厚さ		25	25	25	30	30	35	35	35	40	40	40	45	45	45	45	45	50	50	50	50
	放散熱量		16	19	22	22	25	26	30	34	37	44	50	57	69	80	88	99	101	111	121	131
150	保温厚さ		30	30	35	35	40	40	45	45	50	50	55	60	60	60	60	65	65	65	65	65
	放散熱量		27	31	32	37	37	43	46	51	57	67	71	82	98	113	124	130	145	159	173	187
200	保温厚さ		35	40	40	45	45	50	55	55	60	65	65	70	70	75	75	75	75	80	80	80
	放散熱量		38	40	45	48	52	56	62	68	77	84	95	111	131	143	157	176	194	202	219	237
250	保温厚さ		40	45	50	50	55	60	60	65	70	70	75	80	85	85	85	90	90	90	95	95
	放散熱量		50	53	56	64	65	71	82	86	97	111	120	140	158	181	198	212	234	256	265	286
300	保温厚さ		45	50	55	60	60	65	70	75	80	80	85	90	95	95	100	100	105	105	105	105
	放散熱量		63	67	72	77	83	90	99	105	119	136	147	171	193	222	233	259	275	300	325	351
350	保温厚さ		50	55	60	65	70	75	80	80	85	90	95	100	105	110	110	115	115	120	120	120
	放散熱量		77	83	89	96	99	108	119	131	147	162	176	205	232	256	279	300	330	348	376	405
400	保温厚さ		60	65	65	75	75	80	85	90	95	100	105	110	115	120	125	125	130	130	130	135
	放散熱量		90	97	108	113	121	131	145	154	173	191	207	242	274	303	320	355	378	412	445	464
450	保温厚さ		65	70	75	80	85	90	95	100	105	110	115	120	125	130	135	140	140	145	145	150
	放散熱量		108	116	125	135	140	153	169	179	202	223	242	283	320	354	374	403	442	468	505	528
500	保温厚さ		70	75	80	85	90	95	100	105	115	120	125	135	140	145	145	150	155	155	160	160
	教散熱量		128	138	148	161	167	182	201	213	234	258	280	319	361	399	433	467	499	542	571	613
550	保温厚さ		75	80	90	95	100	105	110	115	125	130	135	145	150	155	160	165	165	170	175	175
	放散熱量		151	161	170	184	191	208	230	245	269	297	322	367	415	459	487	525	575	610	642	688
600	保温厚さ		85	90	95	100	105	110	120	125	135	140	145	155	160	170	170	175	180	185	185	190
	放散熱量		171	184	198	214	223	243	262	279	308	339	368	420	474	514	556	601	643	682	735	771

(b) ロックウール保温筒

単位 保温厚さ mm, 放散熱量 W/m, θ：温度(℃)

熱伝導率(W/m·K)	$-20℃ \leqq \theta < 100℃$ $0.031\,4+0.000\,174\cdot\theta$ $100℃ \leqq \theta \leqq 600℃$ $0.038\,4+7.13\times10^{-5}\cdot\theta+3.51\times10^{-7}\cdot\theta^2$
年間使用時間(hr)	8 000

管内温度(℃)	管の呼び径																					
		A	15	20	25	32	40	50	65	80	100	125	150	200	250	300	350	400	450	500	550	600
		B	1/2	3/4	1	1 1/4	1 1/2	2	2 1/2	3	4	5	6	8	10	12	14	16	18	20	22	24
100	保温厚さ		30	35	35	40	40	45	45	50	55	55	55	60	60	65	65	65	65	70	70	70
	放散熱量		15	16	18	19	21	22	26	27	30	35	40	46	55	59	65	73	81	83	91	98
150	保温厚さ		40	45	45	50	55	55	60	65	70	70	75	80	80	85	85	85	90	90	90	90
	放散熱量		23	25	28	30	31	35	39	41	46	53	57	66	78	86	94	105	110	121	131	141
200	保温厚さ		50	50	55	60	65	65	70	75	80	85	90	95	95	100	100	105	105	110	110	110
	放散熱量		32	36	38	42	43	48	53	56	64	70	76	88	104	114	125	134	147	155	168	181
250	保温厚さ		55	60	65	70	75	80	85	85	95	95	100	110	110	115	120	120	125	125	130	130
	放散熱量		43	46	50	54	55	60	67	73	80	91	98	111	130	144	152	168	179	195	205	220
300	保温厚さ		65	70	75	80	80	90	95	100	105	110	115	120	125	130	135	135	140	145	145	145
	放散然量		54	57	62	67	72	76	84	89	100	111	120	140	158	175	185	205	219	232	250	269
350	保温厚さ		70	75	85	90	90	100	105	110	115	120	125	135	140	145	150	155	155	160	160	165
	放散熱量		67	72	75	82	87	93	102	109	123	135	147	167	189	209	221	239	261	277	299	313
400	保温厚さ		80	85	90	100	100	110	115	120	130	135	140	150	155	160	165	170	175	175	180	180
	放散熱量		80	86	93	98	105	111	123	131	144	159	173	197	222	246	261	281	301	326	344	369
450	保温厚さ		90	95	100	105	110	120	125	130	140	145	155	165	170	175	180	185	190	195	195	200
	放散熱量		95	102	110	119	124	132	146	155	171	189	201	229	259	286	304	328	351	373	401	421
500	保温厚さ		95	105	110	115	120	130	135	140	150	160	165	175	185	195	195	200	205	210	215	220
	放散熱量		114	120	129	140	146	156	172	183	202	218	236	270	299	325	351	379	406	431	455	478
550	保温厚さ		105	110	120	125	130	140	150	155	165	170	180	190	200	210	215	220	225	230	235	235
	放散熱量		132	142	150	163	170	181	196	209	231	254	271	309	343	373	396	428	458	487	514	549
600	保温厚さ		115	120	130	135	140	150	160	165	175	185	195	205	215	225	230	235	240	245	250	255
	放散熱量		153	164	174	188	196	210	227	242	267	290	309	352	391	425	451	488	522	555	586	617

F-2 ロックウール保温板 JIS A 9501-1995

Rock wool heat insulating board

(a) ロックウール保温板 1号，2号，3号，フェルト

単位 保温厚さ mm，放散熱量 W/m²，θ：温度(℃)

熱伝導率(W/m·K)		$-20℃\leqq\theta<100℃$ $0.0337+0.000151\cdot\theta$ $100℃\leqq\theta\leqq600℃$ $0.0395+4.71\times10^{-5}\cdot\theta$ $+5.03\times10^{-7}\cdot\theta^2$	$-20℃\leqq\theta<100℃$ $0.0337+0.000128\cdot\theta$ $100℃\leqq\theta\leqq600℃$ $0.0407+2.52\times10^{-5}\cdot\theta$ $+3.34\times10^{-7}\cdot\theta^2$	$-20℃\leqq\theta<100℃$ $0.0360+0.000116\cdot\theta$ $100℃\leqq\theta\leqq600℃$ $0.0419+3.28\times10^{-5}\cdot\theta$ $+2.63\times10^{-7}\cdot\theta^2$	$-20℃\leqq\theta<100℃$ $0.0349+0.000186\cdot\theta$ $100℃\leqq\theta\leqq400℃$ $0.0337+1.63\times10^{-4}\cdot\theta$ $+3.84\times10^{-7}\cdot\theta^2$
年間使用時間(hr)		4 000	4 000	4 000	4 000
内部温度(℃)	種類	保温板 1 号	保温板 2 号	保温板 3 号	フェルト
100	保温厚さ	55	55	55	60
	放散熱量	59	57	59	58
150	保温厚さ	75	75	75	80
	放散熱量	78	74	76	80
200	保温厚さ	95	90	90	100
	放散熱量	94	92	94	101
250	保温厚さ	115	105	110	120
	放散熱量	110	108	105	121
300	保温厚さ	130	125	125	140
	放散熱量	132	120	120	141
350	保温厚さ	150	140	140	165
	放散熱量	150	137	136	158
400	保温厚さ	170	155	155	185
	放散熱量	170	154	152	181
450	保温厚さ	190	175	170	—
	放散熱量	191	169	168	
500	保温厚さ	215	190	185	—
	放散熱量	209	189	186	
550	保温厚さ	235	210	205	—
	放散熱量	234	205	200	
600	保温厚さ	260	230	220	—
	放散熱量	256	223	219	

(b) ロックウール保温板　1号，2号，3号，フェルト

単位 保温厚さ mm，放散熱量 W/m²，θ：温度(℃)

熱伝導率(W/m・K)		$-20℃ \leqq \theta < 100℃$ $0.0337+0.000151 \cdot \theta$ $100℃ \leqq \theta \leqq 600℃$ $0.0395+4.71\times10^{-5} \cdot \theta$ $+5.03\times10^{-7} \cdot \theta^2$	$-20℃ \leqq \theta < 100℃$ $0.0337+0.000128 \cdot \theta$ $100℃ \leqq \theta \leqq 600℃$ $0.0407+2.52\times10^{-5} \cdot \theta$ $+3.34\times10^{-7} \cdot \theta^2$	$-20℃ \leqq \theta < 100℃$ $0.0360+0.000116 \cdot \theta$ $100℃ \leqq \theta \leqq 600℃$ $0.0419+3.28\times10^{-5} \cdot \theta$ $+2.63\times10^{-7} \cdot \theta^2$	$-20℃ \leqq \theta < 100℃$ $0.0349+0.000186 \cdot \theta$ $100℃ \leqq \theta \leqq 400℃$ $0.0337+1.63\times10^{-4} \cdot \theta$ $+3.84\times10^{-7} \cdot \theta^2$
年間使用時間(hr)		8 000	8 000	8 000	8 000
内部温度(℃)	種類	保温板1号	保温板2号	保温板3号	フェルト
100	保温厚さ	80	80	80	85
	放散熱量	41	40	41	42
150	保温厚さ	110	105	110	115
	放散熱量	54	53	53	57
200	保温厚さ	135	130	130	145
	放散熱量	67	64	66	70
250	保温厚さ	160	155	155	175
	放散熱量	80	74	75	84
300	保温厚さ	190	175	175	200
	放散熱量	91	86	86	100
350	保温厚さ	215	200	200	230
	放散熱量	105	96	96	114
400	保温厚さ	245	220	220	265
	放散熱量	118	109	107	127
450	保温厚さ	275	245	245	—
	放散熱量	133	121	117	
500	保温厚さ	305	270	265	—
	放散熱量	148	133	130	
550	保温厚さ	335	300	290	—
	放散熱量	165	144	142	
600	保温厚さ	370	325	315	—
	放散熱量	181	159	154	

F-3　ロックウール保温帯　JIS A 9501-1995

Rock wool heat insulating band

(a)　ロックウール保温帯　1号

単位 保温厚さ mm，放散熱量 W/m，θ：温度(℃)

熱伝導率(W/m·K)	$-20℃ \leq \theta < 100℃$　$0.0349 + 0.000244 \cdot \theta$ $100℃ \leq \theta \leq 600℃$　$0.0407 + 1.16 \times 10^{-4} \cdot \theta + 7.67 \times 10^{-7} \cdot \theta^2$
年間使用時間(hr)	4 000

管内温度(℃)	管の呼び径	A	15	20	25	32	40	50	65	80	100	125	150	200	250	300	350	400	450	500	550	600
		B	1/2	3/4	1	1 1/4	1 1/2	2	2 1/2	3	4	5	6	8	10	12	14	16	18	20	22	24
100	保温厚さ		25	25	30	30	30	35	35	40	40	45	45	50	50	50	50	50	50	50	55	55
	放散熱量		19	22	23	26	29	30	36	37	44	47	54	62	74	86	95	107	119	131	131	142
150	保温厚さ		30	35	35	40	40	45	50	50	55	55	60	65	65	65	70	70	70	70	70	70
	放散熱量		33	34	39	41	45	48	53	58	65	76	81	94	111	129	133	149	165	181	197	213
200	保温厚さ		40	40	45	50	50	55	60	60	65	70	70	75	80	80	85	85	85	85	90	90
	放散熱量		45	51	54	58	62	68	74	82	92	101	114	133	150	172	180	201	222	243	252	272
250	保温厚さ		45	50	55	60	60	65	70	75	80	80	85	90	95	95	100	100	100	105	105	105
	放散熱量		62	66	71	77	82	89	99	104	118	135	145	170	192	220	231	257	284	298	323	348
300	保温厚さ		55	60	60	65	70	75	80	85	90	95	95	105	110	110	115	115	120	120	125	125
	放散熱量		79	85	94	102	106	115	127	134	152	167	187	212	239	273	288	320	340	371	389	418
350	保温厚さ		60	65	70	75	80	85	90	95	100	105	110	115	120	125	130	130	135	140	140	140
	放散熱量		102	110	118	128	132	144	159	169	191	210	228	266	301	333	352	390	416	440	476	511
400	保温厚さ		70	75	80	85	90	95	100	105	115	120	125	130	135	140	145	150	150	155	155	160
	放散熱量		125	135	145	157	163	178	196	209	229	253	274	320	362	401	424	458	501	531	573	600
450	保温厚さ		80	85	90	95	100	105	110	115	125	130	135	145	150	160	160	165	170	170	175	180
	放散熱量		152	163	176	191	198	216	239	254	279	308	334	381	431	466	505	545	583	632	667	699
500	保温厚さ		85	90	100	105	110	115	125	130	135	145	150	160	165	175	180	180	185	190	195	195
	放散熱量		187	200	211	229	238	260	281	299	336	363	394	449	507	550	584	643	688	731	771	825
550	保温厚さ		95	100	110	115	120	125	135	140	150	155	165	175	185	190	195	200	205	210	210	215
	放散熱量		222	238	251	272	284	309	334	356	393	432	461	525	582	644	683	738	790	839	902	947
600	保温厚さ		105	110	120	125	130	140	145	150	165	170	180	190	200	205	210	215	220	225	230	235
	放散熱量		261	280	296	321	334	358	394	419	455	501	535	610	676	747	793	857	917	975	1 030	1 082

F

(b) ロックウール保温帯　1号

単位 保温厚さ mm，放散熱量 W/m，θ：温度(℃)

熱伝導率(W/m·K)	$-20℃ \leqq \theta < 100℃$　$0.0349 + 0.000244 \cdot \theta$ $100℃ \leqq \theta \leqq 600℃$　$0.0407 + 1.16 \times 10^{-4} \cdot \theta + 7.67 \times 10^{-7} \cdot \theta^2$
年間使用時間(hr)	8 000

管内温度(℃)	管の呼び径	A	15	20	25	32	40	50	65	80	100	125	150	200	250	300	350	400	450	500	550	600
		B	1/2	3/4	1	1 1/4	1 1/2	2	2 1/2	3	4	5	6	8	10	12	14	16	18	20	22	24
100	保温厚さ		30	35	40	40	45	45	50	55	55	60	60	65	65	70	70	70	70	75	75	75
	放散熱量		18	19	20	22	23	26	28	30	35	39	44	51	60	66	72	81	89	93	101	109
150	保温厚さ		45	45	50	55	55	60	65	70	75	75	80	85	90	90	95	95	95	100	100	100
	放散熱量		27	30	32	35	38	41	45	47	53	61	66	77	87	100	105	117	129	135	146	158
200	保温厚さ		55	60	60	65	70	75	80	85	90	95	95	105	105	110	115	115	120	120	120	125
	放散熱量		39	42	47	51	52	57	63	66	75	83	93	105	122	135	142	158	168	183	199	207
250	保温厚さ		65	70	75	80	80	85	95	95	105	110	115	120	125	130	135	135	140	140	145	145
	放散熱量		53	57	61	67	71	77	83	91	100	110	119	139	157	174	184	204	217	237	249	267
300	保温厚さ		75	80	85	90	95	100	105	110	120	125	130	140	145	150	155	160	160	165	165	170
	放散熱量		70	75	81	87	91	99	109	116	128	141	153	174	197	218	231	249	272	289	312	326
350	保温厚さ		85	90	95	105	105	115	120	125	135	140	145	155	165	170	175	180	185	185	190	195
	放散熱量		89	96	103	109	116	124	137	145	160	177	192	218	242	268	284	306	328	355	375	393
400	保温厚さ		95	100	110	115	120	125	135	140	150	160	165	175	185	190	195	200	205	210	215	215
	放散熱量		111	120	126	137	143	155	168	179	197	214	232	264	293	324	343	371	397	422	446	476
450	保温厚さ		105	115	120	130	135	140	150	155	165	175	180	195	205	210	215	220	225	230	235	240
	放散熱量		137	145	156	166	173	188	204	217	240	260	282	316	350	387	411	444	475	505	534	561
500	保温厚さ		120	125	135	140	145	155	165	170	180	190	200	215	225	230	240	245	250	255	260	265
	放散熱量		164	176	187	202	211	226	245	261	288	312	333	374	415	458	480	518	555	590	623	655
550	保温厚さ		130	135	145	155	160	170	180	185	200	210	215	230	245	255	260	265	275	280	285	290
	放散熱量		198	212	225	240	250	269	291	310	338	366	396	445	488	531	563	608	643	683	722	759
600	保温厚さ		140	150	160	170	175	185	195	200	215	225	235	250	265	275	280	290	295	305	310	315
	放散熱量		236	249	265	283	295	316	343	364	398	431	461	518	568	619	656	700	749	787	832	875

F-4 グラスウール保温筒　JIS A 9501-1995

Glass wool heat insulating mould

(a) グラスウール保温筒

単位 保温厚さ mm，放散熱量 W/m，θ：温度(℃)

熱伝導率(W/m·K)			$-20℃ \leqq \theta \leqq 200℃$　$0.0324+1.05\times10^{-4}\cdot\theta+4.62\times10^{-7}\cdot\theta^2$																			
年間使用時間(hr)			4 000																			
管内温度(℃)	管の呼び径	A	15	20	25	32	40	50	65	80	100	125	150	200	250	300	350	400	450	500	550	600
		B	1/2	3/4	1	1 1/4	1 1/2	2	2 1/2	3	4	5	6	8	10	12	14	16	18	20	22	24
100	保温厚さ		25	25	25	30	30	35	35	35	40	40	40	45	45	45	45	45	45	50	50	50
	放散熱量		16	18	21	22	24	25	30	33	36	43	49	56	67	78	86	96	107	108	118	127
150	保温厚さ		30	30	35	35	40	40	45	45	50	50	55	55	60	60	60	60	65	65	65	65
	放散熱量		26	30	32	36	36	42	45	51	56	66	70	86	96	111	122	137	142	156	170	184
200	保温厚さ		35	40	40	45	45	50	55	55	60	65	65	70	70	75	75	75	80	80	80	80
	放散熱量		38	40	46	49	53	57	62	69	77	85	96	111	132	144	158	177	186	203	221	239

(b) グラスウール保温筒

単位 保温厚さ mm，放散熱量 W/m，θ：温度(℃)

熱伝導率(W/m·K)			$-20℃ \leqq \theta \leqq 200℃$　$0.0324+1.05\times10^{-4}\cdot\theta+4.62\times10^{-7}\cdot\theta^2$																			
年間使用時間(hr)			8 000																			
管内温度(℃)	管の呼び径	A	15	20	25	32	40	50	65	80	100	125	150	200	250	300	350	400	450	500	550	600
		B	1/2	3/4	1	1 1/4	1 1/2	2	2 1/2	3	4	5	6	8	10	12	14	16	18	20	22	24
100	保温厚さ		30	30	35	40	40	45	45	50	50	55	55	60	60	65	65	65	65	65	70	70
	放散熱量		15	17	17	19	20	21	25	26	31	34	38	45	53	57	63	71	78	86	88	95
150	保温厚さ		40	45	45	50	50	55	60	65	65	70	75	80	80	85	85	85	85	90	90	90
	放散熱量		23	25	28	30	32	35	38	40	47	52	56	65	77	84	92	103	114	119	129	139
200	保温厚さ		50	50	55	60	65	70	70	75	80	85	90	95	95	100	105	105	105	110	110	110
	放散熱量		32	36	39	42	43	47	54	57	64	71	76	89	105	115	121	135	149	156	169	182

F-5 グラスウール保温板 JIS A 9501-1995

Glass wool heat insulating board

(a) グラスウール保温板 2号，及び波型保温板

単位 保温厚さ mm，放散熱量 W/m²，θ：温度(℃)

年間使用時間(hr)		4 000								
内部温度(℃)	種類	24 K	32 K	40 K	48 K	64 K	80 K	96 K	120 K	波型保温板
100	保温厚さ	60	55	55	55	55	55	55	55	55
	放散熱量	60	60	58	56	54	53	54	56	58
150	保温厚さ	85	80	75	75	75	70	75	75	—
	放散熱量	81	77	78	76	72	75	71	75	
200	保温厚さ	105	100	95	95	90	90	90	95	—
	放散熱量	106	98	98	93	92	89	90	90	

(b) グラスウール保温板 2号，及び波型保温板

単位 保温厚さ mm，放散熱量 W/m²，θ：温度(℃)

年間使用時間(hr)		8 000								
内部温度(℃)	種類	24 K	32 K	40 K	48 K	64 K	80 K	96 K	120 K	波型保温板
100	保温厚さ	85	80	80	80	80	75	75	80	80
	放散熱量	43	42	40	39	38	39	40	39	41
150	保温厚さ	120	110	110	110	105	105	105	105	—
	放散熱量	58	57	54	52	52	50	51	54	
200	保温厚さ	150	140	140	135	130	130	130	135	—
	放散熱量	75	71	67	66	64	62	63	64	—

F-6　けい酸カルシウム保温筒及び保温板　JIS A 9501-1995
Calcium silicate heat insulating mould and board

(a)　けい酸カルシウム保温筒及び保温板　1号-13

単位 保温厚さ mm，放散熱量 管 W/m，平面 W/m²，θ：温度(℃)

熱伝導率(W/m·K)	$0℃ \leqq \theta \leqq 300℃$　$0.0407+1.28\times10^{-4}\cdot\theta$ $300℃ < \theta \leqq 800℃$　$0.0555+2.05\times10^{-5}\cdot\theta+1.93\times10^{-7}\cdot\theta^2$
年間使用時間(hr)	4 000

管内温度(℃)	管の呼び径		15	20	25	32	40	50	65	80	100	125	150	200	250	300	350	400	450	500	550	600	平面
		A	15	20	25	32	40	50	65	80	100	125	150	200	250	300	350	400	450	500	550	600	平面
		B	1/2	3/4	1	1 1/4	1 1/2	2	2 1/2	3	4	5	6	8	10	12	14	16	18	20	22	24	
100	保温厚さ		25	25	25	25	30	30	30	35	35	35	40	40	40	40	40	40	40	45	45	45	50
	放散熱量		19	21	25	28	28	32	38	39	47	55	57	72	86	100	111	125	139	139	151	164	72
150	保温厚さ		25	30	30	35	35	40	40	40	45	45	50	50	50	55	55	55	55	55	55	55	65
	放散熱量		32	34	38	41	44	47	55	62	68	80	84	105	125	134	148	166	184	203	221	239	98
200	保温厚さ		30	35	35	40	40	45	50	50	55	55	55	60	60	65	65	65	65	70	70	70	80
	放散熱量		44	46	52	56	60	65	70	78	88	102	115	134	159	173	190	213	236	243	265	286	118
250	保温厚さ		35	40	45	45	50	50	55	55	60	65	65	70	70	75	75	75	75	80	80	80	90
	放散熱量		55	58	62	70	72	82	90	100	112	122	138	161	191	209	229	256	283	294	320	345	142
300	保温厚さ		40	45	50	50	55	55	60	65	65	70	75	75	80	80	85	85	85	90	90	90	105
	放散熱量		67	71	75	86	88	100	110	115	136	149	161	197	221	255	266	297	328	343	372	402	158
350	保温厚さ		45	50	50	55	60	60	65	70	75	75	80	85	90	90	90	95	95	95	100	100	120
	放散熱量		78	83	94	101	104	118	130	137	154	177	191	223	251	289	316	337	372	407	423	456	172
400	保温厚さ		50	55	55	60	65	70	70	75	80	85	85	90	95	100	100	105	105	105	105	110	130
	放散熱量		91	97	108	117	121	131	150	159	179	198	222	259	293	323	352	378	416	455	493	511	193
450	保温厚さ		55	55	60	65	70	75	80	80	85	90	95	100	105	105	110	110	115	115	115	120	140
	放散熱量		104	115	124	134	138	151	166	183	206	227	246	287	324	371	391	434	462	504	545	567	214
500	保温厚さ		60	60	65	70	75	80	85	85	90	95	100	105	110	115	115	120	120	125	125	125	155
	放散熱量		118	131	140	152	157	171	189	207	234	258	279	327	369	408	444	478	525	554	600	645	228
550	保温厚さ		60	65	70	75	80	85	90	90	100	105	105	115	120	120	125	130	130	130	135	135	165
	放散熱量		137	147	158	171	177	193	213	234	256	282	315	357	404	461	486	524	575	626	657	706	250
600	保温厚さ		65	70	75	80	85	90	95	100	105	110	115	120	125	130	135	135	140	140	145	145	180
	放散熱量		153	164	177	192	199	217	239	254	287	317	343	401	454	502	531	588	627	682	717	770	265
650	保温厚さ		70	75	80	85	90	95	100	105	110	115	120	130	135	140	140	145	145	150	150	155	195
	放散熱量		171	183	197	214	222	242	267	284	321	354	384	436	493	546	593	639	701	742	801	838	281
700	保温厚さ		75	80	85	90	95	100	105	110	115	120	125	135	140	145	150	155	155	160	160	165	205
	放散熱量		190	203	219	238	247	269	297	316	356	393	426	485	549	607	643	694	760	805	868	909	305
750	保温厚さ		80	85	90	95	100	105	110	115	125	130	135	140	150	155	155	160	165	170	170	175	220
	放散熱量		210	225	242	263	273	298	329	350	385	425	461	538	594	657	712	769	822	872	940	985	323
800	保温厚さ		85	90	95	100	105	110	115	120	130	135	140	150	155	160	165	170	175	175	180	180	235
	放散熱量		231	248	268	290	302	329	363	386	426	469	509	580	656	726	769	831	889	964	1016	1088	342

F

(b) けい酸カルシウム保温筒及び保温板 1号-13

単位 保温厚さ mm，放散熱量 管 W/m，平面 W/m²，θ：温度(℃)

熱伝導率(W/m·K)	$0℃ \leqq \theta \leqq 300℃$ $0.0407+1.28\times10^{-4}\cdot\theta$ $300℃ < \theta \leqq 800℃$ $0.0555+2.05\times10^{-5}\cdot\theta+1.93\times10^{-7}\cdot\theta^2$
年間使用時間(hr)	8 000

管内温度(℃)	管の呼び径 A	15	20	25	32	40	50	65	80	100	125	150	200	250	300	350	400	450	500	550	600	平面
	管の呼び径 B	½	¾	1	1¼	1½	2	2½	3	4	5	6	8	10	12	14	16	18	20	22	24	
100	保温厚さ	30	30	35	35	40	40	45	45	50	50	50	55	55	55	60	60	60	60	60	60	70
	放散熱量	17	19	20	23	24	27	30	33	37	43	49	56	67	78	79	89	99	109	118	128	53
150	保温厚さ	35	40	45	45	50	50	55	55	60	65	65	70	70	75	75	75	75	80	80	80	95
	放散熱量	28	29	31	35	36	41	45	50	56	62	70	81	96	105	115	129	142	148	161	174	68
200	保温厚さ	45	45	50	55	55	60	65	65	70	75	80	80	85	90	90	90	90	95	95	95	115
	放散熱量	36	41	43	47	50	55	60	66	75	82	89	108	122	134	146	163	180	189	205	221	83
250	保温厚さ	50	55	60	60	65	70	75	75	80	85	90	95	95	100	100	105	105	110	110	110	130
	放散熱量	47	50	54	61	62	68	75	82	93	102	111	129	152	167	182	196	215	227	245	264	100
300	保温厚さ	55	60	65	70	70	75	80	85	90	95	100	105	110	110	115	115	120	120	120	125	150
	放散熱量	58	62	67	72	77	84	93	98	111	122	132	155	175	200	211	234	249	271	294	306	111
350	保温厚さ	60	65	70	75	80	85	90	95	100	105	110	115	120	125	125	130	130	135	135	135	170
	放散熱量	69	74	80	86	90	98	108	114	129	142	154	180	204	226	245	264	290	307	331	356	122
400	保温厚さ	70	70	75	80	85	90	95	100	105	110	115	125	130	135	135	140	140	145	145	150	185
	放散熱量	79	87	94	102	105	115	127	135	152	168	182	207	234	259	281	303	332	351	380	397	137
450	保温厚さ	75	80	85	90	90	100	105	110	115	120	125	135	140	145	145	150	155	155	160	160	205
	放散熱量	91	98	106	115	122	130	143	152	172	190	206	234	265	293	318	343	366	398	419	449	147
500	保温厚さ	80	85	90	95	100	105	110	115	125	130	135	145	150	155	160	160	165	170	170	175	220
	放散熱量	105	113	121	132	137	149	165	175	193	213	231	263	297	329	348	385	411	436	470	493	162
550	保温厚さ	85	90	95	100	105	110	120	125	130	135	145	150	160	165	170	170	175	180	180	185	240
	放散熱量	119	128	138	150	156	170	183	195	220	242	257	299	331	367	389	429	459	487	524	550	173
600	保温厚さ	90	95	100	110	110	120	125	130	140	145	150	160	170	175	180	185	185	190	195	195	255
	放散熱量	135	145	156	166	176	188	207	221	243	268	291	332	368	407	431	466	508	540	570	610	188
650	保温厚さ	95	100	105	115	120	125	135	140	145	155	160	170	180	185	190	195	200	200	205	210	275
	放散熱量	152	163	175	187	194	212	229	244	274	296	321	367	406	449	477	515	551	596	629	661	201
700	保温厚さ	100	105	115	120	125	130	140	145	155	165	170	180	190	195	200	205	210	215	220	220	295
	放散熱量	170	182	193	209	218	237	256	273	301	326	354	404	447	495	525	567	607	645	681	728	213
750	保温厚さ	105	115	120	125	130	140	145	155	165	170	180	190	200	205	210	215	220	225	230	235	315
	放散熱量	189	200	215	233	243	260	286	299	331	364	388	443	491	543	576	622	666	708	748	786	227
800	保温厚さ	110	120	125	135	140	145	155	160	170	180	185	200	210	215	220	225	235	240	240	245	335
	放散熱量	210	222	239	255	266	289	313	333	368	398	432	485	538	594	630	681	718	763	819	861	241

F-7 はっ水性パーライト保温筒及び保温板 JIS A 9501-1995

Water repellency pearlite heat insulating mould and board

(a) はっ永性パーライト保温筒及び保温板 3号

単位 保温厚さ mm, 放散熱量 管 W/m, 平面 W/m², θ：温度(℃)

熱伝導率(W/m·K)	0℃≦θ≦800℃ $0.0632+1.26\times10^{-4}\cdot\theta+2.67\times10^{-8}\cdot\theta^2$
年間使用時間(hr)	4 000

管内温度(℃)	管の呼び径	15	20	25	32	40	50	65	80	100	125	150	200	250	300	350	400	450	500	550	600	平面
	B	½	¾	1	1¼	1½	2	2½	3	4	5	6	8	10	12	14	16	18	20	22	24	
100	保温厚さ	25	25	30	30	30	35	35	40	40	40	45	45	45	50	50	50	50	50	50	50	55
	放散熱量	26	30	31	36	39	42	49	50	61	71	75	93	111	119	131	147	164	180	196	213	94
150	保温厚さ	30	30	35	40	40	45	45	50	50	55	55	60	60	60	65	65	65	65	65	65	75
	放散熱量	41	47	49	53	57	61	72	75	89	97	110	128	152	176	181	203	225	247	269	291	120
200	保温厚さ	35	40	40	45	45	50	55	55	60	65	65	70	70	75	75	75	75	80	80	80	95
	放散熱量	56	59	67	72	78	84	92	102	114	125	142	165	195	214	234	262	290	302	328	354	139
250	保温厚さ	40	45	50	50	55	55	60	65	70	70	75	80	80	85	85	85	90	90	90	90	110
	放散熱量	71	75	80	91	93	106	117	123	138	159	171	200	236	259	284	317	334	366	397	428	161
300	保温厚さ	45	50	55	55	60	65	70	70	75	80	80	85	90	95	95	95	100	100	100	105	120
	放散熱量	85	91	97	110	113	123	136	149	168	185	208	243	275	303	330	368	390	426	462	479	188
350	保温厚さ	50	55	60	65	65	70	75	75	85	85	90	95	100	100	105	105	110	110	110	155	135
	放散熱量	100	107	115	124	133	145	160	176	191	219	236	276	312	357	367	418	444	485	525	545	206
400	保温厚さ	55	60	65	70	70	75	80	85	90	95	95	105	105	110	115	115	120	120	120	125	150
	放散熱量	115	123	133	144	154	167	185	196	221	244	273	309	361	399	420	467	497	542	586	610	223
450	保温厚さ	60	65	70	75	75	80	85	90	95	100	105	110	115	120	120	125	125	130	130	130	160
	放散熱量	131	140	151	163	175	190	210	223	252	278	301	352	398	440	479	515	566	598	647	695	246
500	保温厚さ	65	70	75	80	80	85	90	95	100	105	110	120	125	125	130	130	135	135	140	140	175
	放散熱量	147	157	169	184	196	214	236	251	283	312	338	384	435	495	523	580	618	673	707	759	261
550	保温厚さ	65	70	75	85	85	90	95	100	105	115	115	125	130	135	135	140	145	145	150	150	190
	放散熱量	168	180	194	205	218	238	263	279	315	338	377	428	484	536	582	628	670	729	766	823	276
600	保温厚さ	70	75	80	85	90	95	100	105	115	120	125	130	135	140	145	150	150	155	155	160	200
	放散熱量	185	199	214	232	241	262	290	308	339	374	406	473	535	592	627	676	741	785	847	886	298
650	保温厚さ	75	80	85	90	95	100	105	110	120	125	130	140	145	150	155	155	160	165	165	165	215
	放散熱量	203	217	234	254	264	288	318	338	372	410	445	507	573	634	672	743	794	842	907	973	312
700	保温厚さ	80	85	90	95	100	105	110	115	125	130	135	145	150	155	160	165	165	170	175	175	225
	放散熱量	221	237	255	277	288	314	346	368	406	448	486	553	626	692	734	792	866	919	969	1038	333
750	保温厚さ	85	90	95	100	105	110	115	120	130	135	140	150	160	165	165	170	175	180	180	185	235
	放散熱量	240	257	277	300	312	340	376	400	441	486	527	601	665	736	796	860	920	977	1052	1103	354
800	保温厚さ	85	90	100	105	110	115	120	125	135	140	150	155	165	170	175	180	185	185	190	190	250
	放散熱量	264	284	299	325	338	368	406	432	476	525	558	650	719	796	844	911	975	1056	1114	1193	368

(b) はっ水性パーライト保温筒及び保温板 3号

単位 保温厚さ mm，放散熱量 管 W/m，平面 W/m²，θ：温度(℃)

熱伝導率(W/m·K)	0℃≦θ≦800℃ 0.0632+1.26×10^{-4}·θ+2.67×10^{-8}·θ^2
年間使用時間(hr)	8 000

管内温度(℃)	管の呼び径 A	15	20	25	32	40	50	65	80	100	125	150	200	250	300	350	400	450	500	550	600	平面
	管の呼び径 B	1/2	3/4	1	1 1/4	1 1/2	2	2 1/2	3	4	5	6	8	10	12	14	16	18	20	22	24	
100	保温厚さ	30	35	40	40	45	45	50	50	55	55	60	65	65	65	70	70	70	70	70	70	85
	放散熱量	24	26	27	31	32	36	40	44	49	57	61	71	84	97	101	113	125	137	149	161	63
150	保温厚さ	40	45	50	50	55	60	60	65	70	70	75	80	85	85	85	90	90	90	90	95	110
	放散熱量	37	39	42	47	48	52	60	64	72	83	89	104	117	134	147	157	173	190	206	212	83
200	保温厚さ	50	55	60	60	65	70	75	75	80	85	90	95	95	100	105	105	105	110	110	110	135
	放散熱量	48	52	55	62	64	70	77	85	96	105	114	133	156	172	181	202	222	234	253	273	99
250	保温厚さ	55	60	65	70	75	80	85	85	90	95	100	105	110	115	115	120	120	125	125	125	155
	放散熱量	62	66	71	77	80	87	96	105	119	131	142	166	187	207	226	243	267	282	305	328	116
300	保温厚さ	65	70	75	80	80	85	90	95	100	105	110	120	125	125	130	130	135	140	140	140	175
	放散熱量	73	79	85	92	98	107	118	125	142	156	169	192	217	247	261	290	309	327	353	380	131
350	保温厚さ	70	75	80	85	90	95	100	105	110	115	120	130	135	140	140	145	150	150	155	155	195
	放散熱量	88	94	101	110	114	124	137	146	164	181	197	224	253	280	304	328	350	380	400	430	144
400	保温厚さ	75	80	85	90	95	100	110	110	120	125	130	140	145	150	155	155	160	165	165	170	215
	放散熱量	102	109	118	128	133	145	156	170	187	207	224	255	288	319	338	374	399	424	457	478	157
450	保温厚さ	80	85	90	100	100	110	115	120	130	135	140	150	155	160	165	170	170	175	180	180	230
	放散熱量	117	126	135	143	153	163	179	191	210	232	252	287	324	359	380	411	449	476	502	538	173
500	保温厚さ	85	95	100	105	110	115	120	125	135	140	150	160	165	170	175	180	185	185	190	195	250
	放散熱量	133	139	150	163	169	184	203	216	239	263	280	319	360	399	423	457	489	529	559	586	185
550	保温厚さ	90	100	105	110	115	120	130	135	145	150	155	165	175	180	185	190	195	200	200	205	270
	放散熱量	149	156	168	183	190	207	224	238	263	290	314	358	397	439	466	503	539	572	615	646	196
600	保温厚さ	100	105	110	115	120	130	135	140	150	160	165	175	185	190	195	200	205	210	210	215	285
	放散熱量	162	174	187	203	211	226	249	265	293	317	343	392	434	480	509	550	589	626	673	707	211
650	保温厚さ	105	110	115	125	125	135	145	150	160	165	175	185	195	200	205	210	215	220	225	225	305
	放散熱量	179	192	207	220	233	250	271	288	318	350	373	426	472	522	554	598	640	681	719	768	222
700	保温厚さ	110	115	120	130	135	140	150	155	165	175	180	195	200	210	215	220	225	230	235	240	320
	放散熱量	197	211	227	242	252	274	297	316	349	378	410	460	519	564	599	647	692	736	778	817	236
750	保温厚さ	115	120	125	135	140	145	155	160	175	180	190	200	210	220	225	230	235	240	245	250	340
	放散熱量	215	230	248	264	276	300	325	345	376	413	441	503	558	607	644	696	745	792	837	880	247
800	保温厚さ	120	125	130	140	145	155	165	170	180	190	195	210	220	230	235	240	245	250	255	260	355
	放散熱量	234	250	269	288	300	321	348	370	409	443	480	539	598	651	691	746	799	850	898	944	261

F-8　ビーズ法ポリスチレンフォーム保温筒及び保温板　JIS A 9501-1995

Beads polymerization polystyrene foam heat insulating mould and board

ビーズ法ポリスチレンフォーム保温筒　1号及び保温板　1号

単位 保冷・防露厚さ mm，θ：温度(℃)

熱伝導率 (W/m·K)	−50℃≦θ≦70℃　管　(保温筒)　0.033 4+0.000 13·θ													
管内温度(℃) ＼ 管の外径	12.70	15.88	19.05	22.22	25.4	28.58	31.75	34.92	38.1	41.28	50.8	53.98	63.5	66.68
15 以上	15	15	15	20	20	20	20	20	20	20	20	20	20	20
10 以上	20	20	20	20	25	25	25	25	25	25	25	25	25	25
5 以上	25	25	25	25	25	30	30	30	30	30	30	30	30	30
0 以上	25	30	30	30	30	30	30	35	35	35	35	35	35	35
−5 以上	30	30	35	35	35	35	35	35	40	40	40	40	40	40
−10 以上	35	35	35	35	40	40	40	40	40	40	45	45	45	45
−15 以上	35	40	40	40	40	45	45	45	45	45	50	50	50	50
−20 以上	40	40	40	45	45	45	45	50	50	50	50	50	55	55
−25 以上	40	45	45	45	50	50	50	50	50	55	55	55	60	60
−30 以上	45	45	50	50	50	50	55	55	55	55	60	60	60	60
−35 以上	45	50	50	50	55	55	55	55	60	60	60	65	65	65
−40 以上	50	50	55	55	55	60	60	60	60	65	65	65	70	70
−45 以上	50	55	55	55	60	60	60	65	65	65	70	70	70	75
−50 以上	55	55	60	60	60	65	65	65	65	70	70	70	75	75

単位 保冷・防露厚さ mm，θ：温度(℃)

熱伝導率 (W/m·K)		−50℃≦θ≦70℃　管　(保温筒)　0.033 4+0.000 13·θ −50℃≦θ≦80℃　平面(保温板)　0.033 6+0.000 12·θ																				
管内温度(℃) ＼ 管の呼び径	A	15	20	25	32	40	50	65	80	100	125	150	200	250	300	350	400	450	500	550	600	平面
	B	1/2	3/4	1	1 1/4	1 1/2	2	2 1/2	3	4	5	6	8	10	12	14	16	18	20	22	24	
15 以上		20	20	20	20	20	20	20	20	20	20	25	25	25	25	25	25	25	25	25	25	25
10 以上		20	25	25	25	25	25	25	30	30	30	30	30	30	30	30	30	30	30	30	30	35
5 以上		25	25	30	30	30	30	35	35	35	35	35	35	40	40	40	40	40	40	40	40	40
0 以上		30	30	35	35	35	35	40	40	40	40	40	45	45	45	45	45	45	45	45	50	50
−5 以上		35	35	35	40	40	40	45	45	45	45	50	50	50	50	55	55	55	55	55	55	60
−10 以上		35	40	40	45	45	45	45	50	50	55	55	55	55	60	60	60	60	60	60	60	65
−15 以上		40	40	45	45	50	50	50	55	55	60	60	60	65	65	65	65	65	70	70	70	75
−20 以上		45	45	50	50	50	55	55	60	60	60	65	65	70	70	70	70	75	75	75	75	85
−25 以上		45	50	50	55	55	55	60	60	65	65	70	70	75	75	75	80	80	80	80	80	90
−30 以上		50	50	55	55	60	60	65	65	70	70	75	75	80	80	80	85	85	85	85	85	100
−35 以上		50	55	55	60	60	65	70	70	75	75	80	80	85	85	90	90	90	90	90	95	105
−40 以上		55	55	60	65	65	70	70	75	75	80	80	85	90	90	95	95	95	95	100	100	110
−45 以上		55	60	65	65	70	70	75	75	80	85	85	90	95	95	100	100	100	100	105	105	120
−50 以上		60	60	65	70	70	75	80	80	85	90	90	95	100	100	100	105	105	105	110	110	125

F-9 硬質ウレタンフォーム保温筒及び保温板 JIS A 9501-1995

Rigid polyuretane foam heat insulating mould and board

硬質ウレタンフォーム保温筒及び保温板

単位 保冷・防露厚さ mm, θ：温度(℃)

熱伝導率 (W/m・K)	温度範囲	式
	$-200℃ \leqq \theta \leqq -60℃$	$0.0294+0.00010 \cdot \theta$
	$-60℃ < \theta \leqq 15℃$	$0.0209+3.13\times10^{-5}\cdot\theta+3.53\times10^{-6}\cdot\theta^2+4.01\times10^{-8}\cdot\theta^3$
	$15℃ < \theta \leqq 100℃$	$0.0202\pm0.00014\cdot\theta$

管内温度(℃) ＼ 管の呼び径 A	15	20	25	32	40	50	65	80	100	125	150	200	250	300	350	400	450	500	550	600	平面
管の呼び径 B	½	¾	1	1¼	1½	2	2½	3	4	5	6	8	10	12	14	16	18	20	22	24	
15 以上	15	15	15	15	15	15	15	15	15	15	15	15	15	15	15	15	15	15	15	15	20
10 以上	15	15	15	20	20	20	20	20	20	20	20	20	20	20	20	20	20	20	20	20	20
5 以上	20	20	20	20	20	20	25	25	25	25	25	25	25	25	25	25	25	25	25	25	30
0 以上	20	25	25	25	25	25	25	25	30	30	30	30	30	30	30	30	30	30	30	30	35
−5 以上	25	25	25	25	30	30	30	30	30	35	35	35	35	35	35	35	35	35	35	35	40
−10 以上	25	30	30	30	30	30	35	35	35	35	35	40	40	40	40	40	40	40	40	40	45
−15 以上	30	30	30	35	35	35	35	40	40	40	40	40	45	45	45	45	45	45	45	45	50
−20 以上	30	35	35	35	35	40	40	40	40	45	45	45	45	50	50	50	50	50	50	50	55
−25 以上	35	35	35	40	40	40	45	45	45	45	50	50	50	50	55	55	55	55	55	55	60
−30 以上	35	40	40	40	40	45	45	45	50	50	50	55	55	55	55	60	60	60	60	60	65
−35 以上	40	40	40	45	45	45	50	50	55	55	55	60	60	60	60	60	65	65	65	65	70
−40 以上	40	45	45	45	50	50	50	55	55	60	60	60	65	65	65	65	70	70	70	70	75
−45 以上	45	45	45	50	50	55	55	55	60	60	65	65	70	70	70	70	70	75	75	75	80
−50 以上	45	45	50	50	55	55	60	60	65	65	65	70	70	75	75	75	75	75	80	80	90
−55 以上	45	50	50	55	55	60	60	65	65	70	70	75	75	80	80	80	80	80	85	85	95
−60 以上	50	50	55	55	60	60	65	65	70	70	75	80	80	80	85	85	85	85	85	90	100
−65 以上	50	55	55	60	60	65	65	70	75	75	80	80	85	85	90	90	90	90	90	95	105
−70 以上	55	55	60	60	65	65	70	70	75	80	80	85	90	90	90	95	95	95	95	95	110
−75 以上	55	60	60	65	65	70	75	75	80	80	85	90	90	95	95	95	100	100	100	100	115
−80 以上	60	60	65	65	70	70	75	80	80	85	90	90	95	100	100	100	100	105	105	105	120

−85 以上	60	65	65	70	70	75	80	80	85	90	90	95	100	100	105	105	105	110	110	110	125
−90 以上	60	65	70	70	75	75	80	85	85	90	95	100	100	105	105	110	110	110	115	115	130
−95 以上	65	65	70	75	75	80	85	85	90	95	95	100	105	110	110	110	115	115	115	120	135
−100 以上	65	70	70	75	75	80	85	90	95	95	100	105	110	110	115	115	115	120	120	120	140
−105 以上	65	70	75	75	80	85	85	90	95	100	100	105	110	115	115	120	120	120	125	125	145
−110 以上	70	70	75	80	80	85	90	95	95	100	105	110	115	115	120	120	125	125	125	130	150
−115 以上	70	75	75	80	85	85	90	95	100	105	105	115	115	120	120	125	125	130	130	130	155
−120 以上	70	75	80	80	85	90	95	95	100	105	110	115	120	125	125	130	130	130	135	135	160
−125 以上	70	75	80	85	85	90	95	100	105	110	110	120	120	125	130	130	135	135	135	140	165
−130 以上	75	80	80	85	90	95	95	100	105	110	115	120	125	130	130	135	135	140	140	140	170
−135 以上	75	80	85	85	90	95	100	105	110	115	115	125	125	130	135	135	140	140	140	145	175
−140 以上	75	80	85	90	90	95	100	105	110	115	120	125	130	135	135	140	140	145	145	145	175
−145 以上	80	80	85	90	95	100	105	105	110	115	120	125	130	135	140	140	145	145	150	150	180
−150 以上	80	85	85	90	95	100	105	110	115	120	120	130	135	140	140	145	145	150	150	150	185
−155 以上	80	85	90	95	95	100	105	110	115	120	125	130	135	140	145	145	150	150	155	155	190
−160 以上	80	85	90	95	95	100	105	110	115	120	125	135	140	140	145	150	150	155	155	155	190
−165 以上	80	85	90	95	100	105	110	110	120	125	130	135	140	145	145	150	155	155	160	160	195
−170 以上	85	85	90	95	100	105	110	115	120	125	130	135	140	145	150	150	155	160	160	160	200
−175 以上	85	90	95	100	100	105	110	115	120	125	130	140	145	150	150	155	155	160	160	165	200
−180 以上	85	90	95	100	100	105	115	115	125	130	135	140	145	150	155	155	160	160	165	165	205

G-1　一般構造用圧延鋼材　JIS G 3101-1995

Rolled steel for general structure

1. **適用範囲**　一般構造用の熱間圧延鋼材。

2. **種　類**　**表 1** による。

表 1　種類の記号

種類記号	適用
SS330	鋼板，鋼帯，平鋼及び棒鋼
SS400	鋼板，鋼帯，形鋼，平鋼及び棒鋼
SS490	
SS540	厚さ 40 mm 以下の鋼板，鋼帯，形鋼，平鋼及び径，辺又は対辺距離 40 mm 以下の棒鋼

3. **化学成分**　**表 2** による。

表 2　化学成分

単位 %

種類記号	C	Mn	P	S
SS330	—	—	0.050 以下	0.050 以下
SS400				
SS490				
SS540	0.30 以下	1.60 以下	0.040 以下	0.040 以下

4. **機械的性質**　**表 3** による。

表3　機械的性質

種類記号	降伏点又は耐力 N/mm² 鋼材の厚さ mm			引張強さ	鋼材の厚さ	引張試験片	伸び	曲げ性		
	16以下	16を越え40以下	40を越えるもの	N/mm²	mm		%	曲げ角度	内側半径	試験片
SS330	205以上	195以上	175以上	330〜430	鋼板，鋼帯，平鋼の厚さ5以下	5号	26以上	180°	厚さの0.5倍	1号
					鋼板，鋼帯，平鋼の厚さ5を超え16以下	1A号	21以上			
					鋼板，鋼帯，平鋼の厚さ16を超え50以下	1A号	26以上			
					鋼板，平鋼の厚さ40を超えるもの	4号	28以上			
					棒鋼の径，辺又は対辺距離25以下	2号	25以上	180°	径，辺又は対辺距離の0.5倍	2号
					棒鋼の径，辺又は対辺距離25を超えるもの	3号	30以上			
SS400	245以上	235以上	215以上	400〜510	鋼板，鋼帯，平鋼，形鋼の厚さ5以下	5号	21以上	180°	厚さの1.5倍	1号
					鋼板，鋼帯，平鋼，形鋼の厚さ5を超え16以下	1A号	17以上			
					鋼板，鋼帯，平鋼，形鋼の厚さ16を超え50以下	1A号	21以上			
					鋼板，平鋼，形鋼の厚さ40を超えるもの	4号	23以上			
					棒鋼の径，辺又は対辺距離25以下	2号	20以上	180°	径，辺又は対辺距離の1.5倍	2号
					棒鋼の径，辺又は対辺距離25を超えるもの	3号	24以上			
SS490	285以上	275以上	255以上	490〜610	鋼板，鋼帯，平鋼，形鋼の厚さ5以下	5号	19以上	180°	厚さの2.0倍	1号
					鋼板，鋼帯，平鋼，形鋼の厚さ5を超え16以下	1A号	15以上			
					鋼板，鋼帯，平鋼，形鋼の厚さ16を超え50以下	1A号	19以上			
					鋼板，平鋼，形鋼の厚さ40を超えるもの	4号	21以上			
					棒鋼の径，辺又は対辺距離25以下	2号	18以上	180°	径，辺又は対辺距離の2.0倍	2号
					棒鋼の径，辺又は対辺距離25を超えるもの	3号	21以上			
SS540	400以上	390以上	—	540以上	鋼板，鋼帯，平鋼，形鋼の厚さ5以下	5号	16以上	180°	厚さの2.0倍	1号
					鋼棟，鋼帯，平鋼，形鋼の厚さ5を超え16以下	1A号	13以上			
					鋼板，鋼帯，平鋼，形鋼の厚さ16を超え50以下	1A号	17以上			
					棒鋼の径，辺又は対辺距離25以下	2号	13以上	180°	径，辺又は対辺距離の2.0倍	2号
					楠鋼の径，辺又は対辺距離25を超えるもの	3号	17以上			

G-2　熱間圧延棒鋼　　JIS G 3191-1966

Hot rolled steel bar

1. **棒鋼の寸法**　丸鋼は径，角鋼は辺，6 角形などの多角形は，対辺距離を mm で表し，長さを m で表す。
2. **棒鋼の標準長さ**　**表 1** による。

表 1

単位 m

3.5	4.0	4.5	5.0	5.5	6.0	6.5	7.0	8.0	9.0	10.0

3. **棒鋼の質量**　基本質量 0.785(kg/cm²・m)×断面積(cm²)×長さ(m)
4. **丸鋼の標準径に対する断面積と単位質量**　**付表 1** による。

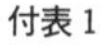

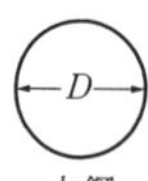

Dは径

丸鋼

径 mm	断面積 cm²	単位質量 kg/m	径 mm	断面積 cm²	単位質量 kg/m
6	0.2827	0.222	(45)	15.90	12.5
7	0.3848	0.302	46	16.62	13.0
8	0.5027	0.395	48	18.10	14.2
9	0.6362	0.499	50	19.63	15.4
10	0.7854	0.617	(52)	21.24	16.7
11	0.9503	0.746	55	23.76	18.7
12	1.131	0.888	56	24.63	19.3
13	1.327	1.04	60	28.27	22.2
(14)	1.539	1.21	64	32.17	25.3
16	2.011	1.58	65	33.18	26.0
(18)	2.545	2.00	(68)	36.32	28.5
19	2.835	2.23	70	38.48	30.2
20	3.142	2.47	75	44.18	34.7
22	3.801	2.98	80	50.27	39.5
24	4.524	3.55	85	56.75	44.5
25	4.909	3.85	90	63.62	49.9
(27)	5.762	4.49	95	70.88	55.6
28	6.158	4.83	100	78.54	61.7
30	7.069	5.55	110	95.03	74.6
32	8.042	6.31	120	113.1	88.8
(33)	8.553	6.71	130	132.7	104
36	10.18	7.99	140	153.9	121
38	11.34	8.90	150	176.7	139
(39)	11.95	9.38	160	201.1	158
42	13.85	10.9	180	254.5	200
			200	314.2	247

G-3 熱間圧延形鋼

JIS G 3192-1994

Hot rolled steel sections

1. **形鋼の形状，断面特性　付表1～5**による。
2. **形鋼の標準長さ　表1**による。

表1 標準長さ

単位 m

6.0	6.5	7.0	8.0	9.0	10.0	11.0	12.0	13.0	14.0	15.0

付表 1 等辺山形鋼の標準断面寸法とその断面積，単位質量，断面特性

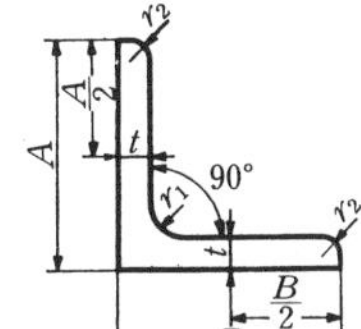

断面二次モーメント $I=ai^2$

断面二次半径 $i=\sqrt{I/a}$

断面係数 $Z=I/e$

(a = 断面積)

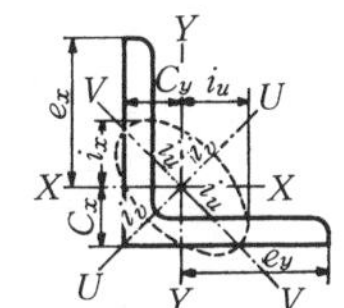

標準断面寸法 (mm)				断面積 (cm^2)	単位質量 (kg/m)	参考											
						重心の位置 (cm)		断面二次モーメント (cm^4)				断面二次半径 (cm)				断面係数 (cm^3)	
$A\times B$	t	r_1	r_2			C_x	C_y	I_x	I_y	最大 I_u	最小 I_v	i_x	i_y	最大 i_u	最小 i_v	Z_x	Z_y
25×25	3	4	2	1.427	1.12	0.719	0.719	0.797	0.797	1.26	0.332	0.747	0.747	0.940	0.483	0.448	0.448
30×30	3	4	2	1.727	1.36	0.844	0.844	1.42	1.42	2.26	0.590	0.908	0.908	1.14	0.585	0.661	0.661
40×40	3	4.5	2	2.336	1.83	1.09	1.09	3.53	3.53	5.60	1.46	1.23	1.23	1.55	0.790	1.21	1.21
40×40	5	4.5	3	3.755	2.95	1.17	1.17	5.42	5.42	8.59	2.25	1.20	1.20	1.51	0.774	1.91	1.91
45×45	4	6.5	3	3.492	2.74	1.24	1.24	6.50	6.50	10.3	2.70	1.36	1.36	1.72	0.880	2.00	2.00
45×45	5	6.5	3	4.302	3.38	1.28	1.28	7.91	7.91	12.5	3.29	1.36	1.36	1.71	0.874	2.46	2.46
50×50	4	6.5	3	3.892	3.06	1.37	1.37	9.06	9.06	14.4	3.76	1.53	1.53	1.92	0.983	2.49	2.49
50×50	5	6.5	3	4.802	3.77	1.41	1.41	11.1	11.1	17.5	4.58	1.52	1.52	1.91	0.976	3.08	3.08
50×50	6	6.5	4.5	5.644	4.43	1.44	1.44	12.6	12.6	20.0	5.23	1.50	1.50	1.88	0.963	3.55	3.55
60×60	4	6.5	3	4.692	3.68	1.61	1.61	16.0	16.0	25.4	6.62	1.85	1.85	2.33	1.19	3.66	3.66
60×60	5	6.5	3	5.802	4.55	1.66	1.66	19.6	19.6	31.2	8.09	1.84	1.84	2.32	1.18	4.52	4.52
65×65	5	8.5	3	6.367	5.00	1.77	1.77	25.3	25.3	40.1	10.5	1.99	1.99	2.51	1.28	5.35	5.35
65×65	6	8.5	4	7.527	5.91	1.81	1.81	29.4	29.4	46.6	12.2	1.98	1.98	2.49	1.27	6.26	6.26
65×65	8	8.5	6	9.761	7.66	1.88	1.88	36.8	36.8	58.3	15.3	1.94	1.94	2.44	1.25	7.96	7.96
70×70	6	8.5	4	8.127	6.38	1.93	1.93	37.1	37.1	58.9	15.3	2.14	2.14	2.69	1.37	7.33	7.33
75×75	6	8.5	4	8.727	6.85	2.06	2.06	46.1	46.1	73.2	19.0	2.30	2.30	2.90	1.48	8.47	8.47
75×75	9	8.5	6	12.69	9.96	2.17	2.17	64.4	64.4	102	26.7	2.25	2.25	2.84	1.45	12.1	12.1
75×75	12	8.5	6	16.56	13.0	2.29	2.29	81.9	81.9	129	34.5	2.22	2.22	2.79	1.44	15.7	15.7
80×80	6	8.5	4	9.327	7.32	2.18	2.18	56.4	56.4	89.6	23.2	2.46	2.46	3.10	1.58	9.70	9.70
90×90	6	10	5	10.55	8.28	2.42	2.42	80.7	80.7	128	33.4	2.77	2.77	3.48	1.78	12.3	12.3
90×90	7	10	5	12.22	9.59	2.46	2.46	93.0	93.0	148	38.3	2.76	2.76	3.48	1.77	14.2	14.2
90×90	10	10	7	17.00	13.3	2.57	2.57	125	125	199	51.7	2.71	2.71	3.42	1.74	19.5	19.5
90×90	13	10	7	21.71	17.0	2.69	2.69	156	156	248	65.3	2.68	2.68	3.38	1.73	24.8	24.8
100×100	7	10	5	13.62	10.7	2.71	2.71	129	129	205	53.2	3.08	3.08	3.88	1.98	17.7	17.7
100×100	10	10	7	19.00	14.9	2.82	2.82	175	175	278	72.0	3.04	3.04	3.83	1.95	24.4	24.4
100×100	13	10	7	24.31	19.1	2.94	2.94	220	220	348	91.1	3.00	3.00	3.78	1.94	31.1	31.1
120×120	8	12	5	18.76	14.7	3.24	3.24	258	258	410	106	3.71	3.71	4.67	2.38	29.5	29.5
130×130	9	12	6	22.74	17.9	3.53	3.53	366	366	583	150	4.01	4.01	5.06	2.57	38.7	38.7
130×130	12	12	8.5	29.76	23.4	3.64	3.64	467	467	743	192	3.96	3.96	5.00	2.54	49.9	49.9
130×130	15	12	8.5	36.75	28.8	3.76	3.76	568	568	902	234	3.93	3.93	4.95	2.53	61.5	61.5
150×150	12	14	7	34.77	27.3	4.14	4.14	740	740	1 180	304	4.61	4.61	5.82	2.96	68.1	68.1
150×150	15	14	10	42.74	33.6	4.24	4.24	888	888	1 410	365	4.56	4.56	5.75	2.92	82.6	82.6
150×150	19	14	10	53.38	41.9	4.40	4.40	1 090	1 090	1 730	451	4.52	4.52	5.69	2.91	103	103
175×175	12	15	11	40.52	31.8	4.73	4.73	1 170	1 170	1 860	480	5.38	5.38	6.78	3.44	91.8	91.8
175×175	15	15	11	50.21	39.4	4.85	4.85	1 440	1 440	2 290	589	5.35	5.35	6.75	3.42	114	114
200×200	15	17	12	57.75	45.3	5.46	5.46	2 180	2 180	3 470	891	6.14	6.14	7.75	3.93	150	150
200×200	20	17	12	76.00	59.7	5.67	5.67	2 820	2 820	4 490	1 160	6.09	6.09	7.68	3.90	197	197
200×200	25	17	12	93.75	73.6	5.86	5.86	3 420	3 420	5 420	1 410	6.04	6.04	7.61	3.88	242	242
250×250	25	24	12	119.4	93.7	7.10	7.10	6 950	6 950	11 000	2 860	7.63	7.63	9.62	4.90	388	388
250×250	35	24	18	162.6	128	7.45	7.45	9 110	9 110	14 400	3 790	7.49	7.49	9.42	4.83	519	519

G

付表 2 不等辺山形鋼の標準断面寸法とその断面積，単位質量，断面特性

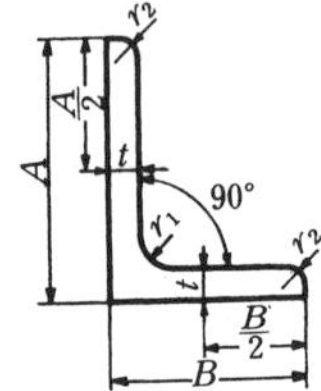

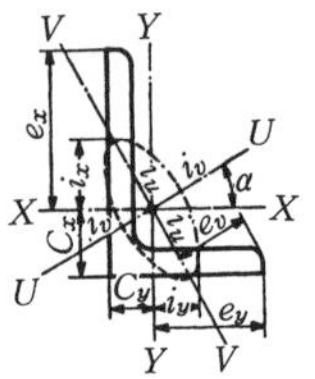

断面二次モーメント　$I = ai^2$

断面二次半径　$i = \sqrt{I/a}$

断面係数　$Z = I/e$

(a = 断面積)

標準断面寸法 (mm)				断面積 (cm²)	単位質量 (kg/m)	参考												
						重心の位置 (cm)		断面二次モーメント (cm⁴)				断面二次半径 (cm)				tan α	断面係数 (cm³)	
$A \times B$	t	r_1	r_2			C_x	C_y	I_x	I_y	最大 I_u	最小 I_v	i_x	i_y	最大 i_u	最小 i_v		Z_x	Z_y
90× 75	9	8.5	6	14.04	11.0	2.75	2.00	109	68.1	143	34.1	2.78	2.20	3.19	1.56	0.676	17.4	12.4
100× 75	7	10	5	11.87	9.32	3.06	1.83	118	56.9	144	30.8	3.15	2.19	3.49	1.61	0.548	17.0	10.0
100× 75	10	10	7	16.50	13.0	3.17	1.94	159	76.1	194	41.3	3.11	2.15	3.43	1.58	0.543	23.3	13.7
125× 75	7	10	5	13.62	10.7	4.10	1.64	219	60.4	243	36.4	4.01	2.11	4.23	1.64	0.362	26.1	10.3
125× 75	10	10	7	19.00	14.9	4.22	1.75	299	80.8	330	49.0	3.96	2.06	4.17	1.61	0.357	36.1	14.1
125× 75	13	10	7	24.31	19.1	4.35	1.87	376	101	415	61.9	3.93	2.04	4.13	1.60	0.352	46.1	17.9
125× 90	10	10	7	20.50	16.1	3.95	2.22	318	138	380	76.2	3.94	2.59	4.30	1.93	0.505	37.2	20.3
125× 90	13	10	7	26.26	20.6	4.07	2.34	401	173	477	96.3	3.91	2.57	4.26	1.91	0.501	47.5	25.9
150× 90	9	12	6	20.94	16.4	4.95	1.99	485	133	537	80.4	4.81	2.52	5.06	1.96	0.361	48.2	19.0
150× 90	12	12	8.5	27.36	21.5	5.07	2.10	619	167	685	102	4.76	2.47	5.00	1.93	0.357	62.3	24.3
150×100	9	12	6	21.84	17.1	4.76	2.30	502	181	579	104	4.79	2.88	5.15	2.18	0.439	49.1	23.5
150×100	12	12	8.5	28.56	22.4	4.88	2.41	642	228	738	132	4.74	2.83	5.09	2.15	0.435	63.4	30.1
150×100	15	12	8.5	35.25	27.7	5.00	2.53	782	276	897	161	4.71	2.80	5.04	2.14	0.431	78.2	37.0

付表 3　溝形鋼の標準断面寸法とその断面積，単位質量，断面特性

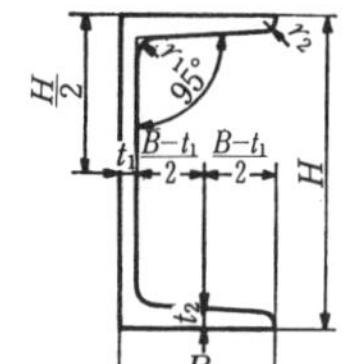

断面二次モーメント　$I=ai^2$

断面二次半径　$i=\sqrt{I/a}$

断面係数　$Z=I/e$

(a＝断面積)

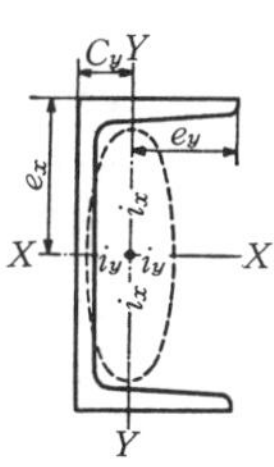

標準断面寸法 (mm)					断面積 (cm²)	単位質量 (kg/m)	参考							
							重心の位置 (cm)		断面二次モーメント (cm⁴)		断面二次半径 (cm)		断面係数 (cm³)	
$H \times B$	t_1	t_2	r_1	r_2			C_x	C_y	I_x	I_y	i_x	i_y	Z_x	Z_y
75× 40	5	7	8	4	8.818	6.92	0	1.28	75.3	12.2	2.92	1.17	20.1	4.47
100× 50	5	7.5	8	4	11.92	9.36	0	1.54	188	26.0	3.97	1.48	37.6	7.52
125× 65	6	8	8	4	17.11	13.4	0	1.90	424	61.8	4.98	1.90	67.8	13.4
150× 75	6.5	10	10	5	23.71	18.6	0	2.28	861	117	6.03	2.22	115	22.4
150× 75	9	12.5	15	7.5	30.59	24.0	0	2.31	1 050	147	5.86	2.19	140	28.3
180× 75	7	10.5	11	5.5	27.20	21.4	0	2.13	1 380	131	7.12	2.19	153	24.3
200× 80	7.5	11	12	6	31.33	24.6	0	2.21	1 950	168	7.88	2.32	195	29.1
200× 90	8	13.5	14	7	38.65	30.3	0	2.74	2 490	277	8.02	2.68	249	44.2
250× 90	9	13	14	7	44.07	34.6	0	2.40	4 180	294	9.74	2.58	334	44.5
250× 90	11	14.5	17	8.5	51.17	40.2	0	2.40	4 680	329	9.56	2.54	374	49.9
300× 90	9	13	14	7	48.57	38.1	0	2.22	6 440	309	11.5	2.52	429	45.7
300× 90	10	15.5	19	9.5	55.74	43.8	0	2.34	7 410	360	11.5	2.54	494	54.1
300× 90	12	16	19	9.5	61.90	48.6	0	2.28	7 870	379	11.3	2.48	525	56.4
380×100	10.5	16	18	9	69.39	54.5	0	2.41	14 500	535	14.5	2.78	763	70.5
380×100	13	16.5	18	9	78.96	62.0	0	2.33	15 600	565	14.1	2.67	823	73.6
380×100	13	20	24	12	85.71	67.3	0	2.54	17 600	655	14.3	2.76	926	87.8

付表 4　I 形鋼の標準断面寸法とその断面積，単位質量，断面特性

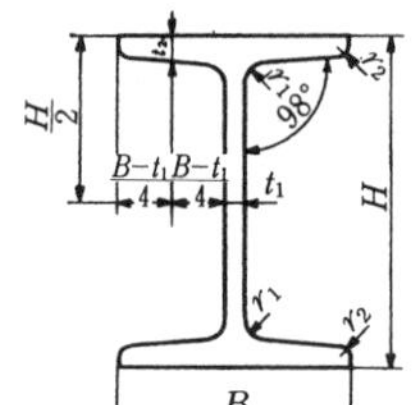

断面二次モーメント　$I=ai^2$

断面二次半径　$i=\sqrt{I/a}$

断面係数　$Z=I/e$

（a = 断面積）

標準断面寸法 (mm)					断面積 (cm²)	単位質量 (kg/m)	参考							
$H \times B$	t_1	t_2	r_1	r_2			重心の位置 (cm)		断面二次モーメント (cm⁴)		断面二次半径 (cm)		断面係数 (cm³)	
							C_x	C_y	I_x	I_y	i_x	i_y	Z_x	Z_y
100× 75	5	8	7	3.5	16.43	12.9	0	0	281	47.3	4.14	1.70	56.2	12.6
125× 75	5.5	9.5	9	4.5	20.45	16.1	0	0	538	57.5	5.13	1.68	86.0	15.3
150× 75	5.5	9.5	9	4.5	21.83	17.1	0	0	819	57.5	6.12	1.62	109	15.3
150×125	8.5	14	13	6.5	46.15	36.2	0	0	1 760	385	6.18	2.89	235	61.6
180×100	6	10	10	5	30.06	23.6	0	0	1 670	138	7.45	2.14	186	27.5
200×100	7	10	10	5	33.06	26.0	0	0	2 170	138	8.11	2.05	217	27 7
200×150	9	16	15	7.5	64.16	50.4	0	0	4 460	753	8.34	3.43	446	100
250×125	7.5	12.5	12	6	48.79	38.3	0	0	5 180	337	10.3	2.63	414	53.9
250×125	10	19	21	10.5	70.73	55.5	0	0	7 310	538	10.2	2.76	585	86.0
300×150	8	13	12	6	61.58	48.3	0	0	9 480	588	12.4	3.09	632	78.4
300×150	10	18.5	19	9.5	83.47	65.5	0	0	12 700	886	12.3	3.26	849	118
300×150	11.5	22	23	11.5	97.88	76.8	0	0	14 700	1 080	12.2	3.32	978	143
350×150	9	15	13	6.5	74.58	58.5	0	0	15 200	702	14.3	3.07	870	93.5
350×150	12	24	25	12.5	111.1	87.2	0	0	22 400	1 180	14.2	3.26	1 280	168
400×150	10	18	17	8.5	91.73	72.0	0	0	24 100	864	16.2	3.07	1 200	115
400×150	12.5	25	27	13.5	122.1	95.8	0	0	31 700	1 240	16.1	3.18	1 580	158
450×175	11	20	19	9.5	116.8	91.7	0	0	39 200	1 510	18.3	3.60	1 740	173
450×175	13	26	27	13.5	146.1	115	0	0	48 800	2 020	18.3	3.72	2 170	231
600×190	13	25	25	12.5	169.4	133	0	0	98 400	2 460	24.1	3.81	3 280	259
600×190	16	35	38	19	224.5	176	0	0	130 000	3 540	24.1	3.97	4 330	373

付表 5　H 形鋼の標準断面寸法とその断面積，単位質量，断面特性

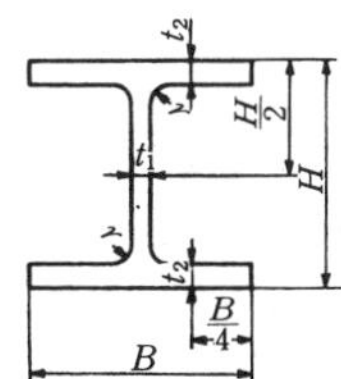

断面二次モーメント　$I=ai^2$

断面二次半径　$i=\sqrt{I/a}$

断面係数　$Z=I/e$

（a＝断面積）

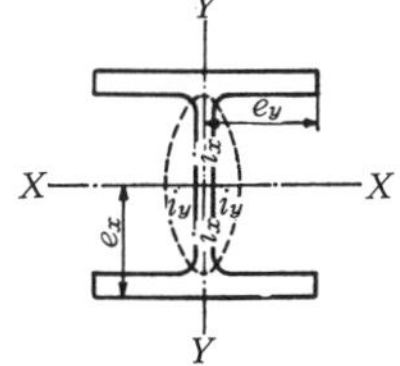

標準断面寸法 (mm)					断面積 (cm²)	単位質量 (kg/m)	参考					
呼称寸法 (高さ×辺)	$H\times B$	t_1	t_2	r			断面二次モーメント (cm⁴)		断面二次半径 (cm)		断面係数 (cm³)	
							I_x	I_y	i_x	i_y	Z_x	Z_y
100× 50	100× 50	5	7	8	11.85	9.30	187	14.8	3.98	1.12	37.5	5.91
100×100	100×100	6	8	8	21.59	16.9	378	134	4.18	2.49	75.6	26.7
125× 60	125× 60	6	8	8	16.69	13.1	409	29.1	4.95	1.32	65.5	9.71
125×125	125×125	6.5	9	8	30.00	23.6	839	293	5.29	3.13	134	46.9
150× 75	150× 75	5	7	8	17.85	14.0	666	49.5	6.11	1.66	88.8	13.2
150×100	148×100	6	9	8	26.35	20.7	1 000	150	6.17	2.39	135	30.1
150×150	150×150	7	10	8	39.65	31.1	1 620	563	6.40	3.77	216	75.1
175× 90	175× 90	5	8	8	22.90	18.0	1 210	97.5	7.26	2.06	138	21.7
175×175	175×175	7.5	11	13	51.42	40.4	2 900	984	7.50	4.37	331	112
200×100	198× 99	4.5	7	8	22.69	17.8	1 540	113	8.25	2.24	156	22.9
	200×100	5.5	8	8	26.67	20.9	1 810	134	8.23	2.24	181	26.7
200×150	194×150	6	9	8	38.11	29.9	2 630	507	8.30	3.65	271	67.6
200×200	200×200	8	12	13	63.53	49.9	4 720	1 600	8.62	5.02	472	160
	*200×204	12	12	13	71.53	56.2	4 980	1 700	8.35	4.88	498	167
250×125	248×124	5	8	8	31.99	25.1	3 450	255	10.4	2.82	278	41.1
	250×125	6	9	8	36.97	29.0	3 960	294	10.4	2.82	317	47.0
250×175	244×175	7	11	13	55.49	43.6	6 040	984	10.4	4.21	495	112
250×250	250×250	9	14	13	91.43	71.8	10 700	3 650	10.8	6.32	860	292
	*250×255	14	14	13	103.9	81.6	11 400	3 880	10.5	6.11	912	304
300×150	298×149	5.5	8	13	40.80	32.0	6 320	442	12.4	3.29	424	59.3
	300×150	6.5	9	13	46.78	36.7	7 210	508	12.4	3.29	481	67.7
300×200	294×200	8	12	13	71.05	55.8	11 100	1 600	12.5	4.75	756	160
300×300	*294×302	12	12	13	106.3	83.4	16 600	5 510	12.5	7.20	1 130	365
	300×300	10	15	13	118.4	93.0	20 200	6 750	13.1	7.55	1 350	450
	300×305	15	15	13	133.4	105	21 300	7 100	12.6	7.30	1 420	466
350×175	346×174	6	9	13	52.45	41.2	11 000	791	14.5	3.88	638	91.0
	350×175	7	11	13	62.91	49.4	13 500	984	14.6	3.96	771	112
350×250	340×250	9	14	13	99.53	78.1	21 200	3 650	14.6	6.05	1 250	292

付表 5 (続き)

標準断面寸法 (mm)					断面積 (cm²)	単位質量 (kg/m)	参考					
呼称寸法 (高さ×辺)	$H\times B$	t_1	t_2	r			断面二次モーメント (cm⁴)		断面二次半径 (cm)		断面係数 (cm³)	
							I_x	I_y	i_x	i_y	Z_x	Z_y
350×350	*344×348	10	16	13	144.0	113	32 800	11 200	15.1	8.84	1 910	646
	350×350	12	19	13	171.9	135	39 800	13 600	15.2	8.89	2 280	776
400×200	396×199	7	11	13	71.41	56.1	19 800	1 450	16.6	4.50	999	145
	400×200	8	13	13	83.37	65.4	23 500	1 740	16.8	4.56	1 170	174
400×300	390×300	10	16	13	133.2	105	37 900	7 200	16.9	7.35	1 940	480
400×400	*388×402	15	15	22	178.5	140	49 000	16 300	16.6	9.55	2 520	809
	*394×398	11	18	22	186.8	147	56 100	18 900	17.3	10.1	2 850	951
	400×400	13	21	22	218.7	172	66 600	22 400	17.5	10.1	3 330	1 120
	*400×408	21	21	22	250.7	197	70 900	23 800	16.8	9.75	3 540	1 170
	*414×405	18	28	22	295.4	232	92 800	31 000	17.7	10.2	4 480	1 530
	*428×407	20	35	22	360.7	283	119 000	39 400	18.2	10.4	5 570	1 930
	*458×417	30	50	22	528.6	415	187 000	60 500	18.8	10.7	8 170	2 900
	*498×432	45	70	22	770.1	605	298 000	94 400	19.7	11.1	12 000	4 370
450×200	446×199	8	12	13	82.97	65.1	28 100	1 580	18.4	4.36	1 260	159
	450×200	9	14	13	95.43	74.9	32 900	1 870	18.6	4.43	1 460	187
450×300	440×300	11	18	13	153.9	121	54 700	8 110	18.9	7.26	2 490	540
500×200	496×199	9	14	13	99.29	77.9	40 800	1 840	20.3	4.31	1 650	185
	500×200	10	16	13	112.2	88.2	46 800	2 140	20.4	4.36	1 870	214
	*506×201	11	19	13	129.3	102	55 500	2 580	20.7	4.46	2 190	256
500×300	482×300	11	15	13	141.2	111	58 300	6 760	20.3	6.92	2 420	450
	488×300	11	18	13	159.2	125	68 900	8 110	20.8	7.14	2 820	540
600×200	596×199	10	15	13	117.8	92.5	66 600	1 980	23.8	4.10	2 240	199
	600×200	11	17	13	131.7	103	75 600	2 270	24.0	4.16	2 520	227
	*606×201	12	20	13	149.8	118	88 300	2 720	24.3	4.26	2 910	270
600×300	582×300	12	17	13	169.2	133	98 900	7 660	24.2	6.73	3 400	511
	588×300	12	20	13	187.2	147	114 000	9 010	24.7	6.94	3 890	601
	*594×302	14	23	13	217.1	170	134 000	10 600	24.8	6.98	4 500	700
700×300	*692×300	13	20	18	207.5	163	168 000	9 020	28.5	6.59	4 870	601
	700×300	13	24	18	231.5	182	197 000	10 800	29.2	6.83	5 640	721
800×300	*792×300	14	22	18	239.5	188	248 000	9 920	32.2	6.44	6 270	661
	800×300	14	26	18	263.5	207	286 000	11 700	33.0	6.67	7 160	781
900×300	*890×299	15	23	18	266.9	210	339 000	10 300	35.6	6.20	7 610	687
	900×300	16	28	18	305.8	240	404 000	12 600	36.4	6.43	8 990	842
	*912×302	18	34	18	360.1	283	491 000	15 700	36.9	6.59	10 800	1 040

備考 1. 呼称寸法の同一枠内に属するものは，内のり高さが一定である。

2. *印以外の寸法は，はん(汎)用品を示す。

G-4　熱間圧延鋼板及び鋼帯　JIS G 3193-1990

Hot rolled steel plates, sheets and strip

1．鋼板，鋼帯の標準厚さ　表1による。

表1　標準厚さ　単位 mm

1.2	1.4	1.6	1.8	2.0	2.3	2.5	(2.6)	2.8	(2.9)	3.2
3.6	4.0	4.5	5.0	5.6	6.0	6.3	7.0	8.0	9.0	10.0
11.0	12.0	12.7	13.0	14.0	15.0	16.0	(17.0)	18.0	19.0	20.0
22.0	25.0	25.4	28.0	(30.0)	32.0	36.0	38.0	40.0	45.0	50.0

2．鋼板，鋼帯の標準幅　表2による。

表2　標準幅　単位 mm

600	630	670	710	750	800	850	900	914
950	1 000	1 060	1 100	1 120	1 180	1 200	1 219	1 250
1 300	1 320	1 400	1 500	1 524	1 600	1 700	1 800	1 829
1 900	2 000	2 100	2 134	2 438	2 500	2 600	2 800	3 000
3 048								

3．鋼板の標準長さ　表3による。

表3　鋼板の標準長さ　単位 mm

1 829	2 438	3 048	6 000	6 096	7 000	8 000	9 000	9 144
10 000	12 000	12 192						

4．鋼板の質量

基本質量7.85(kg/mm・m^2)×板の厚さ(mm)×面積(m^2)

G-5 熱間圧延平鋼 JIS G 3194-1966

Hot rolled flat steel

1. **平鋼の標準断面寸法** **表1**による。
2. **平鋼の標準長さ** **表2**による。

表2

単位 m

3.5, 4.0, 4.5, 5.0, 5.5, 6.0, 6.5, 7.0, 8.0, 9.0, 10.0, 11.0, 12.0, 13.0, 14.0, 15.0

表 1

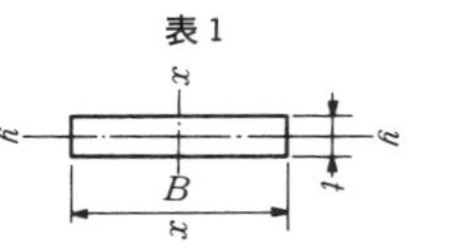

標準断面寸法 厚さ t (mm)	標準断面寸法 幅 B (mm)	断面積 (cm²)	単位質量 (kg/m)	慣性モーメント I_x (cm⁴)	慣性モーメント I_y (cm⁴)	回転半径 i_x (cm)	回転半径 i_y (cm)	断面係数 S_x (cm³)	断面係数 S_y (cm³)
4.5	25	1.125	0.88	0.59	0.02	0.72	0.13	0.47	0.08
	32	1.440	1.13	1.23	0.02	0.92		0.77	0.11
	38	1.710	1.34	2.06	0.03	1.10		1.08	0.13
	44	1.980	1.55	3.19	0.03	1.27		1.45	0.15
	50	2.250	1.77	4.69	0.04	1.44		1.88	0.17
6	25	1.500	1.18	0.78	0.04	0.72	0.17	0.62	0.15
	32	1.920	1.51	1.64	0.06	0.92		1.02	0.19
	38	2.280	1.79	2.74	0.07	1.10		1.44	0.23
	44	2.640	2.07	4.26	0.08	1.27		1.94	0.26
	50	3.000	2.36	6.25	0.09	1.44		2.50	0.30
	65	3.900	3.06	13.7	0.12	1.88		4.23	0.39
	75	4.500	3.53	21.1	0.14	2.17		5.62	0.45
	90	5.400	4.24	36.5	0.14	2.60		8.10	0.54
	100	6.000	4.71	50.0	0.18	2.89		10.0	0.60
	125	7.500	5.89	97.7	0.23	3.61		15.6	0.75
8	25	2.000	1.57	1.04	0.11	0.72	0.23	0.83	0.27
	32	2.560	2.01	2.18	0.14	0.92		1.37	0.34
	38	3.040	2.39	3.66	0.16	1.10		1.93	0.41
	44	3.520	2.76	5.68	0.19	1.27		2.58	0.47
	50	4.000	3.14	8.33	0.21	1.44		3.33	0.53
	65	5.200	4.08	18.3	0.28	1.88		5.63	0.69
	75	6.000	4.71	28.1	0.32	2.17		7.50	0.80
8	90	7.200	5.65	48.6	0.38	2.60	0.23	10.8	0.96
	100	8.000	6.28	66.7	0.43	2.89		13.3	1.07
	125	10.00	7.85	130	0.53	3.61		20.8	1.33
9	25	2.250	1.77	1.17	0.15	0.72	0.26	0.94	0.34
	32	2.880	2.26	2.46	0.19	0.92		1.54	0.43
	38	3.420	2.68	4.12	0.23	1.10		2.17	0.51
	44	3.960	3.11	6.39	0.27	1.27		2.90	0.59
	50	4.500	3.53	9.38	0.30	1.44		3.75	0.68
	65	5.850	4.59	20.6	0.39	1.88		6.34	0.88
	75	6.750	5.30	31.6	0.46	2.17		8.44	1.01
	90	8.100	6.36	54.7	0.55	2.60		12.2	1.22
	100	9.000	7.06	75.0	0.61	2.89		15.0	1.35
	125	11.25	8.83	146	0.76	3.61		23.4	1.69
	150	13.50	10.6	253	0.91	4.33		33.8	2.03
	180	16.20	12.7	437	1.09	5.19		48.6	2.43
	200	18.00	14.1	600	1.22	5.77		60.0	2.70
	230	20.70	16.2	913	1.40	6.64		79.4	3.11
	250	22.50	17.7	1172	1.52	7.22		93.8	3.38
12	25	3.000	2.36	1.56	0.36	0.72	0.35	1.25	0.60
	32	3.840	3.01	3.28	0.46	0.92		2.05	0.77
	38	4.560	3.58	5.49	0.55	1.10		2.89	0.91
	44	5.280	4.14	8.52	0.63	1.27		3.87	1.06

表1　(続き)

標準断面寸法 厚さ t (mm)	標準断面寸法 幅 B (mm)	断面積 (cm²)	単位質量 (kg/m)	慣性モーメント I_x (cm⁴)	慣性モーメント I_y (cm⁴)	回転半径 i_x (cm)	回転半径 i_y (cm)	断面係数 S_x (cm³)	断面係数 S_y (cm³)
12	50	6.000	4.71	12.5	0.72	1.44	0.35	5.00	1.20
	65	7.800	6.12	27.5	0.94	1.88		8.45	1.56
	75	9.000	7.06	42.2	1.08	2.17		11.3	1.80
	90	10.80	8.48	72.9	1.30	2.60		16.2	2.16
	100	12.00	9.42	100	1.44	2.89		20.0	2.40
	125	15.00	11.8	195	1.80	3.61		31.3	3.00
	150	18.00	14.1	338	2.16	4.33		45.0	3.60
	180	21.60	17.0	583	2.59	5.20		64.8	4.32
	200	24.00	18.8	800	2.88	5.77		80.0	4.80
	230	27.60	21.7	1217	3.31	6.64		106	5.52
	250	30.00	23.6	1563	3.60	7.22		125	6.00
	280	33.60	26.4	2195	4.03	8.08		157	6.72
	300	36.00	28.3	2700	4.32	8.66		180	7.20
16	32	5.120	4.02	4.37	1.09	0.92	0.46	2.73	1.37
	38	6.080	4.77	7.32	1.30	1.10		3.85	1.62
	44	7.040	5.53	11.4	1.50	1.27		5.18	1.88
	50	8.000	6.28	16.7	1.71	1.44		6.67	2.13
	65	10.40	8.16	36.6	2.22	1.88		11.3	2.77
	75	12.00	9.42	56.3	2.56	2.17		15.0	3.20
	90	14.40	11.3	97.2	3.07	2.60		21.6	3.84
	100	16.00	12.6	133	3.41	2.89		26.7	4.27
	125	20.00	15.7	260	4.27	3.61		41.7	5.33
	150	24.00	18.8	450	5.12	4.33		60.0	6.40
	180	28.80	22.6	778	6.14	5.20		86.4	7.68
	200	32.00	25.1	1067	6.83	5.77		107	8.53
	230	36.80	28.9	1622	7.85	6.64		141	9.81
	250	40.00	31.4	2083	8.53	7.22		167	10.7
	280	44.80	35.2	2927	9.56	8.08		209	11.9
	300	48.00	37.7	3600	10.2	8.66		240	12.8
19	38	7.220	5.67	8.69	2.17	1.10	0.55	4.57	2.29
	44	8.360	6.56	13.5	2.51	1.27		6.13	2.65
	50	9.500	7.46	19.8	2.85	1.44		7.92	3.01
	65	12.35	9.69	43.5	3.72	1.88		13.4	3.91
	75	14.25	11.2	66.8	4.29	2.17		17.8	4.51
	90	17.10	13.4	115	5.14	2.60		25.7	5.42
	100	19.00	14.9	158	5.72	2.89		31.7	6.02
	125	23.75	18.6	309	7.14	3.61		49.5	7.52
	150	28.50	22.4	534	8.57	4.33		71.3	9.03
	180	34.20	26.8	923	10.3	5.20		103	10.8
	200	38.00	29.8	1267	11.4	5.77		127	12.0
	230	43.70	34.3	1926	13.1	6.64		168	13.8
	250	47.50	37.3	2474	14.3	7.22		198	15.0
	280	53.20	41.8	3476	16.0	8.08		248	16.8
	300	57.00	44.7	4275	17.1	8.66		285	18.1
22	50	11.00	8.64	22.9	4.44	1.44	0.64	9.17	4.03
	65	14.30	11.2	50.3	5.77	1.88		15.5	5.24
	75	16.50	13.0	77.3	6.66	2.17		20.6	6.05
	90	19.80	15.5	134	7.99	2.60		29.7	7.26
	100	22.00	17.3	183	8.99	2.89		36.8	8.14
	125	27.50	21.6	358	11.1	3.61		57.3	10.1
	150	33.00	25.9	618	13.3	4.33		82.5	12.1
	180	39.60	31.1	1069	16.0	5.20		119	14.5
	200	44.00	34.5	1467	17.7	5.77		147	16.1
	230	50.60	39.7	2231	20.4	6.64		194	18.6

表 1　(続き)

標準断面寸法 厚さ t (mm)	標準断面寸法 幅 B (mm)	断面積 (cm²)	単位質量 (kg/m)	慣性モーメント I_x (cm⁴)	慣性モーメント I_y (cm⁴)	回転半径 i_x (cm)	回転半径 i_y (cm)	断面係数 S_x (cm³)	断面係数 S_y (cm³)
22	250	55.00	43.2	2864	22.2	7.22	0.64	229	20.2
	280	61.60	48.4	4025	24.0	8.08		287	22.6
	300	66.00	51.8	4950	26.6	8.66		330	24.2
25	50	12.50	9.81	26.0	6.51	1.44	0.72	10.4	5.21
	65	16.25	12.8	57.2	8.46	1.88		17.6	6.77
	75	18.75	14.7	87.9	9.77	2.17		23.4	7.81
	90	22.50	17.7	152	11.7	2.60		33.8	9.38
	100	25.00	19.6	208	13.0	2.89		41.7	10.4
	125	31.25	24.5	407	16.3	3.61		65.1	13.0
	150	37.50	29.4	703	19.5	4.33		93.8	15.6
	180	45.00	35.3	1215	23.4	5.20		135	18.8
	200	50.00	39.2	1667	26.0	5.77		167	20.8
	230	57.50	45.1	2535	29.9	6.64		220	24.0
	250	62.50	49.1	3255	32.6	7.22		260	26.0
	280	70.00	55.0	4573	36.5	8.08		327	29.2
	300	75.00	58.9	5625	39.1	8.66		375	31.3
28	100	28.00	22.0	233	18.3	2.89	0.81	46.7	13.1
	125	35.00	27.5	456	22.9	3.61		72.9	16.3
	150	42.00	33.0	788	27.4	4.33		105	19.6
	180	50.40	39.6	1361	32.9	5.20		151	23.5
	200	56.00	44.0	1867	36.6	5.77		187	26.1
	230	64.40	50.6	2839	42.1	6.64		247	30.0
	250	70.00	55.0	3646	45.7	7.22		292	32.7
	280	78.40	61.5	5122	51.2	8.08		366	36.6
	300	84.00	65.9	6300	54.9	8.66		420	39.2
32	100	32.00	25.1	267	27.3	2.89	0.92	53.3	17.1
	125	40.00	31.4	521	34.1	3.61		83.3	21.3
	150	48.00	37.7	900	41.0	4.33		120	25.6
	180	57.60	45.2	1555	49.2	5.20		173	30.7
	200	64.00	50.2	2133	54.6	5.77		213	34.1
	230	73.60	57.8	3245	62.8	6.64		282	39.3
	250	80.00	62.8	4167	68.3	7.22		333	42.7
	280	89.60	70.3	5854	76.5	8.08		418	47.8
	300	96.00	75.4	7200	81.9	8.66		480	51.2
36	100	36.00	28.3	300	38.9	2.89	1.04	60.0	21.6
	125	45.00	35.3	586	48.6	3.61		93.8	27.0
	150	54.00	42.4	1013	58.3	4.33		135	32.4
	180	64.80	50.9	1750	70.0	5.20		194	38.9
	200	72.00	56.5	2400	77.8	5.77		240	43.2
	230	82.80	65.0	3650	89.4	6.64		317	49.7
	250	90.00	70.6	4688	97.2	7.22		375	54.0
	280	100.8	79.1	6586	109	8.08		470	60.5
	300	108.0	84.8	8100	117	8.66		540	64.8

G-6 一般構造用軽量形鋼 JIS G 3350-1987

Light gauge steels for general structure

1. **適用範囲** 冷間成形の軽量形鋼。
2. **種類の記号と化学成分** **表1**による。

表1 化学成分

種類記号	化学成分 %		
	C	P	S
SSC 400	0.25以下	0.050以下	0.050以下

3. **機械的性質** **表2**による。

表2 機械的性質

種類記号	降伏点 (N/mm²)	引張強さ (N/mm²)	伸び		
			厚さ (mm)	試験片	%
SSC 400	245以上	400～540	5以下	5号	21以上
			5を超えるもの	1A号	17以上

4. **形状，断面特性** **付表1～3**による。
5. **標準長さ** **表3**による。

表3 標準長さ

単位 m

6.0	7.0	8.0	9.0	10.0	11.0	12.0

付表 1 軽溝形鋼

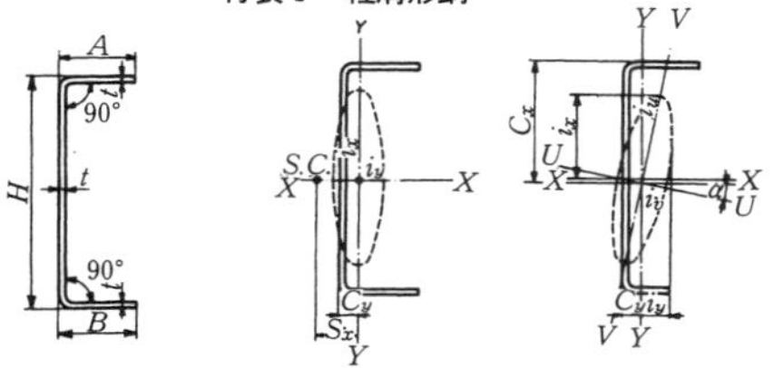

呼び名	寸法 (mm)		断面積 (cm^2)	単位質量 (kg/m)	重心位置 (cm)		断面二次モーメント (cm^4)		断面二次半径 (cm)		断面係数 (cm^3)		せん断中心 (cm)	
	$H \times A \times B$	t			C_x	C_y	I_x	I_y	i_x	i_y	Z_x	Z_y	S_x	S_y
1618	450×75×75	6.0	34.82	27.3	0	1.19	8400	122	15.5	1.87	374	19.4	2.7	0
1617		4.5	26.33	20.7	0	1.13	6430	94.3	15.6	1.89	286	14.8	2.7	0
1578	400×75×75	6.0	31.82	25.0	0	1.28	6230	120	14.0	1.94	312	19.2	2.9	0
1577		4.5	24.08	18.9	0	1.21	4780	92.2	14.1	1.96	239	14.7	2.9	0
1537	350×50×50	4.5	19.58	15.4	0	0.75	2750	27.5	11.9	1.19	157	6.48	1.6	0
1536		4.0	17.47	13.7	0	0.73	2470	24.8	11.9	1.19	141	5.81	1.6	0
1497	300×50×50	4.5	17.33	13.6	0	0.82	1850	26.8	10.3	1.24	123	6.41	1.8	0
1496		4.0	15.47	12.1	0	0.80	1660	24.1	10.4	1.25	111	5.74	1.8	0
1458	250×75×75	6.0	22.82	17.9	0	1.66	1940	107	9.23	2.17	155	18.4	3.7	0
1427	250×50×50	4.5	15.08	11.8	0	0.91	1160	25.9	8.78	1.31	93.0	6.31	2.0	0
1426		4.0	13.47	10.6	0	0.88	1050	23.3	8.81	1.32	83.7	5.66	2.0	0
1388	200×75×75	6.0	19.82	15.6	0	1.87	1130	101	7.56	2.25	113	17.9	4.1	0
1357	200×50×50	4.5	12.83	10.1	0	1.03	666	24.6	7.20	1.38	66.6	6.19	2.2	0
1356		4.0	11.47	9.00	0	1.00	600	22.2	7.23	1.39	60.0	5.55	2.2	0
1355		3.2	9.263	7.27	0	0.97	490	18.2	7.28	1.40	49.0	4.51	2.3	0

付表1 (続き)

呼び名	寸法 (mm)		断面積 (cm²)	単位質量 (kg/m)	重心位置 (cm)		断面二次モーメント (cm⁴)		断面二次半径 (cm)		断面係数 (cm³)		せん断中心 (cm)	
	$H\times A\times B$	t			C_x	C_y	I_x	I_y	i_x	i_y	Z_x	Z_y	S_x	S_y
1318	150×75×75	6.0	16.82	13.2	0	2.15	573	91.9	5.84	2.34	76.4	17.2	4.6	0
1317		4.5	12.83	10.1	0	2.08	448	71.4	5.91	2.36	59.8	13.2	4.6	0
1316		4.0	11.47	9.00	0	2.06	404	64.2	5.93	2.36	53.9	11.8	4.6	0
1287	150×50×50	4.5	10.58	8.31	0	1.20	329	22.8	5.58	1.47	43.9	5.99	2.6	0
1285		3.2	7.663	6.02	0	1.14	244	16.9	5.64	1.48	32.5	4.37	2.6	0
1283		2.3	5.576	4.38	0	1.10	181	12.5	5.69	1.50	24.1	3.20	2.6	0
1245	120×40×40	3.2	6.063	4.76	0	0.94	122	8.43	4.48	1.18	20.3	2.75	2.1	0
1205	100×50×50	3.2	6.063	4.76	0	1.40	93.6	14.9	3.93	1.57	18.7	4.15	3.1	0
1203		2.3	4.426	3.47	0	1.36	69.9	11.1	3.97	1.58	14.0	3.04	3.1	0
1175	100×40×40	3.2	5.423	4.26	0	1.03	78.6	7.99	3.81	1.21	15.7	2.69	2.2	0
1173		2.3	3.966	3.11	0	0.99	58.9	5.96	3.85	1.23	11.8	1.98	2.2	0
1133	80×40×40	2.3	3.506	2.75	0	1.11	34.9	5.56	3.16	1.26	8.73	1.92	2.4	0
1093	60×30×30	2.3	2.586	2.03	0	0.86	14.2	2.27	2.34	0.94	4.72	1.06	1.8	0
1091		1.6	1.836	1.44	0	0.82	10.3	1.64	2.37	0.95	3.45	0.75	1.8	0
1055	40×40×40	3.2	3.503	2.75	0	1.51	9.21	5.72	1.62	1.28	4.60	2.30	3.0	0
1053		2.3	2.586	2.03	0	1.46	7.13	3.54	1.66	1.17	3.57	1.39	3.0	0
1041	38×15×15	1.6	1.004	0.788	0	0.40	2.04	0.20	1.42	0.45	1.07	0.18	0.8	0
1011	19×12×12	1.6	0.6039	0.474	0	0.41	0.32	0.08	0.72	0.37	0.33	0.11	0.8	0
1878	150×75×30	6.0	14.12	11.1	6.33	1.56	4.06	56.4	5.36	2.00	46.9	9.49	2.2	4.5
1833	100×50×15	2.3	3.621	2.84	3.91	0.94	46.4	4.96	3.58	1.17	7.62	1.22	1.2	3.0
1795	75×40×15	3.2	3.823	3.00	3.91	0.80	21.0	3.93	2.34	1.01	4.68	1.23	1.2	2.1
1793		2.3	2.816	2.21	3.01	0.81	20.8	3.12	2.72	1.05	4.63	0.98	1.2	2.1
1753	50×25×10	2.3	1.781	1.40	1.97	0.54	5.59	0.79	1.77	0.67	1.84	0.40	0.7	1.5
1715	40×40×15	3.2	2.703	2.12	1.46	1.14	5.71	3.68	1.45	1.17	2.24	1.29	1.4	1.2

付表 2 軽山形鋼

呼び名	寸法 (mm)		断面積 (cm²)	単位質量 (kg/m)	重心位置 (cm)		断面二次モーメント (cm⁴)				断面二次半径 (cm)				tan α	断面係数 (cm³)		せん断中心 (cm)	
	$A\times B$	t			C_x	C_y	I_x	I_y	I_u	I_v	i_x	i_y	i_u	i_v		Z_x	Z_y	S_x	S_y
3155	60×60	3.2	3.672	2.88	1.65	1.65	13.1	13.1	21.3	5.03	1.89	1.89	2.41	1.17	1.00	3.02	3.02	1.49	1.49
3115	50×50	3.2	3.032	2.38	1.40	1.40	7.47	7.47	12.1	2.83	1.57	1.57	2.00	0.97	1.00	2.07	2.07	1.24	1.24
3113		2.3	2.213	1.74	1.36	1.36	5.54	5.54	8.94	2.13	1.58	1.58	2.01	0.98	1.00	1.52	1.52	1.24	1.24
3075	40×40	3.2	2.392	1.88	1.15	1.15	3.72	3.72	6.04	1.39	1.25	1.25	1.59	0.76	1.00	1.30	1.30	0.99	0.99
3035	30×30	3.2	1.752	1.38	0.90	0.90	1.50	1.50	2.45	0.54	0.92	0.92	1.18	0.56	1.00	0.71	0.71	0.74	0.74
3725	75×30	3.2	3.192	2.51	2.86	0.57	18.9	1.94	19.6	1.47	2.43	0.78	2.48	0.62	0.198	4.07	0.80	0.41	2.70

付表 3　リップ溝形鋼

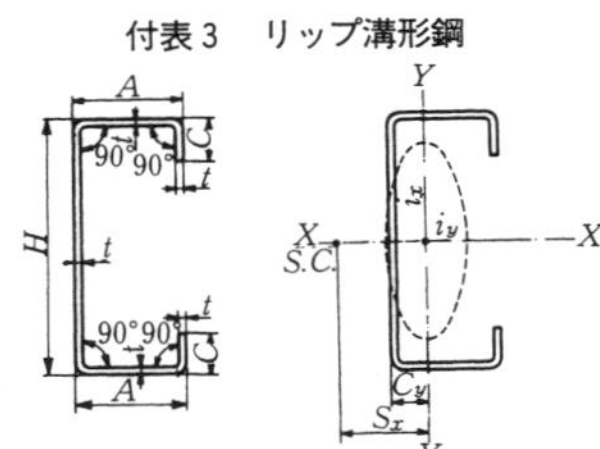

呼び名	寸法 (mm)		断面積 (cm²)	単位質量 (kg/m)	重心位置 (cm)		断面二次モーメント (cm⁴)		断面二次半径 (cm)		断面係数 (cm³)		せん断中心 (cm)	
	$H\times A\times C$	t			C_x	C_y	I_x	I_y	i_x	i_y	Z_x	Z_y	S_x	S_y
4607	250×75×25	4.5	18.92	14.9	0	2.07	1690	129	9.44	2.62	135	23.8	5.1	0
4567	200×75×25	4.5	16.67	13.1	0	2.32	990	121	7.61	2.69	99.0	23.3	5.6	0
4566		4.0	14.95	11.7	0	2.32	895	110	7.74	2.72	89.5	21.3	5.7	0
4565		3.2	12.13	9.52	0	2.33	736	92.3	7.70	2.76	73.6	17.8	5.7	0
4537	200×75×20	4.5	16.22	12.7	0	2.19	963	109	7.71	2.60	96.3	20.6	5.3	0
4536		4.0	14.55	11.4	0	2.19	871	100	7.74	2.62	87.1	18.9	5.3	0
4535		3.2	11.81	9.27	0	2.19	716	84.1	7.79	2.67	71.6	15.8	5.4	0
4497	150×75×25	4.5	14.42	11.3	0	2.65	501	109	5.90	2.75	66.9	22.5	6.3	0
4496		4.0	12.95	10.2	0	2.65	455	99.8	5.93	2.78	60.6	20.6	6.3	0
4495		3.2	10.53	8.27	0	2.66	375	83.6	5.97	2.82	50.0	17.3	6.4	0
4467	150×75×20	4.5	13.97	11.0	0	2.50	489	99.2	5.92	2.66	65.2	19.8	6.0	0
4466		4.0	12.55	9.85	0	2.51	445	91.0	5.95	2.69	59.3	18.2	5.8	0
4465		3.2	10.21	8.01	0	2.51	366	76.4	5.99	2.74	48.9	15.3	5.1	0
4436	150×65×20	4.0	11.75	9.22	0	2.11	401	63.7	5.84	2.33	53.5	14.5	5.0	0
4435		3.2	9.567	7.51	0	2.11	332	53.8	5.89	2.37	44.3	12.2	5.1	0
4433		2.3	7.012	5.50	0	2.12	248	41.1	5.94	2.42	33.0	9.37	5.2	0

付表3 （続き）

呼び名	寸法 (mm)		断面積 (cm²)	単位質量 (kg/m)	重心位置 (cm)		断面二次モーメント (cm⁴)		断面二次半径 (cm)		断面係数 (cm³)		せん断中心 (cm)	
	$H\times A\times C$	t			C_x	C_y	I_x	I_y	i_x	i_y	Z_x	Z_y	S_x	S_y
4407	150×50×20	4.5	11.72	9.20	0	1.54	368	35.7	5.60	1.75	49.0	10.5	3.7	0
4405		3.2	8.607	6.76	0	1.54	280	28.3	5.71	1.81	37.4	8.19	3.8	0
4403		2.3	6.322	4.96	0	1.55	210	21.9	5.77	1.86	28.0	6.33	3.8	0
4367	125×50×20	4.5	10.59	8.32	0	1.68	238	33.5	4.74	1.78	38.0	10.0	4.0	0
4366		4.0	9.548	7.50	0	1.68	217	33.1	4.77	1.81	34.7	9.38	4.0	0
4365		3.2	7.807	6.13	0	1.68	181	26.6	4.82	1.85	29.0	8.02	4.0	0
4363		2.3	5.747	4.51	0	1.69	137	20.6	4.88	1.89	21.9	6.22	4.1	0
4327	120×60×25	4.5	11.72	9.20	0	2.25	252	58.0	4.63	2.22	41.9	15.5	5.3	0
4295	120×60×20	3.2	8.287	6.51	0	2.12	186	40.9	4.74	2.22	31.0	10.5	4.9	0
4293		2.3	6.092	4.78	0	2.13	140	31.3	4.79	2.27	23.3	8.10	5.1	0
4255	120×40×20	3.2	7.007	5.50	0	1.32	144	15.3	4.53	1.48	24.0	5.71	3.4	0
4227	100×50×20	4.5	9.469	7.43	0	1.86	139	30.9	3.82	1.81	27.7	9.82	4.3	0
4226		4.0	8.548	6.71	0	1.86	127	28.7	3.85	1.83	25.4	9.13	4.3	0
4225		3.2	7.007	5.50	0	1.86	107	24.5	3.90	1.87	21.3	7.81	4.4	0
4224		2.8	6.205	4.87	0	1.88	99.8	23.2	3.96	1.91	20.0	7.44	4.3	0
4223		2.3	5.172	4.06	0	1.86	80.7	19.0	3.95	1.92	16.1	6.06	4.4	0
4222		2.0	4.537	3.56	0	1.86	71.4	16.9	3.97	1.93	14.3	5.40	4.4	0
4221		1.6	3.672	2.88	0	1.87	58.4	14.0	3.99	1.95	11.7	4.47	4.5	0
4185	90×45×20	3.2	6.367	5.00	0	1.72	76.9	18.3	3.48	1.69	17.1	6.57	4.1	0
4183		2.3	4.712	3.70	0	1.73	58.6	14.2	3.53	1.74	13.0	5.14	4.1	0
4181		1.6	3.352	2.63	0	1.73	42.6	10.5	3.56	1.77	9.46	5.80	4.2	0
4143	75×45×15	2.3	4.137	3.25	0	1.72	37.1	11.8	3.00	1.69	9.90	4.24	4.0	0
4142		2.0	3.637	2.86	0	1.72	33.0	10.5	3.01	1.70	8.79	3.76	4.0	0
4141		1.6	2.952	2.32	0	1.72	27.1	8.71	3.03	1.72	7.24	3.13	4.1	0
4113	75×35×15	2.3	3.677	2.89	0	1.29	31.0	6.58	2.91	1.34	8.28	2.98	3.1	0
4071	70×40×25	1.6	3.032	2.38	0	1.80	22.0	8.00	2.69	1.62	6.29	3.64	4.4	0
4033	60×30×10	2.3	2.872	2.25	0	1.06	15.6	3.32	2.33	1.07	5.20	1.71	2.5	0
4032		2.0	2.537	1.99	0	1.06	14.0	3.01	2.35	1.09	4.65	1.55	2.5	0
4031		1.6	2.072	1.63	0	1.06	11.6	2.56	2.37	1.11	3.88	1.32	2.5	0

G-7　一般構造用炭素鋼管　　JIS G 3444-1994

Carbon steel tubes for general structural purposes

1. **適用範囲**　土木，建築，鉄塔，足場，支柱，地すべり抑止ぐい，その他の構造物に使用する管。
2. **種類と化学成分**　**表1**による。
3. **機械的性質**　**表2**による。
4. **寸法及び質量**　**付表1**による。
5. **表　示**

(1) 種類記号

(2) 製造方法を表す記号

熱間仕上継目無鋼管　：—S—H
冷間仕上継目無鋼管　：—S—C
熱間仕上げ及び冷間仕上げ以外の電気抵抗溶接鋼管：—E—G
熱間仕上電気抵抗溶接鋼管　：—E—H
冷間仕上電気抵抗溶接鋼管　：—E—C
鍛接鋼管　：—B
アーク溶接鋼管　：—A

(3) 寸法

表1　化学成分　　**単位** %

種類記号	C	Si	Mn	P	S
STK290	—	—	—	0.050以下	0.050以下
STK400	0.25以下	—	—	0.040以下	0.040以下
STK500	0.24以下	0.35以下	0.30～1.30	0.040以下	0.040以下
STK490	0.18以下	0.55以下	1.50以下	0.040以下	0.040以下
STK540	0.23以下	0.55以下	1.50以下	0.040以下	0.040以下

表 2　機械的性質

機械的性質	引張強さ (N/mm²)	降伏点又は耐力 (N/mm²)	伸び % 11号試験片 12号試験片 縦方向	伸び % 5号試験片 横方向	曲げ性 曲げ角度	曲げ性 内側半径 (Dは管の外径)	へん平性 平板間の距離(H) (Dは管の外径)	溶接部引張強さ (N/mm²)
製法区分	継目無, 鍛接, 電気抵抗溶接, アーク溶接				継目無, 鍛接, 電気抵抗溶接		継目無, 鍛接, 電気抵抗溶接	アーク溶接
外径区分	全外径	全外径	40mmを超えるもの		50mm以下		全外径	350mmを超えるもの
STK290	290以上	—	30以上	25以上	90°	$6D$	$\frac{2}{3}D$	290以上
STK400	400以上	235以上	23以上	18以上	90°	$6D$	$\frac{2}{3}D$	400以上
STK500	500以上	355以上	15以上	10以上	90°	$8D$	$\frac{7}{8}D$	500以上
STK490	490以上	315以上	23以上	18以上	90°	$6D$	$\frac{7}{8}D$	490以上
STK540	540以上	390以上	20以上	16以上	90°	$6D$	$\frac{7}{8}D$	540以上

付表 1　一般構造用炭素鋼管の寸法及び質量

外径 (mm)	厚さ (mm)	単位質量 (kg/m)	参考 断面積 (cm²)	断面二次モーメント (cm⁴)	断面係数 (cm³)	断面二次半径 (cm)
21.7	2.0	0.972	1.238	0.607	0.560	0.700
27.2	2.0	1.24	1.583	1.26	0.930	0.890
	2.3	1.41	1.799	1.41	1.03	0.880
34.0	2.3	1.80	2.291	2.89	1.70	1.12
42.7	2.3	2.29	2.919	5.97	2.80	1.43
	2.5	2.48	3.157	6.40	3.00	1.42
48.6	2.3	2.63	3.345	8.99	3.70	1.64
	2.5	2.84	3.621	9.65	3.97	1.63
	2.8	3.16	4.029	10.6	4.36	1.62
	3.2	3.58	4.564	11.8	4.86	1.61
60.5	2.3	3.30	4.205	17.8	5.90	2.06
	3.2	4.52	5.760	23.7	7.84	2.03
	4.0	5.57	7.100	28.5	9.41	2.00
76.3	2.8	5.08	6.465	43.7	11.5	2.60
	3.2	5.77	7.349	49.2	12.9	2.59
	4.0	7.13	9.085	59.5	15.6	2.58
89.1	2.8	5.96	7.591	70.7	15.9	3.05
	3.2	6.78	8.636	79.8	17.9	3.04
101.6	3.2	7.76	9.892	120	23.6	3.48
	4.0	9.63	12.26	146	28.8	3.45
	5.0	11.9	15.17	177	34.9	3.42
114.3	3.2	8.77	11.17	172	30.2	3.93
	3.5	9.58	12.18	187	32.7	3.92
	4.5	12.2	15.52	234	41.0	3.89

付表1 (続き)

外径 (mm)	厚さ (mm)	単位質量 (kg/m)	参考			
			断面積 (cm^2)	断面二次モーメント (cm^4)	断面係数 (cm^3)	断面二次半径 (cm)
139.8	3.6	12.1	15.40	357	51.1	4.82
	4.0	13.4	17.07	394	56.3	4.80
	4.5	15.0	19.13	438	62.7	4.79
	6.0	19.8	25.22	566	80.9	4.74
165.2	4.5	17.8	22.72	734	88.9	5.68
	5.0	19.8	25.16	808	97.8	5.67
	6.0	23.6	30.01	952	115	5.63
	7.1	27.7	35.26	110×10	134	5.60
190.7	4.5	20.7	26.32	114×10	120	6.59
	5.3	24.2	30.87	133×10	139	6.56
	6.0	27.3	34.82	149×10	156	6.53
	7.0	31.7	40.40	171×10	179	6.50
	8.2	36.9	47.01	196×10	206	6.46
216.3	4.5	23.5	29.94	168×10	155	7.49
	5.8	30.1	38.36	213×10	197	7.45
	6.0	31.1	39.64	219×10	203	7.44
	7.0	36.1	46.03	252×10	233	7.40
	8.0	41.1	52.35	284×10	263	7.37
	8.2	42.1	53.61	291×10	269	7.36
267.4	6.0	38.7	49.27	421×10	315	9.24
	6.6	42.4	54.08	460×10	344	9.22
	7.0	45.0	57.26	486×10	363	9.21
	8.0	51.2	65.19	549×10	411	9.18
	9.0	57.3	73.06	611×10	457	9.14
	9.3	59.2	75.41	629×10	470	9.13
318.5	6.0	46.2	58.91	719×10	452	11.1
	6.9	53.0	67.55	820×10	515	11.0
	8.0	61.3	78.04	941×10	591	11.0
	9.0	68.7	87.51	105×10^2	659	10.9
	10.3	78.3	99.73	119×10^2	744	10.9
355.6	6.4	55.1	70.21	107×10^2	602	12.3
	7.9	67.7	86.29	130×10^2	734	12.3
	9.0	76.9	98.00	147×10^2	828	12.3
	9.5	81.1	103.3	155×10^2	871	12.2
	12.0	102	129.5	191×10^2	108×10	12.2
	12.7	107	136.8	201×10^2	113×10	12.1
406.4	7.9	77.6	98.90	196×10^2	967	14.1
	9.0	88.2	112.4	222×10^2	109×10	14.1
	9.5	93.0	118.5	233×10^2	115×10	14.0
	12.0	117	148.7	289×10^2	142×10	14.0
	12.7	123	157.1	305×10^2	150×10	13.9
	16.0	154	196.2	374×10^2	184×10	13.8
	19.0	182	231.2	435×10^2	214×10	13.7
457.2	9.0	99.5	126.7	318×10^2	140×10	15.8
	9.5	105	133.6	335×10^2	147×10	15.8
	12.0	132	167.8	416×10^2	182×10	15.7
	12.7	139	177.3	438×10^2	192×10	15.7
	16.0	174	221.8	540×10^2	236×10	15.6
	19.0	205	261.6	629×10^2	275×10	15.5
500	9.0	109	138.8	418×10^2	167×10	17.4
	12.0	144	184.0	548×10^2	219×10	17.3
	14.0	168	213.8	632×10^2	253×10	17.2

G-8　一般構造用角形鋼管　JIS G 3466-1988

Carbon steel square pipes for general structural purposes

1. **適用範囲**　土木，建築その他の構造物に使用する角形鋼管。
2. **種類と化学成分**　**表 1** による。
3. **機械的性質**　**表 2** による。
4. **寸法及び質量**　**付表**による。ただし，角部の曲率半径の標準は，厚さの中心線で1.5 t とする。なお，標準長さは，6m，8m，10m 及び12m とする。
5. **表　示**
 (1)　種類記号
 (2)　寸法

表 1　化学成分　単位 %

種類記号	C	Si	Mn	P	S
STKR400	0.25以下	—	—	0.040以下	0.040以下
STKR490	0.18以下	0.55以下	1.50以下	0.040以下	0.040以下

表 2　機械的性質

種類記号	引張強さ N/mm²	降伏点又は耐力 N/mm²	伸び%
			5 号試験片
STKR400	400以上	245以上	23以上
STKR490	490以上	325以上	23以上

付表　一般構造用角形鋼管の寸法及び質量

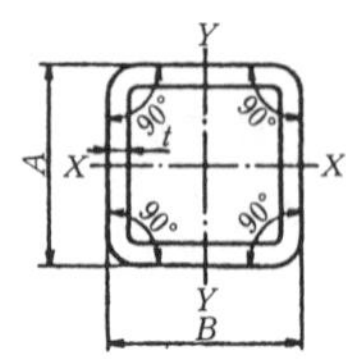

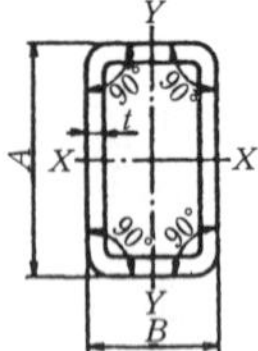

1.　正方形

辺の長さ $A\times B$ (mm)	厚さ t (mm)	単位質量 (kg/m)	参考 断面積 (cm²)	断面二次モーメント (cm⁴) I_X, I_Y	断面係数 (cm³) Z_X, Z_Y	断面二次半径 (cm) i_X, i_Y
40× 40	1.6	1.88	2.392	5.79	2.90	1.56
40× 40	2.3	2.62	3.332	7.73	3.86	1.52
50× 50	1.6	2.38	3.032	11.7	4.68	1.96
50× 50	2.3	3.34	4.252	15.9	6.34	1.93
50× 50	3.2	4.50	5.727	20.4	8.16	1.89
60× 60	1.6	2.88	3.672	20.7	6.89	2.37
60× 60	2.3	4.06	5.172	28.3	9.44	2.34
60× 60	3.2	5.50	7.007	36.9	12.3	2.30
75× 75	1.6	3.64	4.632	41.3	11.0	2.99
75× 75	2.3	5.14	6.552	57.1	15.2	2.95
75× 75	3.2	7.01	8.927	75.5	20.1	2.91
75× 75	4.5	9.55	12.17	98.6	26.3	2.85
80× 80	2.3	5.50	7.012	69.9	17.5	3.16
80× 80	3.2	7.51	9.567	92.7	23.2	3.11
80× 80	4.5	10.3	13.07	122	30.4	3.05
90× 90	2.3	6.23	7.932	101	22.4	3.56
90× 90	3.2	8.51	10.85	135	29.9	3.52
100×100	2.3	6.95	8.852	140	27.9	3.97
100×100	3.2	9.52	12.13	187	37.5	3.93
100×100	4.0	11.7	14.95	226	45.3	3.89
100×100	4.5	13.1	16.67	249	49.9	3.87
100×100	6.0	17.0	21.63	311	62.3	3.79
100×100	9.0	24.1	30.67	408	81.6	3.65
100×100	12.0	30.2	38.53	471	94.3	3.50
125×125	3.2	12.0	15.33	376	60.1	4.95
125×125	4.5	16.6	21.17	506	80.9	4.89
125×125	5.0	18.3	23.36	553	88.4	4.86
125×125	6.0	21.7	27.63	641	103	4.82
125×125	9.0	31.1	39.67	865	138	4.67
125×125	12.0	39.7	50.53	103×10	165	4.52

付表 (続き)

辺の長さ $A \times B$ (mm)	厚さ t (mm)	単位質量 (kg/m)	参考			
			断面積 (cm^2)	断面二次モーメント (cm^4)	断面係数 (cm^3)	断面二次半径 (cm)
				I_X, I_Y	Z_X, Z_Y	i_X, i_Y
150×150	4.5	20.1	25.67	896	120	5.91
150×150	5.0	22.3	28.36	982	131	5.89
150×150	6.0	26.4	33.63	115×10	153	5.84
150×150	9.0	38.2	48.67	158×10	210	5.69
175×175	4.5	23.7	30.17	145×10	166	6.93
175×175	5.0	26.2	33.36	159×10	182	6.91
175×175	6.0	31.1	39.63	186×10	213	6.86
200×200	4.5	27.2	34.67	219×10	219	7.95
200×200	6.0	35.8	45.63	283×10	283	7.88
200×200	8.0	46.9	59.79	362×10	362	7.78
200×200	9.0	52.3	66.67	399×10	399	7.73
200×200	12.0	67.9	86.53	498×10	498	7.59
250×250	5.0	38.0	48.36	481×10	384	9.97
250×250	6.0	45.2	57.63	567×10	454	9.92
250×250	8.0	59.5	75.79	732×10	585	9.82
250×250	9.0	66.5	84.67	809×10	647	9.78
250×250	12.0	86.8	110.5	103×10^2	820	9.63
300×300	4.5	41.3	52.67	763×10	508	12.0
300×300	6.0	54.7	69.63	996×10	664	12.0
300×300	9.0	80.6	102.7	143×10^2	956	11.8
300×300	12.0	106	134.5	183×10^2	122×10	11.7
350×350	9.0	94.7	120.7	232×10^2	132×10	13.9
350×350	12.0	124	158.5	298×10^2	170×10	13.7

付表

2. 長方形

辺の長さ $A \times B$ (mm)	厚さ t (mm)	単位質量 (kg/m)	参考						
			断面積 (cm^2)	断面二次モーメント (cm^4)		断面係数 (cm^3)		断面二次半径 (cm)	
				I_X	I_Y	Z_Y	Z_Y	i_X	i_Y
50× 20	1.6	1.63	2.072	6.08	1.42	2.43	1.42	1.71	0.829
50× 20	2.3	2.25	2.872	8.00	1.83	3.20	1.83	1.67	0.798
50× 30	1.6	1.88	2.392	7.96	3.60	3.18	2.40	1.82	1.23
50× 30	2.3	2.62	3.332	10.6	4.76	4.25	3.17	1.79	1.20
60× 30	1.6	2.13	2.712	12.5	4.25	4.16	2.83	2.15	1.25
60× 30	2.3	2.98	3.792	16.8	5.65	5.61	3.76	2.11	1.22
60× 30	3.2	3.99	5.087	21.4	7.08	7.15	4.72	2.05	1.18
75× 20	1.6	2.25	2.872	17.6	2.10	4.69	2.10	2.47	0.855
75× 20	2.3	3.16	4.022	23.7	2.73	6.31	2.73	2.43	0.824
75× 45	1.6	2.88	3.672	28.4	12.9	7.56	5.75	2.78	1.88
75× 45	2.3	4.06	5.172	38.9	17.6	10.4	7.82	2.74	1.84
75× 45	3.2	5.50	7.007	50.8	22.8	13.5	10.1	2.69	1.80

付表 (続き)

辺の長さ $A \times B$ (mm)	厚さ t (mm)	単位質量 (kg/m)	参考						
			断面積 (cm²)	断面二次モーメント (cm⁴)		断面係数 (cm³)		断面二次半径 (cm)	
				I_X	I_Y	Z_Y	Z_Y	i_X	i_Y
80× 40	1.6	2.88	3.672	30.7	10.5	7.68	5.26	2.89	1.69
80× 40	2.3	4.06	5.172	42.1	14.3	10.5	7.14	2.85	1.66
80× 40	3.2	5.50	7.007	54.9	18.4	13.7	9.21	2.80	1.62
90× 45	2.3	4.60	5.862	61.0	20.8	13.6	9.22	3.23	1.88
90× 45	3.2	6.25	7.967	80.2	27.0	17.8	12.0	3.17	1.84
100× 20	1.6	2.88	3.672	38.1	2.78	7.61	2.78	3.22	0.870
100× 20	2.3	4.06	5.172	51.9	3.64	10.4	3.64	3.17	0.839
100× 40	1.6	3.38	4.312	53.5	12.9	10.7	6.44	3.52	1.73
100× 40	2.3	4.78	6.092	73.9	17.5	14.8	8.77	3.48	1.70
100× 40	4.2	8.32	10.60	120	27.6	24.0	10.6	3.36	1.61
100× 50	1.6	3.64	4.632	61.3	21.1	12.3	8.43	3.64	2.13
100× 50	2.3	5.14	6.552	84.8	29.0	17.0	11.6	3.60	2.10
100× 50	3.2	7.01	8.927	112	38.0	22.5	15.2	3.55	2.06
100× 50	4.5	9.55	12.17	147	48.9	29.3	19.5	3.47	2.00
125× 40	1.6	4.01	5.112	94.4	15.8	15.1	7.91	4.30	1.76
125× 40	2.3	5.69	7.242	131	21.6	20.9	10.8	4.25	1.73
125× 75	2.3	6.95	8.852	192	87.5	30.6	23.3	4.65	3.14
125× 75	3.2	9.52	12.13	257	117	41.1	31.1	4.60	3.10
125× 75	4.0	11.7	14.95	311	141	49.7	37.5	4.56	3.07
125× 75	4.5	13.1	16.67	342	155	54.8	41.2	4.53	3.04
125× 75	6.0	17.0	21.63	428	192	68.5	51.1	4.45	2.98
150× 75	3.2	10.8	13.73	402	137	53.6	36.6	5.41	3.16
150× 80	4.5	15.2	19.37	563	211	75.0	52.9	5.39	3.30
150× 80	5.0	16.8	21.36	614	230	81.9	57.5	5.36	3.28
150× 80	6.0	19.8	25.23	710	264	94.7	66.1	5.31	3.24
150×100	3.2	12.0	15.33	488	262	65.1	52.5	5.64	4.14
150×100	4.5	16.6	21.17	658	352	87.7	70.4	5.58	4.08
150×100	6.0	21.7	27.63	835	444	111	88.8	5.50	4.01
150×100	9.0	31.1	39.67	113×10	595	151	119	5.33	3.87
200×100	4.5	20.1	25.67	133×10	455	133	90.9	7.20	4.21
200×100	6.0	26.4	33.63	170×10	577	170	115	7.12	4.14
200×100	9.0	38.2	48.67	235×10	782	235	156	6.94	4.01
200×150	4.5	23.7	30.17	176×10	113×10	176	151	7.64	6.13
200×150	6.0	31.1	39.63	227×10	146×10	227	194	7.56	6.06
200×150	9.0	45.3	57.67	317×10	202×10	317	270	7.41	5.93
250×150	6.0	35.8	45.63	389×10	177×10	311	236	9.23	6.23
250×150	9.0	52.3	66.67	548×10	247×10	438	330	9.06	6.09
250×150	12.0	67.9	86.53	685×10	307×10	548	409	8.90	5.95
300×200	6.0	45.2	57.63	737×10	396×10	491	396	11.3	8.29
300×200	9.0	66.5	84.67	105×10^2	563×10	702	563	11.2	8.16
300×200	12.0	86.8	110.5	134×10^2	711×10	890	711	11.0	8.02
350×150	6.0	45.2	57.63	891×10	239×10	509	319	12.4	6.44
350×150	9.0	66.5	84.67	127×10^2	337×10	726	449	12.3	6.31
350×150	12.0	86.8	110.5	161×10^2	421×10	921	562	12.1	6.17
400×200	6.0	54.7	69.63	148×10^2	509×10	739	509	14.6	8.55
400×200	9.0	80.6	102.7	213×10^2	727×10	107×10	727	14.4	8.42
400×200	12.0	106	134.5	273×10^2	923×10	136×10	923	14.2	8.23

H-1　支持部品例

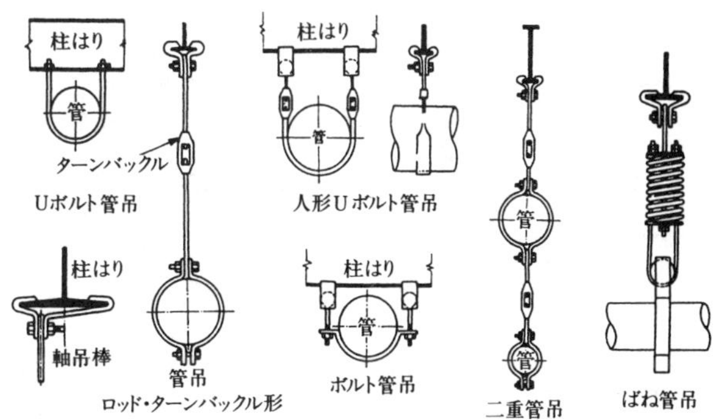

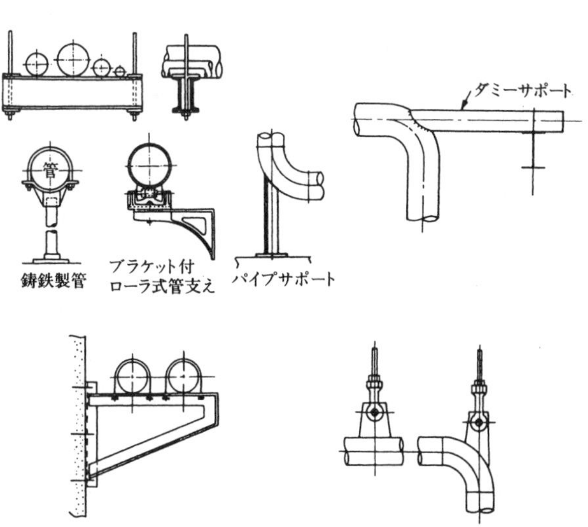

「機械工学便覧（6版）-7」日本機械学会編，p.188（日本機械学会）
「配管」化学工学会編，p.79（丸善）

H-2 配管用 U 形ハンガー及び配管用ブラケット

表 1 配管用 U 形ハンガー及び配管用ブラケット

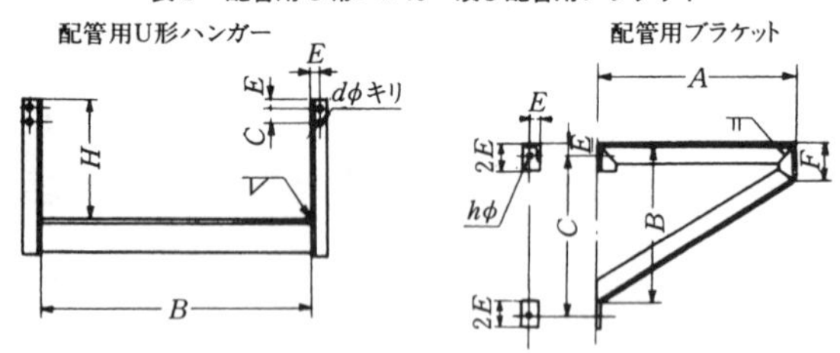

配管用 U 形ハンガー　単位 mm

呼び B	C	d^ϕ	E	H	使用材料 梁材	使用材料 垂直材	許容荷重 (kg)	質量 (kg)
300	50	14	30	400	∟ 50×50×6	∟50×50×6	200	5.33
400	50	14	30	500	∟ 50×50×6	∟50×50×6	300	6.20
500	50	14	30	600	∟ 50×50×6	∟50×50×6	400	7.54
600	50	14	30	600	∟ 65×65×6	∟50×50×6	500	8.86
800	50	14	30	600	∟ 75×75×9	∟50×50×6	600	10.80
1000	50	14	30	600	∟ 75×75×9	∟50×50×6	800	12.16
1200	50	14	30	600	⊏100×50×5	∟50×50×6	1000	16.55
1500	50	14	30	600	⊏100×50×5	∟50×50×6	1300	19.35

配管用ブラケット　単位 mm

呼び A	B	C	F	h	E	使用材料	許容荷重 (kg)	質量 (kg)
200	210	210	—	18	30	∟50×50×6	100	2.54
300	270	270	—	18	30	∟50×50×6	200	3.34
400	330	330	100	18	30	∟50×50×6	300	4.3
500	410	410	130	18	35	∟65×65×6	400	7.15
600	470	470	130	21	35	∟65×65×6	500	8.98
800	600	600	150	21	40	∟75×75×9	600	20.1
1000	820	820	150	21	40	∟75×75×9	800	24.4
1200	940	940	150	21	40	∟75×75×9	1000	28.8

H-3　配管取付Uボルト

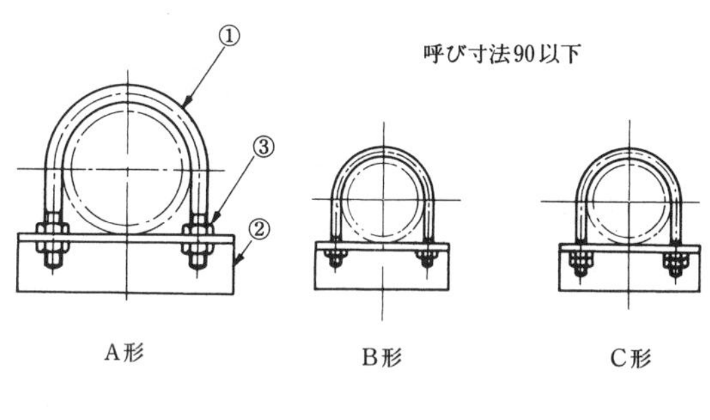

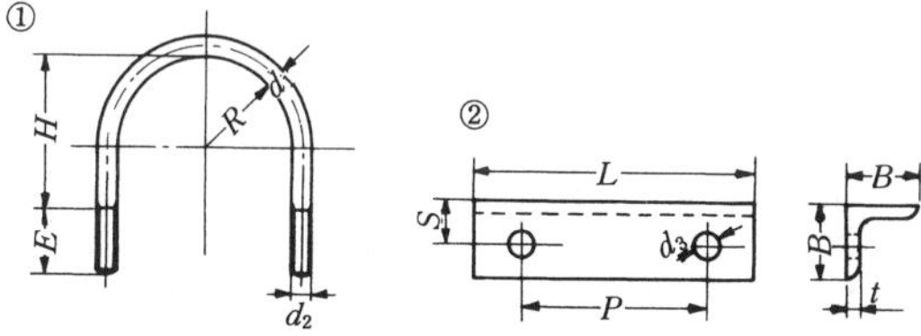

備考　1.ブラケットは形鋼の場合を示す。
2.呼び寸法90mm以下においてはB形を使用するのを原則とするが特に振動のはなはだしい場合ではC形を使用してもよい。

図1　配管取付Uボルト

表1　配管取付Uボルト　　単位 mm

呼び寸法	適用する管			Uボルト									ブラケット					
	配管用鋼管の呼び方		その他の鋼管の外径	R	d_1	ねじの呼び d_2	A形		B形		C形		B	t	L	P	S	d_3
	A	B					H	E	H	E	H	E						
15	15	½	21.7	11	10	M10			22	16	22	25	40	5	82	32	22	12
20	20	¾	27.2	14	10	M10			28	16	28	25	40	5	88	38	22	12
25	25	1	34.0	18	10	M10			34	16	34	25	40	5	96	46	22	12
30			38.0	20	10	M10			38	16	38	25	40	5	100	50	22	12
35	32	1¼	42.7	22	10	M10			42	16	42	25	40	5	104	54	22	12
40	40	1½	48.6	25	10	M10			48	16	48	25	40	5	110	60	22	12
50	50	2	60.5	31	10	M10			60	16	60	25	40	5	122	72	22	12
60			70.0	36	10	M10			70	16	70	25	40	5	132	82	22	12
70	65	2½	76.3	39	12	M12			76	20	76	30	50	6	152	92	30	14
80	80	3	89.1	45	12	M12			90	20	90	30	50	6	164	102	30	14
90	90	3½	101.6	51	12	M12			102	20	102	30	50	6	175	114	30	14
100	100	4	114.3	58	16	M16	90	50					65	8	202	132	35	19
120			130.0	66	16	M16	108	50					65	8	218	148	35	19
130	125	5	139.8	71	16	M16	116	50					65	8	228	158	35	19
140			150.0	76	16	M16	128	50					65	8	238	168	35	19
160	150	6	165.2	84	16	M16	142	50					65	8	254	184	35	19
180	170	7	190.7	97	16	M16	168	50					65	8	280	210	35	19
200	200	8	216.3	110	20	M20	188	60					75	9	320	240	40	22
220	225	9	241.8	122	20	M20	214	60					75	9	344	264	40	22
240			260.0	131	20	M20	232	60					75	9	362	282	40	22
260	250	10	267.4	135	20	M20	240	60					75	9	370	290	40	22
280			300.0	151	20	M20	272	60					75	9	402	322	40	22
300	300	12	318.5	161	24	M24	284	75					90	10	448	346	50	27
320			340.0	171	24	M24	305	75					90	10	468	366	50	27
340			355.6	179	24	M24	320	75					90	10	484	382	50	27
360			380.0	191	24	M24	345	75					90	10	508	406	50	27
380			406.4	205	24	M24	370	75					90	10	535	436	50	27
400			420.0	211	30	M30	375	95					100	13	584	452	55	35
420			457.2	230	30	M30	412	95					100	13	622	490	55	35

備考　上表のうちB，t，L，Sは形鋼の場合の寸法を示す

H-4　鋼管取付バンド

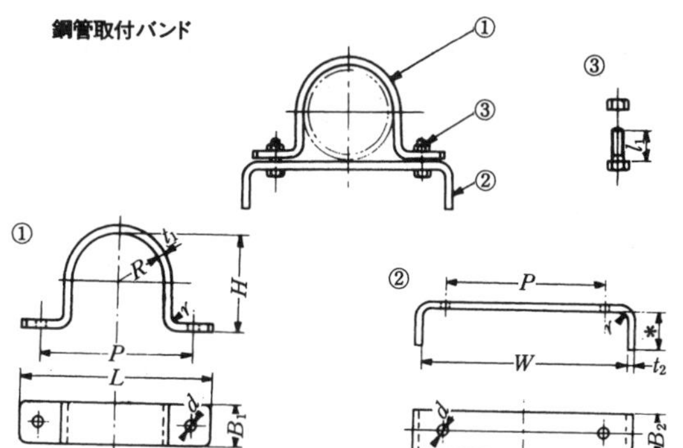

表1　鋼管取付バンド

呼び寸法	適用する管		バンド									ボルト・ナット			ブラケット		
	配管用鋼管の呼び方	その他の鋼管の呼び方	B_1	t_1	R	r	P	d	L	H	※	呼び d_1	l_1	l_2	B_2	t_2	W
12	10	17.3	25	3.2	9	4	55	12	80	16		M10	20		25	3.2	88
15	15	21.7	25	3.2	11	4	60	12	85	21		M10	20		25	3.2	92
20	20	27.2	25	3.2	14	4	65	12	90	26		M10	20		25	3.2	98
25	25	34.0	25	3.2	18	4	74	12	100	33		M10	20		25	3.2	106
30		38.0	25	3.2	20	4	78	12	102	37		M10	20		25	3.2	110
35	32	42.7	40	4.5	22	5	86	12	116	42		M10	22		40	4.5	122
40	40	48.6	40	4.5	25	5	92	12	122	48		M10	22		40	4.5	128
50	50	60.5	40	4.5	31	5	104	12	134	59		M10	22		40	4.5	140
60		70.0	40	4.5	36	5	114	12	144	69		M10	22		40	4.5	150
70	65	76.3	50	6	39	8	136	14	176	75		M12	25		50	6	184
80	80	89.1	50	6	45	8	148	14	188	88		M12	25		50	6	195
90	90	101.6	50	6	51	8	160	14	200	100		M12	25		50	6	208
100	100	114.3	50	9	58	12	194	19	244	113		M16	35		50	9	254
120		130.0	50	9	66	12	210	19	260	128		M16	35		50	9	270
130	125	139.8	50	9	71	12	220	19	270	138		M16	35		50	9	280
140		150.0	50	9	76	12	230	19	280	148		M16	35		50	9	290
160	150	165.2	50	9	84	12	246	19	296	163		M16	35		50	9	306
180	170	190.7	50	9	97	12	272	19	322	188		M16	35		50	9	332
200	200	216.3	75	9	110	12	306	23	366	214		M20	42		75	9	376
220	225	241.8	75	9	122	12	330	23	390	239		M20	42		75	9	400
240		260.0	75	9	131	12	348	23	408	257		M20	42		75	9	418
260	250	267.4	75	9	135	12	356	23	416	264		M20	42		75	9	426
280		300.0	75	9	151	12	388	23	448	297		M20	42		75	9	458
300	300	318.3	75	12	161	15	434	27	504	315		M24	55		75	12	524
320		340.0	75	12	171	15	454	27	524	337		M24	55		75	12	544
340		355.6	75	12	179	15	470	27	540	352		M24	55		75	12	560
360		380.0	75	12	191	15	494	27	564	377		M24	55		75	12	584
380		406.4	75	12	205	15	522	27	592	403		M24	55		75	12	612
400		420.0	75	12	211	15	534	27	604	416		M24	55		75	12	624
420		457.2	75	12	230	15	572	27	642	454		M24	55		75	12	666

備考　※印寸法は取付箇所により適宜定める。

H-5　鋼管吊バンド

鋼管吊バンド（寸法表は次頁参照）

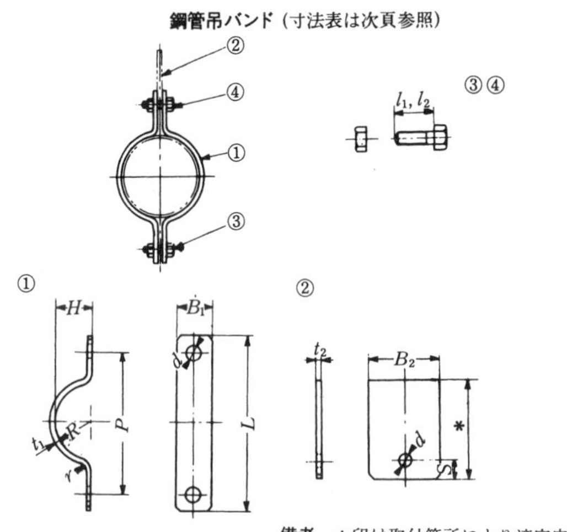

備考　＊印は取付箇所により適宜定める

図１　鋼管取付バンド

表1 鋼管吊バンド

単位 mm

呼び寸法	適用する管		バンド								ボルト・ナット			ブラケット		
	配管用鋼管の呼び方	その他の鋼管の外径	B_1	t_1	R	r	P	d	L	H	呼び d_1	l_1	l_2	B_2	t_2	S
12	⅜	17.3	25	3.2	9	4	55	12	80	8	M10	20	20	25	3.2	16
15	½	21.7	25	3.2	11	4	60	12	85	10	M10	20	20	25	3.2	16
20	¾	27.2	25	3.2	14	4	65	12	90	13	M10	20	20	25	3.2	16
25	1	34.0	25	3.2	18	4	74	12	100	16	M10	20	20	25	3.2	16
30		38.0	25	3.2	20	4	78	12	102	18	M10	20	20	25	3.2	16
35	1¼	42 7	40	4.5	22	5	86	12	116	20	M10	22	22	40	4.5	18
40	1½	48.6	40	4.5	25	5	92	12	122	23	M10	22	22	40	4.5	18
50	2	60.5	40	4.5	31	5	104	12	134	29	M10	22	22	40	4.5	18
60		70.0	40	4.5	36	5	114	12	144	34	M10	22	22	40	4.5	18
70	2½	76.3	50	6	39	8	136	14	176	36	M12	25	32	50	6	22
80	3	89.1	50	6	45	8	148	14	188	43	M12	25	32	50	6	22
90	3½	101.6	50	6	51	8	160	14	200	49	M12	25	32	50	6	22
100	4	114.3	50	9	58	12	194	19	244	54	M16	35	45	50	9	25
120		130.0	50	9	66	12	210	19	260	62	M16	35	45	50	9	25
130	5	139.8	50	9	71	12	220	19	272	67	M16	35	45	50	9	25
140		150.0	50	9	76	12	230	19	280	72	M16	35	45	50	9	25
160	6	165.2	50	9	84	12	246	19	296	80	M16	35	45	50	9	25
180	7	190.7	50	9	97	12	272	19	322	92	M16	35	45	50	9	25
200	8	216.3	75	9	110	12	306	23	366	104	M20	42	50	75	12	35
220	9	241.8	75	9	122	12	330	23	390	117	M20	42	50	75	12	35
240		260.0	75	9	131	12	348	23	408	126	M20	42	50	75	12	35
260	10	267.4	75	9	135	12	356	23	416	130	M20	42	50	75	12	35
280		300.0	75	9	151	12	388	23	448	146	M20	42	50	75	12	35
300	12	318.3	75	12	161	15	434	27	504	154	M24	55	65	75	15	35
320		340.0	75	12	171	15	454	27	524	165	M24	55	65	75	15	45
340		355.6	75	12	179	15	470	27	540	173	M24	55	65	75	15	45
360		380.0	75	12	191	15	494	27	564	185	M24	55	65	75	15	45
380		406.4	75	12	205	15	522	27	592	198	M24	55	65	75	15	45
400		420.0	75	12	211	15	534	27	604	205	M24	55	65	75	15	45
420		457.2	75	12	230	15	572	27	642	224	M24	55	65	75	15	45

H-6　建築用ターンバックル胴　JIS A 5541-1993

Body of turnbuckle for building

1. 種　類　表1に示す。

表1　種類

種類	記号	備考
割枠式	ST	付図1-1参照
パイプ式	PT	付図1-2参照

2. 性　能　表2に示す。

表2　性能　単位 kN {tf}

ねじの呼び	M6	M8	M10	M12	M14	M16	M18
引張荷重(最小)	10.3 {1.10}	19.6 {2.00}	31.1 {3.17}	45.4 {4.63}	62.2 {6.34}	83.7 {8.54}	104 {10.6}
保証荷重 (1)	5.0 {0.51}	9.1 {0.93}	14.3 {1.46}	21.0 {2.14}	28.7 {2.93}	38.6 {3.94}	48.0 {4.90}

ねじの呼び	M20	M22	M24	M27	M30	M33
引張荷重(最小)	131 {13.4}	163 {16.6}	190 {19.4}	246 {25.1}	301 {30.7}	371 {37.9}
保証荷重 (1)	60.6 {6.18}	74.7 {7.62}	87.7 {8.94}	114 {11.6}	139 {14.2}	172 {17.6}

注 (1)　保証荷重は短期許容応力に相当する。

3. 形状，寸法及び質量　付図1，付表1に示す。

5. ねじの種類　JIS B 0205による。

5. 材　料　表3による。

表3　材料

種類	材料
割枠式	JIS G 3101の SS400
パイプ式	JIS G 3445の STKM 11A，12A，13A，14A

6. 製造方法　表4による。

表4　製造方法

種類	製造方法
割枠式	1本の棒鋼から鍛造して両端にめねじを切る。
パイプ式	1本の鋼管の両端をスエージ(絞り加工)してめねじを切る。

7. 呼び方　種類及びねじの呼びによる。

例)　ST　M16

付図1.1　割枠式

付図1.2　パイプ式
(胴中央の形状は自由)

付表1　形状・寸法・質量

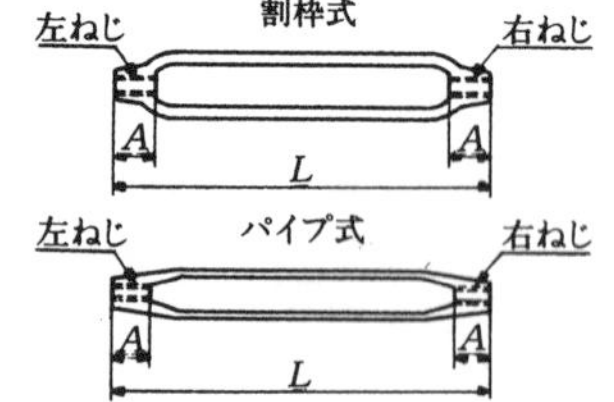

L：胴の長さ
A：有効ねじ部の長さ

ねじの呼び(1)		M6	M8	M10	M12	M14	M16	M18	M20	M22	M24	M27	M30	M33
割枠式	L mm	100	125	150	200	230	250	280	300	330	350	400	400	450
パイプ式	A mm	9以上	12以上	14以上	17以上	20以上	23以上	25以上	28以上	31以上	34以上	38以上	42以上	46以上
割枠式	質量(2) kg	—	—	0.153以上	0.300以上	0.480以上	0.640以上	0.900以上	1.20以上	1.54以上	2.09以上	3.01以上	3.66以上	4.94以上

注(1)　割枠式には，ねじの呼びM6，M8の製品なし。
(2)　パイプ式には，質量規定なし。

I-1　管用ねじ

I-1-1　管用平行ねじ

JIS B 0202-1999

Parallel pipe threads

ISO 228-1-1994

1. **適用範囲**　管，管用部品，流体機器などの接合において機械的結合を主目的とするねじ。
2. **種類・等級**　管用平行おねじ，平行めねじとし，平行おねじは，有効径の許容差でA，B級に分け，平行めねじは平行おねじに対して使用し，JIS B 0203の平行めねじとは許容差が異なる。
3. **山形・寸法・許容差**　**付表1，2**による。
4. **表し方**　ねじの呼びによる。

例）　平行おねじ　G 1 A，G 1 B

　　　平行めねじ　G 1

付表 1　基準山形及び基準寸法

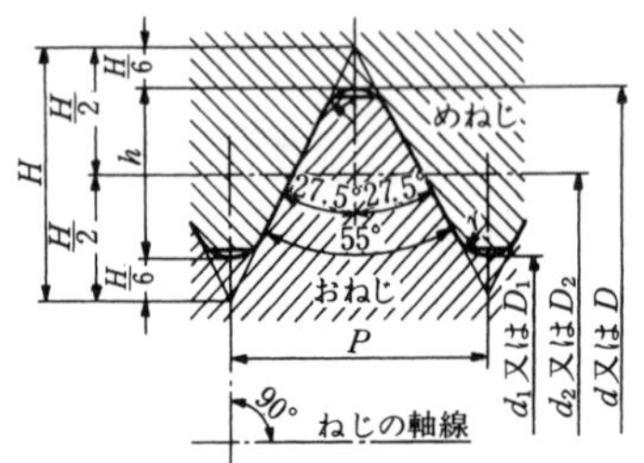

太い実線は，基準山形を示す。

$P=\frac{25.4}{n}$

$H=0.960\,491\,P$

$h=0.640\,327\,P$

$r=0.137\,329\,P$

$d_2=d-h$　　$D_2=d_2$

$d_1=d-2h$　　$D_1=d_1$

単位 mm

ねじの呼び	ねじ山数 (25.4mm につき) n	ピッチ P (参考)	ねじ山の高さ h	山の頂及び谷の丸み r	おねじ 外径 d	おねじ 有効径 d_2	おねじ 谷の径 d_1
					めねじ 谷の径 D	めねじ 有効径 D_2	めねじ 内径 D_1
G 1/16	28	0.907 1	0.581	0.12	7.723	7.142	6.561
G 1/8	28	0.907 1	0.581	0.12	9.728	9.147	8.566
G 1/4	19	1.336 8	0.856	0.18	13.157	12.301	11.445
G 3/8	19	1.336 8	0.856	0.18	16.662	15,806	14.950
G 1/2	14	1.814 3	1.162	0.25	20.955	19.793	18.631
G 5/8	14	1.814 3	1.162	0.25	22.911	21.749	20.587
G 3/4	14	1.814 3	1.162	0.25	26.441	25.279	24.117
G 7/8	14	1.814 3	1.162	0.25	30.201	29.039	27.877
G 1	11	2.309 1	1.479	0.32	33.249	31.770	30.291
G 1 1/8	11	2.309 1	1.479	0.32	37.897	36.418	34.939
G 1 1/4	11	2.309 1	1.479	0.32	41.910	40.431	38.952
G 1 1/2	11	2.309 1	1.479	0.32	47.803	46.324	44.845
G 1 3/4	11	2.309 1	1.479	0.32	53.746	52.267	50.788
G 2	11	2.309 1	1.479	0.32	59.614	58.135	56.656
G 2 1/4	11	2.309 1	1.479	0.32	65.710	64.231	62.752
G 2 1/2	11	2.309 1	1.479	0.32	75.184	73.705	72.226
G 2 3/4	11	2.309 1	1.479	0.32	81.534	80.055	78.576
G 3	11	2.309 1	1.479	0.32	87.884	86.405	84.926
G 3 1/2	11	2.309 1	1.479	0.32	100.330	98.851	97.372
G 4	11	2.309 1	1.479	0.32	113.030	111.551	110.072
G 4 1/2	11	2.309 1	1.479	0.32	125.730	124.251	122.772
G 5	11	2.309 1	1.479	0.32	138.430	136.951	135.472
G 5 1/2	11	2.309 1	1.479	0.32	151.130	149.651	148.172
G 6	11	2.309 1	1.479	0.32	163.830	162.351	160.872

付表 2 寸法許容差

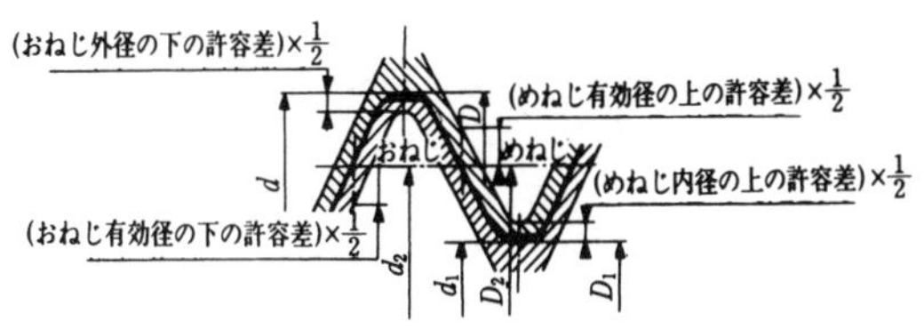

単位 μm

ねじの呼び	ねじ山数 (25.4 mm につき) n	おねじ							めねじ					
		外径 d		有効径(1) d_2			谷の径 d_1		谷の径 D		有効径(1) D_2		内径 D_1	
		上の許容差	下の許容差	上の許容差	下の許容差 A級	下の許容差 B級	上の許容差	下の許容差	下の許容差	上の許容差	下の許容差	上の許容差	下の許容差	上の許容差
G 1/16	28	0	−214	0	−107	−214	0	規定しない	0	規定しない	0	+107	0	+282
G 1/8	28	0	−214	0	−107	−214	0		0		0	+107	0	+282
G 1/4	19	0	−250	0	−125	−250	0		0		0	+125	0	+445
G 3/8	19	0	−250	0	−125	−250	0		0		0	+125	0	+445
G 1/2	14	0	−284	0	−142	−284	0		0		0	+142	0	+541
G 5/8	14	0	−284	0	−142	−284	0		0		0	+142	0	+541
G 3/4	14	0	−284	0	−142	−284	0		0		0	+142	0	+541
G 7/8	14	0	−284	0	−142	−284	0		0		0	+142	0	+541
G 1	11	0	−360	0	−180	−360	0		0		0	+180	0	+640
G 1 1/8	11	0	−360	0	−180	−360	0		0		0	+180	0	+640
G 1 1/4	11	0	−360	0	−180	−360	0		0		0	+180	0	+640
G 1 1/2	11	0	−360	0	−180	−360	0		0		0	+180	0	+640
G 1 3/4	11	0	−360	0	−180	−360	0		0		0	+180	0	+640
G 2	11	0	−360	0	−180	−360	0		0		0	+180	0	+640
G 2 1/4	11	0	−434	0	−217	−434	0		0		0	+217	0	+640
G 2 1/2	11	0	−434	0	−217	−434	0		0		0	+217	0	+640
G 2 3/4	11	0	−434	0	−217	−434	0		0		0	+217	0	+640
G 3	11	0	−434	0	−217	−434	0		0		0	+217	0	+640
G 3 1/2	11	0	−434	0	−217	−434	0		0		0	+217	0	+640
G 4	11	0	−434	0	−217	−434	0		0		0	+217	0	+640
G 4 1/2	11	0	−434	0	−217	−434	0		0		0	+217	0	+640
G 5	11	0	−434	0	−217	−434	0		0		0	+217	0	+640
G 5 1/2	11	0	−434	0	−217	−434	0		0		0	+217	0	+640
G 6	11	0	−434	0	−217	−434	0		0		0	+217	0	+640

注(1) 薄肉の製品に対しては，この許容差は互いに直角の方向に測った２つの有効径の平均値に対して適用する。

備考 この表では，山の半角の許容差及びピッチの許容差は特に定めていないが，これらは有効径に換算して有効径の公差中に含めてある。

I-1-2　管用テーパねじ

JIS B 0203-1999

Taper pipe threads

ISO 7-1-1994

1. **適用範囲**　管，管用部品，流体機器などの接合においてねじ部の耐密性を主目的とするねじ。

2. **種　類**　管用テーパおねじ，テーパめねじ及び平行めねじとする。この平行めねじはテーパおねじに対して使用する。

3. **山形・寸法・許容差**　**付表1**による。

4. **表し方**　ねじの呼びによる。

例)　テーパおねじ　R1
　　テーパめねじ　R_c1
　　平行めねじ　　R_p1

付表 1　基準山形，基準寸法及び寸法許容差

テーパおねじ及びテーパめねじに対して適用する基準山形

平行めねじに対して適用する基準山形

テーパおねじとテーパめねじ又は平行めねじとのはめあい

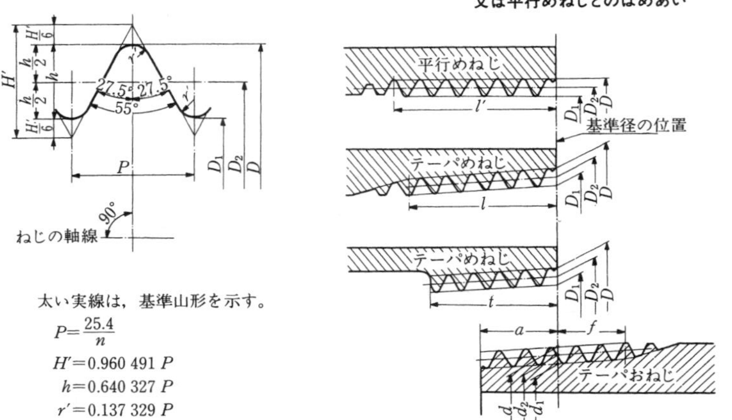

太い実線は，基準山形を示す。

$P=\dfrac{25.4}{n}$

$H=0.960\ 237\ P$

$h=0.640\ 327\ P$

$r=0.137\ 278\ P$

太い実線は，基準山形を示す。

$P=\dfrac{25.4}{n}$

$H'=0.960\ 491\ P$

$h=0.640\ 327\ P$

$r'=0.137\ 329\ P$

付表1 基準山形，基準寸法及び寸法許容差（続き）

単位 mm

[1]ねじの呼び	ねじ山 ねじ山数（25.4 mmにつき）n	ねじ山 ピッチ P（参考）	ねじ山 山の高さ h	ねじ山 丸み r 又は r'	基準径 おねじ 外径 d / めねじ 谷の径 D	基準径 おねじ 有効径 d_2 / めねじ 有効径 D_2	基準径 おねじ 谷の径 d_1 / めねじ 内径 D_1	基準径の位置 おねじ 管端から 基準の長さ a	基準径の位置 おねじ 管端から 軸線方向の許容差 b	基準径の位置 めねじ 管端部 軸線方向の許容差 c	平行めねじの D，D_2 及び D_1 の許容差	有効ねじ部の長さ（最小） おねじ 基準径の位置から大径側に向かって f	有効ねじ部の長さ（最小） めねじ 不完全ねじ部がある場合 テーパめねじ 基準径の位置から小径側に向かって l	有効ねじ部の長さ（最小） めねじ 不完全ねじ部がある場合 平行めねじ 管又は管継手端から l'	有効ねじ部の長さ（最小） めねじ 不完全ねじ部がない場合 テーパめねじ，平行めねじ [2] t	配管用炭素鋼鋼管の寸法（参考） 外径	配管用炭素鋼鋼管の寸法（参考） 厚さ
R 1/16	28	0.907 1	0.581	0.12	7.723	7.142	6.561	3.97	±0.91	±1.13	±0.071	2.5	6.2	7.4	4.4	—	—
R 1/8	28	0.907 1	0.581	0.12	9.728	9.147	8.566	3.97	±0.91	±1.13	±0.071	2.5	6.2	7.4	4.4	10.5	2.0
R 1/4	19	1.336 8	0.856	0.18	13.157	12.301	11.445	6.01	±1.34	±1.67	±0.104	3.7	9.4	11.0	6.7	13.8	2.3
R 3/8	19	1.336 8	0.856	0.18	16.662	15.806	14.950	6.35	±1.34	±1.67	±0.104	3.7	9.7	11.4	7.0	17.3	2.3
R 1/2	14	1.814 3	1.162	0.25	20.955	19.793	18.631	8.16	±1.81	±2.27	±0.142	5.0	12.7	15.0	9.1	21.7	2.8
R 3/4	14	1.814 3	1.162	0.25	26.441	25.279	24.117	9.53	±1.81	±2.27	±0.142	5.0	14.1	16.3	10.2	27.2	2.8
R 1	11	2.309 1	1.479	0.32	33.249	31.770	30.291	10.39	±2.31	±2.89	±0.181	6.4	16.2	19.1	11.6	34	3.2
R 1 1/4	11	2.309 1	1.479	0.32	41.910	40.431	38.952	12.70	±2.31	±2.89	±0.181	6.4	18.5	21.4	13.4	42.7	3.5
R 1 1/2	11	2.309 1	1.479	0.32	47.803	46.324	44.845	12.70	±2.31	±2.89	±0.181	6.4	18.5	21.4	13.4	48.6	3.5
R 2	11	2.309 1	1.479	0.32	59.614	58.135	56.656	15.88	±2.31	±2.89	±0.181	7.5	22.8	25.7	16.9	60.5	3.8
R 2 1/2	11	2.309 1	1.479	0.32	75.184	73.705	72.226	17.46	±3.46	±3.46	±0.216	9.2	26.7	30.1	18.6	76.3	4.2
R 3	11	2.309 1	1.479	0.32	87.884	86.405	84.926	20.64	±3.46	±3.46	±0.216	9.2	29.8	33.3	21.1	89.1	4.2
R 4	11	2.309 1	1.479	0.32	113.030	111.551	110.072	25.40	±3.46	±3.46	±0.216	10.4	35.8	39.3	25.9	114.3	4.5
R 5	11	2.309 1	1.479	0.32	138.430	136.951	135.472	28.58	±3.46	±3.46	±0.216	11.5	40.1	43.5	29.3	139.8	4.5
R 6	11	2.309 1	1.479	0.32	163.830	162.351	160.872	28.58	±3.46	±3.46	±0.216	11.5	40.1	43.5	29.3	165.2	5.0

注[1]　この呼びは，テーパおねじに対するもので，テーパめねじ及び平行めねじの場合は，R の記号を R_c 又は R_p とする。

[2]　テーパのねじは基準径の位置から小径側に向かっての長さ，平行めねじは管又は管継手端からの長さ。

備考1.　ねじ山は中心軸線に直角とし，ピッチは中心軸線に沿って測る。

2.　有効ねじ部の長さとは，完全なねじ山の切られたねじ部の長さで，最後の数山だけは，その頂に管又は管継手の面が残っていてもよい。また，管又は管継手の末端に面取りがしてあっても，この部分を有効ねじ部の長さに含める。

3.　a，f 又は t がこの表の数値によりがたい場合は，別に定める部品の規格による。

I-2　ボルト・ナット

I-2-1　メートル並目ねじ　　JIS B 0205-4：2001

Metric coarse screw threads

1．**基準山形**　**図1**の太い実線で示す。(JIS B 0205-1)

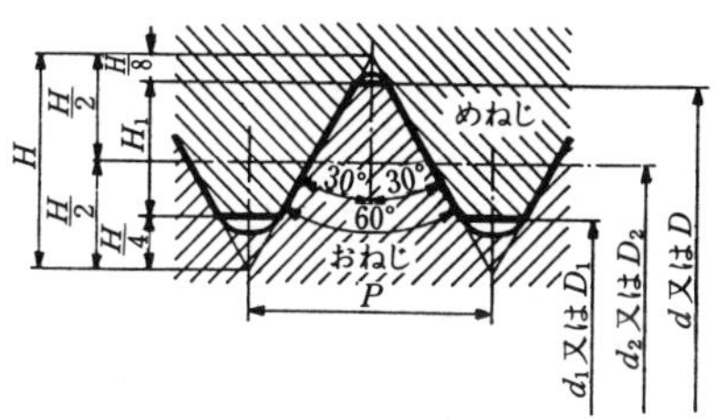

図1　ねじの基準山形

2．**公　式**

$H = 0.866025 \times P$　　$d_2 = d - 0.649519 \times P$　　$D = d$

$H_1 = 0.541266 \times P$　　$d_1 = d - 1.082532 \times P$　　$D_2 = d_2$

$D_1 = d_1$

3．**基準寸法**　**表1**による。

表1　メートル並目ねじの基準寸法　　　単位 mm

ねじの呼び	ピッチ P	ひっかかりの高さ H_1	めねじ		
			谷の径 D	有効径 D_2	内径 D_1
			おねじ		
			外径 d	有効径 d_2	谷の径 d_1
M 8	1.25	0.677	8.000	7.188	6.647
M10	1.5	0.812	10.000	9.026	8.376
M12	1.75	0.947	12.000	10.863	10.106
(M14)	2	1.083	14.000	12.701	11.835
M16	2	1.083	16.000	14.701	13.835
(M18)	2.5	1.353	18.000	16.376	15.294
M20	2.5	1.353	20.000	18.376	17.294
(M22)	2.5	1.353	22.000	20.376	19.294
M24	3	1.624	24.000	22.051	20.752
(M27)	3	1.624	27.000	25.051	23.752
M30	3.5	1.894	30.000	27.727	26.211
(M33)	3.5	1.894	33.000	30.727	29.211
M36	4	2.165	36.000	33.402	31.670
(M39)	4	2.165	39.000	36.402	34.670
M42	4.5	2.436	42.000	39.077	37.129
(M45)	4.5	2.436	45.000	42.077	40.129
M48	5	2.706	48.000	44.752	42.587
(M52)	5	2.706	52.000	48.752	46.587
M56	5.5	2.977	56.000	52.428	50.046
(M60)	5.5	2.977	60.000	56.428	54.046

備考　ねじの呼びに(　)をつけたものはなるべく用いない。

I-2-2　メートル細目ねじ　JIS B 0205-4：2001

Metric fine screw threads

1. **基準山形**　メートル並目ねじに同じ。
2. **公　式**　メートル並目ねじに同じ。
3. **基準寸法**　**表1**による。

表1　メートル細目ねじの基準寸法　**単位** mm

ねじの呼び	ピッチ P	ひっかかりの高さ H_1	めねじ 谷の径 D	めねじ 有効径 D_2	めねじ 内径 D_1
			おねじ 外径 d	おねじ 有効径 d_2	おねじ 谷の径 d_1
M 8×1	1	0.541	8.000	7.350	6.917
M10×1	1	0.541	10.000	9.350	8.917
M12×1.5	1.5	0.812	12.000	11.026	10.376
(M14×1.5)	1.5	0.812	14.000	13.026	12.376
M16×1.5	1.5	0.812	16.000	15.026	14.376
(M18×1.5)	1.5	0.812	18.000	17.026	16.376
M20×1.5	1.5	0.812	20.000	19.026	18.376
(M22×1.5)	1.5	0.812	22.000	21.026	20.376
M24×2	2	1.083	24.000	22.701	21.835
(M27×2)	2	1.083	27.000	25.701	24.835
M30×2	2	1.083	30.000	28.701	27.835
(M33×2)	2	1.083	33.000	31.701	30.835
M36×3	3	1.624	36.000	34.051	32.752
(M39×3)	3	1.624	39.000	37.051	35.752
M42×3	3	1.624	42.000	40.051	38.752
(M45×3)	3	1.624	45.000	43.051	41.752
M48×3	3	1.624	48.000	46.051	44.752
(M52×4)	4	2.165	52.000	49.402	47.670
M56×4	4	2.165	56.000	53.402	51.670
(M60×4)	4	2.165	60.000	57.402	55.670

備考　ねじの呼びに(　)をつけたものはなるべく用いない。

I-2-3　六角ボルト・六角ナット

JIS B 1180-1994
JIS B 1181-1993

Hexagon head bolts and Hexagon nuts

1. **形状・寸法**　**表 1**，**表 2** による。
2. **部品等級の公差**　**表 3** による。
3. **ねじの等級**　**表 4** による。
4. **強度区分**　**表 5**，**表 6** による。
5. **性状区分**　**表 7** による。
6. **材質区分**　**表 8** による。
7. **ねじの有効断面積**(応力算出用)　**表 9** に示す。
8. **呼び方**　規格番号(省略可)，種類，部品等級，ねじの呼び×呼び長さ，ねじの等級，機械的性質の区分，指定事項

表1　六角ボルト・ナットの形状・寸法(ISO 規格)

〔六角ボルト〕　呼び径　全ねじ　有効径　〔六角ナット〕　両面取り　座付き

ねじの呼び d	ピッチ		K	S	e	b(参考)			l_1			l_2			l_3	m(最大)		
	並目	細目	呼び	最大	最大	l≦125	l≦200	l>200	A	B	C	A	B	C	B	スタイル1	スタイル2	C
M 8	1.25	1	5.3	13	15.0	22			40～ 80		40～ 80	16～ 80		16～ 80	30～ 80	6.8	7.5	7.9
M10	1.5	1	6.4	16	18.5	26			45～100		45～100	20～100		20～100	40～100	8.4	9.3	9.5
M12	1.75	1.5	7.5	18	20.8	30			50～120		55～120	25～120		25～120	45～120	10.8	12	12.2
(M14)	2	1.5	8.8	21	24.2	34	40		60～140		60～140	30～140		30～140	50～140	12.8	14.1	13.9
M16	2	1.5	10	24	27.7	38	44		65～150	65～160	65～160	30～150	30～160	30～160	55～150	14.8	16.4	15.9
(M18)	2.5	1.5	11.5	27	31.2	42	48		70～150	70～180	80～180	35～150	35～180	35～180		15.8	17.6	16.9
M20	2.5	1.5	12.5	30	34.6	46	52		80～150	80～200	80～200	40～150	40～200	40～200	65～150	18	20.3	19.0
(M22)	2.5	1.5	14	34	39.3	50	56	69	90～150	90～220	90～220	40～150	40～220	45～220		19.4	21.8	20.2
M24	3	2	15	36	41.6	54	60	73	90～150	90～240	100～240	40～150	40～240	50～240		21.5	23.9	22.3
(M27)	3	2	17	41	47.3	60	66	79		100～260	110～260		40～260	55～260		23.8	26.7	24.7
M30	3.5	2	18.7	46	53.1	66	72	85		110～300	120～300		40～300	60～300		25.6	28.6	26.4
(M33)	3.5	2	21	50	57.7		78	91		130～320	130～320		40～320	65～320		28.7	32.5	29.5
M36	4	3	22.5	55	63.5		84	97		140～360	140～360		40～360	70～360		31	34.7	31.5
(M39)	4	3	25	60	69.3		90	103		150～380	150～380		80～380	80～380		33.4		34.3
M42	4.5	3	26	65	75.1		96	109		160～420	180～420		80～420	80～420		34		34.9
(M45)	4.5	3	28	70	80.8		102	115		180～440	180～440		90～440	90～440		36		36.9
M48	5	3	30	75	86.6		108	121		180～480	200～480		100～480	100～480		38		38.9
(M52)	5	4	33	80	92.4		116	129		200～500	200～500		100～500	100～500		42		42.9
M56	5.5	4	35	85	98.1			137		220～500	240～500		110～500	110～500		45		45.9
(M60)	5.5	4	38	90	104			145		240～500	240～500		120～500	120～500		48		48.9

備考　1．単位は mm，ねじの呼びに(　)を付けたものはなるべく用いない。A，B，C は部品等級，ナットの形状は指定がない限り両面取りとし，座付きは注文者の指定による。

2．呼び長さ l_1，l_2，l_3 は表中の範囲内で，16，20，25，30，35，40，45，50，55，60，65，70，80，90，100，110，120，130，140，150，160，180，200，220，240，260，280，300，320，340，360，380，400，420，440，460，500の中から選ぶ。

表2　六角ボルト・ナットの形状・寸法(ISO 規格外)

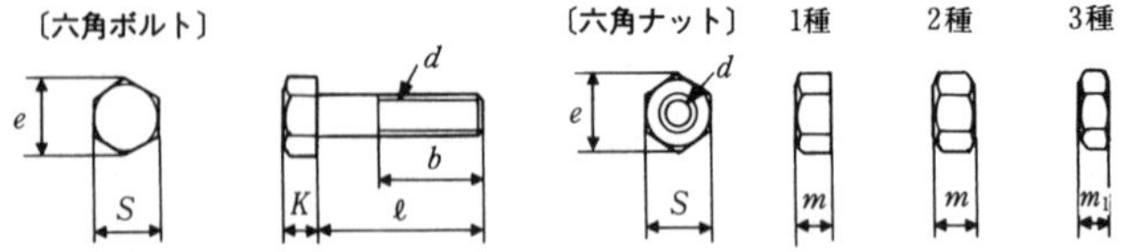

〔六角ボルト〕　〔六角ナット〕　1種　2種　3種

ねじの呼び d	ピッチ		K	S	e	b			l	m	m_1
	並目	細目	基準	基準	約	$l≦125$	$l≦200$	$l≦400$	呼び長さ	基準	基準
M8	1.25	1	5.5	13	15	22	—	—	(11)～100	6.5	5
M10	1.5	1.25	7	17	19.6	26	—	—	14 ～100	8	6
M12	1.75	1.25	8	19	21.9	30	36	—	(18)～140	10	7
(M14)	2	1.5	9	22	25.4	34	40	—	20 ～140	11	8
M16	2	1.5	10	24	27.7	38	44	—	(22)～140	13	10
(M18)	2.5	1.5	12	27	31.2	42	48	—	25 ～200	15	11
M20	2.5	1.5	13	30	34.6	46	52	—	(28)～200	16	12
(M22)	2.5	1.5	14	32	37	50	56	—	(28)～200	18	13
M24	3	2	15	36	41.6	54	60	—	30 ～200	19	14
(M27)	3	2	17	41	47.3	60	66	79	35 ～240	22	16
M30	3.5	2	19	46	53.1	66	72	85	40 ～240	24	18
(M33)	3.5	2	21	50	57.7	72	78	91	45 ～240	26	20
M36	4	3	23	55	63.5	78	84	97	50 ～240	29	21
(M39)	4	3	25	60	69.3	84	90	103	50 ～240	31	23
M42	4.5	—	26	65	75	90	96	109	55 ～325	34	25
(M45)	4.5	—	28	70	80.8	96	102	115	55 ～325	36	27
M48	5	—	30	75	86.5	102	108	121	60 ～325	38	29
M52	5	—	33	80	92.4	—	116	129	130 ～400	42	31
M56	5.5	—	35	85	98.1	—	124	137	130 ～400	45	34
(M60)	5.5	—	38	90	104	—	132	145	130 ～400	48	36

備考　1. 単位は mm，d，l で(　)を付けたものはなるべく用いない。

2. l は表中の範囲内で，(11)，12，14，16，(18)，20，(22)，25，(28)，30，(32)，35，(38)，40，45，50，55，60，65，70，75，80，85，90，(95)，100，(105)，110，(115)，120，(125)，130，140，150，160，170，180，190，200，220，240，260，280，300，325，350，375，400から選ぶ。

3. 高さ m はねじの外径 d にとることができる。3種は止めナット。

表3　部品等級の公差

JIS B 1021

部品等級	軸部・座面	その他の形体
A	精	精
B	精	粗
C	粗	粗

表4　ねじの等級

JIS B 0209

はめあい区分	ねじ	等　級
精：特にあそびの少ない精密ねじ	めねじ	4H(M1.4以下) 5H(M1.6以上)
	おねじ	4h
中：機械，器具，構造体などの一般用ねじ	めねじ	5H(M1.4以下) 6H(M1.6以上)
	おねじ	6h(M1.4以下) 6g(M1.6以上)
粗：建設工事，据付けなどの汚れやきずがつく環境で使用するねじ	めねじ	7H
	おねじ	8g

表5　鋼製ボルトの強度区分

機械的性質		強度区分										
		3.6	4.6	4.8	5.6	5.8	6.8	8.8		9.8	10.9	12.9
								$d \leqq 16$	$d > 16$			
引張強さ N/mm²	呼び	300	400		500		600	800		900	1000	1200
	最小	330	400	420	500	520	600	800	830	900	1040	1220
下降伏点・耐力 N/mm²	呼び	180	240	320	300	400	480	640	640	720	900	1080
	最小	190	240	340	300	420	480	640	660	720	940	1100
保証荷重応力 N/mm²		180	225	310	280	380	440	580	600	650	830	970
ビッカース硬さ HV	最小	95	120	130	155	160	190	250	255	290	320	385
	最大	250						320	335	360	380	435
JIS の材料種類		SS330	SS400 S25C	SS490 S25C	SS540 S35C	SS540 S35C	S45C	SNB7 SNB16	SNB7 SNB16	SNB: 23-4 24-4	SNB: 23-2 24-2	SNB: 23-1 24-1

表6　鋼製ナットの強度区分

強度区分		04	05	4	5	6	8		9	10	12	
スタイル		低形	低形	1	1	1	1	2	2	1	1	2
保証荷重応力 N/mm²		380	500	510	520	600	800	890	900	1040	1140	1150
ビッカース硬さ HV	最小	188	272	117	130	150	180	180	170	272	295	272
	最大	302	353	302	302	302	302	302	302	353	353	353

表7　ステンレス鋼製ねじの性状区分

<table>
<tr><td>材料区分</td><td colspan="3">オーステナイト系</td><td colspan="2">フェライト系</td><td colspan="3">マルテンサイト系</td></tr>
<tr><td>鋼種区分</td><td colspan="3">A 1, A 2, A 4</td><td colspan="2">F 1</td><td colspan="2">C 1, C 4</td><td>C 3</td></tr>
<tr><td>強度区分</td><td>50
軟　質</td><td>70
冷　間
加　工</td><td>80
冷　間
強加工</td><td>45
軟　質</td><td>60
冷　間
加　工</td><td>50
軟　質</td><td>70
焼　入
焼戻し</td><td>80
焼　入
焼戻し</td></tr>
<tr><td>JIS の
材料種類</td><td colspan="3">A 1：SUS 303
A 2：SUS 304
A 4：SUS 316</td><td colspan="2">SUS 430
SUS 434</td><td colspan="2">C 1：SUS 410
C 4：SUS 416</td><td>SUS
431</td></tr>
</table>

備考　強度区分の数字は，ボルトの最小引張強さ (N/mm²)，又はナットの保証荷重応力の1/10 を示す。

表8　非鉄金属製ねじの材質区分

材質区分	ねじの呼び	引張強さ N/mm²	耐　力 N/mm²	JISの材質	
				番　号	規　格
CU 1	≧M 1.6，≦M 39	240	160	C 1100	JIS H 3250 JIS H 3260
CU 2	≧M 1.6，≦M 6 ＞M 6 ，≦M 39	440 370	340 250	C 2700	
CU 3	≧M 1.6，≦M 6 ＞M 6 ，≦M 39	440 370	340 250	C 3603	
CU 4	≧M 1.6，≦M 12 ＞M 12 ，≦M 39	470 400	340 200	C 5191	JIS H 3270
CU 5	≧M 1.6，≦M 30	590	540	—	—
CU 6	＞M 6 ，≦M 39	440	180	C 6782	JIS H 3250
CU 7	＞M 12 ，≦M 39	640	270	C 6191	
AL 1	≧M 1.6，≦M 10 ＞M 10 ，≦M 20	270 250	230 180	5052	JIS H 4040
AL 2	≧M 1.6，≦M 14 ＞M 14 ，≦M 36	310 280	205 200	5056	
AL 3	≧M 1.6，≦M 6 ＞M 6 ，≦M 39	320 310	250 260	6061	
AL 4	≧M 1.6，≦M 10 ＞M 10 ，≦M 39	420 380	290 260	2024	
AL 5	≧M 1.6，≦M 39	460	380	7 N 01	
AL 6	≧M 1.6，≦M 39	510	440	7075	

備考　CU：銅，銅合金，AL：アルミニウム合金，引張強さ，耐力は最小値

表9　ねじの有効断面積

単位：mm²

並目ねじ			細目ねじ	
ねじの呼び	ピッチ	有効断面積	ねじの呼び	有効断面積
M 8	1.25	36.6	M 8 ×1	39.2
M10	1.5	58.0	M10×1	64.5
M12	1.75	84.3	M12×1.5	88.1
(M14)	2	115	(M14×1.5)	125
M16	2	157	M16×1.5	167
(M18)	2.5	192	(M18×1.5)	216
M20	2.5	245	M20×1.5	272
(M22)	2.5	303	(M22×1.5)	333
M24	3	353	M24×2	384
(M27)	3	459	(M27×2)	496
M30	3.5	561	M30×2	621
(M33)	3.5	694	(M33×2)	761
M36	4	817	M36×3	865
(M39)	4	976	(M39×3)	1028
M42	4.5	1121	M42×3	1206
(M45)	4.5	1306	(M45×3)	1398
M48	5	1473	M48×3	1604
(M52)	5	1758	(M52×4)	1828
M56	5.5	2030	M56×4	2144
(M60)	5.5	2362	(M60×4)	2485

備考　ねじの呼びに(　)を付けたものはなるべく用いない。

有効断面積$=\frac{\pi}{4}\left(d-\frac{13}{24}\tan 60\times P\right)^2$

I-2-4　基礎ボルト　　JIS B 1178-1994

Foundation bolts

1. **適用範囲**　一般用の鋼製基礎ボルト
2. **種　類**　L形，J形，LA形及びJA形とする。
3. **ボルトの品質**　強度区分4.6，ねじの等級8g
4. **形状・寸法**　**付表1～4**による。呼び長さ l は表中の範囲内で，125，160，200，250，315，400，500，630，800，1000，1250，1600，2000，2500の中から選ぶ。
5. **呼び方**　規格の番号又は名称，種類，ねじの呼び×呼び長さ l，ねじの等級，強度区分による。M42以上のボルトは強度区分を除き，材料，指定事項(表面処理の種類，ねじ部長さ，ねじ先の形状など)を表す。

例)　基礎ボルト　L形　M12×200　8g　4.6

付表 1　L 形

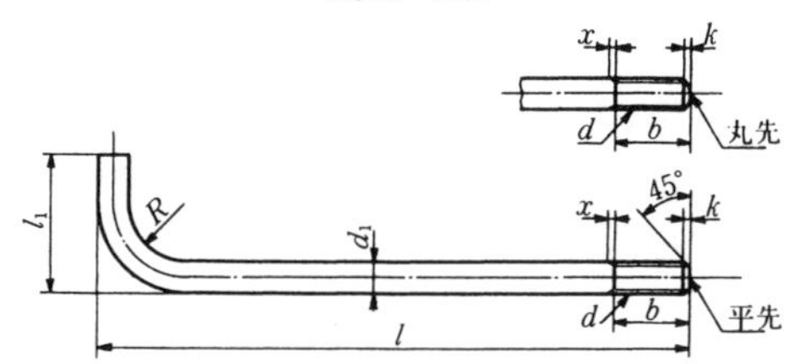

単位 mm

ねじの呼び d	d_1	b	l_1	R	l
M10	10	25	40	20	125～500
M12	12	32	50	25	160～630
M16	16	40	63	32	200～800
M20	20	50	80	40	250～1000

付表 2　J 形

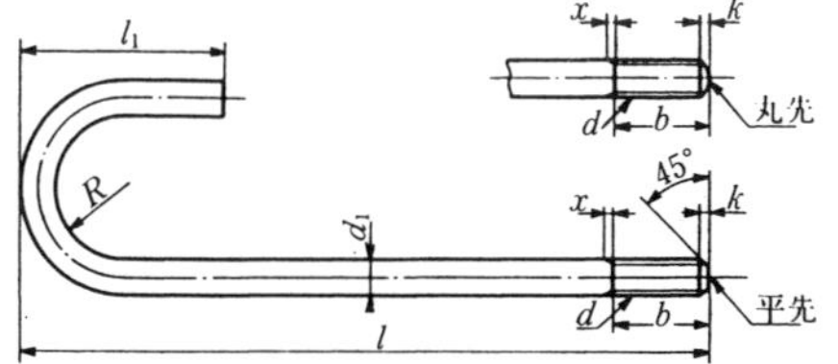

単位 mm

ねじの呼び d	d_1	b	l_1	R	l
M10	10	25	45	20	125～ 500
M12	12	32	56	25	160～ 630
M16	16	40	71	32	200～ 800
M20	20	50	90	40	250～1000
M24	24	63	112	50	315～1250
M30	30	80	140	63	400～1600
M36	36	90	160	71	400～1600
M42	42	112	200	90	630～2500
M48	48	125	224	100	800～2500

付表3　LA形

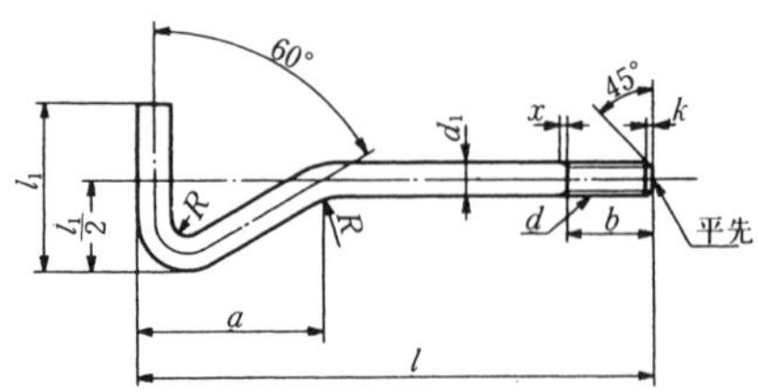

単位 mm

ねじの呼び d	d_1	b	l_1	a	l
M8	8	20	32	41	125～ 200
M10	10	30	40	51	125～ 500
M12	12	35	50	64	160～ 630
M16	16	40	63	81	200～ 800
M20	20	50	80	102	250～1000
M24	24	80	100	127	315～1250
M30	30	90	125	158	400～1600
M36	36	110	140	181	400～1600
M42	42	125	180	226	630～2500
M48	48	150	200	252	800～2500

付表4　JA形

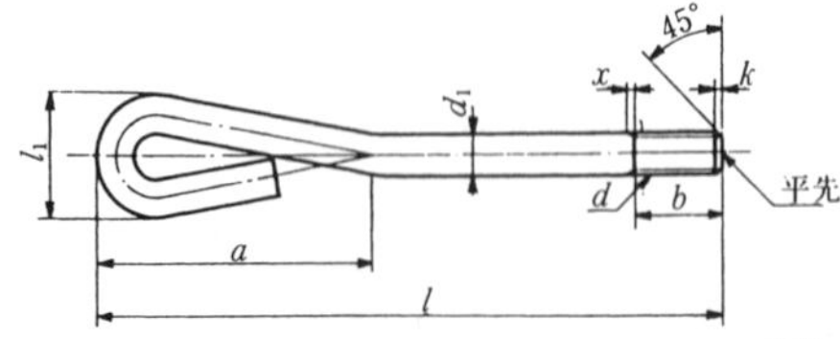

単位 mm

ねじの呼び d	d_1	b	l_1	a	l
M10	10	30	35	50	125～ 500
M12	12	35	40	65	160～ 630
M16	16	40	55	85	200～ 800
M20	20	50	70	105	250～1000
M24	24	80	80	125	315～1250
M30	30	90	100	155	400～1600
M36	36	110	120	190	400～1600
M42	42	125	140	220	630～2500
M48	48	150	160	250	800～2500

I-2-5 平座金

JIS B 1256-1998

Plain washers

1. **適用範囲** 一般用のボルト，ナットに使う鋼製及びステンレス鋼製の丸形平座金。
2. **種 類**

小形 一部品等級 A
並形 一部品等級 A
並形面取り 一部品等級 A
並形 一部品等級 C
大形 一部品等級 A 又はC
特大形 一部品等級 C

3. **製品仕様**

(1)硬さ区分 **付表 1** による。
(2)表面粗さ 部品等級 A は算術平均粗さ Ra が3.2μm 以下(みがき)。

4. **形状・寸法** **付表 2** に示す。
5. **呼び方** 規格番号，種類，呼び径×外径，硬さ区分及び指定事項(表面処理など)

例) JIS B 1256 並形一部品等級 C 10×20-100HV
JIS B 1256 大形一部品等級 A 12×37-A140

付表 1 硬さ区分

材料の区分	鋼	オーステナイト系ステンレス鋼
部品等級 A	140HV，200HV，300HV	A140，A200，A350
部品等級 C	100HV	—

備考 硬さ区分の数値はビッカース硬さ(HV)の最小値

付表 2　平座金の形状・寸法

丸形平座金　　面取り　　角形平座金

3.2　30°−45°　0.25−0.5h　h　ϕd_1　ϕd_2　t　$\square D$

呼び径 d	丸形平座金										角形平座金				
	d_1		小形		並形		大形		特大形		d_1	小形角		大形角	
	A	C	d_2	h	d_2	h	d_2	h	d_2	h		D	t	D	t
8	8.4	9	15	1.6	16	1.6	24	2	28	3	9	23	1.6	26	2.3
10	10.5	11	18	1.6	20	2	30	2.5	34	3	11	28	1.6	32	2.3
12	13	13.5	20	2	24	2.5	37	3	44	4	14	35	2.3	40	3.2
14	15	15.5	24	2.5	28	2.5	44	3	50	4	16	40	3.2	44	3.2
16	17	17.5	28	2.5	30	3	50	3	56	5	18	45	3.2	52	4.5
20	21	22	34	3	37	3	60	4	72	6	22	56	4.5	62	6
24	25	26	39	4	44	4	72	5	85	6	26	68	6	72	6
30	31	33	50	4	56	4	92	6	105	6	33	—	—	90	6
36	37	39	60	5	66	5	110	8	125	8	39	—	—	110	8

備考　単位は mm，大形一部品等級 C は呼び径20以上，角形は規定外。

I-3　溶接材料

1. **母材の区分**　**表 1** に示す。
2. **被覆アーク溶接棒**　**表 2** に示す。
3. **ソリッドワイヤ**　**表 3** に示す。
4. **フラックス入りワイヤ**　**表 4** に示す。
5. **ティグ溶加棒**　**表 5** に示す。

参考資料

JIS B 8285-1993　圧力容器の溶接施工方法の確認試験
JIS Z 3211-1991　軟鋼用被覆アーク溶接棒
JIS Z 3212-1990　高張力鋼用被覆アーク溶接棒
JIS Z 3221-1989　ステンレス鋼被覆アーク溶接棒
JIS Z 3223-1993　Mo 鋼及び Cr-Mo 鋼被覆アーク溶接棒
JIS Z 3241-1993　低温用鋼用被覆アーク溶接棒
JIS Z 3312-1993　軟鋼及び高張力鋼用マグ溶接ソリッドワイヤ
JIS Z 3313-1993　軟鋼，高張力鋼及び低温用鋼用アーク溶接フラックス入りワイヤ
JIS Z 3316-1989　軟鋼及び低合金鋼用ティグ溶接棒及びワイヤ
JIS Z 3317-1991　Mo 鋼及び Cr-Mo 鋼用マグ溶接ソリッドワイヤ
JIS Z 3318-1991　Mo 鋼及び Cr-Mo 鋼用マグ溶接フラックス入りワイヤ
JIS Z 3321-1985　溶接用ステンレス鋼棒及びワイヤ
JIS Z 3323-1989　ステンレス鋼アーク溶接フラックス入りワイヤ
JIS Z 3325-1990　低温用鋼用マグ溶接ソリッドワイヤ
神鋼溶接総合カタログ(1996)　(株)神戸製鋼所

表1　母材の区分

<table>
<tr><th rowspan="2">鋼種</th><th colspan="2">母材の区分</th><th rowspan="2">標準合金成分</th><th rowspan="2">鋼管の種類記号</th></tr>
<tr><th>P番号</th><th>グループ番号</th></tr>
<tr><td rowspan="2">炭素鋼</td><td rowspan="2">1</td><td>1</td><td>軟鋼</td><td>SGP
STPG370，410
STS370，410
STPT370，410
STPY400
STPL380</td></tr>
<tr><td>2</td><td>引張強さ490N/mm²級のもの</td><td>STS480
STPT480</td></tr>
<tr><td rowspan="4">耐熱低合金鋼</td><td>3</td><td>1</td><td>C-0.5Mo
0.5Cr-0.5Mo</td><td>STPA12
STPA20</td></tr>
<tr><td>4</td><td>1</td><td>1Cr-0.5Mo
1.25Cr-0.5Mo-Si</td><td>STPA22
STPA23</td></tr>
<tr><td rowspan="2">5</td><td>1</td><td>2.25Cr-1Mo</td><td>STPA24</td></tr>
<tr><td>2</td><td>5Cr-0.5Mo-Si
9Cr-1Mo</td><td>STPA25
STPA26</td></tr>
<tr><td>ステンレス鋼</td><td>8A</td><td>—</td><td>18Cr-8Ni
23Cr-12Ni
25Cr-20Ni
16Cr-12Ni-2Mo
18Cr-10Ni-Ti
18Cr-10Ni-Nb</td><td>SUS304TP，304LTP
SUS309TP，309STP
SUS310TP，310STP
SUS316TP，316LTP
SUS321TP
SUS347TP</td></tr>
<tr><td rowspan="2">Ni鋼</td><td>9B</td><td>—</td><td>3.5Ni</td><td>STPL450</td></tr>
<tr><td>11A</td><td>—</td><td>9Ni</td><td>STPL690</td></tr>
</table>

表2 被覆アーク溶接棒

鋼種	母材の区分	溶接棒規格	神鋼銘柄(例)	棒径×長さ
炭素鋼	P-1-1	D4301 D4316	B-17 LB-26, LB-47	3.2×350 4.0×400 5.0×450 6.0×450
	P-1-2	D5016	LB-52, LBM-52	
低合金鋼	P-3	DT1216	CMA-76	3.2×350 4.0×400 5.0×400
	P-4	DT2315 DT2316	CMB-95 CMA-96	
	P-5-1	DT2415 DT2416	CMB-105 CMA-106	
	P-5-2	DT2516 DT2616	CM-5 CM-9	
	P-9B	DL5016-10P3	NB-3N	
ステンレス鋼	P-8A	D308-16 (黄) D308L-16 (赤) D309-16 (黒) D310-16 (桃) D316-16 (白) D316L-16 (緑) D347-16 (青)	NC-38, NC-38H NC-38L, NC-38LT NC-39 NC-30 NC-36 NC-36L, NC-36EL NC-37	3.2×350 4.0×350 5.0×350 6.0×350

溶接棒(被覆剤)規格	電流の種類	乾燥条件
D4301(イルミナイト系)	AC 又は DC(±)	70～100℃×30～60分
D, DTXX16(低水素系) DTXX15(低水素系) DL5016(低水素系)	AC 又 DC は(±) DC(+) AC 又は DC(+)	300～400℃×30～60分
D3XX-16(ライムチタニヤ系)	AC 又は DC(+)	150～200℃×30～60分

表3　ソリッドワイヤ

鋼種	母材の区分	ワイヤ規格	神鋼銘柄(例)	シールドガス
炭素鋼	P-1-1	YGW14	MG-SOFT	CO_2
	P-1-2	YGW11 YGW12	MG-1 MG-51T	
	P-1-1	YGW17	MIX-1PS	80% Ar+20% CO_2
	P-1-2	YGW15 YGW16	MIX-50S MGS-50	
低合金鋼	P-3	YGM-C YGCM-C	MG-M MG-CM	CO_2
	P-4	YG1CM-C	MG-1CM	
	P-5-1	YG2CM-C	MG-2CM	
	P-3	YGM-A	MGS-M	Ar+5~20% CO_2
	P-4	YG1CM-A	MGS-1CM	
	P-5-1	YG2CM-A	MGS-2CM	
	P-5-2	YG5CM-A —	MGS-5CM MGS-9CM	
	P-9B	YGL3-10A(P)	MGS-3N	
ステンレス鋼	P-8A	Y308 Y308LSi Y309 Y316LSi Y347Si	MGS-308 MGS-308LS MGS-309 MGS-316LS MGS-347S	98% Ar+2% O_2

電流 DC ワイヤ(+)，ワイヤ径1.0，1.2，1.6mm

表4 フラックス入りワイヤ

鋼種	母材の区分	ワイヤ規格	神鋼銘柄(例)	シールドガス
炭素鋼	P-1	YFW-C50DR YFW-C50DM	DW-100 MX-100	CO_2
		YFW-A50DR YFW-A50DM	DWA-50 MXA-100	80% Ar＋ 20% CO_2
		YFW-S50DB	OW-56	なし
低合金	P-4	YF1CM-C	DW-1CMA	CO_2
	P-5-1	YF2CM-C	DW-2CMA	
ステンレス鋼	P-8A	YF308C YF308LC YF309C — YF316C YF316LC YF347C	DW-308 DW-308L DW-309 DW-310 DW-316 DW-316L DW-347	CO_2

電流 DC ワイヤ(＋)，ワイヤ径1.2，1.6(OW-56は2.4，3.2)mm

表5 ティグ溶加棒

鋼種	母材の区分	溶加棒規格	神鋼銘柄(例)	シールドガス
CS	P-1	YGT50	TGS-50	Ar
低合金鋼	P-3	YGTM —	TGS-M TGS-CM	Ar
	P-4	YGT1CM	TGS-1CM	
	P-5-1	YGT2CM	TGS-2CM	
	P-5-2	TGT5CM —	TGS-5CM TGS-9CM	
	P-9B	—	TGS-3N	
ステンレス鋼	P-8A	Y308 (黄) Y308L (赤) Y309 (黒) Y310 (金) Y316 (白) Y316L (緑) Y347 (青)	TGS-308 TGS-308L TGS-309 TGS-310 TGS-316 TGS-316L TGS-347	Ar

電流 DC 電極(－)，径×長さ1.6，2.0，2.4×1000mm

J　主要材料物性値

JIS B 8265

1. **鉄鋼材料の許容引張応力　付表 1** に示す。
2. **非鉄金属材料の許容引張応力　付表 2** に示す。
3. **ボルト材の基本許容応力　付表 3** に示す。
4. **材料の各温度における縦弾性係数　付表 4** に示す。
5. **材料の線膨張係数　付表 5** に示す。

※付表 1.1 の製造方法の欄で，S は継目無管，E は電気抵抗溶接管，B は鍛接管，A はアーク溶接管，W は自動アーク溶接管または電気抵抗溶接管を示す。この表の許容引張応力には溶接継手効率が含まれているので，内圧計算の $\sigma a \cdot \eta$ はこの表の値をとる。

※限界温度から40℃までの各温度における材料の許容引張応力は40℃の値とする。

※同じ引張強さで下段の値は変形がある程度許容できる場合に適用する。

付表1.1　鋼　　管

種類	記号	標準成分 (%)	規定最小引張強さ N/mm²	製造方法	限界温度 (℃)	各温度（℃）における許容引張応力（N/mm²）															
						40	100	150	200	250	300	350	400	450	500	550	600	650	700	750	800
JIS G 3452 配管用炭素鋼鋼管	SGP	—	290	E	0	62	62	62	62	62	62	62									
		—	290	B	0	47	47	47	47	47	47	47									
JIS G 3454 圧力配管用炭素鋼鋼管	STPG370	—	370	S	−10	92	92	92	92	92	92	92									
		—	370	E	−10	78	78	78	78	78	78	78									
	STPG410	—	410	S	−10	103	103	103	103	103	103	102	89	62							
		—	410	E	−10	88	88	88	88	88	88	87	75	53							
JIS G 3455 高圧配管用炭素鋼鋼管	STS370	—	370	S	−30	92	92	92	92	92	92	92									
	STS410	—	410	S	−30	103	103	103	103	103	103	102	89	62	32						
	STS480	—	480	S	−30	121	121	121	121	121	121	119	101	67	34						
JIS G 3456 高温配管用炭素鋼鋼管	STPT370	—	370	S	0	92	92	92	92	92	92	92	80	56	36	18					
		—	370	E	0	78	78	78	78	78	78	78	68	48	31	15					
	STPT410	—	410	S	0	103	103	103	103	103	103	102	89	62	32	17					
		—	410	E	0	88	88	88	88	88	88	87	75	53	27	14					
	STPT480	—	480	S	0	121	121	121	121	121	121	119	101	67	34						

種類	記号	標準成分 (%)	規定最小引張強さ N/mm²	製造方法	限界温度 (℃)	各温度（℃）における許容引張応力（N/mm²）															
						40	100	150	200	250	300	350	400	450	500	550	600	650	700	750	800
JIS G 3457 配管用アーク溶接炭素鋼鋼管	STPY400	－	400	A	0	70	70	70	70	70	70	70									
		－	400	A	0	100															
JIS G 3458 配管用合金鋼鋼管	STPA12	0.5Mo	380	S	0	95	95	95	95	95	95	95	95	91	68	33					
	STPA20	0.5Cr-0.5Mo	410	S	−10	103	103	103	103	103	103	103	102	97	75	43					
	STPA22	1Cr-0.5Mo	410	S	−10	103	103	103	103	103	103	103	103	101	85	41	18	8			
	STPA23	1.25Cr-0.5Mo 0.75Si	410	S	−10	103	103	103	103	103	103	103	102	97	75	37	18	8			
	STPA24	2.25Cr-1Mo	410	S	−10	103	103	103	103	103	103	103	103	100	81	48	24	10			
	STPA25	5Cr-0.5Mo	410	S	−10	103	103	100	99	99	98	96	91	84	62	35	18	7			
	STPA26	9Cr-1Mo	410	S	−10	103	103	100	99	99	98	96	91	84	75	44	21	10			
JIS G 3459 配管用ステンレス鋼管	SUS304 TP	18Cr-8Ni	520	S	−196	129	114	103	96	90	85	82	79	76	74	71	64	42	27	17	11
			520	S	−196	129	122	114	112	110	110	110	107	103	100	92	64	42	27	17	11
			520	W	−196	110	97	88	81	77	72	70	67	65	63	60	54	36	23	14	9
			520	W	−196	110	103	97	95	93	93	93	91	88	85	78	54	36	23	14	9
	SUS304 LTP	18Cr-8Ni 極低 C	480	S	−268	114	97	88	81	76	72	69	68								
			480	S	−268	115	113	105	102	100	97	94	92								

種類	記号	標準成分 (%)	規定最小引張強さ N/mm²	製造方法	限界温度 (℃)	各温度（℃）における許容引張応力（N/mm²）															
						40	100	150	200	250	300	350	400	450	500	550	600	650	700	750	800
			480	W	−268	97	82	75	69	65	61	59	58								
			480	W	−268	98	96	89	87	85	82	80	78								
	SUS316 TP	16Cr-12Ni -2Mo	520	S	−196	129	120	107	99	93	88	84	82	80	79	78	74	50	30	18	11
			520	S	−196	130	129	127	125	124	119	114	111	108	107	105	81	50	30	18	11
			520	W	−196	110	102	92	85	79	75	72	70	68	67	66	63	43	25	15	9
			520	W	−196	110	110	108	106	106	102	97	94	93	91	89	69	43	25	15	9
	SUS316 LTP	16Cr-12Ni -2Mo	480	S	−268	114	96	87	81	76	73	70	68	65							
			480	S	−268	115	115	110	108	103	98	95	91	88							
		極低 C	480	W	−268	97	82	74	69	65	62	60	57	55							
			480	W	−268	98	97	94	92	88	83	80	77	75							
	SUS321 TP	18Cr-10Ni -Ti	520	S	−196	129	122	114	106	100	95	91	88	86	84	75	44	25	13	6	3
			520	S	−196	129	122	115	113	113	113	113	113	113	113	82	44	25	13	6	3
			520	W	−196	110	103	96	90	85	81	77	75	73	71	64	38	21	11	6	2
			520	W	−196	110	103	98	96	96	96	96	96	96	96	77	38	21	11	6	2
	SUS347 TP	18Cr-10Ni -Nb	520	S	−196	129	122	113	107	104	100	97	94	93	93	88	58	30	16	9	6
			520	S	−196	129	122	113	107	104	103	102	101	101	101	92	58	30	16	9	6
			520	W	−196	110	104	96	91	89	85	82	80	79	79	75	49	26	14	8	5
			520	W	−196	110	104	96	91	89	88	87	86	86	86	79	49	26	14	8	5

種類	記号	標準成分 (%)	規定最小引張強さ N/mm²	製造方法	限界温度 (℃)	各温度（℃）における許容引張応力（N/mm²）															
						40	100	150	200	250	300	350	400	450	500	550	600	650	700	750	800
JIS G 3460 低温配管用鋼管	STPL380	−	380	S	−45	95	95	95	95	95	95	94									
			380	E	−45	81	81	81	81	81	81	81									
	STPL450	3.5Ni	450	S	−100	112	112	112	112	112	112										
			450	E	−100	95	95	95	95	95	95										
	STPL690	9Ni	690	S,E	−196	172	160														
			655	E	−196	163	153														
JIS G 3468 配管用溶接大径ステンレス鋼管	SUS304 TPY	18Cr-8Ni	520	W	−196	90	75	68	62	59	56	54	52	50	48	47	41	29	19	12	8
			520	W	−196	90	84	80	78	76	76	76	75	72	70	64	44	30	19	12	8
	SUS304 LTPY	18Cr-8Ni 極低C	480	W	−268	80	68	62	57	53	51	48	47								
			480	W	−268	80	79	74	71	70	68	66	64								
	SUS316 TPY	16Cr-12Ni 2Mo	520	W	−196	90	84	75	70	65	62	59	57	56	55	54	52	35	21	12	8
			520	W	−196	90	90	89	87	87	84	80	77	76	75	73	57	35	21	12	7
	SUS316 LTPY	16Cr-12Ni 2Mo，極低C	480	W	−268	80	67	61	57	53	51	49	48	44							
			480	W	−268	80	80	77	75	72	68	66	63	60							
	SUS321 TPY	18Cr-10Ni -Ti	520	W	−196	90	84	79	74	70	66	63	61	60	58	52	31	17	9	5	2
			520	W	−196	90	84	80	79	79	79	79	79	79	78	63	31	17	9	5	2
	SUS347 TPY	18Cr-10Ni -Nb	520	W	−196	90	85	79	75	73	70	67	66	65	65	62	40	21	11	7	4
			520	W	−196	90	85	79	75	73	72	71	71	71	71	65	40	21	11	7	4

付表1.2　圧　延　材

種類	記号	標準成分 (%)	規定最小引張強さ (N/mm²)	母材区分	限界温度 (℃)	各温度（℃）における許容引張応力（N/mm²）															
						40	100	150	200	250	300	350	400	450	500	550	600	650	700	750	800
JIS G 3101	SS330	―	330	1-1	0	82	82	82	82	82	82	82									
一般構造用	SS400	―	400	1-1	0	100	100	100	100	100	100	100									
圧延鋼材																					
JIS G 4051	S20C	―	400	1-1	−10	100	100	100	100	100	100	100	86	57							
機械構造用			370	1-1	−10	92	92	92	92	92	92	92	80	56							
炭素鋼鋼材	S25C	―	440	1-1	−10	110	110	110	110	110	110	110	94	57							
			400	1-1	−10	100	100	100	100	100	100	100	86	57							
JIS G 4303	SUS304	18Cr-8Ni	520	8A	−196	129	114	103	96	90	85	82	79	76	74	71	64	42	27	17	11
JIS G 4304			520	8A	−196	129	122	114	112	110	110	110	107	103	100	92	64	42	27	17	11
(熱間圧延)	SUS304L	18Cr-8Ni	480	8A	−268	114	97	88	81	76	72	69	68								
JIS G 4305		極低 C	480	8A	−268	115	113	105	102	100	97	94	92								
(冷間圧延)	SUS316	16Cr-12Ni	520	8A	−196	129	120	107	99	93	88	84	82	80	79	78	74	50	30	18	11
ステンレス鋼		2Mo	520	8A	−196	130	129	127	125	124	119	114	111	108	107	105	81	50	30	18	11
	SUS316L	16Cr-12Ni	480	8A	−268	114	96	87	81	76	73	70	68	65							
		2Mo，極低 C	480	8A	−268	115	115	110	108	103	98	95	91	88							
	SUS410	13Cr	440	6	−10	110	106	103	100	96	94	91	87	79	65	38	18	7			

付表1.3 鍛造材

種類	記号	標準成分 (%)	規定最小引張強さ (N/mm²)	母材区分	限界温度 (℃)	各温度（℃）における許容引張応力（N/mm²）															
						40	100	150	200	250	300	350	400	450	500	550	600	650	700	750	800
JIS G 3201 炭素鋼鍛鋼品	SF390A	—	390	1-1	−5	98	98	98	98	98	98	98									
			390	1-1	−10	98	98	98	98	98	98	98	84	56	36	18					
	SF440A	—	440	1-1	−5	110	110	110	110	110	110	110									
			440	1-1	−10	110	110	110	110	110	110	110	94	57	36	18					
JIS G 3202 圧力容器用炭素鋼鍛鋼品	SFVC1	—	410	1-1	−30	103	103	103	103	103	103	102	89	62	32						
	SFVC2A	—	490	1-2	−30	121	121	121	121	121	121	119	101	67	34						
JIS G 3203 高温圧力容器用合金鋼鍛鋼品	SFVAF1	0.5Mo	480	3-2	−30	121	121	121	121	121	121	121	121	118	70						
	SFVAF11A	1.25Cr-0.5Mo-0.75Si	480	4-1	−30	121	121	121	121	121	121	121	121	118	75	37	18	8			
JIS G 3214 圧力容器用ステンレス鋼鍛鋼品	SUSF304	18Cr-8Ni	520	8A	−196	129	114	103	96	90	85	82	79	76	74	71	64	42	27	17	11
			520	8A	−196	129	122	114	112	110	110	110	107	103	100	92	64	42	27	17	11
			480	8A	−196	120	113	103	96	90	85	82	79	76	74	71	64	42	27	17	11
			480	8A	−196	120	114	107	104	102	102	102	101	100	97	91	64	42	27	17	11

種類	記号	標準成分 (%)	規定最小引張強さ (N/mm²)	母材区分	限界温度 (℃)	各温度（℃）における許容引張応力（N/mm²）															
						40	100	150	200	250	300	350	400	450	500	550	600	650	700	750	800
	SUS304L	18Cr-8Ni	480	8A	−268	114	97	88	81	76	72	69	68								
		極低 C	480	8A	−268	115	113	105	102	100	97	94	92								
			450	8A	−268	112	97	88	81	76	72	69	68								
			450	8A	−268	112	105	98	94	93	91	90	90								
	SUSF316	16Cr-12Ni	520	8A	−196	129	120	107	99	93	88	84	82	80	79	78	74	50	30	18	11
		-2Mo	520	8A	−196	130	129	127	125	124	119	114	111	108	107	105	81	50	30	18	11
			480	8A	−196	121	119	107	99	93	88	84	82	80	79	78	74	50	30	18	11
			480	8A	−196	121	120	118	116	116	116	114	111	108	107	101	81	50	30	18	11
	SUSF316L	18Cr-12Ni	480	8A	−268	114	96	87	81	76	73	70	68	65							
		-2Mo	480	8A	−268	115	115	110	108	103	98	95	91	88							
		極低 C	450	8A	−268	112	96	87	81	76	73	70	68	65							
			450	8A	−268	112	108	102	100	99	97	95	91	88							

J

付表 1.4 鋳　造　材

種類	記号	標準成分 (%)	規定最小引張強さ (N/mm²)	母材区分	限界温度 (℃)	各温度（℃）における許容引張応力（N/mm²）															
						40	100	150	200	250	300	350	400	450	500	550	600	650	700	750	800
JIS G 5101 炭素鋼鋳鋼品	SC410	―	410	1-1	0	69	69	69	69	69	69	68									
			410	1-1	0	82	82	82	82	82	82	82	71	50	26	14					
	SC480	―	480	1-2	0	81	81	81	81	81	81	80									
			480	1-2	0	97	97	97	97	97	97	95	81	54	27	14					
JIS G 5121 ステンレス鋼鋳鋼品	SCS13A	18Cr-8Ni	480	8A	−196	97	90	82	77	72	68	66	63	61	59	55	39	26	18	14	10
			480	8A	−196	96	90	83	83	82	82	82	81	80	78	61	39	26	18	14	10
	SCS14A	16Cr-12Ni -2Mo	480	8A	−196	97	95	86	79	74	70	69	66	64	63	62	46	30	19	14	10
			480	8A	−196	97	96	94	93	93	93	91	88	86	85	74	46	30	19	14	10
	SCS16A	16Cr-12Ni -2Mo，極低 C	480	8A	−196	97	95	86	79	74	70	67	66	64							
			480	8A	−196	97	96	94	93	93	93	91	88	86							
	SCS19A	18Cr-8Ni 極低 C	480	8A	−196	96	90	82	77	72	68	66	63								
			480	8A	−196	96	91	86	83	82	82	82	81								
JIS G 5151 高温高圧用鋳鋼品	SCPH1	―	410	1-1	0	82	82	82	82	82	82	82	71	50	26	14					
	SCPH2	―	480	1-2	0	97	97	97	97	97	97	95	81	54	27	14					
	SCPH11	0.5Mo	450	3-1	0	90	90	90	90	90	90	90	90	85	56	26					
	SCPH21	1Cr-0.5Ni	480	4-1	0	97	97	97	97	97	97	97	97	94	60	30					

種類	記号	標準成分 (%)	規定最小引張強さ (N/mm²)	母材区分	限界温度 (℃)	各温度（℃）における許容引張応力（N/mm²）															
						40	100	150	200	250	300	350	400	450	500	550	600	650	700	750	800
JIS G 5501 ねずみ鋳鋼品	FC200	—	200	—	0	20	20	20	20	20											
	FC250	—	250	—	0	25	25	25	25	25											
JIS G 5502 球状黒鉛鋳鉄品	FCD400	—	400	—	0	50	50	50	50	50											
	FCD450	—	450	—	0	56	56	56	56	56											
JIS G 5705 可鍛鋳鉄品	FCMB 27-05	—	270	—	−10	34	34	34	34	34	34	34									
	FCMB 34-10	—	340	—	−10	42	42	42	42	42	42	42									
JIS B 8270 ダクタイル鉄鋳造品	FCD-S	—	410	—	−30	66	66	66	66	66	66	66									

J

付表 2.1 銅

種類	記号	規定最小引張強さ (N/mm²)	母材区分	限界温度 (℃)	各温度（℃）における許容引張応力（N/mm²）							
					40	100	150	200	250	300	350	400
JIS H 3300 銅及び銅合金継目無管	C1020T-O，OL C1020TS-O，OL	205 {外径 4～100mm, 肉厚 0.3～30mm}	31	−268	41	33	32	22				
	C1020T-1/2H C1020TS-1/2H	245 {外径 4～100mm, 肉厚 0.3～30mm}	31	−268	62	62	60	57				
	C1020T-H C1020TS-H	315 {外径 25～100mm, 肉厚 0.3～6mm}	31	−268	78	78	76	36				
	C2800T-O C2800TS-O	315 {外径 10～250mm, 肉厚 1～15mm}	32	−268	79	79	79	36				
	C4430T-O C4430TS-O	315 {外径 5～250mm, 肉厚 0.8～10mm}	32	−268	69	69	69	31				
	C7060T-O C7060TS-O	275 {外径 5～50mm, 肉厚 0.8～5mm}	34	−268	69	65	62	59	56	45		
JIS H 5120 銅及び銅合金鋳物	CAC202（YBsC2）	195	—	−196	39							
	CAC402（BC2）	245	—	−196	49	47	45	44				
	CAC406（BC6）	195	—	−196	42	42	40	38				
	CAC407（BC7）	215	—	−196	43	43	43	37				

付表 2.2　アルミニウム

種類	記号	規定最小引張強さ (N/mm²)	母材区分	限界温度 (℃)	各温度（℃）における許容引張応力（N/mm²）							
					40	100	150	200	250	300	350	400
JIS H 4080 アルミニウム及びアルミニウム合金継目無管	A1070TE-H112 A1070TD-O	55	21	−268	10	9	7	5				
	A1070TD-H14	85	21	−268	21	21	18	9				
	A3003TE-H112 A3003TD-O	95	21	−268	23	23	16	10				
	A3003TD-H14	135	21	−268	34	34	29	17				
	A3003TD-H18	185	21	−268	46	46	37	19				
	A5154TE-H112 A5154TD-O	205	22	−268	50							
JIS H 4040 アルミニウム及びアルミニウム合金棒，線	A5083BE-H112 A5083BD-O	275	25	−268	68							
	A6061BE-T6	265	23	−268	66	65	54	33				
	A6061BD-T6	295	23	−268	72	72	57	33				
JIS H 4140 アルミニウム及びアルミニウム合金鍛造品	A5083FD-H112 A5083FH-H112	275	25	−268	68							
	A6061FD-T6 A6061FH-T6	265	23	−268	66	65	54	33				

付表2.3　鉛

種類	記号	規定最小引張強さ (N/mm²)	母材区分	限界温度 (℃)	各温度（℃）における許容引張応力（N/mm²）							
					40	75	100	125	150	175	200	225
JIS H 4301 鉛及び鉛合金板	PbP-1	—	—	0	3	3	2	2				
	PbP-2	—	—	0								
	HPbP-4	—	—	0	9	7	5	4	3	2		
	HPbP-6	—	—	0	11	8	6	4	3	2		
JIS H 4311 一般工業用鉛及び鉛合金管	PbT1	—	—	0	3	3	2	2				
	PbT2	—	—	0	3	3	2	2				
	HPbT4	—	—	0	9	7	5	4	3	2		
	HPbT6	—	—	0	11	8	6	4	3	2		

付表3　ボルト材の基本許容応力（応力解析による設計を行わない容器に適用）

種類	種別寸法	記号	標準成分 (%)	規定最小引張強さ N/mm²	製造方法	注	各温度（℃）における基本許容応力 N/mm²													
							−268	−196	−100	−80	−60	−45	−30	−10	0	40	75	100	125	150
JIS G 3101 一般構造用圧延鋼材	≦16	SS400	—	400	—	—	—	—	—	—	—	—	—	—	61	61	61	61	61	61
	>16 ≦40	SS400	—	400	—	—	—	—	—	—	—	—	—	—	59	59	59	59	59	59
	>40	SS400	—	400	—	—	—	—	—	—	—	—	—	—	54	54	54	54	54	54
	≦16	SS490	—	490	—	—	—	—	—	—	—	—	—	—	71	71	71	71	71	71
	>16 ≦40	SS490	—	490	—	—	—	—	—	—	—	—	—	—	69	69	69	69	69	69
	>40	SS490	—	490	—	—	—	—	—	—	—	—	—	—	64	64	64	64	64	64
	≦16	SS540	—	540	—	—	—	—	—	—	—	—	—	—	100	100	100	100	100	100
	>16 ≦40	SS540	—	540	—	—	—	—	—	—	—	—	—	—	98	98	98	98	98	98

各温度(℃)における基本許容応力 N/mm²																										記号
175	200	225	250	275	300	325	350	375	400	425	450	475	500	525	550	575	600	625	650	675	700	725	750	775	800	
61	61	61	—	—	—	—	—	—	—	—	—	—	—	—	—	—	—	—	—	—	—	—	—	—	—	SS400
59	59	59	—	—	—	—	—	—	—	—	—	—	—	—	—	—	—	—	—	—	—	—	—	—	—	SS400
54	54	54	—	—	—	—	—	—	—	—	—	—	—	—	—	—	—	—	—	—	—	—	—	—	—	SS400
71	71	71	—	—	—	—	—	—	—	—	—	—	—	—	—	—	—	—	—	—	—	—	—	—	—	SS490
69	69	69	—	—	—	—	—	—	—	—	—	—	—	—	—	—	—	—	—	—	—	—	—	—	—	SS490
64	64	64	—	—	—	—	—	—	—	—	—	—	—	—	—	—	—	—	—	—	—	—	—	—	—	SS490
100	100	100	—	—	—	—	—	—	—	—	—	—	—	—	—	—	—	—	—	—	—	—	—	—	—	SS540
98	98	98	—	—	—	—	—	—	—	—	—	—	—	—	—	—	—	—	—	—	—	—	—	—	—	SS540

種類	種別寸法	記号	標準成分 (%)	規定最小引張強さ N/mm^2	製造方法	注	各温度(℃)における基本許容応力 N/mm^2													
							−268	−196	−100	−80	−60	−45	−30	−10	0	40	75	100	125	150
JIS G 4051	—	S25C	—	440	N	(1)	—	—	—	—	—	—	66	66	66	66	66	66	66	66
機械構造用	—	S35C	—	570	H	(1)	—	—	—	—	—	—	98	98	98	98	98	98	98	98
炭素鋼鋼材	—	S45C	—	690	H	(1)	—	—	—	—	—	—	122	122	122	122	122	122	122	122
JIS G 4107	1種≦100	SNB5	5Cr−0.5Mo	690	—	(2)	—	—	—	—	—	—	138	138	138	138	138	138	138	138
高温用合金鋼ボルト材	2種≦ 63	SNB7	1Cr−0.2Mo	860	—	(2) (3) (4) (6)	—	—	172	172	172	172	172	172	172	172	172	172	172	172
	2種 > 63 ≦100	SNB7	1Cr−0.2Mo	800	—	(2) (3) (4) (6)	—	—	160	160	160	160	160	160	160	160	160	160	160	160
	2種 >100 ≦120	SNB7	1Cr−0.2Mo	690	—	(2) (4) (6)	—	—	130	130	130	130	130	130	130	130	130	130	130	130
	3種< 63	SNB16	1Cr-0.5Mo-V	860	—	(2) (5)	—	—	—	—	—	—	172	172	172	172	172	172	172	172
	3種 > 63 ≦100	SNB16	1Cr-0.5Mo-V	760	—	(2) (5)	—	—	—	—	—	—	152	152	152	152	152	152	152	152
	3種 >100 ≦180	SNB16	1Cr-0.5Mo-V	690	—	(2) (5)	—	—	—	—	—	—	138	138	138	138	138	138	138	138

各温度(℃)における基本許容応力 N/mm²																										記号
175	200	225	250	275	300	325	350	375	400	425	450	475	500	525	550	575	600	625	650	675	700	725	750	775	800	
66	66	66	66	66	66	66	66	—	—	—	—	—	—	—	—	—	—	—	—	—	—	—	—	—	—	S25C
98	98	98	98	98	98	98	98	—	—	—	—	—	—	—	—	—	—	—	—	—	—	—	—	—	—	S35C
122	122	122	122	122	122	122	122	—	—	—	—	—	—	—	—	—	—	—	—	—	—	—	—	—	—	S45C
138	138	138	138	138	138	138	138	138	138	119	105	78	58	44	33	26	19	13	9	—	—	—	—	—	—	SNB5
172	172	172	172	172	172	172	172	172	163	146	122	94	69	44	31	—	—	—	—	—	—	—	—	—	—	SNB7
160	160	160	160	160	160	160	160	158	142	139	116	92	69	44	31	—	—	—	—	—	—	—	—	—	—	SNB7
130	130	130	130	130	130	130	130	130	128	125	114	92	69	44	31	—	—	—	—	—	—	—	—	—	—	SNB7
172	172	172	172	172	172	172	172	172	172	172	165	148	124	92	63	34	19	—	—	—	—	—	—	—	—	SNB16
152	152	152	152	152	152	152	152	152	152	152	147	133	115	90	63	34	19	—	—	—	—	—	—	—	—	SNB16
138	138	138	138	138	138	138	138	138	138	138	130	119	105	87	63	34	19	—	—	—	—	—	—	—	—	SNB16

種類	種別寸法	記号	標準成分 (%)	規定最小引張強さ N/mm²	製造方法	注	各温度(℃)における基本許容応力 N/mm²													
							−268	−196	−100	−80	−60	−45	−30	−10	0	40	75	100	125	150
JIS G 4108 特殊用途合金鋼ボルト用棒鋼	3種1号≦200	SNB23-1	0.4C-1.75Ni-0.8Cr-0.25Mo	1140	—	(6)	—	—	228	228	228	228	228	228	228	228	228	228	228	228
	3種2号≦240	SNB23-2	0.4C-1.75Ni-0.8Cr-0.25Mo	1070	—	(6)	—	—	214	214	214	214	214	214	214	214	214	214	214	214
	3種3号≦240	SNB23-3	0.4C-1.75Ni-0.8Cr-0.25Mo	1000	—	(6)	—	—	200	200	200	200	200	200	200	200	200	200	200	200
	3種4号≦240	SNB23-4	0.4C-1.75Ni-0.8Cr-0.25Mo	930	—	(6)	—	—	186	186	186	186	186	186	186	186	186	186	186	186
	3種5号≦150	SNB23-5	0.4C-1.75Ni-0.8Cr-0.25Mo	820	—	(6)	—	—	164	164	164	164	164	164	164	164	164	164	164	164
	3種5号 >150 ≦240	SNB23-5	0.4C-1.75Ni-0.8Cr-0.25Mo	790	—	(6)	—	—	158	158	158	158	158	158	158	158	158	158	158	158
	4種1号≦200	SNB24-1	0.4C-1.8Ni-0.8Cr-0.35Mo	1140	—	(6)	—	—	228	228	228	228	228	228	228	228	228	228	228	228
	4種2号≦240	SNB24-2	0.4C-1.8Ni-0.8Cr-0.35Mo	1070	—	(6)	—	—	214	214	214	214	214	214	214	214	214	214	214	214
	4種3号≦240	SNB24-3	0.4C-1.8Ni-0.8Cr-0.35Mo	1000	—	(6)	—	—	200	200	200	200	200	200	200	200	200	200	200	200
	4種4号≦240	SNB24-4	0.4C-1.8Ni-0.8Cr-0.35Mo	930	—	(6)	—	—	186	186	186	186	186	186	186	186	186	186	186	186
	4種5号≦150	SNB24-5	0.4C-1.8Ni-0.8Cr-0.35Mo	820	—	(6)	—	—	164	164	164	164	164	164	164	164	164	164	164	164
	4種5号 >150 ≦240	SNB24-5	0.4C-1.8Ni-0.8Cr-0.35Mo	790	—	(6)	—	—	158	158	158	158	158	158	158	158	158	158	158	158

各温度(℃)における基本許容応力 N/mm²																										記号
175	200	225	250	275	300	325	350	375	400	425	450	475	500	525	550	575	600	625	650	675	700	725	750	775	800	
228	228	228	228	228	228	228	228	—	—	—	—	—	—	—	—	—	—	—	—	—	—	—	—	—	—	SNB23-1
214	214	214	214	214	214	214	214	—	—	—	—	—	—	—	—	—	—	—	—	—	—	—	—	—	—	SNB23-2
200	200	200	200	200	200	200	200	—	—	—	—	—	—	—	—	—	—	—	—	—	—	—	—	—	—	SNB23-3
186	186	186	186	186	186	186	186	—	—	—	—	—	—	—	—	—	—	—	—	—	—	—	—	—	—	SNB23-4
164	164	164	164	164	164	164	164	—	—	—	—	—	—	—	—	—	—	—	—	—	—	—	—	—	—	SNB23-5
158	158	158	158	158	158	158	158	—	—	—	—	—	—	—	—	—	—	—	—	—	—	—	—	—	—	SNB23-5
228	228	228	228	228	228	228	228	—	—	—	—	—	—	—	—	—	—	—	—	—	—	—	—	—	—	SNB24-1
214	214	214	214	214	214	214	214	—	—	—	—	—	—	—	—	—	—	—	—	—	—	—	—	—	—	SNB24-2
200	200	200	200	200	200	200	200	—	—	—	—	—	—	—	—	—	—	—	—	—	—	—	—	—	—	SNB24-3
186	186	186	186	186	186	186	186	—	—	—	—	—	—	—	—	—	—	—	—	—	—	—	—	—	—	SNB24-4
164	164	164	164	164	164	164	164	—	—	—	—	—	—	—	—	—	—	—	—	—	—	—	—	—	—	SNB24-5
158	158	158	158	158	158	158	158	—	—	—	—	—	—	—	—	—	—	—	—	—	—	—	—	—	—	SNB24-5

種類	種別寸法	記号	標準成分 (%)	規定最小引張強さ N/mm²	製造方法	注	各温度（℃）における基本許容応力 N/mm²													
							−268	−196	−100	−80	−60	−45	−30	−10	0	40	75	100	125	150
JIS G 4303 ステンレス鋼棒	—	SUS304	18Cr-8Ni	520	—	—	102	102	102	102	102	102	102	102	102	102	95	90	86	82
	—	SUS316	18Cr-12Ni-2Mo	520	—	—	102	102	102	102	102	102	102	102	102	102	102	102	98	93
	—	SUS321	18Cr-10Ni-Ti	520	—	—	102	102	102	102	102	102	102	102	102	102	102	102	98	93
	—	SUS347	18Cr-10Ni-Nb	520	—	—	102	102	102	102	102	102	102	102	102	102	102	102	98	93
JIS G 4901 耐食耐熱超合金棒	1 種	NCF600	72Ni-15Cr-8Fe	550	—	—	60	60	60	60	60	60	60	60	60	60	57	56	55	54

各温度（℃）における基本許容応力 N/mm²																										記号
175	200	225	250	275	300	325	350	375	400	425	450	475	500	525	550	575	600	625	650	675	700	725	750	775	800	
79	76	73	71	68	66	64	61	59	57	56	53	52	50	49	48	46	43	38	30	23	18	14	10	8	6	SUS304
90	87	85	84	83	82	82	81	81	80	80	79	78	77	77	74	72	68	57	47	37	28	23	18	14	10	SUS316
90	87	85	84	83	82	82	81	81	80	80	79	78	77	77	74	72	68	52	34	26	20	15	12	9	8	SUS321
90	87	85	84	83	82	82	81	81	80	80	79	78	77	77	74	72	68	52	34	26	20	15	12	9	8	SUS347
54	53	53	53	52	52	51	51	50	50	49	48	48	47	47	41	29	20	17	14	—	—	—	—	—	—	NCF600

種類	種別	質別	記号	標準成分 (%)	規定最小引張強さ N/mm²	製造方法	注	各温度（℃）における基本許容応力 N/mm²								
								−268	−196	−125	−80	−60	−45	−30	−10	0
JIS H 3250 銅及び銅合金棒	C1020 C1100 C1201	F	C1020 BE-F C1100 BE-F C1201 BE-F	99.96Cu 99.90Cu 99.90Cu	195	—	—	—	18	18	18	18	18	18	18	18
		O	C1020 BD-O C1100 BD-O C1201 BD-O	99.96Cu 99.90Cu 99.90Cu	195	—	—	—	18	18	18	18	18	18	18	18

各温度（℃）における基本許応力 N/mm²																			記号
40	75	100	125	150	175	200	225	250	275	300	325	350	375	400	425	450	475	500	
18	15	14	13	13	13	13	—	—	—	—	—	—	—	—	—	—	—	—	C1020 BE-F C1100 BE-F C1201 BE-F
18	15	14	13	13	13	13	—	—	—	—	—	—	—	—	—	—	—	—	C1020 BD-O C1100 BD-O C1201 BD-O

種類	種別	質別	規定最小引張強さ N/mm²	母材の区分	製造方法	各温度（℃）における許容引張応力 N/mm²																記号
						−268	−196	−125	−80	−60	−45	−30	−10	0	40	75	100	125	150	175	200	
JIS H 4040 アルミニウム及びアルミニウム合金の棒及び線	A2014 BD	T6	450	—	—	90	90	90	90	90	90	90	90	90	90	82	78	69	49	30	23	A2014 BD
	A2024 BD	T4	430（径又は最小対辺距離 3 mm を超え 12 mm 以下）	—	—	79	79	79	79	79	79	79	79	79	79	75	72	67	54	43	34	A2024 BD
			430（12mm を超え100 mm 以下）	—	—	74	74	74	74	74	74	74	74	74	74	70	68	64	54	43	34	
	A6061 BD	T6	295	23	—	59	59	59	59	59	59	59	59	59	59	56	54	51	43	33	25	A6061 BD

注(1)　この数値を用いる場合は，JIS G 0303のA類によって検査を行い，所定の最小引張強さを確認した後に用いる。

(2)　この許容応力は，強度だけを考慮して決められているので，通常の使用には耐えるが，長時間にわたり増締めせずに漏えいしないようにするには，フランジとボルトのたわみ性及びリラクゼーション特性から決める応力（この許容応力より小さい。）をとる必要がある。

(3)　550℃以上の値は，炭素含有量が0.04%以上のもので，かつ，1040℃以上の温度から急冷する固溶化処理を行った材料に適用する。

(4)　550℃を538℃に読み替える。

(5)　600℃を593℃に読み替える。

(6)　−30℃を超える低温で使用する場合は，5.3.5(3)の衝撃試験を行い合格しなければならない。

(7)　−196℃を超える低温で使用する場合は，5.3.5(3)の衝撃試験を行い合格しなければならない。

備考1.　製造方法欄のN又はHは熱処理の符号で，Nは焼ならし，Hは焼入れ焼戻しを示す。

2.　ボルトの呼びがM30以上の場合は，JIS B 0207のピッチ3 mm程度のものがよい。

付表4　材料の各温度における縦弾性係数

材料の種類	材料の各温度(℃)に									
	−195	−125	−70	25	50	100	125	150	175	200
炭素鋼 C≦0.3%	216	212	208	203	201	198	197	195	193	191
炭素鋼 C>0.3%	215	211	207	202	200	197	195	194	192	190
材料グループ A	214	210	206	201	199	196	195	193	191	189
材料グループ B	204	200	196	192	190	187	185	184	182	180
材料グループ C	218	213	209	205	203	200	198	196	195	193
材料グループ D	225	220	216	211	209	205	204	203	201	199
材料グループ E	227	222	218	213	211	207	206	205	203	200
材料グループ F	215	211	207	201	199	196	194	192	190	189
材料グループ G	209	205	200	195	193	190	188	186	185	183
アルミニウム合金 (1050, 1070, 1080, 1100, 1200, 3003, 3004, 3203, 6061, 6063)	77	74	72	69	68	66	65	63	62	60
アルミニウム合金 (5052, 5154, 5254, 5454, 5652)	78	76	74	70	69	67	66	65	64	62
アルミニウム合金 (5056, 5083, 5086, 7N01)	79	77	75	71	70	67	67	65	64	62
アルミニウム合金 (2014, 2024)	81	79	76	73	71	69	68	68	66	64
銅合金 (黄銅, ネーバル黄銅)	110	107	106	103	102	101	100	99	98	97
銅合金 (タフピッチ銅, アドミラルテイ黄銅)	116	114	114	110	108	107	106	106	105	104
銅合金 (無酸素銅, りん脱酸銅)	124	122	121	117	116	114	113	112	112	111
銅合金 (アルミニウム青銅)	128	125	124	121	120	118	117	116	115	114
銅合金 (90—10白銅)	131	129	128	124	122	121	120	119	118	117
銅合金 (70—30白銅)	161	158	156	152	150	148	146	145	144	143
銅合金 (鉛青銅鋳物)	80	79	78	76	75	74	74	73	72	71
銅合金 (青銅鋳物)	102	101	99	96	95	94	93	92	92	91
銅合金 (C97600)	139	136	135	131	129	127	126	125	124	124
銅合金 (復水器用白銅)	146	143	142	138	136	134	133	132	131	130
チタン, チタン合金	—	—	—	107	105	103	102	101	99	97
ニッケル合金 (ニッケル200, ニッケル201)	221	217	213	207	204	202	200	199	198	197
ニッケル合金 (モネル400, モネル R-405)	192	188	185	179	177	175	174	172	172	171
ニッケル合金 (インコネル625)	221	217	213	207	204	202	200	199	198	197

における縦弾性係数 (1000N/mm^2)															記号
250	300	350	375	400	425	450	475	500	550	600	650	700	750	800	
189	186	179	175	171	167	162	156	150	137	—	—	—	—	—	
187	184	178	174	170	166	161	155	149	136	—	—	—	—	—	
187	184	178	174	170	165	160	155	148	135	—	—	—	—	—	
178	175	171	169	167	165	163	161	158	153	147	140	133	124	—	
190	187	183	181	179	176	174	172	169	163	158	150	142	132	—	
196	192	189	187	184	182	179	177	174	168	162	155	146	136	—	
198	194	190	188	184	180	176	172	166	153	—	—	—	—	—	
185	181	178	176	174	171	166	161	156	145	—	—	—	—	—	
179	175	173	171	169	166	164	163	160	156	152	146	140	134	127	
57	—	—	—	—	—	—	—	—	—	—	—	—	—	—	
58	—	—	—	—	—	—	—	—	—	—	—	—	—	—	
57	—	—	—	—	—	—	—	—	—	—	—	—	—	—	
60	—	—	—	—	—	—	—	—	—	—	—	—	—	—	
96	93	90	88	—	—	—	—	—	—	—	—	—	—	—	
102	99	96	94	—	—	—	—	—	—	—	—	—	—	—	
108	105	102	100	—	—	—	—	—	—	—	—	—	—	—	
112	109	105	103	—	—	—	—	—	—	—	—	—	—	—	
115	112	108	106	—	—	—	—	—	—	—	—	—	—	—	
140	136	132	129	—	—	—	—	—	—	—	—	—	—	—	
70	68	66	65	—	—	—	—	—	—	—	—	—	—	—	
89	87	85	83	—	—	—	—	—	—	—	—	—	—	—	
121	118	114	111	—	—	—	—	—	—	—	—	—	—	—	
127	124	121	118	—	—	—	—	—	—	—	—	—	—	—	
93	88	84	82	80	—	—	—	—	—	—	—	—	—	—	
194	192	190	188	186	184	182	180	179	—	—	—	—	—	—	
168	167	165	163	161	159	158	156	155	—	—	—	—	—	—	
194	192	189	188	186	184	—	—	—	—	—	—	—	—	—	

付表4　材料の各温度における縦弾性係数(続き)

材料の種類	材料の各温度(℃)に									
	−195	−125	−70	25	50	100	125	150	175	200
ニッケル合金(ハステロイ X)	210	206	203	196	194	191	190	189	189	187
ニッケル合金(ハステロイ G)	—	—	—	192	189	186	185	184	183	182
ニッケル合金(ハステロイ C-4)	—	—	—	205	202	200	198	197	196	195
ニッケル合金(インコネル600)	229	224	220	214	211	208	207	206	205	204
ニッケル合金(RA-330)	—	—	—	193	190	188	186	185	184	184
ニッケル合金(インコロイ800, 800H)	210	206	203	196	194	191	190	189	188	187
ニッケル合金(インコロイ825)	207	202	198	193	190	188	186	185	184	184
ニッケル合金(ハステロイ B)	230	225	220	214	212	209	208	206	205	204
ニッケル合金(ハステロイ N)	—	—	—	218	216	213	212	210	209	208
ニッケル合金(ハステロイ B-2)	232	227	222	216	214	211	210	208	207	206
ニッケル合金(ハステロイ C-276)	220	218	211	205	202	200	198	197	196	195
ニッケル合金(インコネル X-750)	229	224	220	214	211	208	206	205	204	204
ニッケル合金(インコネル X-718)	214	210	206	200	198	195	194	192	192	191
ニッケル合金(カーペンター20Cb-3)	207	202	198	193	190	188	186	185	184	184

備考

(1)　材料グループ A の材料は，次のものを示す。

C-1/2Mo　　Mn-1/4Mo
Mn-1/2Mo　　Mn-V

(2)　材料グループ B の材料は，次のものを示す。

3/4Ni-1/2Mo-Cr-V　　1Ni-1/2Cr-1/2Mo
1/2Ni-1/2Mo-V　　3/4Ni-1Mo-3/4Cr
3/4Ni-1/2Mo-1/3Cr-V　　1/2Ni-1/2Cr-1/4Mo-V
3/4Cr-3/4Ni-Cu-Al　　2Ni-1Cu
3/4Cr-1/2Ni-Cu　　2 1/2Ni
3/4Cr-1/2Cu-Mo　　3 1/2Ni

(3)　材料グループ C の材料は，次のものを示す。

1/2Cr-1/2Mo
1Cr-1/2Mo
1 1/4Cr-1/2Mo-Si
1 1/4Cr-1/2Mo
2 Cr-1/2Mo

(4)　材料グループ D の材料は，次のものを示す。

2 1/4Cr-1Mo
3Cr-1Mo

おける縦弾性係数（1000N/mm²）															記号
250	300	350	375	400	425	450	475	500	550	600	650	700	750	800	
184	183	180	178	177	175	174	172	170	—	—	—	—	—	—	
180	178	176	174	172	170	169	168	166	—	—	—	—	—	—	
193	191	188	186	185	183	181	179	177	—	—	—	—	—	—	
201	199	196	194	192	190	189	187	185	—	—	—	—	—	—	
181	179	177	176	174	172	170	168	167	—	—	—	—	—	—	
184	183	180	178	177	175	174	172	170	—	—	—	—	—	—	
181	179	177	176	174	172	170	168	167	—	—	—	—	—	—	
201	199	197	195	193	191	189	187	185	—	—	—	—	—	—	
205	203	200	198	196	194	193	191	189	—	—	—	—	—	—	
203	200	199	199	195	195	191	189	187	—	—	—	—	—	—	
193	191	188	188	185	185	181	179	177	—	—	—	—	—	—	
201	199	196	194	192	190	—	—	—	—	—	—	—	—	—	
188	185	184	182	180	178	—	—	—	—	—	—	—	—	—	
181	179	178	176	174	172	—	—	—	—	—	—	—	—	—	

(5) 材料グループＥの材料は，次のものを示す。
5Cr-1/2Mo
5Cr-1/2Mo-Si
5Cr-1/2Mo-Ti
7Cr-1/2Mo
9Cr-Mo

(6) 材料グループＦの材料は，次のものを示す。
12Cr-Al
13Cr
15Cr
17Cr

(7) 材料グループＧの材料は，次のものを示す。
18Cr-8Ni
18Cr-8Ni-N
16Cr-12N
18Cr-13Ni-3Mo
16Cr-12Ni-2Mo-N
18Cr-3Ni-13Mn
18Cr-10Ni-Ti
18Cr-10Ni-Cb
18Cr-18Ni-2Si
20Cr-6Ni-9Mn
22Cr-13Ni-5Mn
23Cr-12Ni
25Cr-20Ni

付表5 材料の線膨張係数（表中の数値×10^{-6}/℃）

温度℃	炭素鋼，炭素モリブデン鋼低クロム鋼(3CrMo 以下)	クロム含有量5％以上9％以下合金鋼(5CrMo～9CrMo)	オーステナイト系ステンレス鋼(18Cr8Ni)	フェライト系ステンレス鋼(12Cr 17Cr 27Cr)	オーステナイト系ステンレス鋼(25Cr20Ni)	モネル(67Ni30Cu)
−198	9.00	8.46	14.67	7.74	—	10.00
−180	9.17	8.63	14.82	7.88	—	10.39
−160	9.35	8.81	14.99	8.02	—	10.83
−140	9.53	8.99	15.16	8.18	—	11.28
−120	9.71	9.17	15.33	8.32	—	11.72
−100	9.91	9.37	15.49	8.47	—	12.16
−80	10.10	9.52	15.67	8.67	—	12.42
−60	10.29	9.68	15.89	8.87	—	12.68
−40	10.48	9.85	16.05	9.04	—	12.92
−20	10.61	9.99	16.15	9.17	—	13.09
0	10.75	10.14	16.27	9.28	—	13.26
20	10.92	10.31	16.39	9.43	—	13.46
40	11.05	10.44	16.50	9.54	—	13.61
60	11.21	10.61	16.61	9.68	—	13.80
80	11.36	10.77	16.73	9.81	15.82	13.99
100	11.53	10.91	16.84	9.93	15.84	14.16
120	11.67	11.01	16.93	10.04	15.89	14.27
140	11.81	11.10	17.01	10.14	15.94	14.39
160	11.98	11.20	17.09	10.25	15.99	14.51
180	12.10	11.30	17.17	10.34	16.02	14.62
200	12.24	11.39	17.25	10.44	16.05	14.74
220	12.38	11.49	17.32	10.54	16.06	14.86
240	12.51	11.60	17.39	10.63	16.06	14.99
260	12.64	11.70	17.46	10.73	16.07	15.12
280	12.77	11.80	17.54	10.84	16.07	15.24
300	12.90	11.91	17.62	10.95	16.07	15.36
320	13.04	12.01	17.69	11.06	16.09	15.47
340	13.17	12.10	17.76	11.15	16.11	15.60
360	13.31	12.20	17.83	11.22	16.11	15.73
380	13.45	12.29	17.89	11.30	16.13	15.86
400	13.58	12.39	17.99	11.40	16.13	15.97
420	13.72	12.49	18.06	11.48	16.14	16.09
440	13.86	12.60	18.14	11.55	16.15	16.21
460	13.98	12.68	18.21	11.65	16.17	16.34
480	14.10	12.77	18.28	11.73	16.20	16.47
500	14.19	12.85	18.36	11.81	16.32	16.60
520	14.28	12.93	18.45	11.87	16.44	16.71
540	14.36	13.00	18.53	11.94	16.53	16.83
560	14.46	13.07	18.60	12.00	16.58	16.95
580	14.55	13.14	18.67	12.06	16.63	17.07
600	14.63	13.19	18.72	12.11	16.68	17.18
620	14.69	13.26	18.79	12.15	16.79	17.29
640	14.72	13.31	18.84	12.19	16.87	17.41
660	14.77	13.37	18.89	12.23	16.96	17.53
680	14.84	13.42	18.93	12.28	17.06	17.64
700	14.89	13.47	18.97	12.32	17.14	17.76
720	14.94	13.52	19.01	12.35	17.16	17.86
740	15.00	13.56	19.05	12.39	17.18	17.97
760	15.05	13.59	19.08	12.42	17.21	18.07
780	—	—	19.18	—	—	—
800	—	—	19.25	—	—	—
816	—	—	19.35	—	—	—

(基準温度　20℃)

3.5%ニッケル鋼 ($3^1/_2$Ni)	アルミニウム	ねずみ鋳鉄	青銅 (CuSn)	黄銅 (CuZn)	白銅 (70Cu30Ni)	ニッケルクロム鉄合金 (NiFeCr)
8.57	17.83	—	15.12	14.76	11.97	—
8.88	18.15	—	15.24	14.86	12.23	—
9.21	18.53	—	15.37	14.98	12.50	—
9.59	18.90	—	15.50	15.08	12.78	—
9.89	19.27	—	15.63	15.20	13.06	—
10.07	19.65	—	15.76	15.32	13.33	—
10.31	20.10	—	16.02	15.61	13.59	—
10.49	20.56	—	16.28	15.90	13.85	—
10.63	20.97	—	16.53	16.17	14.09	—
10.78	21.31	—	16.75	16.37	14.27	—
10.98	21.65	—	16.97	16.56	14.47	—
11.25	22.03	—	17.23	16.81	14.69	—
11.40	22.34	—	17.41	16.98	14.85	—
11.48	22.71	—	17.66	17.20	15.04	—
11.56	23.07	10.35	17.88	17.43	15.23	14.22
11.65	23.32	10.39	18.07	17.62	15.41	14.32
11.78	23.60	10.51	18.14	17.70	15.53	14.60
11.91	23.81	10.63	18.19	17.93	15.63	14.90
12.08	24.02	10.73	18.26	18.09	15.75	15.19
12.13	24.23	10.85	18.33	18.22	15.88	15.48
12.22	24.43	10.96	18.40	18.38	15.99	15.78
12.30	24.64	11.08	18.46	18.53	—	15.83
12.38	24.83	11.19	18.52	18.69	—	15.95
12.47	25.02	11.30	18.58	18.85	—	16.02
12.58	25.22	11.43	18.65	18.99	—	16.08
12.67	25.42	11.55	18.73	19.14	—	16.14
12.77	25.56	11.67	18.80	19.28	—	16.21
12.87	—	11.79	18.86	19.43	—	16.28
12.95	—	11.91	18.91	19.57	—	16.34
13.03	—	12.03	18.97	19.73	—	16.40
13.12	—	12.14	19.03	19.88	—	16.47
13.19	—	12.26	19.10	20.04	—	16.53
13.26	—	12.36	19.17	20.19	—	16.59
13.34	—	12.48	19.23	20.35	—	16.66
13.40	—	12.59	19.29	20.50	—	16.73
13.46	—	12.72	19.34	20.66	—	16.79
13.52	—	12.83	19.39	20.80	—	16.86
13.59	—	12.94	19.45	20.95	—	16.93
—	—	—	19.52	21.10	—	16.99
—	—	—	19.59	21.24	—	17.05
—	—	—	19.65	21.38	—	17.12
—	—	—	19.71	21.54	—	17.19
—	—	—	19.78	21.69	—	17.25
—	—	—	—	—	—	17.34
—	—	—	—	—	—	17.44
—	—	—	—	—	—	17.53
—	—	—	—	—	—	17.63
—	—	—	—	—	—	17.72
—	—	—	—	—	—	17.82
—	—	—	—	—	—	17.92
—	—	—	—	—	—	18.01
—	—	—	—	—	—	—

K　小形うず巻ポンプ　　JIS B 8313-1991

End suction centrifugal pumps

1. **適用範囲**　0～40℃の水を取り扱い，最高使用圧力1MPaの片吸込形単段の一般用小形うず巻ポンプで，共通ベッド上に3相誘導電動機とたわみ軸継手で直結されたもの。
2. **種　類**　大きさ(吸込口径，吐出し口径，並びに羽根車の各呼び径)と，電動機の極数及び周波数によって表す。フランジはJIS B 2210の呼び圧力10Kによる。
3. **性能図表**　**付図1，2**に示す。
4. **ポンプ効率**　**付図3**に示す。

　ポンプ効率の最高値は，その吐出し量のA効率以上，また，規程吐出し量のポンプ効率はB効率以上とする。

5. **性能換算係数線図**　**付図4**に示す。

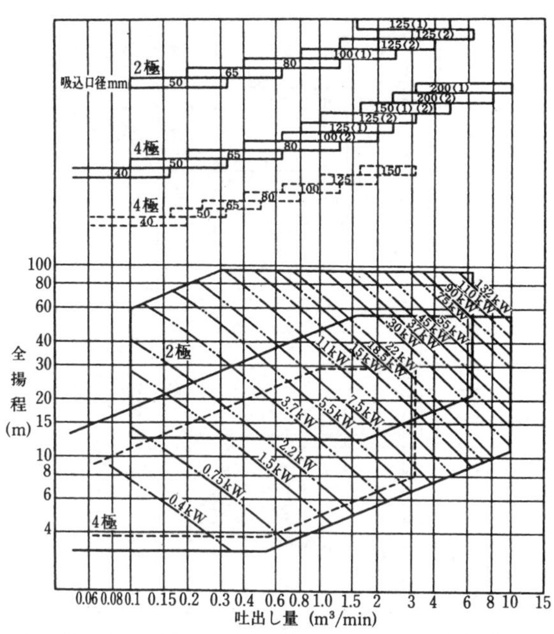

備考1.　付図の枠は，3相誘導電動機と直結の場合の標準全揚程の範囲を示す。2点鎖線で示す動力は，駆動電動機の定格出力の参考である。

2.　破線で示す範囲は，附属書1によらない場合である。

3.　吸込口径の枠内で(1)を表示のものは，吐出し量が公比2.0の系列。(2)を表示のものは，公比1.6の系列である。

付図1　性能図表(50Hz)

K

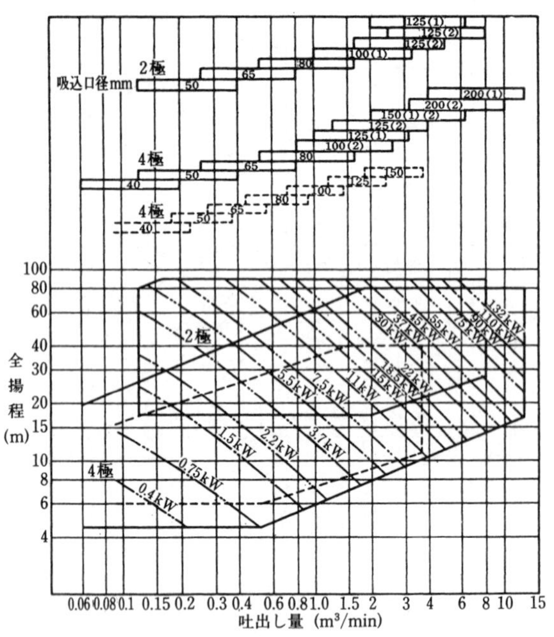

付図2　性能図表(60Hz)

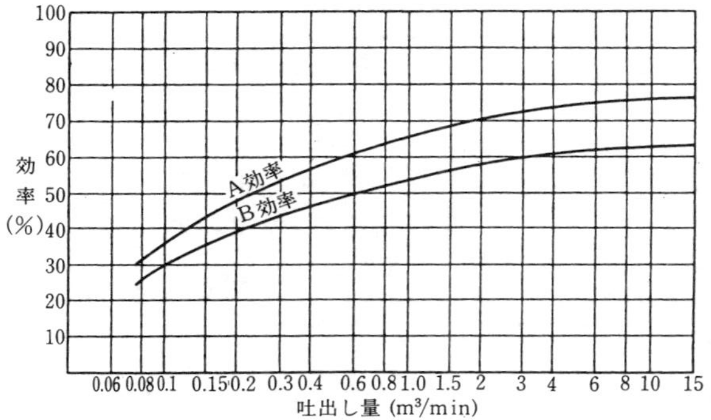

ポンプ効率の最高値
その吐出量のＡ効率以上
規定吐出量のＢ効率以上

吐出し量 m³/min	0.08	0.1	0.15	0.2	0.3	0.4	0.5	0.6	0.8	1.0	1.5	2	3	4	5	6	8	10	15
Ａ効率　%	32	37	44	48	53.5	57	59	60.5	63.5	65.5	68.5	70.5	73	74	74.5	75	75.5	76	76.5
Ｂ効率　%	26	30.5	36	39.5	44	46.5	48.5	49.5	52	53.5	56	58	60	60.5	61	61.5	62	62.5	63

付図3　ポンプ効率

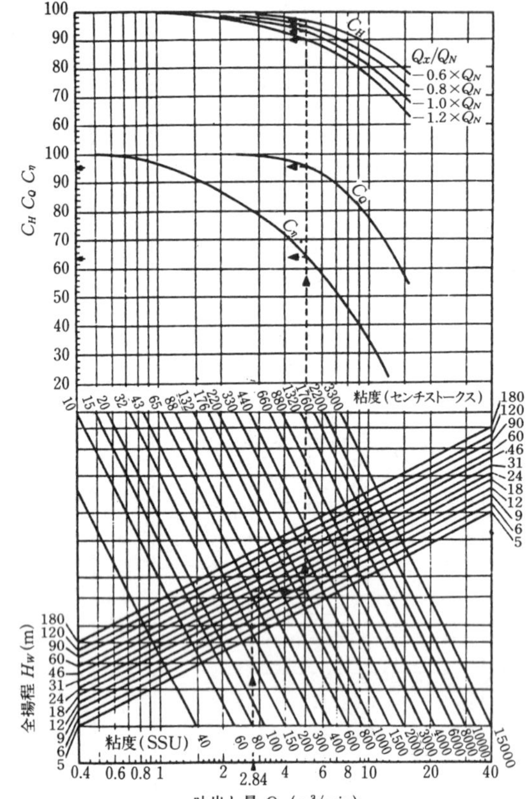

ポンプの水性能から異なった粘度の液体を送るときの性能を求める換算係数線図。（Q：吐き出し量，H：全揚程，η：ポンプ効率）清水試験の値 Q_W，H_W，η_Wから（図の例，$H_{WN}=31$m，$Q_{WN}=2.84$ m³/min）任意粘度（図の例，1,000SSU）の液の Q，H，η の修正係数 C_H，C_Q，C_ηを求める図表，添字 N は設計点を示す。

「機械工学便覧」（日本機械学会）

付図 4　換算係数線図

著者略歴

大野　光之（おおの・みつゆき）
1953 年　東京教育大学農業化学科卒業
1953 年　株式会社入江鉄工所入社（設計）
1956 年　帝人株式会社入社（保全，設計，研究）
1978 年　日揮工事株式会社入社（研究）
1990 年　大野技術士事務所設立
現在に至る

編集担当　大橋貞夫，小林巧次郎（森北出版）
編集責任　石田昇司（森北出版）
印　　刷　藤原印刷
製　　本　ブックアート

配管材料ポケットブック　新装版

2013 年 7 月 25 日　新装版第 1 刷発行

2024 年10月 31 日　新装版第 4 刷発行

著　　者　大野光之
発 行 者　森北博巳
発 行 所　**森北出版株式会社**
東京都千代田区富士見 1-4-11（〒 102-0071）
電話 03-3265-8341／FAX 03-3264-8709
http://www.morikita.co.jp/
日本書籍出版協会・自然科学書協会　会員

Printed in Japan／ISBN978-4-627-66992-5